『十四五』国家重点出版物出版规划

中国牡丹种质资源研究与利用

李嘉珏 主编

中原农民出版社
·郑州·

图书在版编目（C I P）数据

中国牡丹种质资源研究与利用 / 李嘉珏主编 . — 郑州 : 中原农民出版社 , 2023.12
ISBN 978-7-5542-2690-2

Ⅰ . ①中… Ⅱ . ①李… Ⅲ . ①牡丹—种质资源—中国 Ⅳ . ① S685.110.24

中国国家版本馆 CIP 数据核字（2023）第 100254 号

中国牡丹种质资源研究与利用
ZHONGGUO MUDAN ZHONGZHI ZIYUAN YANJIU YU LIYONG

出 版 人：刘宏伟
策划编辑：段敬杰
责任编辑：尹春霞
数字编辑：张俊娥
责任校对：王艳红
责任印制：孙　瑞
美术编辑：杨　柳
装帧设计：薛　莲

出版发行：中原农民出版社
地址：郑州市郑东新区祥盛街 27 号 7 层　　邮编：450016
电话：0371-65788651（编辑部）　0371-65788199（营销部）
经　　销：全国新华书店
印　　刷：河南美图印刷有限公司
开　　本：890 mm×1240 mm　1/16
印　　张：44.75
字　　数：1200 千字
版　　次：2023 年 12 月第 1 版
印　　次：2023 年 12 月第 1 次印刷
定　　价：820.00 元

编委会

主　编　李嘉珏

副主编　王亮生　侯小改　袁军辉　杨　勇　王　福

　　　　　刘天裕　杨林坤　王伟珂

参　编　李珊珊　刘光立　吴敬需　赵孝庆　魏春梅

　　　　　李宜秋　董　玲　霍志鹏　康仲英　胡晓亮　杨海静

　　　　　牛童非　王子涵　周绍功　姚连芳　刘红凡　张海军

主摄影　李嘉珏　霍志鹏　杨　勇　吴敬需　（德）芮克

前言

在原产中国的众多名花中，牡丹无疑是其中的翘楚，出类拔萃，闻名遐迩，历来是中国国花的首选。为了使这一传统名花得到更好的发展，我们需要知其史，解其源，究其变。

作为自然界的物种，同时又是与人类生产生活有着密切联系的栽培作物，牡丹无疑有着多重属性。牡丹是核心被子植物中真双子叶植物的原始类群，其起源、演化与发展，乃至形成一定的分布格局，这一过程当以上亿年计。这是牡丹的自然史，是一个很有意义的自然科学问题，我们可以从分子生物学、分子系统学的角度去深入考察。而当牡丹进入先民们的视野，并在人类干预下与人类的生产生活发生紧密联系共同发展时，就产生了另一种属性，从而形成牡丹的应用史、栽培史和文化史，这正是本书研究和叙述的重点所在。相较于上亿年的自然史，这2000多年的人文史就如白驹过隙，弹指一挥，然而却是波澜起伏，有声有色，颇具传奇色彩。总结好这段历史也是一个重要的科学问题。为此，我们进行了充足的准备和艰苦的探索，力求以辩证唯物主义和历史唯物主义的科学史观为指导，以全新的视野对牡丹进行多维度的剖析，从对牡丹诗词、谱录在内的各种著述进行整理，到梳理各个历史时期牡丹和牡丹文化的发展脉络和轨迹，力求正本清源。经过近 5 年的努力，终于取得了初步成果。应当说，早在汉代，先民们就发现了牡丹的药用价值；而到了唐代，牡丹才真正进入观赏领域，从而与人类社会有了更为紧密的联系。牡丹以其特有的、极富变化的绰约风姿和楚楚动人的神韵，在上层社会和精英阶层的引领和推动下，很快融入社会发展的大潮中，并逐步获得了“国色天香”“百花之王”的美誉。在唐宋 600 多年的历史进程中，牡丹兴衰与国家兴亡紧密相连，并在同时期的牡丹文学、牡丹文化中有着深刻反映。唐宋时期，牡丹审美文化的兴起与高度繁荣，赋予了牡丹丰富的文化内涵与深刻的象征意义，从而使牡丹成为一个重要载体，承载着国人对美好幸福生活的期盼和追求；同时，牡丹也成为一个标志、一个文化符号，成为国家兴旺发达、繁荣昌盛的重要象征。

这是我们奉献给读者的一部虽然还不够完美但却有新意的中国牡丹史，接下来介绍中国牡丹种质资源，这是本卷的核心内容。

种质资源就是基因资源。要发展好牡丹，一定要深入研究和掌握牡丹的种质资源。中国是牡丹的故乡，是芍药属牡丹组植物起源演化和发展的中心。中国有着较为丰富的牡丹种质资源。虽然先民们认识牡丹已经有 2 000 余年历史，但运用现代科学技术进一步认识和研究牡丹却曾经落后于西方。这种状况在 20 世纪 90 年代有了根本性变化。我们先后开展了野生资源的考察、收集和整理，同时率先开展了品种资源的调查和整理，提出栽培类群分类方案。迄今中国牡丹品种已经有 1 345 个以上。除此之外，全国各地还有着数以百

计的古牡丹，这些活的文物蕴藏着丰富的历史文化信息，也是重要的种质资源。

关于牡丹的育种，在全面掌握牡丹种质资源并建立资源圃与育种基地的基础上，中国牡丹育种工作正在开创一个崭新的局面。自 20 世纪 90 年代中后期以来，中国牡丹芍药育种专家经过 20 余年艰苦努力，终于取得重要进展，在远缘杂交育种上取得重大突破，不仅大大缩短了与西方的差距，同时在实践中也积累了较为丰富的经验。为此，我们做了初步总结。但从产业发展的形势和要求来看，培育具有不同功能的新品种，任务仍然十分艰巨和紧迫，需要不断的进步和提高！

全书由 3 篇 12 章组成。上篇为历史篇，共分 3 章，分别介绍了牡丹名称的由来，牡丹的起源，不同历史阶段中国牡丹及牡丹文化的发展，中国牡丹在世界各地的传播与发展。

中篇为资源篇，共分 3 章，先后介绍了牡丹的野生资源、栽培品种资源以及各地的古牡丹资源。

下篇为育种篇，共分 6 章，在回顾牡丹育种历史与成就的基础上，介绍了牡丹的杂交育种、花色育种、花香育种，以及药用牡丹育种与油用牡丹育种。

在本书编写过程中，我们得到了洛阳市牡丹研究院原院长王少义，洛阳市牡丹芍药协会会长、神州牡丹园董事长付正林的重要支持，同时洛阳师范学院历史文化学院郭绍林教授在古文献查询上给予了重要帮助。此外，中国科学院植物研究所研究员周世良，北京林业大学园林学院教授成仿云、袁涛，西藏自治区农牧科学院研究员曾秀丽，陕西省林业厅原油用牡丹管理办公室主任鲜宏利，洛阳市林业局牡丹管理办公室主任张蓉辉，菏泽市牡丹产业发展中心副主任、研究员陈学湘，安徽铜陵市人大常委会原副主任李兆玉，四川彭州市人大常委会原秘书长陈卓、丹景山管理处高级工程师赵月明等，在资料、照片搜集等方面给予了重要帮助；上海辰山植物园工程师刘炤、北京林业大学研究生金爱芳、何新颖及青岛农业大学研究生戚杰、李娟等在资料搜集方面做了大量工作。洛阳市牡丹研究院丁建兰、姚俊巧等在书稿打印方面给予了许多帮助，特此表示衷心的感谢！

李嘉珏
2021 年 10 月 15 日　于湖南株洲

上篇　中国牡丹史略

中篇　牡丹种质资源

下篇 种质创新与品种改良

上篇

中国牡丹史略

第一章

新中国成立前的中国牡丹

牡丹原产中国，历史悠久。早在汉代，牡丹即以其药用价值进入先民的视野，医药家认为“人食之，轻身益寿”。牡丹审美文化长期处于萌芽状态，但盛唐时当它从民间进入宫苑，即以不可阻挡之势迅速传播，并在唐都长安、北宋洛阳掀起两轮全民性的欣赏热潮，在中国乃至世界花卉史上留下了灿烂的篇章。唐宋600多年间，牡丹发展基本上与经济社会发展同步，牡丹兴衰与国家民族命运紧密相连，并在同时期的牡丹文学与文化中有着深刻反映。由元至明清、民国时期，牡丹和牡丹文化在中华大地得到传承和发展。

牡丹发展基本上以黄河流域中下游为主线，辐射全国。明清时期，西北牡丹兴起，形成了四大栽培类群的格局。

本章介绍了牡丹名称的由来，由汉至民国时期历代牡丹与牡丹文化发展的脉络，包括地理分布、赏花习俗、栽培技艺、牡丹谱录与审美文化等，是一部简明的中国牡丹应用史、发展史和文化史。

第一节
牡丹释名

牡丹是芍药科（Paeoniaceae）芍药属（*Paeonia*）牡丹组植物（*Paeonia* section *Moutan* Dc.）的统称，是一类原产于中国的著名花木。

除本身名称外，牡丹还有不少别名。这些名称有何含义？下面我们来试作解释。

一、牡丹名称的由来

牡丹名称的由来较早。科技史专家（英）李约瑟在其《中国科学技术史》第五卷植物学分册中提到，“牡丹”一词最早见于《计倪子》一书，该书约见于公元前4世纪。有考证认为《计倪子》实为后来的《范子计然》。现在能看到的有关“牡丹”二字的实证，是1972年在甘肃武威出土的汉代医简（图1–1），上面有用牡丹治疗“血瘀病”的处方。

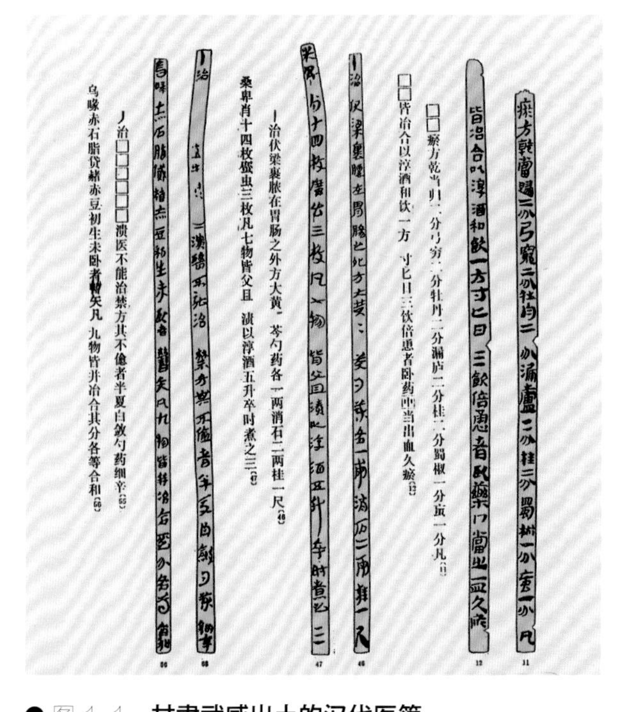

图1–1　甘肃武威出土的汉代医简

牡，《说文解字》：“畜父也，从牛土声 。”《辞源》：“雄性，指禽兽。”以“牡”命名的还有“牡麻”“牡荆”等，可见，“牡”的范围后来已扩展到植物界。

明代医药学家李时珍在其《本草纲目》一书中说："牡丹，以色丹者为上，虽结子而根上生苗，故谓之牡丹。"这是现在大家普遍认可的说法。当代学者戴蕃瑨（1998）认为："因其花较大，枝干较粗而有力，因此叫'牡'。《神农本草经》中，有牡桂、牡蛎、牡荆等药，命名原则是一样的。""古代将红的颜色说成是丹、朱、赤，最初看到牡丹的人，因为它开的是红花，也就叫'丹'。"杨林坤（2011）认为，从现代汉语语音和词汇学角度来看，"牡丹"是典型的非双声叠韵联绵词，也就是说，组成该语素的两个音节组合起来才有意义，分开来则与该语素没有关联，如同"珊瑚""蝴蝶"一样。

自从牡丹传播开来以后，它与藏传佛教梵文、蒙古语还发生了因缘际会。蒙古草原不产牡丹，但蒙古语里有"牡丹"一词，读作"曼答剌瓦"，是一个经由藏传佛教传入的梵文外来词。在梵文中，"曼答剌瓦"原指印度的曼陀罗花，后来被指代佛教天界名花。因此，在藏传佛教中，牡丹被视为积聚福德和圆满智慧的象征。

二、牡丹的别名

（一）鹿韭与鼠姑

牡丹又叫鹿韭、鼠姑，这两个名字几乎和"牡丹"同时出现。如《神农本草经》中介绍牡丹时，就说"一名鹿韭，一名鼠姑。生山谷"。为什么叫鹿韭、鼠姑？古文献中没有见到过令人信服的解释。

根据我们多年野外考察的体会，认为这两个名字反映了原始生境中曾经和牡丹生存繁衍有过密切联系的野生动物。

野生牡丹分布范围很广，在原产地，野牡丹也是成片生长。正像宋代欧阳修《洛阳牡丹记》中所说："大抵丹、延以西及褒斜道中尤多，与荆棘无异，土人皆取以为薪。"在20世纪50年代，许多地方还有满山遍野的牡丹。2014年5月我们和洛阳市牡丹研究院、陕西华阴市林业局的专家在秦岭北坡考察时，当地村干部曾提到当年满山坡的矮牡丹，现在只剩下可怜的几棵，奄奄一息。2017年5月，李嘉珏和秦魁杰、陈德忠、袁涛、霍志鹏、张淑玲一行在甘肃临洮五藏沟一带考察时，当地老人也说当年（20世纪50年代）满山遍野的牡丹花，现在只留下几株老牡丹了。

野生动物吃不吃牡丹?《本草纲目》中有“黄精”,因其叶似竹而鹿喜食之,故又名“鹿竹”(李保光,2012)。“鹿韭”是否有类似含义?鹿(或鹿科动物)是否啃食牡丹枝叶?据甘肃榆中兴隆山北麓官滩沟花农的观察,当地野生香獐在冬季食物匮乏时,也时常下山窜入牡丹园中啃食牡丹嫩芽,也许可作佐证(陈德忠,2017)。虽然香獐是麝科动物,但麝科与鹿科同源。

关于“鼠姑”,历代文人常依据《神农本草经》的说法,用作牡丹之代称,如唐人陆龟蒙的诗中就出现过一次。这首诗题为《偶掇野蔬寄袭美有作》,全诗云:“野园烟里自幽寻,嫩甲香蕤引渐深。行歇每依鸦舅影,挑频时见鼠姑心。凌风蔼彩初携笼,带露虚疏或贮襟。欲助春盘还爱否,不妨萧洒似家林。”“行歇每依鸦舅影,挑频时见鼠姑心”里的“鸦舅”是指“乌桕”,一种落叶乔木,其种子多脂肪,可用来制作肥皂及蜡烛等;“鼠姑”就是指牡丹。诗人用植物代称入诗,恰好能达到对仗效果,表现出作者丰富的知识和高超的写作技巧。诗意与乌鸦、田鼠无关(杨林坤,2020)。不过牡丹和鼠类还是有一定关系的,著者在甘肃榆中原和平牡丹园周围的荒坡上见到不少盛开的牡丹花,牡丹的种子成熟落地后,田鼠把它带到洞中为食,其中部分遗落在洞外草丛中,竟也发芽生长开花了。鼠类在牡丹野外繁殖中发挥了作用,古人尊称牡丹为“鼠姑”,这也许可以作为“鼠姑”名称的由来之一。

甘肃兰州榆中原和平牡丹园附近荒坡上常见盛开的牡丹花(图 1–2),种子便是由田鼠搬运过

● 图 1–2 **甘肃兰州榆中原和平牡丹园附近荒坡上盛开的牡丹花**

去的。

（二）百两金、木芍药、花王

这几个名字是秦朝以后出现的，见于明李时珍《本草纲目》。

“百两金”是言牡丹之贵重。牡丹有多贵？中唐时期是“一丛深色花，十户中人赋”（唐白居易《秦中吟·买花》）。不仅如此，牡丹诗中还常用“千金”“千钱”来说明：“牡丹一朵值千金，将谓从来色最深。”（唐张又新《牡丹》）“一夜轻风起，千金买亦无。”（唐王建《赏牡丹》）但据著者考证，《本草纲目》中牡丹一节辑录的“土人叫百两金，长安叫吴牡丹”的药用植物，按其形态描述并非牡丹，而紫金牛科有一种药用植物，就叫“百两金”。

“木芍药”之名始于秦代，宋郑樵《通志·昆虫草木略》中说：“《安期生服炼法》云，芍药有二种，有金芍药，有木芍药。金者，色白多脂；木者，色紫多脉，此则验其根也。然牡丹亦有木芍药之名，其花可爱如芍药，宿根如木，故得木芍药之名。”安期生说的“木芍药”其实是指赤芍药。唐代宫中称牡丹为“木芍药”则是将其视作高雅、时尚的象征。“开元中，禁中初重木芍药，即今牡丹也。”（唐李濬《松窗杂录》）

“花王”者，旧时品花，以牡丹为群花之首，世称“花王”。宋欧阳修《洛阳牡丹记·花释名》：“钱思公尝曰：‘人谓牡丹花王，今姚黄真可为王，而魏花乃后也。’”宋李格非《洛阳名园记》亦云：“洛中花甚多种，而独名牡丹曰花王。”宋韩琦《北第同赏牡丹》诗云：“正是花王谷雨天，此携尊酒一凭轩。”牡丹为花王，芍药为花相。元方回《芍药花》诗：“可止中郎虎贲似，政堪花相相花王。”“今群芳中牡丹品第一，芍药第二，故世谓牡丹为花王，芍药为花相，又或以为花王之副也。”（宋陆佃《埤雅》）

（三）花、大花

北宋时期，洛阳人“至牡丹则不名，直曰花。其意谓天下真花独牡丹，其名之著，不假曰牡丹而可知也。其爱重之如此”。（欧阳修《洛阳牡丹记》）

南宋周密《武林旧事》中“赏花”条，记述都城临安春日皇室赏花的情况：“起自梅堂赏梅，芳春堂赏杏花，桃源观桃……至于钟美堂赏大花（指牡丹）为极盛。”

第二节
秦汉时期

一、牡丹最早作为药用植物受到关注

在中国花卉发展史上，大多数花卉首先是以实用性进入人们的视野，然后才逐渐进入观赏领域。牡丹也不例外，它首先作为一种药用植物为人们所认识，然后逐渐进入审美观赏领域。不过，人们对牡丹之美的发现较其他花卉要晚许多。

从秦到北朝近八百年的历史中，当梅、荷、兰、菊等先后进入文人的视野并被赋予高洁、芬芳、超逸、热烈等特定的文化内涵时，牡丹却默默无闻，只是在本草类著述中才能见到它的身影。

在秦典籍中，我们没有发现多少关于牡丹的记载。秦以后，一些本草类著述开始记载牡丹的药用价值，如东汉末医圣张仲景《金匮要略》中有“鳖甲煎丸方”“大黄牡丹汤方”“桂枝茯苓丸方”等二十几种药方用到了牡丹的皮或根（即“白术”）；明缪希雍所撰《神农本草经疏》中共有 58 处关于牡丹入药的记载。1972 年甘肃省武威市柏树乡考古发现东汉早期圹墓中的医简，有用牡丹治疗“血瘀病”的处方。由此可见，早在汉代牡丹就已用于治病。对于牡丹的药用价值，《太平御览》中辑录了“牡丹”在宋以前的相关记述：

《广雅》曰：白术，牡丹也。

《范子计然》曰：牡丹，出汉中、河内，赤色者亦善。

《游名山志》曰：泉山多牡丹。

《本草经》曰：牡丹，一名鹿韭，一名鼠姑，味辛寒。生山谷。治寒热症伤，中风惊邪，安五脏，出巴郡。

《吴氏本草》曰：牡丹，神农、岐伯：辛；李氏：小寒；雷公、桐君：苦，无毒；黄帝：苦，有毒，叶如蓬，相值，黄色，根如柏，黑，中有核。二月、八月采根阴干。人食之轻身益寿。

这段文字辑录了唐以前一些典籍对牡丹药性药理及产地的相关记载。《广雅》为三国时人所撰；《范子计然》一书仅见于《新唐书·艺文志》农家类著录，其附注云"范蠡问，计然答"。疑为唐人伪托。《游名山志》为谢灵运所撰，不是本草类著作，是本游记，《隋书·经籍志》有著录；《本草经》即《神农本草经》，为汉魏南北朝时期习见药学书籍；《吴氏本草》应指《吴普本草》，按李时珍《本草纲目》所记，为魏吴普修撰。吴普系广陵人，华佗弟子。"该书分记神农、黄帝、岐伯、桐君、雷公、扁鹊、华佗、李氏所说，性味甚详。"而李氏实为"魏李当之，华佗弟子，修神农本草三卷"。由此可见，汉魏南北朝以来，牡丹已成为民间常用的药物（路成文，2011）。这一时期重要的本草著作经常提到黄帝时期的医药家或医官。如果他们所说并非后人伪造，那么野生牡丹被发现和利用的历史，当更为久远。

二、牡丹、芍药不分，常将牡丹视为芍药

值得注意的是，在人们尚未充分关注牡丹之美时，另一个与牡丹同属的种类——芍药，却得到了广泛关注。《诗经·郑风·溱洧》写道：

溱与洧，方涣涣兮。士与女，方秉蕑兮。女曰："观乎？"士曰："既且。""且往观乎！"洧之外，洵訏且乐。维士与女，伊其相谑，赠之以勺药。

溱与洧，浏其清矣。士与女，殷其盈矣。女曰："观乎？"士曰："既且。""且往观乎！"洧之外，洵訏且乐。维士与女，伊其将谑，赠之以勺药。

《溱洧》是一首典型的情歌。朱熹《诗经集传》释其首章云："勺药，亦香草也，三月开花，芳色可爱。郑国之俗，三月上巳之辰，采兰水上，以祓除不祥，故其女问于士曰：'盍往观乎？'士曰：'吾既往矣。'女复要之曰：'且往观乎？'盖洧水之外，其地信宽大而可乐也。于是士女相与戏谑，且以勺药为赠，

而结恩情之厚也。此诗淫奔者自叙之辞。”男女相爱，赠之勺药以“结恩情”，这与现代恋爱中的男女赠送玫瑰以表达爱情何其相近！那么此时芍药作为“芳色可爱”之“香草”，显然已经超越了单纯的药用价值，且具有一定的审美价值和特定的文化内涵。

《溱洧》中的“勺药”，有人认为是“香草”，但大多认为是“芍药”。然而芍药开花比牡丹晚。今人考证，郑国（今新郑市一带）农历三月开花的不可能是芍药，而是牡丹。这就是说，《溱洧》中的“勺药”，实际上指的是牡丹。这个观点，明代朱谋㙔就已经提出来。其《诗故》卷三云：“《溱洧》，刺乱也……勺药，即今牡丹，花于上巳之时，中州等之荆榛，折花以赠，亦士女夫妇之相爱非妄，一男子见所悦而赠之也。”

晋时，芍药已作为一种观赏花卉被广泛种植，进入了文人的视野。如《晋宫阁名》记“晖章殿前，芍药花六畦”。又，晋傅统妻作《芍药花颂》：“晔晔芍药，植此前庭；晨润甘露，昼晞阳灵；曾不逾时，荏苒繁茂；绿叶青葱，应期秀吐；缃蕊攒挺，素华菲敷；光譬朝日，色艳芙蕖；媛人是采，以厕金翠；发彼妖容，增此婉媚；惟昔风人，抗兹荣华；聊用兴思，染翰作歌。”南朝宋王徽作《芍药花赋》：“原夫神区之丽草兮，凭厚德而挺授；翕光液而发藻兮，飏晨晖而振秀。”在宫殿前种植芍药，又有《芍药花颂》和《芍药花赋》形诸歌咏，这表明人们对于芍药花审美价值的关注已经达到了一定程度。

牡丹与芍药同属芍药科植物，它们的生物学属性极为相近，但牡丹为木本，且多为小灌木，而芍药为草本。许多记载中常常将两者混淆。如《广雅》云：“白术，牡丹也。”《吴氏本草》则曰：“（芍药）一名甘积，一名梨食，一名铤，一名余容，一名白术。”（《太平御览》卷九九〇，药部七“芍药”条）上引诸条，牡丹与芍药均有“白术”之称谓，那么，这些记载中芍药与牡丹应是互相包含、互相混淆的。

对于这种情况，宋人及其以后多有辨析。宋吴曾《能改斋漫录》“汉以牡丹为木芍药”条在引用《王立之诗话》的评说后，自己加上按语：“余按，崔豹《古今注》云：‘芍药有二种，有草芍药，有木芍药。木者花大而色深，俗呼为牡丹。’又《安期生服炼法》：‘芍药二种，一者金芍药，二者木芍药。救病。金芍药，色白，多脂肉；木芍药，色紫，瘦，多味苦。’以此知由汉以来，以牡丹为木芍药耳。”

宋郑樵《通志·昆虫草木略》分别记述了芍药和牡丹。在芍药条首先介绍了芍药的别名："曰何离，曰解仓，曰犁食，曰余容，曰白术，即芍药也。以有何离之名，所以赠别用焉。古今言木芍药是牡丹。"在引用崔豹《古今注》及《安期生服炼法》中关于草芍药、木芍药或金芍药、木芍药的论述后，又说："然牡丹亦有木芍药之名，其花可爱如芍药，宿枝如木，故得木芍药之名。芍药著于三代之际，《风》《雅》之所流咏也。牡丹初无名，故依芍药以为名，亦如木芙蓉之依芙蓉以为名也。牡丹晚出，唐始有闻，贵游趋竞，遂使芍药为落谱衰宗。"

"牡丹曰鹿韭，曰鼠姑。宿枝，其花甚丽，而种类亦多，诸花皆用其名，惟牡丹独言花，故谓之花王。文人为之作谱记此，不复区别。然今人贵牡丹而贱芍药，独不言牡丹本无名，依芍药得名。"

清王念孙《广雅疏证》云：

白茉，牡丹也。茉与术同。《名医别录》云："芍药，一名白术，《御览》引《吴普本草》，亦以白术为芍药一名。"此云"白术，牡丹也"者，牡丹，木芍药也，故得同名。苏颂《本草图经》引崔豹《古今注》云："芍药有二种，有草芍药、木芍药，木者花大而色深，俗呼为牡丹，非也。"据此则古方俗相传以木芍药为牡丹，故《本草》以白术为芍药，而《广雅》又以为牡丹异名。盖其通称已久，不自崔豹时始矣。

牡丹与芍药生物学属性极为相近，前人又常常将牡丹视为芍药之一种。由此可以推断，南北朝时期，人们对于芍药花的记述，很有可能是包含牡丹在内的。

三、牡丹审美文化的萌芽与发端

关于魏晋时期最早从审美角度提及牡丹的，目前有以下几种说法：东晋画家顾恺之《洛神赋图》中画有当时豪贵在洛水之滨观赏牡丹的景象。唐段成式《酉阳杂俎》云："牡丹，前史中无说处，唯《谢康乐集》中言'竹间水际多牡丹'。"此外，北齐画家杨子华曾将牡丹入画。唐韦绚《刘宾客嘉话录》云："世谓牡丹花近有，盖以前朝文士集中无牡丹歌诗。公尝言杨子华有画牡丹处，极分明。子华北齐人，则知牡丹花亦久矣。"此处刘宾客当指刘禹锡。

关于顾恺之《洛神赋图》之大花灌丛应是牡丹，这是根据 20 世纪 80 年代中国访日学者在日本看到收藏的顾虎头（即顾恺之）《烈女传》中画有木芍药而做出的推论，此事在《中国大百科全书·观赏园艺卷》中有所提及。至于谢灵运（永嘉）“水际竹间多牡丹”语，历来谈及牡丹史时都有引用。今人查谢灵运文集时已经见不到这个说法（郭绍林，2019）。实际上，段成式《酉阳杂俎》上只说谢灵运提到“水际竹间多牡丹”，地点并未确指。后来欧阳修在《洛阳牡丹记》中引用时，因谢灵运曾在永嘉（治所在今浙江温州）为官，就成了“永嘉水际竹间多牡丹”了。前文所引《太平御览》辑录的文献中，有谢灵运《游名山志》，其中有“泉山多牡丹”语，这和“水际竹间多牡丹”意思相同，表明谢氏已在山水游历中见到过牡丹，并将之写入游记之中，从而传递出作者已关注到牡丹的信息。

至于《刘宾客嘉话录》中的说法，今人考证源于唐人李绰《尚书故实》。且不说杨子华画牡丹能否成为定论，其中“牡丹花亦久矣”之语仍值得玩味。这句话并没有错！即以武则天回她的家乡看到漂亮的牡丹花便令人移入宫苑这件事来说的。在此之前，牡丹花在那里已经种植多久了呢？那一带本来就有野生牡丹分布。在牡丹自然分布区，先民们自发引种栽植观赏的情况是不断发生着的，只不过牡丹没有进入都市，没有为文人所关注而已。

关于牡丹何时进入观赏领域的争论从古到今一直持续进行着。我们认为，在讨论这个问题时，需要澄清一些基本概念，即分清牡丹的自然属性和社会属性，牡丹的自然史和社会史。作为自然界的物种，牡丹有着自己的发生、发展和演化的自然规律，这是它的自然史。这个历史显然是漫长的。根据现代分子生物学的研究结果来判断，芍药科芍药属隶属于被子植物虎耳草目，同该目其他类群的分化时间约有1亿年或者更长的历史。但当人类发现并认识牡丹之后，它就有了社会属性及文化属性。先民们最早以其药用植物属性认识了牡丹。如果从神农尝百草的传说算起，已有数千年之久；如果从确切定名并有文字记载算起，那也有2 000年左右。牡丹一旦和人们生产、生活发生了关联，它就进入了文化学的范畴，应属牡丹文化的发端。而进入审美文化视野，一般是在有一定栽培规模，并有相关的审美活动后。在唐代以前，一些零星的关于牡丹审美活动的记述，说明它一直处于萌芽状态。这种情况到唐代才有了根本性的改变。

第三节
隋唐五代时期

一、发展历程

（一）隋代

隋代（581—618）是否有牡丹之栽培与观赏活动？宋刘斧《青琐高议》一书辑录的《隋炀帝海山记》，其中有以下记述：

帝自素死，益无惮。乃辟地周二百里为西苑……诏天下境内所有鸟兽草木，驿至京师……

易州进二十四相牡丹：赭红、赭木、鞓红、坯红、浅红、飞来红、袁家红、起州红、醉妃红、起台红、云红、天外黄、一拂黄、软条黄、冠子黄、延安黄、先春红、颤风娇。

根据以上记述，于是就有了“洛阳牡丹始于隋，初盛于唐，极兴于宋”的说法。《中国花经》（1990版）据此将这一事件列为中国花卉栽培史上的一件大事。但唐史专家郭绍林经考证后对此提出质疑（2005），认为《隋炀帝海山记》是宋人伪作，“隋炀帝西苑种牡丹”说法不能成立，理由如下：①《青琐高议》是部笔记体小说，不是史籍。②《隋炀帝海山记》所记与隋炀帝活动有关的历史事件、礼仪习俗等多与隋代史实不符。③所记18个牡丹品种名称在唐代文献中没有一个品种被提到，而‘鞓红’等只在宋代出现于青州。

根据1994年前后在河北易县的调查，该地历来并无牡丹分布与栽培的记载。洛阳牡丹来自河北易县的说法确实不能成立。那么，洛阳牡丹是从哪里来的呢？实际上，洛阳郊县山地历来有较多的野生牡丹分布，洛阳著名的‘姚黄’‘魏花’就是从山上的野牡丹直接变异与驯化而来的。从欧阳修《洛阳牡丹记》与周师厚《洛阳花木记》的记载可以肯定，洛阳牡丹的来源，首先是当地野生牡丹的引种栽培与驯化，其次是全国各牡丹产区品种的引进与驯化。

除《隋炀帝海山记》外，唐宋笔记小说还有隋炀帝喜欢牡丹的几则故事传说。

（二）唐代

唐朝（618—907）是继隋之后建立的大一统王朝。公元617年唐国公李渊发动晋阳兵变，618年在长安称帝建立唐朝，到公元907年朱温篡唐，共历时289年，是中国历史上最强盛的朝代之一。唐代前期政治、经济、文化的发展为牡丹的发展与繁荣提供了良好的社会基础与条件，中唐时出现了历史上第一个牡丹发展热潮。

1. 初盛唐时期

初唐（618—712）[①]，宫苑中有了牡丹栽培。牡丹的发展与武则天的重视有关，她是最早看重牡丹的帝王。据《龙城录》“高皇帝宴赏牡丹”条所记，唐高宗时在后苑宴赏双头牡丹，有上官婉容诗：“势如连璧友，心若臭兰人。”这是最早的一首咏牡丹诗。而舒元舆《牡丹赋》序言中说：“天后之乡，西河也，有众香精舍，下有牡丹，其花特异。天后叹上苑之有阙，因命移植焉。由此京国牡丹，日月寖盛。”这里西河是县名，唐时为汾州的治所，与武则天的家乡并州文水（今山西文水县）相邻。据查，显庆五年（660），唐高宗和武则天去了一趟并州，阴历二月去，四月离开，恰逢牡丹开花的季节。这是武则天仅有的一次衣锦还乡（郭绍林，2007）。舒元舆这段话有两点值得注意：一是武则天的家乡山西并州早已有牡丹栽培，“其花特异”，引人

①关于唐代历史分期，这里参照郭预衡主编的《中国古代文学史长编（二）》。该书由上海古籍出版社2007年出版。

注目；二是武则天回家乡时注意到这件事，感叹长安宫苑中没有，“因命移植”。也许，这就是长安宫苑种植牡丹之肇始。

除此之外，有资料记载永泰公主墓石椁线画中已出现牡丹图案，说明当时牡丹已有相当影响。永泰公主死于大足元年（701），武则天去世后第二年（706）陪葬于乾陵。

盛唐（713—765），长安牡丹发展已有一定基础。唐人游赏牡丹之风气逐渐在皇宫及皇亲国戚府中兴起。开元年间唐玄宗兴庆宫赏牡丹盛会和李白《清平调词》三首对牡丹发展产生了极其重要的影响。唐李濬《松窗杂录》等记述了这一事件的全过程，并称此“亦一时之极致耳”。

开元中，禁中初重木芍药，即今牡丹也……得四本，红、紫、浅红、通白者，上因移植于兴庆池东沉香亭前。会花方繁开，上乘月夜（一说上乘“照夜白”）召太真妃以步辇从。

这次兴庆池畔沉香亭旁的赏花会，与会者有当朝皇帝李隆基和贵妃杨玉环，有诗坛圣手李白，有歌坛名家李龟年，其规格之高几乎到了无以复加的地步，称之为“一时之极致”绝非夸张。这一事件在中国牡丹史上产生了极为重要而深远的影响。记述这一事件的《松窗杂录》所记为唐中宗至武宗年间的宫廷轶事，而以玄宗朝事迹为多。作者李濬自云：“童时即历闻公卿间叙国朝故事，次兼多语其遗事特异者，取其必实之迹，暇日缀成一小轴，题曰《松窗杂录》。”由此可见，作者自己认为该书是史料笔记，是依据公卿大臣讲述的本朝故事，取其“特异”“必实”部分编纂成书的。此后，五代王仁裕《开元天宝遗事》中又记述了与此相关的事件两则：一是“百宝栏”部分记述“杨国忠初因贵妃专宠，上赐以木芍药数本，植于家。国忠以百宝妆饰栏楯，虽帝宫之美不可及也”；二是“四香阁”部分记述“国忠又用沉香为阁，檀香为栏，以麝香、乳香筛土和为泥饰壁，每于春时，木芍药盛开之际，聚宾客于此阁上赏花焉，禁中沉香之亭，远不侔此壮丽也”。另段成式《酉阳杂俎》记述：“开元末，裴士淹为郎官，奉使幽冀回，至汾州众香寺，得白牡丹一窠，植于长安私第。天宝中，为都下奇赏。当时名公有《裴给事宅白牡丹》诗，时寻访未获。一本有诗云：‘长安年少惜春残，争认慈恩紫牡丹。别有玉盘乘露冷，无人起就月中看。’太常博士张乘尝见裴通祭酒说。又房相（按：此指房琯）有言：‘牡丹之会，琯不预焉。’”并且，盛唐诗人王维已有《红牡丹》一诗。

由上可知，唐开元天宝年间宫廷中有了牡丹游赏活动。唐玄宗向大臣赏赐牡丹，游赏活动延及权臣显贵之家，并逐渐有了“牡丹之会”。慈恩寺也有了牡丹种植，人们争赏寺中紫牡丹而冷落白牡丹。

盛唐时期，中国牡丹开始向国外引种。724—749年（日本奈良时代）通过遣唐使传往日本。

2. 中晚唐时期

中唐（766—859），牡丹发展形成高潮，在中国历史上形成了第一次牡丹热。在中国乃至世界审美文化史上，一国首都钟情于一种花卉，即牡丹花，实属盛况空前。

欣赏牡丹的热潮在盛唐时期即已在酝酿，然而当时潜伏的政治危机导致了唐玄宗天宝十四年（755）冬安史之乱爆发。初，安禄山在范阳（今北京一带）起兵发动叛乱，次年攻陷两京。安禄山死后，其手下部将史思明继续与唐军作战，唐代宗宝应二年（763）才被平定。前后历时8年，给唐帝国造成了重大创伤。然而，值得注意的是，社会的剧烈动荡并没有使牡丹玩赏风气停歇，反而因为两京（长安、洛阳）陷落，玄宗与朝臣奔逃，宫人流散，而将皇宫中牡丹玩赏之风带到民间。安史之乱平息之后，经过一段时间的休养生息，到唐宪宗号称中兴的贞元至元和年间（785—820），随着社会政治、经济重趋安定和繁荣，牡丹欣赏热潮再度掀起。不过，宫廷赏花活动几经起伏而日渐式微，而社会上的赏牡丹活动则日趋活跃，牡丹几乎遍及长安全城。正如舒元舆《牡丹赋》序中所说：“由此京国牡丹，日月寖盛。今则自禁闼洎官署，外延士庶之家，弥漫如四渎之流，不知其止息之地。”

首先，官署中种牡丹，如白居易诗注中提到的翰林院，还有新进士举行牡丹宴的修正坊宗正寺亭子和永达坊度支亭子等。

其次，达官显贵士庶之家种植牡丹较盛唐时期更为普遍。如浑瑊、裴度、令狐楚、窦易直、牛僧孺、白居易、元稹等的宅第。刘禹锡《浑侍中宅牡丹》诗说浑瑊家牡丹“径尺千余朵”，白居易《看浑家牡丹花戏赠李二十》诗亦说“城中最数令公家”，可见浑家牡丹在长安独占鳌头。此时甚至有些殷实人家也有了牡丹，如王建《题所赁宅牡丹花》诗说“赁宅得花饶”。

再次，遍布京都的寺院也种植牡丹，一些著名寺院成了人们游赏牡丹的重要场所。例如慈恩寺。该寺位于长安晋昌坊，始建于隋文帝开皇九年

（589），唐贞观二十年（646）扩建为大慈恩寺。唐代高僧玄奘为保护从印度带回来的经卷，请得唐高宗的支持和资助，于永徽三年（652）在寺中修建了大慈恩塔（即西安大雁塔）。唐代进士放榜后，宴集杏园，雁塔题名，慈恩寺遂为都中名胜。该寺规模甚大，僧徒众多。开元天宝年间这里广植牡丹，每年暮春时节，就成为士庶争相游赏牡丹之所在。其久负盛名，历盛、中、晚唐而不衰。再如西明寺。该寺位于长安延康坊。中唐时白居易、元稹等人常来这里玩赏牡丹，作诗唱和，留下不少脍炙人口的诗篇。还有兴唐寺。唐段成式《酉阳杂俎》前集卷十九："兴唐寺有牡丹一窠，元和中，著花一千二百朵。"引人注目。

此外，还有永寿寺、万寿寺、荐福寺、光福寺、天王院、兴善寺等。《唐国史补》还记载"执金吾铺官围外，寺观种（牡丹）以求利"。唐代由于并重佛道，寺庙道观遍布长安各坊，甚至一坊不止一所。当观种牡丹之风刮起之时，寺观亦得风气之先，为牡丹的传播起到了推波助澜的作用。

随着牡丹在长安栽培的普及，随之而起的是盛况空前的赏花活动，当时称之为"游花"。《唐国史补》中"京师尚牡丹"条云："京城贵游尚牡丹，三十余年矣。每春暮，车马若狂，以不耽玩为耻。"这些情况在唐诗中有具体描绘。如刘禹锡《唯牡丹》诗："唯有牡丹真国色，花开时节动京城。"白居易《牡丹芳》诗："花开花落二十日，一城之人皆若狂。"徐凝《寄白司马》诗："三条九陌花时节，万户千车看牡丹。"崔道融《长安春》诗："长安牡丹开，绣毂辗晴雷。"徐夤《忆荐福寺南院》诗"牡丹花际六街尘"等。

随着京城牡丹热的兴起，牡丹逐渐向全国各地扩散。首先是东都洛阳，虽然此前洛阳已有牡丹栽培，《酉阳杂俎》续集卷二说（洛阳）尊贤坊田弘正宅"中门内有紫牡丹成树，花发千朵"，《唐两京城坊考》卷五说（洛阳）宣风坊安国寺"诸院牡丹特盛"，但当时洛阳牡丹明显不及长安。

除洛阳外，唐时牡丹栽培游赏较著名的地方还有钱塘，即今杭州。唐范摅《云溪友议》卷中"钱塘论"条载：

致仕尚书白舍人，初到钱塘，令访牡丹花。独开元寺僧惠澄，近于京师得此花栽，始植于庭，栏圈甚密，他处未之有也。时春景方深，惠澄设油幕以覆其上。牡丹自此东越分而种之也。

由此文记载，杭州引种牡丹，当在唐穆宗长庆初年或唐宪宗元和末年。当时，张祜（约785—约852）亦有《杭州开元寺牡丹》诗："浓艳初开小药栏，人人惆怅出长安。风流却是钱塘寺，不踏红尘见牡丹。"张祜与白居易是同时代的人，这首诗和《云溪友议》中的记载正好可以相互印证。除此之外，杭州郡衙虚白堂前亦有牡丹，罗隐（833—910）有诗《虚白堂前牡丹相传云太傅手植在钱塘》，此诗题中所云"虚白堂"即在杭州郡衙内，而"太傅"即指白居易（白居易晚年官至太子少傅）。

其后是会稽牡丹，会稽一带时称"越中"。诗人徐夤（唐末至五代时人）有《尚书座上赋牡丹花得轻字韵其花自越中移植》及《依韵和尚书再赠牡丹花》诗。后一首诗中有"多著黄金何处买，轻桡挑过镜湖光"句。诗中镜湖又称鉴湖，故址在今浙江绍兴。两首诗说明当时闽中移植的牡丹来自会稽。

除浙江以外，在江西、江苏也有牡丹栽培的记载。李咸用（860—874）为唐懿宗咸通年代的诗人，其《远公亭牡丹》诗曰："雁门禅客吟春亭，牡丹独逞花中英……庐山根脚含精灵，发妍吐秀丛君庭。湓江太守多闲情，栏朱绕绛留轻盈。""湓江太守"即江州（今江西省九江市）太守。该诗描写了太守与其下属在此悠闲赏牡丹的情景。远公亭在庐山脚下东林寺，寺中有牡丹栽培。此外，张蠙有《观江南牡丹》诗，记录了牡丹在南京的生长状况。

晚唐（860—907）时局动乱，牡丹发展受到抑制，但牡丹文化仍有所发展。唐人对牡丹的评价在唐诗中有所反映。李正封《牡丹诗》中的咏牡丹句"国色朝酣酒，天香夜染衣"等得以千古流传。

唐人对牡丹形成了较为全面的认识，并赋予"国色天香"之誉，使牡丹的文化象征意义开始凸显出来。

唐朝末年的动乱，使民众深受其害，当人们思念太平时期的美好岁月时，牡丹也就成了太平盛世与往昔辉煌的象征。

晚唐的战乱，给长安造成了严重破坏。一是黄巢起义军攻陷长安与官军收复长安，一进一出，破坏严重。宫室民房被毁十之六七。十几年后，朱温迫使唐昭宗迁都洛阳，长安居民按籍搬迁，房屋全被拆毁，长安几成废墟。此后，中原地区政治、经济、文化中心向东、向南转移，长安再也没有做过国都，政治、经济地位大为降低。长安的繁荣随唐王朝的覆灭而一去不返，再也没有出现过牡丹热。

据文献记载，唐时牡丹还传到了今东北黑龙江东南部。当时，这里是靺鞨人建立的政权——渤海国，与唐朝交往密切，中原文化对渤海国有着深刻影响。渤海国号称“海东盛国”，都城上京城（今黑龙江省宁安县境）十万住户。上京龙泉府城北东西为禁苑，苑内遍植牡丹、芍药及奇花异卉。

宋洪皓《松漠纪闻》载：“渤海国，去燕京、女真所部皆千五百里……安居逾二百年，往往为围池，植牡丹多至三二百窠，有数十干丛生者，皆燕地所无。”

（三）五代十国时期

五代十国（907—960）从朱温灭唐建后梁起，至赵匡胤篡后周建宋止。这是中国封建社会又一个分裂动乱时期。中原先后有后梁、后唐、后晋、后汉、后周五朝更替，南方则有南吴、南唐、前蜀、后蜀、吴越等十国存在。在相对安定的地区，牡丹仍有所发展。

1. 蜀地牡丹

1）成都牡丹　据《茅亭客话》载：“西蜀至李唐之后，未有此花……至伪蜀王氏，自京洛及梁洋间移植，广开池沼，创立台榭，奇异花木，怪石修竹，无所不有，署其苑曰：宣华。”文中“京洛”应指长安、洛阳，“梁洋”应是陕西汉中（古称梁州）和洋县。

胡元质《牡丹记》记王建之子王衍的舅舅徐延琼从今甘肃天水一带移植牡丹至蜀中。“伪蜀王氏号其苑曰宣华，权相勋臣，竞起第宅，穷极奢丽，皆无牡丹。惟徐延琼闻秦州董成村僧院有牡丹一株，遂厚以金帛，历三千里取至蜀，植于新宅。”

后唐同光三年（925），前蜀为后唐所灭。后唐闵帝应顺元年（934），孟知祥称帝，国号蜀，史称后蜀。同年，孟知祥三子孟昶（919—965）继位。孟昶亦喜牡丹。《牡丹记》云：“至孟氏于宣华苑广加栽植，名之曰牡丹苑。”“广政五年（942），牡丹双开者十，黄者、白者三，红白相间者四，后主宴苑中赏之，花至盛矣。”

2）彭州牡丹　据传在唐代，彭州丹景山上永宁院曾种植牡丹以供观赏。清《彭州县志》载：“丹景山游览最盛处有东岳庙，为故金华宫遗址，建自汉代，唐金头陀禅师重建。金头陀在宫之永宁院开辟荒地，广种牡丹，自成一景。”宋陆游《天彭牡丹谱》也载：“土人云：曩时永宁院有僧，种花最盛，俗谓之牡丹院，春时，赏花者多集于此。”天彭牡丹再度兴起应是在前后蜀时期。《成都记》（即胡元质《牡丹记》）载：“时彭州为辅郡，典州者多其戚里，得之上苑，乃彭州花之始也。天彭亦为之花州，而牛心山下为之花村。”

2. 江南牡丹

五代时期，江南地区主要为吴越、南唐、南平三国割据。由于当时中原一带连年战乱，而这一地区战乱较少，并且吴越和南唐都较重视水利设施建设，农业、手工业、商业发达，经济比较繁荣。此时，杭州已成为繁荣的大城市，南方经济逐渐超越北方，从而为牡丹在江南的发展提供了良好的社会条件。宋张淏《宝庆会稽志》载，“牡丹自吴越时盛于会稽，剡人尤好植之”；南唐高僧法眼禅师文益有诗《看牡丹》，相传是文益与南唐郡主同观牡丹花所作；齐已（860—约937）有诗《题南平后园牡丹》，诗题中的“南平”也叫荆南，即今湖北荆州一带，说明湖北荆州一带当时也有牡丹的栽培；天福年间（947），吴越王妃仰氏在宝莲山建释迦院（即宝成寺），寺中广植牡丹。

当时江南还出了不少牡丹画家，知名者有南唐徐熙、梅行思，吴越王耕等。“王耕善画，而牡丹最佳，春张于庭庑间，则蜂蝶骤至。”（唐于逖辑《闻奇录》）南唐徐熙画的《玉堂富贵》至今还收藏于台北故宫博物院。1981年，张家埭窑址发现一瓷碗残片，胎质细腻坚硬，内底刻牡丹，为吴越国官窑所出。吴越国第二代国王的王后马氏墓——康陵墓内后室有彩绘的牡丹图案；南唐先主李昪的钦陵和中主李璟的顺陵壁画中都有较多的牡丹。说明牡丹在当时各地的上层社会生活中扮演着重要角色。

3. 洛阳牡丹

据陶穀《清异录》（卷上“百叶仙人”条）所记：“洛阳大内临芳殿，（后唐）庄宗所建。牡丹千余本，其名品亦有在人口者，具于后：百叶仙人（浅红），月宫花（白），小黄娇（深黄），雪夫人（白），粉奴香（白），蓬莱相公（紫花黄绿），卵心黄，御衣红，紫龙杯，三云紫，盘紫酥（浅红），天王子，出样黄，火焰奴（正红），太平楼阁（千叶黄）。”

陶穀（903—970），历五代后晋、后汉、后周朝为官，至北宋任礼部尚书等。后唐庄宗朝历时仅四年。该朝建临芳殿一事，五代时期相关文献未有记载。所述15个品种在宋代重要文献中均未有提及，亦为一疑点（郭绍林，2019）。

二、唐代牡丹兴起的时代背景与社会影响

（一）牡丹兴起的历史机缘

唐朝鼎盛时期，京城长安作为全国政治、经济、文化中心，以及闻名于世的国际大都会，生活情调的热烈使长安人倾心于一切丰富多彩且暖色调的事物。其间，牡丹花经过武则天的关注，由民间进入皇宫内苑，适宜的栽培条件也使它有了引人注目的变化。当几丛色彩艳丽、风姿绰约的牡丹栽种到兴庆宫后，又很快得到风流天子李隆基的赏识，由他亲自导演的兴庆宫赏花盛会，使得雍容华贵、气质不凡的牡丹花在国人面前大放光彩。天宝二年（743）春，这场极具传奇色彩的赏牡丹盛会引起了极大的反响。当朝天子李隆基及其贵妃杨玉环是这股牡丹审美潮流的引领者，使伟大的浪漫主义诗人、有诗仙称谓的李白创作了第一组牡丹诗，其想象之奇特，刻画之精妙，比拟之贴切，实非常人所能及。李白为日后牡丹题材文学的繁荣起到了推波助澜的作用。唐代音乐名家李龟年为牡丹演唱新乐，也为牡丹题材音乐的发展增加了活力。牡丹正是在这样一个特殊的时代背景下，由一群特殊的历史人物推上了历史舞台。一夜之间，牡丹由普通花木一跃而成花中新宠，多年长盛不衰，声名显赫至极。

兴庆宫赏花与李白醉赋《清平调词》三首成为中国牡丹史、牡丹审美文化史上一个标志性事件，一个千古传诵的经典。

如果没有安史之乱的干扰，欣赏牡丹的热潮很快就会到来。而中唐贞元、元和年间有王公卿士与平民百姓广泛参与的“游花”活动，成为唐都长安一个全民性的娱乐项目，使赏牡丹的热潮达到了巅峰。这股赏花热潮有这样几个促成条件：作为审美对象的牡丹花，在长安有了极大的普及，多姿多彩、香味浓郁而又硕大的花朵，强烈地吸引着人们的目光。而暮春三月牡丹花期正是长安最好的游春赏花时节。在社会条件方面，这是继盛唐之后又一个相对升平富足的时代，优裕的物质生活促使人们寻求精神生活的充实和满足，而牡丹正是作为审美主体的人群所要寻求的精神依托。在历经数十年长盛不衰的游花活动中，一代唐人追求弘丽华贵的审美情趣就尽显在这极具天姿国色的牡丹花之中。人们对牡丹的欣赏与热爱一直持续到晚唐，并做出了“国色天香”的评价。可以说，唐人已经把牡丹放在了国花的地位上。

（二）牡丹对唐代社会的影响

从盛唐起，牡丹逐渐进入唐人的感情生活，在不同的社会层面产生了影响。

1. 牡丹与政治

牡丹与政治本来没有直接的联系，但通过有关人物的活动，以及人们政治感情的寄托，牡丹与国家繁荣昌盛形成了某种必然的联系，进而促使牡丹的文化象征意义又具有了一定的政治内涵。

对于中唐兴起的几乎是全民参与的如痴如醉的赏花活动，大部分唐诗作者持肯定、赞美的态度，并且许多诗人本人也是游花赏花活动的积极参加者。赏牡丹花实际上反映了唐人的社会审美心理和审美价值取向，是人们对大唐帝国光辉岁月的思念和肯定，有其积极意义。据文献记载，中兴之世的元勋裴度对牡丹的倾慕到了以抱病之身观赏牡丹花开，不然死不瞑目的地步，从中可见一斑。但也有人不愿参加赏花活动，甚至提出批评。太学助教李绅拒绝看花。中书令韩弘初到长安，就叫人把宅院中的牡丹除掉。《唐国史补》记载了他的话："吾岂效儿女子耶？"更有王毂《牡丹》诗说："牡丹妖艳乱人心，一国如狂不惜金。曷若东园桃与李，果成无语自成阴。"应当承认，事物发展往往有着互相对立的两个方面。游花活动一方面反映了经济繁荣，国力强盛，在意识形态控制相对宽松的条件下，人们热烈奔放，有着追求美好事物的豪情；另一方面，享乐思想的泛滥，权贵豪门奢侈浪费之风滋长，也是客观存在。白居易在《牡丹芳》诗中批评赏花风气，一说"三代以还文胜质，人心重华不重实。重华直至牡丹芳，其来有渐非今日"。二说"我愿暂求造化力，减却牡丹妖艳色。少回卿士爱花心，同似吾君忧稼穑"。白氏自己嗜好牡丹，栽花、赏花、咏花都不落人后，批评浮躁奢靡之风无可厚非，但指责名花惑乱人心，则不免使人感到言过其实。

安史之乱后，唐王朝国力衰微，藩镇割据、朝中党争、宦官专权等极大地削弱了皇室和宫廷的权力。中唐以后，牡丹玩赏活动仍然是宫廷中一项重要的娱乐休闲活动，皇家园囿之牡丹种植仍具规模，但赏玩牡丹之心态则已较开元天宝年间有很大不同。如唐李濬《松窗杂录》载：

大和、开成中，有程修己者，以善画得进谒。修己始以孝廉召入籍，故上不甚礼（按，原文失“礼”字，据别本补），以画者流视之。会春暮内殿赏牡丹花，上颇好诗，因问修己曰：“今京邑传唱牡丹花诗，谁为首出？”修己对曰：“臣尝闻公卿间多吟赏中书舍人李正封诗曰：‘天香夜染衣，国色朝酣酒。’”（按，原句当作“国色朝酣酒，天香夜染衣”）上闻之，嗟赏移时。

2. 牡丹与经济

牡丹发展在盛唐时已小有规模，牡丹开始作为商品进入流通领域，且价格昂贵。岑参《优钵罗花歌》序中曾提到“牡丹价重”。进入中唐，牡丹虽有较大发展，但仍然是达官显贵、富裕人家“互比豪侈”的东西。王建《闲说》诗提到“王侯家为牡丹贫”，就说明那时的社会风尚，有钱人家为买牡丹炫耀富贵，不惜倾家荡产。牡丹贵到什么程度呢？柳浑《牡丹》诗云：“近来无奈牡丹何，数十千钱买一窠。”又白居易《买花》诗：“灼灼百朵红，戋戋五束素”“一丛深色花，十户中人赋”。百朵牡丹花与25匹绢等值，也顶得上10户中等人家的赋税。据《新唐书》卷五十一《食货志一》有关粮价记载，与卷五十二《食货志二》有关绢价的记载折算，每朵牡丹合六百文钱，而唐代宗时，中等户仅户税一项即每年2 000文，十户为2万文，如加上赋税中其他项目，就更大了。因而“数十千钱买一窠”，确非虚语。这与《唐国史补》中所说，当时牡丹“一本有值数万者”，可相互印证。即使到了晚唐，牡丹仍很珍贵（郭绍林，1997）。

中唐时，长安已出现花市。白居易《买花》诗说：“帝城春欲暮，喧喧车马度。共道牡丹时，相随买花去。贵贱无常价，酬直看花数。灼灼百朵红，戋戋五束素。上张幄幕庇，旁织笆篱护。水洒复泥封，移来色如故。家家习为俗，人人迷不悟。有一田舍翁，偶来买花处。低头独长叹，此叹无人喻。一丛深色花，十户中人赋。”这儿的“买花处”当是花市无疑。另有司马扎《卖花者》诗，描写了花农的生产经营情况：“长安甲第多，处处花堪爱。良金不惜费，竞取园中最。一蕊才占烟，歌声已高会。自言种花地，终日拥轩盖。”

牡丹花贵重，显然与其数量不多且来之不易有关。这就反映了当时牡丹园艺发展水平跟不上人们欣赏牡丹的需求。唐代牡丹应该有了很好的变异，即所谓雍容华贵、富丽堂皇，符合唐人欣赏富态美的风尚。如果不美，怎能引起长安城朝野惊动，一城若狂？从唐代相关记载看，栽培牡丹大多植株高大，花朵繁多，一棵五六百朵甚至达到1 200朵。有的从早到晚，颜色都有变化。并且已经出现了重瓣牡丹（即“千叶”牡丹）。并且，移植技术也不错，白居易曾写过“带花移牡丹”“水洒复泥封，移来色如故”。但是，关键的无性繁殖技术没有解决，使得优良品种难以普及。康骈《剧谈录》中记述一些权要子弟骗取慈恩寺高僧信任，设法把他辛苦培育了20年、开花逾百朵的一窠“殷红牡丹”挖走，最后偿还他“金三十两、蜀茶二斤”的故事。

3. 牡丹与佛教

寺庙道观在牡丹传播中起了重要作用。但从唐诗及其他有关资料看，牡丹与佛教似乎更密切一些。这里有两点需要提到：一是僧人在牡丹的培育和推广方面做出了重要贡献；二是牡丹诗中常借牡丹荣落兴衰阐述禅理。寺院培育牡丹，如山西汾州众香寺，就是中原一带栽培牡丹发祥地之一。前有武则天令人从该寺院移植牡丹，后有裴士淹又去移植。而长安一些寺院更培育了众多具有特色的牡丹。如兴唐寺僧人培育一株牡丹开花1 200朵，有正晕、倒晕、浅红、浅紫、深紫、黄白檀等色（《酉阳杂俎》前集卷十九）。《唐语林》卷七载慈恩寺有“殷红牡丹一丛，婆娑数百朵”，是一位老僧历时20年培育所得。而《云溪友议》写徐凝《题开元寺牡丹》诗记述僧人惠澄从京都长安把牡丹引来，从此“东越分而种之”。至于诗文中在描写寺院牡丹的同时阐述禅理，那就更带有普遍性。有些诗文描写僧人爱牡丹之情深，也颇富情趣，如吴融的《和僧咏牡丹》说牡丹的美艳使得“万缘销尽”的和尚也动了心，可见它有何等的魅力！唐诗中提到较多的禅理是色空论。唐及五代牡丹诗中有一些颇富哲理的禅诗，同样能给人以启迪和教益，值得一读。

三、唐代牡丹审美文化的兴起与繁荣

（一）唐人牡丹游赏活动的方式

唐代牡丹发展史，实际上就是一部牡丹审美文化史。

归纳起来，唐人牡丹游赏活动有以下几种形式：一是赏花会和赏花宴。这类活动多在宫廷中开展，如前面提到的唐高宗组织赏花赋诗活动，又有进士及第后举行牡丹宴。二是斗花与买卖牡丹花。唐人崇尚牡丹，每以拥有奇花异卉为荣，相互攀比，京城士民中有斗花者。唐王仁裕《开元天宝遗事》卷下有“斗花”条：“长安王士安（“王士安”三字疑为“士女”），春时斗花戴插，以奇花多者为胜。皆用千金市名花，植于庭苑中，以备春时之斗也。”由此可知牡丹有价，已是可以买卖的商品。三是文人游赏、饮宴中之题诗唱和。文人士大夫有较高的文学水平和文化修养，他们的游赏赋诗，不仅产生了一批优秀的文学作品，而且提高了游赏活动的品位，使这些活动具有了丰富而深刻的文化内涵。四是平民百姓的游赏。

（二）唐代牡丹题材文学的繁荣

1. 诗歌创作活动

唐代是诗歌创作极为活跃的时代，唐诗是中国文学史上一座不朽的丰碑。其中，牡丹也是一个重要的创作题材。据统计，现存唐人牡丹诗共137首（含词4首），其中盛唐5首，中唐47首，晚唐五代85首（路成文，2011）。如果加上与牡丹有关的词，则有240首之多（李嘉珏，2009）。几百首牡丹诗词，其吟咏内容比较广泛，但大部分诗词均以颂美主题为主。细细品读唐人牡丹诗词，则可以深深体味到唐人对牡丹的深切热爱之情。

奉唐玄宗的诏令，李白乘醉即兴创作，写下三首诗篇；音乐名家李龟年当即谱曲，让梨园弟子教唱。这三首诗应是现存最早的牡丹诗。李白在这几首诗中，首创了多种牡丹意象，开创了牡丹审美鉴赏中的新篇章。他把牡丹与杨贵妃、赵飞燕、巫山神女相提并论，运用一串联想调动人们的思绪，十分生动传神。

李白之后，唐人对牡丹之美艳与高贵，描述与赞美之词几乎是盈篇满籍。

中唐刘禹锡《思黯南墅赏牡丹》诗：

偶然相遇人间世，合在增城阿姥家。

有此倾城好颜色，天教晚发赛诸花。

徐凝《牡丹》诗：

何人不爱牡丹花，占断城中好物华。

疑是洛川神女作，千娇万态破朝霞。

韦庄《白牡丹》诗：

闺中莫妒新妆妇，陌上须惭傅粉郎。

昨夜月明浑似水，入门唯觉一庭香。

晚唐，李商隐《牡丹》诗，八句八典，极尽渲染牡丹富贵娇艳之能事。

锦帏初卷卫夫人，绣被犹堆越鄂君。

垂手乱翻雕玉佩，折腰争舞郁金裙。

石家蜡烛何曾剪，荀令香炉可待熏。

我是梦中传彩笔，欲书花叶寄朝云。

首联喻初开之牡丹，绿叶簇拥红花，明艳照人；颔联形容春风吹拂下一丛丛牡丹枝叶摇曳之动人情态；颈联以“石家蜡烛”“荀令香炉”反衬牡丹之光艳香浓；尾联总收，由牡丹之美艳联想到巫山神女，想把诗题在此花叶上，寄给她。“此诗既借艳以写花，又似借咏花以寓人。”作者以富贵人家艳色作比拟，与唐人视牡丹为“国色天香”富贵气象的审美心理相吻合。

在唐人心目中，牡丹可谓超凡脱俗，魅力非同凡响。其色香姿韵可以用一个无与伦比的“美”字来概括。诗人把白牡丹比作白云、薄霜、白雪、白龙、银器、白玉等，无不晶莹璀璨，映衬得夜色不黑；它使得白玉失去了光泽，甚至和月光浑然一体，人们只能从花香和花株的影子中感觉到它的存在。而红牡丹则比作赤日、鲜血、红霞、烛炬、火焰、丹砂、涂抹胭脂的香腮等；至于牡丹的香味，那更是超出了一切香草香料，甚至用东汉荀令君之典，说荀氏衣带奇香，他的坐处能香三日，仍不能和牡丹相比。还有牡丹的姿、韵更是无与伦比。先是百花之中无花可比，继而说人世间的俊男美女也是稀有能与之相匹配的。

总的来看，唐人对牡丹的审美认识主要着眼于牡丹外在的物色特征，经过中晚唐的历练，才逐渐深入到其整体形态、神韵之美。刘禹锡《牡丹》诗：“庭前芍药妖无格，池上芙蕖净少情。唯有牡丹真国色，花开时节动京城。”此处“国色”已不仅仅是其容色之娇艳明丽，而是涉及气质神韵之超凡脱俗。及至李正封之“国色朝酣酒，天香夜染衣”，牡丹更有了国色天香之美誉。唐人对牡丹的赞赏为宋代牡丹审美文化的大力发展奠定了坚实的基础。

牡丹游赏之风兴盛，为唐人经济文化生活增色不少，但也带来了一股奢靡之风，一些富有忧患意识和批判精神的诗人也看到了这种风尚之后隐藏的危机。

2. 牡丹赋

唐代仅有两篇牡丹赋，其中舒元舆的《牡丹赋》较为人所熟知，在文学史上占有一定地位。

舒元舆（约791—835），婺州东阳（今浙江东阳）人。其出身寒微，唐宪宗元和八年（813）登进士第。据考证，他的《牡丹赋》约作于大和九年（835）暮春（路成文，2011），此时，他因得到文宗皇帝的赏识，身居相位，正是踌躇满志之时。该赋是舒元舆在他仕途最顺利的时候写下的作品，其主旨是要表现牡丹由于武则天的赏爱由隐而显、由贱而贵的命运，其在生命最为灿烂时的美丽雍容，并充分运用大赋的艺术手法，极尽铺排张扬之能事。如描写牡丹颜色与形态之美时，连用18个比喻：

赤者如日，白者如月。淡者如赭，殷者如血。向者如迎，背者如诀。坼者如语，含者如咽。俯者如愁，仰者如悦。袅者如舞，侧者如跌。亚者如醉，曲者如折。密者如织，疏者如缺。鲜者如濯，惨者如别。

描写后苑牡丹时，又用特写镜头刻画一朵朵牡丹的形态：

或灼灼腾秀，或亭亭露奇。或飐然如招，或俨然如思。或希风如吟，或泫露如悲。或垂然如缒，或烂然如披。或迎日拥砌，或照影临池。或山鸡已驯，或威凤将飞。

而描写成片牡丹时，又采用了全景式镜头：

乍疑孙武，来此教战。教战谓何？摇摇纤柯。玉栏风满，流霞成波。历阶重台，万朵千窠。西子南威，洛神湘娥。或倚或扶，朱颜色酡。角炫红釭，争颦翠娥。灼灼夭夭，逶逶迤迤。汉宫三千，艳列星河。

舒元舆还描写了皇家园囿之规模宏大，长安人游赏牡丹之盛况空前。读过舒赋，会使人感到满眼缤纷，乐景无限，时人亦赞该赋之工。

舒元舆写作该赋不久，就在甘露之变中被宦官所害。唐苏鄂《杜阳杂编》记下了唐文宗追忆舒元舆《牡丹赋》时的心境：

上（文宗）于内殿前看牡丹，翘足凭栏，忽吟舒元舆《牡丹赋》云："含者如咽，俯者如愁，仰者如悦。"吟罢，方省元舆词，不觉叹息良久，泣下沾臆。

3. 牡丹小说

唐代，牡丹也被写入了小说。

据《太平广记》卷三百六十四载，有一篇出自唐人张读《宣室志》的神怪小说，描写谢翱进京考进士，下榻于升道坊，庭中多牡丹，遂引出一段人神相恋的故事。该篇作品情节曲折复杂，人物刻画细腻生动，是唐代唯一的一篇以牡丹为线索展开的传奇小说。兹附录于下（据《唐五代笔记小说大观》，上海古籍出版社2000版）：

陈郡谢翱者，尝举进士，好为七字诗。其先寓居长安升道里，所居庭中，多牡丹。一日晚霁，出其居，南行百步，眺终南峰。伫立久之，见一骑自西驰来，绣缋仿佛，近乃双鬟，高髻靓妆，色甚姝丽。至翱所，因驻谓翱："郎非见待耶?"翱曰："步此，徒望山耳。"双鬟降笑，拜曰："愿郎归所居。"翱不测，即回望其居，见青衣三四人，偕立其门外，翱益骇异。入门，青衣俱前拜。既入，见堂中设茵毯，张帷帘，锦绣辉映，异香遍室。翱愕然且惧，不敢问。一人前曰："郎何惧？固不为损耳。"顷之，有金车至门，见一美人，年十六七，风貌闲丽，代所未识。降车入门，与翱相见。坐于西轩，谓翱曰："闻此地有名花，故来与君一醉耳。"翱惧稍解。美人即命设馔同食，其器用物，莫不珍丰。出玉杯，命酒递酌。翱因问曰："女郎何为者，得不为他怪乎？"美人笑不答，固请之，乃曰："君但知非人则已，安用问耶！"夜阑，谓翱曰："某家甚远，今将归，不可久留此矣。闻君善为七言诗，愿有所赠。"翱怅然，因命笔赋诗曰："阳台后会杳无期，碧树烟深玉漏迟。半夜香风满庭月，花前竟发楚王悲。"美人览之，泣下数行，曰："某亦尝学为诗，欲答来赠，幸不见诮！"翱喜而请，美人求绛笺，翱视笥中，唯碧笺一幅，因与之。美人题曰："相思无路莫相思，风里花开只片时。惆怅金闺却归处，晓莺啼（"啼"原作"题"，据明抄本改）断绿杨技。"其笔札甚工，翱嗟赏良久。美人遂顾左右，撤帐帘，命烛登车。翱送至门，挥泪而别。未数十步，车与人马俱亡见矣。翱异其事，因贮美人诗于笥中。明年春，下第东归，至新丰，夕舍逆旅。因步月长望，追感前事，又为诗曰："一纸华笺丽碧云，余香犹在墨犹新。空添满目凄凉事，不见三山缥缈人。斜月照衣今夜梦，落花啼鸟去年春。红闺更有堪愁处，窗上虫丝镜上尘。"既而朗吟之，忽闻数百步外有车音，西来甚急。俄见金闺从数骑，视其从者，乃前时双鬟也。惊问之，双鬟遽前告。即驻车，使谓翱曰："通衢中恨不得一见。"翱请其舍逆旅，固不可。又问所适，答曰："将之弘农。"翱因曰："某今亦归洛阳，愿偕东，可乎？"曰："吾行甚迫，不可。"即褰车帘，谓翱曰："感君意勤厚，故一面耳。"言竟，呜咽不自胜。翱亦为之悲泣，因诵以所制之诗，美人曰："不意君之不相忘如是也，幸何厚焉？"又曰："愿更酬此一篇。"翱即以纸笔与之，俄顷而成，曰："惆怅佳期一梦中，五陵春色尽成空。欲知离别偏堪恨，只为音尘两不通。愁态上眉凝浅绿，泪痕侵脸落轻红。双轮暂与王孙驻，明日西驰又向东。"翱谢之，良久别去。才百余步，又无所见。翱虽知为怪，眷然不能忘。及至陕西，遂下道至弘农，留数日，冀一再遇，竟绝影响，乃还洛阳。出二诗，话于友人。不数月，以怨结遂卒。

笔记小说是唐以来流行的一种文体。文章有短有长，短的仅是一则记事，长的则有较多故事情节。这类文章记下了唐代上至宫廷下至民间有关牡丹的各种趣闻逸事。有些作品情节生动，记录真实具体，具有一定史料价值，可作为正史的补充。如康骈《剧谈录》中之"慈恩寺牡丹"条，就从一个侧面反映了当时长安人玩赏牡丹如痴如狂的社会风尚。全文如下：

京国花卉之晨（应作"盛"），尤以牡丹为上。至于佛宇道观，游览者罕不经历。慈恩浴堂院有花两丛，每开及五六百朵，繁艳芬馥，近少伦比。有僧思振，常话会昌中朝士数人，寻芳遍诣僧室，时东廓院有白花可爱，相与倾酒而坐，因云牡丹之盛，盖亦奇矣。然世之所玩者，但浅红深紫而已，竟未识红之深者。院主老僧微笑曰："安得无之？但诸贤未见尔！"于是从而诘之，经宿不去。云："上人向来之言，当是曾有所睹。必希相引寓目，春游之愿足矣！"僧但云："昔于他处一逢，盖非辇毂所见。"及旦求之不已，僧方露言曰："众君子好尚好此，贫道又安得藏之，今欲同看此花，但未知不泄于人否？"朝士作礼而誓云："终身不复言之。"僧乃自开一房，其间施设幡像，有板壁遮以旧幕。幕下启开而入，至一院，有小堂两间，颇甚华洁，轩庑栏槛皆是柏材。有殷红牡丹一窠，婆娑几及千朵，初旭才照，露华半晞，浓姿半开，炫耀心目。朝士惊赏留恋，及暮而去。僧曰："予保惜栽培近二十年矣，无端出语，使人见之，从今已往，未知何如耳！"信宿，有权要子弟与亲友数人同来入寺，至有花僧院，从容良久，引僧至曲江闲步。将出门，令小仆寄安茶笈，裹以黄帕，于曲江岸藉草而坐。忽有弟子奔走而来，云有数十人入院掘花，禁之不止。僧俯首无言，唯自吁叹。坐中但相盼而笑。既而却归至寺门，见以大畚盛花舁而去。取花者谓僧曰："窃知贵院旧有名花，宅中咸欲一看，不敢预有相告，盖恐难于见舍。适所寄笼子，中有金三十两、蜀茶二斤，以为酬赠。"

（三）唐及五代的牡丹绘画

从唐代起，花鸟画逐渐成为独立的专门画科，与此同时，牡丹芍药逐渐成为花鸟画的重要题材。到五代，画家不仅着意表现牡丹的自然美，更重视表现牡丹富贵吉祥的文化象征寓意。虽然后来也有画家用牡丹来表现政治寓意，但从总体上看，寓意富贵吉祥仍然是牡丹画的主流。唐开元天宝年间，朝野上下观赏咏诵牡丹达到了狂热的程度，画家们亦陶醉其中。这一时期的冯绍正、边鸾、于锡、殷保容、刁光胤等，堪称传世名家。他们的牡丹画，走笔流畅，神态飘逸。“唐人花鸟，边鸾最为驰誉”，他能“穷羽毛之变态，夺花卉之芳妍”（汤垕《画鉴》）。有人说他画的牡丹，“花色红淡，若浥雨疏风，光彩艳发”。董道在《广川画跋》中也说：“边鸾所画牡丹，妙得生意，不失润泽”。边鸾曾在长安宝应寺西塔壁上首作牡丹画。边鸾的一个重要贡献是创造了“折枝花”，即从自然界的花株中撷取最具美感的一部分摄入画幅，使画家更能发挥创作的主动性。折枝花的出现，是花鸟画发展进程中的一大进步。边鸾牡丹画在宋代宣和御府有收藏，《宣和画谱》中存其画33幅，其中牡丹画3幅，即《牡丹图》《牡丹白鹇图》《牡丹孔雀图》。

唐代著名画家周昉留下的《簪花仕女图》虽然以宫廷妇女闲逸生活的片段为题材，但极富生活情趣，也从一个侧面表现了当时牡丹、芍药在宫廷生活中的影响。这幅长卷分采花、看花、漫步、戏犬四个段落。上有浓妆贵族妇女五人，女侍一人。正当春夏之交，贵妇人高高的发髻上插着鲜花，身着纱衣长裙，打扮得华丽入时。左起第一个侧身玉立的妇女，高高的发髻上插着一朵牡丹花，正在逗引着狮子狗。其右侧是一个发插红瓣花枝的妇女。右后方侧立一个手执长柄团扇的侍女。侍女右前方是一位顶插荷花的妇女。远处一个慢步行进的妇女发插海棠花。最后是一位发顶插芍药的妇女，右手举起刚扑到的蝴蝶，扭身迎向奔驰而来的狮子狗。这是唐贞元年间在穷奢极欲、侈靡风气的支配下，贵族妇女妆饰日趋争奇斗艳的真实写照。

五代著名花鸟画家有后梁于兢，南唐徐熙、梅思行，前蜀黄筌父子、滕昌祐等。徐熙、黄筌可称为后世花鸟画家的大宗师。宋代编纂的《宣和画谱》载：“御府所藏黄筌牡丹画十六幅，徐熙书牡丹三十九幅。黄筌的画用笔极新细，殆不见墨迹，但以轻色染成。徐熙画以墨笔为之，殊草草，略施丹粉而已。”徐熙写花卉，不以色晕淡成，而是落墨枝叶蕊萼，然后傅色，骨气风神，可谓古今绝笔。徐熙创造了叠色渍染法，落墨较重，薄施丹粉，用笔清秀，使牡丹的内在美得以充分再现。宋宣和御府藏徐画249幅，其中牡丹画有40幅。牡丹画中有《牡丹图》13幅，其他有《牡丹梨花图》《牡丹杏花图》《牡丹海棠图》《牡丹山鹧图》《牡丹戏猫图》《牡丹鹁鸽图》《牡丹游鱼图》《牡丹湖石图》《红牡丹图》《折枝牡丹图》《写生牡丹图》《写瑞牡丹图》《牡丹桃花图》《风吹牡丹图》《蜂蝶牡丹图》《牡丹芍药图》等，每幅均有寓意。徐熙有一幅《玉堂富贵图》藏于台北故宫博物院。这幅画表明五代时期牡丹的富贵吉祥寓意已基本成形。

宣和御府藏前蜀画家滕昌祐画65幅，有9幅为牡丹画，其中有《牡丹睡鹅图》《湖石牡丹图》《龟鹤牡丹图》《太平雀牡丹图》等。另藏前蜀花鸟画家黄筌佳作349幅，其中牡丹画16幅，黄筌次子黄居宝子承父业，擅花鸟，有牡丹画多幅。

另据郑以墨（2009）的考证，晚唐五代时期，牡丹审美文化在民间工艺美术方面也有进展，尤其表现在墓葬壁画艺术上。如在浙江发现的后晋天福四年（939）五代吴越国康陵墓墓门和后侧门都有朱红色的缠枝牡丹图，两边耳室的三面墙壁上各绘一株高达1 m的红牡丹，左壁着花26朵，右壁28朵。此外，后晋天福六年（941）钱元灌墓及后周广顺二年（952）吴汉月墓等皆在四壁边沿刻有带状牡丹花图案，红瓣金蕊绿叶。可见五代墓室中使用牡丹纹样甚为普遍。

北京海淀区八里庄于1991年9月发现的唐开成三年（838）墓主为幽州节度判官兼殿中侍御史王公淑及其夫人的墓葬，其墓壁画有大幅牡丹图，棺床上有牡丹砖雕。墓室北壁留存一幅通壁大画《牡丹芦雁图》，一株着花9朵枝繁叶茂的牡丹居于墙壁中央，四周有自然灵动的芦雁、蝴蝶。此画现藏于海淀区博物馆。还有河北曲阳黄山镇西五代早期墓葬后室北壁也保存了一幅通壁大画《牡丹湖石图》。这类“装堂花”是晚唐五代出现的绘画艺术新样式。

（四）民俗文化中的牡丹纹饰

唐代的花卉图案因反映幸福、财富、生命永驻、佛国的美妙与庄严等人生理想和价值观念而极富吉祥寓意，并具有富丽华美的艺术特色。以牡丹为题材的吉祥装饰图案也就在唐代应运而生，并逐渐推向全国。唐代的牡丹纹样主要装饰在铜器、陶器和石刻上。另外，在敦煌藏经洞发现的隋唐时代的绣品中，也发现有牡丹莲花绣的图案。彩绘始于东周，唐代仍然流行，但仅限于陶俑与陶罐上。据《洛阳市志 · 牡丹志》记载，洛阳一带的牡丹纹饰见于唐代塔式罐和唐宋时期的三彩器上。大量的塔式陶罐常用彩绘牡丹纹做装饰，其布局多为二方、四方连续，牡丹纹饰常受器物造型的影响，随着器型的弧度而变化，变形牡丹纹就成为它们的特点，口沿与底部多以俯莲和仰莲作陪衬。图案性较强，层次分明，主体突出，色彩鲜艳丰富，它们都是以白色为底，再由红、黑、绿、灰、褐等色组成。偃师杏园村唐代宗大历十三年（778）郑洵墓出土的彩绘塔形陶罐，器身鼓腹，腹外白色粉底，饰有彩绘牡丹花和几何纹图案，颜色有红、黑、绿等。此类陶罐在洛阳等其他地方也多有发现，洛阳市文物工作队收藏的这种牡丹纹陶罐，花形逼真，形式多样。牡丹纹陶罐在甘肃亦见有出土，见图1–3。

● 图 1–3　**甘肃临洮出土的唐代陶罐上的紫斑牡丹纹**

唐代三彩罐、壶、炉等器物上也多饰牡丹纹。洛阳金家沟出土的带盖罐，腹部贴塑一朵变形重瓣牡丹，花心恣放，呈放射状。花瓣施绿釉，上部略施黄釉，边缘饰细线纹。洛阳东郊塔湾村唐墓出土的鹰首壶，腹部两侧饰浅浮雕图案，一侧为骑马射箭图，其下为一朵单瓣绿釉牡丹，花蕊略带黄、蓝色。洛阳博物馆藏有三足盆式炉，炉体一侧饰三色折枝牡丹。

唐朝民间有“七夕弄化生”的风俗。在七夕这天，人们手中拿上小如手掌的蜡人，将其放入水中，待其慢慢从水中浮起时便谓之“化生”。

在陕西铜川黄堡窑（耀州窑的前身）址五代地层出土残件中也有以婴戏为题材的。相关考古报告中介绍：这些五代时期的文物，有的是在牡丹纹青瓷盂上剔刻攀枝娃娃图案，娃娃腰上雕刻有折枝牡丹，表现一个裸体童子攀附在盛开的牡丹枝叶上，并做奔跳状，这被考古界解释为古代传统吉祥观念和佛教的“托物化生”观念在窑饰工艺中的结合。所谓“托物化生”，意即婴儿从牡丹花中生长出来的意思，这与古印度神话中讲梵天从莲花中生出是一个道理，也是一种生殖崇拜意象。此后，在宋瓷图案中就不乏“化生”题材，就是婴儿从花中化生的婴戏图，有婴戏莲花图案，还有婴戏牡丹图案。人们对牡丹的喜爱加之“七夕弄化生”的习俗，使得牡丹在民间被赋予了生殖的文化意象。就像石榴多籽被喻为妇女多产，牡丹根断了仍然能活的特性，也被人们意象为“多子且易活”，不过没有石榴多籽意象那么直接。

第四节

两宋时期

宋代牡丹较唐代有了更快的发展和普及，并且在北宋时期形成了中国历史上又一个发展高潮。以洛阳牡丹作为一个完美的标志和象征，无论它是兴盛繁荣还是衰落残败，都通过牡丹文学、牡丹文化深深地烙上了时代的印记，成为国家、民族永远的历史记忆。

总的看来，从北宋到南宋，中国牡丹一直在持续发展，分布范围不断扩大，奠定了中原、江南、西南三大品种群的基本格局。

一、发展历程与地理分布

（一）北宋时期

1. 洛阳牡丹的兴起

北宋前中期，牡丹首先兴起于洛阳。之所以如此，是因为洛阳历史地理位置优越。洛阳位居天下之“中”，唐代作为东都，晚唐昭宗以后，迁都洛阳，五代时后唐、后汉、后周亦曾建都于此。北宋虽建都于汴京，但出生于洛阳的宋太祖赵匡胤却时时不忘迁都洛阳，使洛阳城市建设备受关注。洛阳一直占据着中原政治、经济、文化中心的地位，城市繁华，人文荟萃。

北宋中前期，洛阳不仅完全继承了唐人热爱与倾心牡丹的遗风，而且不断发展创新，形成了历史上又一个令世人震撼的发展高潮。欧阳修《洛阳牡丹记》说："牡丹出丹州、延州，东出青州，南亦出越州。而出洛阳者，今为天下第一。"

欧阳修说洛阳牡丹当时为"天下第一"，实际上也是宋人的共识。如司马光也说"洛邑牡丹天下最"（《又和安国寺及诸园赏牡丹》），还说"真宰无私妪煦同，洛花何事占全功。山河势胜帝王宅，寒暑气和天地中"（《和君贶寄河阳侍中牡丹》）。陈师道《后山丛谈》说"花之名天下者，洛阳牡丹、广陵芍药耳"；蔡絛《铁围山丛谈》卷六说"洛阳牡丹号冠海内"；彭乘《续墨客挥犀》卷七谈到"今洛阳牡丹遂为天下第一"。欧阳修后来在他的《洛阳牡丹图》诗中说："洛阳地脉花最宜，牡丹尤为天下奇。"宋人说洛阳牡丹为"天下第一""天下之奇""天下之最"，都说明了宋人对洛阳牡丹居第一的认同。

洛阳牡丹之所以成为"天下第一"，不仅仅是因为洛阳地理位置优越，还因为这里地脉宜花。地脉者，指的是气候、土壤等自然条件。洛阳气候土壤条件适宜牡丹生长，然而，更重要的是这里有着极其丰富的野生牡丹资源。据欧阳修《洛阳牡丹记》、周师厚《洛阳花木记》所载资料可以判断，唐宋时期，洛阳郊区山地野生牡丹广为分布，并从中变异出不少名贵品种，如'魏花''姚黄'等。当地民众有着种植牡丹的传统。早在唐代，洛阳牡丹已初有盛名。武则天执政时期以洛阳为神都。如果当年武则天之后政治中心不西移长安，那么，洛阳牡丹可能在唐代就已经是天下第一了。

洛阳牡丹之所以成为"天下第一"，还与洛阳是个宜居城市有关。许多有着较高文化素养的朝之重臣、社会名流与文人曾在这里做官，或长期居住，著书立说，因而洛阳园林亦盛极一时。与此同时，洛阳还有生活较为富裕的市民群体。这几股力量的结合，引领着当时社会的审美时尚与潮流，使得北宋时期洛阳人种牡丹、赏牡丹以至习（研究）牡丹之风习远远超过唐代长安而达到了极其繁盛的境地。因此洛阳牡丹也成了一个时代的象征和标志。

牡丹花开时节，北宋西京洛阳以及首都汴京，一如唐时的长安和洛阳。到处是牡丹花的海洋，人如潮涌，一派热闹景象。帝王后妃、达官显贵、文人士子、普通百姓，皆以观赏牡丹为乐事。西京之万花会与名相李迪"贡花"之举，各种活动都远远超过唐朝，从而在中国历史上形成了一个更为壮观的牡丹欣赏热潮。

洛阳牡丹到宋徽宗时，由于朝廷掠夺式的索取而衰落，陈州牡丹逐渐兴起。

2. 京都及其他地区牡丹的发展

洛阳牡丹的兴起推动了牡丹在全国范围内的普及。据北宋相关文献所记，北宋有牡丹栽培的地方包括汴京（开封）及洛阳附近的河阳（今孟州市西南）、济源、陈州（以上今属河南），真定（今属河北），同州、延州、丹州（以上今属陕西），益州（成都）、彭州（以上今属四川），襄阳、黄州（今湖北襄阳、黄冈），维扬（扬州）、仪征、西溪、常州、吴中（苏州）（以上今属江苏），池州（今属安徽），临安（杭州）、越州、永嘉（以上今属浙江），密州、青州（以上今属山东）等地。其中，青州、越州、蜀中（益州、彭州）、陈州等地也是牡丹重要的栽培与观赏中心。

1）汴京（开封）　汴京为北宋京都。为便于皇室观赏牡丹，几个皇家园林如琼林苑、玉津园、宜春园、含芳园等都有牡丹栽培。从宋太祖到宋徽宗，皇家园林赏牡丹之风习一直延续着。其中，赏花钓鱼宴更是北宋时期一种制度化的玩赏活动。

除皇家园林外，寺院、民间也有栽培。据《枫窗小牍》载："淳化三年（992）冬十月，太平兴国寺牡丹红紫盛开，不逾春月，冠盖云拥，僧舍填骈。"

由于汴京地下水位较高，不太适合牡丹生长，加上市民爱好的多元化倾向，开封牡丹终究没有唐时长安之盛。

2）青州　北宋青州为今山东淄博一带。欧阳修《洛阳牡丹记》说，牡丹"东出青州"，品种有'鞓红'（'青州红'）等。另外，黄裳《牡丹五首（之四）》诗中说："东秦西洛景相望，只候花开是醉乡，曾见'玉香球'最好，樽前何独说'姚黄'。"诗后自注："'玉香球'，青州之花，插朵盈帽而重。"指出当时青州有与洛阳'姚黄'媲美的品种'玉香球'，说明当时青州牡丹已有一定的基础和规模。

3）杭州　杭州牡丹自中唐开元寺僧惠澄从长安移植，白居易、徐凝、张祜等人题诗之后，即已知名。至五代、北宋时仍盛。苏轼《〈牡丹记〉叙》记载他于熙宁五年（1072）三月二十三日和杭州太守沈立"观花于吉祥寺僧守璘之圃，圃中花千本，其品以百数"。苏轼曾指出吉祥寺为"钱塘花最盛处"。其《惜花》诗自注："钱塘吉祥寺花为第一。壬子清明赏花最盛，金盘彩篮以献于座者五十三人。夜归沙河塘上，观者如山。尔后无复继也。今年，诸家园圃花亦极盛，而龙兴僧房一丛尤奇。"

4）越州 北宋时越州为今浙江绍兴一带。宋初有僧人释仲休（或作仲殊）著《越中牡丹花品》，这是我国第一部专门记载牡丹的谱录。其序云：

越之所好尚惟牡丹，其绝丽者三十二种。始乎郡斋，豪家名族，梵宇道宫，池台水榭，植之无间。来赏花者，不问亲疏，谓之看花局。泽国此月多有轻云微雨，谓之养花天。里语曰：弹琴种花，陪酒陪歌。丙戌岁八月十五日移花日序。

据以上仲休所记，宋初时越人对牡丹之好尚，亦不亚于唐时之长安、宋时之洛阳。另，宋张淏《宝庆会稽续志》载："牡丹自吴越时盛于会稽，剡人尤好植之。"剡（shàn），古县名，今浙江嵊州新昌一带。

5）苏州 北宋时期，吴中一带牡丹以苏州最具代表性。宋吴曾《能改斋漫录》卷十五载有李述《庆历花品》，共记述了吴地牡丹品种42个，并说明这些品种都是洛阳之外的。

范成大《吴郡志·三十一卷》载："朱勔家圃在阊门内，植牡丹数千万本，以缯彩为幕，弥覆其上，每花身饰金为牌。"该志记述了吴郡牡丹12个品种。此外，范成大《石湖居士诗集》中有20多首牡丹诗，其中《与至先兄游诸园看牡丹三日行遍》，写作者与其兄长游赏苏州城内外各私家园林，游了三天才赏遍各园牡丹，足见苏州牡丹之盛。

北宋时期，洛阳牡丹曾大量南移，促进了江南牡丹的发展。这些品种在南宋典籍中多有记载，如：杨万里所记'瑞云红''鞓红''魏紫''崇宁红''醉西施'5个品种；范成大《吴郡志·三十一卷》和《石湖居士诗集·二十三卷》中记有'观音红''崇宁红''寿安红''叠罗红''凤娇'（'胜西施'）、'一捻红''朝霞红'（'富一家'）、'鞓红''云叶''茜金毬''紫中贵''牛家黄''单叶御衣黄'共13个品种；还有《武林旧事》中记载的'姚黄'和'魏紫'等。

6）陈州 今河南淮阳一带。据宋张邦基《陈州牡丹记》（1112）载："洛阳牡丹之品，见于花谱，然未若陈州之盛且多也。园户植花如种黍粟，动以顷计。"

该文所记应为北宋末年情况。该记还记述了一牛氏花户家'姚黄'之变异，以及人们在好奇心驱使下前往观看的盛况。张氏说，该牡丹之花朵"色如鹅雏而淡，其面一尺三四寸，高尺许，柔葩重叠，约千百叶。其本'姚黄'也，而于葩英之端，有金粉一晕缕之，其心紫蕊，亦金粉缕之。牛氏乃以'缕金黄'名之，以蘧篨作棚屋围幛，复张青帟护之。于门首，遣人约止游人，人输千钱，乃得入观，十日间，其家数百千”。但是这个品种的变异没能保留下来。张邦基说，“明年花开，果如旧品矣”。

由于对陈州牡丹研究较少，相关资料不多，是否如张邦基所言当时陈州牡丹已超越洛阳，尚难定论。但元代耶律铸诗集中提到有《陈州牡丹品》这一谱录，说明陈州牡丹确已具有一定的基础和规模。

7）益州与彭州　蜀中之益州（今成都）、彭州五代时即已种植玩赏牡丹，宋时，这一带牡丹仍盛，而以彭州为最。

宋陆游《天彭牡丹谱》载：

牡丹，在中州，洛阳为第一。在蜀，天彭为第一。天彭之花，皆不详其所自出。土人云，曩时，永宁院有僧种花最盛，俗谓之牡丹院，春时，赏花者多集于此。其后，花稍衰，人亦不复至。崇宁中，州民宋氏、张氏、蔡氏，宣和中，石子滩杨氏，皆尝买洛中新花以归，自是洛花散于人间。花户始盛，皆以接花为业。大家好事者皆竭其力以养花，而天彭之花遂冠两川……天彭三邑皆有花，惟城西沙桥上下，花尤超绝。由沙桥至堋口、崇宁之间，亦多佳品。自城东抵濛阳，则绝少矣。

据陆游的记载，彭州牡丹初盛于当地僧院，曾引起人们的注意及游赏，但牡丹院牡丹衰败后，赏花之风即告停歇。至宋徽宗崇宁宣和年间，一些花户从洛阳将牡丹引种至天彭，从而掀起了牡丹栽培及商贸活动的热潮，“天彭之花，遂冠两川”。

3. 牡丹欣赏活动的特点

1）游赏活动的平民化与常态化　北宋中期前后延续数十年的洛阳赏花活动，其群众的参与程度远远超过唐代，因而具有平民化、大众化的特点。以下数条所引欧阳修等人的记载，反映了洛阳赏花习俗及“士庶竞为游遨”的盛况。

洛阳之俗，大抵好花。春时城中无贵贱皆插花，虽负担者亦然。花开时，士庶竞为游遨，往往于古寺废宅有池台处为市井，张幄帟，笙歌之声相闻。最盛于月陂堤张家园、棠棣坊长寿寺、东街郭令公宅，至花落乃罢。（欧阳修《洛阳牡丹记》）

洛中风俗尚名教，虽公卿家不敢事形势，人随贫富自乐，于货利不急也。岁正月梅已花，二月桃李杂花盛，三月牡丹开，于花盛处作园圃，四方伎艺举集，都人士女载酒争出，择园亭胜地，上下池台间引满歌呼，不复问其主人。抵暮

游花市，以筠笼卖花，虽贫者亦戴花饮酒相乐，故王平甫诗曰：“风暄翠幕春沽酒，露湿筠笼夜卖花。”（邵伯温《邵氏闻见录》）

西京多重此日，京城合郡不以朝贵士庶为闲，每于此月，当牡丹盛开之际，各出其花于门首及廊庑间，名曰斗花会。富贵之家设宴以赏，姿倾城往来游玩。都人是日盛饰子女，车马阗街，珠翠溢目。一春游赏，无出于此。（金盈之《新编醉翁谈录》卷三“京城风俗记”“清明节”条）

像洛阳这种近乎狂欢节的景象，在杭州等地也出现过。苏轼在为杭州太守沈立《牡丹记》所著的序言中，记载了杭州赏花时官民同乐的情景：

熙宁五年（1072）三月二十三日，余从太守沈公观花于吉祥寺僧守璘之圃。圃中花千本，其品以百数。酒酣乐作，州人大集，金盘彩篮以献于坐者，五十有三人。饮酒乐甚，素不饮者皆醉。自舆台皂隶皆插花以从，观者数万人。

洛阳等地的赏花活动应与地方官员的组织、发动有关，他们往往通过花会的形式，让全城百姓一起感受牡丹花开时节的欢乐氛围。张邦基《墨庄漫录》载：“西京牡丹闻于天下，花盛时，太守作万花会，宴集之所，以花为屏帐，至于梁栋柱拱，悉以竹筒贮水，簪花钉挂，举目皆花也。”

受到洛阳牡丹万花会的影响，盛产芍药的扬州“亦效洛阳，亦作万花会”且“其后岁岁循习而为”。

北宋的万花会，在体现士大夫与民同乐政治理想，营造出众人皆欢乐的太平盛世图景的同时，也造成了很多为害于民的后果，因而遭到有识之士的抨击并被禁止。

2）宫廷赏花活动的制度化

（1）赏花钓鱼宴。赏花钓鱼宴是北宋一项具有特色的宫廷礼仪制度，它由多种形式的宫廷礼仪和娱乐活动组成，是北宋君臣在太平之世“以天下之乐而乐”心理的反映，也是皇帝优遇臣僚（尤其是文臣）的具体表现。它通过赏花（牡丹）、钓鱼、宴饮、赋诗等一系列活动，拉近君臣距离，促进君臣交流，因而具有重要的政治意义。

太宗太平兴国九年三月十五日，诏宰相、近臣赏花于后苑。帝曰：“春气暄和，万物畅茂，四方无事。朕以天下之乐为乐，宜令侍从词臣各赋诗。”帝习射于水心殿。雍熙二年四月二日，诏辅臣、三司使、翰林、枢密直学士、尚书省四品、两省五品以上、三馆学士宴于后苑，赏花、钓鱼，张乐赐饮，命群臣赋诗习射。

赏花曲宴自此始。

（真宗咸平）三年二月晦，赏花，宴于后苑，帝作《中春赏花钓鱼》诗，儒臣皆赋，遂射于水殿，尽欢而罢。自是遂为定制。（《宋史》卷一一三）

据《宋史》及相关史料记载，赏花钓鱼宴最盛于太宗、真宗和仁宗朝前期，这与当时的政治形势密切相关。宋初平定地方割据势力之后，采取多种政治手段，解除武将兵权，建立高度的中央集权制；通过科举改革，大量吸纳文人入朝为官，建立起完备的文官制。经过多年休养生息，国家逐步走上稳步发展的轨道，政治稳定，经济繁荣。正是在这种大背景下，才有了宫廷宴饮活动之频繁。宋太祖时已有后苑赏花之举，到太宗朝，赏花、习射、钓鱼、宴饮、赋诗诸多活动经过整合而成赏花钓鱼宴，并于咸平三年（1000）定为制度。此后的30多年，除有特殊情况外，每年三四月牡丹花开时节，皇帝便会召集京城四品或五品以上官员乃至馆阁校理等较低级别的文官参与活动。

北宋赏花钓鱼宴的一系列活动中，君臣奉和赋诗是一项重要内容，往往是皇帝首唱，群臣依韵唱和。其规模一般较大，如至道元年（995）应制赋诗者55人，庆历元年（1041）亦达40人，赋诗140首。君臣在赏花钓鱼宴上的诗作每年都会编集存档，总数不下千首，但多随宋室沦亡而散佚。《全宋诗》中现存作品约45首（路成文，2011），除少数作品有较深寓意外，大多鼓吹太平，给当朝天子歌功颂德，是典型的宫廷文学，然而它对推动牡丹题材文学的发展有着重要意义。宫廷对牡丹种植欣赏活动的推崇，直接影响到整个社会风尚，其对牡丹审美文化的繁荣有着积极的意义。

（2）贡花。北宋时期另一项经常性、制度化的活动，即向朝廷贡花。

北宋首都汴京虽有牡丹种植，但繁盛远不及洛阳。为满足皇族欣赏牡丹的需求，而有贡花之举，花时摘取名贵牡丹品种花枝，驿送宫中。欧阳修《洛阳牡丹记》载，洛阳贡花自李迪始。宋王辟之《渑水燕谈录》亦载："洛阳至京六驿，旧未尝进花，李文定公留守，始以花进。岁差府校一人，乘驿马昼夜驰至京师。所进止'姚黄''魏紫'三四朵，用菜叶实笼中，藉覆上下，使马不动摇，亦所以御日气；又以蜡封花蒂，可数日不落。至今岁贡不绝。"

北宋徽宗朝，贡花之举大有竭泽而渔之势，以致洛阳牡丹备受摧残。据宋邵伯温《邵氏闻见录》载："洛中风俗尚名教……余去乡久矣，政和间为过之，当春时，花园花市皆无有，问其故，则曰：'花未开，官遣人监护，甫开，尽槛土移之京师，籍园人名姓，岁输花如租税。洛阳故事遂废。’余为之叹，又追记其盛时如此。”

3）牡丹栽培与欣赏活动的学术化　与唐人欣赏牡丹的形色美艳相比，宋人欣赏牡丹的境界已大大提高，甚至上升到科学、哲学层面来进行思考和总结。这种学术化的倾向植根于宋人的观物思想，它包含着两个层面的含义，一是对于各种事物的物理属性和生物属性的关注和考察；二是透过物来悟道，即关注人生哲理或自然规律（路成文，2011）。前者表现为宋代各种谱录著作盛行，并以欧阳修的《洛阳牡丹记》为代表。欧阳修将洛阳牡丹的历史、品种来源、性状特征、繁殖栽培技术及洛阳欣赏牡丹的民风民俗进行科学系统的总结，并上升到一定的理论高度，对指导牡丹产业的发展有着重要意义。而通过牡丹来观物悟道，则以宋代哲学家、思想家邵雍的诗作为代表。

邵雍，学者称其为“百源先生”，以治《易》先天象数之学著称。邵雍哲学思想的核心为“先天说”和“观物论”，前者属世界观，后者则为方法论。邵雍不仅提出这些理论，而且在日常生活中加以实践。每有心得与感悟，即用诗的形式来加以表达，这就使得他的《伊川击壤集》成为一部哲理味很浓的诗集。在这部诗集中，邵雍咏及牡丹的诗有 50 多首（其中 30 首专咏牡丹），牡丹俨然成为他观物悟道、观物究理的重要工具。

邵雍以牡丹花之“知己”“善识花人”自居。他的牡丹诗或直接阐述其哲学思想，或描述其观物究理的日常生活状态。邵雍笔下的牡丹是天地生气的代表、国家气运的体现、太平盛世的象征。可以说，醉眠牡丹花下，是他逍遥快活生活中的极致之乐。

邵雍提出在牡丹欣赏中要体会“花妙在精神”，牡丹花最美的是其半开之时，那郁然勃发的天地生气之美所体现出的天地造化之玄妙。从中体会赏花要能“万般红紫见天真”，感知“真宰功夫精妙处”，感悟宇宙运行的真谛，体会万物为一、民胞物与的天地情怀。这一穷物之理的思路为牡丹审美带来了新的价值思路（付梅，2011）。

（二）南宋时期

靖康之变后，中原沦陷，宋室南渡，偏安江南，史称南宋。南宋定都临安，即今杭州。由于牡丹主产区已落入金人之手，牡丹栽培与观赏风尚一度停歇。

至宋金议和，南北对峙格局形成，此后几十年政局相对稳定，经济得到一定发展，沉寂多年的牡丹栽培与观赏活动才又活跃起来。

1. 牡丹的栽培分布

据相关文献记载，南宋牡丹栽培分布有以下地区：

一是今浙江中部、北部，包括杭州及其邻近地区，如绍兴、诸暨、赤松（今金华市北）等；二是江苏南部，如金陵（今南京）、吴县（今苏州一带）；三是安徽东南部如徽州（今歙县）、黟县、绩溪等地；四是江西北部，如德安、龙安、铅山、浔阳，湖南及福建中部；五是四川彭州等地。其中，主要栽培中心为杭州、苏州及彭州。

1）杭州　杭州作为南宋政治、经济、文化中心，在民风民俗方面对于北宋都城开封有所继承。吴自牧《梦粱录》卷二“暮春”云：“是月春光将暮，百花尽开，如牡丹、芍药、棣棠、木香、酴醿、蔷薇……映山红等花，种种奇绝。卖花者以马头竹篮盛之，歌叫于市，买者纷然。当此之时，雕梁燕语，绮槛莺啼，静院明轩，溶溶泄泄，对景行乐，未易以一言尽也。”

2）苏州　根据范成大、陆友仁的记载，南宋时苏州牡丹栽培仍较繁盛。

范成大《吴郡志》卷三云：“牡丹，唐以来止有单叶者。本朝洛阳始出多叶、千叶，遂为花中第一。顷时朱勔家圃在阊门内，植牡丹数千万本，以缯彩为幕，弥覆其上，每花身饰金为牌，记其名。勔败，官籍其家，不数日墟其圃，牡丹皆拔而为薪，花名牌一枚估直三钱。中兴以来，人家稍复接种有传洛阳花种至吴中者，肉红则观音、崇宁、寿安王、希迭罗等；红、淡红则‘凤娇’（又名‘胜西施’）、‘一捻红’；深红则‘朝霞红’（又名‘富一家’）、‘鞓红’‘云叶’及‘茜金球’‘紫中贵’‘牛家黄’等，不过此十余种，姚、魏盖不传矣。”

又，元陆友仁《吴中旧事》回顾了宋时苏州种花盛况：“吴俗好花，与洛中不异。其地土亦宜花，古称‘长洲茂苑’，以苑目之，盖有由矣。吴中花木，不可殚述，而独牡丹、芍药为好尚之最，而牡丹尤贵重焉。旧寓居诸王皆种花，往往零替，花亦如之。盛者唯蓝叔成提刑家，最好事，有花三千株，号‘万花堂’。尝移得洛中名品数种，如‘玉碗白’‘景云红’‘瑞云红’‘胜云红’‘玉间金’之类，多以游宦，不能爱护，辄死。今惟‘胜云红’在。其次，林得之知府家有花千株，胡长文给事、成居仁太尉、吴谦之待制家种花，亦不下林氏。史志道发运家亦有五百株，如毕推官希文、韦承务俊心之属，多则数百株，少亦不下一二百株，习以成风矣。至谷雨为花开之候，置酒招宾就坛，多以小青盖或青幕覆之，以障风日。父老犹能言者，不问亲疏，谓之‘看花局’。今之风俗不如旧，然大概赏花，则为宾客之集矣。”

3）彭州 南宋牡丹以彭州最为著名，群众性牡丹欣赏活动也以彭州为最。彭州牡丹早在北宋即已闻名，宋室南渡之后，中原沦陷，彭州遂取代洛阳、陈州成为当时牡丹栽培中心。

据陆游《天彭牡丹谱》载：“天彭号小西京，以其俗好花，有京洛之遗风。大家至千本。花时，自太守而下，往往于花盛处张饮帟幕，车马歌吹相属。最盛于清明寒食时。在寒食前谓之火前花，其开稍久，火后花则易落。最喜阴晴相半，时谓之‘养花天’。栽接剔治，各有其法，谓之‘弄花’。其有‘弄花一年，看花十日’之语。故大家例惜花，可就观，不敢轻剪，盖剪花则次年花绝少。惟花户则多植花以牟利。双头红初出时，一本花取直至三十千。祥云初出亦直七八千，今尚两千。州家岁常以花饷诸台及旁郡。蜡蒂筠篮，旁午于道。予客成都六年，岁常得饷，然率不能绝佳。淳熙丁酉岁，成都帅以善价私售于花户，得数百苞，驰骑取之，至成都，露犹未晞。其大径尺。夜宴西楼下，烛焰与花相映，影摇酒中，繁丽动人。”

由上可知，南宋时期彭州牡丹之栽培与玩赏风习还是相当盛行的。

然而，天彭之花远不及洛中，而天彭之花圃园囿更无法与两京王公将相之名园相比。爱国诗人陆游在该谱后面写道：“嗟乎！天彭之花，要不可望洛中，而其盛已如此！使异时复两京，王公将相筑园第以相夸尚，予幸得与观焉，其动荡心目，又宜何如也？”

2. 牡丹游赏活动

1）宫廷游赏活动 南宋都城临安（今杭州）也修建了一些宫殿苑囿，供政余休闲娱乐。“建炎三年闰八月，高宗自建康（今南京）都临安，以州治为行宫。宫室制度皆从简省，不尚华饰。”

牡丹欣赏活动在张端义《贵耳集》及周密《武林旧事》中有记载。《武林旧事》卷二“赏花”条：“禁中赏花……起自梅堂赏梅，芳春堂赏杏花，桃源观桃……至于钟美堂赏大花，为极盛。堂前三面，皆以花石为台三层，各植名品，标以象牌，覆以碧幕，台后分植玉绣球数百株，俨如镂玉屏。堂内左右，各列三层，雕花彩槛，护以彩色牡丹画衣，间列碾玉水晶金壶及大食玻璃官窑等瓶，各簪奇品，如‘姚魏’‘御衣黄’‘照殿红’之类几千朵。别以银箔间贴大斛，分种数千百窠，分列四面。”又卷六载：“淳熙六年三月十五日，车驾过宫，恭请太上太后幸聚景园。次日……遂至锦壁赏大花，三面漫坡，牡丹约千余丛，各有牙牌金字，上张大样碧油绢幕。”

从上述记载看，南宋皇室也有游赏牡丹的活动，其间还有宴会、赋诗、赏赐等。但后宫中牡丹种植规模不大，游赏活动没有形成制度。另据洪咨夔《路逢徽州送牡丹入都》诗反映的情况看，徽州等地仍有“贡花”之举。

2）*文人士大夫及群众的赏花活动与牡丹文学的繁荣* 南宋再也没有出现过北宋那样壮观的牡丹游赏活动。群众性的活动就彭州还有一定声势，但彭州之花已远不如洛阳。不过，就文人士大夫而言，南宋中后期的活动仍十分活跃而有特色，还有像张镃这样别出心裁的牡丹玩赏活动。据周密《齐东野语》一书记载：

张镃功甫，号约斋，循忠烈王诸孙，能诗，一时名士大夫莫不交游。其园池声伎服玩之丽甲天下。尝于南湖园作驾霄亭于四古松间，以巨铁絙悬之半空而羁之松身。当风月清夜，与客梯登之，飘摇云表，真有挟飞仙、溯紫清之意。王简卿侍郎尝赴其牡丹会云。众宾既集，坐一虚堂，寂无所有。俄问左右云：香已发未？答云：“已发。”命卷帘，则异香自内出，郁然满座，群伎以酒肴丝竹，次第而至。别有名姬十辈，皆衣白，凡首饰衣领皆牡丹。首带‘照殿红’一枝，执板奏歌侑觞，歌罢乐作，乃退。复垂帘谈论自如。良久香起，复卷帘如前，别十姬易服与花而出。大抵簪白花则衣紫，紫花则衣鹅黄，黄花则衣红，如是十杯，衣与花凡十易。所讴者皆前辈牡丹名词。酒竟，歌者、乐者无虑数百十人。列行送客，烛光香雾，歌吹杂作，客皆恍然如仙游也。

南宋时期，有关牡丹的文学创作活动也十分活跃。不过，人们欣赏牡丹时的心情与北宋已大不相同。

靖康之难后，民族忧患意识与爱国主义精神更是成了南宋牡丹文学的主旋律，留下了许多极具时代意义的爱国主义篇章。

二、北宋牡丹园艺种植业之兴盛

北宋掀起牡丹欣赏热潮的原因除了社会、政治、经济、文化背景外，最直接的原因则是牡丹园艺种植业的兴起，它是牡丹审美文化兴盛的物质基础，也是牡丹审美文化兴盛的显著标志之一。

（一）种植规模的扩大

北宋时期，牡丹种植已由政治经济中心向全国延伸，如西北之丹州、延州，东部的青州，南面的越州；规模上也达到“动以顷计”、家家有花的地步。牡丹走出宫苑豪门，走入文人士大夫甚至寻常百姓家。僧人仲休之《越中牡丹花品》提到“越之好尚，惟牡丹……豪家名族，梵宇道宫，池台水榭，植之无间。赏花者不问亲疏，谓之看花局”。由此，南国牡丹种植观赏之盛可见一斑。作为全国牡丹栽培中心的洛阳，更成为种植规模最大、技术水平最高的种植基地。洛阳人家家有花，牡丹花开之时，满城“不见人家只见花”。由于地理位置优越，经济繁荣，洛阳园林盛极一时，牡丹是其中不可或缺的观赏植物。李格非《洛阳名园记》记载洛阳名园19处，处处有牡丹。归仁园中“北有牡丹芍药千株”，更有天王院花园子这样的牡丹专类园有牡丹“数十万本”。《渑水燕谈录》载洛阳北寺应天禅院仁宗时“后园植牡丹万本，皆洛中尤品”。宋次道《河南志》记述洛阳名园甲第、名公家园时，也时时评述其“牡丹特盛”“多植牡丹”。

（二）育种栽培技术水平的提高与突破

北宋时期，牡丹品种意识的形成与强化，牡丹繁殖技术的提高与突破，牡丹栽培技术的系统化、理论化，为牡丹栽培范围、种植规模的扩大提供了重要的支撑。

1. 牡丹品种意识的强化

品种是花卉园艺发展的物质基础和生产资料。品种观念的形成和强化是园艺栽培水平提高的关键。唐代牡丹已有不少变异，按其色、香、姿、韵区分应有20多个类型。然而目前所见到的唐代文献都没有出现任何品种名称，直到五代后唐为止。可见唐人还没有明确的品种意识。入宋以后，品种意识空前强烈，不仅贯穿于种植、观赏、经营的各个环节，而且逐渐总结出一套品种命名、分类方法，以品种为中心的育种、繁殖、栽培技术，从而为牡丹种植业的发展奠定了基础。

宋人有了品种命名的方法。“牡丹之名，或以氏，或以州，或以地，或以色，或旌其所异者而志之。”其中以培育者姓名称之者，往往是当时最好的品种。

欧阳修《洛阳牡丹记》中总结的结合牡丹色、香、姿、韵及产地、园户或育种人等因素命名的方法，一直为后代所沿用。

宋人根据一定的审美标准来评定品种优劣，如花瓣之繁复、花朵之硕大、花色之纯正鲜亮以及花朵特有的变化（如花瓣腹部的色斑、花瓣上残存的花丝、花药等）等。终宋一代稳居花王中王者宝座的‘姚黄’，有着许多重要特征，如花朵特大（小则“八九寸许”，大则“盈尺”，甚至“盈尺有二寸”），花瓣特多（至“实不可数”），花色为尊贵正统的黄色，且“色极鲜洁，精彩射人”；牡丹殿春，而‘姚黄’开在百花凋零、芍药未开的青黄不接之时，为牡丹殿后，不仅花瓣有“深紫檀心”（即深紫色色斑），且花朵微微向下倾斜，如王者雍容下士之态，暗合宋人谦逊内敛、藏才于中的德性追求。这就不难理解宋人“花里爱姚黄”“走看姚黄拼湿衣”时的心态。人们不惜“千金买姚黄”；也难怪宋神宗看到洛阳送来的‘姚黄’花朵时，竟然抛下其他宫中奇品而“独簪以归”了。

优良品种往往身价倍增，使种花园户获利丰厚。如‘魏家花’初出时，人有欲阅者，人税十数钱，乃得登舟渡池至花所，魏氏日收数十缗。“魏花初出时，接头亦直钱五千，今尚直一千。”姚黄“一接头，直钱五千”。后来降至一枝千钱乃至无卖者。其他品种亦各有身价，这就激发了人们“按谱新求洛下栽”的兴致，也推动了新品种培育和推广的进程。

名优品种也激发了牡丹欣赏热潮。人们闻讯往往蜂拥而至，倾城往观。即使过了几十年，‘姚黄’仍为世人所爱重，正如周师厚所记，“城中每岁不过开三数朵，都人士女倾城往观，乡人扶老携幼，不远千里。其为时所贵重如此”。

2. 嫁接技术的突破

北宋产生了牡丹嫁接技术，并发现牡丹“不接则不佳”。所用砧木从欧阳修时代用“山篦子”（即野生牡丹），到周师厚时代用牡丹实生苗，南宋时用芍药根为砧。（温革《分门琐碎录》）

采用嫁接繁殖，使通过无性繁殖大大提高牡丹优良品种扩繁的速度成为可能，而通过嫁接固定有益变异更是培育新品种的重要途径。

北宋时期还出现了以接花为业的园户，如欧阳修《洛阳牡丹记》中提到的“门园子”。顺便提到，唐柳宗元《龙城录》中关于“宋单父”的传说：“洛人宋单父，字仲儒，善吟诗，亦能种艺术，凡牡丹变异千种，红白斗色，人亦不能知其术。上皇召至骊山，植花万本，色样各不同，赐金千余两，内人皆呼为花师。”唐时洛阳牡丹远不如长安，繁殖栽培育种技术还很落后，哪有可能出现像“宋单父”这样的“花师”呢？

3. 牡丹育种、栽培技术的系统化、精准化

随着品种意识的强化，牡丹育种技术有很大提高，方法多样。归纳起来，宋代牡丹育种已有以下方法：①从野生牡丹中发现优良变异后，引进栽培驯化。如‘魏花’即由樵夫于寿安山上发现后，挖回来卖给魏家，然后出名；又如产于寿安县锦屏山中的‘大叶寿安’与‘小叶寿安’等，也是如此。②从自然杂交后代中选育，如从‘魏花’的实生后代中选出‘胜魏’‘都胜’。③从大量栽培植株中注意“突变”的产生，如‘潜溪绯’等。④从各地引进优良品种中进行驯化栽培，如‘越山红楼子’‘丹州黄’‘鞓红’‘青州红’等。

北宋时期已形成了一套较为完整的牡丹繁殖栽培技术，并不断完善提高。其中，通过控制牡丹花芽数量以控制开花数量和大小的所谓“打剥”方法，已达到精细栽培的水平。

南宋已开始有牡丹催花技术（“堂花”）出现。

三、宋代牡丹谱录的繁荣

（一）宋代牡丹谱录概况

1. 关于牡丹谱录的定义

所谓牡丹谱录，就是较系统全面地记述牡丹各方面内容的著作，内容包括历史、品种、习性、繁殖、栽培管理技术，以及应用与欣赏等。后来，有的谱录还增加了牡丹文化方面的内容。除赏花习俗外，还包括趣闻逸事、故事传说、诗词文赋等。

按照著作内容，谱录可分为牡丹专谱及大型综合类书中的牡丹谱两大类。而牡丹专谱又可分为品种谱与综合谱两小类，一般是作者亲自总结的第一手资料，属于原创型作品。大型综合类书或谱记中的牡丹谱则基本上是资料汇编。一些与牡丹有关的纪实性短文，不应计入谱录。

由于以往有关谱录的概念不明确，所以统计数据就很难准确。如李娜娜等（2011）统计，从公元986年至1911年，历代共出现牡丹谱录41部（存世16部，5部残存，20部亡佚）。实际上这个统计数据不准，其中宋代钱惟演的《花品》

并未成书，而有些大型类书中的牡丹谱也并未计入。

2. 关于宋代牡丹谱录的数量

宋代牡丹谱录有多少？从 18 部（李娜娜等，2011）到 21 部（陈平平，2000），说法不一。我们经过初步梳理，认为有 17 部，其中以下十余种有重要研究价值：

（1）仲休（或仲殊）：《越中牡丹花品》（986），品种谱，仅存序言。

（2）赵守节：《冀王宫花品》（1034），品种谱，佚。

（3）欧阳修：《洛阳牡丹记》（1034），综合谱，存。

（4）张峋：《洛阳花谱》（1086—1093），综合谱，佚。

（5）李述：《庆历花品》（1045），品种谱，仅存品种名录。

（6）沈立：《牡丹记》（约 1072），综合谱，仅存序言。

（7）周师厚：《洛阳花木记》（1082），综合谱，存。

（8）陆游：《天彭牡丹谱》（1178），综合谱，存。

（9）胡元质：《牡丹谱》（约 1180），综合谱，存。

（10）陈咏：《全芳备祖 · 牡丹》（1225），综合谱，存。

另张邦基《陈州牡丹记》（1112）只是一篇纪实类的短文，由于反映了当地牡丹历史文化信息而具有一定史料价值。丘濬《牡丹荣辱志》并非牡丹谱录，但因反映了当时的牡丹文化现象而被关注。其他如范尚书（实为范雍）《牡丹谱》、宋次道《河南志 · 牡丹花品》（1079）、任璹《彭门花谱》（1125—1220）、《牡丹芍药花品》（牡丹谱汇编）、史正志《浙花谱》、《江都牡丹记》等，均为存目而少有记载。

上述牡丹谱录如按地域分，则中原地区 4 种、江南 3 种、西南 2 种、其他 2 种，分别反映了中原、江南及西南牡丹发展的情况。这也说明，早在宋代，中国牡丹中的中原品种群、江南品种群及西南品种群均已成形或初步成形。

3. 关于宋代牡丹品种数量的统计

根据牡丹谱录所记，宋代共有牡丹品种 191 个（表 1–1）。加上其他文献如范成大《吴郡志》《石湖居士集》，杨万里《诚斋集》，钱易《洞微志》等记载的上述谱录中未收录的品种共 55 种，则宋代共有品种 246 个（陈平平，2003）。准确统计品种数量并非易事。原因很多，一是谱录作者本身记录就不全，如欧阳修《洛阳牡丹记》仅记 24 种，显然偏少。再者，同物异名及同名

● 表 1–1 **宋代 191 个牡丹品种按花型花色的统计**

	红	紫	黄	白	绿	未详	累计	百分比（%）
单瓣	4	1	1	1	—	—	7	3.7
半重瓣	35	16	3	2	—	—	56	29.3
重瓣	51	13	14	7	—	4	89	46.6
未详	18	4	—	1	2	14	39	20.4
累计	108	34	18	11	2	18	191	—
百分比（%）	56.6	17.8	9.4	5.8	1.0	9.4	—	100

异物现象难以完全排除，并且还有随意命名的现象（如丘濬《牡丹荣辱志》）。还有，江南一带牡丹在秋冬之交的二次开花现象较为常见，以秋日、冬日开花这一特点来确定品种也是不妥当的。根据上述几点，陈平平的统计数据中至少要删除 10 个，如《牡丹荣辱志》中所谓的“苏州花、常州花……和州花”9 种，另冬日开花 1 种。

表 1–1 是陈平平（2000）对宋代谱录中所记 191 个品种按花色花型所作的分析，对研究品种演化史有一定的参考价值。

总之，北宋以来，牡丹谱录和牡丹园艺发展同步，出现了繁荣局面，这是宋人善于总结、注重知识积累与传承的结果。牡丹谱录集知识性、科学性、系统性于一身，集实用性、趣味性、艺术性于一体，具有重要的研究价值，开创了中国牡丹谱录类专著中科技与文化结合的先河，值得进一步加以总结。

（二）欧阳修与《洛阳牡丹记》

1.《洛阳牡丹记》的创作

欧阳修，字永叔，号醉翁，晚年号六一居士。吉州永丰（今江西吉安市永丰县）人。欧阳修是北宋时期著名的政治家，也是文坛领袖，在文学、史学、金石学等方面有很高的造诣。由于散文成就杰出而被列入唐宋八大家。《洛阳牡丹记》

的创作，也使得他在农学方面享有崇高地位，《中国花经》（1990）曾将他列为宋代著名园艺家。

青年欧阳修来到洛阳，历时三年，却经历了四个春天。这一时期，洛阳牡丹正处于鼎盛时期。他深深被洛阳牡丹所吸引，在热心游赏之余，也注意调查研究，于1033年撰写初稿，1034年秋成书。

2.《洛阳牡丹记》的主要内容

欧阳修《洛阳牡丹记》是现存最早的一部综合性牡丹专谱（以下简称《欧谱》）。全书约2 670字，依次分为“花品序”“花释名”“风俗记”三部分。

“花品序”（亦作“花品叙”）概述牡丹在全国各地的分布及洛阳牡丹的地位，洛阳人对牡丹的热爱以及洛阳牡丹之所以美丽的缘由。还记述了他受上司钱惟演的启发而写牡丹记的起因以及择优选记品种的原则。

“花释名”首先论及牡丹品种命名的原则和方法，24个优良品种的性状特征及来历，最后总结人工选择条件下洛阳牡丹品种的演变过程，并追述了洛阳牡丹品种演变的历史。

“风俗记”首叙洛阳人游赏牡丹花的习俗及向朝廷贡花之举，然后介绍了洛阳牡丹的繁殖栽培管理技术。

《欧谱》真实而全面地介绍了北宋前中期洛阳牡丹发展的历史、品种选育及繁殖栽培管理经验，介绍了洛阳人爱花赏花的习俗和审美时尚，说明当时洛阳牡丹已是“天下第一”，洛阳是中国中原牡丹的重要发祥地和栽培中心。作为一部经典，其历史性贡献应予以充分的肯定。

3.《洛阳牡丹记》对后世的影响

《欧谱》对当代及后世都影响巨大，有以下几方面原因：首先是由于欧阳修在宋代文坛上的崇高地位。欧阳修作为一代文宗，刚出道即留意洛阳牡丹并为其作记，自然引起人们的注意。晚年，欧阳修把这篇文章收录进自己选编的文集。当时著名书法家蔡襄出于喜爱，全文抄录，且“刻而自藏于家”，并将拓本送欧阳修。然而，拓本尚未送到欧阳修家，却传来蔡襄去世的消息，因而蔡襄书写的《洛阳牡丹记》也成了他的绝笔。欧阳修为牡丹作记，蔡襄以书法形式加以表现和保存，在南宋时传为佳话。诗人刘克庄等曾对此加以记述和赞美：“忆承平日，繁华事，修成谱，写成图。奇绝甚，欧公记，蔡公书，古来无。”（刘克庄《六州歌头·客赠牡丹》）。其次，《欧谱》结构完整，内容充实而丰富，是宋代博物学著作的典范。最后，《欧谱》文辞优美，言简意赅，其理性精神与科学态度也为后人树立了榜样。爱国词人陆游的《天彭牡丹谱》就完全沿用了欧氏的体例。用文学语言来写科技文章且明白晓畅，这种文风在今天仍然值得提倡。《欧谱》在国内外广为流传，影响早已超出文章本身，在中国科技史、文化史上都有重要地位。（英）李约瑟《中国科学技术史》第五卷植物学分册芍药属植物一节中，引用了该书除品种记述以外的全部内容，并将原文译成白话文（图1–4）。虽然译文错误不少，但其对《欧谱》的重视与评价却是不容忽视的。

(d) 文 献　·345·

不特别丑陋。然而，当缺乏（遗传）的生命力（元气之病也）时，便会产生美和丑，因为（元气）分离，就不可能达到协调混兮（"不相和入"）。因此，事物之所以出现极端美丽或极端丑陋，是元气不平衡造成的（"皆得于气之偏也"）。花之美丽，多瘤树的扭曲肿胀丑态之奇特，虽然差异很大，但它们的缺陷是一样的，因为它们都是由于元"气"不平衡所造成①。

现在如果你沿洛阳城墙走一圈，城区方圆数十里，城郊县区牡丹品种中，没有一个赶得上城里的品种。因为在城界之外，牡丹未能栽培（成功）。"气"的紊乱怎么可能使美仅仅聚集在几十里范围内呢？这实际上是自然（照字义为天地）的大（奥秘），是难以调查清楚的。

对人类产生伤害的反常的事，我们称之为灾难（灾）。反常而无伤害只引起人们惊讶和诧异的事，我们称之为怪异（妖）。有这样的说法："天违反了时节叫做灾，地与正常的事发生冲突称为妖"。牡丹确实是植物中的一个使人着迷的妖，是万物中的一件珍品，与多瘤树的扭曲肿胀（"气"紊乱）所不同的只是它是美丽的——所以受到人们的宠爱和赞美。

〈如此说者多言洛阳居三河间古善地。昔周公以尺寸考日出没，测知寒暑风雨乖顺，于此取正。盖天地之中，草木之华得中和之气者多，故独与他方异。予甚以为不然。夫洛阳于周所有之土，四方人贡道里均乃九州之中，在天地崑崙旁礴之间未必中也。又况天地之和气宜遍被四方，上下不宜限其中以自私夫。中与和者，有常之气也。其推于物者，亦宜为有常之形。物之常者，不甚美亦不甚恶。及元气之病也，美恶隔并而不相和入。故物有极美与极恶者，皆得于气之偏也。花之钟其美与夫瘿木臃肿之钟其恶，丑好虽异，而得一气之偏病则均。洛阳城围数十里而诸县之花莫及，城中者出其境则不可植焉，岂又偏气之美者独聚此数十里之地乎？此又天地之大不可考也。已凡物不常有而为害乎人者曰灾，不常有而徒可怪骇不为害者曰妖。语曰："天反时为灾，地反物为妖。"此亦草木之妖而万物之一怪也，然比夫瘿木臃肿者窃独钟其美而见幸于人焉。〉

因此，不管人们鉴赏力的主观性如何，欧阳修求助于统计规律性理论，包括"标准混合"或元音融合（krasis，κρασις）②，认为在任何方向背离了它，都可能产生异常形式，不管是像牡丹那样美丽，还是像老树桩那样奇形怪状。这个理论本身很合理，但它像中古代时所有的理论一样，很难做到定量证明或反证——不过它仍是一种理论。这像在其他许多情况下一样，否定了那种认为11世纪的人——当然是11世纪的中国人，不喜欢搞理论的观点。

11世纪结束前，至少还有4本有关牡丹著作或论文问世。与欧阳修的那本书几乎同时代的是《冀王宫花品》，作者赵惟吉是宋朝开国皇帝的孙子。第二本是李英于1045年所著的《吴中花品》，这又是一本来自浙江和江苏的著作。5年后另一本奇妙的书《牡丹荣辱志》出版。该书将牡丹品种按照侍候皇帝的侍女等级排列③。仿佛是在一个现代园艺展览中，作者邱璿只是在畅想，对分级上了瘾，而利用详细的植物学描述

406

① 这是美学方面的重要一节，后来为《群芳谱·花谱》卷二，第十九页，逐字转引。值得注意的是欧阳修的理论认为自然力（如阴和阳）的最完美平衡会产生介于美丽与丑陋之间的一般状态。另一方面，他反对那种认为最美（以及最好）产生于自然力（如阴和阳）最完美平衡的理论，而后者或许更具有中国古典自然哲学的特征。

② 关于这一概念的详细介绍见第四十四章。

③ 唐宋时期，皇帝一般拥有一皇后，三夫人，九嫔，二十七世妇，八十一御妻。关于这个体系的详细情况及其宇宙论符合的意义，见本书第四卷第二分册，pp. 476 ff.；Needham，Wang & Price（1），pp. 170 ff.。

● 图 1–4　**李约瑟《中国科学技术史》中的《洛阳牡丹记》**

4.《洛阳牡丹记》的局限

欧阳修于1031年到洛阳为官，时年25岁，可谓意气风发，同时又遇上钱惟演这样一个本身有才同时又很爱才的好上司，使他在洛阳度过了三年美好时光。按他自己的说法，他在洛阳经历四春三载，第一年到，已是晚春，只看到洛阳的晚花牡丹；第二年与友人外出春游，无暇看花；第三年春天，妻子亡故，无心看花；第四年春天离开，只看到一些早花。仅凭两个不完整春天的记载，又缺乏栽培实践，这篇文章存在一定局限是可想而知的。仅举数例：①关于当时牡丹品种数量，欧阳修说他看到的和听别人说到的洛阳好品种不过约30个，挑好的记了24个。而钱惟演打算写《牡丹花品》，已经记了90个品种名字。欧阳修的记载显然不够，因而后人往往以24作为当时洛阳品种的数量并不准

确，差距甚大。②关于牡丹花美之缘由，欧阳修用“元气偏病说”来解释这一现象，似乎不通。牡丹花之美与生长怪异树木的丑陋无法比较。以其后来《洛阳牡丹图》诗中“洛阳地脉花最宜，牡丹尤为天下奇”的“地脉说”似乎较为恰当。③关于浇水时间与次数，欧阳修记为“九月旬日一浇，十月、十一月三日、二日一浇，正月隔日一浇，二月一日一浇”。按农历计，从九月到翌年二月，正是洛阳牡丹停止生长、越冬休眠时节，无论是地栽还是盆栽，怎能如此频繁浇水呢？

（三）周师厚与《洛阳花木记》

1.《洛阳花木记》的写作

北宋周师厚撰写的《洛阳花木记》，是继欧阳修《洛阳牡丹记》之后，又一部记载北宋时期洛阳牡丹的重要谱录（以下简称《周谱》）。两部谱录写作时间间隔近半个世纪。

周师厚（1031—1087），字敦夫，鄞县（今浙江宁波市鄞州区）人。周师厚曾两次来到洛阳，第一次是熙宁三年（1070）三月因事路过，恰逢牡丹花期，他有幸游览寺观名园，证实以往有关洛阳牡丹的传闻所言为实。第二次是到洛阳为官，宋神宗元丰四年（1081）到任。在从政之余，得以从容游览各处花圃和园林，寻找以往花谱并认真对比观察，记载牡丹、芍药等各种花卉品种，并于元丰五年（1082）撰成《洛阳花木记》一卷。

2.《洛阳花木记》的主要内容

周师厚记载洛阳各种花木，包括牡丹109种（含品种，下同），芍药41种，瑞香、海棠等“杂花”82种，桃、杏、梨等“果子花”147种，蔷薇、月季等“刺花”37种，兰花、菊花等“草花”89种，各种莲花等“水生花”17种，凌霄、牵牛等“藤本花”6种，洋洋大观，是北宋时期一部重要的观赏园艺著作。不过，周师厚这部谱录重点还是在牡丹。他在牡丹上下足了功夫，其他花木除芍药外大多一笔带过。

3. 周师厚《洛阳牡丹记》是其《洛阳花木记》中的部分内容

现存周师厚一卷本《洛阳花木记》的完整文本，是元明之际学者陶宗仪编纂的100卷本《说郛》第26卷所载。清顺治三年（1646），其孙陶珽对100卷本《说郛》大事改纂，将周师厚《洛阳花木记》中的“序牡丹”部分单独抽出，改标题为《洛阳牡丹记》，剩余部分保留原标题《洛阳花木记》，一并设置在120卷本《说郛》卷104中。陶珽重编、李际期宛委山堂刊刻的120卷本《说郛》这一错误做法，为后来一些大型类书所沿袭。清末虫天子（本名王文濡）编的《香艳丛书》第十集卷4，则只收录周师厚《洛阳花木记》中的牡丹品种部分，也被冠以《洛阳牡丹记》的题目，从《洛阳花木记》中分割出来。此后，绝大部分重要文献都将《洛阳牡丹记》与《洛阳花木记》视为周师厚的两“记”。新近出版的王宗堂《牡丹谱》（中州古籍出版社，2016）介绍了以上考证结果。

4.《洛阳花木记》的重要成就

如果将周师厚《洛阳花木记》中有关洛阳牡丹品种及繁殖栽培技术的记述摘出来，确实是一部很好的洛阳牡丹谱，是对《欧谱》的继承与发展。《欧谱》与《周谱》中蕴藏着许多重要的历史文化信息，历来为牡丹谱录研究者所忽略。这里仅作简要介绍：

周师厚《洛阳花木记》中，首次用花型（瓣化程度）花色相结合的方法，对109个品种（实为108个，其中‘陈州紫’因花型不同记成了2个）进行了分类。《欧谱》记载24个品种，其中重瓣（千叶）13个，半重瓣（多叶）8个，单瓣（单叶）3个，释名记述的21个。《周谱》所列109个品种，重瓣59个，半重瓣50个，已经没有单瓣品种。《欧谱》所记24个品种到《周谱》中还能见到20个，只有4个品种如‘倒晕檀心’‘九蕊真珠红’‘玉板白’‘多叶紫’没有见到。而《欧谱》中的‘鹿胎花’（多叶紫花）在《周谱》中为‘鹿胎红’。另《欧谱》中半重瓣品种如‘一捻红’‘一百五’和单瓣品种‘甘草黄’到《周谱》时都已成重瓣花了，《周谱》“序牡丹”中重点记载了54个品种，其中与《欧谱》相同的仅9种。《周谱》有关牡丹品种性状的描述比《欧谱》更为详细，可借以研究近半个世纪中洛阳牡丹品种的演化进程。

从《欧谱》《周谱》可以看出，北宋中期，洛阳附近，特别是南部山区还有许多野生牡丹分布，如宜阳县的锦屏山，偃师县的缑氏岭。人们常常从山上挖下大量野生牡丹植株（“山篦子”）种植，用作砧木。同时直接从野生植株的变异种中选育新品种。《欧谱》中记载的这类品种有‘魏花’，《周谱》中记载的有‘御袍黄’‘洗妆红’‘玉千叶’‘岳山红’‘金系腰’‘大叶寿安’‘细叶寿安’等。根据品种性状的描述，可以推断洛阳南部山区至少分布有2个野生种，即紫斑牡丹（*Paeonia rockii*）与杨山牡丹（*Paeonia ostii*）。作为紫斑牡丹的后代，其直接证据就是花瓣上的色斑（即“檀心”）。这类品种《欧谱》中记载了2个，《周谱》中记载了10个，其中有从陕北引进的‘丹州黄’，按《周谱》所记，这个品种花瓣上深红色色斑有半个花瓣那么大。可见太白山紫斑牡丹也是中原牡丹品种群的起源种之一。《欧谱》《周谱》为中原栽培牡丹的多元起源、多地起源论提供了重要依据（李嘉珏，2006，2011）。

《周谱》记载了洛阳牡丹繁殖栽培技术的改进和提高，更具实用性和可操作性。此时，牡丹嫁接已从“山篦子”作砧改用家牡丹种子种出的实生苗作砧。

（四）陆游与《天彭牡丹谱》

陆游（1125—1210），字务观，号放翁，越州山阴（今浙江绍兴）人。

陆游是南宋著名的爱国诗人，其一生创作颇丰，其诗词今存有9 000多首，其中牡丹诗词20多首。

《天彭牡丹谱》（以下简称《陆谱》）是陆游在四川成都供职时，于宋孝宗淳熙五年（1178）撰写的。全书结构和三部分篇名完全沿袭《欧谱》，共记载彭州品种65个（不包括从洛阳引来而与《欧谱》同名的），其中红色21种、紫色5种、黄色4种、白色3种、绿色1种，其他不清楚的31种。《陆谱》记述了天彭牡丹的发展历史及其分布情况，并将特“著于天彭”的34个品种详加记述。此外，还记载了彭州人诸多爱花、养花、赏花的习俗，总结了彭州人长期积累的许多种植、养护牡丹的经验，是研究我国西南牡丹品种群的重要文献。

将《陆谱》与《周谱》所记品种对比后发现，《陆谱》中的‘状元红’‘燕脂楼’‘金腰楼’‘双头红’‘文公红’‘紫绣球’‘泼墨紫’‘玉楼子’及未作详述的‘转枝红’‘洗妆红’‘探春球’‘蹙金球’‘陈州紫’等，在《周谱》中都已有记载。由此可见，彭州牡丹大多来自洛阳，另从西北天水等地也曾引种过，但总的来说来源比较单一。在彭州一带经过长期驯化培养，生态习性有了很大变化，更适应西南水土条件。

（五）其他牡丹谱录

1. 仲休及其《越中牡丹花品》

南宋陈振孙《直斋书录解题·农家类》中有僧仲休《越中牡丹花品》二卷，引其序云：“越之所好尚惟牡丹，其绝丽者三十二种，始乎郡斋，豪家名族，梵宇道宫，池台水榭，植之无间。来赏花者，不问亲疏，谓之看花局。泽国此月多有轻云微雨，谓之养花天。里语曰，弹琴种花，陪酒陪歌。末称丙戌岁八月十五日移花日序。”

由此序可知，浙江绍兴一带在北宋初年种牡丹、赏牡丹、崇尚牡丹之风盛行，反映了当地的民风民俗，有着重要意义。

仲休（或称仲殊），1201 年《嘉泰会稽志》有记载。他是吴越国出身，天台宗高僧，入宋后，真宗赐海慧大师之号，有《天衣十峰咏》诗集，钱易为之作序。

2. 赵守节与《冀王宫花品》

《直斋书录解题·农家类》所记：“《冀王宫花品》一卷，题‘景祐元年沧州观察使记’，以五十种分为三等九品，而‘潜溪绯’‘平头紫’居正一品，‘姚黄’反居其次，不可晓也。”据《宋史》，景祐初沧州观察使为赵守节，是赵惟吉的长子。赵惟吉是宋太祖的孙子、宋仁宗的堂兄。赵惟吉死后于明道二年（1033）封冀王。

该书已佚，但知其作于景祐元年（1034），与欧阳修《洛阳牡丹记》同期，当时已搜集 50 个牡丹品种，与洛阳不相上下。品种类似，但评定等级时则与洛阳不同，‘姚黄’并未居第一，而以‘潜溪绯’‘平头紫’居正一品。

3. 张峋与《洛阳花谱》

该谱成书于元祐年间（1086—1094），张峋撰，已佚。据北宋邵伯温、朱弁及南宋陈振孙等人的记载，元祐年间，张峋任西京留台驻洛阳。鉴于欧阳修的著作收录品种不全，丞相韩缜（1019—1097）令张峋续作花品（久保辉幸，2010）。

《直斋书录解题·农家类》记：“《花谱》二卷，荥阳张峋子坚撰。以花有千叶、多叶，黄、红、紫、白之别，类以为谱，凡千叶五十八品，多叶六十二品，又以芍药附其末。峋与其弟岷子望同登进士第。岷尝从邵康节学。”朱弁《曲洧旧闻》卷四：“张峋或云为留台，字子坚。撰谱三卷，凡一百一十九品，皆叙其颜色容状及所以得名之因。又访于老圃，得种接养护之法，各载于图后，最为详备。韩玉汝为序之而传于世。”

由上可见，该谱是《欧谱》问世十几年后出现的又一洛阳花谱。有以下几点值得关注：一是所记品种 119 个以上，俱为千叶或多叶，单叶已被淘汰。二是作者不仅耳闻目验，而且“又访于老圃，得种接养护之法，各载于图后，最为详备”。可见该谱是以图配文、文图对照之作。三是该谱并非作者自序，而是请“韩玉汝为序”，也是件新鲜事。

4. 李英与《吴中花品》

《直斋书录解题 · 农家类》有：“庆历乙酉（1045）赵郡李英述，皆出洛阳花品之外者，以今日吴中论之，虽曰植花，未能如承平之盛也。”吴曾《能改斋漫录》卷十五《方物·牡丹谱》：“欧阳文忠公初官洛阳，遂谱牡丹。其后赵郡李述著《庆历花品》，以叙吴中之盛，凡四十二品。”此《庆历花品》与张峋《洛阳花谱》同一时期，但记述的是吴中牡丹。吴曾《能改斋漫录》卷十五还具体列出了 42 个花名。其中“朱红品”有真正红、红鞍子、端正好等 25 个品种；“淡红品”有红粉淡、端正淡、富烂淡等 17 个品种。从中可知吴中当时只有红色花，以花色浓、淡分类。

5. 沈立与《牡丹记》

沈立，字立之，历阳（今安徽和县）人，北宋水利家、花木家。著有《名山记》《茶法要览》《海棠记》《香谱》等书。《宋史》有传。其《牡丹记》写成于他任杭州知州时。熙宁五年（1072）三月二十三日，沈立偕苏轼游杭州吉祥寺赏牡丹，次日沈立所著《牡丹记》十卷嘱苏轼为之撰序。可惜沈立《牡丹记》早佚，而苏轼《牡丹记叙》幸存。赖“苏叙”，知沈立《牡丹记》中“凡牡丹之见于传记与栽植、培养、剥治之方，古今咏歌诗赋，下至怪奇小说皆在”。“此书之精究博备”，当是北宋时期记载我国江南地区牡丹较为全面丰富的一部花谱。明代薛凤翔著《亳州牡丹史》的方法，似受沈氏的影响。苏轼称赞沈立“公家书三万卷，博览强记，遇事成书，非独牡丹也”。

6. 丘濬与《牡丹荣辱志》

清《四库全书总目提要》对《牡丹荣辱志》有如下评价：“此书亦品题牡丹，以姚黄为王，魏红为妃，而以诸花各分等级役属之，又一一详其宜忌。其体略如李商隐《杂纂》，非论花品，亦非种植。入之‘农家’为不伦，今附之‘小说家’焉。”但该书“版本亦多，流传很广”。

丘濬《牡丹荣辱志》并不是从园艺角度记述牡丹的专谱，而是一篇按当时社会上流行的以皇权为中心的封建等级观念来给牡丹品种安排次序的文章。虽是论述牡丹之“荣辱”，但全书列举牡丹品种 30 个（另外杜撰了 9 个品种名称），而其他花木则有 138 个。牡丹品种中以‘姚黄’为王，‘魏红’为妃。在安排“二十七世妇”时，列举10个牡丹品种后说：“今得其十，别求异种补之。”在安排“八十一御妻”时，列举9个牡丹品种后，别出心裁地编造了“苏州花、常州花、润州花、金陵花、钱塘花、越州花、青州花、密州花、和州花”9个品种借以充数。接着说：“自苏台，会稽至历阳郡，好事者众，栽植尤夥，八十一之数，必可备矣。”这段话倒是反映了当时长江三角洲一带牡丹栽培的盛况，但若据此统计宋代牡丹品种，那就不对了。

北宋前期，统治者出于国家长治久安的考虑，认识到加强皇权和封建等级观念对维护封建统治的重要性，在加强国家机器的同时，也强化了思想控制。《牡丹荣辱志》反映的思想观念就是当时重要的牡丹文化现象。

7. 张邦基与《陈州牡丹记》

《陈州牡丹记》并非牡丹专谱，而是张邦基根据他在乡间见闻记下的一则有关牡丹的记事，收录在他的专著《墨庄漫录》（卷九）中。明末清初陶珽在重编陶宗仪《说郛》时，把原100卷本增补为120卷本。他把张邦基关于陈州牛氏‘缕金黄’牡丹一则记事从《墨庄漫录》中摘出，冠以“陈州牡丹记”之名，收入到他重编的《说郛》（宛委山堂本）第一百零四卷中，于清初顺治年间刊出。后人遂误以为《陈州牡丹记》是张氏所撰牡丹专谱，并被辗转出版（王宗堂，2015）。

不过在牡丹文化史上，张邦基这篇约200字的短文，仍不失为一篇重要的文献。它记录了一些重要的历史文化信息：其一，记载了北宋末期陈州牡丹兴起的实况：“园户种花，如种黍粟，动以顷计。”其二，记载了一个园户牛氏家‘姚黄’品种的芽变，在当地轰动一时。主人命名以‘缕金黄’，并卖票牟利。但芽变未能通过嫁接而巩固下来。其三，反映了当地官员和群众对待资源保护的不同态度。

张邦基，字子坚，约生于哲宗绍圣年间，高邮（今江苏扬州市北）人。徽宗政和二年（1112）侍父于陈州时写下这篇短文，时年十五六岁。曾官四明（即明州，今浙江宁波市）市舶司，后通判庐州（今安徽合肥）。他将自己的住所题名“墨庄”，所作笔记遂命名为《墨庄漫录》，共十卷。

8. 胡元质与《牡丹谱》（亦常作《牡丹记》）

胡元质（1127—1189），字长文。平江府长洲（今江苏苏州）人。

《牡丹谱》记述了五代十国时的蜀地成都、彭州牡丹从无到有，从有到盛，从皇家御苑栽植观赏到民间花户栽培求利，从北宋宋祁帅蜀作赋到南宋范成大帅蜀吟诗的发展演变历程。同时介绍了蜀地牡丹兴盛的原因：彭州土壤既得燥湿之中，加上土人种莳得法。花户不仅用优质种子播种繁殖，更善用单叶“川花”为砧，嫁接千叶“京花”，开出花瓣达七百叶、面可径尺的名品牡丹，使在蜀地为官的洛阳人发出“自离洛阳今始见花尔”的感叹。该谱可视为成都、彭州牡丹发展简史，名称亦常作《牡丹记》或《成都牡丹记》（简称《成都记》）。该谱可供研究陆游《天彭牡丹谱》参考。

据元陆友仁《吴中旧事》记载，胡氏在苏州吴县的程师孟故居有大花圃，植牡丹千株。

9. 陈咏与《全芳备祖》

《全芳备祖》是我国最早的专辑植物资料的类书，是宋代花谱类著作的集大成者。因其“独于花、果、草、木，尤全且备”，故曰“全芳”；“涉及每一植物的事实、赋咏、乐府，必稽其始”，故曰“备祖”。全书分前、后两集，前集为花部，计二十七卷，著录植物110余种；后集为果、卉、草、木、农桑、蔬、药凡七部，著录植物170余种。以上共计近300种。作者陈咏，字景沂，号肥遯子，又号愚一子，天台（今浙江天台）人。该书脱稿于理宗即位（1225）前后，付刻于宝祐元年（1253）至四年（1256）。书中对植物的分类自成体系，所辑资料不少是罕见或失传的珍品。

牡丹在《全芳备祖》前集卷二（该集卷一为梅花，卷三为芍药）。其内容则是抄录旧有牡丹文献并加以编排，编者没有多少个人见解，同时还出现一些编辑错误。但该书内容与体例对后世产生了一定影响，适宜作为一部寻根文化著作而适当予以关注（郭绍林，2019）。

四、宋代牡丹审美文化的繁荣

宋代牡丹审美文化既继承了唐人取得的成就，又有发展创新，使牡丹审美文化内容得到进一步的丰富，意蕴深化，臻于成熟，从而谱写了光辉的篇章。

（一）牡丹题材文学的发展

1. 发展概况

1）发展阶段　从北宋到南宋，牡丹题材文学大体上经历了以下几个发展阶段：

北宋前期。为宋代牡丹题材文学初盛时期。此时国家处于恢复调整阶段，牡丹栽培观赏中心尚未形成，但观赏活动已逐渐兴起，部分地区蔚然成风，如《越中牡丹花品》所记载的越中赏花习俗。

北宋中后期。为牡丹题材文学发展鼎盛期。欧阳修《洛阳牡丹记》的出现是其重要标志。这一时期是北宋经济社会发展最好的阶段，社会稳定、经济文化繁荣、人才辈出，士人生活进一步雅化。以洛阳为中心，牡丹种植与观赏活动在全国范围内大规模铺展开来，形成全社会广泛参与的盛大壮观的审美文化热潮。牡丹文学创作的高度繁荣，将这场文化盛会推向巅峰，并留下了不朽的历史印记。牡丹文化既汲取了唐代的精华，又不断发展创新，形成了内涵丰富的牡丹文化象征意蕴，为以后的发展奠定了坚实的基础。

北宋末期至南渡时期。为牡丹题材文学持续发展与深化期。北宋末年，各种社会矛盾激化，王朝岌岌可危，靖康之难导致北宋灭亡，大批臣民南渡逃难，亡国之痛等重大变故赋予了牡丹题材文学新的思想情韵。

南宋时期。为牡丹题材文学持续发展期。南宋政权建立并得到稳固后，随着经济文化复苏，牡丹种植在江南、西南一带兴起，牡丹欣赏活动的开展又促进了牡丹题材文学的发展，并以牡丹题材通俗文学的兴起为其显著特征，牡丹词大量涌现。这一时期，牡丹与时势国运的关联已隐然成为爱国文人的一种固定思维，从而进一步反映了南渡时期故国之思、黍离之悲等重大主题。从南宋末期到南宋灭亡，在长期深刻的历史反思中，牡丹与国家兴亡紧密联系在一起。

2）*显著特点* 牡丹题材文学的发展与繁荣和牡丹审美观赏活动密切相关。宋代牡丹审美活动有以下几个特点：

一是审美群体空前壮大，其中文人士大夫作为审美群体的中坚力量，为审美文化的发展做出了重要贡献。宋代由于奉行尊重文人的国策，文人士大夫群体迅速壮大。他们大多博学多才，有较高的艺术修养和审美能力。在当时社会条件下，种花、护花、赏花、吟花往往成为他们生活中不可或缺的休闲娱乐活动。北宋文学史上有着举足轻重的文人，如欧阳修、梅尧臣、宋祁、邵雍、司马光、苏轼、蔡襄、范镇等，不少集政治家、思想家与文学家等身份于一身，并在牡丹审美文化的发展上多有贡献。

二是各种牡丹审美活动空前活跃，这在前面已有介绍。

三是围绕牡丹进行的各种文学创作活动也活跃起来，作品数量大增。宋代牡丹诗词作品为历朝历代之最。据对《全宋诗》《全宋词》及《全宋词补编》等的统计，宋代咏牡丹诗超过900首，其中北宋约550首，南宋近400首。牡丹词120余首，其中北宋26首，南宋近100首。另有牡丹赋7首以上。总数约1 100余首（路成文，2011）。实际上，宋代牡丹诗词远不止此数。如前述北宋宫廷赏花钓鱼宴的诗作30余年当在千首以上，而《全宋诗》中收录仅46首。又如《宋史》第211卷曾记一位叫郭延泽的文官，退休后闲居濠州（今安徽凤阳），“有小园自娱，其咏牡丹千余首”。其他与牡丹相关的诗词文赋及笔记小说等也有不少，牡丹谱录有近20部之多。内容涉及牡丹栽培、应用、欣赏的方方面面。从牡丹的形色之美到其德性、品行、气度、风格；从种花、买花、移花、接花、剪花、打剥到探花、求花、酬花、赠花、簪花；从花下独赏到群赏、宴赏、游赏、诗赏；从风前月下观花到雨中露中赏花；从春日到秋冬，从花芽萌动、含苞待放到初开、半开、全开、怒放以至将落、全落等，无不入诗入词，还有的涉及历史烟云、趣闻轶事、故事传说等，不仅反映着时代的审美意趣，还蕴含着深刻的历史文化内涵。尤其是南宋以后的文人士大夫，往往借牡丹来表达对昔日繁华盛世的追忆，抒发极其深沉的亡国之痛，牡丹因而被提升到象征国家命运、民族精神的高度。

2. 牡丹文学中蕴含的历史文化内涵

宋代以诗词为主，兼及其他文学样式的牡丹题材文学，按主题大体上可分为两大类，一类是牡丹本身，反映牡丹的美丽娇艳与高雅高贵的气质，以及各种形式游赏活动的盛大壮观；另一类则以牡丹为媒介，抒发特定的思想感情，包括志向、理想与胸怀，反映时代主流思想倾向。

1）赞美牡丹之美艳、赏花时之愉悦　相对而言，这类作品唐代更占优势，唐人对牡丹之赞赏几乎达到无以复加的地步。但宋人在不同的侧面仍有所拓展，视牡丹为花中第一品。

绕东丛了绕西丛，为爱丛丛紫间红。怨望乍疑啼晓雾，妖娆浑欲殢春风。香苞半绽丹砂吐，细朵齐开烈焰烘。病老情怀慢相对，满栏应笑白头翁。（李昉《独赏牡丹因而成咏》）

新花来远喜开封，呼酒看花兴未穷。年少曾为洛阳客，眼明重见魏家红。却思初赴青油幕，自笑今为白发翁。西望无由陪胜赏，但吟佳句想芳丛。（欧阳修《答西京王尚书寄牡丹》）

人老簪花不自羞，花应羞上老人头。醉归扶路人应笑，十里珠帘半上钩。（苏轼《吉祥寺赏牡丹》）

辛弃疾的《鹧鸪天・赋牡丹》词，又把我们带进一个轻松愉快的氛围之中：

翠盖牙签几百株，杨家姊妹夜游初。五花结队香如雾，一朵倾城醉未苏。

闲小立，困相扶，夜来风雨有情无。愁红惨绿今宵看，却似吴宫教阵图。

诗意：好大一片牡丹，杨家姐妹在夜色之中前来游玩。那花，那美人，香气馥郁，有如雾之缭绕。倾国的美女，倾城的花朵，花因人醉，人因花醉！姐妹们月下赏花，流连忘返，不觉困乏，驻足小憩，却又忧虑夜里无情的风雨会不会摧残花朵。于是又振作起来，漫步花丛之中，犹如当年孙武在教宫女列阵一般。

又如，“吾国名花天下知，园林尽日敞朱扉。蝶穿密叶常相失，蜂恋繁香不记归”（陆游《牡丹》）。还有，“花发围眸昼锦如，列仙行缀在蓬壶。千金须拚豪家赏，一笑春风无向隅”（杨巽斋《满堂春》）。这后一首写的是‘满堂春’牡丹在园林中开放，满树红云，如画如锦；远远看去，有如群仙降临，置身其中，犹如身临蓬莱仙境。诗人说，人们难以看到倾国佳人，如有“豪家”愿出“千金”买她嫣然一笑（开花），那真像春风拂面，一切烦恼都会消失。

2）借赞美牡丹与相关的游赏活动来赞颂太平景象，也为最高统治者歌功颂德 北宋时期，宫廷对牡丹花期的赏花钓鱼宴做了制度性安排，以宫廷赏花、钓鱼、宴饮、赋诗活动为背景的，由皇帝与文武大臣等唱和而创作的诗，其基本主题就是歌功颂德。

此外，通过对牡丹或牡丹游赏活动的赞美，来歌颂太平盛世，也是宋代牡丹文学中一个重要的主题。在宋人心目中，牡丹游赏活动本身就是繁华盛世的重要象征。特别是经过靖康之变后，这种认识更加深刻。

去年春夜游花市，今日重来事宛然。列肆千灯争闪烁，长廊万蕊斗鲜妍。交驰翠幰新罗绮，迎献芳樽细管弦。人道洛阳为乐国，醉归恍若梦钧天。（文彦博《游花市示之珍》）

一春颜色与花王，况在庄严北道场。美艳且推三辅冠，嘉名谁较两京强。已攒仙府霞为叶，更夺熏炉麝作香。会得轻寒天意绪，故延芳景助飞觞。（韩琦《赏北禅牡丹》）

公从帝所享钧天，归及三春景物妍。洛鲤烹鲜随玉馔，姚黄开晚待琼筵。

身同五福居周分，心似南风助舜弦。花木只堪供暂赏，直须嵩少伴长年。（范纯仁《和文潞公归洛赏花》）

姚黄容易洛阳观，吾土姚花洗眼看。一抹胭脂匀作艳，千窠蜀锦合成团。春风应笑香心乱，晓日那伤片影单。好为太平图绝瑞，却愁难下彩毫端。（强至《题姚氏三头牡丹》）

“好为太平图绝瑞，却愁难下彩毫端”，诗人们在玩赏牡丹时，感受到国势之强盛，视美艳富丽的牡丹为国家繁荣昌盛的象征，从而产生了用诗歌、绘画等形式来描绘牡丹、歌颂太平的强烈冲动。牡丹之所以成为国家繁荣昌盛的象征，与这种颂圣心理亦有一定联系。

夏竦《宣赐翠芳亭双头并蒂牡丹仍令赋诗》云：

华景当凝煦，芳丛忽效奇。红房争并萼，缃叶竞骈枝。彩凤双飞稳，霞冠对舞欹。游蜂时共蠹，零露或交垂。胜赏回金跸，清香透黼帷。两宫昭瑞德，天意岂难知。

该诗作于宋仁宗天圣年间（1023—1032），其时仁宗年纪还小，由章献皇太后垂帘听政，“权处分军国事”。二圣并立而政治清明、社会稳定。在这种政治背景下，最高统治者便利用一些祥瑞之事对这种政治局面作解释，双头牡丹成了两宫谐和之象。

3）通过牡丹来“观物明理”，表达对人类生命过程的哲理性思考　这类命题前面已经提到，邵雍是这方面的代表，下面再列举几首。

栽培宁暇问耕桑，红白相鲜映画堂。泪湿浓妆含晓露，火燔寒玉照斜阳。黄金剩买心无厌，绮席闲观兴更狂。谁向风前悟零落，百年荣盛事非长。（释智圆《牡丹》）

移花来种草堂前，红紫纷纭间淡烟。莫叹朝开还暮落，人生荣辱事皆然。（释智圆《栽花》）

君看灼灼枝上英，半杂泥尘成落蕊。盛衰不独草木然，人事悠悠尽如此。（穆修《希言官舍种花》）

人于天地亦一物，固与万类同生死。天意无私任自然，损益推迁宁有彼。彼盛此衰皆一时，岂关覆焘为偏委。（梅尧臣《韩钦圣问西洛牡丹之盛》）

绛苞翠幄压朱栏，秀色生香观里看。小圃想须春烂漫，大家应是醉团栾。名缰久纵心无累，利径虽驰兴易阑。但愿对花常酩酊，莫思身外有悲欢。（赵

善括《临江玉虚观有牡丹，思后圃亦正开，恨不与集》）

4）*赞扬牡丹的高贵品格，是实至名归的花中之王*　百花之中，哪种花最有气势和风度？比较起来，非牡丹莫属。据陶穀《清异录》所载：

南汉地狭力贫，不自揣度，有欺四方傲中国之志。每见北人，盛夸岭海之强。世宗遣使入岭，馆接者遗茉莉，文其名曰：小南强。及本朝，伥主面缚，伪臣到阙。见洛阳牡丹，大骇叹，有搢绅谓曰：此名大北胜。

宋人曾用牡丹来象征一种恢宏壮观的气势。那用来弹压南汉割据势力之“小南强”茉莉而标举“大北胜”之洛阳牡丹，典型体现着宋人在牡丹身上倾注的大国雍容气象。入宋后，牡丹的花王地位得到确立。北宋名臣韩琦在他的牡丹诗中，一再提到“花王”“国艳”，把它种到边关，代表朝廷，代表中央，鼓舞士气。

国艳孤高岂自媒，寒乡加力试栽培。当时尚昧随和贵，今日真逢左魏开。名品已先推洛谱，梦魂唯恐失阳台。花王亲视风骚将，中的方应赏巨杯。（韩琦《同赏牡丹》）

青帝恩偏压众芳，独将奇色宠花王。已推天下无双艳，更占人间第一香。欲比世终难类取，待开心始觉春长。不教四季呈妖丽，造化如何是主张。（韩琦《牡丹二首（其二）》）

5）*对随欣赏牡丹而掀起的奢靡之风持批判态度*　宋代牡丹诗词中也有一些作品对社会不良风气提出批评，对社会底层的贫苦民众表达关怀之情。

何事化工情愈重，偏教此卉太妖妍。王孙欲种无余地，颜巷安贫欠买钱。晓槛竞开香世界，夜阑谁结醉因缘。须知村落桑耘处，田叟饥耕妇不眠。（丘濬《仪真太守召看牡丹》）

老觉欢娱少，愁惊岁月频。能消几日醉，又过一年春。陌上枝枝好，钗头种种新。买归持博笑，贡自可怜人。（赵鼎臣《买花诗》）

草木无情解悦人，徒因见少得名新。剪裁罗绮空争似，研合丹青太逼真。尤物端能耗地力，痴儿竟欲费精神。愿回春色归南亩，变作秋成玉粒匀。（苏过《次韵伯元咏牡丹二首其二》）

具有忧患意识和批判精神的诗人面对牡丹，他们观察到的是社会的不平等（“王孙欲种无余地，颜巷安贫欠买钱”），想到的是生活在社会底层的贫苦农民（“须知村落桑耘处，田叟饥耕妇不眠”“买归持博笑，贡自可伶人”），所担忧的是“尤物端能耗地力”，所期望的则是“愿回春色归南亩，变作秋成玉粒匀”。古代文人中的悯农情怀是极为可贵的。

6）借牡丹品种入诗，强化品种意识，总结育种栽培经验　无论在栽培实践，还是在文学创作中，宋人牡丹品种意识的强化都值得称道。不但在牡丹谱录中加以总结，诗词中也是经常提到。‘姚黄’‘魏紫’（注意：谱录中是‘魏花’，诗词中是‘魏紫’）、‘潜溪绯’‘状元红’‘鞓红’等名品在诗作中风靡不衰。司马光《其曰雨中闻姚黄开戏成诗二章呈子骏尧夫》，表达了人们对名花的倾慕心情：

小雨留春春未归，好花随看恐行稀。

劝君披取渔蓑去，走看姚黄判湿衣。

在春将去而还未离去的时刻，诗人听到‘姚黄’在小雨中怒放的消息，欣喜若狂，立即去邀好友，劝他们披上蓑衣赶紧去看，宁让衣服湿透，也要饱赏‘姚黄’之美。宋人写‘姚黄’的诗作不少，如下面一首：

世外无双种，人间绝品黄。已能金作粉，更自麝供香。脉脉翻霓袖，差差剪鹄裳。灵华徐几许，遥遗菊丛芳。（宋庠《姚黄》）

欧阳修《洛阳牡丹图》长诗，对研究洛阳牡丹品种演化轨迹很有助益：

洛阳地脉花最宜，牡丹尤为天下奇。

我昔所记数十种，于今十年半忘之。

开图若见故人面，其间数种昔未窥。

客言近岁花特异，往往变出呈新枝。

洛人惊夸立名字，买种不复论家赀。

比新较旧难优劣，争先擅价各一时。

当时绝品可数者，魏红窈窕姚黄妃。

寿安细叶开尚少，朱砂玉版人未知。

传闻千叶昔未有，只从左紫名初驰。

四十年间花百变，最后最好潜溪绯。

今花虽新我未识，未信与旧谁妍媸。

当时所见已云绝，岂有更好此可疑。

古称天下无正色，但恐世好随时移。

鞓红鹤翎岂不美，敛色如避新来姬。

何况远说苏与贺，有类异世夸嫱施。

造化无情宜一概，偏此著意何其私。

又疑人心愈巧伪，天欲斗巧穷精微。

不然元化扑散久，岂特近岁尤浇漓。

争新斗丽若不已，更后百载知何为？

但应新花日愈好，惟有我老年年衰。

范成大一连写了七首诗来描写七个品种，例如《鞓红》：

猩唇鹤顶太赤，榴萼梅腮弄黄。

带眼一般官样，只愁瘦损东阳。

红艳的猩唇和鹤冠，比起‘鞓红’的颜色来显得太红太艳；与石榴、梅花比起来，颜色虽然相似，但它们的花萼、花托又偏偏带些黄色。顺眼望来，富丽堂皇的花朵俨然一副官样；‘鞓红’硕大的花朵，虽无意与东升的朝阳试比高低，但相形之下，后者却显得瘦小，黯然失色！

还有《叠罗红》：

襞积剪裁千叠，深藏爱惜孤芳。

若要韶华展尽，东风细细商量。

‘叠罗红’的特点是花大盈尺，花瓣繁多，花色粉红，著花较稀。诗人说，‘叠罗红’花瓣重叠，似由巧夺天工的裁缝精心剪裁制成的千叠褶裙，女人穿上真是美不可比。不过它颇为高洁，不轻易吐芳争艳。

洪适等有多首牡丹诗，在诗名的副题中介绍了牡丹移植经验。陆游、杨万里等退休后回到家乡，亲自参加牡丹栽培实践，也写下一些诗篇。

7）借花咏史，或进一步作历史反思 借花咏史是宋代牡丹文学的重要主题，这使赏花活动与国家兴亡紧密联系起来。众多花卉中，牡丹最得最高统治者的喜爱，因而一些与赏花有关的历史事件也就具有了文化史意义。人们吟咏牡丹时，很自然地牵入了这些事件。咏史诗中涉及最多的是唐玄宗与杨贵妃兴庆宫赏牡丹事件，有的联系安史之乱，批评他们荒淫误国。

开元往事感伤中，遗种犹余一摩红。借问通宵配妃子，何如及早念姚崇。（王十朋《次韵濮十太尉咏知宗牡丹七绝其三》）

牡丹比得谁颜色，似宫中、太真第一。渔阳鼙鼓边风急，人在沉香亭北。买栽池馆多何益，莫虚把、千金抛掷。若教解语应倾国，一个西施也得。（辛

弃疾《杏花天 · 嘲牡丹》）

对于深刻的历史反思，需要提到李格非的《洛阳名园记》。这部著作主要记载北宋洛阳公卿园林之胜。文章结尾有一段论及天下兴衰的文字：

论曰：洛阳处天下之中，挟殽渑之阻，当秦陇之襟喉，而赵魏之走集，盖四方必争之地也。天下常无事则已，有事则洛阳先受兵。予故尝曰：洛阳之盛衰者，天下治乱之候也。方唐贞观开元之间，公卿贵戚开馆列第于东都者，号千有余邸。及其乱离，继以五季之酷，其池塘竹树，兵车蹂践，废而为丘墟；高亭大榭，烟火焚燎，化而为灰烬，与唐共灭而俱亡者，无余处矣。予故尝曰：园圃之废兴，洛阳盛衰之候也。且天下之治乱，候于洛阳之盛衰，而知洛阳之盛衰，候于园圃之废兴而得。则《名园记》之作，予岂徒然哉。呜呼！公卿大夫，方进于朝，放乎以一己之私自为，而忘天下之治忽，欲退享此乐，得乎？唐之末路是矣！

然而，当年的历史再次重演。使北宋灭亡的战火又一次破坏了“天下第一”的洛阳园林，以及盛极一时的牡丹。经历过劫难后再读《洛阳名园记》，怎能不使邵博涕泪纵横？他在题记中写道：

洛阳名公卿园林，为天下第一，靖康后，祝融回禄，尽取以去矣。予得李格非文叔《洛阳名园记》，读之至流涕。文叔出东坡之门，其文亦可观。如论天下之治乱，候于洛阳之盛衰；洛阳之盛衰，候于园圃之废兴。其知言哉。河南邵博记。

而咏史诗中，李新《打剥牡丹》从另外一个角度立论，使诗篇具有新意：

大芽如茧肥，小芽瘦如锥。我今取去无厚薄，不欲气本多支离。绿尖堕地那复数，存者屹立珊瑚枝。姚黄魏紫各王后，肯许阘冗相追随。姬周祧庙曾祖祢，主父强汉疏宗支。昔人立朝恶党盛，改群杂莠何可知。一母宜男竟衰弱，岂有如许宁馨儿。吾惧生蛇为龙祸，又畏百工无一师。故今披剥信老手，如与造化俱无私。明年春归乃翁出，空庭还闭绝代姿。风雨大是遭白眼，酒炙谁复来齐眉。衡门一锁略安分，幽谷待赏几无时。寄根王谢自得地，燕子归来汝莫疑。

打剥牡丹是牡丹日常管理中的一项技术措施，包括去掉多余的侧枝，打掉一个枝条上过多的侧（花）芽，使（主花）芽花开得更好。作者将它与古人强干弱枝以使政权更加稳固，以及为铲除朋党奸邪而采取的措施相比，以表达自己的政治见解。

8）借牡丹抒发黍离之悲、国破家亡之恨　北宋时期，人们对牡丹的文化象征意义就已经有了较为深刻的认识。牡丹形象已不仅仅是国色天香、富贵吉祥，而是中原、中央、国都的象征，也是国家政权的重要象征。因而南宋以降，中原沦陷，洛阳遂成民族历史记忆。南下臣民思念故国家园，洛阳牡丹就成为北国山河的代名词，从而将牡丹与国家、民族的命运紧密地联系在一起。许多爱国诗人在南国欣赏牡丹时，都表示了对往昔承平岁月的怀念，对故国家园、父老乡亲的思念，对金兵暴行的鞭挞，对南宋朝廷偏安江南、不思恢复的深切忧虑与不安。

两京初驾小羊车，憔悴江湖岁月赊。老去已忘天下事，梦中犹看洛阳花。妖魂艳骨千年在，朱弹金鞭一笑哗。寄语毡裘莫痴绝，祁连还汝旧风沙。（陆游《梦至洛中观牡丹繁丽溢目觉而有赋》）

洛阳牡丹面径尺，鄜畤牡丹高丈余。世间尤物有如此，恨我总角东吴居。俗人用意苦局促，目所未见辄谓无。周汉故都亦岂远，安得尺箠驱群胡！（自注：山阴距长安三千七百四十里，距洛阳两千八百九十里）（陆游《赏山园牡丹有感》）

曾看洛阳旧谱，只许姚黄独步。若比广陵花，太亏他。　　旧日王侯园圃，今日荆榛狐兔。君莫说中州，怕花愁。（刘克庄《昭君怨·牡丹》）

在南宋文人士大夫笔下的牡丹诗词中，我们看到了太多对于北宋曾经繁荣富庶的往昔岁月的回忆，对于南宋政权走向灭亡的惨痛历史的深刻反思。在他们心目中，牡丹即洛阳，即中原，即国家！人们对山河破碎、国破家亡的悲痛，以及由此引发的爱国主义情怀，是最重要的主题。由此，牡丹对于南宋文人士大夫所触发的思想感情，已不再局限于个人的浮沉荣辱，而是上升到了国家、民族层面，牡丹形象亦因之被提升到象征国家命运、民族精神的层面，成为中国牡丹文化史上光辉的一页！

（二）牡丹题材艺术的繁荣

在牡丹题材文学迅速发展的同时，宋代牡丹工艺美术与绘画也相应繁荣起来。

1. 牡丹工艺美术

工艺美术是与群众日常生活密切相关且为群众喜闻乐见的艺术表现形式，

人们通过日常生活中广泛应用的物品和建筑装饰中的各种纹饰来表达对牡丹的喜爱和对美好生活的期盼。从《洛阳市志 · 牡丹志》记载的资料看，北宋各种器物，如瓷器、漆器、陶器以及木雕、石刻、绣织品上都有牡丹纹饰，各种瓶、罐、壶、炉、杯上，牡丹纹饰也随处可见。

洛阳北宋墓室画像石棺上多刻牡丹图案。如崇宁五年（1106）张君石棺，棺楣中央阴刻一花盆，盆内植两株牡丹，布满棺楣。棺两侧饰以大朵连枝牡丹，间以攀枝童子和骑兽童子。棺门楣、棺盖两侧均用减地平雕手法，刻出牡丹花朵和枝叶，再以细密的阴线刻出多重花瓣和叶脉。

牡丹纹饰的应用虽在唐代即已出现，但当时主要应用在上层社会使用的奢侈品上，形式单一。北宋时期，牡丹审美文化已经发展到十分成熟的境地，牡丹题材工艺艺术发展也走向了成熟。其应用突破了贵族的垄断，普遍出现在民间日常用具之中。这一时期牡丹纹样的表现技法有刻花、印花、绘画等，表现形式有独枝、交枝、折枝、缠枝等。牡丹纹饰成为北宋花卉装饰艺术最亮丽的一道风景。

2. 牡丹题材绘画

北宋时期是花卉题材绘画发展的辉煌时期，这一时期花卉画不仅形成了专门的画科、相当规模的画家团体，还取得了极高的成就，是公认的花卉题材绘画的巅峰时期。

宋代《宣和画谱》收录了唐及五代到北宋的牡丹画 146 轴。其中北宋 64 轴。《宣和画谱》是我国绘画史上第一部系统品第鉴赏宫廷藏画的专书。书中记载了花鸟在内的一个绘画门类，广泛采集各家画论、史实记载，结合御府所藏，按时代顺序，对画家一一品评。自魏晋以来的名画，共 231 家，画 6 396 幅。其不仅体现宋代宫廷藏画之丰盛，品评言辞间也体现着宋人的审美观念。同时，宫廷所藏牡丹画名品数量之丰与作者之众，也反映了其在花鸟画作中的地位。

由五代入宋的黄筌、徐熙是北宋前期花鸟画成就最高的画家，号称“黄家富贵，徐熙野逸”。黄筌有画 349 幅，其中牡丹画 16 幅，如《牡丹戏猫图》《太湖石牡丹图》等。御府藏徐熙画 249 幅，其中牡丹画 40 幅，每幅都有特定寓意，且画风独特。其《风牡丹图》中有叶千余片，花仅三朵，枝叶花朵皆摇曳于风中，静中有动，情态逼真。《玉堂富贵图》以牡丹、海棠、玉兰构图，牡丹雍容、色彩华丽，充满着繁缛奢华的宫廷文化气息。除黄、徐外，名家还有黄居宝、黄居寀、滕昌祐等。黄居寀存画332幅，其中有牡丹图43幅，如《牡丹图》3幅、《牡丹虎猫图》2幅、《牡丹鹦鹉图》1幅、《牡丹竹鹤图》6幅、《牡丹锦鸡图》5幅、《牡丹山鹧图》4幅、《牡丹鹁鸽图》5幅、《牡丹黄莺图》2幅、《牡丹雀鸽图》1幅、《牡丹戏猫图》3幅、《牡丹湖石图》5幅、《牡丹金盆鹧鸪图》2幅、《牡丹太湖石雀图》3幅、《顺风牡丹黄鹂图》1幅等。反映了黄居寀牡丹画题材的丰富。北宋中期，牡丹题材绘画名家大批涌现，代表人物有徐崇嗣、徐崇矩、赵昌、易之志、崔白等，画风更趋成熟。徐崇嗣创“没骨法”技法，备受称赞。赵昌擅长画折枝花，画风生动，色彩明艳动人。崔白有《湖石风牡丹图》《牡丹戏猫图》流传，他以野逸简峭、工细明丽的表现技法为牡丹题材绘画注入了新的活力，其画风打破了宋初百年来皇家富贵为标准的工致富丽的风格范式，以活泼的笔触使人们耳目一新，影响甚大。

3. 民俗文化中牡丹文化寓意的拓展

在各种牡丹纹饰构成的组图中，常常表现出以富贵吉祥为主题的各种文化寓意，诸如国色天香（寓富贵繁华）、官居一品、富贵长春、长命富贵、富贵神仙、白头富贵、富贵寿考、正午牡丹（寓富贵全盛）、富贵耄耋、富贵万代、富贵平安、满堂富贵、玉堂富贵、荣华富贵等。与之相配的是象征青春常在的长春花，象征长寿的猫与蝴蝶，谐音华堂之堂的海棠，寓意天长地久之白头鸟，寓意平安之竹。这些组合在北宋就已广泛存在。此外，由《宣和画谱》花鸟门所载画题也大多表现出与牡丹纹饰组合类似的主题。载存画题的156幅中，牡丹图40幅，牡丹与太湖石组合的有17幅，牡丹与猫组合的有14幅，牡丹与鸡组合的有5幅。单独以牡丹构图寓意为一品天香、国色天香、富贵繁华等。太湖石寓意长寿太平，牡丹与太湖石组合寓意富贵太平，太平盛世；猫与蝶象征长寿，牡丹与猫寓意长寿富贵，富贵不老；公鸡象征功名，牡丹与鸡组合寓意功名富贵，荣华富贵。可见民俗观念对正统宫廷画院绘画观念有着重大影响。

由上所述可以看出，牡丹审美文化在民俗、绘画领域的繁荣发展与牡丹种植、观赏、文学诸多领域所取得的辉煌成就，共同组成了一幅壮丽恢宏的图景，构成了北宋时期牡丹审美文化发展的基本面貌，也从不同的侧面展示着这一时期牡丹审美文化超越前代、卓立千古的风姿！

（三）牡丹文化象征意义的丰富和确立

宋代牡丹文化发展到了一个高峰。宋人从多个角度观照牡丹，同时观照人生、观照社会、观照历史，从中得到许多与牡丹密切相关的意象。一些重要的文化象征意义一直为后人所认同。

1. 牡丹是富贵吉祥和昌盛太平的象征

唐代起人们喜爱与崇尚牡丹，牡丹身价很高，“数十千钱买一窠”“万物珍哪比，千金买不充”。但唐人大多直陈事实而没有引到富贵象征。只有薛能诗提到一句“富贵助开筵”。那是说，筵席上见到富丽贵重的牡丹花，那不更增加人们的食欲？实际上“富贵”二字早已有之。孔子说：“不义而富且贵，于我如浮云。”孔子并不反对富贵，只不过强调要用正常手段取得富贵。而在民俗文化中，牡丹富贵意象早有萌生。五代时期绘画中已有牡丹富贵象征的应用，尤以徐熙《玉堂富贵图》为典范。牡丹富贵说到北宋时已进入文人的思想体系。理学家周敦颐（1017—1073）在其《爱莲说》中写道：

自李唐以来，世人甚爱牡丹……予谓菊，花之隐逸者也；牡丹，花之富贵者也；莲，花之君子者也。噫！菊之爱，陶后鲜有闻。莲之爱，同予者何人？牡丹之爱，宜乎众矣。

周敦颐《爱莲说》之主旨是赞扬莲花，表明他自己很爱莲花，也有莲之“出淤泥而不染”的君子风度和高尚品德，因而对牡丹不屑一顾。但是《爱莲说》却为“牡丹富贵说”提供了重要依据。周敦颐指出三点：其一，“自李唐以来，世人甚爱牡丹”；其二，“牡丹，花之富贵者也”；其三，“牡丹之爱，宜乎众矣”。就是说，从唐至宋，牡丹实际上已经成为人人都喜欢的大众之花。可以说这是宋人在花卉审美观念中切入人伦义理的思想归宿。“富贵”二字本指富裕而又有地位，牡丹花既富丽堂皇，又被推为“百花之王”，称之为“富贵花”也恰如其分。然而宋人也曾将“富贵”与“富贵花”的赞誉给予过海棠。苏轼《寓居定惠院之东杂花满山有海棠一株土人不知贵也》诗中说，海棠花是“自然富贵出天姿，不待金盘荐华屋”。后来陆游咏海棠诗也说：“何妨海内功名士，共赏人间富贵花。”（《留樊亭三日王觉民检详日携酒来饮海棠下》）不过后人还是将海棠放在一旁，只认牡丹为“富贵花”。而“富贵”二字在中国民俗文化中应用相当普遍，并且是牡丹得以雅俗共赏的重要原因。因为在平民百姓的传统文化心理中，历来有着对“荣华富贵”“富贵平安”的追求。也可以说，人们对富贵、富裕生活的追求和昌盛太平社会的向往是人类与生俱来的本性，是古今人类共同的理想，是推动社会发展的一个基本动力。

2. 牡丹具有雍容大度、不畏权贵、坚贞不屈的气质和品格

牡丹不与百花争春，殿后而开，显示了雍容大度的气质；牡丹花大色艳，气势不凡，能代表泱泱大国的气象，在宋代也曾有“大北胜”的称呼。宋人还称牡丹为富贵花，但宋人对牡丹的认识并未局限在“富贵”二字上，宋高承《事物纪原》记载了下面这个传说：武后诏游后苑，百花俱开，牡丹独迟，遂贬于洛阳，故洛阳牡丹冠天下。后来又有人加上“是不特芳资艳质足压群葩，而劲骨刚心尤高出万卉，安得以富贵一语概之”的评语，从而赋予牡丹不畏权贵的优秀品格。牡丹原产山林高寒之地，它不仅有着富于变化而艳丽娇媚的特点，也有着很强的适应性，有些种类如紫斑牡丹等还具有相当耐寒耐瘠薄的秉性。因此，牡丹虽为富贵花，却并不“嫌贫爱富”。“人道此花贵，岂宜颜巷栽。春风情不世，红紫一般开。”这是王十朋的《牡丹》诗。他在另一首诗中说：“今古几池馆，人人栽牡丹。主翁兼种德，要与子孙看。”种牡丹要种下好的品德，使之代代相传。此外，宋代诗词中，对秋冬开花的牡丹亦多加赞赏。人说梅花开在百花之先，不畏冰霜，不怕严寒。然而牡丹比梅花还要开得早，更是不怕雪霜、不畏严寒！“百花头上有江梅，更向江梅头上开。”“芳丛不遣雪霜封，已是青腰独见容。更祝春风重著意，行看拂槛露华浓。”（刘才邵《冬日牡丹五绝句》）“一朵娇红翠欲流，春光回照雪霜羞。”（苏轼《和述古〈冬日牡丹〉四首》）“如何春色花王品，独对霜威御史开？”（韦骧《八月二十四日州宅牡丹》）如此等等，都是对牡丹品格的高度赞扬。

唐人对牡丹已经有了“国色天香”的品评，宋人继续在百花中进行对比。“百紫千红，占春多少，共推绝世花王。”欧阳修在《洛阳牡丹记》中说：“洛阳亦有黄芍药、绯桃、瑞莲、千叶李、红郁李之类，皆不减它出者。而洛阳人不甚惜，谓之果子花，曰某花云云，至牡丹则不名，直曰花。其意谓天下真花独牡丹，其名之著，不假曰牡丹，而可知也，其爱重之如此。”丘濬《牡丹荣辱志》不仅直接推牡丹为王，还以‘姚黄’为王，‘魏红’为妃，按皇室规定来为牡丹品种安排次序。北宋重臣韩琦更是写下三十来首牡丹诗，一再推崇牡丹花王。

牡丹，是真正冠压群芳的王者！

3. 牡丹是国家繁荣昌盛和民族兴旺发达的象征

在中华民族思想文化体系中，花卉文化占有一席之地。而在众多传统名花之中，牡丹又被赋予了更为丰富而深刻的历史文化内涵。

在宋代有关牡丹的各种象征意蕴中，最为深刻且最能将牡丹与国家民族命运紧密联系在一起的思考，则是由南宋时期的文人完成的。北宋盛期，洛阳牡丹何等辉煌，然而金人南侵，靖康之难使往日辉煌成了南柯一梦。

蒋捷在《解连环（岳园牡丹）》词中说：

妒花风恶。吹轻阴涨却，乱红池阁。驻媚景、别有仙葩。遍琼甃小台，翠油疏箔。旧日天香，记曾绕、玉奴弦索。自长安路远，腻紫肥黄，但谱东洛。

天津霁虹似昨。听鹃声度月，春又寥寞。散艳魄、飞入江南，转湖渺山茫，梦境难托。万叠花愁，正困倚、钩阑斜角。待携尊、醉歌醉舞，劝花自乐。

短短一首百余字牡丹词，浓缩了从唐而宋，直至宋亡，一个民族一步步遭受欺凌，一步步走向灭亡的历史。在这里，牡丹成了繁华盛世的象征，成了民族屈辱的见证。

由唐而宋，牡丹随国家民族的兴衰存亡而盛衰荣枯。两次大起大落，其栽培与欣赏活动中心由长安转移到洛阳，再到江南，正好与唐宋政治、经济、文化中心的转移同步。牡丹文学从主题到风格，以及所表现的文人士大夫的主体精神，也与之基本同步。并且这种同步互动关系，与其他名花如梅、荷、菊等相比，表现得尤为突出（路成文，2011）。

牡丹所具有的这种特定的文化象征意蕴，不是在太平时期、鼎盛时期所凝成的，而是在国家、民族处于衰弱乃至亡国灭种的特定历史时期，在南宋文人士大夫对往昔美好岁月的集体回忆与反思中逐渐凝成的！深入总结这段历史，对我们今天弘扬牡丹文化仍然具有重要的现实意义。

第五节
辽金元时期

一、辽金时期的牡丹

907 年，契丹人建立辽政权；1115 年，女真族建立金政权，先后与北宋、南宋处于对峙状态。然而政治上的对立并没有割断文化上的渗透与融合，游牧民族不自觉地接受着先进的农业文明的熏陶，包括吸收从唐及北宋发展起来的牡丹文化。

元脱脱《辽史·圣宗本纪》提及："统和五年三月癸亥朔，（圣宗）幸长春宫，赏花钓鱼，以牡丹遍赐近臣，欢宴累日。"明《北京考》亦记，"统和十二年三月壬申，（圣宗）如长春宫赏牡丹"。由此可见，早在北宋前期，辽朝即已有宫廷之赏牡丹活动。辽都燕京，即今之北京。

金朝中叶以后有数十年战乱停息，社会稳定，经济文化较为繁荣，也注意到了牡丹的发展。如金章宗完颜璟有《云龙川太和殿五月牡丹》诗："洛阳谷雨红千叶，岭外朱明（指夏季）玉一枝。地力发生虽有异，天公造物本无私。"即描写作者在今河北赤城县西南的行宫中，五月里观赏牡丹的感受。赤城地处燕山北麓，气候寒冷，牡丹开花比之中原要晚得多。与金章宗诗作相呼应，还有一些大臣的"牡丹应制诗"，是他们陪君王赏牡丹时的诗作，赏花氛围一如北宋宫廷时。金代文学家元好问、段克己的几首《江城子》词，描写和刻画了人们赏牡丹时的欢愉情景。在今甘肃临夏、兰州一带出土的金代墓葬的砖雕上，仍可看到金代牡丹文化的深刻影响。金代之甘肃中部，考古发现表明：金中叶以后的大定、明昌（1161—1196）之世，牡丹文化有所发展。当时临夏、兰州一带牡丹对人们的生活有着重要影响。如1980年在临夏市南龙乡发掘的金大定十五年（1175）进义校尉王吉墓室，为仿木结构券顶式正方形砖雕单室，四周均刻有不少牡丹图案，摇曳多姿，庄重典雅。此外，1953年在今兰州市城关区发掘的金明昌年间（1190）墓葬中，除棺座中央平铺着牡丹花砖雕四块外，墓壁四周也有牡丹花雕。这些习俗应与当地民众爱好牡丹有着密切的联系。

此外，在河北、山西等地的辽金墓葬中，也发现有牡丹纹饰。如河北宣化下八里村三号辽金墓，为砖砌仿木结构穹隆顶墓，墓室的四壁及顶部均有壁画，并有牡丹纹样。拱门两侧及檐椽、斗拱眼壁上均有黑、白两色绘制的卷云和卷枝牡丹，其枝叶卷曲，叶子肥厚繁茂，三朵怒放的牡丹花被叶子围成团形。墓顶的中部为黑、红两色组成的重瓣莲花一朵，花外为一周褐色星象图，图外有三周红色宽带环，环间等分16格，每格内有两朵折枝花卉，其中有折枝牡丹纹。另外墓室西壁有一妇人躬身作挑灯状，妇人身后有一折叠桌，桌旁有一高大茁壮的整株牡丹栽于盆中，盆与牡丹均以墨线勾勒，以色彩晕染浓淡来显示层次与质感。此墓的牡丹纹样除檐椽和斗拱眼壁上的卷枝牡丹具有图案装饰性，其余均采用写实手法。山西长治安昌金墓为仿木结构，其东、西、北三壁的拱眼壁内均绘有不同的折枝牡丹。山西汾阳二号金墓，墓室为六角形，其东北壁画有一妇人，妇人身后有一屏风，屏风上绘牡丹山石图，它的西北壁窗下有一盆栽牡丹置于盆架上。该墓的牡丹纹饰形态和装饰手法与新安县北冶梁庄宋墓的牡丹山石图和盆栽牡丹图基本相同。

二、元时期的牡丹

（一）元代是牡丹承前启后的发展阶段

元代是中国历史上一个重要的发展阶段，是由北方游牧民族蒙古族入主中原后建立的全国统一的政权。

元帝国不仅是幅员辽阔的中华帝国，而且是一个世界性的帝国。“四海为家”是元人广阔的空间概念，东西方交流空前频繁，而中华文化大系统也展示出了包容万千的生命活力。

整个元代，有关牡丹的记述较少，仅有姚燧《序牡丹》一文记述了从 1260 年以后 29 年间姚燧在燕京（今北京）、长安（今西安）、洛阳、邓州（今属河南）一带见到的情况。这一带虽然都有牡丹栽培，但面积不大，品种很少。因而对元代牡丹发展史常以“低潮”一词一笔带过。近年来，陈平平教授做了大量工作，有较多新发现，使我们对元代牡丹有了新的认识。在中国牡丹发展史上，元代仍是一个不可忽略、承前启后、有所发展的历史阶段（陈平平，2005，2008，2009）。

（二）元代牡丹栽培的地理分布

元代牡丹栽培主要分布在以下地区：一是北京及其周边，即所谓京畿地区；二是陕西关中及中原一带；三是长江中下游，主要是长三角地区。

1. 北京及其周边地区

元代，皇家宫苑有牡丹种植。周伯琦（1298—1369）《近光集》有《东便殿进讲赐酒时牡丹盛开作》诗说：“已染异香朝北极，更倚芳影立东风。”

陶宗仪（1316—1403 后）《辍耕录》卷二十一宫阙制度述及：元皇宫西有太液池，是皇帝泛舟游玩之处所。池上建有万安宫，又有仪天殿，建于池中圆坻之上。“犀山台在仪天殿前水中，上植木芍药”。仪天殿在今之北京北海团城。清代陈梦雷《古今图书集成・博物汇编・草木典下八・牡丹》引《大都宫殿考》说：“棕殿少西，出掖门为慈仁殿。又后苑，中为金殿，四外尽植牡丹，有百余本，高可五尺。”《萧录》亦载：“后苑中有金殿，殿楹窗扉皆以黄金为裹，四处尽植牡丹一百余本，高可五尺。”皇宫中常有饮宴赏花活动，如《元氏掖庭记》载：“延香亭春时，宫人各折花、传杯于此。”又《周定王元宫词》云：“棱殿巍巍西内中，御宴箫鼓奏薰风。”“内园张盖三宫宴，细乐喧天赏牡丹。”

除宫苑栽培外，有些官员的私宅或园林也有牡丹栽培。刘敏中（1243—1318）《中庵集》之《张史牡丹唱和词卷序》云：“至元二十四年（1287）四月，御史张君大经寓舍之背有牡丹数株盛开。”又，袁桷《清容居士集》卷十《廉右丞园号为京城第一，名花几万本，右丞有诗次韵》说：“主人妙手随机转，万本姚黄磨紫金。”廉园又名万柳堂，在今北京城西南草桥丰台之间，园内种植名花几万株，尤以牡丹最为繁盛。范梈（1272—1330）《范德机诗集》卷五《城南观牡丹》也说："燕然牡丹绝世佳，名园是处列如麻。"描述了元大都京畿牡丹的盛况。

耶律铸《方湖别业赋》述及其西园中种植牡丹，并建有天香台、天香亭、天香园。《天香台赋》说："惟天香台牡丹为盛，婉若群仙，乱摛云锦。"记述牡丹品种多个，其中包括奉圣州（今河北涿鹿地区）的名品。《荐福山寺殿前牡丹》说："天女盘中见此花，更须宜在竺仙家。"表明了一些寺观也喜种植牡丹。熊梦祥的《析津志辑佚》物产草花之品说及"牡丹出排林村，南城千叶白"，记述析津一带（今京津地区）的牡丹已种植到乡村。

2. 陕西关中及中原一带

元代陕西关中及中原一带仍有牡丹栽培，如骆天骧《类编长安志》卷之九"樊川"述及："廉相泉园，至元改元，平章廉公行省陕右，爱秦中山水，遂于樊川杜曲林泉佳处，葺治厅馆亭榭，导泉灌园，移植汉沔东洛奇花异卉，畦分棋布……"又述及："李氏牡丹园，在安化门西杜城北五里，河东北路行省郎中并人李焕卿子信所葺也……园植牡丹仅三四百窠……畸亭陈先生有诗曰：雁塔两边处士家，经年培养牡丹芽。"又姚燧《序牡丹》述及："长安毛氏园最多，将百株，株二尺，然皆单叶，大小参差不齐，无绝奇者""中元及三年与至元二十年三见洛阳"，见到了洛西刘氏园、洛阳故赵相南园、洛阳杨氏园的牡丹；"邓州见三家"即张氏肖斋、陈氏终慕堂、肖仁卿承颜亭的牡丹。宋褧（1294—1346）《燕石集》之《朝元宫白牡丹》（延佑丙辰在汴作）说："东门偷种采尘嚣，重台复榭玉板白。"

3. 长江中下游地区

元代长江中下游的牡丹仍有所发展。首先是今江苏南部长江沿岸、太湖周围。如脱因修、俞希鲁（1279—1368）撰《至顺镇江志》（1332）卷四土产述及镇江："牡丹，亭馆中多种之，其品不一。"杨譓纂修《至正昆山郡志》（1341）卷一园圃述及："郑氏园……园内西南又有道院，遍植洛花数百本，皆吴中所无者。"张铉纂修《至正金陵志》（1344）述及了金陵种植和观赏牡丹之处。如卷十二上说旧行宫养种园有"清华牡丹亭""怀洛百花亭"；行台察院公署园中有"晚香牡丹亭"等。萨都剌（约1307—1359后）《雁门集》卷四述及丹阳，其《丹阳普宁寺席上》诗说："满城微雨牡丹时。"陆友仁《吴中旧事》述及吴地牡丹："吴中花木不可殚述，而独牡丹芍药为好尚之最，而牡丹尤贵重焉。"

陆友仁介绍这一带宋时“诸王皆种花（牡丹）……习以成风”，花开时不问亲疏，都来看花，“谓之看花局”“今之风俗虽不如旧，然大概赏花则为宾客之集矣”。王恽（1227—1304）《秋涧集》卷四十中述及苏州：“苏门山水明秀为天下甲……涌金门外西南行三里而近曰苏氏别墅……月台四面间置，奇花异卉绣错，其下牡丹台。”侯克中《艮斋诗集》卷七《赋吴家园牡丹》说“眼中国艳春无价”“姑苏春色浓于酒”。清汪灏《广群芳谱》引“花史”述及无锡天顺年（1328）中，“锡山安氏园牡丹最盛”。元末时的胡用和《中吕粉蝶儿·题金陵景·六煞》亦述及金陵，“到春来观音寺赏牡丹”。

其次是浙江北部与安徽南部。冯福京修、郭荐纂《大德昌国州图志》（1298）卷四叙物产，花类中首列牡丹。大德昌国州为今浙江定海、岱山、嵊泗、普陀地区。方回（1227—1307）《桐江集》卷二十《寄题德清周氏牡丹花台》说：“百品千株养牡丹，远同京洛近新安。”德清，今浙江德清县。新安，安徽徽州古称，今安徽歙县等地。刘敏中《中庵集》之《题张智甫牡丹集诗卷》说：“栽全洛阳谱，占断洛阳春。”戴表元（1244—1310）《剡源集》卷十说：“大德戊戌春……自天目山，致名本牡丹百归第中。”揭傒斯（1274—1344）《文安集》卷十《胡氏园趣亭记》说：“豫章（今江西南昌）胡叔俊以高才俊学隐居进贤官溪之上，治乃祖西园，筑宫其间而游息之……牡丹与芍药之属丛生。”郭钰，江西吉安吉水人，其《静思集》中有诗《和李茂才牡丹》《闻桂林牡丹盛开》说“秾华自不负芳辰”“已见吾家六代人”。

（三）元代牡丹谱录及相关著作

1. 元代牡丹谱录概况

在现存文献中，没有发现元代牡丹谱录。但元代耶律铸的著作中提到了多部牡丹谱录，并记述了具体的牡丹品种，如《青州牡丹品》《奉圣州牡丹品》《陈州牡丹品》《总叙牡丹谱》《丽珍牡丹谱（品）》《道山居士录》等。其中青州、陈州在北宋时期即为较著名的牡丹产地，因而这些谱录具有一定的研究价值。而耶律铸的两首赋，即《天香台赋》与《天香亭赋》以赋加注的形式，描述了一百多个品种，也使得这两篇赋具有了特殊的意义，可以当作准谱录对待，以补元代谱作之缺失（郭绍林，2019）。

元代姚燧的《序牡丹》，全文约 1 200 字，前半部记录他从 1260 年到 1288

年 29 年间在燕京（今北京）、洛阳、长安（今西安）、邓州几个地方观赏牡丹的情况，具有一定的史料价值，历来把它当作牡丹谱录看待。

2. 元代牡丹品种数量统计

据元代文献中有关记载，陈平平（2009）对元代牡丹品种进行了统计分析，认为: ①宋代牡丹品种经元传明，在明代谱录或其他著作中记载的品种有 100 个。②宋、明文献均无记录，仅见于元代文献的品种有 94 个。由此可知，元代有牡丹品种 194 个。元代牡丹品种少于宋代，与以下因素有关：元代历史较短，且战争频繁，民族压迫深重，许多地区社会经济遭到破坏，牡丹栽培因而受到重创等。而《元史》中无艺文志，留传下来的牡丹文献少而分散，因而品种记录不全等。

194 个品种中，宋、元、明均有记载且出现频率较高的品种有‘魏花’‘细叶寿安’‘粗叶寿安’‘潜溪绯’‘富贵红’‘石榴红’‘醉西施’‘左花’（‘平头紫’）‘叶底紫’‘紫绣球’‘姚黄’‘御衣（袍）黄’‘玉版（板）白’‘玉楼春’‘水晶球’等。元代 194 个品种按花型花色的统计如表 1–2 所示，可供进一步分析时参考。

3. 耶律铸及其《天香台赋》《天香亭赋》

在元代与牡丹有关的著作中，耶律铸的《双溪醉隐集》中留下的两篇赋，是值得今人进一步研究元代牡丹史和牡丹文化的重要文献。

● 表 1–2　**元代 194 个牡丹品种按花型花色的统计**

	红	紫	黄	白	绿	未详	总计	占比（%）
单瓣	2	1	1	2	—	—	6	3.1
半重瓣	17	5	2	4	1	—	29	14.9
重瓣	56	14	13	8	2	2	95	49.0
未详	28	11	4	11	2	8	64	33.0
累计	103	31	20	25	5	10	194	—
占比（%）	53.1	16.0	10.3	12.9	2.6	5.2	—	—

耶律铸去世前两年被罢官，徙居乡间，移情牡丹。两篇牡丹赋应是他晚年隐居后所作。赋有大赋、小赋之分，这两篇赋都是大赋。到了大赋早已式微的元代，耶律铸能写出如此气势磅礴、音韵和谐的大赋，说明他有过人的文学才华。两篇赋内容丰富，包括对牡丹观赏价值的评价、牡丹亭园的设置、牡丹品种的记述、牡丹栽培管理经验的总结等。其中甚具史料价值的是，两篇赋以正文加夹注的形式记录了120多个牡丹品种，其中有50多个品种加上了性状描述。两赋中引录了多种牡丹谱录，除已知的宋代谱录外，还有一些未注明年代和作者的谱录，如《青州牡丹品》《奉圣州牡丹品》《陈州牡丹品》《总叙牡丹谱》《丽珍牡丹谱（品）》《道山居士录》等。这些谱录中记载了许多仅见于元代的新品种。如见于《道山居士录》的‘锦屏红’，出于寿安锦屏山，色粉红，二层叶，中心者极细而长，有檀。‘添色黄’，多叶黄花，无檀心，既开，黄色日增，有类‘添色红’，故得名。‘胜潜溪’，出于上阳门外进士张，色如潜溪，易得。有檀，瘦乃多叶。‘九萼红’，茎叶极高大，色粉红，有趺九重。苞未坼时特异于众，比开，必先青，坼数日，然后变红色。花叶多皱蹙，有类‘探叶红’。‘九萼紫’，色微紫，未开时九瓣，瘦则七八。无蕊无檀。‘线棱紫’，色紫，叶片有如线棱，其上单叶，有蕊，有淡檀心，非‘银含棱’也。又如见于《陈州牡丹品》的‘绝品姚黄’，千叶，尺面大，青瓶，紫檀心而韵盛，土人视为绝品，非今‘姚黄’也。‘万字红’，千叶，淡粉红心，青色瓶，犹如万字。‘绛衣红’，千叶，色近绯，深红花第一。‘胜真黄’，千叶，色类‘千心黄’，实不逮‘女贞黄’，黄花之第五。‘胜云红’，千叶，深粉色，极鲜明色。‘浅霞红’，千叶，粉红花。‘胜罗红’，千叶，浅粉红花，尺面大。‘顺圣红’，千叶，淡粉红。‘镇山东’，千叶，淡粉红花。此外，还有见于《青州牡丹品》的‘蓬莱红’‘彩云红’，见于《丽珍牡丹品》的‘蕊珠红’‘彩霞红’‘锦云’等。

除两篇赋外，耶律铸还有十多首牡丹诗，如《春晓月下观白牡丹》《天香台牡丹》《天香台单叶牡丹率成重叶、多叶、千叶，为赋此纪之》《唐家牡丹（花谱有唐家红紫牡丹）》《荐福山寺殿前牡丹》《饮独醉园牡丹下醉题》《题恋春牡丹》《牡丹》《唐家红紫二色牡丹》《题一花二名牡丹》《双头牡丹》《戏题与牡丹同名芍药》《题与牡丹同名芍药》。这些诗作夹注中提到‘长春紫’‘玉楼紫’‘唐家红’‘紫牡丹’‘花萼紫’‘锦屏红’‘探春’‘恋春’‘玉楼红’‘金丝红’‘玉华春’‘金粟’（又曰‘簇金’）‘杨家紫’‘杨家花’‘斗日红’‘瑞云红’

等品名。耶律铸《双溪醉隐集》中提到的而宋代谱录中未见记载的牡丹品种名称共有 77 个（陈平平，2009）。

耶律铸在赋的结尾，将培育牡丹的经验与治国理政相联系，得出二者的路数是一致的结论，从而使整个赋作的意蕴得以升华，言近旨远，意味深长。他获罪被革职，退隐民间，却没有胆怯避嫌，还在牡丹赋中大谈治理国家的方略，可见是一位有良知、有胆识的人士。

最后应当强调，赋作终究是文学作品，不可能像谱录那样科学严谨。耶律铸赋中所引用宋代谱录与他的记述多处有出入。我们只能将他的著作当作准谱录对待。

（四）元代的牡丹文化

1. 元代部分地区仍有种牡丹、赏牡丹之风习

据有关资料记载，元大都宫苑内有较多牡丹栽培，并常有宴饮赏花活动。

部分地区如江南吴中一带赏牡丹之风习仍较盛行。元吴友仁《吴中旧事》虽所记主要为宋代栽培盛况，但他强调："吴俗好花与洛中不异，其地土亦宜花，古称长洲茂苑……吴中花木不可殚述，而独牡丹芍药为好尚之最，而牡丹尤贵重焉。""至谷雨为花开之候，置酒招宾就坛……父老尤能言者，不问亲疏，谓之看花局。"与宋时情况差不多。另有骆天骧《类编长安志》（1296）卷九述及长安附近，"李氏牡丹园，每花时游者车马阗咽，肩摩毂击"。钱惟善《江月松风集》有《闻彦孚后园牡丹盛开，与钱良贵有赋诗之兴，因为长句以记其实》诗。

2. 元代牡丹文学仍有一定发展

1）牡丹诗词文赋　元代一些著名学者仍有牡丹诗词文赋的创作，视牡丹为"国色天香""花中之王"。如耶律铸《天香台赋》说牡丹"国色天香，独占韶光。澄心定气，延视迫察，知其不妄。进号贵客，名为花王"。在《天香亭赋》中说："伊牡丹之王百花也，声华辉赫，气姿煌煌。大块流具形，柔祇播其芳。"在《春晓月下观白牡丹》诗中说："万花推第一。"在《花史序释》中说："牡丹姿艳，万状皆艳，古以牡丹为花王。"

元代诗人吴澄（1249—1333）《次韵杨司业牡丹二首》其一：

谁是旧时姚魏家，喜从官舍得奇葩。

风前月下妖娆态，天上人间富贵花。

化魄他年锁子骨，点唇何处箭头砂。

后庭玉树闻歌曲，羞杀陈宫说丽华。

又侯克中（约1236—1325）《白牡丹》诗：

皎皎名花压群芳，剪冰裁雪作衣裳。

洛神岂受尘埃染，虢国不烦脂粉妆。

非色能专天下色，有香绝异世间香。

姚黄魏紫休相妒，从此春风属素王。

元代诗人李孝光（1297—1348）的《牡丹》诗也很有名：

富贵风流拔等伦，百花低首拜芳尘。

画栏绣幄围红玉，云锦霞裳踏翠裀。

天上有香能盖世，国中无色可为邻。

名花也自难培植，合费天公万斛春。

元代统治者崇尚武功，不可能顾及花卉事业的发展。然而宋人崇尚牡丹的遗风也不可能被涤荡无余，辽阔的国土有着很大的回旋余地，张养浩《毛良卿送牡丹》一诗可以给人重要启示。张氏邻里毛良卿家牡丹花开，折下几枝送他，并有意请他去院中欣赏。他以慵懒为辞谢绝，并作诗解释。诗中提到民家种植的牡丹也有非常奇异的，如毛家牡丹“树高丈许花数十，紫云满院春扶疏”；香气浓郁，“有时风荡香四出，举国皆若兰为裾”，并且“每开蹄毂穷朝晡”，赏花人络绎不绝。张养浩（1270—1329），字希孟，号云庄，又称齐东野人，山东历城（今山东济南）人。曾官至礼部尚书、中书省参知政事、陕西行台中丞等。

元代牡丹画和题画诗对宋代遗风有所继承和发扬。元代是题画诗发展史上第一个高峰，出现了一大批诗画兼擅的艺术家。

2）牡丹戏剧　牡丹形象见之于戏剧始于元代。元代钟嗣成《天一阁蓝格写本正续录鬼簿》中，收录有高文秀撰杂剧《黑旋风大闹牡丹园》、赵明道撰杂剧《韩湘子三赴牡丹亭》、睢舜臣撰杂剧《莺莺牡丹记》（李保光《国花大典》，1996）。

3）元曲中的牡丹　元代，元曲登上了历史舞台并大放光彩，成为一代文学的代表。元曲中，有少量与牡丹有关的作品，其中，“牡丹花下死”完整地出现在元代杰出的戏曲演员珠帘秀散曲套数【正宫】醉西施的【玉芙蓉】中：

寂寞几时休？盼音书天际头。加人病黄鸟枝头，助人愁渭城衰柳。满眼春江都是泪，也流不尽许多愁。若得归来后，同行共止，便是牡丹花下死，做鬼也风流。

这曲子描述的是对久别的心上人的相思之苦，深婉缠绵，余音袅袅，把一个闺阁女子的满腔深情与苦楚描绘得淋漓尽致。完美呈现出了散曲精致细腻的艺术魅力，堪称元散曲之绝唱！更是珠帘秀本人的一曲凄婉的生命之歌。

珠帘秀是当时元大都（今北京）杂剧舞台上一颗璀璨的明星。史载，她不仅“姿容姝丽”，而且精于表演，杂剧独步一时，“驾头花旦软末泥等，悉造其妙，名公文士颇推重之”。后辈称她为“朱娘娘”。她与当时著名文人关汉卿、卢挚、冯子振等都有交游，且与关汉卿交情极深。他们勇敢地公演《窦娥冤》来揭露现实的黑暗，还被后人写成杂剧永垂史册。足见这个奇女子的气魄（付梅，2011）。

4）绘画与工艺美术中的牡丹　元代绘画与工艺美术史料及文物上，到处可以看到牡丹的身影。如钱选的《折枝牡丹图》、王渊的《牡丹图卷》等，都是能代表时代花鸟画艺术水平的作品，也是牡丹题材绘画中的精品。

元代牡丹纹样的应用极为普遍，特别是在瓷器上应用最为广泛。元代青花瓷久负盛名，其上最主要也是最经典的花卉纹就是牡丹纹。现存北京故宫博物院的元代青花缠枝牡丹纹罐、元青花凤穿牡丹纹执瓶都是牡丹纹在工艺美术领域应用的经典之作。

第六节
明时期

明代是继汉唐之后的一个黄金时期，清代官方评价明代是“治隆唐宋”“远迈汉唐”。明代牡丹再度兴起于中原一带，栽培中心移到亳州、曹州。明成祖朱棣迁都北京（1421）后，北京牡丹也繁盛起来。在中原牡丹发展的同时，江南牡丹也较为繁盛，西北牡丹逐渐兴起。

一、明代牡丹的发展与地理分布

（一）中原牡丹的再度兴起与繁荣

1. 亳州牡丹

亳州牡丹兴起于明中叶。明正德十三年（1518）《亳州志》记述了亳州当时牡丹栽培的盛况：“环城十里之内……名园四处，奇葩艳株，多所未睹。春夏之交，灿如锦屏。”

薛凤翔《亳州牡丹史》（约1613）是中国牡丹发展史上一部系统总结中原牡丹发展的最为完备而深入的谱录。据该谱所记，明孝宗弘治年间（1488—1505），亳州从山东曹县（即曹州，今山东菏泽）引种了‘状元红’‘金玉交辉’等8个品种。正德嘉靖年间（1506—1566）有薛、颜、李数家“遍求他郡善本移植亳中”，并且不惜重金购买名品，“每以数千钱博一少芽，珍护如珊瑚”。

亳州牡丹品种日渐繁多，且以观赏牡丹为主的园林亦兴盛起来，“隆庆、万历年间足称极盛”。花开时，“一国若狂。可赏之处，即交无半面，亦肩摩出入。虽负担之夫，村野之氓，辄务来观。入暮携花以归，无论醒醉。歌管填咽，几匝一月，何其盛也！”《亳州牡丹史》记载了新老品种 270 多个，大部分是当地选育的品种，还有一部分则是由山东曹州以及河南等地引来。薛凤翔说，昔欧阳永叔谓洛阳牡丹天下第一，“今亳州牡丹更甲洛阳，其他不足言也”。亳州人掌握了实生选育品种的方法，新品种层出不穷，昔“永叔谓（洛阳）四十年间花百变，今（亳州）不数年百变矣，其化速若此”。仅就明代而言，亳州牡丹远胜洛阳，事实确实如此。但当年洛阳牡丹之兴盛，是栽培欣赏与科技文化的全面繁荣，许多方面又非亳州之发展所能及。

亳州牡丹从明弘治至万历百余年间的崛起，有这样几个重要因素：一是当地为水陆要冲，商业经济发达。正如清初钮琇所言：“亳之地为扬、豫水陆之冲，豪商富贾，比屋而居，高舸大艑，连樯而集。花时则锦幄如云，银灯不夜，游人之至者相与接席携觞，征歌啜茗。一椽之僦，一箸之需，无不价踊百倍。浃旬喧宴，岁以为常。”也就是说，一是亳州有着发展牡丹的社会经济基础；二是亳州处于黄河冲积平原，气候、土壤适于牡丹生长；三是与薛氏家族几代人积极引种培育，为发展牡丹而付出的不懈努力乃至亳州人形成爱牡丹的民风民俗有着密切关系。

薛家种植牡丹从薛凤翔祖父薛蕙弃官回乡种植牡丹开始。

薛蕙（1489—1539），号西原，祖居亳州城内薛家巷，幼好学，12 岁能诗能文。明正德九年（1514）进士，授刑部主事。武宗时因进谏武宗皇帝南巡，受廷杖并夺取俸禄，遂引疾辞官回归故里。后被起用任吏部考功司郎中。明嘉靖初朝中发生“大礼”之争时，薛蕙又撰写《为人后解》《为人后辩》等万言书上奏，反对皇上以生父为皇考而惹怒嘉靖皇帝，虽然没有贬官，但薛蕙看透了官场的险恶和风云变幻，再次辞官回归故里。回乡后，他在亳州城南置地建园，种植牡丹，四处寻访名品，不畏路远，不惜重金，移回栽植，辛勤侍弄。薛蕙辞官回乡种植牡丹，应与他的心学主张有关。他读《老子》，得其虚静慧寂之说，希望在田园生活的寂静中去感悟天地人之理，在与美的相伴中升华自己的心灵。薛蕙将自己的园林命名为“退乐园”，反映了他离开喧嚣的官场仕途，回归纯朴清静后怡然自得的心境。后有人质疑之，认为“退乐”即“独乐”，并引孟子的话问他："独乐乐，与民乐乐，孰乐？"薛闻之，觉得言之有理，遂将"退乐园"改为"常乐园"。当时，"明四大家"中的沈周常来赏花，赞美之："天于清高补富贵，人从草木寄文章。"到薛凤翔的父亲薛雨泉时（薛蕙无后，薛雨泉为其继子），又在附近辟地数十亩建南园，该园比常乐园有过之而无不及。园内文石玲珑，竹树葱郁，春时牡丹灿若云锦，奇香四溢。传到薛凤翔时，常乐园和南园名品齐聚，成为亳州著名的牡丹园林。

2. 曹州牡丹

有史料可查的曹州牡丹始于弘治年间。据薛凤翔《亳州牡丹史·神品》载："金玉交辉……此曹州所出，为第一品。曹州亦能种花。此外有八艳妆，盖八种花也。亳州仅得'云秀妆''洛妃妆''尧美妆'三种，'云秀'为最。更有绿花一种，色如豆绿，大叶，千层起楼，出自邓氏，真为异品，世所罕见……又有万叠雪峰，千叶白花，亦曹之神物。亳尚未有。"又"飞燕红妆……得自曹县方家""梅州红……出自曹县王氏"。此外，其他名品还有'花红平头'（"世传为'曹县石榴红'，韩氏重赀得之"）、'太真晚妆'（"曹县一种，名'忍济红'，色相近"）、'平实红'（"得自曹州"）、'侍新妆'（"出自曹县"）；具品有'状元红'（"弘历间得自曹县，又名'曹州状元红'"）。

由此可见，亳州至少有十几个品种引自曹州，因而曹州牡丹之发展应早于亳州。

明万历二十四年（1596）《兖州府志·风土志》载："古济阴（曹州）之地……物产无异他邑，惟土人好种花树，牡丹、芍药之属，以数十百种。"

万历三十年（1602），曾任东平府太守的谢肇淛在其《五杂俎》中说："余过濮州、曹南一路，百里之中，香气逆鼻，盖家家圃畦中俱植之，若蔬菜然。"又说"余忆司理东郡时，在曹南一诸生家观牡丹，园可五十余亩，花遍其中，亭榭之外，几无尺寸隙地，一望云锦，五色夺目"；"曹州一士人家，牡丹有种四十余亩……多到一二千株，少者数百株"。"一诸生家"有牡丹园五十余亩，"一士生家"植牡丹一二千株，"曹南一路"，百里之中，家家植牡丹"若蔬菜然"，可见曹州牡丹之盛。

谢肇淛于明隆庆元年（1567）生于钱塘（今杭州），万历二十年（1592）进士，后任湖州推官，东都司理，直至广西按察使，广西右布政使，是个博学多才、颇有造诣的文人。《五杂俎》是他的一部随笔札记式著作。曹南牡丹皆为其亲见亲闻。

明代曹州还有一些著名牡丹园。最著名的是赵氏花园和何氏凝香园。

赵楼村赵氏花园建于明嘉靖年间。据传，赵氏九世祖赵邦瑞去北京极乐寺和天津，用菏泽特产木瓜、耿饼换回几个牡丹品种，栽在赵楼村东北，并建起了赵氏花园。万历二十四年（1596）赵氏八世祖去陕西行医，在陕西秦岭山中找到野生牡丹，带回植于园中。经历代培育，品种不断增多，后来传给了赵玉田。

明代曹州另一名园叫凝香园，亦称正春园、何园。位于今菏泽城东，据传该园建于宋代，为“东皋园”，元朝称“正春园”。明万历三十八年（1610）进士、工部尚书何应瑞购得后改称“凝香园”。最盛时面积二百余亩，牡丹品种四十余种。

明代曹州牡丹名园还有巢云园、万花村花园、郝花园、毛氏花园等。

3. 北京牡丹

明代定都北京后，北京牡丹兴盛起来。首先是皇宫中种植牡丹。明刘若愚《明宫史》载：“（钦安）殿之东曰永寿殿，曰观花殿，植牡丹、芍药甚多。”除皇宫外，宅园牡丹、寺院牡丹也有较大发展，并在北京西郊及南郊建有不少名园。

北京西山一带，层峦叠嶂，风景秀美，人称“塞北江南”。早在辽金时，皇亲国戚就在这里修建行宫别院，作为避暑游赏之地。辽在玉泉山下建有行宫，金代建有芙蓉殿，元代建有昭化寺。明代，不仅皇亲国戚、达官显贵，就连文人学士也开始在这里营建私家园林，明中叶时甚为繁盛。其中最享盛誉者为“清华园”，园主为武清侯李伟。该园规模之宏大、构建之巧妙、景观之华丽，独擅京师。明刘侗、于奕正《帝京景物略》载：“（海）淀南五里，丹陵沜武清侯李皇亲（即李戚畹）园。方十里，正中挹海堂，堂北亭置‘清雅’二字，明肃太后手书也。亭一望牡丹，石间之，芍药间之，濒于水则已。”清吴邦庆《泽农吟稿》载：园内“牡丹以千计，芍药以万计，京国第一名园也”。《燕都游览志》载：“武清侯别业，额曰‘清华园’，广十里。园中牡丹多异种，以‘绿蝴蝶’为最，开时足称花海。”清华园前后历六十余年兴旺不衰，明末毁于兵火。

明代宣武门外沈家胡同的梁园，其“亭榭花木极一时之盛”（《顺天府志》）。园主梁梦龙，明嘉靖年间进士，曾任兵部侍郎、尚书、太子太保，权倾一时。梁园牡丹十分出名，明程敏政《篁墩集》载：“京师卖花人联住小南城，古辽城之麓，其中最盛者曰梁氏园。园中牡丹芍药几十亩，每花时云锦布地，香冉冉闻里余。论者疑与古洛中无异。”

又，阜城门外花园村一带有惠安伯园。据《帝京景物略》卷五《惠安伯园》：“都城牡丹时，无不往观惠安伯园者。园在嘉兴观西二里。其堂室一大宅，其后牡丹数百亩，一圃也。”又，明袁宏道《张园看牡丹记》中说张园“牡丹繁盛，开约五千余……自篱落以至门屏，无非牡丹，可谓极花之观”。明世宗嘉靖三十四年至明神宗万历三十七年（1555—1609），外戚张元善袭封惠安伯，惠安园是他家的园林。

明代西直门外高亮桥西的极乐寺，“天启初年（1621）尤未毁也，门外古柳，殿前古松，寺左国花堂牡丹”（《帝京景物略》）。清代复建极乐寺，国花堂匾额由成亲王手书。可见明代已有视牡丹为“国花”的说法。“卧佛寺多牡丹……开时烂漫特甚，贵游把玩至不忍去”（明蒋一葵《长安夜话》）。阜城门外嘉禧寺“牡丹多于薤，芍药蕃于草”。

刘侗、于奕正《帝京景物略》卷三《草桥》：“右安门外，南十里草桥，方十里，皆泉也……土以泉故宜花，居人遂花为业。都人卖花担，每辰千百，散入都门……圃人废晨昏者半岁，而终岁衣食焉……草桥，惟冬花支尽三季之种，坏土窖藏之，蕴火坑晅之。十月中旬，牡丹已进御矣。”该地种植牡丹之法，“一如亳州、洛下”。

（二）江南牡丹的发展

明代，江南牡丹再次得到发展，栽培范围不断扩大。

1. 苏州及其周边地区

包括江苏南部及太湖周围，习称“吴中”。明陆师道《昌公房看牡丹歌》诗说:“吴中三月花如绮，百品千名斗奇靡。名园往往平泉庄，禅宫处处西明寺。”述及这一带牡丹与唐宋长安、洛阳无异。又明谢肇淛《五杂俎》记述牡丹“北地无高大者，长仅为三尺而止。余在嘉兴、吴江所见，乃有高丈余者，开花至三五百朵，北方未尝见也”。

江阴牡丹栽培始于北宋，明朝发展到高峰，成为当时江南牡丹栽培中心之一。江阴牡丹的发展很大程度上得益于当地栽培技术的发展，主要是芍药根嫁接技术的应用。嘉靖年间，江阴花泾口开始应用芍药根嫁接牡丹，极大地促进了江南牡丹的发展。万历十五年（1587），王世懋在《学圃杂疏 · 花疏》中说："牡丹出中州，江阴人能以芍药根接之。今遂繁滋，百种幻出。余澹园中绝盛，遂冠一州。"

上海等地的牡丹发展也较为迅速。据明崇祯三年（1630）《松江府志》载："牡丹，国初吾乡上澚（属上海县法华乡）曹明休所谱十五品最奇。"其所载15个品种有一半以上与欧阳修《洛阳牡丹记》中的品种相同，说明中原牡丹在明代曾大量南引至上海一带栽培。

2. 杭州及其周边地区

明田汝成《西湖游览志余》："近日杭州牡丹，黄、紫、红、白咸备，而粉红独多，有一株百余朵者，出昌化、富阳者尤大，不减洛阳也。"陈确（1604—1677）《春堂咏并序》记述他1658年在家乡海宁以及相邻的海盐县赏牡丹之盛，有祝家的"葆光居""牡丹甲天下"。再者，张岱（1597—1689，今浙江绍兴人，寓居钱塘）《陶庵梦忆》记"天台多牡丹"，某村有"鹅黄牡丹……花时数十朵……土人于其外搭棚演戏四五台"。《梅花书屋》有"'西瓜瓤'大牡丹三株，花出墙上，岁满三百余朵"。《西湖梦寻》中记"灵芝寺，钱武肃王（即钱塘令钱镠，卒谥武肃王）之故苑也"，寺中牡丹"干高丈余""开至数千余朵，湖中夸为盛事"。

3. 皖东南

铜陵一带自明永乐以来，一直是药用牡丹之乡，根据当地药农世传的说法，浙江湖州在此之前即已有药用牡丹栽培。铜陵凤凰山所栽品种是明代前期经繁昌药农之手由湖州引进的。由于凤凰山及其邻近地区水土及气候适宜，所产牡丹皮具有肉厚、粉足、木心细、亮星多，以及久贮不变色、久煎不发烂等特点，很快就以品质绝佳而闻名于世，被人们称为"凤丹"，这就是现在广泛栽培的'凤丹'品种名称的由来。而其他地方的丹皮就叫"连丹"，价钱就差多了。明崇祯年间，该地丹皮生产已有相当规模。邻近的南陵县亦有大面积药用牡丹栽培。

4. 湖南中部

湖南牡丹栽培始于唐，但其繁盛则在明（侯伯鑫等，2009）。据明嘉靖《常德府志》记载："（境）产牡丹，大者高四尺，叶绿大如掌，开花大如碗，有千叶及红、紫、白数种。郡人虽竞植之，然不能如北方及云南之胜。"

（三）西北一带牡丹逐渐兴起

明中叶以后，有关甘肃境内牡丹栽培的记载逐渐增多。明代主编《永乐大典》的解缙，曾于1398年谪居河州（即今甘肃临夏）一年多，他对河州花事之盛大加赞誉，曾在《寓河州》诗中写道："长城只自临洮起，此去临洮又数程。秦地山河无积石，至今花树似咸京。"

明嘉靖四十二年（1563）编《河州志》记载甘肃临夏有各色牡丹栽培。明嘉靖三十五年（1556）《平凉府志》记载甘肃平凉牡丹、芍药"俱有，红白数色，千叶单叶"。明万历本《固原州志》物产中有牡丹记载。嘉靖本《宁夏新志》有"牡丹亭""丽景园"的记述，并有赏牡丹诗："百姓尽瞻龙衮贵，群花都让牡丹尊"；"拥出雕栏二尺饶，娇红嫩白照金袍"（都御史张勋《赏镇守西园牡丹》）。

除上面提到的地方外，明代还有天彭牡丹、延安（含陕北各地如安塞、延长等）牡丹（嘉靖本《延安府志》）及襄阳牡丹等。据天顺年间《襄阳县志》记载，当时"隆中牡丹繁茂"，又有襄阳"牡丹易茂，盛于他处，以近洛阳也"的说法。当地民间有"阳春三月三，隆中看牡丹"的习俗。

二、明代牡丹谱录

（一）概述

1. 明代牡丹谱录数量与特点

明代牡丹谱录有统计约为12部（李娜娜，2011），经梳理后我们认为有10部。明代牡丹谱录有以下几个特点：一是出现了大型牡丹谱录，如薛凤翔《亳州牡丹史》，内容系统全面，用写史书的气魄和体例来写牡丹，实属不易。二是出现了药物学方面的专谱。牡丹药用历史源远流长，许多药物学著作都有提及。但像李时珍《本草纲目》中这样对牡丹的药物特性作系统总结，却是第一次。三是出现了包括牡丹在内的大型花木类专书，如《群芳谱》。

在十余部花谱中，具有一定研究价值的有以下6部著作和1篇记事：

（1）高濂：《遵生八笺·牡丹花谱》，1591，综合谱，存。

（2）薛凤翔：《亳州牡丹史》，1613，综合谱，存。

（3）夏之臣：《评亳州牡丹》，1610，记事，存。

（4）李时珍：《本草纲目·牡丹》，1578，综合谱，存。

（5）王世懋：《学圃杂疏·花疏》，1587，综合谱，存。

（6）彭尧谕：《甘园牡丹全书》，1522以后，综合谱，残存。

（7）王象晋：《群芳谱·牡丹》，1621，综合谱，存。

2. 明代牡丹品种统计

以薛凤翔《亳州牡丹史》为基础，兼及《遵生八笺》所记古亳花品，王象晋《群芳谱·牡丹》所记品种，统计出明代共有品种361种，其中有性状描述的品种347种（其中黄色19种，白色67种，粉红74种，桃红60种，大红76种，紫色31种，黑色5种，绿色3种，藕蓝色8种，其他4种），无任何性状描述的14种（李嘉珏，2002）。

（二）薛凤翔与《亳州牡丹史》

1.《亳州牡丹史》的写作

薛凤翔，字公仪，安徽亳州人，明代杰出的牡丹园艺家。

薛凤翔出身于一个官宦世家，也是牡丹世家。其祖父薛蕙，于嘉靖十八年（1539）回到家乡，建“常乐园”，研究理学，兼种植牡丹。薛蕙与其弟“遍求他郡善本移植亳中。亳有牡丹，自此始”。

薛凤翔自幼聪颖好学，青年时以例贡入仕途，官至从五品的鸿胪寺少卿。后辞官回乡，“绩学之暇，以萌花学圃自娱”，尤爱种牡丹。他在继承家学的基础上，潜心观察研究，既虚心向花农学习，也重视亲身实践。他在总结自己经验的基础上，又辑录了历代与牡丹有关的故事传说、诗词文赋、医药资料等，约于1613年写成《亳州牡丹史》一书。

2.《亳州牡丹史》的主要内容

《亳州牡丹史》共分四卷：第一卷为本纪，含表一花之品、表二花之年、书八（种一、栽二、分三、接四、浇五、养六、医七、忌八）、佳六（神品、名品、灵品、逸品、能品、具品）、外传（花之气、花之神、花之鉴）；第二卷为别传，含纪园、纪风俗；第三卷为花考、神异、方术；第四卷为艺文志。全书约10万字，是我国现存古代最早的大型牡丹专著。

3.《亳州牡丹史》的主要成就与局限

（1）记述了明代亳州牡丹兴盛的历史。

（2）按观赏品质对牡丹品种进行了分类，记载了亳州品种 274 个【按：陈平平（2000）考证为 278 个，《中国花经》1980 版记载为 267 个】，并详细描述了 150 多个品种的性状特征。不仅注意到品种的花色花型，还注意到花芽和叶片的形态、颜色，展示了亳州牡丹的形态多样性和品种多样性。

（3）阐述了我国古代对牡丹生命周期的科学认识，较全面系统地总结了牡丹繁殖与栽培管理的经验。这部分内容归之于《牡丹八书》，内容丰富而精彩，可读性、操作性强，是本书精华所在。

（4）记载了明代亳州牡丹园林之盛。

（5）汇集收录了历代医药家对牡丹药性及治疗疾病的经验，汇编了各地的赏花习俗、故事传说、历代诗词文赋等，使牡丹文化成为著作的重要组成部分。

薛凤翔《亳州牡丹史》是中国牡丹谱录发展史上一部综合性的大型牡丹专谱，既有传承，也有创新，对构建中国牡丹栽培技术体系和鉴赏体系做出了重要贡献。

薛凤翔模仿纪传体史书的体例来写牡丹史。虽然中国牡丹到明代已有 1 000 多年的历史，但文献资料仍难以支撑起一个庞大的写作框架，以致某些内容的安排上显得力不从心；对品种等的描述与分类中，文学意味过浓，从而使得分类标准难以把握；在引用史料时不够严肃，删减不当，以致不少引用的内容失去了本来的面目。

（三）明代其他谱录

1. 严氏《亳州牡丹谱》

薛凤翔撰《亳州牡丹史》之前，曾有人为亳州牡丹作谱。据薛凤翔自己在该书中介绍："严郡伯于万历己卯谱亳州牡丹多至一百一种矣！"该谱当为薛氏所亲见而今已亡佚。正德十四年（1519）严氏记载亳州牡丹 101 种，而薛氏《亳州牡丹史》于万历四十一年（1613）写成，得牡丹 274 种。短短 30 多年时间，亳州牡丹激增 173 种，变化神速。

2. 李时珍《本草纲目·牡丹》

李时珍（1518—1593），明医药学家。其名著《本草纲目》总结了中国 16 世纪以前的药物学知识与经验，对我国药物学、植物学发展做出了重要贡献。

《本草纲目》全书五十二卷，分十六部。书中对 1 892 种药物分别从释名、集解、辨疑、正误、附方诸项进行研究，分析其性味、功效、炮炙方法及诸家之说。牡丹作为一种药物载于书中。李氏“释名”说：“牡丹，以色丹者为上，虽结子而根上生苗（指牡丹能无性营养繁殖），故谓之牡丹。”又说：“（牡丹）唐人谓之木芍药，以其花似芍药，而宿干似木也。”其“集解”在列举前人之说后，提出己见：“牡丹惟取红、白单瓣者入药，其千叶异品，皆人巧所致，气味不纯，不可用。”其“修治”引雷敩之说法：“凡采得根，日干，以铜刀劈破，去骨，锉如大豆许，用酒拌蒸，从巳至未日干用。”详细具体。其“主治”“发明”项在列举前代本草后，总结牡丹性味、功用为“和血、生血、凉血、治血中伏火，除烦热”。所谓“伏火”即阴火、相火。他特别指出：“古方惟以此（丹皮）治相火……后人乃专以黄檗治相火，不知牡丹之功更胜也。此乃千载秘奥，人所不知，今为拈出。”同时附列他收集到的用牡丹治病的单方、验方。但其《集解》部分所引苏恭《唐修本草》中“苗似羊桃，夏生白花，秋实圆绿，冬实赤色，凌冬不凋”“土人谓之百两金”的植物，并非牡丹。据查，紫金牛科植物中有叫“百两金”的，但有学者认为《本草纲目》中早有论述，此一处应是同科的“朱砂根”。

3. 王世懋《学圃杂疏·花疏》

王世懋《学圃杂疏》成书于万历十五年（1587），全书三卷六疏，以记花为主，共30多种，大都是作者自家澹园所植，其栽培方法也多是本人实践经验之谈。牡丹在卷一“花疏”中，是他自己在园圃中种植牡丹的经验总结。他说：“牡丹本出中州，江阴人能以芍药根接之，今遂繁滋，百种幻出，余澹园中绝盛，遂冠一州。”又说：“人言牡丹性瘦不喜粪，又言夏时宜频浇水，亦殊不然。余圃中亦用粪乃佳。又中州土燥，故宜浇水，吾地湿，安可频浇？大都此物宜于沙土耳。”

4. 高濂《遵生八笺·牡丹花谱》

《遵生八笺》是高濂于万历十九年（1591）成书的一部以养生保健为主旨的著作。所谓“八笺”，就是从八个方面来介绍养生祛病、延年益寿的方法，其依次为清修妙论笺、四时调摄笺、却病延年笺、起居安乐笺、饮馔服食笺、灵秘丹药笺、燕闲清赏笺、尘外遐举笺，共19卷。其中《牡丹花谱》编次于《遵生八笺》卷16“燕闲清赏笺”下卷中，可见高濂是将栽花赏花看作消闲养生的途径之一。该卷有《花竹五谱》，首列《牡丹花谱》，其余还有芍药、兰、竹、菊类，均为全谱。

《牡丹花谱》首先介绍了牡丹播种、栽植、分株、嫁接、浇灌、管理、虫害防治及其忌讳，然后简要介绍了108个品种，列为“古亳牡丹花品目”。另在对花树、草花的评说中，对牡丹也有涉及。按高濂自己介绍，他的《花竹五谱》，只有菊谱是他自己编写的，其余都只是摘录相关花谱的要点。

5. 夏之臣《评亳州牡丹》

夏之臣可谓牡丹花痴。他在家乡种植牡丹，广泛搜集良种以充实他的园圃，这篇短文就是他的经验之谈。他介绍了亳州的优良品种、鉴别优良品种的方法和搜罗名品的诀窍。其中运用“下品牡丹全根作砧”嫁接上品牡丹的方法很有特点，也很实用。至今，这种嫁接方法在菏泽仍在应用。此外，他还提出注意实生苗中的“忽变”，这在品种选育中非常有用，也是一个亮点。一篇不到500字的短文，浓缩了不少信息，生动传神，对了解亳州牡丹的特点不无裨益。但这篇短文还不能称之为谱。

6. 王象晋《群芳谱》

《群芳谱》全名为《二如亭群芳谱》，是中国17世纪初期一部介绍植物学、农学的重要著作。全书三十卷，以元、亨、利、贞为数序分作四部，将植物划分成谷、蔬、果、茶、竹、桑麻、葛棉、药、木、花卉等类，每类各成专谱，共记载各类植物400种。每种植物均按照种植、制用、疗治、典故、丽藻等项目抄录相关资料。其中，牡丹谱即在花卉类木本花中。王象晋喜种花草树木，把平时阅读抄录的有关花木种植资料，结合自己的实践经验，进一步加以总结，同时搜集相关的诗词文赋，沿袭《全芳备祖》体例，于天启元年（1621）撰成此书。

《群芳谱·牡丹》先简述牡丹之名和别称、发展简史、生态习性和种植要点；继而将约180个品种按颜色分成黄、红、粉红、白、紫、间色六类，品种多的色类又按其花瓣、花型，细分为千叶楼子、千叶平头、千叶及其他小类；然后对每一品种的色态姿容、习性、产地及名称由来加以简要介绍；最后按移植、分花、种花、接花、浇花、剔花、护花、变花、剪花、食花诸项，逐一记述牡丹的栽培、养护、应用之法。在全文开篇中，王象晋对牡丹的习性和种植曾有一段精辟的总结：“牡丹性宜寒畏热，喜燥恶湿，得新土则根旺，栽向阳则性舒。阴晴相半，谓之养花天。栽接剔治，谓之弄花。最忌烈风炎日。若阴晴燥湿得中，栽接种植有法，花可开至七百叶，面可径尺。善种花者，须择种之佳者种之，若事事合法，时时着意，则花必盛茂，间变异品，此则以人力夺天工者也。”英国李约瑟《中国科学技术史》第六卷第一分册（植物学）中，曾将这段话引为中国花卉园艺类著作中的最佳评语。

7. 彭尧谕《廿园牡丹全书》

该书撰于明嘉靖元年（1522）之后，内容为亳州、曹州一带的牡丹品种及栽培状况。书已残缺，但仍有不少精彩内容。下面简要介绍其“种植八法”中除繁殖（嫁接、播种、分株）以外的其他要点（舒迎澜：牡丹种植八法）。①栽花法：根据植株大小挖坑，“坑中喷起一堆，将根置上，分根四垂”，然后覆土，待栽讫方将青沙土敷根面，以防风吹土裂；敷完将土作一池，以喷壶水润之，及根而止。②修花法：花之红蕾称为胎，“须善护花胎，其花胎间每枝只留三二蕊，余皆以竹扦挑去，用棘针塞其孔，用泥固之，以防土蜂、雨水朽灌花身，不然即百金购得，二岁枯矣”。这实际上是疏蕾技术，疏去多余的弱小花蕾，可使留下的花朵变大。疏蕾或花芽之重要，宋代学者早有论述。此处强调对疏蕾引起的伤痕须作处理。③养花法：每岁初春冻开，风燥，必用沙土重覆花根实之，以防风裂伤根。牡丹不喜灌水过多，逢艳阳丽日，可用喷壶洒水溉之；水多，则花色不娇，叶多黄萎，待临开，专心以水润之。花开后不得再灌，灌之则花早落。“若花烂漫，上张油幕，傍挂金铃，以防雨摧、鸟啄之患。”此为开花前后的田间管理。④医花法：“八九月时，用好土如前法培壅一次，比根高二寸，须隔二年一培，则接花本枝根生，偷去其母，他年抽芽，即新花也。”此为促接穗生根之法。后又提到谷雨须设箔遮盖日色、雨水，勿令伤花，则花久。若根生蚁穴，可用鸡骨引其出穴，再消灭之。六月亦须设箔，勿令暴雨、酷日伤芽。冬日如见其有早发迹象，可将其少量根系拨出见日，即能抑制。⑤浇花法：浇水须在早晨泥土凉时进行，方不损根。八九月五日一浇。“十月天暖，园师恐倒发，每禁浇。”天旱半月一浇。腊月地冻不可浇，恐水伤根。浇水时不可湿枝叶，恐伤花蕾。“南方十一月中、谷雨前用粪水，北方不用，但以河水或晒井、泉、雨水浇之，妙。”

三、明代牡丹文化

1. 牡丹诗词

1）概述　与明代牡丹发展相应，明代牡丹诗词数量比元代数量增多，内容也更为丰富。冯琦《牡丹》诗中就留下了“春来谁作韶华主，总领群芳是牡丹”这样脍炙人口的名句。

明文学家王衡《二色牡丹》（二首）：

宫云朵朵映朝霞，百宝栏前斗丽华。
卯酒未消红玉面，薄施檀粉伴梅花。

洛阳女儿红颜饶，血色罗裙宝抹腰。
借得霓裳半庭月，居然管领百花朝。

抗倭名将俞大猷借《咏牡丹》直抒胸襟：

闲花眼底千千种，此种人间擅最奇。
国色天香人咏尽，丹心独抱更谁知？

明代题画诗不少，著名画家、文学家徐渭有多首牡丹题画诗：

五十八年贫贱身，何曾妄念洛阳春？
不然岂少胭脂在，富贵花将墨写神。

豪端紫兔百花开，万事唯凭酒一杯。
茅屋半间无得住，牡丹犹自起楼台。

不藉东风力，传神是墨王。
雪威悲剑戟，鏖战几千场。

牡丹开欲歇，燕子在高楼。
墨作花王影，胭脂付莫愁。

著名小说家吴承恩《风入松·牡丹》词：

妖红腻白映霓裳，富贵说明皇。沉香亭畔春如画，清平调占断风光，妃子太真歌舞，侍臣李白词章。

温柔到骨是天香，金粉内家妆。凭栏不恨开时晚，天留意、殿取群芳。试问上林桃李，不知谁是花王？

明著名文学家王世贞写名品牡丹“佛头青”：

百宝台前百艳明，虢家眉淡转轻盈。

狂蜂采去初疑叶，么凤藏来只辨声。

自是色香堪绝世，不烦红粉也倾城。

江南新样夸天水，调笑春风倍有情。

还有陆师道《昌公房看牡丹歌》描写了苏州牡丹的繁盛与自己在苏州城里看牡丹的欢愉心情。“名园往往平泉庄，禅宫处处西明寺。”他登上城里虎丘山，在昌公僧房赏牡丹，这里“中庭一树五丈高，碧瓦雕檐锦丛映。西斋亦是玉楼春，数之二百花色匀。寿安红与细叶紫，更有异种夸东邻”。

李梦阳《牡丹盛开群友来看》诗，更是第一次在诗作中出现牡丹是“国花”的提法。但就整体而言，明代牡丹诗词未能反映明代牡丹发展的全貌，即便是当时具有相当影响的亳州牡丹，虽有薛凤翔《亳州牡丹史》以记其详，但迄今仍很少见到相关的诗词作品，实为憾事。这也许和明代诗词创作在明代文学中不占主导地位有一定关系。历来文学评论家对明代诗文总体评价不高，这当然有失公允。据袁行云《明诗选》序所记，明代诗家仍有四千之众，不少人留下了具有民主性与较好艺术构思的诗篇。而杜贵晨《明诗选》更提出明诗“在诗史上自成一格”的说法，认为明诗是在明王朝盛衰的大势中形成求“真”与人的个性解放的特定方向曲折发展的，其内容上最突出的特色就是关切现实与张扬个性。“明人诗主真”加速了中国诗歌近代化的进程。目前对于明代牡丹诗词的整理发掘尚不够，有待今后作进一步努力。

2）晚明扬州影园黄牡丹诗会　明崇祯十三年（1640）暮春，扬州著名园林——影园中有黄牡丹盛开，园主扬州名士郑超宗遂以“黄牡丹”为题征诗，召集了一次黄牡丹诗会。与会文人 18 名，即征得诗篇百余。郑氏请名家钱谦益评定优劣，评为第一名，则奖黄金二觥，并刻“黄牡丹状元”五字赠之。其时，广东举人黎遂球第六次赴京应试，又一次不第而归，路过扬州时，恰逢此会，即席赋得黄牡丹诗十首，并夺得“黄牡丹状元”的桂冠。诗会后模仿迎状元之典礼，举行了声势浩大的迎接大会。揭晓时，一甲一名则（黎）美周，遂得金罍之赉。“超宗并诸名士用鲜服锦舆饰美周，导以东部，徜徉于廿四桥间，士女骈阗，看者塞路，凡三日……咸羡为三百年来无此真状元也。于是声满吴越矣。”（檀萃《楚庭稗珠录》）

这次诗会是明代著名的文人雅集之一，不仅当时即引起轰动，而且对后世也产生了深远影响。扬州影园由著名园林大师计成主持设计，是中国古代文人园林的典型代表。之所以称为“影园”，是由于“宗伯董元宰（其昌）先生过而游之，谓其在山影、水影、柳影之间也，题之曰影园”（徐世溥《影园诗序》）。

诗会采用现场作诗及征诗两种方式。张云章《郑超宗传》载：“（郑）园有黄牡丹开，会者数十人。既就坐，各赋诗，辄得百篇。其他邮筒传致数复倍之，都为一集。”《明诗纪事·梁于涘》亦记：“元勋影园开黄牡丹，远近征诗。”

黄牡丹诗会的评比采用了糊名、易书、找他人品评的方法，最优者称为状元并赐以金杯等，均具新颖性。黎遂球返乡后亦举行了类似活动，其诗友又组织南园黄牡丹诗会以继之。

参与此会的 18 人中最著名者当属黄牡丹状元黎遂球。明亡之后，他毁家纾难，慷慨殉国，被列为“南明五忠”之一，有“岭南屈原”之称（扈耕田，2011）。

2. 牡丹小说

明代与牡丹有关的小说中，有冯梦龙的《灌园叟晚逢仙女》。

冯梦龙一生主要是从事文学创作和通俗文学的整理编辑工作。他是一个介绍通俗文学的功臣，也是杰出的通俗文学作家。其代表作是他苦心搜集、整理、编辑的“三言”，这是《喻世明言》《警世通言》《醒世恒言》三部小说集的总称。《灌园叟晚逢仙女》是“三言”中代表作之一。作者在这里描写了“灌园叟”秋先因种花、爱花、护花而遭官宦家恶少张委欺凌和诬陷，后终得花仙救助升天为护花使者的故事。小说通过秋翁的悲惨遭遇和对恶势力的不屈斗争，歌颂了劳动人民勤劳善良的高尚品质，揭露了官僚恶霸凶狠残暴、任意掠夺人民劳动果实的罪行。同时运用积极的浪漫主义手法创造了花神的形象，她帮助秋翁取得了反抗的胜利，严惩了恶少张委，并迫使官府在民众面前释放了秋翁，伸张了正义。花神是人民愿望的化身，给人民以乐观精神和斗争意志。

3. 牡丹戏剧

明代戏剧创作取得了重要成就，产生了一些著名的剧作家与闻名于世的佳作，在中国文学史上留下了光辉的一页。其中与牡丹有关的作家与作品如下：

1）汤显祖与《牡丹亭》　在中国文学史上，与“牡丹”有缘的重要戏曲，当属明代杰出戏剧家汤显祖的代表作《牡丹亭》，其全称为《牡丹亭还魂记》。

汤显祖（1550—1616），字义仍，号若士，又号海若，别署清远道人，临川（今江西临川）人。21 岁中举，由于不肯依附权贵，到 34 岁才考中进士，到南京做一名太常博士的闲官。40 岁升任南京礼部祠祭司主事。万历十九年（1591）因上书抨击时政，被贬到广东雷州半岛的徐闻做典史。两年后调任浙江遂昌知县。在任期间，由于采取了一些较为开明的政治措施而为民众所称道，但也因触怒权贵而遭地方势力反对。后来他愤而弃官回乡，绝意仕途，家居玉茗堂，潜心于戏剧与诗词创作，成就丰硕，是中国戏曲史上最杰出的戏曲家之一。

《牡丹亭》是继元代王实甫的《西厢记》之后，以青年男女爱情为题材的古典戏曲名著。它一出世，即不胫而走，家传户诵，几令《西厢记》减价。剧本取材于明本小说《杜丽娘慕色还魂》，并进行了创造性的改编。贵族少女杜丽娘和青年书生柳梦梅的爱情故事，反映了那一时代青年男女，特别是青年女性青春的觉醒，对自由幸福的爱情生活充满执着以及要求个性解放、反抗封建礼教的斗争精神。

《牡丹亭》是一首“至情”的颂歌。该剧以其深刻的思想和卓越的艺术成就而成为明代戏曲中最为优秀的作品。汤显祖说过，他一生四梦（即《紫钗记》《牡丹亭》《南柯记》《邯郸记》四部剧作，因都涉及梦境，被称为“临川四梦”），最得意处唯在《牡丹亭》。牡丹国色天香，雍容华贵，自古艳压群芳。亭名牡丹，汤显祖正是要以其倾国倾城的风姿让人们想象杜丽娘青春的美丽，爱情的艳异与丰满。而汤显祖《牡丹亭》中杜丽娘形象的塑造也成了反映明人牡丹情结的极致代表。

“梦中情人”实际上是一个爱情理想的虚构，谁也不会在梦醒后去继续寻找本来不存在的虚幻。杜丽娘不同，她在梦中与柳梦梅相亲相爱，梦醒后还要追寻“梦中人”，实现自己梦中之情。这段梦与现实的爱情纠缠成就了中国戏剧史上的经典——《牡丹亭》。

梦中的牡丹亭边是杜丽娘选择人生的一个新开端。封建礼教深深束缚下的少女杜丽娘在“关关雎鸠”的篇章中激发起怀春之情，在春色明媚的后花园中，大自然的景物无不催发着她对生命的向往，激起她青春的渴求。她梦见一位手持柳枝的英俊青年向她走来，在牡丹亭畔、太湖石边、芍药栏前，青年对她千般爱恋，万般抚爱。直到梦醒，她还沉浸其中。这个梦是对她森严家庭生活、礼教“闺训”的叛逆，而梦中情景正是她生命寄托之所在。她开始寻梦，春容日消，茶饭不进，终至为“情”而死。但冥冥世界，泯灭不了她对爱情的追求。她终于寻觅到了她的意中人，并因“情”而回生。杜丽娘因情而死，因情回生，这种对爱情的执着追求，正表现出一种力竭生死的“至情”，反映了杜丽娘追求崇高精神之爱的婚恋观，以及对于扼杀人性、扼杀感情的封建礼教的叛逆与挑战。而《牡丹亭》也就象征了那种打破外在的封建礼教与内在的封建观念的枷锁，勇敢追求自由幸福的崇高精神。

剧中写了杜丽娘为爱情而死去，又为爱情而复活，反映了“情”和“理”、理想和现实的矛盾。但是正如汤显祖在《牡丹亭题词》中所说：“第云理之所必无，安知情之所必有邪！”它不仅符合杜丽娘性格的发展，也寄托了汤显祖的愿望和理想。这种由梦而病、因病而死、死而复生的情节结构，表现了汤显祖独特的艺术构思和浪漫主义的创作手法。全剧想象丰富奇特，曲词优美抒情，尤长于以诗的语言宣泄人物内心的感情，点染环境气氛。其中《闺塾》《惊梦》《寻梦》《写真》《闹殇》《冥誓》等，尤为脍炙人口。真是“妙处种种，奇丽动人”，在艺术上达到很高的成就，其影响十分深远。

2）吴炳与《绿牡丹》　明代剧作家吴炳创作的《绿牡丹》，是中国十大古典喜剧之一。全剧以绿牡丹贯穿始终，写出了两位少女不爱乌纱爱俊才的美好心灵，同时对当时科场考试中的各种弊端也进行了辛辣的讽刺。

吴炳（1595—1648），字可先，号石渠，晚年又自称粲花主人。常州宜兴（今江苏宜兴）人。明万历四十七年（1619）进士；崇祯时，官至江西提学副使。清兵入关后，流寓广东，曾任南明永历王的兵部侍郎兼东阁大学士。永历元年（1647）八月，在武冈被清兵所俘，后押送衡州，第二年正月绝食而死。清乾隆时，赐谥“节愍”。

吴炳自幼聪慧，“十二三岁便能填词”，著述传奇多种，如《西园记》《绿牡丹》《疗妒羹》《情邮记》等。吴炳的剧作，多为描写青年男女的爱情和婚姻故事。由于亲身经历了明末动乱，接触到一些社会现实，但对民间疾苦了解不深，因而作品题材较窄，思想境界不高。但在明末戏曲作家中，其艺术成就是比较突出的。

《绿牡丹》是吴炳最成功的一部喜剧作品。剧中生动地描写了两个富有才学的男女青年，克服了两个假名士的重重阻挠，终于美满结合的爱情故事，比较真实地反映了明朝后期知识分子的精神面貌，对当时科场考试中存在的各种弊端进行了辛辣的讽刺。在《试帘》一出有一条托名“牡丹花史”的评语：“嗟乎！今日考秀才者有认真秉公如此女子者？甘心受拘束耳！”从作者这里发泄的个人愤懑中，可以推断这部传奇当是他科场失意时写成的。这时明王朝虽然没有崩溃，但它的专制统治已经摇摇欲坠，作为封建上层建筑的科举制度，也已弊端百出。吴炳在剧中，虽然没有对科举制度本身进行正面的抨击，但他着力鞭挞那些假名士招摇撞骗、利用考试舞弊的现象，已经透露出当时的科举考试并不能秉公选拔真才。作者在《严试》一出，借沈重之口，提出“天下有真有伪，真者为伪所抑，就是真伪混淆，须要辨明才是”的主张，应该看作是他对明朝后期科场上是非颠倒、真伪不分的一种指责。

吴炳是一个熟谙喜剧艺术的剧作家。他的《绿牡丹》几乎场场戏都有令人捧腹的喜剧纠葛，能把观众引入充满欢乐气氛的艺术境地。吴炳沿用了巧合、误会、双关等常用的喜剧手法，并注重从人物的不同处境和性格特征出发，不断地发掘人物之间可能产生的喜剧性冲突，使全剧始终在轻松愉快的喜剧气氛中明快流畅地发展，组成一幅幅千姿百态的喜剧画面。

3）朱有墩与盛明杂剧　在汤显祖与吴炳之前，明代还有一位著名剧作家朱有墩。

朱有墩（1379—1439），安徽凤阳人，号诚斋、锦窠道人、老狂生、全阳翁等。明太祖朱元璋孙，明宣德年间袭封周王，薨谥宪王，世称周宪王。明史称其“博学善书”，工词曲，兼工书画，深谙音律，善作杂剧。爱好牡丹，自建牡丹园，名“国色园”，有诗作《诚斋牡丹百咏》传世。其散曲集《诚斋乐府》中收有《牡丹乐府》19首，分别为‘宝楼台’‘庆天香’‘紫云芳’‘海天霞’‘素鸾娇’‘锦袍红’‘玉天仙’‘舞青猊’‘鞓红’‘粉娇娥’‘锦团丝’‘醉春容’‘玉盘盂’‘紫金荷’‘檀心白’‘寿安红’‘檀心紫’‘七宝冠’‘浅红娇’19品名贵牡丹谱曲。朱有墩在其剧作《牡丹仙》中，借邵尧夫之口阐述了牡丹花会的意义：“这赏花之会……怎得如此欢乐玩赏？一者天下太平，二者风调雨顺，三者国家安宁，四者主人多喜事。如此看了，赏牡丹，乃实现太平治世，有关风化也。”朱有墩这段话显然发展了北宋以来以邵雍为代表的将牡丹与国运紧密关联的理念，有其积极意义。朱有墩的戏曲创作主要是杂剧，现存31种，牡丹剧是其中主要内容。其杂剧音律优美，创造了多种演唱形式。1958年中国戏剧出版社出版的《盛世杂剧》（二）刊载了其杂剧《风月牡丹仙》。

4. 牡丹绘画

明代善画牡丹的画家有孙龙、徐渭、唐寅、吕纪、永宁王、释海怀、文徵明等。

明初画家孙龙，其写意花鸟画的艺术成就和他的“没骨图”，对后世泼墨写意极有影响。其《牡丹图册》中一幅折枝牡丹，虽只画一朵单瓣牡丹花，乍看似单调，但大花独秀，笔力苍劲，能给人以伟岸、纯朴之感。明代前期牡丹画家中，吕纪也很有名，但由于工整、艳丽过之，不为时人拜赏。明代的水墨写意花鸟画较盛行，此类画始于沈周，而陈淳、徐渭将其发扬光大。沈周的画，既用笔洒脱，又清雅文静，含意隽永，耐人寻味。他特爱牡丹，牡丹画作也精美，故宫博物院、南京博物院均藏有他的墨牡丹。陈淳号伯阳，徐渭号青藤，后人以“伯阳青藤”并称。陈淳画牡丹，用笔较放纵，徐渭则更狂放。

徐渭（1521—1593）是明代泼墨大写意画派的先驱，以写意花卉成就最著。徐渭用泼墨法画牡丹，是当时的创举。他所作水墨写意，泼辣豪放，笔墨简练，使其所画牡丹具强烈的表现力。徐渭的泼墨法有绝妙的独特施水技巧，能形成自然的韵致。在他笔下，牡丹的浑厚华滋，还有其他各具特色的花卉，无不水晕墨章，浓淡干湿恰到好处，纸素之上展现出盎然生气。收藏于南京博物院的徐渭《杂花图》卷，由前而后分别画牡丹、石榴、荷花及梅、兰、竹等13种花卉，纵横涂抹一气呵成。起首牡丹即泼墨法的画，其浓墨大点，狂涂猛刷，纵横不可一世。收藏于上海博物馆的徐渭《牡丹蕉石图》，亦用泼墨法画牡丹蕉石，是徐渭泼墨大写意花卉的得意之作。全画用笔畅快淋漓，英石、芭蕉、牡丹各具神态。徐渭在题记中说“亲见雪中牡丹者两”，不知是否属实。有一种看法认为，徐渭的意思无非是说，作画当以意为之，取其兴到神会，而无须拘泥于时空自然。

唐寅（1470—1523），字伯虎，自称江南第一风流才子。善山水、花鸟画，曾作牡丹画多幅，并题诗其上：

牡丹图

谷雨花枝号鼠姑，戏拈彤管画成图。

平康脂粉知多少，可有相同颜色无?

谷雨豪家赏丽春，塞街车马涨天尘。

金钗锦袖知多少，多是看花烂醉人。

第七节
清时期

清朝是我国封建社会的最后一个王朝，是满族统治者在血与火的征服中建立起来的中国历史上又一个帝国，从公元1616年起到1912年止，前后历时296年。与不重实务的明末地主阶级不同，清帝国前期的统治者生机勃勃，富有作为。入关后的摄政者多尔衮，统治清帝国百余年的康熙、雍正、乾隆，皆躬亲务实，注重实政，厉行政治、经济改革，造就了中国历史上著名的康乾盛世。他们能以一种锐意进取的精神吸收汉族的先进文明，更以一种大帝国创造者的气魄去进行文化建设。于是，中华文化在清代前期进入了一个灿烂的鼎盛时期，牡丹与牡丹文化也随之进入了一个新的繁荣时期。

一、清代牡丹的发展及其地理分布

在明代基础上，清代牡丹在全国范围内又有了更为广泛的发展与普及，奠定了中国牡丹四大品种群的基本格局。

（一）中原牡丹的发展与繁荣

清代牡丹，首先是中原牡丹的发展与繁荣。而中原一带，则是曹州牡丹的兴起，以及清前期亳州牡丹的再次繁荣。与此同时，皇都北京的牡丹也有了发展。

1. 曹州牡丹

曹州即今山东菏泽。早在明代中后期，曹州牡丹栽培已有一定基础，并且曹州牡丹之发展，应早于亳州。到清代初期，曹州牡丹继续发展。据清顺治年间王士祯《池北偶谈》所记："欧阳公《牡丹谱》云，牡丹出丹州、延州，东出青州，南出越州，而洛阳为天下第一……今河南惟许州，山东惟曹州最盛，洛阳、青州绝不闻矣。"

康熙七年（1668），曹州儒学学正苏毓眉撰《曹南牡丹谱》，记品种77个。苏毓眉云："康熙戊申岁，余司铎南华。己酉三月，牡丹盛开，余乘款段（指驽马），遍游名园。虽屡遭兵燹，花木凋残，不及往时之繁，然而新花异种，竞秀争芳，不止于姚黄、魏紫而已也。多至一二千株，少至数百株，即古之长安、洛阳，恐未过也。"

乾隆二十一年（1756），刘藻撰《曹州府志·风土志》载："牡丹、芍药为名品，江南所不及也……牡丹、芍药之属，以数十百种，士族资以游玩，贫人赖以营植。"

乾隆五十七年（1792），余鹏年撰《曹州牡丹谱》，记曹州品种56个。余鹏年记述了当时曹州种植和观赏牡丹的情况：

曹州园户种花，如种黍粟，动以顷计。东郭二十里，盖连畦接畛也。看花之局在三月杪。顾地多风，花天必有飙风，欲求张饮帟幕，车马歌吹相属，多有轻云微雨如泽国，此月盖所不能，此大恨事。园户曾不解惜花，间作棚屋者无有。花无论宜阴宜阳，皆暴露于飙风烈日之前。虽弄花一年，而看花乃无五日也。

道光十二年（1832），赵孟俭撰《桑篱园牡丹谱》。道光十九年（1839），刘辉晓撰《绮园牡丹谱序》。

咸丰五年（1855），黄河自竹林决口，曹州遭受水灾，赵楼村内可以引船，牡丹、芍药损失严重。光绪年间恢复原状后，又一次黄河决口，牡丹淹死大半。

光绪六年（1880），凌寿柏修撰《新修菏泽县志》载："菏泽牡丹、芍药各百余种，土人植之，动辄数十百亩。利厚于五谷。"据清时老花农王文德回忆，曹州历史上牡丹栽培面积达400亩，品种300多个。

光绪三十三年（1907），杨兆基等修《曹州府菏泽县乡土志》记载："牡丹商，皆本地土人。每年秋分后，将花捆载为包，每包六十株，北赴京津，南赴闽粤，多则三万株，少亦不下两万株，共计得值约有万金之谱，为本境特产。”说明曹州牡丹早已进入商品市场。

2. 亳州牡丹

清代前期，亳州牡丹又逐渐恢复，其繁盛仍然超过曹州牡丹。

据清康熙二十二年（1683）钮琇所撰《亳州牡丹述》载：

余官陈之项城，去洛阳不五百里而遥，访所谓姚魏者，寂焉无闻。鄢陵、通许及山左曹县，间有异种，惟亳州所产最称烂熳。亳之地为扬、豫水陆之冲，豪商富贾，比屋而居，高舸大艑，连樯而集。花时则锦幄如云，银灯不夜，游人之至者相与接席携觞，征歌啜茗。一椽之僦，一箸之需，无不价踊百倍。浃旬喧宴，岁以为常。土人以是殚其艺灌之工，用资赏客。每岁仲秋多植平头紫，剪截佳本，移于其干，故花易繁。又于秋末收子布地，越六七年乃花。花能变化初本，往往更得异观，至一百四十余种，可谓盛矣。

时钮琇在亳州附近的项城为官，因公事繁忙，未能亲赴亳州赏花，仅凭两位朋友的叙述，就记下了140多个品种，并且这些品种与薛凤翔《亳州牡丹史》中的记载大多不同，可视为重新培育的品种。亳州牡丹又继续繁盛了100多年。清乾隆三十九年（1774）《亳州志》载：“牡丹今亳之种类，较为繁盛，矜奇斗捷，应四方之求以牟利，盖不啻十斛真珠也……亳人悉智力以种之，竟擅多于天下，而上掩洛阳。”当时比较有名的园圃有李氏园、舒啸园、王园、孟氏园、跂鹤园等。但从19世纪五六十年代开始，战乱不断，亳州牡丹再遭毁损。

总的看来，亳州牡丹发展可分为四个时期：①明正德至嘉靖年间（1506—1566）为亳州牡丹发展时期，薛凤翔的祖父薛蕙等“遍求他郡善本移植亳中，亳有牡丹自此始”。②明万历至崇祯（1573—1644）为其全盛时期，有品种数百个，栽培面积数百亩。③清康熙二十二年（1683）至咸丰四年（1854）为亳州牡丹复兴期。④其后为亳州牡丹衰落期，品种大量流失，到清末仅存30多种。

3. 北京牡丹

清代，北京继续作为皇都，牡丹较之明代更为繁盛。查嗣瑮《燕京杂咏》中有四首诗记录了帝都牡丹的风光：“出窖花枝作态寒，密房烘火暖春看。年年天上春先到，十月中旬进牡丹。”反映了栽培技术进步带来的新气象。而民间暮春赏牡丹也成为时尚，陈康祺《郎潜纪闻》说：“都门花事，以极乐寺之海棠、枣花寺（即崇效寺）之牡丹、丰台之芍药……为最盛，春秋佳日，游骑不绝于道。”清末以来，崇效寺牡丹冠绝京华，尤以绿、墨二色最为有名。清人留下不少前往崇效寺赏花的诗词作品。打理国花的苑副白玉麟将“国花台”三字刻于石上。

此外，清吴长之《宸垣识略》不仅记草桥所栽“牡丹芍药，栽如稻麻”，还记有钓鱼台、长椿寺栽植的牡丹。乾隆敕撰《日下旧闻考》记圆明园“镂月开云”殿“前植牡丹数百本”。

4. 洛阳牡丹

北宋末期，洛阳牡丹逐渐衰败，数量大减，无复往昔盛况，但北宋前期极度兴盛的牡丹文化却对国内外产生了重要影响；再者，民间仍有种植，以至于从南宋经元至明清，仍有文献提到在洛阳引种的牡丹。南宋诗人杨万里在江西老家种牡丹，其诗中说，他的品种就分别来自苏州、安徽和洛阳。明代王世懋《学圃杂疏》提到，他在江阴老家建澹园，种牡丹得法，“遂冠一州”。他有不少好品种，包括牡丹绝品‘西瓜瓤’，就差中州（今洛阳）的‘黄楼子’了。清修《洛阳县志》记载牡丹品种 160 个，其中不少应是来自旧的谱录，只有部分是民间流传的品种。

5. 太原及山西各地牡丹

山西省太原市迎泽区郝庄村双塔寺，始建于明万历二十七年（1599），寺院建成后即广植花卉，尤重牡丹。现存 10 余株明代品种‘紫云霞’，已有 300 余年。其中最大植株高 2.4 m，最大冠径 3 m，最大根盘直径 80 cm，最大干径 10 cm，花粉紫红色，单瓣，瓣基有紫斑，花径 20 cm，着花多时可达 350 朵。寺内砖木建筑上多有雕刻精湛的牡丹浮雕图案。

据报道，山西各地多有古牡丹。如太原市古交市岔山乡关头村寺庙内古牡丹一株，高 2.5 m，地径最大 25 cm，冠幅 4.3 m×3.5 m，1988 年着花 200 余朵，花红色；山西长治市潞城区南舍村玉皇庙古牡丹一株，传为北宋年间栽植，高 2.12 m，最大冠径 2.7 m，主干径 45 cm，1990 年着花 130 余朵，花深紫红色，花径 20 cm，有芳香；芮城县永乐宫有清末牡丹数株，因枝干苍老，皮色墨灰，被称为“墨干牡丹”；山西省古县石壁乡三合村古庙遗址上有一株传为唐代遗存的古牡丹（花白色，单瓣，瓣基有紫红斑）。

6. 柏乡及河北各地牡丹

河北省柏乡县北郝村有汉代弥陀寺旧址。据传，旧址内古牡丹亦为汉代所植，并有一则关于古牡丹曾救汉光武帝刘秀于危难之中的传奇故事。另长城古北口滦平县兴洲村清乾隆行宫遗址内曾植有红白二株牡丹。据传，这是乾隆三十六年（1771）从皇宫御花园移来的。目前尚存白牡丹一株，台阁重叠，清香怡人。另据康熙几首诗文所记，在承德避暑山庄也种植有不少牡丹供观赏。由承德往北，在内蒙古自治区宁城县小城子镇长皋村乌向南家，有一株株龄330多年的康熙皇帝御赐的牡丹。康熙十五年（1676年），爱新觉罗氏固伦郡主下嫁乌家时，康熙赐牡丹一株。

7. 延安及陕北各地牡丹

延安及其周围陕北及陇东黄土高原林区曾有野生牡丹广为分布。宋欧阳修《洛阳牡丹记》载，牡丹“大抵丹、延以西及褒斜道中尤多，与荆棘无异，土人皆取以为薪”。明嘉靖本《延安府志》亦记载肤施县（即今延安）“稍南有牡丹山……名曰花园头，产牡丹极多，樵者以之为薪”（卷八舆地考一）。安塞县花庄“牡丹满山谷”。宜川县城东“三十里有牡丹原”“相传昔时盛产牡丹，其花满山，香闻数十里，土人至采以为薪”（卷十）。清代野生牡丹还较多，据雍正本《陕西通志》引《韩城县新志》载：“牡丹山多产牡丹，开叶红紫满山，香闻数十里，土人采以为薪。又有牡丹坪，在渚北村西北，亦多牡丹。”近来，在宜川县交里乡段塬村小学发现一株明代洪武三年(1370)种植的古牡丹，名‘丹州红’，开花多时可达150余朵。

延安牡丹栽培最晚始于北宋。据欧阳修、周师厚先后所著谱录记述，当时从延安、宜川传到洛阳的品种先有‘丹州红’‘延州红’，“皆千叶红花”；以后又有‘丹州黄’（“千叶黄花”）、‘玉蒸饼’（“千叶白花”）。及至明清，地方志对陕北及延安牡丹栽培已有较多记载。如安塞牡丹“在白姑寺者，竟成树”（雍正本《陕西通志》）。“宝山寺在（安塞）城北八十里，寺多牡丹”（嘉靖本《延安府志》卷三十六）。延长县城西“一百里有青龙山……顶建有寺，钟声远闻，内有牡丹可观”。又有花儿山“牡丹芍药可观”（《延安府志》卷十）。现有牡丹较多的延安万花山，即《延安府志》中所称“牡丹山”。该地为以侧柏为建群种的次生林，林内分布有野生牡丹。明弘治十年（1497）春，延安知府李延寿雨后到万花山赏花，作诗二首，诗前题记中指出当时赏花处已建有崔府君庙。

（二）江南牡丹的发展

1. 吴中牡丹与苏北牡丹

明末清初诗人归庄（1613—1673）《看牡丹记》记述了他于辛丑年（1661）春末在江苏南部吴县、嘉定、昆山、太仓、东山一带观赏牡丹的情景，以及当地牡丹的品种和应用形式。他历时 10 天走过“三州县，看遍三十余家花”，牡丹在当地寺庙、官宦人家和普通百姓家广泛栽培，常见品种有‘玉楼春’‘庆云红’‘福州紫’‘小桃红’‘水晶球’等。

清朝时期私家园林的兴起也推动了吴中牡丹的发展。朱鹤龄（1606—1683）《憺园牡丹文宴记》记述了玉峰健庵先生（清人徐乾学，昆山人）的“憺园”牡丹盛况：“维时，牡丹盛放，南荣北谢，曲栏回廊，的皪争奇，绮丽夺目。庭中假山高十余仞，参差植花其上，望之如霞起赤城，绛云天半，向夕复燃，华灯照之，送态逞姿，倍极倚傩。”

除吴中牡丹外，清时苏北牡丹也较繁盛，并与苏北盐业发展有关。

江苏“两淮盐场”（或称江苏盐区）范围北起今连云港市赣榆区，南到启东市，是历史上全国最大的盐场，额征盐课几乎占全国盐课总量的一半。乾隆朝两淮巡盐御史李发元的《盐院题名记》中说：“两淮岁课当天下租庸之半，损益盈虚，动关国计。”盐场大使治所、盐场治所寺庙往往是当地园林兴盛之所，古树参天，花木繁茂，其中牡丹种植引人注目。南通之吕四场、石港场，盐城之便仓，均为牡丹文化兴盛之代表。花开时节，当地文人氏族聚赏吟诵，举办牡丹诗会，留下不少牡丹诗文。

此外，南通著名实业家张謇非常喜爱牡丹。1901 年他创办了中国历史上第一个农业股份公司——通海垦牧公司，在公司慕畴堂花园即引入珍品牡丹。当时周边还是一片盐碱地芦苇荡。牡丹给张謇艰辛的垦牧事业带来一丝绚烂的曙光。

2. 上海牡丹

清代中后期，上海牡丹亦兴盛起来，最盛于法华镇，该镇位于今上海市长宁区境内。据清末《法华乡志・土产卷》记载：法华牡丹“其初传自洛阳”。由于法华一带沙性土壤特别适合牡丹，加上采用单瓣芍药嫁接繁殖，牡丹开花繁茂，为他地所不能及。法华镇上凡园皆种牡丹。“在乾嘉时，李氏漎溪园尤盛……（花开时）游赏者远近毕至，园主人必张筵宴，邀请当道缙绅辈为雅集焉。李钟潢有诗云：‘年年酹酒向花王，此地争传小洛阳。’”信然。该志记载法华优良品种 32 个。此外，计楠《牡丹谱》记载法华品种 47 个。

同治十年（1871）修《上海县志》亦记上海牡丹“最盛于法华寺，品类极繁，甲于东南，有小洛阳之称”。

近代，以上海为窗口，中国牡丹发展史上有两件事值得一提。一是中国牡丹的对外传播。中国牡丹早在 1787 年就被引到英国邱园。1843—1845 年，著名植物采集家罗伯特·福琼（Robert Fortune）受英国皇家园艺协会（RHS）派遣，来中国上海引种牡丹，但未成功。1845—1851 年他再次来上海引回 30 多个好品种，同时引种了芍药，并将中国牡丹嫁接技术介绍到了英国。1880 年，福琼第三次来中国引走了一种丁香紫色的蓝牡丹。二是国外牡丹品种的引进。从20世纪初到30年代，上海黄园与南京中山陵先后从日本、法国引进牡丹品种，开创了引进国外牡丹的先河。

3. 浙江牡丹

清代关于杭州牡丹的记述较少，而嘉兴牡丹主要因计楠“一隅草堂”闻名，“……屋之东隅得地二亩，筑堂之间，叠石为山，种有牡丹，花时则五色烂漫”。园内有品种百余种，品种量多，规模却不甚大。

计楠《牡丹谱》中记录了他从各地搜集来的牡丹品种，除去重复的品种共计99种，其中亳州品种23个，曹州品种19个，法华品种47个，洞庭山品种10个。

4. 皖东南牡丹

皖东南一带的牡丹主要分布在宁国、铜陵、繁昌、巢湖等地。其中，药用牡丹栽培较多。安徽《巢县志》《无为县志》均记载当地盛产白牡丹；清道光六年（1826）增修的《繁昌县志》中也曾记载繁昌当时广植牡丹。

清同治年间《宁国县志》记载：“牡丹五十余种，见花谱，宁国所产甚多，旧府志以黄白为贵，近白甚多，以正赤为佳，得此花必赖人工莳艺。”1936年编《宁国县志》亦载：“宁国蟠龙素产牡丹，以黄白为贵。囊土人运往广东，价重洛阳。洪杨乱后，所产甚稀。”清咸丰年间宁国牡丹种植达到鼎盛，并获得“北有洛阳，南有宁国”之美誉。

清修《铜陵县志》及牡丹诗记该地有相传植于晋代的牡丹。明永乐年间（1403—1424）开始凤凰山的药用栽培，明崇祯年间（1628—1644）已有相当规模。

清代，铜陵凤凰山（即中山，今属新桥乡）、三条冲（即东山，今属金榔乡）和南陵县的丫山（即西山），所谓的“三山”地区，已发展成为全国著名的丹皮产区。

5. 湖南牡丹

清代，湖南各地牡丹栽培较为繁盛。一是形成了以今湘西北的吉首、张家界、常德，湘西南的怀化、邵阳为中心的观赏牡丹栽培区，花色有红、紫、黄、粉、白等，花型有单瓣、重瓣，品种有‘紫绣球’‘朱紫’‘鹅黄’‘醉杨妃’‘单台紫’‘玉楼春’‘鹤翎红’‘玉版白’等。二是形成了以邵阳、衡阳为中心的药用牡丹栽培区。药用牡丹有两个品种：一种叫‘香丹’，集中分布在邵阳县郦家坪镇，花单瓣，玫红色或粉红色，结实少，仅能无性繁殖。其根皮有香气，故名。据传，该品种可能为该镇蔡四村洪氏先祖于明洪武年间选育，故又称“洪丹”。但从形态特征及栽培性状分析，该品种可能为中原牡丹南移的后代。另一种叫‘凡丹’，集中分布在邵东县廉桥镇及双凤乡，邵阳县郦家坪也有栽培。花单瓣，白色，其根皮香味淡，生长快，结实性强，故采用播种育苗。该地元末明初即已有栽培，类似安徽铜陵的‘凤丹’。三是湘西北永顺县松柏镇及高坪镇村民院内发现有120余株百年以上古牡丹，花色、花型丰富，类似中原牡丹。永顺县羊峰山中产杨山牡丹。湖南牡丹栽培已扩展到南端的桂阳县、江华县。

6. 广西牡丹

据明修《广西通志》记载：“牡丹出灵州、灌阳，灌阳牡丹有高一丈者，其地名小洛阳。”又《思恩县志》载：“思恩牡丹出洛阳，民室多植，高数丈，与京花相艳，其地名小洛阳。”

（三）西北牡丹兴起

清代，甘肃中部及青海西部、宁夏南部一带牡丹普遍繁盛起来。据清康熙至道光年间（1662—1851）甘肃各地县志、州（府）志及《甘肃通志》所记，涉及38个县以上建制。东至甘肃宁县、正宁，南至武都、文县，北至民勤，西至酒泉，有牡丹栽培记载者33县（州），占86.8%（李嘉珏，2006）。其中《肃州（治所今酒泉）新志》（1897）记：“牡丹，有红、白、黄、紫四色，叶虽差小，甚香艳。欧阳修‘花谱’以延安为花之杰，殊不知河西尤佳。”《甘州（治所今张掖）府志》（1779）记，牡丹“大者如椀（碗）”。《河州志》（1707）

记牡丹“有数十种”。《陇西县志》(1738)记，牡丹“品多，最为名胜”。《静宁州志》(1746)记：“宋家山，在州东南九十里，近武山。山左有峪曰‘松柏峪’，昔多松柏，今牡丹繁殖。”康熙本《靖远县志》记：“牡丹旧无，今潘府园内自(宁夏)固原移栽，开花结实，水土颇宜。”《敕修甘肃通志》(1736)记秦州(治所在今甘肃天水)“牡丹原，在州西南六十里，嶓冢山西，广沃宜稼，岩岫间多产牡丹，花时满山如画”。而对牡丹集中产地如临洮、临夏、兰州则有更多记载。清代著名陇上诗人吴镇(1721—1797)对其家乡临洮的牡丹大加赞美：“绝艳生天末，芳华比洛中”，同时赞誉“枹罕(临夏古称)花似小洛阳，金城(兰州古称)得此岂寻常?”关于临夏附近的牡丹，清嘉庆刻本龚景瀚撰《循化志》记载当地不仅有牡丹、芍药栽培，而且“打儿架山上野花极繁，多不知名，惟牡丹芍药可指数”。循化为今青海省循化县，与临夏相邻；“打儿架山”即今临夏附近大立架山。除此之外，清末编纂的《甘肃通志》记载，牡丹在甘肃“各州府都有，惟兰州较盛，五色俱备”。谭嗣同曾记述甘肃布政使司后花园——憩园中的牡丹：“甘肃故产牡丹，而以署中所植为冠，凡百数十本，本着花以百计，高或过屋。”

清至民国初期，宁夏的银川、中卫、固原等地都有牡丹种植，中卫新墩花园清代留下的牡丹至今仍花繁满枝。据调查，这一带品种亦属紫斑牡丹系列。

明清时期，甘肃牡丹发展有以下特点：一是栽培应用广泛。特别是甘肃中部黄土高原较为集中，其中临夏、临洮曾有“小洛阳”的美称。二是品种类型丰富，明显有别于中原及其他各地牡丹。明清花谱中常见的牡丹名品如‘姚黄’‘玛瑙盘’‘玉兔天仙’‘佛头青’‘绿蝴蝶’等，临夏、临洮、陇西等地亦见，不过它和以往花谱所记不同，已属当地群众新选育的紫斑牡丹品种了。三是牡丹文化繁荣，花开时节常有群众自发形成赏牡丹盛会。当地回族及其他少数民族中广为流行的民歌——“花儿”，就是牡丹文化的重要载体。四是甘南藏传佛教寺院亦多有牡丹栽培。牡丹在汉族和回、藏等少数民族地区的广泛传播，成为各族人民共同爱好的中华民族之花，其意义非同一般，是牡丹被推选为国花的极其重要的群众基础。

(四)西南牡丹范围扩大

西南一带牡丹产地首推四川彭州。明末清初，彭州牡丹多分散于青城寺观、嘉州寺观（即乐山峨眉山各寺院道观）、灌县、温江、崇庆、新都、绵竹及成都周围。其他还有一些药用兼观赏牡丹产区，如重庆市垫江县太平镇一带，已有250余年栽培历史。此外，贵州、云南及西藏也有牡丹栽培。云南牡丹主要分布于大理、丽江一带。清阮元《牡丹一枝开极大》诗有“惟怜南诏诗家少，莫道天涯无丽人”句。古之南诏包括云南西北部、四川西南部及西藏东南部一带。这一带既有分布广泛的野生牡丹，也有不少从中原流传过来的栽培牡丹。如云南武定县狮子山正续禅寺内有两株相传植于明代的栽培牡丹。

贵州牡丹分散各地，其西南角盘州市曾发现有不少古牡丹。贵州黔西北威宁海拔2 000～2 600 m山地有野生黄牡丹分布。威宁、赫章、纳雍及水城一带民家在房屋后种植牡丹，作治疗头晕病的偏方。

西藏拉萨等地藏传佛教寺院多有紫斑牡丹栽培。

二、清代宫廷的牡丹栽培与宴赏活动

清代自政权稳固之后，宫廷内牡丹栽培与各种宴赏活动也日渐繁盛起来。

（一）宫廷御苑中的牡丹栽植

清代在皇宫内御花园、西郊畅春园以及后来的圆明园、颐和园，乃至承德避暑山庄都植有牡丹。清代山东菏泽为全国牡丹栽培中心，山东巡抚一直为清廷进贡牡丹，直到乾隆二十九年（1764）。据史料记载，对于宫中牡丹，康熙皇帝更是亲自督办，“御苑牡丹有九十余种，皆圣祖所定”。甲戌春（1694），康熙命臣属采购新种牡丹，要求“先绘图以献，次选其本移栽内廷”。此事由供奉内廷的画师江纬承办。江纬悉心办理，自己也为牡丹之美艳所倾倒。他说：“洵知水陆草木之花，无更有齐之美者。予亦不愿自私其独得，爰谱之，以公诸海内名公画家采择焉。”他将内园牡丹绘制成谱《写生牡丹二十八种》，在畅春园呈给皇帝。清姚元之《竹叶亭杂记》记载了这些特异品种：白者有‘鹤裘’‘鲛绡’‘白龙乘’‘霞举’；黄者有‘卿云黄’‘檀心晕’‘黄金买笑’‘罗浮香’；绿者有‘么凤’；粉红者有‘当炉面’‘十日观’；银红者有‘火枣红’；赭色者有‘国色无双’；绛红者有‘胜国香’‘楮云’；红藕合者有‘天台奇艳’；淡藕合者有‘剑气’‘蕊宫仙’；紫者有‘玛瑙盘’‘墨晕’‘紫贝’；大红者有‘胜扶桑’‘赪虬’‘素春红’。这些品种往往形态各异，如绿色的‘么凤’，“瓣多折纹，宛如罂粟”；藕合色的‘天台奇艳’，“花口尖瓣数片，心中瓣细长数寸，卷伸摇曳若风带然”。而 4 个纯色品种花瓣中微露别色，如‘白龙乘’是“瓣中微有淡红之意”；‘霞举’为“瓣中亦觉微红，而每瓣若拖长穗”；‘檀心晕’特点是“花白而攒心处微黄”；‘蕊宫仙’是“花瓣外白”。江纬牡丹画谱完成于《曹南牡丹谱》之后，反映了清宫品赏牡丹之盛。

清宫御花园多有奇珍异木，然而园中却以牡丹、盆兰生长最为繁盛。晚清的慈禧、光绪临政之暇亦去御花园散步，皇后、嫔妃亦去园中赏牡丹，并留有端康、婉容、文绣等在牡丹花丛中的照片。

冬时，御花园牡丹以草席、草绳围护之法避寒越冬。

（二）清宫赏牡丹活动

1. 宫廷赏牡丹的例行安排

清代从康熙朝起，乾清宫元夕赐宴赏牡丹，每岁三月赏瓶插牡丹为宫廷例行之事。据高士奇《金鳌退食笔记》中记述：“南花园，立春日进鲜萝卜，名曰咬春，又于暖室烘出芍药、牡丹诸花，每岁元夕赐宴之时，安放乾清宫，陈列筵前，以为胜于剪彩。”“（每岁）三月，进绣球花……插瓶牡丹，四月……插瓶芍药。”

2. 康熙与牡丹

1）康熙赏牡丹诗　在清代十多个帝王中，康熙是喜欢牡丹的一个。他在理政之余，也到畅春园，或去承德避暑山庄赏牡丹，并留下一些诗篇。其《绿牡丹》诗作于康熙二十九年（1690）三月：

畅春园众花盛开，最为可观，惟绿牡丹清雅迥常，世所罕有，赋七言绝以记之。

碧蕊青霞压众芳，檀心逐朵韫真香。

花残又是一年事，莫遣春光放日长。

另有《忆畅春园牡丹》诗：

晓雨疏疏薄洒，午风习习轻吹。

忽念畅春花事，正当万朵开时。

2）康熙祖孙三代一起赏牡丹的佳话　康熙二十九年（1690），按康熙旨意在明清华园基址上建造的带江南园林风格的御园建成，命名为“畅春园”。这是一处“避喧听政”，兼有理政与游玩双重功能的离宫式园林。畅春园建成后，康熙每年有近半时间在此居住并处理朝政，30余年从未间断。为听政方便，康熙将该园附近的园林先后赐给其儿子们居住。康熙四十八年（1709），将畅春园北“镂月开云”景区赐给四子爱新觉罗·胤禛（即后来的雍正皇帝）居住。胤禛继位后将这里扩建成圆明园，并在园中修建牡丹台，植牡丹数百本。胤禛经常请康熙驾临牡丹台赏牡丹，而康熙也很喜欢这里的牡丹。据《清圣祖实录》载，康熙至少11次游幸该园，其中康熙六十一年（1722）两次，这年3月，康熙曾来此赏花，时因干旱花开欠盛，后来下了一场雨，牡丹盛开，3月25日，康熙再次前来赏花。这次，胤禛带来了12岁的儿子，即弘历（即后来的乾隆），陪侍康熙观赏牡丹。这是弘历第一次见到祖父。弘历容貌清秀，聪慧机敏，活泼可爱，对康熙的询问对答得体，深受康熙的喜爱。康熙决定将弘历带回宫中养育。后来，康熙又将畅春园中的嵰宁居赐给弘历。从此，弘历就跟随在康熙身边。康熙对弘历的成长颇为关注。5个月后，康熙在畅春园的清溪书屋去世。

康熙、雍正、乾隆祖孙三人在牡丹台共赏牡丹，是清代历史上一段佳话，并被看作是“太平盛世”的象征。这一事件对后来胤禛、弘历相继承继大统不无影响。乾隆继位后对此事念念不忘。在画册《圆明园四十景图咏》中，有乾隆亲自题的诗（图1–5），兹录如下：

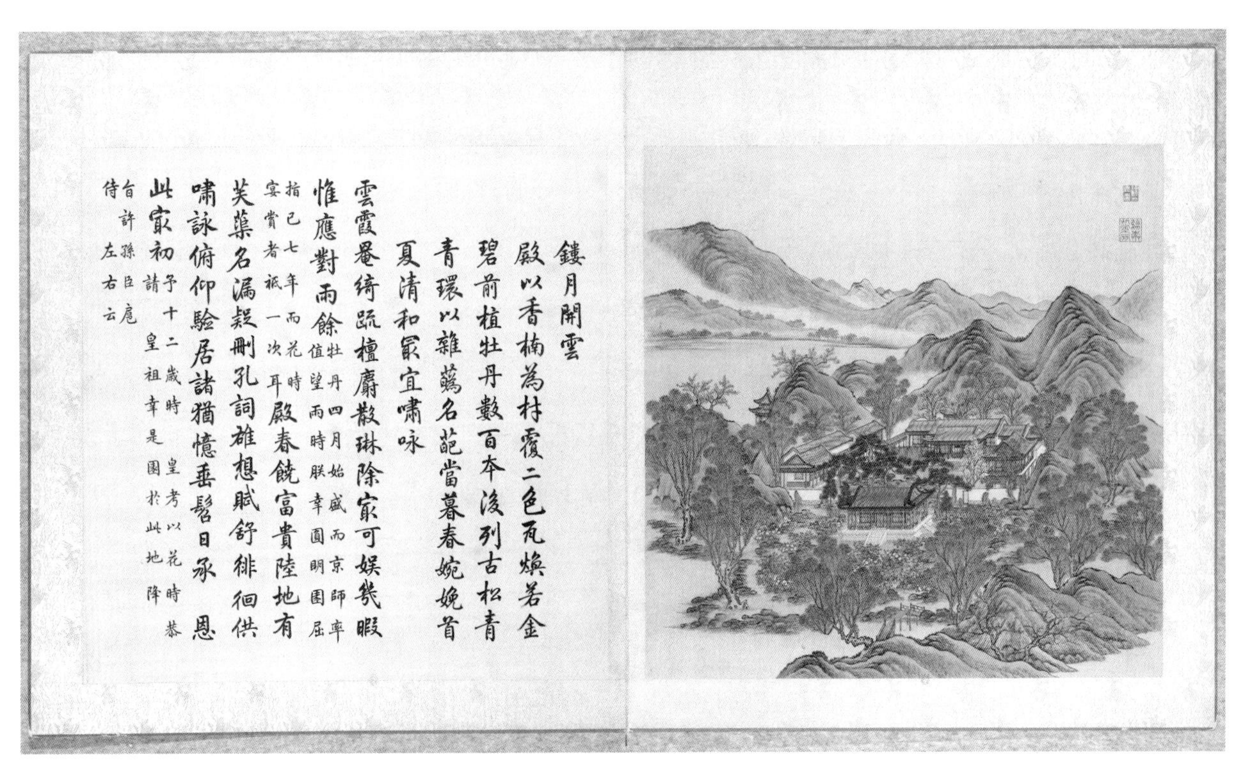

● 图1–5　**《圆明园四十景图咏》之清乾隆《镂月开云》**

镂月开云

殿以香楠为柱，覆二色瓦，焕若金碧。前植牡丹数百本，后列古松青青，环以杂花名葩。当暮春婉娩，首夏清和，最宜啸咏。

云霞罨绮疏，檀麝散琳除。

最可误几暇，惟应对雨余。（牡丹四月始盛，而京师率值望雨时，朕幸圆明园屈指已七年，而花时宴赏者，只一次耳）

殿春饶富贵，陆地有芙渠。

名漏疑删孔，词雄想赋舒。

徘徊供啸咏，俯仰验居诸。

犹忆垂髫日，承恩此最初。（予十二岁时，皇考以花时恭请皇祖幸是园，于此地降旨许孙臣扈侍左右云）

乾隆在诗中回顾了当年祖孙三代在此赏花，并得到皇祖恩宠，许他“扈侍左右”的往事。乾隆九年（1744），牡丹台改名“纪恩堂”；乾隆三十一年（1766），又亲题“纪恩堂”匾额，诗中“琳除”指玉石的庭阶；“删孔”指孔子将古诗三千余篇删剩三百余篇。这里是说，《诗经》中多有草木名称的记载，而牡丹名称未见，是否被孔子删去了呢？“赋舒”指唐代舒元舆曾作《牡丹赋》。

3. 慈禧与国花台牡丹

慈禧是晚清同治、光绪两朝最高决策者和统治者。她以垂帘听政和训政的名义统治中国达 47 年。这位专权的统治者是位酷爱牡丹的人，并常以牡丹自喻。她在经常居住听政的颐和园仁寿殿前修牡丹台，专植各色牡丹以供观赏。据传，她还喜欢牡丹浴以养颜美容。据考证，慈禧在颐和园内广植牡丹，曾敕封牡丹为国花，并在佛香阁旁建国花台，令颐和园苑副白玉麟将“国花台”三字刻于国花台墙面上。

1904 年，慈禧又亲自为国花牡丹作了一幅水墨丹青画，从画作看其绘画功力不凡，慈禧在画上亲题“玉阶香艳冠琼林”，并钤上了“慈禧皇太后之宝”大印。此时慈禧的心态，一是出于她对牡丹的喜爱；二是想以这“盛世之花”“富贵之花”为大清祈福，挽救大清，寄寓再造大清盛世的期冀。

三、清代牡丹谱录

（一）概述

1. 清代牡丹谱录的数量与特点

随着牡丹的发展，清代牡丹谱录有所增多，其中目前尚有存世及对牡丹发展有重要影响的有以下 12 部：

（1）苏毓眉：《曹南牡丹谱》（1669），品种谱，存。

（2）钮琇：《亳州牡丹述》（1683），品种谱，存。

（3）陈淏子：《花镜·牡丹》（1688），综合谱，存。

（4）汪灏等：《广群芳谱·牡丹谱》（1708），综合谱，存。

（5）余鹏年：《曹州牡丹谱》（1792），综合谱，存。

（6）计楠：《牡丹谱》（1809），综合谱，存。

（7）王锺、胡人凤：《法华乡志》（卷三土产·牡丹）（清末），综合谱，存。

（8）赵孟俭：《桑篱园牡丹谱》（1828），品种谱，佚。

（9）晁国干：《绮园牡丹谱》（1839），品种谱，存序言。

（10）赵世学：《新增桑篱园牡丹谱》（1909），品种谱，存。

（11）吴其濬：《植物名实图考·牡丹》（1848），文献汇编，存。

（12）陈梦雷、蒋廷锡等：《古今图书集成·草木典·牡丹部》，文献汇编，存。

清代牡丹谱录有以下特点：①牡丹谱以曹州为主，兼及其他地区，如亳州及江南等地；谱录以品种谱为主。②大型综合性类书增多，如《花镜》《广群芳谱》《植物名实图考》等，均收录有牡丹或牡丹谱。其中《花镜》一书中的“牡丹”综合性较强，也有一些创见；而《古今图书集成》中《博物汇编·草木典·牡丹部》则是清代收集牡丹文献资料最多的类书。③到清代为止，通过各类牡丹谱的总结，已基本形成了南北不同的两套栽培技术体系。

2. 清代牡丹品种数量的统计

以上述谱录中余鹏年《曹州牡丹谱》、赵世学《新增桑篱园牡丹谱》以及计楠《牡丹谱》为基础，兼及其他谱录所记，进行统计分析。各谱所记共430种，其中黄色32个，白色69个，粉红色85个，桃红色49个，大红色86个，紫色63个，黑色13个，绿色16个，藕蓝色16个，其他1个。据李嘉珏《临夏牡丹》（1989）所记，甘肃临洮、临夏、陇西及兰州一带由清代流传下来的传统品种至少在50个以上；另外，西南一带传统品种在10个以上，则清代全国牡丹品种在500个左右（李嘉珏，见2002版《中国牡丹全书》）。不过这个统计数据并未包括钮琇《亳州牡丹述》中所记的品种。

（二）余鹏年与《曹州牡丹谱》

余鹏年，字伯扶，安徽安庆府怀宁县人，乾隆时举人，博学工诗。乾隆五十六年（1791）暮春至曹州重华书院任教。翌年二月末，山东学政翁方纲来曹州视察教育工作，交代他作一份牡丹谱。翁氏离开曹州后又寄诗催促。余鹏年当即组织学生和有经验的花户，到各著名牡丹园圃调查，并与前人谱录比对，于四月上旬完成书稿。这是清代前中期较为重要的一本曹州牡丹谱。余氏治学严谨，留下了一本颇有价值的研究曹州牡丹的重要文献。

《曹州牡丹谱》正文按花色分类共记载了56个品种。花色分类在前人谱记中已多有应用，余鹏年的记载则突出了封建正统意识，将牡丹分为“正色”“间色”两大类。其“正色”指的是五行，即5个方位的颜色，方位顺序为中、东、南、西、北，各自的配色依次为黄、青、红、白、黑，而以黄居于正中。因为封建正统观念中，向来以“黄”作为帝王的颜色。“间色”则指的是五行颜色之外的，有粉、紫、绿3色。56个品种中，正色34种，间色22种。大部分产于当地，也有不少来自亳州。余鹏年说：“曹州花多移自亳。”联系明薛凤翔《亳州牡丹史》的论述，可以看出明清之际曹州、亳州间牡丹品种多有交流。

余谱后面7则笔记作为附录，内容包括嫁接、分株、移植、杀虫、浇灌、养护、温室催花等方面，虽为前人记述，但余氏多在实践中进行了验证，体现了他科学求实的精神。但余鹏年质疑花开后即剪去残花不使结籽的做法，实际上是他实践经验不足的表现。如果需要种子就把残花留下，不需要留种就去掉残花，使养分集中促进花芽分化等。

著名品种‘魏紫’见于谱录中正式记载是在清代。在宋、明谱录中都没有‘魏紫’这个品种，宋代谱录用的是‘魏家花’‘魏花’，但在宋代诗词中，也包括欧阳修在内，却有不少诗词同时写到‘姚黄’‘魏紫’。有学者认为这与诗词句式平仄用韵不无关系，也有一定道理。

（三）计楠与《牡丹谱》

计楠（1760—1834），字寿乔，秀水（今浙江嘉兴市）人，曾任严州（今浙江建德市）教谕。计楠善艺花，耽著述，亦喜绘画、园艺，通医学。他在秀水闻溪的雁湖畔安家，将家园题名为“一隅草堂”，经营园圃，种植花木，自称“雁湖花主”。继嘉庆八年（1803）著《菊说》后，又于嘉庆十四年（1809）撰《牡丹谱》。

计楠自称嗜好牡丹20余年，搜集南北各地牡丹。《牡丹谱》记载了来自安徽亳州、山东曹州，以及附近洞庭山（江苏太湖东南）、法华、平望（今苏州市吴江区平望镇）、嘉定等地品种共103种。其中曹州19种，亳州24种，法华47种，洞庭山8种，平望程氏（其友程鲁山）5种。如按地域分，则北方品种43个，占41.7%；南方品种，包括计楠自己培育的‘粉球’‘银红蝴蝶’等60个，占58.3%。然后介绍了种法、浇灌、接法、花忌以及盆玩，对牡丹品种的花式、花品也进行了分类与评价。

计楠《牡丹谱》是对江南一带观赏牡丹品种与栽培经验、观赏特点的总结，地域特色突出。其栽培技术有如下要点：①根据牡丹习性，择地建园（“花性有喜阴、喜阳，须分别种之”）。如“牡丹性喜阴燥，而畏湿热”。故园地排水要好，适当庇荫，即“上半日晒，下半日阴”。②适时栽植，精细栽植。如“分种宜于秋分后半月内”，株行距合适，“使叶相接而不相擦”。种植地或石坡或砖坡，高不过二三尺，以泄水为要。挖时保护根系，剪去腐根，注意消毒。根须理直，平置坡上，壅土成小堆，拍实，三四日后浇水。③注意肥水管理。④适时嫁接，以芍药根为砧，嫁接苗用大砂缸储藏，次春栽植。⑤种植盆栽，开时移至台上，以避风雨。

计楠提出牡丹分六式，实为六种花型。他在薛凤翔《亳州牡丹史》有关论述的基础上，提出品评牡丹花品高下的“三品”说：“一曰玉版，质厚耐久，有花光；一曰硬瓣，坚薄，瓣挺；一曰软叶，花瓣绉软，不耐风日。玉版最贵，多武放不易开；硬瓣多文放；软叶最次，即有好款式，好颜色，一遇烈日、风雨则易萎。此品之高下不同，世人不辨瓣之迥异，徒以起楼、平头分贵贱，失之远矣。”因计楠《牡丹谱》以瓣之硬软、开之难易、花时长短品高下，故其文中多用瓣硬、瓣软、瓣厚、瓣挺、瓣簇，大瓣、小瓣、细瓣、阔瓣、长瓣，难开、耐开、易开、文放、武放，耐久、不耐风日等术语进行描述，亦与他谱有所不同。

（四）其他牡丹谱录

1. 牡丹专谱

1）苏毓眉《曹南牡丹谱》　该谱是曹州最早的牡丹谱。曹南即曹州，因曹州古为曹国，境内有曹南山，因而称曹州为曹南。

苏毓眉，字遵由，号竹浦，山东沾化县（今滨州市沾化区）人。顺治十一年（1654）举人，康熙七年（1668）任曹州儒学学正。善画山水，能诗歌。著有《可园集》《啸竹居诗草》等。该谱撰于康熙八年（1669），仅有抄本流传。清人姚元之《竹叶亭杂记》卷八有录文。所记《牡丹花目》记有‘建红’‘夺翠’等绛红色 12 种，‘宋红’‘井边红’等倩红色 5 种，‘第一娇’‘万花首’等粉红色 5 种，‘焦白’‘建白’等素白色 12 种，‘铜雀春’‘独占先春’等银红色 2 种，‘墨紫茄色’‘烟笼紫玉盘’等墨紫色 4 种，‘栗玉香’‘金轮’等黄色 4 种，‘豆绿’‘新绿’‘红线界玉’等绿色 3 种，‘瑶池春’‘藕丝金缠’等间色 5 种，‘胭脂点玉’‘国色无双’等各色牡丹 26 种，共计 78 种。该谱记载过于简略，正如姚远之所说，“惜但有其名而无其状”。

2）钮琇《亳州牡丹述》　钮琇（1644—1704），字玉成，号玉樵，江苏吴县人。康熙十一年（1672）贡生，先后在河南项城、陕西白水、广东高明任知县，为官清廉，颇有政声。著有笔记小说《觚剩》《觚剩续编》等。

钮琇在项城任职时，对相去不远的亳州牡丹甚为向往，但因故未能成行。于是，他求助常去亳州赏花的友人刘石友、王鹤州为他口述亳州牡丹之“艳”，并“因其所言”在康熙二十二年（1683）编撰成谱，题为《牡丹述》，收入他自编的《觚剩》卷 5。他本人去世后，同乡杨覆吉于乾隆十八年（1753）将该文编入《昭代丛书》，题作《亳州牡丹述》，遂有刊本传世。

钮琇居官陈州项城（今属河南），与以牡丹甲天下的亳州接壤。清初，中原牡丹栽培中心开始由亳州转移到曹州，但此时亳州牡丹盛况犹存。钮琇在《亳州牡丹述》中，生动而精彩地描绘了当时亳州经济社会繁荣、牡丹花开时“锦幄如云，银灯不夜”的风俗画卷。

钮琇将所记品种分为九类，分别以氏名、色名、人名、地名、物名、数名、境名、事名、品名命花，每类又分上品、次品，共计上品112种，次品28种，合计140种。其中重点释名者，有‘支家大红’‘花红平头’‘太真晚妆’‘一匹马’‘第一红’等17种。与明代薛凤翔《亳州牡丹史》相比虽少134种，但钮氏所记140种中有116个品种为《亳州牡丹史》所无。《亳州牡丹史》所记品种仅占钮氏新品种的四分之一，从中可以看出明清之际亳州牡丹的发展和演变。

3）王锺、胡人凤《法华乡志·牡丹》 法华乡原属上海县，因法华镇得名，今在上海市长宁区境内。该志初由法华乡人王锺编纂，嘉庆十八年（1813）完稿，名《法华镇志》，但未能刊行。王锺为嘉庆时期名士，号一亭。50年后，该志由胡人凤续纂，改名《法华乡志》，于民国11年（1922）刊行。根据该志卷三土产篇所记，法华牡丹“其初传自洛阳，而接法则取单瓣芍药根，于八九月贴嫩芽。与洛阳不同，宜植沙（土）上，移他处则不荣。即邑中艺圃亦必取法华土植之，始得花而茂丽终不及，故法华有‘小洛阳’之号”。而乾（隆）嘉（庆）时期法华又以李钟潢的漎溪园牡丹最盛。李氏园“花开满畦，五色间出，每本一花，大如盘盂，可值万钱。游赏者远近毕至，园主人必张筵宴，邀请当道缙绅辈为雅集焉”。这种“每本一花，大如盘盂”的养植方法为历来牡丹谱所仅见。

《法华乡志》记载了该地品目最著者，如‘雪塔’‘太平楼’‘西岐’‘万山积雪’等32个品种。该地品评花品高下的标准是：“凡花瓣以坚厚挺举、经日不垂，虽开放已圆而不焦不卷，落则尽落、无先堕者为上品；其开半先落，或花瓣柔弱易靡者为下。”《法华乡志》释‘绿蝴蝶’花品时说：“有绿放、文放、武放之别。绿放者，初放绿如碧羽，渐放渐退，诸白花以此为准；文放者，逐层细开，以渐舒展；武放者，花力极壮，不待萼舒，花瓣裂而出也。”这些记述也为历来牡丹谱所仅见。

该谱还收录了当时流行的诗作。

4）赵孟俭《桑篱园牡丹谱》与赵世学《新增桑篱园牡丹谱》 桑篱园是清朝曹州园艺家赵孟俭的花园，因其种桑结篱，故以“桑篱”名园，故址在今山东菏泽市牡丹区赵楼村北。

赵孟俭性爱花木，尤嗜牡丹，其园“牡丹株殆以数千，种殆以数百”。孟俭将园中牡丹按《群芳谱》所记已有品种收为一册，新出品种另收一册，共得150余种。仿照《群芳谱》注法，一一为注，命名《桑篱园牡丹谱》，并请曹州前辈学人何迴生（字又人）为谱作序，但未能刊刻面世，仅以手抄本留存。孟俭同村晚辈、铁梨寨花园主人赵世学（字师古），亦酷爱牡丹，毕生从事牡丹栽培。他把自家花园中为“桑篱园”所没有的50多个品种牡丹，按各色各名增补附于《桑篱园牡丹谱》之后，新、旧合为一谱，取名《新增桑篱园牡丹谱》。计得黑色10种、黄色18种、绿色13种、白色35种、紫色27种、红色50种、桃红色43种、杂色6种，共8个色系202种。但因旧谱失传，新旧品种已无法辨别。该谱成书于宣统元年（1909），是记录曹州牡丹品种最多的一部谱录。

2. 综合谱录中的牡丹谱

1）陈淏子《花镜》　陈淏子《花镜》成书于康熙二十七年（1688），今有学者认为该书的问世，标志着中国观赏植物学的诞生。

全书6卷11万余字。卷一为花历新植，实为种花月令，分为分栽、移植、扦插等十目，记有花木、鸟虫之物候期，基本符合江浙气候实际。卷二为课花十八法，实为栽培总论。陈淏子博览群书，总结群众经验，并融入本人多年实践经验，将花木栽培技术分类归结为十八法，即辨花性情法、种植位置法、接换神奇法、分栽有时法、扦插易生法、移花转垛法、过贴巧合法、下种及期法、收贮种子法、浇灌得宜法、培壅可否法、治诸虫蠹法、枯树活树法、变花摧花法、种盆取景法、养花插瓶法、整顿删科法、花香耐久法，颇具创见，是全书精华所在。卷三至卷五为栽培各论，分述了352种花卉、果木、蔬菜、药草的生长习性、产地、形态特征、花期及栽培大略等。卷六附常见禽兽鳞介、昆虫调养之法。牡丹放在卷三中，先概述其历史、习性，再分述131个品种（黄11、大红18、桃红27、粉红24、紫26、白22、青色3）。另在卷一、卷二中对牡丹也有所论及。

2）汪灏等《广群芳谱》　汪灏受康熙之命，以王象晋《群芳谱》为基础，删除其中与植物无关的《鹤鱼谱》，所缺内容另据宫中图书搜集资料增补，于康熙四十七年（1708）改编而成《广群芳谱》。全书100卷，分天时、谷、桑麻、蔬、茶、花、果、木、竹卉、药十一谱，其中典故、艺文占较大篇幅。该书“每一物详释名状，列于其首；次征据事实，统标曰汇考；传记、序辨、题跋、杂著、骚赋、诗词，统标曰集藻；其制用移植等目，统标曰别录。庶分条简要，编次画一”。凡原书旧有条文，开头皆注“原”字；新增内容，开头处标有“增”字。

《广群芳谱》是《群芳谱》和后人所“增”所“广”内容的合刊本。

《广群芳谱》在原《群芳谱》的基础上增记了190个牡丹品种，各类有关牡丹的记述数十篇，咏牡丹诗词170篇，从原来的1卷增加到了3卷，可谓洋洋大观。因系皇帝钦点，故全名称为《御制佩文斋广群芳谱》，是国家级的读物。

清人编纂《四库全书》时，认为《群芳谱》问题较多，因而只以“存目”方式加以著录。《四库全书总目提要》卷116子部26“谱录类存目”《群芳谱》条，认为该书“略于种植而详于疗治之法与典故艺文，割裂饾饤，颇无足取”，卷115子部25“谱录类”又说其“考证颇疏”，“讹漏不可殚数”。但《广群芳谱》成书之后，虽然内容增加不少，但其艺文典故诗词中，各种错误仍多，所说《群芳谱》原作的缺点并无多大改善（郭绍林，2019）。而对《群芳谱》，我们另有客观评价（参看上节）。

3）吴其濬《植物名实图考》及《植物名实图考长编》 吴其濬（1789—1847），字瀹斋，别号雩娄农，河南固始人。嘉庆进士，曾任翰林院修撰，两湖、云贵、福建、山西等省巡抚或都督，“宦迹半天下”。他精于草木之学，其《植物名实图考》及《植物名实图考长编》刻印于道光二十八年（1848），是19世纪我国重要的植物学著作，闻名于世。吴其濬参考文献达800余种，但他不囿于前人之说，主要以亲身实物观察为依据，然后拿文字记载来印证，纠误创新，治学态度严谨认真。其《植物名实图考》三十八卷，共收植物1 714种，共分谷类、蔬类、山草、隰草、石草、水草、蔓草、芳草、毒草、群芳、果类、木类等12类，对所收植物的形色、性味、用途、产地，叙述颇详，附图刻绘精审。“牡丹”在“芳草类”中，记载如下：“牡丹，《本经》中品，入药亦用单瓣者。其芽肥嫩，故有‘芍药打头，牡丹修脚’之谚。雩娄农曰：永叔创《牡丹谱》，好事者屡踵之，可谓富矣。然蕃变无常，非谱所能尽，亦非谱所能留也。但西京置驿，奇卉露生，今则洛花如月，而异萼绝稀，岂人工之勤，地利之厚，不如故也？抑造物者观人之精神所注与否，而为之盛衰耶？汉之经学，六朝骈丽，三唐诗词碑碣，亦犹是矣，况乎有关于家国之废兴，世道之升降，而造物独不视人所欲与之聚之，吾何敢信？”其《植物名实图考长编》二十二卷，除了无“群芳类”外，分类与《植物名实图考》全同。主要辑集经、史、子、集四部中有关植物的文献而成。牡丹在卷十一中，辑有欧阳修《洛阳牡丹记》、周师厚《洛阳花木记》、陆游《天彭牡丹谱》、胡元质《牡丹谱》、薛凤翔《牡丹八书》及《亳州牡丹史》等文字，是原始文献资料汇编，便于读者查阅。

4）陈梦雷、蒋廷锡与《古今图书集成》 该书为清代一部特大型类书。原名《古今图书汇编》，清康熙时由陈梦雷等辑录，雍正时令蒋廷锡等重新编校，改用此名，全称《钦定古今图书集成》。全书共 1 万卷。其中《博物汇编·草木典·牡丹部》共 6 卷：卷 287、卷 288 为牡丹部《汇考》，收录历代牡丹谱录及相关著作十余部；卷 289、卷 290、卷 291 为牡丹部《艺文》一、二、三、四，依次收录了历代牡丹文赋及牡丹诗词；卷 292 为牡丹部《纪事》《杂录》《外编》。

四、清代牡丹文化的普及与繁荣

（一）概述

清康熙年间及以后，随着牡丹在全国范围的普及，牡丹文化也逐渐繁荣起来。虽然清廷崇尚牡丹，但没有热烈的赏花场面。作为全国栽培中心的曹州（菏泽），花期游赏活动也比较平淡，用余鹏年的话说是“弄花一年，而看花乃无五日”。然而，清代牡丹文化仍以强劲的势头发展着，不仅有牡丹文学的繁荣，更有各族民众中牡丹民俗文化的广泛应用。牡丹文化意识在社会各阶层中的渗透，可以说是“润物细无声”，有当年杜甫描述春雨润物那样的韵味。

清代以牡丹诗词为代表的牡丹文学，有以下几个显著的特点：

其一，牡丹的文化象征意义更加丰富，但更突出富贵吉祥这个主题。牡丹花雍容华贵，雅俗共赏，迎合社会不同阶层的审美价值取向和需求。就统治阶层而言，清廷崇尚牡丹，牡丹在宫廷日常礼仪和重要活动中都不乏身影。而在民俗文化中，牡丹富贵吉祥的寓意更为广大平民百姓接受和欢迎，并在绘画艺术和工艺美术品创作中有深刻反映。自宋以来开创的诗书画一体的中国画，都以牡丹为主要题材，辅以其他花卉及鸟禽山石，以此表现不同的象征意义。这类画作在清代明显增多，且题画诗丰富多彩。在李嘉珏、蓝保卿等撰写的《天上人间富贵花——中国历代牡丹诗词选注》（中州古籍出版社，2009）一书中，选录了清代百余首诗词，“国色”“富贵”几个关键词出现的频率超过了以往任何朝代的诗词。“天与人间真富贵”“天香国色世无伦”，这两句诗无疑是上述认识最好的概括。

其二，对牡丹的综合评价更加深刻。牡丹花不仅美丽妖娆，更具有爱憎分明、不畏权贵、不屈不挠的品格和气节。“洛阳一贬名尤重，不媚金轮独牡丹”。清人李汝珍创作的小说《镜花缘》将武则天怒贬牡丹于洛阳的故事编入其中，将牡丹不畏权贵这一重要品格的影响进一步扩大。明清以来，牡丹花再度走出国门，不仅流传日本，还辗转欧美，在国际上产生了影响。爱国诗人丘逢甲为此感到欣慰和鼓舞，他充满豪情地写道：“从此全球作香国，五洲花拜一王尊。”牡丹国色天香，为百花之王，唐宋早已作了定评。近代学者王国维又进一步强调：“阅尽大千春世界，牡丹终古是花王。”

除牡丹诗词反映的牡丹文化外，清代还有以下几方面值得一提：一是以牡丹为重要题材的民歌——“花儿”在西北汉族、回族及其他少数民族中广为流传。它与丰富多彩的西北牡丹、星罗棋布的农家牡丹园交相辉映，形成一道独特的风俗画卷；二是牡丹谱录增多，牡丹科技文化进一步繁荣；三是牡丹曾被定为国花。随着牡丹影响的不断扩大和清廷的重视，清末牡丹被定为国花，并将“国花台”三字刻之于石，立于颐和园内之牡丹台上，并设有专司国花管理的官员。这是中国牡丹发展史上又一个重要的标志。

（二）牡丹文学的兴起

1. 牡丹诗词

随着清代牡丹的广泛发展和普及，牡丹诗词创作也出现了新的气象。与元、明两代相比，清代牡丹诗词明显增多，成为清代牡丹文化繁荣的重要标志。从总的发展格局来看，清代是中国诗歌发展史上又一个较为繁荣的时代。清末徐世昌所辑《晚清簃诗汇》中，著录的诗歌作者就达 6 100 余位，而实际远不止此数。此外，现存清人诗歌别集在 4 000 种以上，也是个大数字。用诗作如海、诗人繁多、诗派林立来形容清诗的气势并不为过。更有人提出清诗“超明越元，抗衡唐宋”之说。当然，“超明越元”的提法并无不可，而“抗衡唐宋”这一断语则尚需斟酌。清诗反思元明之失，兼学唐宋，在一定程度上反映了当时的社会生活，成就超越元明，成为继唐宋之后古典诗歌史上又一个较为辉煌的时期。但由于清朝政治、文化上的钳制，清诗发展受到很大限制。即便是清代全盛时期，清诗也未能形成像唐代那样气势磅礴的时代主流，这是清诗发展过程中一个重大局限。

至于词作，历来也有兴于唐，盛于宋，衰落于元明，而“中兴”于清代之说。清词既善于吸采前代之精华，又富有自己时代的气息，许多方面在继承的基础上都有所发展。清“二百八十年中，高才辈出，异曲同工，并轨扬芬，标新领异”（叶恭绰序《清名家词》，1936）。牡丹诗词是清代诗词的一个侧面，据初步统计，数量当在千首上下（扈耕田，个人交流，2007）。这些牡丹诗词既反映了清代牡丹发展的实际情况，又表现出一定的思想深度与艺术成就。虽然总体上难与唐宋比肩，但也有了许多新的变化，尤其在主题思想上有了不少新的拓展。

1）为牡丹画题诗　诗书画一体，是中国文化中的一绝。有为他人画作题诗的，也有画家自画自题的。清代题画诗较之明代增多，也是一个特色。

陈维崧《菩萨蛮 · 为竹逸题徐渭文画紫牡丹》：

年时斗酒红栏下，一丛姹紫真如画。今日画花王，依稀洛下妆。徐熙真逸品，浅晕葡萄锦。挂在赏花天，狂蜂两处喧。

恽寿平《牡丹图》

五花骢马七香车，去看春风第一花。

十里红尘三月暮，朱栏翠幕是谁家。

华喦《红牡丹图》：

虚堂野老不识字，半尺诗书枕头睡。

闲向家人索酒尝，醉笔写花花亦醉。

华喦《紫牡丹图》：

似醒还带醉，欲笑却还颦。

一种倾城色，十分谷雨春。

袁枚《并头牡丹诗（三首选一）》：

两枝春作一枝红，春似生心斗化工。

远望恰疑花变相，鸳鸯闲倚彩云中。

袁枚题蒋春雨《红紫牡丹》：

杨梅一口吐红霞，便是春风富贵花。

从此人间重真色，丹青不到画师家。

2）**描写牡丹的娇艳、高贵，赏花时的欢愉**　这类主题从唐宋起就很常见。但清人赏牡丹诗词中又多了些写品种的诗。

朱鹤龄《牡丹花下作》：

花色总输伊，横陈当丽姬。

妖娆西子笑，丰腻太真肌。

宝髻光摇座，栴檀气压枝。

晚来丝雨润，婀娜倍生姿。

归庄《牡丹三咏》：

魏紫

天上神仙坐紫霄，庄严佩服自含娇。

情多谪向宫中住，还是金轮万岁朝。

一捧雪

不意游丝落絮时，忽然擎出岁寒枝。

拟将梁园诗人赋，换却开元供佛诗。

大桃红

名花有意殿三春，诸种开残色更新。

云雨巫山休漫拟，还疑身在武陵津。

归庄《寓海滨朱氏卧室之前后左右皆牡丹花，题绝句》：

妖红艳紫一何稠，春尽余芳为我留。

国色满前从醉倒，梦醒人似在迷楼。

归庄《同诣陆鸿逸郊园看牡丹》：

相携出郭为看花，今日春深处士家。

乍觉天香入座远，居然国色出栏斜。

种分姚魏凝霞彩，调入清平挹露华。

最是赏心兼乐事，不辞烂醉送生涯。

孙枝蔚《与客赏牡丹花叠前韵二首》：

一

开当春已尽，赏到日西斜。国色原无价，吾生况有涯。

玉环初醉酒，金谷未倾家。无怪洛中语，余花不是花。

二

雨幕红衫润，风檐紫烛斜。晴天宁易得，蝶兴也无涯。

满月如来面，奇香宰相家。酥煎候凋谢，况对正开花。

陈维崧《菩萨蛮·过云臣看牡丹归有作》：

满城争放花千朵，狂夫哪肯家中坐。才得过西邻，东家唤又频。　径须冲酒去，那怯廉纤雨。日日为花颠，何曾让少年。

3）*描写冬日赏牡丹带来的新气象*　清代牡丹催花技术已较成熟。在北京，每年十月中，暖房催好的牡丹花就开始送入宫中摆放。查嗣栗《燕京杂咏》中，有一篇就写的这个情况："出窖花枝作态寒，密房烘火暖春看。年年天上春先到，十月中旬进牡丹。"下面袁枚两首诗写春节（农历正月初一）欣赏催花牡丹的情景，别有一番情趣。

袁枚《元日牡丹诗》（七首选二）：

一

魏紫姚黄元日开，真花人当假花猜。

那知羯鼓催春早，富贵偏从意中来。

二

约束红香冷更艳，飘扬霞佩贺新年。

果然不愧花王号，独占春风第一天。

4）*描写、赞颂西北、西南一带牡丹花的壮丽景观*　西北牡丹从明代开始兴起，清代更为繁荣。

陇上诗人吴镇多有诗篇赞赏甘肃临洮、临夏一带的牡丹。

牡丹

牡丹真富贵，狄道颇称雄。

红艳生天外，芳华比洛中。

观骆氏园牡丹

枹罕花似小洛阳，金城得此岂寻常？

但能醇酒千壶醉，安用雕栏八宝装。

大帅雄风传北胜，美人国色在西方。

竹间水际今犹昔，岂独声华重李唐。

诗中“大帅雄风传北胜，美人国色在西方”句，写出了西北牡丹的绰约风姿和独领风骚的气概。以上诗篇中，狄道为临洮古称，枹罕为临夏古称。

西南一带，牡丹花也在广泛传播中。且读贺维藩《辛亥暮春游丹景山（二首）》：

一

洛阳三月花如锦，洛阳以外无佳品。

丹台花却似洛阳，闲步花间堪小饮。

二

暮春三月好风光，不愧当年小洛阳。

有意看花花正发，半生夙愿此回偿。

阮元《牡丹一枝开极大》：

花大如盘样样新，一枝何止十分春。

高扶浩态恐成醉，勃发艳红疑是瞋。

玉镜晕开香气力，紫泥催足暖精神。

惟怜南诏诗家少，莫道天涯无丽人。

5）赞扬牡丹走出国门，在世界各地产生影响的豪迈情怀　明清时期，中国牡丹多次走出国门。继日本之后，辗转传至欧美，在西方国家中产生了影响。清廷曾多次派官员到国外考察，在欧洲等地看到不少中国观赏植物（包括牡丹）在西方园林中受到重视，并在日记中留下观感。爱国诗人丘逢甲看到后，感到非常欣慰和自豪，希望牡丹能香遍全球，成为世人共同尊奉的花王。

丘逢甲《牡丹诗二十首》（选三首）：

一

倚竹何人问永嘉？满城锦幄护香霞。

自从谢客标名后，已占春风第一花。

二

何事天香欲吐难？百花方奉武皇欢。

洛阳一贬名尤重，不媚金轮独牡丹。

三

东来花种满西园，谁与乘槎客细论。

从此全球作香国，五洲花拜一王尊。

6）对牡丹作综合性评价　唐宋牡丹文化传至清代，牡丹的“富贵吉祥”象征意蕴、“百花之王”称号以及泱泱中华大国象征等，在中国人心目中已经扎下了根。近代著名学者、国学大师王国维所著《题御笔牡丹》九首，是对牡丹形象的一个概括。“天香国色世无伦”“天与人间真富贵”“阅尽大千春世界，牡丹终古是花王”等，历来脍炙人口。

王国维《题御笔牡丹》九首：

一

大钧造物无时节，画出姚黄历岁寒。
不数城南崇效寺，一年一度倚阑看。

二

摩罗西域竞时妆，东海樱花侈国香。
阅尽大千春世界，牡丹终古是花王。

三

欲步元舆赋牡丹，品题国色本来难。
众仙舞罢霓裳曲，倦倚东风白玉阑。

四

唐人竞买洛城闉，篱护泥封得几旬？
一自天工施点染，画堂常作四时春。

五

扶疏碧荫护琼姿，不怕风狂雨妒时。
俗谚总归天冶铸，牡丹多仗叶扶持。

六

红梅未吐腊梅陈，数点琼云点染新。
天与人间真富贵，来迎甲子岁朝春。

七

俯者如思仰者悦，古人体物有余工。
不须更诵元舆赋，尽在丹青造化中。

八

天香国色世无伦，富贵前人品未真。
欲识和平丰乐意，玉阶看取此花身。

九

履端瑞雪兆丰年，甲子贞余又起元。

天上偶然闲涉笔，都将康乐付垓埏。

清代牡丹诗词还反映了清代政治生活中的一些事件。特别是清初，有些牡丹诗词还表现出强烈的政治倾向，如王夫之的《点绛唇》词，朱耷的《孔雀牡丹图》题诗等，应是清初遗民诗的代表。乾隆朝礼部尚书沈德潜《咏黑牡丹》诗，有“夺朱非正色，异种也称王”句，后来被认为是影射清王朝以异族夺得朱明皇位的逆词，而被剖棺锉尸，反映出清文字狱盛行的情况。

2. 牡丹小说与游记

1）蒲松龄与《聊斋志异》　清代有名的牡丹小说当是蒲松龄在《聊斋志异》中留下的《葛巾》和《香玉》两篇爱情故事。

在《葛巾》中，爱好牡丹的洛阳书生常大用听说曹州牡丹很有名气，就前往寻花。“常大用，洛人。癖好牡丹。闻曹州牡丹甲齐鲁，心向往之。适以他事如曹，因假缙绅之园居焉。而时方二月，牡丹未华，惟徘徊园中，目注勾萌，以望其拆。作《怀牡丹诗》百绝。未几，花渐含苞，而资斧将匮；寻典春衣，流连忘返。一日，凌晨趋花所，则一女郎及老妪在焉。”常大用对牡丹的一片诚心，感动了牡丹园中的花仙葛巾，二人相恋，并随大用回到洛阳，结为夫妇。后来，葛巾又介绍她的妹妹玉版，与大用的弟弟大器成婚。生活幸福美满。“后二年，姊妹各举一子，始渐自言：‘魏姓，母封曹国夫人。’生疑曹无魏姓世家，又且大姓失女，何得一置不问？未敢穷诘，而心窃怪之。遂托故复诣曹，入境谘访，世族并无魏姓。于是仍假馆旧主人。忽见壁上有赠曹国夫人诗，颇涉骇异，因诘主人。主人笑，即请往观曹夫人，至则牡丹一本，高与檐等。问所由名，则以此花为曹第一，故同人戏封之。问其‘何种？’曰：‘葛巾紫也。’心益骇，遂疑女为花妖。既归，不敢质言，但述赠夫人诗以觇之。女蹙然变色，遽出，呼玉版抱儿至，谓生曰：‘三年前，感君见思，遂呈身相报，今见猜疑，何可复聚。’因与玉版皆举儿遥掷之，儿堕地并没。生方惊顾，则二女俱渺矣。悔恨不已。后数日，堕儿处生牡丹二株，一夜径尺。当年而花，一紫一白，朵大如盘，较寻常之葛巾、玉版，瓣尤繁碎。数年，茂荫成丛。移分他所，更变异种，莫能识其名。自此牡丹之盛，洛下无双焉。”

蒲松龄通过《葛巾》从另一个侧面反映了洛阳、菏泽两地牡丹的渊源，从文学艺术角度展示了洛阳人、曹州人在培植和发展牡丹上付出的心血和劳动。

《香玉》说的是，崂山下清宫中有株大牡丹，高丈余，花时璀璨如锦，却原来是个名叫香玉的花妖。胶州书生黄山来这里读书，被香玉的美貌和才华所倾倒，二人相恋。但不久，这株大牡丹却被来宫中游玩的即墨蓝姓人家看中，当即挖走，不几日萎蔫枯死。黄生悲恸不已，天天来到坑前痛哭流涕，作《哭花诗》五十首。黄生的诚心感天地，动鬼神，乃至花神同意香玉返回宫中。已是“花鬼”的香玉告诉黄生让牡丹复活的浇灌之法，只要坚持依法去做，明年就能在这里相见。果然，“次年四月至宫，则花一朵，含苞未放，方流连间，花摇摇欲坼；少时已开，花大如盘，俨然有小美人坐蕊中，裁三四指许；转瞬间飘然已下，则香玉也”。

蒲松龄在故事结尾评说道：“情之至者，鬼神可通。花以鬼从，而人以魂寄，非其结于情者深耶？一去而两殉之，即非坚贞，亦为情死矣。人不能贞，犹是情之不笃耳。仲尼读《唐棣》而曰‘未思’，信矣哉！”

最后一句，仲尼是孔子的字。孔子读古逸诗，“唐棣之华，偏其反而，岂不尔思？室是远而。”说：“未之思也，夫何远之有？”（见《论语·子罕》）意思是事情能不能做到，完全在于自己能否想办法克服困难，而不是事情本身难易的问题。

2）李汝珍与《镜花缘》　《镜花缘》是清人李汝珍的长篇小说。该书前半部描写唐敖、多九公等人乘船在海外游历的故事，包括他们在女儿国、君子国、无肠国等国的经历。后半部写武则天开科举选才女，由百花仙子托生的唐小山及其他各花仙子托生的100位才女考中，并在朝中有所作为的故事。其创作手法神幻诙谐。

该书一开始就写武后残冬令百花齐放，而牡丹独迟，不禁勃然大怒。她“因素喜牡丹，尤加爱护：冬日则围布幔以避严霜，夏日则遮凉篷以避烈日。三十余年，习以为常。朕待此花，可谓深仁厚泽。不意今日群芳大放，彼独无花。负恩昧良，莫此为甚！”遂吩咐太监将各处牡丹，“逐根掘起，多架柴炭，立时烧毁”。后来又吩咐只将“枝梗炙枯，不可伤根”。等到经炭火炙枯的牡丹开了花才叫撤去炭火。并说：“牡丹乃花中之王，理应遵旨先放。今开在群花之后，明系玩误。本应尽绝其种，姑念素列药品，尚属有用之材，着贬去洛阳。”“此旨下过，后来纷纷解往，日渐滋生，所以天下牡丹，至今惟有洛阳最盛。”

李汝珍（1763—1830），字松石，人称北平子，直隶大兴（今属北京市）人。清代小说家。其博学多才，精通文学、音韵等，曾当过河南县丞。其生性耿直，不阿权贵，不善钻营。中年以后，潜心钻研学问。1795—1815年，用20年时间写成《镜花缘》，嘉庆二十三年（1818）出版。鲁迅认为该书是能“与万宝全书相邻比”的奇书。苏联女汉学家费施曼认为该书是“熔幻梦小说、历史小说、讽刺小说和游记小说于一炉的杰作”。

3）归庄与《看牡丹记》 《看牡丹记》是归庄记述他于清顺治十八年（1661）在昆山、太仓、嘉定一带游赏牡丹的情景。这年四月他历三州县看过三十余家花。其间，他写下十余篇诗作，也写下这篇游记，对研究江南牡丹当有所助益。

《看牡丹记》有以下几点值得关注：一是归庄记下了一些当时常见的品种，如‘玉楼春’‘水晶球’‘猩红’‘庆云红’‘福州紫’‘小桃红’等；二是记下了一些当时比较有名气的私家园林及其牡丹配置。如娄东吴司成家园中“花计百数十，而布置绝胜，纵横散朗，俯仰高下皆有致，如石家美人，妆分浓淡，佩别轻重；又如宋家邻女，不施朱白，不容增减，天然娇丽”；许嘉兴家，“园花三倍于张，约六七百朵，有三种，而‘玉楼春’居多，如巫山之云，千层万叠。至薄暮，撤翠幕，落霞斜映，天影高临，光彩灿然，有观止之叹”；嘉定之孝廉园，“花有四种，可百朵，紫色已残，白者绝佳，素姿淡妆俨然虢国夫人也”“中庭太湖石，或卧或峙，嘉木错列。堂中盆蕙盛开，玉干亭旁，高二三尺余，芳气袭人，与庭中牡丹相对”“嘉定南之张太学园。园计二十亩，榆柳千章，浓绿环匝，梅、桂、腊梅、天竹之属，皆数十株，各自成林；牡丹则前后庭二处，约计花二三百。前庭累石为山，花列其下，红紫相间，以积雨渐向离披……园中长廊高阁，池馆之胜，为一邑最。林间双鹤，清唳入云”。三是记下当时赏花的氛围，风土人情。只要是赏花，“不问路远近，人贵贱，交亲疏，有花处即入”“主人留饮花前，各出新诗互观，虽复推激风骚，纵谈文史，而意终在花”，或“置酒召客……壶觞之暇，挥翰弈棋，兴会酣适”。四是记下南方多雨，主人或剪下插瓶观赏，不然“花遂浥烂枝头”，如“妆残倦态，啼疤欲湿”，留下诸多遗憾。

归庄（1613—1673），一名祚明，字尔礼，又字玄恭，号恒轩，昆山（今属江苏昆山）人，明末清初文学家、书画家。明末复社成员。曾参加昆山抗清斗争，失败后一度改僧装亡命。后人辑有《归庄集》。

（三）牡丹题材绘画

清代初期，花鸟画分为两路，一是以恽寿平（1633—1690）为代表的正统派，画牡丹采用没骨法，画中流露出静气和净感，他的传世作品以牡丹画为最；二是南昌的八大山人，以大写意法画牡丹，简洁明快而潇洒。

清初花鸟画家恽寿平工花竹禽虫。他画的牡丹润秀清雅，自成一体，素有“恽派”之称。如《牡丹册页》图绘折枝牡丹，婀娜多姿，花貌如玉，却又被一枝弯曲的叶片遮住半边，大有“犹抱琵琶半遮面 ”之态；另一幅《国香春霁》的牡丹图，整个画面色调清新，工整秀美。图绣两块皱石，背后映衬着三枝牡丹，从初放到盛开的 5 朵牡丹花，在轻风吹拂的碧叶中，跃然纸上；粉红色花朵，艳丽而不失淡雅，花瓣层层，更显雍容富贵。

八大山人（1626—1705），名朱耷，清初著名画家。为了逃避政治上的迫害，表示对清统治者的不满和对明王朝的依恋，他出家当了和尚，后又当过道士。“八大山人”是其别号之一。作为亡明后裔，亡国之恨没齿不忘，并在作品中多有流露。他一生勤勉，作品不少，但从不给清朝权贵作画，而贫民求画却无不应。其传世之作中有一幅《孔雀牡丹》，为其 63 岁时所作。此图上部画一石壁，壁底下垂一株牡丹，几片竹叶。下部画着一块上大下小、岌岌欲倒的顽石，石上蹲着两只形状丑陋、只有三根尾毛的孔雀。画上题诗：“孔雀名花雨竹屏，竹梢强半墨生成。如何了得论三耳，恰是逢春坐二更。”画很费解，诗也难懂。据谢稚柳解释，画上的孔雀象征奴才，诗中的“三耳”，是用《孔丛子》中的“臧三耳”的故事。臧是奴才，喜打听消息，故讽刺他长有三只耳朵。孔雀的形象正是清朝大臣的样子，三根尾毛形同“三眼花翎”，是当时皇帝对臣下表示恩宠的最高赏戴。“坐二更”是影射大臣们天没亮就要上朝，上朝本在五更，二更就去坐等，一副迫切巴结主子的奴才相。牡丹是花中之王，在画中象征“主子”。牡丹长在悬岩，说明它没有土壤；孔雀立于危石，暗示其根基不牢。因此，无论主子或奴才，都有垮台的危险。这就是《孔雀牡丹》图的寓意，可以说是一幅有讽刺意味的政治漫画。

清代中后期，“扬州八怪”中的高凤翰、罗聘等擅画牡丹。他们画牡丹，或色或点，十分随意，对后来的海派影响很大。海派中最著名的当属任颐（任伯年）和吴昌硕。

任伯年善花鸟、人物、山水，其中牡丹画作品占相当比例。如《牡丹白头翁》（富贵到白头）、《牡丹孔雀》（富贵荣华）等。任伯年用笔轻松随意，用色鲜艳秀润，常给人以清新之感。他的《牡丹图轴》写于光绪七年（1881）七月初七，看上去像红、蓝、黄、白、粉5株不同颜色的牡丹，生于山石之间，与大风抗争。牡丹有大开、半开和含苞待放者，疏密相间，错落有致，蕴含着勃勃生机，大有狂风不可摧、高处不畏寒之气概。

吴昌硕（1844—1927）为清末画家，常以写意之笔作花卉蔬果，极出新意。他喜欢画梅、兰，也喜画牡丹。吴昌硕用笔如狂风暴雨，豪放浑厚，画牡丹则多大笔点染，用色浓丰厚重，其牡丹画有《牡丹图轴》《牡丹白头翁》《牡丹兰石》《牡丹水仙图轴》（46岁作）、《天香夜湿图轴》（65岁作）、《玉堂贵寿图》（玉兰、牡丹、桃，68岁作）、《花果图轴》（71岁作）、《岁朝清供图轴》（插花牡丹、梅花，72岁作）、《牡丹水仙》（花卉四季屏之一，74岁作）、《天香凌波图轴》（76岁作）等。吴昌硕画牡丹别有创意，代表作《牡丹图》，花用浓艳的西洋红点拓，把颜色堆得很厚，似乎触手可得，既增加了花朵的立体感，又避免了牡丹易流于轻薄娇艳的缺点。叶用饱含水分的淡墨点出，浓墨勾筋，画出了叶片肥厚多汁的质感。红花墨叶，相映成趣，可谓艳而不娇，丽而不俗。

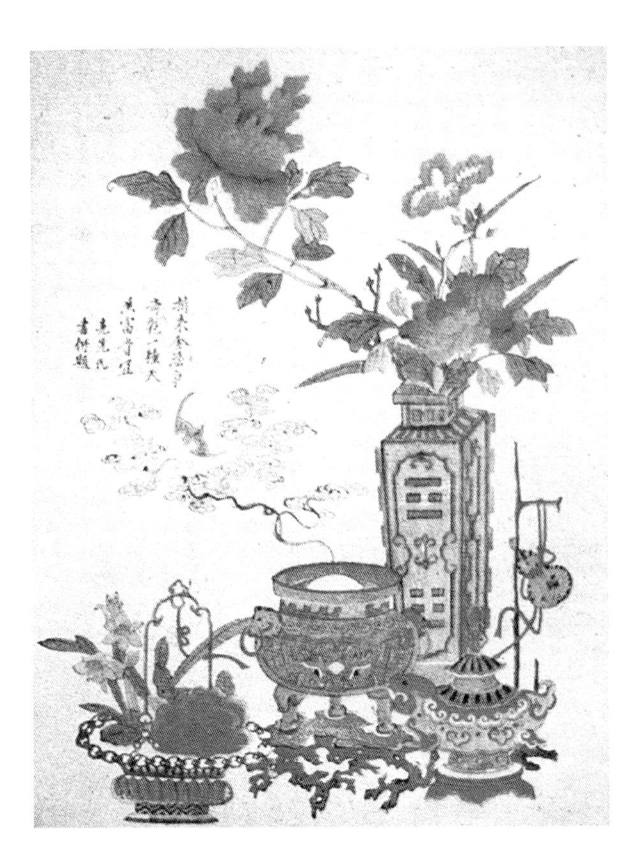

图1–6 （清）丁亮生多体式插花图

清代擅画牡丹的名家还有张玮、陆凤匀、秦云、姚楷、祖自宏、吴洪、汪师虞、丁亮生等。丁亮生多体式插花图见图1–6。

除此之外，还有清代宫廷画家蒋廷锡，他的《百种牡丹谱》将牡丹名品写真（工笔绘画）与文学创作（一品一诗）以及书法结合起来，成为具有较高艺术价值的另类谱录。该谱录深藏清宫200余年，回归原收藏者后，竟在2016年某拍卖会上拍出1.5亿元天价，轰动一时。

（四）牡丹工艺美术

明清时期，牡丹纹饰和装饰图案已在民间得到更为广泛的应用。下面仅以建筑装饰中的木雕和砖雕，以及彩瓷中牡丹绘画为例加以说明。

1. 建筑装饰上的牡丹

在中国为数众多的民间建筑、宫殿建筑和手工艺品上，都有雕刻装饰。雕刻既有雕塑的立体感，又有绘画的韵味。

在各种各样的花鸟鱼虫草雕饰图案中，牡丹以其独特的魅力处于引人瞩目的地位。河南洛阳、云南大理的木雕，河南洛阳、山西太原、甘肃临夏的砖雕，河南洛阳、福建惠安等地的石雕上，到处可以看到牡丹的芳踪倩影。

1）木雕牡丹　作为建筑雕刻的重要组成部分，装饰于木结构古建筑上。洛阳关林庙明万历年间（1573—1620）所建大殿、二殿，清代所建三殿、碑亭，以及吕祖庵、山陕会馆、潞泽会馆等，皆有此类牡丹。

关林庙大殿、二殿、三殿、碑亭上的木雕牡丹形式多样，色彩丰富。大殿明、次间 12 扇门板中有 4 扇下部饰有牡丹，明间的 2 扇为双龙牡丹图，东次间 2 扇为双凤牡丹图。二者构图相似，均在圆形木框内饰以高浮雕牡丹花丛，花丛中部为 3 朵盛开的牡丹，骨朵硕大，花瓣舒展，上部有多个花苞，龙凤与花枝重叠交错，层次分明。在着色上，花红叶绿，枝干呈深褐色，龙凤为金黄色。二殿明间 4 扇门板下部也饰有牡丹，在花型、色彩等方面与大殿木雕相似，仅在构图上略有差异。4 幅牡丹布局完全相同，只是两两相对，方向相反。在长方形木框中，倚一角伸出一株牡丹，分为三枝，最下一枝有一朵小花绽放。另两枝向上斜伸，枝叶稀疏，布满木框，每枝上各有一个蓓蕾和一个怒放的花朵，两枝之间，有一凤凰回首观望，与花丛相映成趣。三殿明、次间 6 扇格扇门中间的条环板上和两次间 4 扇格扇窗的下部，各有一条浮雕牡丹装饰带，各自单独成组，共 14 组。布局相同，中间为一朵单瓣牡丹，瓣分红、蓝两色，花蕊金黄或橙红，雕刻细致，两边对称，各刻几片绿叶及一红色花蕾。

关林碑亭平面为八角形，亭檐下木枋及雀替上皆饰木雕牡丹。木枋的透雕分为三层。其中，上层除正南、正北两面以外，其他 6 面皆为牡丹。中层的正南、东南、西南、西北、东北饰以牡丹，正南分 3 组，其余 4 面分 2 组，共有 11 组透雕牡丹。下层的东南、西南、西北、东北也饰以牡丹。木枋上的牡丹主要有两种造型，一种为单朵或两朵并列的盛开牡丹，叶片较少，花形丰满，给人以雍容华贵之感。另一种为 3 朵或 5 朵一组的缠枝牡丹，中间一朵花瓣绽放，两边花梗柔软，枝条缠绕，姿态妩媚。亭柱雀替除正南、正北两面饰以龙凤外，其余 6 面皆为牡丹，共有 12 枝。构图基本相同，一弯曲向上的花枝盛开着几朵牡丹，花瓣有单瓣、重瓣之分。或一枝独秀，或两朵竞放；或细腻写实，或变形写意。木枋和雀替上的牡丹均采用双面透雕手法，碑亭内外牡丹造型相同，雕刻精细，皆为绿色枝叶，红色花蕊，仅在花瓣着色上略有差异。亭外多为红色，亭内则红蓝相间，与不同色彩的拱昂相互映衬，使该亭外看华美鲜艳，内观庄重沉稳。关林碑亭牡丹木雕形态之多样，色彩之艳丽，数量之众多，运用之集中，在洛阳清代木结构建筑中尚不多见。

吕祖庵山门内一殿檐下正中为一枝两色透雕牡丹，红、蓝色花朵各一，其间有一鸟立于枝头。山陕会馆山门为歇山式顶，檐下悬柱枋阑饰有 2 朵雕刻异常精美的重瓣牡丹。舞楼上层明间、东西次间雀替、大殿东西次间枋下各饰 4 朵绽放的牡丹。后殿上、下层前檐枋阑亦雕饰牡丹，花瓣翻卷。潞泽会馆舞楼、大殿前檐与东西两侧檐下、后殿上层枋下，皆饰以多组木雕动物、花卉形象，尤以牡丹最多，其雕刻采用四层透雕技法。其中舞楼次间檐下雀替，上为踏云麒麟，下为飞龙游天，其间一枝三朵重瓣牡丹，左侧还有一朵花蕾。

云南大理白族民居，非常重视建筑装饰，这在各种木构件的雕饰上表现最为突出，其中有许多以牡丹为主的组合吉祥图案，雕工精湛，令人叹服。现保存有明代的“牡丹童子格扇门花心”，清代“四季花卉格扇门”上的“凤戏缠枝牡丹”“凤穿牡丹格扇门花心”“牡丹与卷草纹小花板”“山茶牡丹格扇门裙板”以及雕有瓶花牡丹的“博古瓶花格扇门”等。此外，湖北红安县七里坪柳林河畔的古塔——大圣寺塔，传为唐代所建，清同治十一年（1872）重修。塔上斗拱、檐角、勾栏、门窗上均有牡丹等饰纹，十分精巧玲珑，令人喜爱。

2）砖雕牡丹　在洛阳清代木构建筑上，砖雕牡丹形式多样，大致可分为两种。一种为琉璃制品，多饰于建筑屋脊和琉璃照壁上，牡丹花施黄釉，枝叶施绿釉，如城隍庙威灵殿，山陕会馆正殿、后殿及东西配殿、琉璃照壁等。特别是山陕会馆琉璃照壁，可谓洛阳清代砖雕牡丹之代表作。在照壁中间正脊饰 5 朵盛开的牡丹，花型端庄，下方长方形壁画，在其中央两个同心圆之间，围绕着二龙戏珠图饰以牡丹及一龙四凤，其中有盛开的缠枝牡丹 11 朵，花蕾 5 朵。在壁画的左上角、左下角、右上角，为瓶插牡丹，瓶施绿釉，花施黄釉。此外，在东西两次间壁面上方的正脊上分别饰 6 朵牡丹。另一种为不施釉的砖雕牡丹，如关林庙三殿东西两面山墙前后挑檐石处，各有一阁楼式砖雕。其中，东山墙前檐阁楼的西面为双龙牡丹，二龙盘绕，花团锦簇。西山墙后檐阁楼的东南为鹿衔牡丹，有富贵福禄之意。4个墙角檐下砖面均为形状相同的牡丹山石砖雕，其特点是先采用半圆雕手法刻出两朵牡丹，中间一朵花瓣圆整，左上角一朵含苞欲放，然后在平整的砖面上雕出牡丹枝叶和山石。

2. 瓷器用品上的牡丹

藏于故宫博物院，制于清雍正年间（1723—1735）的珐琅雉雏牡丹碗，是瓷器中的一绝。其制瓷、彩绘工艺世上一流，堪称国宝。在薄胎如纸的碗壁上，绘有山石和雌雄二雉雏，周围10余株牡丹，有黄、绿、大红、浅粉、深紫等色，其花朵丰满，色彩斑斓，有如'姚黄''豆绿''胡红''赵粉''魏紫'诸品种。上有题诗："嫩蕊包金粉，重葩结绣云。"充分展现了工匠的良苦用心和高超技艺。

在中国瓷都景德镇，无论是青花瓷还是五彩瓷，牡丹和凤凰、孔雀的精美图案随处可见。诸如牡丹孔雀凤凰图盘、牡丹宝相花纹盘、青花牡丹孔雀图盘、青花牡丹孔雀海马图坛、青龙牡丹唐草纹盘、青花牡丹纹盘、赤彩牡丹孔雀图盘、五彩牡丹凤凰图盘、青花牡丹凤凰图盘、剔红牡丹孔雀图盘、青龙凤凰宝相花唐草纹瓢碗、五彩牡丹唐草纹碗、青花牡丹唐草羯磨纹碗等。此外，北京的景泰蓝、潮州的彩瓷采用堆金牡丹花鸟图案；广东石湾的广彩孔雀牡丹瓶，将雍容华贵的牡丹、美丽吉祥的孔雀、风姿高雅的梅花集于一瓶，寓意富足、祥和、长寿，表达了人们追求美好幸福生活的愿望。

（五）西北牡丹民歌——花儿

在民歌的汪洋大海中，与牡丹、芍药（在甘肃临夏一带回汉群众中，不少人仍然牡丹、芍药不分。春末夏初，漫山遍野的野芍药开放，甚是迷人，花儿中也常把它们当作牡丹来歌唱）关系最为密切的，要数流传于甘肃、青海、宁夏及新疆部分地区的民歌——花儿，传唱者主要有汉族、回族、撒拉族、东乡族、保安族、土族及部分藏族和裕固族人。这种民歌以在歌唱中男方称女方为"花儿"，女方称男方为"少年"而得名，因而它的另一个歌名叫"少年"。其内容以歌咏男女爱情为主，属于山歌。

充满乡土气息的花儿，是老百姓心中流淌的歌，其声音高亢婉转，跌宕起伏，荡气回肠。它像千家万户的牡丹，千年流芳。宋熙宁五年（1072）王韶开拓熙河后，在给朝廷的奏折中就有"蕃酋女子围绕汉官连袂踏歌"的字句。明代诗人高弘在《古鄯行吟》诗中写道："青柳垂丝夹野塘，农夫村女锄田忙。轻鞭一挥芳径去，漫闻花儿断续长。"反映了当时民间盛行唱花儿的习俗。花儿在明代已开始流传，盛于清。

花儿可大体上分为两大类。一是河州花儿，流行在黄河和湟水交汇地带及邻近地区，河州（临夏）是其中心，演唱的民族有汉族、回族、东乡族、保安族、撒拉族、土族等。唱词均用汉语。格式大体有两种：一种是头尾齐式；另一种是折断腰式。流行在青海、宁夏、新疆的花儿大体都属于这一类。二是洮岷花儿，主要流行于洮河中、上游，包括甘肃的临潭、康乐、岷县、卓尼、临洮等地的汉、回、藏族群众中间。唱词有三句一首的"单套"，有六句以上为一首的"双套"。"单套"俗称"草花儿"，多为即兴编唱，短小精粹；"双套"又叫"本子花"，多演唱成本大套故事。洮岷花儿又可分为两路，南路以岷县二郎山为代表，北路以康乐县莲花山为代表。

在传统花儿中，牡丹是美的化身、爱的象征、歌的主旨。如果说花儿是各族人民的心声，那么牡丹就是花儿词曲的魂魄。甘肃临夏一带是花儿的故乡，有许多传统的花儿盛会，男女对唱，山歌传情。花儿曲牌中有《白牡丹令》《绿牡丹令》《牡丹花多栽下令》，更有长歌《十朵牡丹九朵开》《十二月采花》《十二月牡丹》等。许多歌词以花喻人，语言纯朴，感情真挚，反映了人们对纯真爱情的追求与向往，以及对美好生活的憧憬与期望。

广为流传的《河州大令·上去高山望平川》，曾以词曲精美夺得了"河州花儿之魁"的称誉：

上去个高山者望平（了）川，
平川里有一朵牡丹；
看去是容易者摘去是难，
摘不到手里是枉然。

望牡丹心切，看牡丹心喜，但牡丹易看难摘。是望牡丹兴叹还是力争"到手"？其意蕴恐是不言自明的。《白牡丹》是因曲调的衬词而得名的，优秀的歌手常将有关牡丹的唱词和曲令巧妙结合，情趣横生：

白牡丹者（嘛）娆（呀）人哩，
（阿哥的白牡丹呀），

红牡丹红了（者）破哩；

尕妹的傍个里有人呀哩，

（阿哥的白牡丹呀），

没人时我陪者坐哩。

“白牡丹”娆人，“红牡丹”红艳欲“破”，用词巧妙，一语双关，令人拍手叫绝。牡丹的美正是歌者“情人”的美。

牡丹以颜色而别，但花儿中有时却冠以数词来称呼，如广为传唱的《二牡丹令》：

山里（就）高不过太子（了）山，

原里（就）平不过北原；

（我的二牡丹呀姑舅浪者来）；

花儿里好不过白牡丹呀，

人里头好不过少年。

（我的二牡丹呀姑舅浪者来）。

还有同名异曲的（表达青年男女对婚姻的抗争）：

千层（嘛）牡丹的打鱼的网，

（二牡丹来吧二呀梅花），

绿叶子长给者树上；

维人（嘛）要维个好（呀）心肠，

（二牡丹来吧二呀梅花），

孬看在银钱的分上。

唱词比喻贴切，富有哲理，可谓是“开心的钥匙”。牡丹月里牡丹开，人们心中盛开的牡丹，将是青春永驻。

在莲花山（在甘肃省康乐县南部）花儿中，《十二月牡丹》整理的唱词因人而略有差异。这里引自常为人称道的王沛《“花儿”声声咏牡丹》一文：

正月里安茶呢，

牡丹还没发芽呢，

多会开花结籽呢，

等着人的心急呢。

二月里来搬粪呢，

牡丹露土一寸呢，

多会等着开俊呢，

看着芽芽打转呢。

三月清明烧纸呢，
牡丹长出花园呢，
叶子绿者惹人呢，
不见牡丹想死呢。

四月里来四月八，
牡丹长者刺底下，
早上摘去露水大，
黑了摘去刺梅扎，
衬上尕袖连根拔，
栽者我的屋檐下。
早上不叫黑霜杀，
晌午不叫白雨打，
黑了针线蒲篮扣一下，
针线蒲篮眼眼大，
担怕老鼠糟踏花。

五月端阳献柳呢，
牡丹长者路口呢，
香气把人吸倒呢，
牡丹给我绕手呢，
心急火燎打抖呢。

六月里来割青稞，
牡丹落者没一朵，
叶叶绿，秆秆长，
看者人的眼泪淌。

七月到了拔麻呢，
牡丹长者深林呢，
我不寻牡丹寻人呢。

八月里来割豆呢，
牡丹它有时候呢，
雪压霜杀它受呢。

九月里到了九重阳，
牡丹长者粉壁墙，
秆秆弯，叶叶黄，
吸者人的眼泪淌。

十月来里碾场呢，
牡丹长者碗上呢，
喷者人的脸黄呢。

十一月冬至交九呢，
牡丹冻者叭啦啦打抖呢，
谁给牡丹焐手呢。

腊月里来腊月八，
牡丹雪里折搁下，
等到明年“莲花山”，
咱们重包骨朵重开花。

这首长歌借花抒情，牡丹的发芽、长叶、开花、结果与唱花人的爱情发展过程相互映衬，感情丰富凝重。

第八节
民国时期

一、民国时期牡丹的发展

（一）各地牡丹的发展情况

1. 中原地区的牡丹

1）河南洛阳　花事连着国事。李健人《洛阳古今谈》载："民国时期，由于战争频仍，民不聊生，牡丹'花价甚廉'。"据不完全统计，这一时期洛阳牡丹有 50 余个品种，但能列出品名的只有 6 个。也有的记载显示，到新中国成立前夕，洛阳牡丹仅残余 30 多个品种，数量不足 2 000 株。

当时，洛阳城内有少量牡丹分布，主要在南关公园、中山公园、周公庙花园、图书馆花园和西工花园等处。

南关公园位于老城南关校场街，面积 45 亩。民国 10 年（1921），被辟为苗木基地。吴佩孚治洛时，南关公园建了一个大花坛，坛内栽植有牡丹、芍药、菊花等。中遭破坏，至民国 22 年（1933）恢复，栽有牡丹、芍药、月季等品种，有 20 余株。民国 29 年（1940），河南省第四园林局将其改为河南省农业改进所，民国 31 年（1942）又改为洛阳园艺场。日本侵略军占领洛阳后，把南关花园改为农场，园内花坛和牡丹、芍药等遭到严重破坏。中山公园位于老城西大街西段路北，1930 年改为河洛中学，中学的西跨院里植有牡丹。周公庙花园也培育了一些牡丹，品种较好，有 20 多种。图书馆花园原为洛宁女匪首张寡妇的宅园，园内栽有月季、牡丹等。西工花园又名吴佩孚花园，1920 年军阀吴佩孚驻洛时修建，园内广植牡丹和其他名贵花木。

除了公共花园，民国时期由于洛阳一些名流也雅好牡丹，便在家中辟地栽植。比如，老城魏家街有个叫李锡园的，家里院子很大，院内植有牡丹。据传说，李家牡丹中有一棵开紫红花的，花大如斗，花瓣起楼，颜色鲜艳，人云是绝迹的宋代“苏家红”。誉满全洛阳的李家牡丹引起了日本侵略者的觊觎，为保护稀世牡丹品种，李锡园将牡丹移植到防空洞，然后遁迹西安，最终下落不明。洛阳晚清翰林林东郊家的牡丹也很有特色。林东郊，字荠原，洛阳东大街人，清光绪戊戌科进士，授翰林院庶吉士，历充国史馆协修。民国 2 年（1913）任临时参议院议员，民国 7 年（1918）当选为第二届众议院议员。后因不满世道黑暗，不愿同流合污，辞归故里，是洛阳当时的文化名人。林东郊留下的《爱日草庐诗集》5 卷凡 1 230 首，其中《牡丹》诗曰：“沉香亭北梦，富贵误诗评。王号称犹昨，花中独不名。品传唐盛代，家在洛阳城。画槛香如海，楼台罨画成。”

在洛阳民间，栽植牡丹养家糊口的手艺并没有中断。西场花农各家房前屋后大都种有牡丹、芍药等，不过由于财力和局势所限，牡丹种植面积很小。1939 年，洛河发大水，西场被淹，村人将住址迁到安乐村西，习惯上称为新村，沿用至今。每年春暖花开，新村人将欲开未开的牡丹分开挖出，每株（枝）都带上一团泥土，放在担子里或独轮车上，走街串巷叫卖。买花的人大多是官宦人家或有钱人家。老百姓也买，但买便宜的，为的是给穷困的生活添一点亮色或者情趣。除了新村，民国时期较有名的花园还有神州医院花园、李楼的梁家花园和冀家花园，梁家花园的牡丹曾远销到重庆，冀家花园的牡丹远销到南京。

2）山东菏泽　明清以来，官民营造牡丹园在菏泽已成风气，大的几十亩，小的几亩。到清朝末期的时候，曹州牡丹的栽培面积已经达到 500 多亩，每年对外输出的牡丹苗达 10 万多株。著名的有赵氏园及毛氏园，分别位于今牡丹区赵楼村与毛胡同村南。民国初年，曹州赵楼村南面有一棵生长了 150 多年的牡丹树，叫‘脂红’。这棵牡丹，高丈二，枝长丈八，主干有碗口般粗细，开花红似胭脂，人称“牡丹王”。毛家花园虽仅有 5 亩，但到了民国时期，花园主人毛景瑞又培养出了‘黑花魁’‘种生黑’等稀少珍贵的牡丹品种，延续了毛氏园的芳名。总体上看来，民国时期，菏泽战争、水患频繁，牡丹栽培面积遽减，技术上亦无大改进。

2. 北平（京）的牡丹

民国时期，牡丹一度成为北平城的主要花卉，号称“牡丹冠绝京华”，其中以中山公园的牡丹最为知名。自1914年公园创立开始养植，多来自山东曹州（菏泽），1915年园中建国花台27座，到1938年有32个品种，千余株，为京城各园林之冠。

素有“宣南第一名寺”美誉的崇效寺，历来以花木繁盛著称。明清时寺中牡丹艳冠京华，是老北京人观赏牡丹的绝佳去处。崇效寺牡丹品种很多，尤其是黑牡丹和绿牡丹，堪称极品。据传，清末民初全国的黑牡丹只剩下了两株，一株在杭州法相寺，另一株就在北京崇效寺。每到牡丹盛开季节，牡丹园里人头攒动，人们以一睹黑牡丹、绿牡丹为快。1935年北宁（即京奉）铁路局特开观花专车，接运京外客人至崇效寺观赏牡丹。20世纪40年代末，该寺被征用为学校，寺中牡丹大多被移植到中山公园。

颐和园国花台在佛香阁下东侧，建于光绪二十九年（1903）。坐北朝南，呈阶梯状，上下14层，台墙土面，上面覆盖琉璃瓦，栽种从山东进贡的名品牡丹数十株，而园中其他各处的牡丹花台也颇具规模。每至5月满园牡丹盛开时，景色蔚为壮观。光绪三十四年（1908）以后，因御园管理不善，园中牡丹缺损严重。民国时期，全园有牡丹不足200株，到了1948年，园中仅存7株，“国花台”已名存实无。

此外，北平（京）动物园也是清末和民国时期京城观赏牡丹的重要场所。动物园的前身是清农事试验场。建园之初就开辟了一处牡丹园，且以牡丹亭和环廊为主题建筑，在圆游廊内空地上栽植了多种从“牡丹之乡”河南洛阳和山东菏泽引来的牡丹，由此成为农事试验场的牡丹专类园。民国时期出版的《本国新游记》称：“牡丹亭四面皆廊，院中遍植牡丹，故名。”

3. 江南的牡丹

民国时期，江南地区的古牡丹得到较好保护和发展。安徽巢湖银屏山仙人洞、江苏盐城便仓、江苏苏州富郎中巷周家院落、上海奉贤邬桥吴塘村、上海龙华寺染香楼、上海古猗园曲香廊、上海漕溪公园、上海康健园、上海松江新浜镇鲁星村、上海醉白池公园、上海南汇周浦镇关岳路、浙江杭州普宁寺、浙江平湖新埭镇毛家浜、浙江上虞卧龙山普净寺、江西婺源龙山乡坑头村、福建屏南双溪镇等，都分布有百年、几百年至上千年的古牡丹。这些古牡丹长期以来适应江南及南方更广阔地区的环境，表现出极强的适生性。

上海地区牡丹在清代“云间小洛阳”基础上继续有所发展。1909 年，黄岳渊在上海建“真如园”，发展园艺事业，搜集牡丹、芍药品种。黄岳渊、黄德邻父子著有《花经》一书，说“现今牡丹品种极多，即于真如园中，已有四百余种，且年年还在增加中”。《花经》中“牡丹”一节记载了 400 多个牡丹品种及栽培管理方法。

在众多江南牡丹中，无锡小娄巷秦氏福寿堂的百年牡丹，见证了辛亥革命的激情岁月。小娄巷始建于宋，盛于明清，历来是秦氏等名门望族世居之地，明清至民国时期建筑风貌浓厚。1911 年，秦毓鎏在此策动了无锡金匮江阴光复，小娄巷是无锡城中唯一完整幸存的辛亥革命遗迹。在福寿堂天井小院中，有一株百年牡丹，据说是牡丹中四大名品之一的洛阳‘魏紫’，每年清明时节开花八九十朵，盛开时一朵牡丹最大直径达近 30 厘米。

安徽铜陵地区历来就是著名的牡丹产地，具有牡丹药用开发的悠久历史。据潘法连《铜陵牡丹历史述论》研究，由于牡丹的广泛种植，牡丹皮生产的收入成了铜陵凤凰山人们的主要经济来源。及至 1927 年以后，由于时局动荡，丹皮运销困难，干货积压，每担丹皮的价值仅为 15 块银元，大约可兑换 500 斤稻谷。因此，药农生产情绪低落，年产量逐年下降。特别是 1937 年全面抗战爆发后，长江水路被封锁，交通闭塞，丹皮难以外销。1940 年 3 月 16 日出版的《抗敌》杂志载文说：铜陵县三凤乡和凤山乡依靠种植丹皮为生的药农达数万余人，所产丹皮战前远销京、沪、平津一带，每担市价 20 元以上，销路很好，战后日军封锁，每担跌至七八元也难销售。这样本来名贵的丹皮在当时只能用来作为熏蚊的燃料，不少药农忍痛挖毁药地，改种玉米等杂粮以糊口。

安徽宁国牡丹栽培历史悠久，是江南牡丹的重要发源地和繁殖地。民国《宁国县志》记载：“宁国蟠龙素产牡丹，以黄、白为贵，土人运往广州，价重洛阳。”

除上述地区外，岭南的广西灌阳、灵州等地也有牡丹栽培。

4. 西南地区的牡丹

自宋代以来，天彭牡丹冠盖西南。丹景山古寺牡丹较盛，尤以悬岩之上天然生长的或似‘玉版白’或似‘刘师哥’‘玉盘盂’的变异种，有香花之品最奇。

其花径过尺，玉叶千层，清香远溢，丽彩摇光，晨午三变。风送香闻，远及数里。被人艳号为‘彭州仙牡丹’。自清代到民国，每年清明节后，有川、陕各地不远数千里来赏花者。徐式文《蜀地牡丹考》一文指出，天彭牡丹近二三百年以来，多分散于青城寺观、嘉州寺观，灌县、温江、崇庆、新都、什邡、绵竹，特别是成都林园与附近花圃。民国以来，温江寿安、灌县、成都私家种牡丹者亦颇多名种，虽规模不及古天彭，但犹良种未绝。

5. 西北地区的牡丹

1）甘肃中部的牡丹　清末至民国时期，今甘肃、宁夏一带牡丹仍较繁盛。甘肃省会兰州城内有多处牡丹园，其中邓家花园及金天观牡丹均颇壮观。邓家花园为担任过甘肃省主席的邓宝珊将军的私园，后捐献国家。1941 年，当时社会名流曾在其牡丹丛中宴请过国画大师张大千，留下一段佳话。

甘肃陇西栽培牡丹的历史较早，民国时期“家家门前垂丁香，户户阶前植牡丹”。在陇西县首阳乡汪汉霖家院（原“汪家花园”）内，有清末民初栽种的牡丹树 10 余株，这些牡丹树高 2.5 ~ 3 m，呈小乔木状，干径 10 ~ 15 cm，花有红、粉、紫、白等色，花大 15 ~ 20 cm，重瓣起楼，花瓣半革质状，花瓣基部均具紫斑，十分醒目。每株着花约 40 朵，花香浓郁。这种紫斑牡丹成林景观，在国内也实为罕见。可惜该园现已不存。

民国时期，甘肃中部临洮、临夏及陇西一带栽植、品鉴牡丹的风气浓厚。在临洮，县城有岳家花园、宋家花园、杨家花园、史家花园、苏家花园等的牡丹繁茂；西坪农家庭院，家家莳养‘玛瑙盘’牡丹，山区农家更是房前屋后种植。还有寺庙里，牡丹也不可或缺。一些古老传统品种，如‘佛头青’‘玉狮子’‘观音面’‘醉杨妃’‘剪春萝’‘玫瑰红’‘桃花三转’‘万金富贵’‘紫绣球’‘银民灰缇’‘鹅黄’‘象牙白’等，都在群众的爱护中得到了传承（康仲英，2018）。据陇西中学教师莫方信等对陇西牡丹的调查（1992），陇西一带清至民国时期，栽植牡丹的风气都很盛行。莫方信在《话说陇西牡丹》一文中指出：“仅据笔者所见资料，清光绪二十五年（1899）陇西学宫牡丹盛开时，地方文人花友张寿庵、左锡九、张少陵、莫雨村、杨子官、杨因春、白九皋、何明之 8 人在学宫赏花饮酒，吟有《咏牡丹》八绝和《咏学宫石花桃李较往年最盛》二律（白九皋《松庵集》），诗中嵌入的牡丹花名有‘魏紫’‘姚黄’‘银鹅’‘蝴蝶’‘观音’‘罗汉’等。可见在清代，陇西栽植牡丹风气之盛，而且品种繁多。陇西城关地区至今尚有祁家花园、花园门等地名，其来历及详情待考。到民国时期，陇西栽植牡丹之风仍盛，学府、庙宇、民宅、园圃多植有牡丹，乡绅富户多辟有花园，建亭悬联，大量培植花卉。如蔡克斋的花亭楹联为：“习懒已成真，槛外落花常不扫；偷闲谁作伴，阶前瘦石仅相亲。”莫雨村的是：“供石略存稽古意，养花都是爱才心。”苟佐才花园楹联是：“大隐寄渭滨，十亩芳塘涵德水；高怀拟绿野，满园花木涌春风。”还有马敬庵、李和卿、王敬斋、吴仲明、汪奎五等均辟有花园，养植牡丹品种繁多，他们都是当时陇西的养花名家。值得一提的是，当时昌谷乡养植牡丹之风极盛。昌谷小学及其毗连的三圣宫庙院各辟花园，各栽植牡丹近百株，并间有芍药等多种花卉，引一流清溪穿园而过。每到春夏，林木葱茏，鸟语啾啾，花香蝶舞，流水淙淙，成为本县旅游之地，县内中小学师生争相到此春游。当地官绅上户罗锦山、罗俊、彭铭胜、彭玉山、马凯等均有较大花园，各栽植牡丹数十至上百株。还有马家湾的王氏（人称坡头上）、王氏（人称银利家），彭家崖湾的李氏（人称园子里）、李氏（人称太和城）等农户，亦辟园种植牡丹数十种，已传三四代。

2）陕北延安的牡丹　陕北延安、伊川一带早有牡丹自然分布，北宋时期已有牡丹品种传到洛阳。延安万花山牡丹在当地有着一定影响。据记载，1939年和1940年两年春天，毛泽东、周恩来、朱德等中共中央领导人，曾先后两次赴延安万花山观赏牡丹。毛泽东主席嘱咐当地群众，要保护好这座天然大花园。

其他领导人后来也有去万花山赏牡丹的。1946年春，谢觉哉与林伯渠、徐特立、王定国等人赏花后，赋诗一首。

一九四六年五月二十六日上午晴午后阴（五古）

上午九时同林、徐、定国、国仁等十余人往游万花山，归途得句：

为访牡丹来，恰值牡丹谢。红敛王者花，绿添妃子叶。

古庙何年荒，名花永岁在。高原一点青，百株千株柏。

行程三十里，马少车不继。犹存济胜具，勉慰游山意。

扑克饼蛋茶，柏下籍草息。撷集满掬春，问君何所寄。

万花山上是片侧柏林，牡丹就生长在林缘及林间的灌木丛中。谢觉哉等人去时已是五月下旬，早已过了牡丹花期，但人们游兴未减，反映了老一辈无产阶级革命家的革命乐观主义精神。

除谢觉哉老人的牡丹诗外，延安时期还有“延安十老”之一的钱来苏作于1943年的《咏牡丹》诗：

昔年曾赋牡丹洲，不见名花空水流。
今日闲居嘉岭畔，却逢佳卉纵时游。
姚黄消息新烽火，魏紫凋零旧御楼。
羡尔灵根托足好，绛云烂漫集延州。

钱来苏（1884—1968），早年留学日本。“七七事变”后，怀抗日救国之志加入中国共产党。他在延安看到牡丹，有感而发，写下这首诗篇。诗中“牡丹洲”即陕西宜川县秋林，当时为第二战区司令长官部驻地。“嘉岭”指延安杨家岭，时为中共中央驻地。御楼，指故宫。1942年，钱来苏曾在秋林写下《牡丹洲》诗：“昔人艳说牡丹洲，今日花空水自流。尽有残山供涕泪，更无嘉卉足淹留。莺啼暗逐韶光老，蝶梦寒惊故国秋。欲挽香魂迷处所，绛云起处忍凝眸。”宜川自古也是牡丹产地，但今非昔比，蒋、阎消极抗战，积极反共，国家处于危难之中，这里已是“花空水自流”。他投奔延安后，眼前一片光明，“却逢佳卉纵时游”。牡丹花，有的还处在烽火连天的战场，有的却在旧时宫城中凋零了。只有托足圣地的牡丹花，富有灵性，正像红色云朵凝聚在延安城头，灿烂开放。

二、牡丹富贵文化寓意的进一步普及与牡丹的国内外交流

（一）牡丹富贵文化寓意的进一步普及

牡丹花姹紫嫣红，富丽堂皇，典雅大方，从花型、色香、气质上给人以富贵之感。自宋以来，牡丹即被称为“富贵花”。此说起自宋代哲学家周敦颐《爱莲说》中“自李唐以来，世人甚爱牡丹”“牡丹，花之富贵者也”之句。从此，牡丹与“富贵”二字紧密联系在一起。明代著名画家徐渭题墨牡丹诗写道：“五十八年贫贱身，何曾妄念洛阳春？不然岂少胭脂在，富贵花将墨写神。”国尊繁荣昌盛，家重富贵平安，人喜幸福吉祥，这些特点和寓意，牡丹身上兼而有之。自明清至民国时期，牡丹富贵文化寓意得到进一步普及，深入人心。

清末民国的赵世学在推广牡丹文化方面做出了重要贡献。赵世学（1869—1955），字师古，山东菏泽赵楼村人。自幼好学，酷爱牡丹。科举不第，弃学务农，养花度日。

赵世学从十五六岁起，就学习养花，花园以铁藜为寨，名铁藜寨花园。园内牡丹、芍药，十分茂盛。他被本村聘为私塾先生，一面教书，一面养花，在多年实践的基础上，对赵孟俭的《桑篱园牡丹谱》有所增补。旧谱150余种，又增五十余色，共200余种，易名《新增桑篱园牡丹谱》。赵世学亲自为此谱作序，即《新增桑篱园牡丹谱序》。又撰有《铁藜寨赵氏花园记》《牡丹富贵说》《花联》等。

赵世学在他的《牡丹富贵说》中，为牡丹之所以是富贵花列出了以下几点理由：其一，“谷雨开放，国色无双，有独富焉，群芳园中孰堪比此艳丽乎？”即牡丹的艳丽独一无二，无花可比。其二，“天香独步，有良贵焉，众香国里孰堪争此芬芳乎？”即牡丹之香可谓天香，非常尊贵，亦无花与争。其三，“蕊放层叠，朵起楼台，粉黄黛绿，红白黑紫……艳擅三春。”即牡丹的花型和颜色亦“不色失万花”，独占三春。其四，“立万世无疆之业”“来四方有道之才”“以养一方之人”，即栽培牡丹可生有道之财，富一方之人。赵世学还特别指明，此致富之道是取之有道，非取不义之财。“牡丹一花，罗列众品非贫实富；姿貌绝伦，非贱实贵。贵而且富，富而且贵。”所以称为“富贵之花者也”。赵世学一生种花爱花，痴迷于牡丹，他对牡丹的感悟和认识无疑是独到的，他给出的牡丹是富贵之花的理由也是确定和充分的。

（二）国内外的牡丹交流

民国时期，国内外有了进一步的牡丹交流。一是南京中山陵、上海黄园先后从日本、法国引进牡丹品种，虽然后来毁于战火，但掀开了牡丹交流的序幕。另一个是西北紫斑牡丹向国外的传播。1925—1926年，曾在甘南卓尼一带考察的美籍地理学家约瑟夫·洛克（Joseph Rock）就曾居住在卓尼禅定寺，他采下寺院中的牡丹种子寄往美国哈佛大学阿诺德树木园。1932年，繁殖成功的植株被传播到加拿大、瑞典、英国等地，并被称为‘约瑟石’（Rock’s variety）。另据记载，英国邱园、爱丁堡植物园和自然历史博物馆中，有不少19世纪末20世纪初采自中国甘肃、青海、四川、西藏以及日本的紫斑牡丹标本（成仿云，2005）；此外在奥地利维也纳的植物园、公园乃至私人花园中也有紫斑牡丹栽植，有些品种的引进应早于洛克。可见，甘肃紫斑牡丹早在洛克之前，就已引种到奥地利及日本等地。

第九节

中国牡丹栽培分布格局的形成

纵观 2 000 多年来，中国牡丹发展的曲折而辉煌的历程，可以清晰地看到中国牡丹以及牡丹文化发展的一些基本规律及栽培格局的形成过程。

牡丹最早以药用植物进入先民们的视野，在为民众治病疗伤和保证健康中发挥了重要的作用。牡丹入药是人们认识牡丹的开端，从此，牡丹进入先民们的视野，与人类生产生活活动有了关联。这是牡丹人文历史的开端，也是牡丹文化的开端。

观赏牡丹始盛于唐代长安，并在中唐形成了一个观赏热潮。唐代牡丹的发展与唐王朝政治、经济、文化的繁荣有着密切的关系。此后，北宋又有过更为辉煌的发展，并在洛阳掀起了一个更为声势浩大的观赏高潮，牡丹审美文化空前繁荣，使得洛阳牡丹成为一个时代的象征而在国家、民族的历史发展中留下深刻的记忆。及至明清，牡丹也有过繁荣时期。由此看来，牡丹栽培事业的盛衰与国家兴亡密切相关。和其他花卉事业一样，牡丹栽培犹如国家政治经济的晴雨表：国家安定繁荣，事业随之兴盛；国家动乱衰败，事业随之凋败。

随着朝代的更迭，牡丹主要栽培中心不断转移。其轨迹为长安 → 洛阳 → 陈州 → 亳州 → 曹州，始终位于黄河中下游（图 1–7）。这是中国牡丹栽培类群形成和发展的一条主线。除此之外，全国还有几个次要中心，从而在中国广阔的国土上逐步形成了 4 个各具特色的栽培类群，即中原品种群、西北品种群、

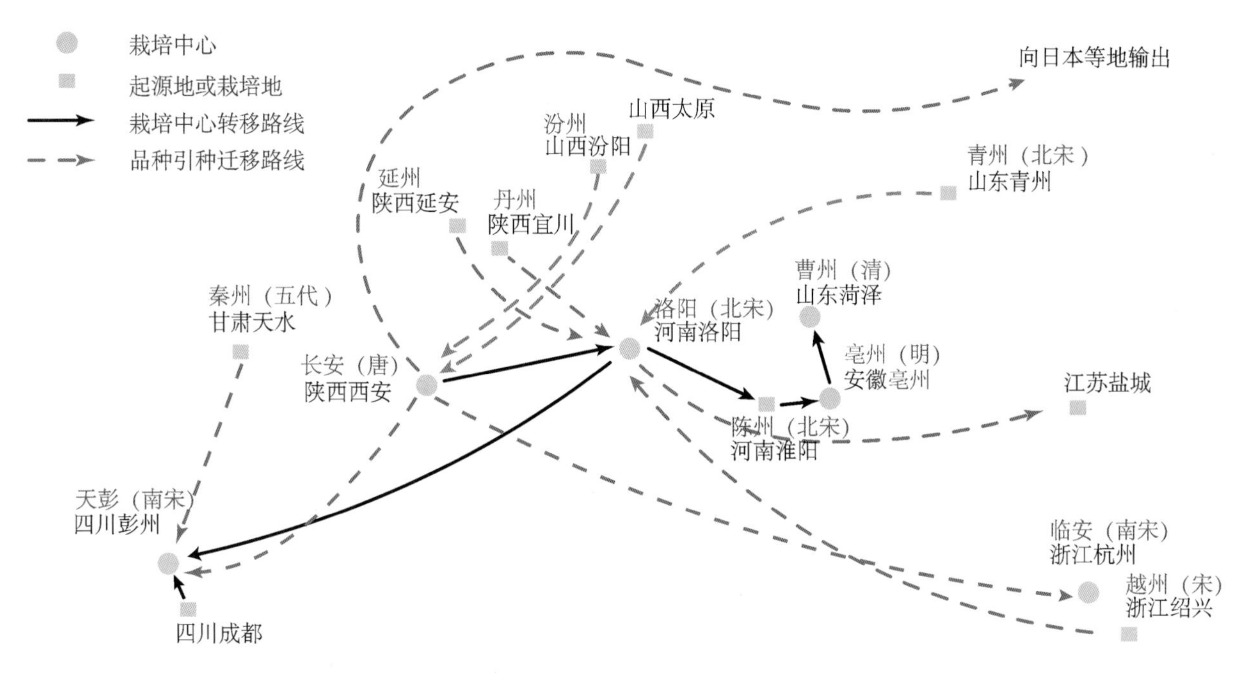

● 图 1-7 **唐宋以来中国牡丹栽培中心的转移**

西南品种群和江南品种群。

牡丹由野生到园艺栽培是在不同地方同时进行的。各地的好品种常常被引到中心栽培区，而中心区的品种也常向各地扩散，即以“集中—分散—再集中—再分散”的方式发展着。当然，不同时期，不同地区，集中与扩散的强度有着较大差别。

从唐代起，牡丹就有了“国色天香”“百花之王”的美誉。此后，牡丹文化逐渐为中华民族广泛接受，牡丹在实际上已经被赋予了“国花”的地位。千百年来，牡丹已经成为国家繁荣富强、民族团结和谐、人民生活美满幸福的重要象征。

第二章

新中国成立后的中国牡丹

1949 年中华人民共和国成立，历史掀开了新的一页。新中国成立后，山东菏泽、河南洛阳的牡丹得到恢复和发展，并在以后的全国性发展中起到了重要的引领作用。牡丹和牡丹文化的发展在历史传承中不断有所创新。牡丹油用保健价值的发现使其进入油料作物行列，从而使牡丹的综合利用提高到一个新水平。在今后经济社会发展中，牡丹将会发挥更为重要的作用。

本章介绍新中国成立以来中国牡丹的发展历程，中国国花评选活动，牡丹社团组织以及全国各地蓬勃发展的花会活动。

第一节
发展历程

一、恢复性发展阶段（1949—1965）

（一）山东菏泽牡丹的恢复性发展

1949 年以前，战乱和自然灾害频发，使菏泽牡丹受到严重摧残。牡丹、芍药种植面积不过 20 hm^2，品种不逾 100 种。新中国成立后，牡丹生产逐步得到恢复。1951—1958 年，菏泽向全国大中城市如北京、西安、太原、济南、青岛、合肥、南京、新乡、保定以及贵州遵义等地输送了多批从事城市绿化及牡丹等花木管理的技术人才。1955 年进入农业合作化时期，赵楼成立万花一社（包括赵楼、李集、洪庙 3 个行政村）专养牡丹、芍药及花木，各村成立牡丹特产队，将分散在农户中的牡丹作价入社，实行统一规划，集中种植。牡丹发展主要以赵楼万花一社为中心，此外还有王梨庄万花二社、何楼百果社。1958 年，赵楼人民公社成立，赵楼万花一社分为赵楼大队、李集大队、洪庙大队，王梨庄万花二社成为王梨庄大队，何楼百果社成为何楼大队，赵守重为菏泽地区牡丹芍药股股长和技术组长。各大队保留牡丹特产队和科学试验小组，配备专职技术人员。以发展牡丹苗木为主，也注重牡丹皮、白芍及其他药材生产。一边搜集民间传统品种，扩大繁殖，一边选育新品种。一直到 1975 年，特产队才陆续

1. 赵体秀（左）教赵孝庆（右）拿芽修剪技术；2. 赵守重（右一）给青年传授人工授粉技术

● 图 2–1　**菏泽花农的传帮带活动**

改为牡丹园，如赵楼牡丹园、李集牡丹园、百花园、古今园等。

从 1955 年开始的传统品种搜集活动和 1956 年开始的牡丹育种活动，为日后洛阳牡丹的崛起和全国牡丹的发展奠定了品种和苗木基础。在此期间，有山东农学院教师周家琪、喻衡等深入生产第一线指导工作。后来，周家琪调北京林学院，不久即派青年教师李嘉珏赴菏泽帮助调查总结牡丹芍药品种与栽培经验，同时开展北京林学院的试验研究工作。而喻衡等继续在菏泽与花农赵守重等合作，一边继续收集整理品种，一边培养指导年青技术人员如赵孝知、赵孝庆、许传进、孙景玉等进行新品种培育，同时进行品种分类、病虫害防治等方面的研究（图 2–1）。其间，李嘉珏完成了《山东菏泽的牡丹与芍药》一书的初稿（1960），喻衡先后有《曹州牡丹》（1959）和《菏泽牡丹》（1980）等著作问世。喻衡教授为菏泽牡丹的发展做出了重要贡献。

1960 年前后，国家经济困难，牡丹生产受到很大影响。山东省及菏泽地区采取了多项补助和扶持政策，从而保住了牡丹品种和一定规模的种植面积。1963 年以后，国民经济复苏，牡丹生产有了转机。到 1966 年，菏泽除支援全国 100 多万株牡丹苗木外，生产面积也恢复到 40 hm^2，传统品种达 112 个，技术队伍也相对稳定下来。

（二）河南洛阳牡丹的恢复和发展

历史上洛阳牡丹初盛于唐，鼎盛于北宋。但靖康之变后，洛阳沦陷，牡丹生产受到严重摧残，此后一直未能得到恢复。明清时期，仅在民间有部分品种得到保存。新中国成立前夕，只残存 30 多个品种，数量不到 2 000 株。

新中国成立初期，特别是第一个五年计划时期，洛阳成为国家重工业建设基地，各种建设事业蓬勃开展，但牡丹的发展并未受到关注。随着工农业发展，城市人口增加，洛阳市园林绿化事业得到发展后，洛阳牡丹这一传统名花的恢复被提上日程。1957 年，洛阳市建设局组织专人深入郊区及城市居民区进行了较为详细的调查，查明尚有牡丹古老品种 30 余个，并收集于老城的南关人民公园。1958 年因大雨积水淹死一部分。此外，1956 年新建的王城公园建有大型牡丹花坛，除收集洛阳品种外，主要从山东菏泽引进一些品种。

1959 年 10 月，国务院总理周恩来视察洛阳涧西工业区，当听到洛阳牡丹濒临绝境时，对洛阳牡丹的发展表示了极大的关注。

周总理的关心使洛阳加快了发展牡丹的步伐。洛阳除继续搜集当地品种外，也开始重视从菏泽引进品种和苗木。1959 年秋，洛阳王城公园王二道、王三道两位技术人员到菏泽拜赵守重等老花农为师，学习牡丹栽培技术，同时引进品种、苗木。此后，洛阳王世端、吴鹤等在两地牡丹交流中也做了大量工作。从 1957 年起洛阳从菏泽引进品种、苗木，到 20 世纪 80 年代每年引进约 10 万株，20 世纪 90 年代每年 20 万 ~ 30 万株，在 2000 年以后的几次大发展中，每年达百万余株。在洛阳牡丹的恢复性发展过程中，菏泽牡丹发挥了至关重要的作用，大量的中原牡丹在洛阳得到发扬光大。而洛阳牡丹快速发展的需求也大大推动了菏泽牡丹的发展，加快了菏泽牡丹品种更新换代的步伐。

二、缓慢发展阶段（1966—1977）

1966 年至 1977 年 10 余年时间，养花种草曾被当作资产阶级的生活方式予以批判。在山东菏泽，这一时期观赏牡丹的发展受到影响，但药用牡丹生产得到发展，并使观赏牡丹得到了保护，特别是一些优良品种没有受到损失，还促进了育种升级，所培育的新品种多为药用、观赏两用品种（图 2–2）。

为了促进药用牡丹的发展，山东省中药材管理部门曾下达菏泽地区生产丹皮 15 万 kg 的计划，但因种苗不足，实际完成不过 1 万 kg。此时，菏泽开始了牡丹药用品种的引进和发展。据亲自参与该项工作的赵孝庆回忆：1967 年菏泽地区药材公司开始从安徽铜陵引进生产丹皮的品种（到菏泽后称为‘凤凰山’‘凤丹白’，简称‘凤丹’），1968—1970 年连年从湖北恩施地区建始、巴东一带引进生产丹皮的品种，到菏泽后分别定名为‘锦袍红’‘建始粉’‘湖蓝’等品种。此外，还从湖南邵阳引进‘香丹’等品种和丹皮刮皮机械。由于经济效益可观，药材种植面积连年翻番。但药用牡丹、白芍等发展过快，产能过剩

● 图 2–2　1972 年菏泽大田人工授粉活动

又导致产品积压，以致从 1970 年起药材部门开始限产。而同期牡丹观赏苗木特别是优良品种苗木却供不应求，只能排队求购，往往购买 100 株一般品种才能搭配一两株名贵品种。1975 年，菏泽药用牡丹种植面积达 166.66 hm^2。而观赏牡丹的育种并未间断，到 1972 年已选育了 250 多个品种。在此期间，赵孝庆为赵楼特产队技术组组长，带领赵楼特产队技术人员搞新品种选育和栽培技术研究，于 1973 年写作《菏泽牡丹品种全谱》，收录菏泽传统牡丹品种 356 种。还有《菏泽牡丹新品种谱》收录新品种 262 种。上述两谱毛笔手稿原稿收藏在菏泽中国国花馆。1977 年，赵孝庆、赵建修写出了《菏泽牡丹栽培技术》第一稿，该书于 1997 年出版。

同期，河南洛阳的观赏牡丹加快发展中，在公园、企业、厂矿扩大种植。到 1977 年洛阳王城公园、涧西人民公园（后改名为牡丹公园）、铜带厂、手表厂、拖拉机制造厂、园林局一苗圃、园林局二苗圃都到菏泽大量引种，牡丹种植规模迅速扩大。至此，洛阳牡丹已有品种 150 余个，数量增至 14 万株以上。

三、迅速发展阶段（1978—2011）

1978 年十一届三中全会后，党和国家把工作重心转移到经济建设上来，实行改革开放，中国进入一个新的历史发展时期。随着经济社会发展和人民生活水平提高，花卉生产成为人民群众经济文化生活中不可或缺的部分，观赏牡丹进入一个快速发展期。

（一）菏泽、洛阳牡丹快速发展的引领作用

改革开放以来，洛阳、菏泽牡丹的快速发展，对全国牡丹的发展起到了重要的引领作用。

1. 确定市花，举办花会，创建名园，扩大种植规模

最早确定牡丹为市花的是洛阳。1982 年洛阳市人大常委会通过决议，确定牡丹为洛阳市花，并决定举办牡丹花会。此举不仅促进了洛阳牡丹的恢复和发展，也有力地推动了洛阳经济社会的繁荣。2011 年洛阳牡丹花会升格为中国洛阳牡丹文化节，成为国家级重要节会。在花会活动的推动下，洛阳建设了一批具有影响力的大中型牡丹园。如 1992 年 7 月经国家林业部批准，在原洛阳市郊区苗圃基础上建立国家牡丹基因库，2003 年 3 月经国家林业局（现国家林业和草原局）批准建立中国洛阳国家牡丹园。这是目前唯一一个以国家名义命名的牡丹专类园。除洛阳国家牡丹园外，还有王城公园、西苑公园、中国国花园、隋唐城遗址植物园牡丹园、国际牡丹园以及神州牡丹园等近 20 个牡丹观赏名园。

1979 年菏泽赵楼牡丹园应深圳市政府请求，在深圳举办“中国牡丹博览会”，展出牡丹品种 160 多个，3 000 余盆，从农历腊月十五开始展至第二年二月二结束，规模之大，品种之多，展期之长，堪称“世界之最”。1980 年春节，山东菏泽赵楼牡丹园提供牡丹盆花，由澳门旅游娱乐有限公司举办了“中国牡丹花展览会”，有 2 000 盆牡丹参展，被誉为“牡丹盛会四百年首见”。当时霍英东为博览局主席。1982 年，菏泽将牡丹乡毗邻的赵楼、李集、何楼三个牡丹园合并为“曹州牡丹园”，占地 100 hm^2，成为中国乃至世界最大的牡丹专类园。1982 年 10 月 23 日，国家领导视察了曹州牡丹园，听取汇报后指示“要建设以牡丹为主的花园，让群众四季有花看”。1984 年，政府投资建立了“曹州百花园”。以后又陆续恢复和新建了古今园、精品牡丹园（中国牡丹园）、天香牡丹园、凝香牡丹园、瑞璞神农牡丹产业园（即国家牡丹与芍药种质资源库）等 7 个名园。

1992 年，经国务院有关部委同意后菏泽举办了中国菏泽国际牡丹花会，之后又升格为中国菏泽国际牡丹文化旅游节。

2012 年，中国花卉协会命名河南洛阳为“牡丹花城”，命名菏泽为“牡丹之都”。

2. 丰富品种，提高栽培技术，努力延长花期

菏泽的牡丹育种活动有较好的群众基础，并一直在坚持进行，全国流行的中原牡丹品种 80% 以上来自菏泽。从 1970 年代起菏泽也不断从事品种引进。菏泽的优点是消化能力强，引进的好品种，很快就能批量繁殖并用于商业销售。而洛阳的引种则主要用于丰富园林景观，尽可能延长花期，并从中获得效益。洛阳有 2 次大规模引种高潮，不仅从菏泽大批量引进品种和苗木，还从甘肃陇西、临洮大量引进西北品种，从日本引进日本品种。其中西北紫斑牡丹还带有许多大苗，不过这些大苗大多陆续死去，仅有少量活下来。而日本品种引种较为成功，在延长花期等方面发挥了重要作用。如果配置得当，牡丹花期也可延长到 40 ~ 45 天。菏泽、洛阳目前都拥有各类牡丹品种 1 300 个以上。截至 2019 年年底，洛阳全市保存有各类牡丹品种 1 367 个。

除品种丰富度提高外，栽培技术也在不断提高，包括春节盆花生产技术。从不同时期牡丹专题展上的表现可以看出菏泽、洛阳各自的优势和差距。如 1999 年昆明世界园艺博览会上的牡丹专题展及展品竞赛，菏泽参展展品获得 81 块奖牌，占大会设置牡丹单项竞赛总奖牌的 73%，其中特别奖 21 项，占 66.7%，金奖 10 项，占 83.3%，拔得头筹。2009 年 9 月 26 日至 10 月 5 日第七届中国花卉博览会在北京市顺义区及山东省青州市举办。洛阳举办了牡丹专题展，并获奖 184 项，其中金奖 19 项，银奖 44 项，铜奖 52 项，取得总分第一名的好成绩。总而言之，在各个展会中，菏泽与洛阳各领风骚，推动了牡丹栽培技术水平的提高。

3. 扶持龙头企业，实施产业化发展战略

各地注意扶持龙头企业，一批民营企业逐渐成长起来。各地在实践中逐渐认识到产业发展的重要性，开始编制发展规划。如 1999 年 5 月，洛阳市编制了 1999—2000 年洛阳市牡丹发展规划，提出如下指导思想：“以创建优秀旅游城市为契机，以促进经济发展为目的，以市场为导向，以种植为依托，积极扶持龙头企业，坚持牡丹开发同城市绿化、美化、旅游景点配置相结合，商品牡丹与观赏牡丹相结合，生产与科研相结合；突出重点，连片发展，推动牡丹产业化经营，努力把洛阳建成全国牡丹科研和观赏中心。”同期，菏泽也制定了相应的发展规划。

4. 抓典型示范，促经济发展

典型示范和带动在牡丹发展中也起着重要作用。如洛阳市孟津县平乐村就曾获得“中国牡丹画第一村”的称号。该村邻近旅游胜地白马寺，此寺因公元62年东汉明帝迎接西域入贡飞燕铜马筑平乐观得名。平乐村民有崇尚文化艺术的传统，改革开放以来，从事书画艺术的人逐渐增多。在相关部门引导和专业画家指导下，形成了平乐农民牡丹画的风格和特色。2007年4月，该村农民画家组建了“洛阳平乐牡丹书画院”。目前已拥有国家、省市画协、美协会员20余名，牡丹画专业户100多个，牡丹画爱好者300余人，年创作生产牡丹画8万幅，销售收入超500万元。2007年，平乐被河南省文化厅授予“河南特色文化产业村”称号，被文化部、民政部命名为“文化艺术之乡”（图2–3）。

● 图2–3 洛阳平乐（农民）牡丹书画院的创作活动

1973年，《人民日报》曾报道山东菏泽赵楼为“中国牡丹之乡”，有力地促进了菏泽经济社会的发展。而在菏泽市巨野县则有工笔牡丹画产业的兴起。巨野县书画艺术源远流长，产生了许多书画世家。20世纪80年代中期书画业从业人员即已发展到500多人，90年代更达1 500人，涌现了不少书画专业村、专业户，并在20世纪末形成了以工笔牡丹、仕女为特色的巨野画派。画作多次在全国或省级比赛中获奖。1999年初，巨野县委、县政府提出“发展书画产业”的发展思路，2000年又进一步提出“发展工笔画产业，搞活巨野经济”的构想，将工笔画作为全县经济工作中一门新兴产业来抓。同年11月，中国文联命名巨野县为“中国农民绘画之乡”。2005年5月，巨野县成立县书画院；2012年5月，县农民绘画培训基地启用，中国工笔画学会命名巨野县为“中国工笔画之乡”。该县借机采取了一系列措施和活动，并落实到2 000名农民画师的培训上。

巨野县书画院坚持精品创作意识和产业发展并重，走品牌化、规模化、专业化之路使巨野工笔画知名度和影响力全面提升。2018年1月，巨野县书画院受邀为上海合作组织青岛峰会创作了世界上最大的工笔牡丹画《花开盛世》，放置在宴会厅前迎宾大厅，成为习近平主席会见与会国家元首的盛大背景。同年7月，又受邀为首届中国国际进口博览会创作巨幅工笔画《锦绣春光》，置放在上海国家会展中心大厅，展示了巨野工笔牡丹画的艺术魅力，也为中国主场外交增添了光彩。

（二）在全国范围内多次掀起牡丹引种与推广热潮

这一时期，牡丹在全国得到普及。据《中国牡丹全书》编辑部调查（2002），全国除海南省外，几乎所有省（市、区）都有了牡丹栽培。从20世纪90年代以来，在不同地区先后有过几次发展高潮。

1. 甘肃紫斑牡丹的推广热潮

随着对甘肃紫斑牡丹（品种群）研究的深入和认识的提高，1994年甘肃省花卉协会召开“紫斑牡丹学术研讨会”，1996年中国花卉协会牡丹芍药分会召开兰州年会与牡丹产业发展研讨会。此后，迅速在国内外掀起一股“紫斑牡丹热”，尤其是国内华北、东北及西北地区，同时也促进了紫斑牡丹向日本、欧美各国的输出。

2. 东北地区的牡丹发展热潮

东北地区从1970年开始引种中原牡丹，90年代掀起发展热潮。各地先后从山东菏泽、河南洛阳及甘肃兰州等地引种牡丹，并以从甘肃产区引进的紫斑牡丹品种表现最好，耐寒性较强，在吉林长春以南可以露地越冬。东北地区从南到北建成多个牡丹园，其中长春市中心的长春牡丹园游客量日最高达60万人。

3. 江南牡丹的发展热潮

江南地区的气候土壤并不利于牡丹发展，但这一带快速发展的经济文化建设一直对牡丹的发展有着强烈需求，促使牡丹发展长盛不衰。江苏、安徽南部，上海、浙江等地常见引种牡丹，兴建牡丹园林。虽然有些地方能取得一定效果，但北花直接南引问题较多，尚须认真总结。

4. 国外牡丹的引种热潮

1978年以来，随着与国外交流的增多，牡丹品种的交流也频繁起来。特别是河南洛阳、山东菏泽与日本主要牡丹产区的品种交流最多，并以2000年前后，河南洛阳引种日本牡丹的规模最大，时间最长。据报道，1999年洛阳从日本岛根县引进品种106个(共计5 812株,包括日本及美国、法国品种),株龄3~8年,引进的晚开品种使洛阳牡丹整体花期延长6~10天,成为洛阳牡丹花会后期一大亮点。2000年再次从岛根县引进56个品种3~6年生植株5 580株。2008年又一次引进38个品种3~4年生植株2 635株,其中60%的品种为新品种,如'紫晃''八云'等。几次累计引进品种162个(李清道等,2013)。由于2008年后陆续仍有引进,总数当在200个左右。此后,各地关注国外牡丹芍药组间杂交品种(伊藤杂种)的引种推广,对于丰富牡丹芍药品种、延长观赏期、推进切花生产也有着重要意义。截至2020年底,全国各地引进伊藤杂种49个。

5. 大陆与台湾之间的牡丹交流

台湾有喜爱牡丹的传统,在气候温凉的中海拔山地有牡丹栽培。以阿里山祝山牡丹园、南投县竹山镇杉林溪森林游乐区牡丹园和基隆小康农场的牡丹为盛。祝山牡丹园建立于1975年,品种多引自日本。

2011年3月,台湾首次举办台北国际花卉博览会,通过河南省政府邀请到洛阳牡丹参展,由洛阳神州牡丹园承办。这次参展的36个品种1 500盆花,占地面积170 m^2。3月10日预展日即有上万人参观,引起轰动。展览到期后又应台湾同胞要求延长5天。14天展览参观人数达35万人,盛况空前。随后,从2013年起,神州牡丹园又应邀在南投县持续举办了4届"杉林溪洛阳牡丹文化节"。通过牡丹和牡丹文化的交流,加深了两岸同胞的情谊。

四、全面发展阶段(2011—)

(一)油用牡丹的发展高潮

1998年洛阳祥和牡丹公司詹建国研发牡丹花瓣茶。2004年菏泽瑞璞公司赵孝庆等研究发现牡丹种子含油率高,大多在22%~24%,并且牡丹籽油不饱和脂肪酸含量在90%以上,其中α-亚麻酸在40%以上,是一种高级保健食用油。在经过相关试验后申报了新资源食品。2006年洛阳全福食品有限公司的牡丹饼面世。2011年、2013年由山东菏泽、河南洛阳分别申报的牡丹籽油和牡丹花茶获得国家卫生部新资源认证,这对牡丹产业的发展产生了重要影响,成为中国牡丹发展史上一个重要的里程碑。从2011年下半年起,在全国范围内掀起了油用牡丹发展高潮。2014年12月国务院办公厅发布《关于加快木本油料产业发展的意见》，将油用牡丹与核桃、油茶一起列为木本油料重点发展对象，更促进了油用牡丹的快速发展。山东、河南、陕西、湖北、甘肃、河北、山西等省先后编制了油用牡丹发展规划。从 2013 年到 2016 年，全国牡丹每年以 2.5 万 ~ 3.5 万 hm^2 的面积快速增长，2017 年底很快达到 20 万 hm^2 左右。由于加工与销售渠道不畅，牡丹籽价格大幅下滑，单纯面积快速增长的势头才被遏制下来，逐步走向科学理性发展之路。

就省级范围而言，陕西牡丹发展步伐较稳，但 2015—2018 年 4 年新增面积也有 68 万亩，总面积达到 72 万亩。新建各类兼用型牡丹基地或园区达 200 多个。有的公司油用牡丹产业园区实现了全程管理机械化。有的公司将油用牡丹与生态扶贫结合起来。如陕西宏法产业开发有限公司发展油用牡丹 4 万亩，在 6 镇 38 村带动 6 230 户 1.49 万人就业（其中贫困户 2 290 户）；陕西田笛伸农业有限公司在西乡 9 镇建牡丹生态园区 3 万亩，带动贫困户 819 户。

习近平总书记 2013 年 11 月到菏泽调查研究，考察了菏泽牡丹产业园区，在展厅、车间了解牡丹情况，得知牡丹不仅可以观赏、药用，还能炼出牡丹籽油，开发出茶、精油、食品、保健品，表示对牡丹十分感兴趣。后来他在《做焦裕禄式的县委书记》一文中写道，我们在尧舜牡丹产业园了解了牡丹产业发展及带动农民致富的情况。对牡丹除观赏旅游价值之外的加工增值价值有了新的了解，可以说长了见识。

（二）牡丹的综合开发之路

经过一段时间的探索，牡丹产业的发展思路逐渐清晰起来：一是要从各地实际出发，因地制宜，实现观赏牡丹、药用牡丹与油用牡丹发展的有机结合；二是在产业结构上，种植业、加工业和服务业，即第一、二、三产业要协调发展，走综合开发之路。下面是几个重点地区产业发展的情况：

1. 种植业的发展

山东菏泽牡丹种植面积 2014—2016 年间新增 8 万余亩，2019 年已达 48.6 万亩，其中观赏牡丹 5 万亩。探索出牡丹 + 果树、牡丹 + 绿化苗木、牡丹 + 中药材、牡丹 + 粮农作物等多种高效种植模式，使农民增加收入（800 ~ 1 000 元 / 亩）。年出口种苗 200 万株，占全国的 90%。全市从事牡丹种植推广人员 5 000 多人，从事种植、加工、销售人员 5 万余人。近 5 年输出牡丹种苗 60 亿株，产值 10 亿多元。2018 年牡丹产业总产值 80 亿元。

河南洛阳截至 2019 年底全市累计发展牡丹 36 万亩，其中观赏牡丹 5 万亩，油用牡丹 31 万亩。全市有规模的牡丹园 20 个，牡丹种植企业（含种植专业户）173 家；年产观赏种苗 1 405 万株，盆花种苗 379 万株，芍药鲜切花 800 万枝，油用牡丹种苗 2.075 亿株，牡丹籽 824 t，盆栽 50 万盆，直接经济效益 1.59 亿元。2020 年春节生产盆花 36 万盆，预计利润 3 500 万元。

2. 加工业的兴起

在 2011 年 3 月 22 日，国家卫生部批准瑞璞牡丹籽油为新资源食品之前，瑞璞公司就已研发出牡丹籽油、牡丹花蕊茶、牡丹花茶等，以后又相继开发出部分牡丹日化品及牡丹功能食品。2011 年 3 月后，其他企业也加入研发，一批民营企业发展起来，各类产品有 200 多种。2011 年成立的菏泽尧舜牡丹生物科技有限公司年牡丹籽加工能力达 2.5 万 t。菏泽还有蓝天蓝、谷雨牡丹、华瑞油脂等，共有加工企业 13 家，其他各类牡丹生产、加工、销售企业 120 余家。2018 年加工产值 6 亿元。

2019 年，河南洛阳有牡丹深加工企业 28 家，产品 200 余种，专利 345 项。产品包括以下系列：牡丹籽油、牡丹鲜花饼、牡丹花茶、牡丹酒、牡丹保健品、牡丹真花艺术品、牡丹永生花、牡丹香、牡丹日化品。年产值 2.58 亿元，年销售额 2.25 亿元。此外，洛阳还有牡丹文化衍生品生产企业 15 家，有专利 542 项。产品有牡丹瓷、牡丹画、牡丹玉石、牡丹丝绸、牡丹剪纸、立体金属牡丹、牡丹画扇、牡丹元素办公用品等，年产值 1.18 亿元，年销售额 1.09 亿元。有牡丹流通销售企业 10 家，年销售收入 2.27 亿元。

3. 旅游业的成就

洛阳、菏泽以及彭州等地举办牡丹花会带动了旅游业的发展，进一步推动了当地经济社会的发展，成效显著。2019 年，洛阳牡丹文化节接待游客 2 917.75 万人，综合收入 274.28 亿元；菏泽国际牡丹文化旅游节接待游客 1 057.68 万人，综合收入 73.79 亿元。

（三）牡丹科技文化的发展与繁荣

牡丹产业的发展离不开科技与文化的支撑。近 20 年来，牡丹科技与牡丹文化的发展有以下特点：

1. 人才培养与科技研发能力不断提升

人才培养上，河南科技大学与菏泽学院先后成立了牡丹学院。科研团队建设上，北京林业大学园林学院、中国科学院植物研究所、中国林业科学研究院林业研究所、中国农业科学院蔬菜花卉研究所等都有牡丹研究团队，是一批牡丹科研的中坚力量；在地方上，甘肃省林业科技推广总站、上海辰山植物园科研中心、河南科技大学农学院、湖南农业大学、甘肃农业大学、四川农业大学等也有科研团队开展工作。此外，河南洛阳 1983 年成立洛阳市牡丹研究院（2019 年归属洛阳农林科学院），1995 年成立牡丹协会。菏泽于 1982 年成立牡丹研究会，1989 年成立菏泽市牡丹研究所。2011 年菏泽尧舜牡丹生物科技公司成立中国牡丹应用技术研究院等。2015 年瑞璞公司成立菏泽牡丹产业研究院。总的看来，科技研发能力在不断提升。国家和重点省份的财政支持力度也在不断增强。菏泽市一些企业与中国科学院、江南大学等 20 余所高等院校、科研院所建立紧密合作关系，对牡丹产业中的关键技术进行深度研发，取得科研成果 40 余项，相关专利 24 项。

2. 牡丹育种工作不断有所突破

牡丹育种历来以群众性育种为主，并以菏泽成效显著。目前国内流行的 200 多个品种基本上以菏泽品种为主。但近 20 年来，中国牡丹育种专家在牡丹远缘杂交上有重要突破，育出新品种近 200 个。中国与日美欧等国家和地区在远缘杂交上的差距大大缩小。

牡丹品种整理取得阶段性成果，并出版了相关的牡丹专著。如王莲英主编的《中国牡丹品种图志》（1997），李嘉珏主编的《中国牡丹品种图志》（西北、西南、江南卷）（2005）等。李嘉珏主编的《中国牡丹》是帮助洛阳国家牡丹园整理品种的总结，2011 年 4 月首发式在洛阳国家牡丹园举行。2015 年，王莲英、袁涛《中国牡丹品种图志・续志》出版。

3. 牡丹文化旅游促进了各地经济社会的发展

改革开放以来，洛阳、菏泽、彭州以及全国各牡丹产区举办的牡丹（芍药）花卉或文化旅游节，其规模之大，活动内容之丰富，项目类型之多，大大超过了历代花会。这既是对中国传统文化的传承，又是一种文化创新之举，对促进国内外人文交流、经贸往来、经济社会发展都起到了重要作用。

2011 年下半年掀起的油用牡丹发展热潮也带动了观赏牡丹的发展。各地新建不少牡丹园，带动了牡丹观光旅游业。除河南、山东以及四川外，成效显著的还有陕西。该省大小牡丹基地有 200 多个，每年 4 月，牡丹从陕南到陕北依次而开，盛况空前。大唐盛世，唐都长安牡丹有过灿烂辉煌，但 1 000 多年过去，盛世牡丹风光不再。如今，陕西提出“牡丹归来”的文化引领，牡丹花再度盛开在三秦大地，气势远远超过昔日长安。

4. 牡丹和牡丹文化影响力明显增强

牡丹文化旅游的兴起是牡丹文化繁荣的一个表征。而牡丹作为国家形象在重大场合的应用更提高了其在国人心目中的地位。洛阳牡丹作为指定用花在 2008 北京奥运会、北京 APEC 国际会议、上海世界博览会、第二届“一带一路”国际合作高峰论坛等重大活动中，向世人展示了其独特的魅力（图 2–4、图 2–5）。在 2012 荷兰国际园艺博览会上中国牡丹也展示了迷人的风采。2014 中国（青岛）国际园艺博览会“中国牡丹、芍药盆花及新品种展览与竞赛”中，洛阳市参展团斩获了 5 个分组冠军中的 3 个，18 个金奖中的 13 个，取得了冠军第一、金

● 图 2–4　2008 年北京奥运会钓鱼台国宾馆宴会厅主宾席上的牡丹花

● 图 2-5　2014 年北京 APEC 国际会议宴会厅的牡丹插花

奖第一、奖牌第一的佳绩。2016 年春季牡丹花开时节，洛阳市 1.2 万盆牡丹亮相北京故宫博物院，昔日紫禁城牡丹花开的盛况仿佛重现。2018 年 4 月在外交部举办的“新时代的中国：与世界携手让河南出彩”主题推介活动中，由洛阳制作的牡丹鲜花墙成为最佳留影地；现场展示推介了洛阳牡丹全花茶、牡丹鲜花饼两类牡丹产品，非物质文化遗产四个动态展示中的洛阳牡丹画、牡丹剪纸列在其中。洛阳牡丹元素充分向 150 多个国家展示了洛阳的风采，为洛阳牡丹快速走向世界开启了良好的开端。2018 年，菏泽牡丹新品种被上海合作组织元首理事会、青岛峰会组委会定为“上合牡丹”。2018 年 6 月 9 日，习近平主席在青岛会晤参加上海合作组织成员国元首理事会第 18 次会议的各国元首，并在山东巨野书画院巨幅工笔牡丹画《花开盛世》前合影。该画画面高 4.2 m，长 15.5 m，有牡丹花 218 朵。同年 11 月 5 日，首届中国进口博览会在上海举行，习近平主席与各国企业代表又在巨幅牡丹工笔画《锦绣春光》前合影。该画画面高 3 m，长 15 m，有 5 种花色牡丹 130 朵。此作品寓意是：构建人类命运共同体，共同建设美好世界，在世界五大洲以及参会的 130 个国家和地区的共同努力下，国际贸易迎来新的春天，中华民族即将实现伟大复兴，世界各国人民将共同享有和谐、安宁、富裕的美好生活。而这一切，正是牡丹文化和牡丹精神的主旨所在。

2019 年北京世界园艺博览会牡丹芍药专题展及国际竞赛，是中国牡丹影响力的集中展示。在这次展会上，洛阳展品获得 223 项奖牌，菏泽展品获得 70 余个奖牌。中国牡丹将继续为中国人民和世界人民带来美丽和健康。

2017 年 12 月，洛阳市人民政府办公室印发《洛阳市牡丹产业发展规划

（2017—2025 年）》，确定了牡丹产业总体思路和发展目标，对牡丹产业进行了科学分类和产业布局，制定了四个体系建设的具体任务。《规划》对指导牡丹产业健康持续快速发展将起到重要作用。2018 年菏泽编制的《菏泽市牡丹产业发展总体规划（2018—2022 年）》提出：2022 年，全面完成菏泽市国家农业科技园区建设；培育 20 家龙头企业，建设 20 座牡丹园林综合体，建设中国牡丹应用技术研究院、牡丹国际商品大市场、牡丹籽选育和收储中心三个核心服务平台；打造牡丹“种苗繁育、花卉培植、精深加工和文化旅游”四大产业集群；培育总产值超过 500 亿元的牡丹产业。

第二节
牡丹评选国花

一、国花评选的意义与评选标准

（一）国花评选的意义

按照国际惯例，一个国家除了有自己的国旗、国徽、国歌外，还应有国花。目前世界上已有 100 多个国家确定了国花。中国是个历史悠久、有灿烂文化的文明古国，还是世界“园林之母”，但由于种种原因，自新中国成立至 1994 年仍未确定国花，是当时世界上唯一没有确定国花的大国。随着我国政治稳定、经济文化的繁荣，尽快把国花确定下来，具有重要的现实意义与深远的历史意义。

1. 振奋民族精神，增强民族凝聚力

国花是国家和民族精神的象征。各种花卉因其花容、花姿不同，历史和文化内涵各异，人们赋予它的文化象征意义也有着很大差别。人民群众往往要选择最能代表国家民族精神，能代表多数民众理想、愿望和追求的观赏植物或经济植物作为国花。因而国花确立后，对于加强国民爱国主义教育，激发广大人民群众热爱祖国、热爱家乡、热爱大自然的热情，增强民族进取心和凝聚力，具有重要意义。

2. 鼓舞民众投身绿化祖国、美化家园、生态文明建设

建设美丽中国，实现生态文明，是新时代社会主义中国建设的重要内容。国花的确立，将推动各地省花、市花、县花的评定。一花带动百花开，将使美丽中国、美丽乡村、生态文明建设更上一层楼，取得更大成就。

3. 提高发展花卉产业重要性和必要性的认识

随着人民群众生活水平的迅速提高，对环境美化、大地园林化的要求愈加迫切，也为花卉产业的发展提供了广阔天地。国花的确定将有助于提高各地对花卉产业重要性和必要性的认识，从而进一步发挥花卉产业在两个文明建设中的作用。

（二）评选国花的条件和标准

各国评定国花的标准和条件不尽相同，其象征性和代表性大体上有以下几种：一是突出反映本国民族的情感和特征；二是纪念为祖国独立自由而战斗的民族英雄；三是出于宗教信仰的需求；四是考虑经济效益。

1994 年在中国国花评选活动中提出当选国花的条件有以下几点：

第一，栽培历史悠久，适应性强。在我国大部分地区有影响，在国际上居领先地位。

第二，花姿、花色等特性能反映中华民族优秀传统和性格特征。

第三，用途广泛，为广大人民群众喜闻乐见，具有较高的社会效益、环境效益和经济效益。

二、1994 年的国花评选活动

（一）评选过程

根据中华人民共和国第八届全国人民代表大会第二次会议第 0440 号《关于尽快评定我国国花的建议》议案，批转农业部研究办理。农业部立即责成中国花卉协会于 1994 年在全国有组织、有领导地开展广泛深入的评选国花活动。为了组织好全国的评选活动，组建了由国务院有关部委负责同志参加的全国国花评选领导小组及办事机构——国花评选办公室。同时成立了由园艺界权威专家组成的专家组，制定了国花评选办法和当选国花的条件。各地也相应成立了领导小组和办事机构。

整个评选活动大体上分为三个阶段：3～5月为组织、宣传、发动阶段；6～11月为讨论和评选阶段；11月中旬至12月中旬，按照公布的候选方案进行评选和确定评选结果。在第一阶段，为了使全国人民了解评选国花的意义，积极参加评选活动，在《中国花卉报》等专业报刊上开辟了“国花大讨论”“大家都来选国花”专栏，得到了全社会的热烈响应，并在9月、11月召开了两次新闻发布会，把评选国花大讨论逐步推向高潮。11月14日公布了“一花”和“四花”两套候选方案后，各地又开展了热烈讨论，仅北京二十几家大报发表评选国花的文章就达200多篇。评选国花活动宣传深入，内容丰富，参与广泛，争评激烈。

在活动组织上，北京市率先成立了以市政府领导挂帅的国花评选小组，在主要繁华地段及18个区县开展了国花评选宣传，并设立咨询日，组织知名专家在电视台、电台通过热线解答群众关心的各种问题。在河南洛阳、山东菏泽则由市政府出面联合10省市与中国花卉协会牡丹芍药分会组成“牡丹争评国花领导小组”及办公室，开展有关活动，并组织有关专家分赴20个省区进行为期1个月的调查与宣传活动。

（二）评选结果

评选活动进行过程中，开始提出5种方案，涉及25种花，后来缩小到4种方案10种花，最后集中为2种方案4种花。各地一般以两种方式汇集群众意见，一种是印发一定数量的选票，在主要地区和重点行业投票推选；一种是组织领导、专家、群众代表等进行座谈讨论后表决。两套候选方案的出台，都是经过“两上两下”的反复讨论，在充分发扬民主的基础上集中形成的。

整个评选活动历时10个月。根据31个省、区、市上报评选结果，赞成一国一花（牡丹）的占58.06%；赞成一国四花（牡丹、荷花、菊花、梅花）的占35.48%；提出其他花卉的约占6.45%。经全国国花评选领导小组讨论，按照少数服从多数的原则，最终决定推选牡丹为我国国花，兰花（春）、荷花（夏）、菊花（秋）、梅花（冬）为四季名花。

推选牡丹为国花的依据有以下几点：

第一，一国一花能够突出国花的崇高形象，集中反映国花的象征意义，旗帜鲜明，过目不忘。

第二，国花是表达人民情感、象征民族特征的标志，应突出重点，不求面面俱全。

第三，牡丹寓意富贵吉祥、幸福美满，是繁荣昌盛、兴旺发达、政通人和的象征，与我国以经济建设为中心、实现富民强国的奋斗目标相吻合。

第四，我国有 14 亿人口，56 个民族，牡丹在气势、体量上与我们这个泱泱大国最为匹配。

第五，牡丹品种繁多，适应性强，用途广泛。作为中国传统名花，已有 1 600 多年的栽培历史。现已培育出具有不同用途的品种 1 000 多个，并且掌握了不同季节花期调控技术，可以实现四季开花。

第三节
中国花卉协会牡丹芍药分会

一、协会的成立

牡丹、芍药是中国传统名花，其中牡丹更被誉为“百花之王”，而芍药则被推为“花相”（花中宰相），在中国绚丽多姿的百花园中享有崇高地位。

中国牡丹芍药协会（1994 年改为中国花卉协会牡丹芍药分会）于 1989 年 4 月 20 日在中国著名历史文化名城、中国牡丹芍药栽培应用中心河南省洛阳市正式成立。成立大会有 20 个省（市、区）50 多个单位的领导、专家及生产单位代表 76 人参加。会议通过了《中国牡丹芍药协会章程》，选举产生了协会领导机构。

会议确定协会的主要工作任务是：①抓紧品种整理，建立品种资源圃。②调查、引种、开发牡丹芍药野生种质资源。③积极争取获得世界牡丹品种登录的授权。④搞好牡丹芍药宣传和科普活动，争取使牡丹成为我国正式国花。⑤积极协调和促进牡丹芍药的商品化生产和不定期出版会刊等。

中国牡丹芍药协会的成立是中国牡丹芍药发展进程中的一个重要事件。从此，中国牡丹芍药的发展，就与中国牡丹芍药协会的引导与支持息息相关。

二、协会机构与领导成员

（一）协会机构

中国花卉协会牡丹芍药分会为全国性机构，挂靠北京林业大学，并在该校设立办公室。除全国性机构外，安徽省单独设立安徽省牡丹协会；河南洛阳、山东菏泽等地级市设有牡丹芍药协会；部分主产县如甘肃省临洮县，2016 年成立了甘肃临洮牡丹芍药协会。

按照协会章程成立理事会，经会员代表大会选举产生会长、副会长、常务理事、理事等，并产生秘书长、副秘书长。

第一届理事会成员：会长陈俊愉，副会长王莲英、刘炳旺、赵守增，秦魁杰为秘书长，章月仙、吴鹤、张佐双为副秘书长。

1994 年成立的第二届理事会主要成员：会长王莲英，常务副会长张佐双，副会长杨千程、吴延印、李嘉珏、罗兆兰、赵书钧、秦魁杰，秘书长张佐双（兼）。

2000 年成立的第三届理事会主要成员：会长王莲英，副会长秦魁杰、李嘉珏等，秘书长金志伟。

2018 年 5 月第九届理事会主要成员：会长王莲英，副会长秦魁杰、李嘉珏、张佐双、张贵宾、胡永红、陈学湘、李清道、康仲英，秘书长王雁，副秘书长袁涛、刘政安、李晓奇、何丽霞、付正林、乔永新、王帮容。

（二）主要领导成员

1. 陈俊愉（1917.9.21—2012.6.8）

中国花卉协会牡丹芍药分会首任会长。安徽安庆人，出生于天津市。1940 年金陵大学园艺系毕业，1943 年同校园艺研究部毕业（农学硕士），1950 年丹麦哥本哈根皇家兽医及农业大学花卉园艺研究部毕业（科学硕士）。先后在复旦大学、武汉大学、华中农业大学任教。1957 年后任北京林学院园艺系主任、教授，北京林业大学园林学院教授、博士生导师及名花研究室主任。并兼中国园艺学会副理事长、中国花卉协会常务理事及梅花腊梅分会会长。中国工程院资深院士，享受国务院政府特殊津贴。

陈俊愉院士是中国著名园林植物学家、园林教育家。著有《中国农业百科全书 · 观赏园艺卷》《中国梅花品种图志》《中国花经》《中国花卉品种分类学》《菊花起源》等。陈俊愉院士创立了花卉品种二元分类法，开创了中国园艺植物品种国际登录之先河，是国际梅品种登录权威（IRA）。他潜心研究中国传统名花 70 载，致力探索菊花起源 50 年，开创了梅花北移的奇迹；倡导中国国花评选工作；选育梅花、地被菊、月季、金花茶等新品种 70 多个。2011 年荣获首届“中国观赏园艺终身成就奖”“中国风景园林学会终身成就奖”，2012 年获“中国观赏园艺杰出成就奖”。

2. 王莲英（1936.10— ）

中国花卉协会牡丹芍药分会第二届至第九届会长。河南开封人。1956 年就读于北京林学院（现北京林业大学）城市及居民区绿化专业，1959 年提前参加工作。北京林业大学园林学院教授、博士生导师，兼中国花卉协会常务理事。中国插花花艺协会第一任会长，北京插花艺术研究会会长，全国插花花艺培训中心常务副主任。（图 2–6）

（左二为协会秘书长王雁，左三为协会会长王莲英，左四为菏泽牡丹专家赵孝知，左六为百花园技术员孙文海，左七为协会副秘书长袁涛）

● 图 2–6　**2021 年菏泽牡丹文化旅游节上王莲英会长在菏泽百花园（桑秋华　摄）**

王莲英教授在插花花艺研究上有很深造诣，是中国著名插花花艺大师，中国传统插花国家级非物质文化遗产传承人。主要著作有《花卉学》《中国牡丹品种图志》与《中国牡丹品种图志·续志》《插花花艺学》《中国芍药科野生种迁地保护与新品种培育》等。她带领团队创建了河南栾川中国芍药科植物野生种迁地保护中心，并指导培育了一批牡丹新品种。主持国家自然科学基金项目"牡丹芍药远缘杂交研究"，带领研究生开展了牡丹无土栽培、切花保鲜、温室催花及复壮、牡丹秋发开花机制等研究，为牡丹盆花开发、牡丹催花提供了理论和技术支撑，为中国牡丹芍药事业的发展作出了重要贡献。

三、协会主要工作与成就

从 1989 年 4 月协会成立到 2021 年已有 30 多年。30 多年来，协会在促进中国牡丹芍药资源调查、整理、保护与品种登录、国内外牡丹芍药学术交流与产业发展、牡丹芍药的推广与普及等方面做了大量工作，兹简要归纳如下：

（一）组织牡丹芍药品种整理与登录工作

品种是产业发展的基础。中国牡丹、芍药起源古老，品种繁多。协会创立伊始，即注意克服品种命名中的混乱现象。并于 1994 年 4 月第三届年会期间成立了中国花卉协会牡丹芍药分会牡丹芍药审定委员会。由王莲英任主任，李嘉珏、秦魁杰任副主任，委员有吴敬需、陈德忠、赵月明、赵孝知等（以后不断有所增加）。并逐步建立了统一的品种描述标准和登录制度，形成了牡丹芍药品种 DUS 测试指南，从而为牡丹芍药新品种登录提供了国家标准，做到了与国际接轨。作为牡丹品种整理的成果，1997 年出版了由王莲英任主编、秦魁杰任副主编的《中国牡丹品种图志》。2005 年出版了由李嘉珏主编的《中国牡丹品种图志》（西北、西南、江南卷）。2015 年由王莲英、袁涛主持出版了《中国牡丹品种图志·续志》。据统计，到 2015 年，中国牡丹品种已经达到 1 360 个。

（二）组织全国及国际牡丹芍药专题花展与评奖活动

全国性的以及国际性的牡丹芍药专题花展与评奖活动，对推动全国各地牡丹芍药品种创新、栽培技术提高以及牡丹芍药文化的普及具有重要意义。这些活动包括四年一度的中国花卉博览会，不定期在中国举办的不同级别的世界园艺博览会中的专题花卉展与国际竞赛（如 1999 昆明世园会、2011 西安世园会、2014 青岛世园会、2016 唐山世园会、2019 北京世园会及 2021 扬州世园会中的牡丹芍药展与竞赛活动）等。在这些展会上，协会做了大量组织领导工作，取得良好效果。这里重点介绍一下 2019 年中国北京世界园艺博览会上的牡丹芍药专题展与牡丹芍药国际竞赛，这是近 20 年来中国牡丹芍药发展成果的一次全面展示（图 2–7）。

● 图 2–7　2019 北京世园会牡丹芍药专题展与牡丹芍药国际竞赛（李清道　摄）

2019年中国北京世界园艺博览会是经国际园艺生产者协会批准，由中国政府主办、北京市承办的最高级别的世界园艺博览会，是继1999年云南昆明世园会后第二个获得国际园艺生产者协会批准并经国际展览局认证授权在中国举办的A1级国际园艺博览会。而国际竞赛是该展会重要组成部分，是世界各地园艺组织和个人展示园艺技术、交流园艺文化的舞台。牡丹芍药国际竞赛是2019年北京世园会的首个项目，从4月24日开始到5月19日结束，共历时26天。展区面积3 500 m^2，参展国家10个，参赛者逾百家。以“盛世牡丹，美丽世界”为主题，共设7个项目，包括名品牡丹盆栽竞赛、新品种竞赛、栽培技术竞赛、切花竞赛、插花竞赛、大型景观竞赛、加工产品竞赛。为了保证竞赛的整体效果，北京世园会国际竞赛组织委员会邀请了业内7名专家组成评审委员会，按照参赛细则要求，从品种准确、材料完备等方面确保作品的参评资格；以花色明亮、花型典型、特点突出为标准，从株丛圆整优美、花枝分布均匀、盆器与植株协调的整体效果等综合因素进行评比；按照百分制评分方法进行打分，以评审专家评分总和的平均值作为作品的最终得分。由高到低依次排序，最终确定各奖项获得者。经过两轮评审，共评出各种奖项450个，其中金奖57个，银奖90个，铜奖119个，优秀奖169个，组织奖及突出贡献个人奖15个。

（三）举办学术年会，推动牡丹芍药学术研究与产业的发展

协会在每两年一次的年会上不定期举办学术研讨会，交流各大院校与科研院所的研究成果，同时交流生产实践中总结的经验。既活跃了学术气氛，又有利于促进各地牡丹芍药育种活动与提高产业化发展水平。如1996年在兰州年会上同时举办了牡丹商品化研讨会，有力地推动了甘肃紫斑牡丹走出陇原大地，走向全国三北地区、走向世界的步伐；2009年在江苏扬州首届中国芍药节上举办的学术交流，对推动牡丹芍药育种活动和中国芍药的发展具有重要意义；2013年在河南洛阳举办了国际牡丹芍药高峰论坛，邀请美国、荷兰、意大利、以色列等国外7名专家及中国工程院院士等进行大会报告、现场参观交流，对牡丹芍药育种、栽培、产品开发、文化交流等均发挥了重要作用。

此外，协会曾在安徽铜陵、湖北保康、重庆垫江、甘肃临洮等地举办年会或理事会、会员代表大会，对当地牡丹芍药的发展都起到了重要的推动作用。

（四）不定期出版会刊，组织专著出版

协会组织编辑《中国牡丹与芍药》会刊，不定期刊行。此外，协会还组织出版会议论文专辑及专著等。专辑有《2013 年中国洛阳国际牡丹高峰论坛文集》《2016 唐山世园会牡丹芍药专题展论文集》，均由中国林业出版社正式出版。专著有《中国牡丹品种图志》系列，《中国牡丹全书》（上、下）等，此外还有一些科普型牡丹芍药图书。

（五）开展科普活动，普及牡丹芍药插花、盆花知识

在每年花会期间，协会都组织北京专家与菏泽、洛阳等地专家共同举办牡丹芍药插花艺术展，普及插花知识，推动各地牡丹芍药切花生产和消费。2002 年元旦至春节期间在北京举办全国牡丹冬季催花展销和评比活动，对促进牡丹年宵花生产和销售发挥了重要作用。

（六）其他重要工作

除上述工作外，协会在推动牡丹评选国花活动，开展国际学术交流，推动牡丹芍药种质资源保护，推动油用牡丹产业发展等方面都做了卓有成效的工作。

2018 年 5 月在甘肃临洮召开的全国会员代表大会上，协会向两位为中国牡丹事业做出重要贡献的专家（菏泽学院李保光教授和牡丹育种专家陈德忠高级农艺师）授予终身成就奖。

第四节
蓬勃发展的牡丹花会

一、牡丹花会概述

（一）牡丹花会的概念

牡丹花会是以欣赏牡丹为主题的花事活动，而活动本身又成为宣扬牡丹文化的载体，或者说是一种以行为方式表现的牡丹文化，具有鲜明的中国特色。

（二）历史时期的牡丹花会

牡丹花会有着深厚的历史渊源。早在中唐时期，唐都长安就掀起了牡丹欣赏热潮，当时被称为“游花”。据李肇《唐国史补》中“京师尚牡丹”条：“京城贵游尚牡丹，三十余年矣。每春暮，车马若狂，以不耽玩为耻。”同期唐诗也有具体描绘，如刘禹锡诗：“唯有牡丹真国色，花开时节动京城。”白居易《牡丹芳》诗：“花开花落二十日，一城之人皆若狂。”徐凝《寄白司马》：“三条九陌花时节，万户千车看牡丹。”等。中唐贞元、元和年间，王公卿士与平民百姓广泛参与的“游花”活动，使赏牡丹热潮达到巅峰，成为首都长安一个全民参与的狂欢节。

北宋时期牡丹兴盛于洛阳。欧阳修《洛阳牡丹记》：“洛阳之俗，大抵好花。春时城中无贵贱皆插花，虽负担者亦然。花开时，士庶竞为游遨，往往于古寺废宅有池台处为市井，张幄帟，笙歌之声相闻……至花落乃罢。”半个世纪后，洛阳人赏花热情未减。周师厚《洛阳花木记》记‘姚黄’时写道：“姚黄者，千叶黄花也……洛人贵之，号为‘花王’，城中每岁不过开三数朵，都人士女必倾城往观，乡人扶老携幼，不远千里。其为时所贵重如此。”此外，北宋时洛阳官府还举办过“万花会”。

南宋时，彭州牡丹兴起。陆游《天彭牡丹谱》记：“天彭号小西京，以其俗好花，有京洛之遗风。大家至千本，花时，自太守而下，往往即花盛处张饮帟幕，车马歌吹相属。最盛于清明寒食时。”

明代，有薛凤翔《亳州牡丹史》记亳州赏牡丹之风俗：“吾亳以牡丹相尚…….计一岁中，鲜不以花为事者……一当花期……一国若狂。可赏之处，即交无半面，亦肩摩出入。虽负担之夫，村野之氓，辄务来观。入暮携花以归，无论醒醉，歌管填咽，几匝一月，何其盛也！”即在清代前期，亳州牡丹也还繁盛过一段时间。清钮琇《亳州牡丹述》记曰：“（牡丹）惟亳州所产最称烂漫……花时则锦幄如云，银灯不夜，游人之至者相与接席携觞，征歌啜茗。一椽之僦，一箸之需，无不价踊百倍。浃旬喧宴，岁以为常。”

由上可见，从唐宋至明清，牡丹花期时人们所表现的对牡丹的热爱，对美好幸福生活的追求是一脉相承的。

（三）牡丹花会的意义

牡丹花会的兴起与传承，表明牡丹在中国人民心目中有着特殊的地位：一方面，它高贵典雅，“国色天香”；另一方面，它又落落大方，雅俗共赏，亲民，接地气。牡丹花期是全民参与的狂欢节，体现了中国传统文化中和合文化的理念。和谐包容，美美与共，是中华民族共有的审美观、价值观。1982 年古都洛阳开始举办牡丹花会，继承与发扬传统文化，对推动当地经济社会发展发挥了重要作用，也在国内外产生了重要影响。

二、中国洛阳牡丹文化节

（一）节会的由来

1981—1982 年，洛阳在与国外友好城市交往中，认识到节会活动在城市建设与发展中有着重要意义，但洛阳的优势何在？洛阳用什么吸引国内外客人？历史最终又一次地选择了牡丹。1982 年 9 月，洛阳市第七届人民代表大会常委会第十四次全体会议决定批准市人民政府提议，命名牡丹为市花，每年 4 月 15 日至 25 日举办洛阳牡丹花会。1983 年 4 月 15 日，第一届洛阳牡丹花会开幕，确立“以花为媒，广交朋友，宣传洛阳，发展经济”为办会理念。1991 年 4 月，河南省委、省政府决定将“洛阳牡丹花会”更名为“河南省洛阳牡丹花会”，由河南省人民政府举办，形成“洛阳搭台、全省唱戏”的新模式，使牡丹花会成为河南省的重要节会活动，成为全省对外开放的重要窗口和平台。1993 年 1 月，洛阳市成立“洛阳市牡丹花会、中国杜康酒节、河洛文化节办公室”，专门负责洛阳节会筹备工作。2010 年 4 月，河南省领导在洛阳考察时，提出花会活动应有文化部等国家部委参与，由文化部与河南省共同主办。2011 年 10 月，文化部办公厅复函河南省人民政府办公厅，同意从 2011 年起，“河南省洛阳牡丹花会”更名为“中国洛阳牡丹文化节”，由国家文化部、河南省人民政府主办，河南省文化厅、洛阳市人民政府承办（图 2–8）。

上为花会庆典活动；下为洛阳王城公园的赏花活动

● 图 2–8　**中国洛阳牡丹文化节**

（二）节会的影响与效益

洛阳牡丹花会的举办产生了重要影响。由于节会活动内容的不断创新，一年一度的中国洛阳牡丹文化节成为一个融赏花观灯、旅游观光、经贸合作、文化交流为一体的大型综合性经济文化活动。不仅是洛阳发展经济的舞台和展示城市形象的窗口、洛阳走向世界的桥梁和世界了解洛阳的“名片”，也是河南省对外开放的重要平台和中国花事活动的一大盛会，产生了明显的经济社会效益。2008 年，洛阳牡丹花会入选国家级非物质文化遗产名录。升级为中国洛阳牡丹文化节后，又先后荣获“中国十大最具国际影响力节庆”“中国十佳节庆活动”“中国十佳会展活动”“中国十佳花会节庆”等荣誉。

中国洛阳牡丹文化节对洛阳经济社会的发展带来了重大而深刻的影响，古都风貌焕然一新。30 余年来，花会与开发旅游资源、搞好景点景区建设相结合，尤其是注重古迹名胜的开发建设，古为今用，相得益彰。洛阳本就具有世界文化遗产龙门石窟和白马寺、关林等国家级重点文化保护单位 7 处，省级 53 处，市县级 650 处，出土文物 40 余万件。又不惜重金对白马寺、龙门石窟、白园、关林、周公庙、汉光武帝陵、龙马负图寺、玄奘故里等 19 处景点进行修缮、充实和提高品位。恢复和新建了明堂、定鼎门、上阳宫等唐代建筑和景区。此外，洛阳还注重博物馆和郊区旅游景区开发，如洛阳博物馆、古代艺术博物馆、民俗博物馆、商城博物馆、王铎书法展馆以及万佛山风景区、青要山旅游区、白云山森林公园、花果山森林公园、鸡冠洞景区等。1983 年第一届牡丹花会有来自 7 个国家和地区、国内 22 个省（市、区）的游人 250 万人次，旅游收入 726.35 万元；2019 年第 37 届中国洛阳牡丹文化节来自国内外各地的游客达到 2 917.75 万人次，旅游收入 274.28 亿元。中国洛阳牡丹文化节 2014—2019 年效益统计见表 2–1。

三、中国菏泽国际牡丹文化旅游节

菏泽国际牡丹文化旅游节是当前国内又一个大型综合性牡丹文化盛会（图 2–9）。

山东菏泽古称曹州，明清以来为全国最大的牡丹栽培中心，享誉海内外。2012 年，被中国花卉协会命名为“中国牡丹之都”。

1992 年菏泽为菏泽地区县级市时，即已定牡丹为市花。菏泽升为地级市后，2013 年 7 月 16 日市十八届人大常委会第十次会议通过市政府提议，批准牡丹

● 表 2-1　**中国洛阳牡丹文化节 2014—2019 年效益统计**

年份（届）	接待游客（万人次）	旅游总收入（亿元）	签约亿元以上合同（个）	意向投资（亿元）
2014（32）	1 970.00	153.00	98	1 197.2
2015（33）	2 174.76	178.45	91	955.5
2016（34）	2 350.32	197.67	217	1 124.0
2017（35）	2 493.96	223.50	104	666.3
2018（36）	2 647.31	241.96	—	—
2019（37）	2 917.75	274.28	102	805.87

● 图 2-9　**中国菏泽国际牡丹文化旅游节（桑秋华　摄）**

为菏泽市市花。

1992 年 4 月，经国务院六部委批准，菏泽举办了首届国际牡丹花会。会期为 4 月 20 日到 26 日（第三届以后改为 4 月 22 日到 28 日），除赏花活动外，还同时举办了经济技术交易会、对外经济洽谈会和牡丹花展销会，旨在“以花为媒，广交朋友，促进开放，培育市场，繁荣经济”。参加首届花会的有 10 多个国家的专家学者及国内外客商 5 000 余人，参展企业 500 余家，成交贸易总额约 4.2 亿元。之后各届花会内贸成交额连年翻番。第一届至第七届共有 1 600 多家企业参展，经贸成交额约 158 亿元，合同外资约 2.96 亿元，接待中外游客 1 200 多万人。

菏泽市将牡丹花会与城市建设、旅游资源开发及景点景区建设结合起来，与发展“三产”结合起来，以旅游促“三产”。2013 年，菏泽国际牡丹花会升格为中国菏泽国际牡丹文化旅游节，由山东省文化旅游厅与菏泽市政府联合举办，节会效益逐年攀升（表 2–2），从而大大加快了对外改革开放的步伐，有力地促进了菏泽经济社会发展。

● 表 2-2　菏泽市 2014—2019 年国际牡丹文化旅游节效益统计

年份（届）	接待游客（万人次）	同比增长（%）	旅游综合收入（亿元）	同比增长（%）
2014（23 届）	631.45	11.00	34.73	17.37
2015（24 届）	720.34	10.91	41.78	16.50
2016（25 届）	795.86	10.48	48.15	15.25
2017（26 届）	877.66	10.28	55.57	15.41
2018（27 届）	963.63	9.79	63.85	14.90
2019（28 届）	1 057.68	9.76	73.79	15.57

2019 年第二十八届中国菏泽牡丹文化旅游节从 4 月 1 日至 5 月 31 日，历时 2 个月，举办各类活动 96 项，包括开幕式、文化展演、赏花游园、论坛峰会、艺术展演、民俗活动、体育竞技等。其间举办了为期 3 天的世界牡丹大会，以"美丽、健康、创新、发展"为主题，举办高峰论坛和国际牡丹产业博览会，开展"双招双引"活动，邀请国内外知名专家、客商参与，总人数超 5 万人次。现场签约 35 个，总投资 169 亿元。整个节会共接待中外游客 1 057.68 万人次，旅游综合收入 73.79 亿元。

四、全国各地的牡丹花会

（一）四川的牡丹花会

四川以彭州牡丹花会著称。彭州市古称"天彭"，位于四川省成都市西北 100 km 处，毗邻都江堰。彭州牡丹栽培始于唐而兴盛于南宋。陆游《天彭牡丹谱》说："牡丹在中州，洛阳为第一；在蜀，天彭为第一。"宋时，彭州还有"花州"之美称。

新中国成立后，彭州牡丹得到恢复和发展。1985 年 3 月 18 日，彭县第十届人民代表大会第七次会议批准牡丹为彭县县花，每年 4 月 10 日左右举办牡丹花会。1993 年 11 月撤县改为彭州市，牡丹遂为彭州市市花。

彭州从 1985 年起举办牡丹花会，此后年年举办。由于牡丹从彭州市郊到丹景山等风景名胜区呈立体分布，花期从 4 月上旬到 5 月上旬可长达 1 个月左右。从 1985 年到 1999 年举办 15 届花会，共接待中外游人 750 余万，景区直接效益 1 304 万元。花会期间举办商品交易会、花卉交易会、招商引资洽谈会等。结合花会与旅游业的发展，彭州加大了景区改造力度，使城市面貌得到较大改观。牡丹花会在促进产业结构调整、推动市场经济发展、推动地区脱贫致富等方面都发挥了重要作用。（图 2–10）

2018 年，丹景山风景区成功创建为国家 AAAA 级景区。同年，天彭牡丹花会成功申报省级非物质文化遗产。同时，丹景山镇恢复牡丹古村落——“花村”风貌，随即被评为成都市最美街道，并入选成都市特色示范镇，定位为牡丹文化特色小镇。该镇现有牡丹 1 189 亩，其中观赏牡丹 113 亩，年产牡丹种苗 75 万株，盆花 2 万盆。

彭州现有观赏园 5 个，分别为丹景山景区牡丹园、盛世牡丹苑、杨氏牡丹园、天彭牡丹保育中心、花村街牡丹园。2019 年第 35 届牡丹花会以“梦回盛唐，蝶恋牡丹”为主题成功举行，会期接待游客 100 万人次，仅丹景山景区门票收入即达 305 万元。

目前，彭州市正在打造丹景山国际文化旅游度假区项目。其中丹景山

● 图 2–10　**四川彭州丹景山牡丹花会**

AAAA 级景区提升工程，将充分提炼和彰显牡丹文化，使人们从中体验中国牡丹和平、繁荣、吉祥的内涵，成为新时代人民对幸福生活追求的象征。

天彭牡丹加工业也已小有规模，年产值在 100 万元以上。

除四川彭州外，近年来四川绵阳国康公司也连年举办牡丹花会。

（二）江苏的牡丹花会

1. 江苏盐城便仓牡丹花会

江苏盐城市盐都区便仓镇是个千年古镇。镇里有两种古牡丹因具奇、特、怪、灵等特点而闻名。这些古牡丹枝干苍劲，形如枯枝而被称为“枯枝牡丹”。相传为北宋时曾任参知政事的卞济之辞官归隐时从洛阳带回栽植，距今已 700 余年。1983 年盐城市拨专款重建枯枝牡丹园，有张爱萍将军题词“海水三千丈，牡丹七百年”。园中建有十余处景点，共有千余株枯枝牡丹，各类品种百余个，成为苏北著名牡丹园和景区，并在每年花期举办花会。

2. 江苏常熟尚湖牡丹花会

江苏常熟尚湖公园位于常熟城西，虞山之南。因传商末姜太公在此隐居垂钓而得名。尚湖与虞山相映，“十里青山半入城，万亩碧波涌西门”，为古城平添了千种风情。公园建于 1986 年初，临山孕湖，与古城浑然一体，自然美色与人文景观相融合，气象开阔，内涵丰实。其荷香洲内建有目前江南最大的牡丹园。以江南牡丹为主，也有不少中原牡丹与来自日本及欧美各国的优良品种。自 1992 年举办首届尚湖牡丹花会以来，每年 3 月下旬到 4 月底都举办一届，并联合山东菏泽、河南洛阳、四川彭州共同举办“中国牡丹行”活动，影响深远。

（三）陕西各地的牡丹花会

2013 年以来，随着牡丹产业的发展，陕西牡丹园如雨后春笋般建立起来。除原有西安兴庆公园牡丹园、户县阿姑泉牡丹园、延安万花山牡丹园外，又新增西安半坡博物馆牡丹园、西安唐延路牡丹苑、咸阳渭滨公园牡丹园、杨凌西北农林科技大学南院牡丹园、宝鸡植物园牡丹园、凤翔东湖牡丹园、乾县乾陵大唐牡丹园、铜川牡丹园、府谷高岭牡丹园、榆林市榆阳区花园沟牡丹园、佳县牡丹园、宜川凤翅山牡丹园、汉中牡丹园以及洋县等地的牡丹景区。而兼用型牡丹园（区）有 200 多个。每年春季 3 月底到 5 月初，从陕南到陕北，从平原到山区，牡丹次第开放，连绵花海十分壮观。昔日大唐牡丹曾席卷长安城，如今陕西人民呼唤“牡丹归来”，牡丹花以磅礴之势席卷陕西大地。

延安万花山牡丹花会传承了先民们的赏花习俗。这里的牡丹古已有之，并且以天然分布为主。由于万花山及其周边地区有矮牡丹（*P. jishanensis*）和太白山紫斑牡丹（*P. rockii* subsp. *atava*）呈同域分布，而有其天然种间杂种延安牡丹（*P.×Yananensis*）的形成。该种主要分布于万花山。万花山牡丹呈半野生半栽培状态，并且已形成十多个栽培品种。近年来引进适应当地气候条件的甘肃兰州一带的西北牡丹品种。延安牡丹花期为 5 月上中旬。

近年来举办牡丹花会的还有陕西潼关文化旅游节、陕西乾县大唐牡丹文化旅游节等。

（四）甘肃各地的牡丹花会

甘肃各地都有牡丹栽培分布，但以中部地区最为集中。这里的群众性赏花活动在明清时期形成传统，是汉、回、东乡等各民族共同的爱好。牡丹花期俨然是喜庆节日，亲朋好友相聚、挨园赏花，或品茗饮酒、评头论足，或吹拉弹唱、尽情放歌，形成一种民风民俗。

甘肃举办牡丹花会始于甘肃榆中原和平牡丹园。该园始建于 1967 年，先后培育品种（品系）500 余个，面积达 200 hm^2，曾是国内最大的紫斑牡丹园。从 1990 年起举办花会，在西北地区产生了广泛影响。

近年来，甘肃中部发展牡丹热潮再度兴起。其中临夏回族自治州临夏市在大夏河畔建数十里牡丹长廊，举办大型牡丹花会；定西市漳县建起两个大型牡丹园，搜集不少地方品种，极富地域特色，花期远近游人络绎不绝。

定西市临洮县于 2016 年成立临洮县牡丹芍药协会。经协会提议，由县委、县政府决定从 2016 年起举办甘肃临洮紫斑牡丹文化旅游节（图 2–11），到 2019 年已连续举办四届。花期 5 月中下旬，以曹家坪一带原野牡丹风光为最。2018 年中国花卉协会牡丹芍药分会第九届会员大会在这里召开，同时举办了专家论坛。临洮历史文化底蕴深厚，花会的举办以及与当地其他特色文化（如马家窑文化等）的紧密结合，使得牡丹花会有声有色，成为甘肃省会兰州经济文化圈的重要组成部分，在推动临洮经济社会发展中发挥着重要作用。兰州新区

● 图 2-11　**甘肃临洮牡丹花会**

中川牡丹园具有一定规模，每年举办牡丹花会。这里花期在 5 月中下旬。

（五）山西的牡丹花会

1. 太原双塔牡丹艺术节

山西是有较多古牡丹遗存的地区。其中太原永祚寺明代古牡丹是具有较大影响力的古牡丹之一。

永祚寺亦常称双塔寺，位于太原市迎泽区郝庄村，离市中心 40 km。寺中双塔是国内现存最高且规模最大的成双组合的砖塔，为明代典型“无梁式建筑”，是太原市的一个重要标志。寺中有明代遗存“紫霞仙牡丹”，围绕古牡丹建有大型牡丹花坛。巍巍双塔矗立在雍容典雅的牡丹花丛旁，刚柔相济，构成一幅“双塔启文远，牡丹歌盛世”的画卷。从 1983 年起，该地即举办了以明代牡丹为特色的“双塔牡丹艺术节”，并以丰富的群众喜闻乐见的文化活动为载体，使节会成为太原百姓自己的节日，成为太原一个特色旅游品牌。

2. 古县古牡丹花会

山西省临汾市古县石壁乡三合村古牡丹在晋西南一带颇负盛名，是能以一株牡丹办花会的大牡丹。这样的牡丹最大冠径可达 5.2 m，株高 2.3 m，冠幅 33.2 m^2，丛围 16 m，每年五一前后开花，当地人号称“天下第一牡丹”。古县古牡丹的来历有一个神奇而美丽的传说，与当年武则天怒贬牡丹花的传说相关，具有传奇色彩。古县为战国时期赵国名相蔺相如故里，2008 年以来，古县县委、县政府大力开发古牡丹资源，并举全县之力将该地古牡丹与石碧河流域优美的自然风光、著名的人文景观结合起来，建成古县牡丹文化旅游景区。新建了牡丹园和一批景点，如南山飞瀑、牡丹书法碑林等，其中高达 39 m 的汉白玉牡丹仙子和牡丹长卷石雕创吉尼斯世界纪录。该县以“天下第一牡丹，和谐魅力古县”为主题，从 2008 年起开始举办中国古县牡丹文化旅游节。每年举办牡丹花会，盛况空前。

（六）河北的牡丹花会

1. 河北柏乡汉牡丹花会

柏乡汉牡丹位于河北省邢台市柏乡县北郝村。据柏乡旧县志记载，该牡丹在西汉末年即已栽植，传说与汉光武帝刘秀有过传奇故事，曾经在危难中救过刘秀的性命。在群众中也流传有“花开知国事，花盛则年丰，花衰则年歉”的说法，颇具传奇色彩。现已搜集国内外名品在柏乡建成汉牡丹园，面积达 38.67 hm^2。每年举办牡丹花会，在冀中南一带有着广泛的影响。

2. 革命圣地建牡丹园

近年来，在西柏坡、狼牙山等著名革命圣地和革命遗址建牡丹园也有着重要意义和广泛影响。

西柏坡在石家庄市平山县，是新中国成立前中共中央所在地。毛泽东主席和他的亲密战友在这里指挥了解放战争中的几大战役，为新中国的成立奠定了基础。狼牙山在保定市易县，距保定市 45 km，抗日战争期间狼牙山五壮士在此英勇殉国。他们的事迹和这里高耸的山峰、壮观的石林相互映衬，表现出中国人民坚强威武的气概。而灿烂的牡丹花则是中国人民追求美好幸福生活的重要象征。

（七）安徽的牡丹花会

安徽铜陵是中国药用牡丹的重要发祥地。这里从明代发展起来的凤凰山牡丹——‘凤丹’曾风靡全国。明清以来几百年间，‘凤丹’是对铜陵凤凰山、南陵丫山一带三山地区的丹皮品牌的称呼，它是这里的名产。铜陵凤丹具有根粗、肉厚、粉足、木心细、亮星多且久贮不变质等特色，素与白芍、菊花、茯苓并称为安徽四大名药。2011 年以来，它又作为油用牡丹的主要品种，在全国范围掀起发展高潮。

1989 年，铜陵市将牡丹定为市花。1990 年开始在天井湖公园举办牡丹花会。2007 年开始举办中国（铜陵）凤丹文化旅游节（图 2–12）。铜陵市已将义安区顺安镇南的凤凰山建成国家 4A 级风景区，有凤凰山牡丹园、相思树、滴水崖、凤凰落脚石、金牛洞古采矿遗址等景点。

● 图 2-12　**中国（铜陵）凤丹文化旅游节（周久生　摄）**

第三章

中国牡丹在世界各地的传播与发展

牡丹不仅是中国的传统名花，也是世界著名花卉，在国际上有着广泛影响。牡丹原产中国，世界各地的牡丹都是直接或间接从中国引去的。1 000 多年来，中国牡丹先后在日本、欧洲一些国家（主要是英国、法国）和美国等地，通过本土驯化与杂交选育，逐步形成了各具特色的品种群。作为重要种质资源的输出国，并提供丰富的园艺栽培技术，中国对世界牡丹的发展做出了重要贡献；而世界各国在牡丹发展过程中，特别是新品种选育中创造和积累的经验与技术，对中国牡丹的发展也有着重要的启示与借鉴作用。

本章介绍中国牡丹在日本、欧洲、美国等地的传播和发展，各地牡丹品种资源状况，著名牡丹园林、场圃以及重要的牡丹社团组织。

第一节

中国牡丹在日本的传播与日本牡丹的发展

一、日本早期的引种栽培

据史料记载，中国牡丹最早是在公元8世纪的唐代，即日本奈良时代（710—794）圣武天皇在位期间传入日本的。日本牡丹协会原会长桥田亮二在《牡丹百花集》中指出：日本最早出现牡丹文字记载的文献是《出云国风土记》。当时牡丹是由高僧法海大师携带其种子乘船经由朝鲜半岛渡去的，在80余年间一直作为药用植物任其在山野自然生长，呈野生或半野生状态。但在以后的100多年间，牡丹没了踪影。而到平安时代（794—1192）初，牡丹又开始被作为外来的珍贵花卉栽培在寺院等处。日本《菅家文草》一书就记有菅原道真（后来被任命为遣唐大使）歌咏法成寺白牡丹的五言汉诗。这是记载牡丹在日本栽培的最早文献。在此阶段，牡丹的名字与中文相同，发音类似，读作“BAODAN”，偶尔也称为“深见草”。

到了镰仓时代（1192—1333）和室町时代（1338—1573）初期，日本的牡丹栽培渐趋广泛。但当时的统治者“武家政权”为了回避外来文化，禁用原名，而只让用“深见草”“二十日草”“名取草”（之所以称之为草，是因当时日本人以为它是一种中草药，而不知道它是一种木本花卉）。到了我国的元代（1206—1368），中国牡丹绘画也传到了日本。如京都大德寺的高桐院等处，就曾收藏有当时传去的牡丹图，画中牡丹的品种是‘姚黄’和‘魏花’。

室町后期（即我国的明代），中国牡丹再次出口日本，同时有关牡丹插花、绘画的书籍以及工艺品、雕刻等也逐渐增多。到了江户时代（1603—1868）（即我国明末到清朝后期），随着元禄时代（1688—1704）太平盛世的继续，牡丹在日本的人气旺涨，牡丹文化发展迅速，牡丹出版物显著增多。较著名的有《花坛纲目》（1681）、《花坛地锦抄》（1695）、《牡丹指南》（1699）等。

在《花坛纲目》中记载的主要牡丹种类有‘白牡丹’‘红牡丹’‘薄红’‘薄紫’‘浓紫’‘雪白’‘浅黄’‘菊牡丹’‘奥州红’‘芬子红’‘外记红’‘朝鲜白’‘朝鲜红’‘朝鲜紫’‘黄牡丹’‘鸟子白’‘尾张白’‘紫色’‘藤色’‘绀色’‘柿色’等。‘薄紫’类品种花为唐藤色，半重瓣；‘芬子红’类花是黑红色，花瓣有2～3层；‘外记红’的花初开浅红色，盛开时瑞色；黄牡丹为一层花瓣，构树花色。而‘楼子开’是中国牡丹的万层花型，黑红或薄黄色，是中国牡丹的改良品系。以朝鲜名命名的品种是从朝鲜进口的中国牡丹品种。

当时日本的牡丹品种分类依据有以下几个方面：①花位：按照花的整体必须都能看到的原则，将花在植株上的着生位置，分为1～4位（样）。②花型：有5样，包括富贵、艳丽、严格、杂乱、枯槁。③花色：有碧玉和珠玉两种。④重（层）数：即花瓣多少，确定5～15瓣为一重，20～40瓣为八重，45～100瓣为千重，百瓣以上为万重。⑤实效：分为花型花容、大小、高矮、赤白4种。其中，白色又分黄白、银白和青白色；赤色分薄木瓜、淡赤、浓赤，另外还有薄紫、浓紫、黑色等之分。⑥花药：分为全黄、淡浓、多少、长短等。⑦花瓣质地：有厚圆、薄软、韧、缩等。⑧叶片：分大小、长短、频缩、弱垂、圆尖，以及碧紫、淡浓等。⑨枝条：分强直、卷曲等。

在伊藤伊兵卫《花坛地锦抄》和山村游园《紫阳三月记》中，卷头都介绍了牡丹的观赏方法。后者记述的白牡丹有83种，红牡丹有62种。在《刊误牡丹鉴》中记载有白牡丹116种、红牡丹118种、藤紫色牡丹34种。1710年，白牡丹又增加了11种。1788年出版的《牡丹写真》中描述有41种花。在日本国家博物馆中还藏有《牡丹花谱》画册，出版年代不详，所记载的品种跟江户后期的基本一样，其中已经没有元禄时期的品种了，但出现了一些较近代的品种，如‘大内姬’‘绿蝴蝶’‘金覆轮’‘玉椿’等。后者的花色是白底上带红条纹，非常娇艳。

二、日本近代的牡丹品种改良

（一）品种改良与日本牡丹品种群的形成

随着牡丹栽培范围的扩大，以及中国牡丹文化的影响，牡丹作为象征繁荣昌盛的“富贵花”逐渐被日本人民所接受。江户时代中期，日本进行了以提高观赏价值为目标的品种改良工作。他们运用选择育种的方法，注意从实生苗中选育新品种，从而培育出一批适应日本风土条件并能满足日本人审美要求的新品种，逐步形成了特征鲜明的日本牡丹品种群。当时伊藤伊兵卫《花坛地锦抄》一书中，记有白色品种 179 个，红色品种 154 个，还有筑前牡丹 139 个（按：“筑前”为日本古代令制国之一，其领地在今日本福冈县西部）。这足以表明日本牡丹的主要品种这时已经出现。

日本牡丹有以下几个特点：①植株直立高大，茎干粗壮。②花朵大，花色纯正、艳丽，尤以纯正的红花品种耀眼悦目，且花头直立，高出叶面。③多数品种花型扁平，单瓣至半重瓣，以菊花型为主，少数重瓣品种也有明显外露的雄蕊和雌蕊。④花期较晚，较长，群体观赏效果好。⑤不少品种成花容易，易于促成栽培。此外，日本牡丹中有一个特殊类群——寒牡丹。这是一些不经特殊处理就能在初冬开花的品种，早在元禄年间的《花谱》（1694）中就有记载。总之，日本牡丹与中国及欧洲牡丹已有明显区别。日本牡丹的自然花期从九州地区的 4 月 20 日到北海道地区的 6 月 25 日，持续近 2 个月。

（二）日本牡丹的发展

随着日本牡丹品种群的形成，大约在文政年间（1818—1829），日本牡丹栽培进入鼎盛时期，江户（现东京）开辟了许多著名的牡丹园。进入明治时代（1868 年起），日本牡丹由趣味栽培转入生产栽培，在大阪池田、兵库的宝塚、新潟的信浓川和阿贺野川流域以及岛根的大根岛等地，相继出现了牡丹苗圃。当时，大阪池田成为栽培中心，有 260 个品种，并开始向国外输出苗木。明治末期从中国引入一批品种（如‘为子’‘阳木’‘紫上’等）以培育良种，在昭和初期发表了许多名称带“门”或“殿”的品种。新潟从明治时代开始栽培，产生了‘桃山’‘五大州’等品种。至大正年代（1912—1926），日本牡丹苗木输出增多。

随着牡丹生产的发展，总结和介绍牡丹品种、栽培技术及观赏方法的专业书籍也日益增多。陆续出版了写有牡丹花名的文献《日本园艺杂志》4号（1889）与长谷寺和大阪牡丹园收藏的牡丹花册。明治四十五年（1912）井上正贺编著的《牡丹芍药培养法》一书，介绍品种171个，包括最新品种7个，古老品种15个，白色28个，纯红色28个，浓红色26个，复色18个，黑紫色12个，淡红色20个，紫斑类3个，红色底的9个。同时介绍了牡丹品种特征以及繁殖、培养方法等。这些品种到20世纪80年代还有1/3保留下来，其中很著名的品种有20多个。

日本横滨苗木公司1915年商品目录中有50个品种的描述，几乎一半保留至今。1934年出版的《实际园艺》杂志刊载了福井农园主《牡丹栽培》一文，介绍了166个现代品种，其中新品种43个，优良品种10个（这些品种到1986年前后还保留有60～70个）。而在1933年福井氏的商品目录中，除了记载有1934年刚发表的新品种‘鹤裳’外，还有作为优秀名花的‘天女之羽衣’等85种、白色的‘富士之峰’等18种、浓红色的‘池龙’等18种、复色‘锦川’等16种、淡红色‘西行樱’等24种、纯红色‘三笠山’等20种、黑紫色‘琉璃盘’等11种，以及寒牡丹25种、中国品种14种、外国品种4种。经与《实际园艺》记载的品种比较，除寒牡丹外，80%以上的品种相同。二者也都记载有日本新潟培育的品种。而在1936年新潟园艺业者出版的商品目录中介绍了54个品种，如‘醉颜’‘花大臣’‘神乐狮子’‘八千代狮子’‘八千代椿’‘新神乐’‘大正之光’‘镰田锦’‘岛根玉簾’‘麟凤’‘新天地’‘今猩猩’‘日月锦’‘玉芙蓉’‘白蟠龙’‘初乌’‘日暮’‘圣代’‘扶桑司’‘黑光司’‘五大州’‘七福神’‘黑龙锦’‘雪屉’‘红千鸟’‘岚山’等，其中包括法国品种‘金帝’‘金鵄’等。这些品种部分已被引入中国。中国目前栽培的很多日本品种就是那个时期育成的。

1936—1945年，日本侵华战争及第二次世界大战期间，日本牡丹生产和出口一度中止，品种佚失严重。

日本投降后，随着日本经济高速发展，园艺和牡丹又很快兴盛起来，牡丹品种迅速增多。1966年吉村幸三在《综合种苗指南·花木篇》中发表牡丹品种488个。1970年吉村氏编著的《牡丹与芍药的栽培》一书又记载品种496个。其中红色132种，粉色101种，白色88种，紫色30种，黑色13种，黄色5种，复色及杂色58种，中国品种26种，法国品种12种，寒牡丹31种。不过其中有些品种已经失传，只是根据文献资料编入的。此外，日本不仅从中国引进品种，还先后从法国、美国等地引进品种。1976 年 5 月诚文堂新光社出版的牡丹特辑中，载有牡丹品种 121 个。1979 年保育社出版的《牡丹与芍药》一书中载有品种 311 个，其中，美国品种 77 个，法国与中国品种 23 个，日本品种 211 个。

1985 年世界文化社出版的《桃 · 牡丹》分册《家庭画报》刊有 100 个品种，并附有照片。1986 年桥田亮二的《牡丹百花集》记述品种 227 种。同年岛根县八束町出版的《大根岛牡丹》中有 142 个品种。1990 年 1 月桥田亮二出版了《现代日本的牡丹芍药大图鉴》，介绍了 305 个牡丹品种。其中，日本牡丹 250 种，包括红色 56 种，红紫色（部分实为粉色）78 种，紫色 31 种（部分实为紫红色），黑色 14 种，白色 45 种，杂色 8 种，寒牡丹 17 种，国外品种 56 个（中国 35 种，美国 16 种，法国 5 种）。

近年来，日本牡丹又有了新的发展，新品种迅速增多，种植面积显著扩大。目前，仅大根岛就种植有 450 个品种，年产苗木约 150 万株。近 10 余年还新育成了数十个优良品种。如‘王妃’，花径 26 cm，粉色，绣球型，2016 年蝉联四届日本牡丹最美金奖。‘赤铜辉’，花色极似法国品种‘金阁’，但花色更艳，且花朵直立。‘惠比寿’，为‘杨贵妃’的芽变，复色，花色花型类似‘岛锦’，但不露心，层次更多，更美观。‘乐美人’，荷花型至菊花型，主瓣白色，心瓣淡紫红，花大，花径 25 cm，曾获 2009 年岛根县日本最美牡丹金奖。‘梅里雪山’，白色大花，花径达 30 cm，荷花型至蔷薇型，正常开放时，花瓣高耸，基本不露心。此外还有‘一樱’（紫红色，蔷薇型）、‘月夜樱’（粉紫红、蔷薇型、花大）、‘春光’‘春彩’‘花魁’‘帝冠’‘国华’‘贵夫人’‘紫禁城’以及花径达 33 ~ 35 cm 的超大型白色和粉色品种等。

同时，又引进中国牡丹野生种 9 个；引进中国近代的中原品种近百个，如‘洛阳红’‘洛都春艳’‘乌龙捧盛’‘玉楼点翠’‘太湖红’‘迎日红’‘珊瑚台’‘脂红’‘姚黄’‘豆绿’‘黑花魁’‘冠世墨玉’‘雪塔’‘赵粉’‘花蝴蝶’‘二乔’‘蓝宝石’‘紫蓝魁’‘首案红’‘乌金耀辉’‘彩绘’‘火炼金丹’等；引进紫斑牡丹品种 50 余个，如‘玉狮子’‘玉绣球’‘夜光杯’‘粉娥娇’‘和平莲’‘山海关’‘银百合’等；引进美国品种‘海黄’（‘正午’）、‘黑豹’‘金碗’‘金岛’‘黑海盗’‘名望’‘神秘’等 12 个；法国品种‘金阁’‘金晃’‘金帝’‘金鸦’4 个，伊藤品种‘黄金塔’‘东方白’等4个。

三、日本牡丹的主要产地及各地牡丹观赏园

（一）主要产地

1970年以前，日本民间基本上是个人爱好栽培，以后才逐渐发展为商品栽培。后来日本专业化规模化商品化生产的园圃迅猛增多，逐步出现了大根岛、新潟和东京安部等三大商品牡丹产地，并发展成世界上出口牡丹数量最多的国家。20世纪80年代，日本牡丹约占国际牡丹市场份额的90%。年产商品苗200余万株，70%以上销往欧美各国。2000年前后，日本牡丹也曾成批销往中国。

日本牡丹的主要生产模式为观赏栽培、苗木栽培、盆栽、促成栽培与延迟栽培、二次开花栽培等。其生产销售的产品，主要是两年生嫁接苗和盆花。其苗木整齐划一，病虫害少，嫁接苗大小匀称，盆花自然美观，品质很高。

岛根县松江市的大根岛（东西长2.8 km，南北宽2 km）是日本最大的牡丹生产基地，栽培面积约60 hm^2，年产苗木150万株，产值约2.16亿日元。大根岛上有多个专门生产种苗和供观赏的牡丹园圃，最有名的是由志园、花王园、柏木牡丹园、入江牡丹园。每年在秋季销售苗木、春季销售盆花的同时也开展赏花旅游。其中，由志园建有一个现代化的四季牡丹展览馆，盆栽及花期调控技术先进，展出的盆花质量高，接近甚至超过自然生长，一年四季都吸引大批游客前去观赏旅游。由于利用了国外牡丹的花期差异，大根岛牡丹观赏期已长达1个月。在该园，先是中国牡丹开花，之后是日本牡丹，最后是美国牡丹。前一类牡丹的晚花品种与后一类的早花品种相衔接，使得花期大为延长。此外，日本牡丹盆栽也相当普遍，并且是春季供花的主要方式。

其次是东京著名的安部牡丹园，占地约800 m^2，每年春季花开季节，也举办赏牡丹的盛会。该园主要生产和销售日本牡丹，也有少量中国牡丹，80%左右的苗木（主要是2～3年嫁接苗）出口到国外。

再次是新津市西郊与新津邻近的阿贺野川流域的新潟县，栽培面积15 hm^2，年产苗木50万株，产值5 000万日元。另外，还有须贺川牡丹、冈山牡丹、大和路牡丹等。（图3–1）

1. 日本岛根牡丹育种圃和大田生产（刘政安　摄）；2. 日本庭院牡丹景观

● 图 3–1　**日本各地的牡丹**

（二）日本各地牡丹观赏园

日本大部分地区均适于牡丹生长，所以牡丹观赏园较为普遍。主要的牡丹园如下：

北海道地区：长谷牡丹园有 130 个品种 8 000 株；花与泉公园有 336 个品种 5 000 株。此外还有河西牡丹园（多为 20 ~ 30 年大株）、北方赏花乐园。

东北地区：须贺川牡丹园有 290 个品种 7 000 株。此外还有弘前公园牡丹园、金蛇水神州牡丹园。

关东地区：筑波牡丹园有 550 个品种 10 000 株；狩野牡丹园有 250 个品种 6 000 株；茂原牡丹园有 250 个品种 2 500 株；东京小田急町田牡丹园有 330 个品种 1 530 株；上野东宫牡丹苑有 250 个品种 3 200 株；东松山牡丹园有 350 个品种 8 100 株；此外还有妙云寺、枥木县立井头公园、正莲寺牡丹园、箭方稻荷神社牡丹园（有 1 000 多株树龄在 50 年左右的大牡丹）、千叶县茂原牡丹园（4 月下旬至 5 月上旬开园）、东京西新井大师牡丹园、东京药王院、东京京王百花苑、神奈川县花卉中心大船植物园、神奈川鹤冈八幡宫神苑牡丹园。

中部地区：五泉牡丹园有 115 个品种 5 000 株；新潟县立植物园有 200 个品种 2 000 株；长野县松本市玄向寺有 120 个品种 1 250 株；静冈县可睡斋牡丹园有 150 个品种 5 000 株。此外还有支阜县赤坂茶社保存会、桂昌寺牡丹园、静冈县自然休养村牡丹园。

近畿地区：滋贺县长浜市总持寺有 100 个品种 1 000 株，长谷牡丹园有 100 个品种 2 300 株，永尺寺 100 个品种 2 500 株，总本山长谷寺 150 个品种 7 000 株。此外还有三重县北部的农业公园、京都市岚山公园牡丹园、京都府长冈京市乙训寺、京都无二壮牡丹园（50 年以上的实生牡丹 800 株）、大阪市长居植物园、兵库县塚市坂上牡丹园、兵库县万胜院牡丹园、奈良县樱井市长谷寺牡丹园、奈良县当麻寺、奈良县石光寺（250 种，3 000 株）、奈良县五条市金冈寺。

中国地区：岛根县饭石郡赤名观光牡丹园（180 个品种 25 000 株）、岛根县松本市大根岛由志园（250 个品种）、大冢山麓中国牡丹园（花期约为 4 月中旬，112 个品种 10 000 株）、松本农园、江岛牡丹园（500 个品种）、八束町大根岛牡丹园（80 个品种 1 200 株）、冈山县冈山市半田山植物园、黑井山牡丹园、山口县吉香公园、爱媛县活打滩牡丹园。

九州冲绳地区：佐贺县东松浦郡切木牡丹园有一株淡粉色花老牡丹，根基主干上发有 200 多个分枝，被作为天然纪念物；佐贺县唐津市牡丹与绿丘园有 80 个品种 2 500 株。

位于京畿地区奈良县松井市大和路的长谷寺等是牡丹的故里。花期一般是 4 月 25 日至 30 日。这里的牡丹据说最早是唐朝僖宗时皇帝的第四后马头夫人到日本祈愿长谷观音时，赠送给该寺的 11 种宝物之一，每年有不少信徒和游客前去参观和供奉朝拜。

位于福岛县须贺川市的东南郊约 2 km 的须贺川牡丹园，如今已成为日本最著名的旅游名胜之一。它是 1766 年须贺川的药材商人伊藤佑伦作为药用从摄津国山本买来的苗木开始栽培然后传播开来的。那时种植的药用牡丹现在已长成了高 2 m、最大冠径 3 ~ 4 m 的大株，明治初年又传来了 2 株柳沼源太郎氏培育的雍容富丽的改良品种，株龄现已近 200 年，还有从其他牡丹园引进的 200 年以上的牡丹 100 株，百年以上的 500 株。牡丹开花时十分壮观，牡丹园成为名副其实的名胜之地，每年吸引大量游客前去观光旅游。其花期为每年 5 月 10 日至 15 日，改良种是 5 月 13 日至 18 日。

近些年来又建立或改造了不少新的牡丹园。如千叶县的茂原牡丹园（花期为 4 月下旬至 5 月上旬），以及江岛牡丹园（1991 年建成，属民营植物园，有 550 个品种 10 000 株）、上野东照宫牡丹园、花泉牡丹园（与日本牡丹协会合建）、东松山牡丹园、町田牡丹园等。

四、日本牡丹向西方的传播

在世界牡丹的发展史上，日本牡丹有着非常重要的地位和作用。其无论从栽培历史、发展规模，还是辐射推广和社会影响上，都仅次于中国。日本牡丹与中国牡丹有着共同的遗传基础，但其富有特色的观赏性状又与中国牡丹有所不同。由于日本实行对外开放和进入市场经济的时间比我国早，牡丹商品化程度也较高。

日本将引进的中国牡丹加以驯化改良，并在此基础上继续杂交选育新品种和批量繁育苗木。20 世纪初，日本牡丹大量出口到欧美各国及世界其他地方。牡丹在向西方的传播过程中，日本牡丹发挥了比中国牡丹更大的作用。目前在西方园林中日本牡丹的应用要比中国牡丹多得多。

西方人在日本发现牡丹栽培要比在中国稍晚一些。据记载（APS，1990；A. Rogers，1995），1690 年和 1775 年就先后有人在日本看到过牡丹。但直到 1844 年，西博尔德（Siebold）才从日本东京和京都的帝国花园首次引种了 42 个牡丹品种，1848 年这些品种分别在荷兰的西博尔德苗圃和美国的弗雷德里克（Frederic）花园中开花，他们发现这些品种与早期福琼（Robert Fortune）引进的中国牡丹截然不同。随后在荷兰、德国就出现一些经营牡丹的苗圃，但由于早期引进的日本牡丹未能保存下来，因而在 1890 年以前，欧美实际上没有日本牡丹栽培。

1891年，美国哈佛大学的萨金特（Sargent）教授访问日本时带回一批牡丹，使日本的许多花商看到了欧美的潜在市场，便用英、德、法等多种文字把牡丹广为宣传。而英、德、法等国也出现了一些以本国名称销售日本牡丹的苗圃。如美国宾夕法尼亚的奥伯林（Oberlin），约于1895年开始进口日本牡丹并加以繁殖。至20世纪30年代，在欧美市场的带动下，日本牡丹的商品生产发展很快，反过来又促进了欧美牡丹的发展。20世纪70年代，日本牡丹生产恢复到战前水平，仍是欧美牡丹的主要提供者。欧美大量引进日本牡丹的同时，也引进了其成熟的栽培技术。

五、20世纪中日之间的牡丹交流

从20世纪初至30年代，南京中山陵和上海黄园花圃曾先后从日本、法国引进一些牡丹品种，但抗日战争爆发后被毁。此后，品种交流中断40余年，直到1979年才得以恢复。这一年，洛阳从日本引进了‘金阁’‘花大臣’‘白王狮子’‘花王’。1981年又引进‘富士之峰’‘镰田藤’‘群芳殿’‘八千代椿’‘日暮’；同年，菏泽也引进‘金鸦’‘金阁’‘金晃’‘太阳’‘花王’‘初乌’‘初乌玉’等品种。1981年，上海植物园与日本安部牡丹园通过品种交换，引进了‘金鸦‘金阁’‘金晃’‘金帝’‘黑光司’‘乌羽玉’‘花大臣’‘镰田藤’‘连鹤’‘玉镰’‘八束狮子’‘八千代椿’‘花王’‘新桃园’‘芳纪’等品种。其中，前四个黄色品种实际上是法国品种。1983年，洛阳市郊区苗圃（洛阳国家牡丹园前身）代表洛阳市政府赠送日本冈山市45个品种，如‘朱砂垒’‘盛丹炉’‘状元红’‘乌龙捧盛’‘迎日红’‘卢氏粉’等1 000株，冈山市建造了一个中国牡丹园。1985年，洛阳市西苑公园将‘斗珠’‘紫雁夺珠’‘赤龙焕彩’‘胡红’‘脂红’‘二乔’‘洛阳红’等15个中原品种75株，赠送给日本东京安部牡丹园；同时，安部牡丹园也将特有的‘七福神’‘新神乐’‘新熊谷’‘朱玉殿’‘岩户镜’‘八千代椿’‘佐保姬’等15个品种70株回赠给西苑公园。

1994年11月，由吴敬需联络并促成洛阳牡丹园与日本大根岛牡丹园交换牡丹品种各20个300株，洛阳品种为‘洛阳红’‘大胡红’‘状元红’‘首案红’‘大棕紫’‘赵粉’‘十八号’‘似荷莲’‘乌龙捧盛’‘盛丹炉’‘白雪塔’‘二乔’‘绿香球’等，日本品种为‘花王’‘太阳’‘芳纪’‘岛锦’‘日暮’‘连鹤’‘五大州’‘初乌’‘黑光司’‘八千代椿’以及‘海黄’‘金阁’‘金帝’‘金鸦’等。这是洛阳乃至中国20世纪90年代之前，引进日本品种（包括个别美国、法国品种）株数最多的一次，而且引进品种生长开花很好，起到了很好的示范引导作用，从而拉开了洛阳乃至全国后来几年大批引进日本牡丹的序幕。当年，兰州也从日本引进了一批法国黄色品种。

1997—2000年，洛阳市和国内其他地方大量从日本引进牡丹。洛阳国家牡丹园、国际牡丹园、王城公园、神州牡丹园、精品牡丹园等单位，以及上海、菏泽、北京等地，先后引进10余批次近万株，产生了很好的观赏效果和经济、社会效益。与此同时，日本安部牡丹园还曾在洛阳、青岛两地建立了日本牡丹苗木繁育基地，专门供应中国市场。

1980年，与日本东京上野动物园近邻的上野东照宫牡丹园，以中国赠送的30个品种200株牡丹为契机，应用本国的200个品种3 000株牡丹举办了第一届牡丹节。以后每年都连续举办，并于1992年4月24日举办了“纪念日中邦交正常化二十周年”活动。1989年11月，日本岛根县邀请中国专家访日，并在大根岛八束町建了一座以中国牡丹为主景的大冢山公园，面积5 hm^2，其中中国牡丹园1 hm^2。1991年7月，岛根县派人来中国山东菏泽考察后确定双方交换品种。

日本牡丹在中国的花期一般比中国牡丹晚，相当于晚花品种。但栽培几年后有退化现象发生，尤其是在观赏园，叶片黄化、花朵变小、花色变淡等生长不良现象比较明显。其原因除土壤、气候跟原产地有差异外，还可能与其砧木多为芍药根、自生根不发达有关系。

1980—2000年，山东菏泽赵楼牡丹园、百花园等每年都向日本出口中原牡丹，计有200多个品种12.64万株。后来也不断有品种交流活动。

2000年前后，甘肃兰州还向日本出口紫斑牡丹800株，品种有‘夜光杯’‘玉狮子’‘粉娥娇’‘和平莲’等。

第二节
中国牡丹在欧洲的传播与欧洲牡丹的发展

一、欧洲早期的考察和引种

随着古丝绸之路的开通和17、18世纪航海业的发展，中国的丝织品、瓷器以及中医药、中医术包括牡丹等先后传到欧洲。他们把牡丹和芍药统称为Peony。在中世纪的欧洲，广泛被用作药用的芍药属植物有两种，一种是药用芍药 *Paeonia officinalis*，被称为母芍药（the female peony），一种是南欧芍药 *Paeonia mascula*，也叫公芍药（the male peony）。欧洲人虽然很早就在从中国进口的刺绣和瓷器图案中看到了雍容华贵的牡丹花，但他们认为与龙、凤一样，牡丹也不过是中国的一种图腾，并不真实存在。直到1656年，荷兰东印度公司的贸易代表来中国访问，亲眼看到了牡丹，回国后有人对此作了报道。这是西方人看到中国牡丹的最早记载。不过在此之前，马可·波罗就曾向南欧人口头叙述过。

又过了一个世纪，大约在1786年，英国邱园主人约瑟夫·班克斯（Joseph Banks）读了这篇报道，又看了许多画，对牡丹产生了兴趣。他让东印度公司的外科医生亚历山大·杜肯（Alexander Duncan）在广州为他收集牡丹，并于1787年送到邱园。1789年，有一株开出了高度重瓣的红色花，有些文献将该品种记载为 *Paeonia moudan* ‘Banksii’（‘班克斯’），或称为‘粉球’（‘Powdered

Ball’）。这是最早引到欧洲大陆的中国中原牡丹，但原始植株在1842年的建筑工程中被毁。不过在阿布罗斯（Arbroath）附近的杜肯花园中，还保留一株花白色泛粉、重瓣、瓣基部紫红色的植株，它可能是当年最早到达欧洲的中国牡丹的直接后裔，已于1988年12月移到爱丁堡皇家植物园。

1794年，英国特里同号轮船将一批牡丹从广州带到伦敦，栽植于邱园。由于航程漫长，加之包装不当，只有三五株成活。后来这些植株得以繁殖和扩散。这些牡丹开深粉色重瓣花，当时称为‘玫瑰’（‘Rosea’）。1804年，英国植物学家安德鲁斯将它定名为*Paeonia suffruticosa* Andr.，这是为牡丹定的第一个学名。

1802年，“希望”号轮船船长普伦德加斯特（J. Prendergast）受威廉·克尔（Willian Kerr）之托，又从广州将一批牡丹带到英国哈福德夏郡（Hereford Shire）的沃姆利·伯里（Wormley Bury），栽在亚伯拉罕·休姆（Abraham Hume）爵士的花园中。1806年，其中一株开出粉白色花，单瓣，花瓣基部有紫红色晕斑，很引人注目。安德鲁斯又将它定为新种*Paeonia papaveracea* Andr.。现在已经确定，它实际上是中国中原牡丹中具有紫斑牡丹血统的一个品种，即*P. suffruticosa*‘Papaveracea’。该品种结实性强，是当时欧洲播种繁殖牡丹的主要种子来源。

随着牡丹不断被引进，并在英国扩散，以后又迅速传入法国、德国、意大利等国家，从而在19世纪初的欧洲掀起了一股“牡丹热”。但因品种及数量有限，加之繁殖缓慢，价格昂贵，难以满足需求。当时引到英国的牡丹都是从菏泽等地运到广州催花的植株，虽然先后引了数以百计的种苗，但到开花时，发现它们与1787—1810年最早引进的几个品种一样，都开重瓣花，而且普遍生长不良，有些植株逐渐死亡。

19世纪中国牡丹不断输入欧洲的同时，日本牡丹的商品苗木在19世纪后期也有不少被欧洲国家进口。日本牡丹为欧洲人所知，最早是在1712年德国植物学家坎普法（Englebert Kaempfer，1651—1715）所著《海外奇谈》一书中提到的。

1892年，一个英国医生去日本考察后带回了12个品种。随着日本牡丹的进入，中国牡丹的声誉开始低落，此后日本牡丹逐渐在欧洲占了上风。

进入20世纪60年代，中国开始向苏联出口牡丹。1963—1965年，菏泽县赵楼公社赵楼大队连续3年向苏联出口牡丹3批，品种80多个，苗木1万株。1967—1968年，根据中国—阿尔巴尼亚科学技术合作协定，中国向阿尔巴尼亚援助了牡丹。项目由北京市执行，具体由当时在北京市园林局工作的李嘉珏完成。共援助中原品种 20 个，苗木 200 株。

改革开放之后，中国牡丹开始向欧洲出口，并逐年增加。

1991—1992 年，菏泽赵楼向法国波尔多市出口 50 多个品种近 500 株苗木。1992—2000 年，菏泽市天香苗圃等向意大利出口 200 多个品种 4.6 万株苗木。1992 年 11 月，吴敬需等向法国供应 9 000 株中原牡丹，品种 120 个，如 ‘洛阳红’‘胡红’‘朱砂垒’‘赵粉’‘盛丹炉’‘首案红’‘乌龙捧盛’‘葛巾紫’‘夜光白’‘姚黄’‘状元红’ 等。

1996—2000 年菏泽山东曹州牡丹园花木开发有限公司、顺达园艺有限公司等单位先后向荷兰出口 200 多个品种，苗木约 75 万株。

除此以外，中国牡丹还出口到比利时、德国、英国、瑞典、波兰、芬兰、乌克兰、爱尔兰等国家和地区。

1998—2015 年，吴敬需又连续 13 年向北欧芬兰出口了一批中原牡丹、紫斑牡丹苗木和种子，共计苗木 30 000 多株、种子 200 多千克。其中中原品种有 ‘洛阳红’‘璎珞宝珠’‘赵粉’‘大金粉’‘凤丹紫’‘乌龙捧盛’‘蓝芙蓉’‘鲁荷红’‘雪莲’‘二乔’‘霓虹焕彩’‘黄花魁’‘绿香球’ 和紫斑牡丹中的 ‘落凤羽’‘状元红’‘冰山雪莲’‘蓝荷’‘素粉绫’‘黑绒莲’‘灰鹤’‘陇原壮士’‘粉荷’‘小雪’‘红冠银线’‘洮黄’‘红莲’‘美人娇’ 等。由于芬兰冬季气候极其寒冷，他们进口后，主要是盆栽，并在温室培养开花后再销售。这也是芬兰最早从中国进口牡丹。

2000—2012 年，吴敬需还分别向荷兰的利瑟和绿园、德国柏林和德雷斯顿、英国曼彻斯特、瑞士洛桑、瑞典哥德堡、丹麦罗斯基勒、法国波恩、澳大利亚墨尔本、意大利贝加莫以及比利时、挪威、以色列等国家输出中原牡丹、紫斑牡丹及芍药 10 余批次。其中，对于芬兰、瑞士、瑞典、丹麦和澳大利亚的出口属于中国近代首次。主要品种有 ‘洛阳红’‘葛巾紫’‘黑海撒金’‘万世生色’‘凤丹白’‘白鹤卧雪’‘珊瑚台’‘三变赛玉’‘花蝴蝶’‘飞燕红装’‘景玉’‘肉芙蓉’‘银红巧对’‘菱花湛露’‘百园红霞’‘王红’‘春红娇艳’‘黄花葵’（以上属中原品种），‘夜光杯’‘黑凤蝶’‘紫蝶迎风’‘玫瑰撒金’‘白鹤展翅’‘蓝荷’‘灰鹤’‘灰蝶’‘雪莲’ 等（以上属西北紫斑牡丹品种）。

1996 年以后，甘肃兰州等地紫斑牡丹苗木直接或间接通过北京、上海、洛阳等地多批次向欧洲出口，形成一次出口热潮。

二、福琼的引种与欧洲品种群的形成

牡丹传播到欧洲，第一次开花是在 1789 年，早期引进驯化的中原品种有‘Banksii’‘Rosea’‘Papaveracea’等，激发了欧洲人对牡丹的兴趣（Cheng，2007）。

英国著名植物采集家罗伯特·福琼（Robert Fortune）曾先后多次来到中国引种牡丹（APS，1990；Rogers，1995；Page，2005）。1826 年他向英国成功引进了 5 个品种，1834 年从其引进牡丹的种子中培育出了 3 个品种。到了 19 世纪 60 年代，中国牡丹在英国等地有了较多的繁殖，有关苗圃也大量出现。同时他们还培育出了自己的实生苗。

1843—1845 年，福琼受英国皇家园艺协会（RHS）的派遣，又来到上海收集并引种了一批牡丹品种，但引回英国后都没有成活。1845—1851 年，福琼再次来到上海，成功地从中国各地收集并引回了 30 多个品种。福琼在调查中发现，中国不同地区的牡丹品种有着明显差别，他还注意到牡丹是用芍药根进行嫁接繁殖的，因而也引种了用于嫁接牡丹的芍药，并把中国的嫁接技术介绍到英国。福琼收集的牡丹中，有一些据说是当时最好的品种。1880 年，福琼最后一次来到中国，专门寻找并引走了一种丁香紫色的品种。由此可见，牡丹虽然最初是由广州输入英国，但在欧洲的真正发展却是通过上海实现的。当时，中国上海及其周围地区已有大量牡丹栽培。

1860—1890 年是欧洲牡丹最流行的时期。1867 年，英国的荷兰人民苗圃就能供应 190 个品种；1890 年，露易斯·佩尔特（Louis Paillet）的法国苗圃有品种 337 个。这些品种都是从中国收集的。此后日本牡丹也多了起来，甚至比中国牡丹更易买到。

福琼的引种为欧洲牡丹的发展提供了品种基础，他引进的繁殖方法解决了此前牡丹在英国生长不良的问题。他所引进的中国牡丹品种在英国一直流行到 19 世纪末，并带动了其他欧洲国家的牡丹栽培和发展。20 世纪初，英国种植的牡丹约有 110 个品种。

经过欧洲园艺家长期栽培和选育，欧洲牡丹栽培有了长足发展，并在 19 世纪末形成了一个适应当地风土条件的品种群——欧洲品种群，为 20 世纪初日本牡丹的大量输入与迅速发展奠定了基础。此外，欧洲牡丹几乎都是高度重瓣，花朵下垂，有叶里藏花现象，与中国的传统牡丹几乎完全相同，因此两者常被划为同一类型。实际上，欧洲牡丹是对中国牡丹进行驯化改良的产物，它保留了中国牡丹的主要性状特征，又能很好地适应欧洲的气候环境。现法国约有牡丹品种 200 个。

除此以外，1900 年前后，法国的亨利（L. Henry）和莱莫尼（M. Lemoine）利用从中国引去的野生黄牡丹（*Paeonia lutea*）与中原牡丹栽品品种（*P. suffruticosa*）杂交，培育出一批亚组间远缘杂种。

三、欧洲的主要栽培品种、特点及产地

（一）欧洲牡丹的主要品种、特点

当前在欧洲栽培的牡丹品种有 300 多个，除欧洲自育有几十个外，其余大部分为日本牡丹、中国牡丹和美国牡丹。

1. 中国品种

‘班克斯’（‘Banksii’，1789）、‘出山的宝石’（‘Bi jou de Chusan’，1846）、‘都铎王朝的伯爵夫人’（‘Comtesse de Tuder’，1866）、‘姚黄’‘大金粉’‘大叶蝴蝶’‘凤丹白’‘洛阳红’‘青龙卧墨池’‘盛丹炉’‘乌龙捧盛’‘璎珞宝珠’‘赵粉’‘状元红’‘朱砂垒’等。其中部分品种现在已被淘汰。

2. 日本品种

‘东镜’‘日照’‘日出’‘日暮’‘花競’‘宣阳门’‘美富门’‘富士之峰’‘月世界’‘扶芳殿’‘白蟠龙’‘太阳’‘白王狮子’‘镰田锦’‘花王’‘长寿乐’‘大正之光’‘越后狮子’‘日月锦’‘黑龙锦’‘建礼门’‘御所樱’等。

3. 英国克尔维斯（Kelways）品种

‘爱丽丝·帕尔默’（‘Alice Palmer’）、‘卡迪亚尔·沃恩’（‘Cardial Vaughan’）、‘根德公爵夫人’（‘Duchess of Kent’）、‘荣耀的演讲’（‘Glory of Huish’）、‘米西卡’（‘Mischka’）、‘克尔维夫人’（‘Mrs. William Kelway’）、‘拉裴尔’（‘Raphael’）、‘华丽’（‘Superb’）、‘福瑞夫人’（‘Mrs. Shirley Fry’）等。1900 年前后比较盛行。

4. 法国莱恩（Lemoine）和亨利（Henry）亚组间杂种牡丹

数量较大也比较著名的亚组间杂交品种有‘金晃’（‘Alice Harding’，

1935）、‘金鸦’（‘Chromatella’，1928）、‘金帝’（‘L’ Esperance’，1909）、‘洛兰曲’（‘Sang-no-Lorrain’，1939）、‘金阁’（‘Souvenir de Maxime Cornu’）、‘金阳’（‘La Lorraine’）。此外，还有‘大烛台’（‘Flambeau’，1930）、‘亨利女士’（‘Madame Louis Henry’，1907）、‘红绸缎’（‘Satin Rouge’，1926）、‘惊喜’（‘Surprise’，1920）等。

5. 特点

欧洲自育的牡丹品种明显遗传了其亲本——中国野生黄牡丹、紫牡丹，以及中国中原牡丹品种、紫斑牡丹品种，还有日本牡丹品种的性状，其中一些远缘杂交品种在花色、花茎、花态、花期以及枝叶形态等方面都与野生种尤其相似，花多为黄色、紫红色或红黄混合色，下垂或侧开，藏叶，花瓣厚，革质有光泽，香味浓，花期特晚，生长旺盛，抗性强，芽多为绿色；而花朵大小和花瓣层次等又主要遗传了栽培品种的特点，花比野生种大得多，花瓣也多，花型更好看。

（二）欧洲主要牡丹产地和园圃

欧洲牡丹产地主要分布在法国、荷兰、英国、德国、芬兰、意大利、瑞士等国。主要园圃有：

1. 英国

剑桥大学植物园、英国皇家植物园、大卫奥斯丁玫瑰公司、克尔维斯公司（Kelways Ltd.）、克莱尔奥斯汀牡丹花圃（Claire Austin Hardy）、克姆波尔德花园（Coomblad）、克莱尔奥斯汀耐寒植物园（Claire Austin Hardy Plants）、保罗克里斯琴稀有植物园（Paul Christian Rare Plants）、维尔麦克莱温费达苗圃（Will Mclewin Phedar Nursery）等。图 3–2 介绍了英国皇家植物园——邱园中的牡丹，这里的牡丹都来自中国。

2. 法国

米歇尔·里维埃花园（Michel Riviere）、莱恩苗圃（Lemoine）、亨利苗圃（Henry）、吉维尼苗圃（Giverny）、里维埃牡丹苗圃（Pivoines Rivieres）、诺伊尔斯别墅花园（Villa Noailles）等。还有其他一些植物园中的牡丹。

法国巴黎文森森林公园牡丹园（图 3–3）。巴黎文森森林公园为巴黎市东南部的一片森林，面积 9.95 km^2，属巴黎市政府管辖。该地交通便利，有自然湖泊、体育场馆、季节性游泳场、演艺中心、藏传佛教寺院、动物园、花卉公

1、2、3. 邱园中的牡丹芍药园园景；4. 紫牡丹；5. 狭叶牡丹；6. 黄牡丹；7. 大花黄牡丹；8. 紫斑牡丹

● 图 3-2　**英国皇家植物园——邱园中的野生牡丹（霍志鹏　摄）**

● 图 3-3 **法国巴黎文森森林公园中的牡丹（霍志鹏 摄）**

园以及热带农学院等高等院校，还有历史古迹文森城堡。文森森林公园牡丹园位于花卉公园内，是法国著名的牡丹观赏园。该园既搜集有牡丹芍药野生资源，也有来自中国、日本、美国及欧洲的牡丹、芍药园艺品种。

法国里维埃牡丹苗圃（图 3–4）。该苗圃位于法国东南部，阿尔卑斯山脚下。里维埃家族从 19 世纪就开始收集芍药和牡丹品种，目前，让 – 吕克 · 里维埃（Tean-luc Riviere C）是第六代传人。该园致力于牡丹的收集、培育、繁殖和销售。园内有来自中国、日本、瑞士和美国的品种超过 750 种，包括一些组间杂交品种。

法国图尔市植物园牡丹园（图 3–5）和图尔市丽芙城堡（Chateau du Rivau）中都种植有中国牡丹。丽芙城堡建于 1420 年，与中国天坛同龄。

● 图 3–4 **法国里维埃牡丹苗圃（德国芮克 供稿）**

1、2. 大花黄牡丹；3、4、5. 为园艺品种

● 图 3-5　**法国图尔市植物园中引种的中国牡丹（霍志鹏　摄）**

3. 意大利

意大利最著名的有牡丹植物中心花园（Centro Botanico Moutan）。20 世纪 90 年代，意大利维泰博的商人和园艺爱好者卡尔·坎菲达提（Carlo Canfidati）对牡丹产生了浓厚兴趣，他来到中国牡丹产区进行多次考察，引进一些品种并尝试在契米民（Cimini）山麓丘陵地带种植，并最后建成了这个牡丹主题花园，2003 年起对游客开放。该园占地 15 hm^2，牡丹品种极为丰富，其中有绚丽多姿的中原牡丹品种，上千株紫斑牡丹。牡丹野生种都搜集齐全。在古老的栎树、柏树和橄榄树的映衬下，创造了独特而美丽的景观。这里是欧洲园艺者的天堂，是景观设计师捕捉灵感的佳境，也是普通游人享受大自然风光、放松身心的梦幻之地。（图 3–6）

4. 德国

德国的植物园中大多种植有牡丹，包括霍克花园（Albrecht Hoch）、史涛登苗圃（Staudengartnerei）、海因茨克洛斯苗圃（Heinz Klose）、林曼花圃（Wolfgang Linnemann）等。现如今，后两个花园都不再从事牡丹、芍药生产了。

德国海尔布隆市巴特拉珀瑙镇芮克牡丹花圃（图 3–7），位于德国巴登符

（第一张图中人物为前国际树木学会副主席 Osti 先生）

● 图 3–6　**意大利牡丹植物中心花园中的牡丹（德国芮克　供稿）**

● 图 3-7　德国巴登符腾堡州海尔布隆市巴特拉珀瑙镇芮克牡丹花圃（德国芮克　供稿）

腾堡州海尔布隆市偏西北 20 km 外。芮克夫妇（Irmtraud and Gottlob Rieck）是德国著名牡丹研究专家，从 1975 年开始研究牡丹、芍药，多次来中国考察，常年致力于牡丹培育发展和中西方学术技术交流。1997 年他们将陈德忠培育的杂交紫斑牡丹引种到欧洲，引起了欧洲园艺界对紫斑牡丹的好奇和热爱。经过他们多年努力，已培育出一批适合德国气候环境的紫斑牡丹品种，并在 APS 进行了登录，他们为中国紫斑牡丹走向世界做出了重要贡献。

另外，还有瑞士的园艺和多年生植物花圃（Gartnerei und Staudenkulturen），意大利的康梦达苗圃（Vivai delle Commande），荷兰牡丹展示园、荷兰球根农场、荷兰球根公司、荷兰牡丹商店，瑞典的密歇尔花圃，芬兰的玛提尤西霍克公司等。

第三节

中国牡丹在美国的传播与美国牡丹的发展

一、美国牡丹发展概况

（一）欧洲、中国、日本牡丹的引进

美国开始引种牡丹的时间较晚，约于 1820 年前后从英国传入（M. Page，1997, 2005）。1826 年，莱斯（W. Lathe）从英国引进了‘罂粟’（‘Papaveracea’）；1828 年前后，少数苗圃以高价出售从英国引进的品种；1836 年，麻省的佩尔肯斯（C. Perkins）直接从中国引进了‘拉威’（‘Rawei’）等品种。

1842 年，西博尔德（Siebold）从日本东京的帝国花园引种了 42 个品种，1848 年在美国弗雷德里克（Frederic）开花，但这些牡丹未能得到保存。1862 年，普林斯（Prince）从欧洲成功引种和培育了 20 多个品种。1891 年，哈佛大学萨金特（Sargent）教授访日时带回一批牡丹，使日本花商看到美国的牡丹潜在市场。横滨苗圃公司等制作一些精美的牡丹英文商品名录在美国发行宣传起到了效果，宾夕法尼亚的奥柏林（Oberlin）约于 1895 年开始进口日本牡丹并加以繁殖。20 世纪初，日本牡丹出口美国达到一个高峰。到二三十年代，受到欧洲再次出现牡丹栽培热和日本牡丹商品生产快速发展的影响，美国又从日本、欧洲大量进口牡丹。由于引进品种大多只分花色而无名称，加之进口商随意命名现象

严重，导致品种名称十分混乱。美国牡丹芍药协会（American Peony Society，APS）组织专家进行了整理。

第二次世界大战期间美国的牡丹进口中断，到 20 世纪 70 年代才又恢复。

（二）牡丹育种及其对美国与世界牡丹发展的影响

20 世纪前期，在大量引进国外牡丹的同时，美国一些园艺爱好者也开始了牡丹杂交育种及品种选育工作，并涌现出几个著名的育种家。其中影响较大的首推亚瑟·桑德斯（Arthur P. Saunders）。这位原汉米尔顿大学化学教授从 1917 年开始投身于芍药属植物育种。他用从欧洲引进的中国原生种黄牡丹、紫牡丹与日本牡丹品种杂交。1928 年，他育出的第一个鲜黄色品种‘阿歌赛’（‘Argosy’）在波士顿花展中展出时，即引起轰动。桑德斯后来担任了美国牡丹芍药协会主席。他的育种成就对美国牡丹发展有着重要影响。

之后，威廉·格拉特维克（William Gratwick）和纳索斯·达佛尼斯（Nassos Daphnis）延续了桑德斯的育种工作。他们的主要贡献是将牡丹亚组间杂交系的发展推向了一个新的阶段——培育出具有一定育性的高世代杂交品种。达佛尼斯利用桑德斯育出的两株有育性的牡丹亚组间杂交 F_2 代（F_2A 和 F_2B）与其 F_1 代开展了大量的杂交工作，获得了部分育性恢复的回交一代（BC_1），并在此基础上继续杂交，使得牡丹亚组间杂交后代育性逐步提高，形成了牡丹亚组间高代杂种群，从而将美国牡丹育种水平提升到一个新的高度。

1974 年，美国商人路易斯·史密诺（Louis Smirnow）在美国牡丹芍药协会成功登录了 4 个牡丹芍药组间杂交品种。这个过去认为不可能的事情竟被一位日本人伊藤东一突破，在欧美育种界引起轰动，并激励一批人投身这项育种工作，涌现出唐纳德·史密斯（Donald Smith）等一批育种家。在这一领域美国超过日本，走在了世界前列。

在美国牡丹芍药协会引导下，在美国一些芍药属育种家的努力推动下，美国牡丹呈现出一股强劲的发展势头，从而对世界牡丹的发展产生了重要影响。

（三）21 世纪初期的中美牡丹交流

20 世纪末到 21 世纪初，中美之间牡丹交流较为频繁。

1998—2015 年是中国牡丹向美国出口的高峰期。在此期间，洛阳吴敬需连续10余年将数万株中国品种以及芍药的苗木、种子出口到美国。出口的主要品种为：①中原牡丹品种及日本牡丹品种：‘虞姬艳装’‘蓝宝石’‘飞燕红装’‘万世生色’‘玉板白’‘洛阳红’‘璎珞宝珠’‘白鹤卧雪’‘三变赛玉’‘乌龙捧盛’‘曹州红’‘深黑紫’‘珊瑚台’‘黑海撒金’‘花蝴蝶’‘菱花湛露’‘景玉’‘二乔’‘青龙卧粉池’‘首案红’‘香玉’‘大棕紫’‘豆绿’‘魏紫’‘冠世墨玉’‘烟绒紫’‘冠群芳’‘贵妃插翠’‘姚黄’‘粉中冠’‘白雪公主’以及‘花王’‘太阳’‘初乌’‘岛锦’‘村松樱’‘新岛辉’等。②紫斑牡丹：‘紫斑白’‘雪莲’‘粉莲’‘紫蝶迎风’‘黑旋风’‘黑天鹅’‘夜光杯’‘紫海银波’‘贵夫人’‘菊花白’‘日月同辉’‘和平二乔’‘彩楼’‘粉西施’‘陇原壮士’‘落凤羽’‘红莲’‘素粉绫’等。同期，还有洛阳花木公司、洛阳市农业局、神州牡丹园等单位先后向美国费城、西雅图等地大批出口过牡丹、芍药；菏泽、兰州等地也曾向美国输出牡丹芍药种苗数十万株。与此同时，洛阳精品牡丹园（洛阳市邙山花丰园艺场）和河南林业职业技术学院，于2010—2015年曾3次从美国引进伊藤杂种近20个200余株，其他杂种牡丹和芍药10多个品种百余株。（图3–8）

1. 美国纽约州Linwood花园一角（成仿云　摄）；2、3、4、5. 美国密歇根大学牡丹芍药园（霍志鹏　摄）

● 图3–8　**美国各地的牡丹**

二、美国牡丹的主要品种

美国目前有 400 多个品种，其中国外品种（包括欧洲、日本和中国品种）约占 60%，国内自育品种占 40%。但据美国牡丹芍药协会登录的品种数据，美国自育的传统品种 54 个，亚组间杂交品种 196 个，合计 250 个。美国常见牡丹品种如图 3–9。美国自育品种主要有：

（一）亚瑟 · 桑德斯系列

亚瑟 · 桑德斯是美国乃至世界最著名的牡丹芍药育种家，他的一生除了育出几百个芍药品种外，还培育了很多牡丹品种。从 1976—1986 年美国牡丹芍药协会发表的牡丹芍药品种目录册中可以看出，他和他的女儿西维亚 · 桑德斯（Silvia Saunders）1928—1960 年在美国牡丹芍药协会登录注册的牡丹品种有 78 个。桑德斯系列主要是利用日本牡丹与中国野生黄牡丹、紫牡丹杂交获得的亚组间杂交品种。以单瓣型或荷花型的黄色、紫红色花居多。著名的并已在中国得到应用的品种有：'海黄'（'正午'，'High Noon'，1952）、'金岛'（'Golden Isles'，1948）、'黑海盗'（'Black Pirate'，1935）、'中国龙'（'Chinese Dragon'，1950）、'名望'（'Renown'，1949）、'黑道格拉斯'（'Black Douglas'，1948）等，其他还有'金色年华'（'Age of Gold'，1948）、'金碗'（'Golden Bowl'，1948）、'黄水仙'（'Daffodil'）、'罗马金'（'Roman Gold'，1941）、'春季嘉年华'（'Spring Carnival'，1944）、'琥珀'（'Amber Moon'，1948）、'金鸟'（'金翅雀'，'Goldfinch'，1949）、'小天使'（'Angelet'，1950）、'阿尔罕布拉宫'（'Alhmbra'，1948）、'雷电'（'Thunderbolt'，1948）、'维苏威火山'（'Vesuvian'，1948）、'盛宴'（'Banquet'，1941）、'公主'（'Princess'，1941）、'摄政王'（'Regent'，1945）、'奥秘'（'Mystery'，1948）、'金鹿'（'Gold Hind'，1950）、'金橘'（'Gloden Mandarin'，1952）、'丰收'（'Harvest'，1948）、'郡主'（'Infanta'，1948）、'侯爵夫人'（'Marchioness'，1942）等。

1
2
3
4
5
6
7
8

1. ‘Age of Gold’（‘金色时代’）2. ‘Leda’（‘丽达’）3. ‘Banquet’（‘盛宴’）4. ‘Iphigenia’（‘伊菲吉尼亚’）5. ‘Hephestos’（‘赫菲斯托斯女神’）6. ‘Angelet’（‘小天使’）7. ‘Spellbound’（‘诱惑’）8. ‘Signal Beauty’（‘信号’）9. ‘Show Day’（‘演出日’）10. ‘Gauguin’（‘高更’）

● 图 3-9　**美国常见牡丹品种**

（二）纳索斯 · 达佛尼斯系列

纳索斯 · 达佛尼斯是美国著名的艺术家。他爱好牡丹，从事牡丹培育工作长达 50 年，把美国牡丹育种水平提升到了一个新的高度。他获得的杂交后代超过 500 个，仅 50 个特点突出的被命名和登录。其中有许多优秀的牡丹杂交品种，常常被人们称为美国牡丹。并且，他的品种多是以希腊故事传说中的人物来命名，部分品种也已被多个育种者作为组间杂交育种的亲本使用。达佛尼斯的品种中有一些是很鲜艳的大红色，一些则带有蓝紫、黄、洋红等色彩。较著名的品种有：‘试验’（‘Tria’）、‘贝瑟芬妮’（‘Persephone’，D-26-1966）、‘耐克’（‘Nike’，1987）、‘阿里亚斯’（‘Ariadne’，D-304-1977）、‘德梅特拉’（‘Demetra’，D-19-1958）、‘高更’（‘Gauguin’，D-22-1965）、‘赫菲斯托斯女神’（‘Hephestos’，D-240-1968）、‘丽达’（‘Leda’，D-308-1977）、‘伊菲吉尼亚’（‘Iphigenia’，D-303-1977）、‘克洛诺斯’（‘Kronos’，D-23-1966）等。

（三）大卫 · 瑞斯系列

大卫 · 瑞斯系列没有桑德斯和达佛尼斯的品种那么出名，部分原因是登录较少。但其中有些品种也很出色，如‘金色年华’（‘Golden Era’）。该品种是桑德斯品种‘金岛’的后代。根据最新的报告，该品种为四倍体（$2n=20$）。由于它可以产生可育的花粉而被广泛地应用到牡丹芍药组间杂交品种的培育上，并发挥出极好的作用。

（四）比尔·桑德尔（1932—2016）和内特·布雷默系列

比尔·桑德尔（Bill Seidl）是继桑德斯之后最著名的芍药属育种家。桑德尔一生获得芍药属杂交后代有数千株，迄今在美国牡丹芍药协会登录的品种有58个，其中2019年获得美国牡丹芍药协会金牌奖的品种就是他培育的紫斑牡丹品种‘天使艾米丽’（‘Angel Emily’）。桑德尔在芍药属育种上的贡献是承前启后的。在他和同时代育种家的努力下，牡丹亚组间高代杂交品种的育性大大提升，植株性状也得到了极大改良。桑德尔为人十分慷慨，他将自己培育的许多优秀后代赠送他人，从而带动了芍药属植物在美国的又一次繁荣。桑德尔的影响还扩展到了澳大利亚和新西兰。在桑德尔的支持下，高代杂交品种牡丹在南半球得到了发展。2003年，因其在芍药属育种上的突出贡献，美国牡丹芍药协会授予他桑德斯纪念奖。

内特·布雷默（Nater Bremer）是桑德尔的好朋友。在桑德尔的引导下，布雷默也参与了牡丹和芍药的育种。布雷默自己经营苗圃，桑德尔晚年培育的很多牡丹、芍药新品种都是经由布雷默登录、扩繁和推广开来。在桑德尔的基础上，布雷默将牡丹亚组间高代杂交品种和高代杂交品种芍药的育种又推向了一个新的高度。他培育的牡丹亚组间高代杂交品种多数花大、重瓣程度高、生长势强、花梗强度高（侧开不垂头）、可育。每年的1月1日，布雷默苗圃的网站都会公布当年出售的牡丹、芍药品种名录。布雷默每年在国际上登录的新品种虽然价格昂贵（多数售价为200～300美元/株，折合人民币大约2 000元/株），但仍然供不应求，往往几个小时就销售一空。因布雷默在芍药属育种上的突出成就以及丰富的生产实践经验，他当选为现任美国牡丹芍药协会主席。

桑德尔和布雷默在美国牡丹芍药协会登录的品种共有85个，其中牡丹亚组间高代杂交品种有45个，较为著名的有‘安娜玛丽’（‘Anna Marie’，1984）、‘水瓶座’（‘Aquarius’，2019）、‘塞多纳’（‘Sedona’，2013）、‘特丽莎安’（‘Teresa Anne’，2013）等。

（五）威廉 · 格拉特维克系列（1904—1988）

威廉 · 格拉特维克（Willian Gratwick）是美国推广牡丹的先驱，他从 1946 年开始引进日本牡丹种到纽约，从种子播种的实生苗中挑选并命名了一些品种，其中有令人赞赏的'宁静之伴'（'Companion of Serenity'）、'修道院的古尔迪安'（'Guerdian of the Monastery'）等，从而形成了一个较小的源自日本的普通牡丹（*Paeonia suffruticosa*）的美国亚群。

（六）罗杰 · 安德森伊藤品种系列

罗杰 · 安德森（Roger Anderson）是美国最著名的芍药属育种家之一，他主要专注于牡丹芍药组间杂交品种（伊藤品种）的培育，目前国际市场上流行的一部分重要的伊藤品种都是他育成的。主要有：'巴茨拉'（'Bartzella'，1986）、'凯利记忆'（'Callie's Memory'，1999）、'加那利红宝石'（'Canary Brilliants'，1999）、'科拉露易斯'（'Cora Louise'，1986）、'宫廷小丑'（'Court Jester'，1999）、'初至'（'First Arrival'，1986）、'希拉里'（'Hillary'，1999）、'朱丽亚玫瑰'（'Julia Rose'，1991）、'科珀壶'（'Kopper Kettle'，1999）、'柔光'（'Pastel Splendor'，1996）、'大红天堂'（'Scarlet Heaven'，1999）、'隔离阳光'（'Sequestered Sunshine'，1999）、'唯一'（'Unique'，1999）等。

（七）唐 · 霍林沃斯及唐纳德 · 史密斯的伊藤品种系列

唐 · 霍林沃斯（Don Hollingsworth）培育的伊藤品种有：'边界魅力'（'Border Charm'，1984）、'花园珍宝'（'Garden Treasure'，1989）、'草原魅力'（'Prairie Charm'，1992）等。

史密斯培育的最优秀的伊藤品种有：'不可能的梦'（'Impossible Dream'，2004）和'史密斯家族黄'（'Smith Family Yellow'，2002）。这两个品种的花型花色等都极具特色，而且前者是目前世界上仅有的 4 个反交（即以牡丹为母本，芍药为父本）成功的伊藤品种之一。

除此以外，美国各地还有一些紫斑牡丹品种栽培。

三、美国牡丹的主要产地和园圃

（一）概况

美国牡丹芍药苗圃产业发展较快，迄今已有 50 余家，集中分布在美国东北部、西北部及阿拉斯加州。苗圃多为家族企业，少数为合伙组建，如金城花园苗圃（Gold City Flower Gardens）。

依营销种类不同可分为两种类型：一类是专营苗圃，专门生产经营牡丹、芍药及其组间杂交品种。这类企业大多历史悠久，有着许多传统品种。比较有名的如美国俄勒冈州赛伦以北阿德尔曼牡丹芍药花园苗圃（Adelman Peony Gardens），网上以“牡丹芍药帕拉迪斯”（“Paeony Paradise”）而闻名。1993 年初建以来，利用其庞大的家族体系和地理优势，在品种培育和经营上取得成功，并在国内外享有盛誉。此外，位于康涅狄格州托马斯顿的蟋蟀山花园（Cricket Hill Garden），精于销售、强调品质，能保证移植成活率 99%。位于明尼苏达州的隐泉花场（Hidden Springs Flower Farm）以提供芍药牡丹种类繁多而闻名，并在花期举办主题花园或品种陈列展，邀请游客参观与交流，引导消费。类似的苗圃还有奥斯特的牡丹芍药园（La Pivoinerie D’Aoust）、牡丹芍药花园（Peony Garden）、西蒙斯牡丹芍药园（Simmons Paeonies）、牡丹芍药农场（The Peony Farm）等。

另一类是农场型苗圃。这类苗圃经营花卉种类较杂，除牡丹、芍药外，还经营多种多年生花卉。主营花卉盛花期过后有的还经销干花和圣诞节装饰用花，并保证四季供花。这类苗圃包括阿拉斯加哈代®牡丹芍药（Alaska Hardy® Peony）、布洛森山苗圃（Blossom Hill Nursery）、布鲁克斯花园（Brooks Gardens）、苹果山花园画廊（Cider Hill Gardens Gallery）、金城花园、牡丹芍药农场、太阳农场（Solaris Farms）。

除上述园圃外，其他还有位于华盛顿州斯诺霍米什的牡丹芍药与多年生植物农场（A & D Peony and Perennial Farm），位于俄勒冈州舍伍德兄弟的草花与牡丹苗圃（Sherwood Brothers Herbs & Peonies），位于俄勒冈州阿姆韦尔的幻想农业苗圃（Caprice Farm Nursery），位于佛蒙特州诺斯菲尔德的康特里曼牡丹农场（Countryman Peony Farm），位于华盛顿州里奇菲尔德的盖伦伯勒尔花园（Galen Burrell），位于密苏里州萨科克西的吉尔伯特怀特及子公司（Gilbert H. Wild & Son Inc.），位于密苏里州马里维尔的霍林沃斯拉·冯公司（Don & Lav on Hollingsworth），位于威斯康星州阿瓦隆的卡莱姆歌麻雀农场（Klehm' s Song Sparrow Perennial Farm），位于密歇根州伏尔甘的瑞斯苗圃（Reath' s Nursery），位于纽约州的斯米尔诺之子牡丹花圃（Smirnow' s Son' s Peonies），位于康涅狄格州利奇菲尔德的白花农场（White Flower Farm），位于明尼苏达州的商标牡丹农场（Brand Peony Farm）、巴斯花园（Busse Garden），位于伊利诺伊州原野的克尔荷姆苗圃（Kelhm Nursery），位于明尼阿波利斯南街的塞瓦尔德苗圃（Sevald Nursery），位于南卡来罗那州霍奇斯的路边花园（Wayside Garden）等。

（二）特点

美国牡丹（芍药）苗圃经营管理上有以下特点：①规模较小，但大多规划布局严谨，利于精细化管理，同时注意利用周边环境，把私人花园式景观苗圃开放式经营，吸引了大批游人参观、游览、消费。②特色鲜明，多样化发展，主营品种突出，栽培形式多样，包括地栽、盆栽、干花、切花。品种目录逐年更新。花期设专类园展示，与市场开发结合。③科技水平较高，部分苗圃已经实行机械化作业，建立了比较完备的网络共享平台和网络销售渠道。④经营管理人员专业水平较高。

第四节

中国牡丹在其他国家和地区的传播

一、传播概况

中国牡丹在向日本、欧洲、美国输出的同时，向北美洲的加拿大，大洋洲的澳大利亚、新西兰，亚洲的韩国、新加坡、朝鲜、马来西亚、泰国等 20 多个国家都有输出。1998 年前后，洛阳吴敬需就连续多年向加拿大、澳大利亚、新西兰等国家输出过牡丹和芍药的苗木、种子和鲜切花。山东菏泽也有人向加拿大、韩国等国出口，其品种和规格与向欧美国家出口的基本相同。据粗略统计，仅 2016 年洛阳、菏泽两地，就出口牡丹种苗 100 余万株，价值 300 多万美元。

引进数量较大的国家，也是牡丹适宜在当地常年生长，经济也比较发达的国家，如美国、法国、英国、芬兰、加拿大、澳大利亚和韩国等，其苗木规格主要是 2～4 年生的 2～3 枝和 4～6 枝的分株苗及 1～2 年生的 1～3 枝的嫁接苗，因一般国家都规定，只允许进口 3 年生以下的种苗。根据日本的史料记载，日本的牡丹最早有一部分就是先由中国传到朝鲜再从朝鲜传到日本的。20 世纪 80 年代以来，中国洛阳、菏泽等地就多次出口牡丹到韩国和加拿大等。2000 年之前，中国每年向加拿大出口的数量还是比较多的，但由于在 1998 年前后，从山东菏泽一家公司出口的牡丹中检出带有该国所限制的病菌，有关部门又不能保证以后不再带菌，因此加拿大一直禁止从中国进口牡丹，至今仍未解禁。

中国牡丹向那些气候不太适宜牡丹露地生长的国家输出，主要是较大规格或能当年开花的苗木，在当地盆栽开花后就扔掉了，属于一次性消费。

近年来，加拿大在伊藤品种的快速繁殖（快繁）和组织培养（组培）苗的出口方面，成就显著，每年繁育和销售苗木百万株以上，出口到十多个国家和地区。

二、野生牡丹在国外的传播

（一）肉质花盘亚组种类在国外的引种

最早从中国被引走并在欧美牡丹杂交育种中起了重要作用的野生牡丹是紫牡丹（*Paeonia delavayi*）和黄牡丹（*P. lutea*）。

1884 年和 1887 年，法国传教士德洛维（A. Delavay）在中国云南相继发现了紫牡丹和黄牡丹，并采集种子送到巴黎自然历史博物馆播种。1891 年黄牡丹开花，1892 年紫牡丹开花。1900 年传入英国的黄牡丹也相继开花。1908 年，威尔逊（Wilson）又从中国云南向英国引种了紫牡丹。此后，桑德斯从英、法将黄牡丹和紫牡丹引到美国。近年来，日本也从中国云南进行了引种栽培。现在，这两种牡丹已在欧美的许多植物园和私人花园中广为栽培。

黄牡丹和紫牡丹花朵较小，花头下垂，叶里藏花，这些是其不足之处。但这两种牡丹每枝着花 2 ~ 3 朵，依次开放，花期较长。它们特有的黄色和深紫红色色素组成为育种提供了难得的基因资源。黄牡丹在法国引种成功后，即被巴黎博物馆的亨利教授用于同中国牡丹品种的杂交，培育出世界上第一批黄色牡丹品种。黄牡丹与紫牡丹引种到美国后，又被用于与单瓣和半重瓣的日本牡丹进行杂交，培育出一系列牡丹亚组间远缘杂交后代并成为美国的主流品种。

英国人拉德洛（Ludlow）和谢里夫（Sherriff）于 1936 年在中国西藏东南部藏布峡谷发现了大花黄牡丹，并立即引入英国。后来又在同一地区重复引种。大花黄牡丹植株高大，枝叶繁茂，花朵较大，花头直立，引种欧洲后对当地气候较为适应，甚受欢迎，在园林中广为栽培，几乎代替了以前引去的黄牡丹。美国东海岸亦有少量引种栽培。在英国，大花黄牡丹曾被用于与普通牡丹和紫牡丹杂交，培育出少数品种。如由罗塞伯爵（The Earl of Rose）育出的‘安娜·罗塞’（‘Anne Rose’）是由紫牡丹与大花黄牡丹杂交后代中选出的最优单株，花呈柠檬黄色，花径 10 cm，花瓣背面具有一红色条纹（Bean，1976）。1961 年曾获英国皇家园艺协会显异奖（Award of Merit）（陈俊愉，2001），但这些品种未见流行。

狭叶牡丹即保氏牡丹（*Paeonia potaninii*），是由波大林（Potanin）在中国四川等地最早发现，并在 1921 年被定名。实际上，早在 1904 年威尔逊就已将它引到英国，1911 年 6 月在维奇（Veitch）的库姆（Coombe）苗圃开花。

（二）革质花盘亚组种类在国外的引种

1910—1911 年，威廉・珀道姆（W. Purdom）在陕西延安附近发现了矮牡丹（*Paeonia jishanensis*）。他为美国阿诺德树木园采集了标本，也收集了种子送给英国的维奇苗圃和美国哈佛大学的萨金特教授。萨金特播种后幼苗全遭鼠害，而维奇苗圃仅得到一株幼苗。

1914 年，雷金纳德・法勒（Reginnald Farrer）在甘肃西南部发现并描述了紫斑牡丹（*P. rockii*）。1925—1926 年，美国地理学家兼植物采集家约瑟夫・洛克（Joseph Rock）在甘肃卓尼一座喇嘛寺（今卓尼禅定寺）中，采到紫斑牡丹种子，送到美国哈佛大学阿诺德树木园播种，1932 年以后该园又将育出的植株在美国、加拿大和英国等地扩散。大约在 1938 年前后，引种到美国、加拿大、英国、瑞士等国的紫斑牡丹相继开花，甚受欢迎，并于 1944 年获得英国皇家园艺协会颁发的一级证书。西方称紫斑牡丹为‘Rock’s Variety’，其备受青睐。后来在美国、英国分别形成了所谓的美国类型（US form）和英国类型（UK form），前者花瓣少而开展，后者花瓣增多，边缘多皱。另据成仿云 2003 年 5 月在欧洲各地考察所见，可能早在洛克之前，紫斑牡丹即已被引种到欧洲，他在意大利的牡丹植物中心见到有百亩规模的紫斑牡丹种植，一望无际，蔚为壮观。但据 2019 年 5 月中旬来甘肃考察的德国学者芮克（Rieck）夫妇讲，该景观现已不复存在。在欧洲阿尔卑斯山脉以北，紫斑牡丹较为适宜，该山脉以南气候并不适合紫斑牡丹生长。此外，1989 年 5 月李嘉珏、洪涛教授曾陪同国际树木协会副主席、意大利人奥斯蒂博士等访问了甘肃卓尼禅定寺，确定当年约瑟夫・洛克引走的紫斑牡丹是较原始的栽培品种。

杨山牡丹（*P. ostii*）是 1992 年由洪涛等发表的新种，以往未引起国外学者的注意。实际上它是‘凤丹’系列药用牡丹品种的原种，2000 年前后才被奥斯蒂（G. L. Osti）从郑州引种到意大利，‘凤丹’系列品种也同时被大量引种。

目前，英国最大的皇家植物园——邱园中的牡丹芍药园，是世界上收集芍药属植物种类最全的专类园之一。该园引进的 30 个种或变种中，有 11 个种或变种来自中国。

第五节

国外主要的牡丹芍药社团组织

一、美国牡丹芍药协会

（一）协会概况

美国牡丹芍药协会成立于1904年，是目前世界上影响最广的牡丹芍药社团，在各国牡丹芍药的交流与发展中发挥着重要作用。该协会现有会员约800名，以美国、加拿大为主，遍布世界各国。

美国牡丹芍药协会的主要工作有以下三项：品种整理与登录；主办《美国牡丹芍药协会通报》（*The APS Bulletin*），出版发行各类书刊；举办牡丹芍药花展。

1. 牡丹芍药品种整理与登录

美国牡丹芍药协会是在当时芍药品种十分混乱的历史条件下成立的，其首要任务之一，就是要通过品种整理和修订工作，统一和规范牡丹芍药名称与描述，以建立良好的市场秩序和发展机制。在1904年年会上，美国牡丹芍药协会决定与康奈尔大学合作，对芍药品种进行整理。通过品种对比、鉴定，确定权威的名称和描述，并对其园艺品质做出评价。工作由克雷格（J. Craig）教授负责，科伊特（E. J. Coit）和巴特切罗（L. D. Batchellor）具体承担。1904年秋开始在康奈尔大学试验站收集种植芍药品种，每个品种 3 株。经 1906—1912 连续 7 年的工作，科伊特最后确定了 750 个合法品种。研究结果发表在《康奈尔大学研究通报》第 259 ~ 306 期（1907—1910）上。到 20 世纪二三十年代，美国引进大量欧洲、日本牡丹，品种十分混乱。美国牡丹芍药协会又决定组织专家对其进行整理，并由著名园艺学家威斯特（J. G. Wister）承担主要工作。1944 年在《美国牡丹芍药协会通报》第 95 期上发表了《牡丹品种核对目录表》，1962 年又收进威斯特主编的《牡丹与芍药》（*The Peonies*）一书，书中列出的中国牡丹品种 79 个，日本牡丹品种 409 个，杂交品种牡丹 94 个，共约 600 个品种，详细记载了品种起源、颜色、保存及种植地点，介绍了当时全美主要的公私园林和种植、批发、进口商收集、拥有品种的详细情况，从而使美国牡丹品种得以正本清源。

除品种整理外，美国牡丹芍药协会还成立了专门委员会负责新品种鉴定和登录，为育种者提供了登录新品种并优先进入市场的机会，激发了人们育种的积极性。1976 年凯赛尼奇（G. Kessenich）编辑出版了《芍药和牡丹品种及其起源》一书，收录了 5 000 多个品种，后又续编 1976—1986 年登录的新品种 429 个。

美国牡丹芍药协会通过牡丹芍药品种整理与建立新品种命名、登录制度，奠定了各项工作的基础，保证了欧美芍药与牡丹品种建立的规范性和正常的市场秩序。国际园艺协会指定该协会为芍药属植物新品种的法定登录机构（International Registration Authority for Peonies），从 1974 年以来美国牡丹芍药协会一直担负全球芍药、牡丹新品种登录工作。该协会前秘书克赛尼希（Kessenich）女士曾担任登录员。

2. 创办会刊，组织出版牡丹芍药著作

美国牡丹芍药协会主办《美国牡丹芍药协会通报》季刊。该刊主要反映欧美及世界各地牡丹和芍药栽培、育种、研究及交流情况，新品种登录与全美牡丹芍药花展情况等，是了解欧美牡丹芍药发展动态的窗口。该协会先后出版的重要著作有：①《牡丹芍药手册》（*APS Handbook of the Peony*），1928 年出版，到 1991 年已修订 6 次，出版印刷 8 次。由于该手册记述的芍药牡丹品种现在仍较常见，而且该书不仅对 20 世纪早期的芍药牡丹品种及文化记述较详细，还对 19 世纪的芍药牡丹的应用也有较完整叙述，因而仍有实用价值。②由威斯特主编的《牡丹与芍药》专著，1962 年出版，1995 年重印。该书反映了欧美在该领域的最高水平。③《辉煌的 75 年》（*The Best of 75 Years*）。这是一本有关美国牡丹芍药协会的百科全书，全面反映了美国芍药牡丹发展的历史面貌。该书 1979 年出版，1993 年重印。④《美国牡丹》（*The American Tree Peony*）精选了 7 位育种家培育的 63 个新品种，反映了美国起源的牡丹杂交品种的精华，1988 年出版。⑤《美国杂种芍药》（*The American Hybrid Peony*），该书精选了 130 个芍药杂交品种和 32 个原种的彩照，反映了美国育种家在芍药种间杂交育种方面的成就，是美国最权威的芍药品种集。

3. 举办年度牡丹芍药花展并举行评奖活动，推介优良品种

美国牡丹芍药协会每年举行一次牡丹芍药花展，通过花展的评比鉴定，使一批批优良新品种为大众所熟悉，从而在育种者、栽培者和市场之间架起一道桥梁，引导着育种、栽培和消费的方向。

美国牡丹芍药协会金牌奖从 1923 年至今已经经历了 100 年时间，这 100 年是美国芍药牡丹快速发展时期。金牌奖的评审是美国牡丹芍药发展和育种成就的一个缩影。美国牡丹芍药协会将金牌奖评奖活动与商业销售、时尚潮流相结合，使评奖活动具有了商业价值，并使金牌奖成为流行元素的缩影，引领着花卉消费的时尚。许多牡丹芍药生产商将金奖品种作为企业主打品种来销售，这也成为美国牡丹芍药协会保持自身影响力和号召力的途径之一，也是美国牡丹芍药协会金牌奖始终保持活力和魅力的根本原因。

美国牡丹芍药协会的金牌奖评选始于 1923 年，在 1980—2019 年的 39 年间共有 41 个品种获奖，其中芍药品种 33 个，占 80.5%；牡丹 6 个，占 14.6%；组间杂交品种 2 个，占 4.9%。美国牡丹芍药协会金牌奖获奖品种大部分为芍药品种，可见美国人对芍药的重视程度胜过牡丹，但杂交品种牡丹包括伊藤组间杂交品种仍占有一定地位。在美国牡丹芍药协会评奖活动中所表现出来的几个评奖理念值得关注：一是重视传统。美国人非常喜爱粉红色，几乎达到痴迷程度，次为鲜艳的正红色（brilliant red, richwarm red），庄重的深红色（dark red, crimson）。上述 41 个获奖品种中，粉色 23 个，占 56.10%；红色 12 个，占 29.26%。除花色外，评奖活动也非常注重品种的花香以及切花品质，因为切花的发展给芍药牡丹生产商带来了丰厚的利润。二是注重品种的新奇性，美中求奇，美中求异。三是注重品种的健康，健康包括绿色的枝叶、强健的茎干，花叶协调，适应性强等。四是品种的推广应用价值，参与评奖的往往不是育种家的“新品种”，而是市场上流通的“老品种”。因为经过市场检验的“老品种”才具有稳定可靠的表现。此外，美国牡丹芍药协会金牌奖每次只评一个，只有个别年份是 3 个，突出一个“精”字，使金牌名副其实。

（二）协会负责人

桑德斯（1864—1953）：著名的美国牡丹、芍药育种家。1864 年出生在加拿大渥太华，从小在园艺气氛浓厚的家庭环境中长大。1900 年定居纽约。曾是加拿大多伦多大学的化学博士和美国纽约汉密尔顿大学的教授。1906 年加入美国牡丹芍药协会，历任协会秘书、副主席、主席以及《美国牡丹芍药协会通报》主编。他对美国牡丹发展有以下重要贡献：一是作为美国牡丹芍药协会的主要领导，在组织协会活动、编辑出版会刊、普及牡丹芍药栽培知识、推广新品种新技术等方面做了大量工作；二是在牡丹芍药的种间乃至牡丹亚组间远缘杂交育种方面取得了重要成就。他成功地将黄牡丹和紫牡丹与日本牡丹品种进行杂交，获得了一大批不同颜色和组合的亚组间杂交后代，从中选育命名并在美国牡丹芍药协会注册登录了 78 个牡丹品种，成为世界牡丹芍药育种第一人。同时，他培育的品种通过一年一度的美国牡丹芍药协会花展公布，并得到广泛栽培。

内特 · 布雷默：著名的美国牡丹芍药育种家，太阳农场的主人，为现任美国牡丹芍药协会主席。在其带领下美国牡丹芍药协会的网站内容得到了极大的丰富，并开始提供电子版会刊，使得信息交流更加便捷。另外，网站还提供了部分关于芍药属的文献资料，方便会员学习。

二、日本牡丹协会

（一）协会概况

日本牡丹协会是由生产者、销售者及牡丹园经营者组织成立的一个民间组织，于 1981 年再次成立，即复会，原任会长是桥田亮二，现任会长门胁豪，常务理事、事务局长西垣隆英。有理事数十名、监事 2 名、特别顾问 2 名，会员约 200 名，下设事务局。入会需交纳入会金 2 000 日元（约合人民币 124 元），年会费 5 000 日元（约合人民币 309 元），然后提出申请即可加入。入会后，会员享受以下特殊待遇：①一年一次苗木免费散发（应征者全员服务）。②一年免费发放一次会志。③购买协会成员出版的书籍费用优惠，如原会长编著的《现代日本牡丹芍药大图鉴》一书，可优惠 10%～20%。④免费商谈培育培养经验和技术。协会活动包括每年春季召开一次年会，做全年的工作报告；举办牡丹观赏会（到全国有名的牡丹园参观学习）和座谈会，开展经验交流；夏季发行会刊会志，秋季免费散发苗木，进行独创的新奇苗木贩卖。同时，不定期酌情举办新育品种鉴评会和发布新品种、新产品、新技术、新成果等。通过这些活动的举办，以达到交流经验、交换资料、分享技术、共商对策，共谋发展和共同进步的目的。通过协会的工作，有力地推动了日本牡丹的发展。日本之所以是当今世界上在牡丹品种培育、技术研发、苗木生产、四季盆花栽培、观赏园建设和运营以及市场开拓和产品销售等方面做得最好的国家，日本牡丹协会的作用功不可没。

自协会再次成立以来，协会会员大约共培育富有特色的优良新品种 200 多个，繁育和销售苗木千余万株，编辑出版牡丹专业书籍数部，如 1986 年 3 月原会长桥田亮二编著出版《牡丹百花集》，同年 11 月岛根县八束町镇公所产业部编辑出版《大根岛的牡丹》，1990 年桥田亮二又出版了《现代日本牡丹芍药大图鉴》，还有新编的《牡丹图志》等。

（二）协会负责人

桥田亮二（1918— ）：日本牡丹协会原会长。日本群马县馆林市人，毕业于东京商科大学，曾在大学经济研究所工作，后自己经营商店，1952—1957 年为东京女子大学经济学讲师，1969 年开始从事牡丹栽培和摄影工作，1982 年任刚复会的日本牡丹协会会长。他上任后，不到两年时间就使协会工作走上正轨并正常运转，首先解决了日本牡丹同名异种或异种同名严重的问题，改变了过去的混乱局面。其次，成立了牡丹图鉴编写委员会，很快就编辑出版了指导性强的《现代日本牡丹芍药大图鉴》，并出版了《牡丹百花集》和协会会志《牡丹》等书籍。再者，引导协会成员认真做好协会的各项工作：如举办年会、新品种鉴赏评比会、牡丹园观摩与经验交流会，做好栽培管理技术和经验总结与发布等，从而为日本牡丹的发展做出了较大贡献。

三、其他各国的牡丹芍药协会

（一）丹麦芍药牡丹协会（Danish Peony Society,Des）

该协会成立于 2003 年 6 月，该会的宗旨是为芍药牡丹爱好者提供一个聚集交流的平台，传播相关信息，提高人们对芍药牡丹的兴趣。该会每年组织 3 项重大活动，包括邀请学者开办讲座，交流品种、养花心得；组织到国外旅游交流；每年出版 3 期《牡丹》杂志。从 2006 年起，每年评选最佳品种。

（二）英国芍药牡丹协会（The Peony Society）

该协会成立于 2000 年。该会的宗旨是将牡丹芍药爱好者聚集在一起，把芍药牡丹作为园林植物推广。他们认为芍药牡丹爱好者遍布世界各地，因而协会第一次年会就决定将其最初名称 British Peony Society 改为 The Peony Society。

（三）瑞典芍药牡丹协会（Swedish Peony Society）

该会于 2013 年由莱纳 · 利杰斯特兰德（Leena Liljestrand）创立，并任协会主席。协会网站宣告只要对芍药牡丹有热情就有资格入会，并将获得牡丹芍药相关信息。该会会员同时也是美国牡丹芍药协会和阿拉斯加芍药牡丹种植者协会的成员。

（四）加拿大芍药牡丹协会（Canadian Peony Society）

该会由托恩 · 西姆金斯（Tohn Simkins）于 1998 年 1 月创立。该会的宗旨是促进加拿大芍药牡丹的种植和推广、新品种培育、国家收藏注册、每年一次的国家芍药牡丹展或地方芍药牡丹展以及种子交换等。该协会有种子交换计划，可以为爱好者提供他们所喜欢的或较难获得的品种种子。

中篇

牡丹种质资源

第四章

牡丹野生种质资源

种质资源是遗传资源或基因资源。芍药属牡丹组所有种类都原产于中国。在这个意义上，中国是牡丹野生种质资源最为丰富的国家。

本章介绍芍药属牡丹组植物的起源与分布，系统分类，各个种的形态特征、分类历史、生物学特性、繁育系统、遗传多样性、资源利用及其保护。

第一节
牡丹种质资源概述

一、牡丹种质资源的概念

（一）种质资源

种质资源（germplasm resource）即遗传资源或基因资源，是生物多样性的重要组成部分，是人类赖以生存和发展的物质基础。它不仅为人类的衣食与健康提供了物质保障，而且为选育人类所需要的各种新品种，开展生物技术研究提供了取之不尽的基因来源。

“种质”一词来源于德国著名遗传学家魏斯曼（Weismann）于 1892 年提出的“种质论（germplasm theory）”，是指能从亲代传给子代的遗传物质。携带种质的载体可以是群体、个体，也可以是部分器官、组织、细胞，甚至是个别染色体、DNA 片段，这样就有了群体、个体、配子及分子等不同水平的种质。

种质是决定生物遗传性状，控制生物本身遗传和变异的内在因子。种质资源是经过长期自然演化和人工创造而形成的重要的自然资源。在漫长的进化过程中，积累了由自然选择和人工选择引起的各种遗传变异，蕴藏着控制各种性状的基因，形成了多种多样的生物类型。

（二）牡丹种质资源

牡丹种质资源是芍药科芍药属牡丹组内所有种质资源的总和，包括野生种、野生近缘种和栽培品种，以及所有相关的遗传材料。每一个物种都有其相应的种质资源，只不过丰富程度有着较大差别。现代生物学的“物种”概念已经与传统的“模式种”概念有所不同，它是以“居群（population）”概念为基础，认为居群是物种的基本单位，物种由变异的居群组成，而居群是由具有特异性的个体所组成。

二、牡丹种质资源的特点及其研究意义

（一）牡丹种质资源的特点

1. 牡丹种质资源较为丰富且类型多样

根据最新调查，芍药属牡丹组植物约有 10 个种，全部原产于中国。品种资源丰富，最新统计我国约有 1 365 个品种（袁涛等，2015），而世界范围内的牡丹品种已有 2 500 多个（李嘉珏等，2022）。

牡丹用途广泛，可以进行综合开发，形成多种产品类型，为人类健康和经济社会发展服务。其不仅具有较高的观赏价值，而且药用、油用价值也很高。特别是 2011 年以来，中国科学家发现牡丹种子含油率高（24% 以上），油脂中不饱和脂肪酸含量高（90% 以上），不饱和脂肪酸中 α- 亚麻酸含量高（40% 以上），而且含有许多对人体有益的活性成分。

2. 牡丹种质资源具有地域性

牡丹各个物种的形成，往往是在特定的自然生态环境下长期进化的结果。而各类品种的形成，则有着多种途径，包括自然变异（突变），天然杂交基础上的人工选择以及人工杂交后的选择等，但也与一定的生态环境有关。中国和世界各地的牡丹品种群，既决定于其亲本来源，也明显反映出一定地域范围内生态环境的影响。

3. 牡丹种质资源研究起步晚，基础仍较薄弱

中国牡丹从汉代起进入医药家的视野，唐宋以来更受到广泛关注，距今已

经有 2 000 多年历史，形成了丰富的遗传资源。但利用现代科学来深入研究它、认识它，使其丰富的种质资源更好地为人类服务，却起步较晚。直到 20 世纪 90 年代我国对野生种质资源的考察引种及相关研究才陆续开展起来，一些新种陆续被发现，分布范围大体摸清，牡丹神秘的面纱逐步揭开。当牡丹油用价值被发现后，人们才认识到长期取根药用转为油用生产（种子生产）的杨山牡丹的栽培类型‘凤丹白’种质混杂，个体间良莠不齐，进一步筛选适于油用生产的种质资源就成为当前极为迫切的任务。整个芍药属系统进化中的一些基础问题的解决还需长期坚持不懈的努力。

（二）牡丹种质资源的作用

种质资源中蕴藏着物种长期进化过程中形成的各种基因，既是研究物种起源、进化、分类及遗传的基础材料，更是进行育种、创造新类型、推动产业发展的物质基础。

1. 种质资源是发现和利用牡丹优良基因的基础

种质资源是基因的载体。植物种内所有个体及形成和控制其遗传性状的基因构成了该物种的基因库，其中蕴藏着丰富的已知和未知的有益基因。就牡丹而言，包括控制其各种观赏性状如花色、花型、花期等的基因，控制其果实种子产量、抗病虫、抗逆境等性状的基因，控制其次生代谢产物中有效成分的代谢途径和代谢速度的基因，等等。种质资源的研究将为评估基因资源的开发提供重要依据和信息，从而为筛选最有用的遗传基因奠定基础。

2. 种质资源是牡丹育种的物质基础

牡丹产业发展离不开品种资源，而且需要不断创造能满足人类不同需求的品种。正是由于已有的种质资源具有不同育种目标所需要的多样化基因，才使得人类的不同育种目标得以逐步实现。

现代育种工作之所以取得显著的成就，除了育种途径的发展和采用新的技术外，关键还在于广泛搜集、深入研究和充分利用优良的种质资源。育种工作者拥有种质资源的数量与质量以及对其研究的深度和广度是决定育种成效的主要条件，也是衡量其育种水平的重要标志。一个地区与单位所拥有种质资源的数量和质量以及对所拥有种质资源的研究程度，将决定其育种工作的成败及其在遗传育种领域的地位。显然，将来谁在拥有和利用种质资源方面占有优势，谁就可能在牡丹产业发展上占有优势。

3. 牡丹种质资源是进行芍药属植物理论研究的重要材料

在植物系统学和进化生物学以及其他相关研究中，芍药属以其特别的系统演化关系和分类地位而具有重要的研究价值，历来受到国内外科学家的广泛关注。因此，牡丹种质资源也是进行芍药属植物理论研究的重要基础材料。牡丹组的物种既有共性，也具有不同的生理和遗传特性、不同的生态特点。对其进行深入研究，有助于阐明物种起源、演变、分类、生态、生理和遗传等方面的问题，并为育种工作提供理论依据，从而克服育种实践中的盲目性，增强预见性，进一步提高育种效率。另外，遗传多样性研究特别是分子多态性研究，是遗传图谱构建、目的基因定位和分离以及标记辅助选择技术应用的基础。

4. 牡丹种质资源研究是资源保护的重要依据

从各方面多年调查结果看，整个牡丹野生分布区资源保护形势严峻，牡丹组大多数物种处于濒危状态。在人类远未充分利用这些基因资源之前，其种质资源载体正面临着严重破坏乃至完全丢失的威胁，有些物种或居群即便有少数植株保留下来，其遗传多样性也已基本丧失。如据袁军辉等（2010）对紫斑牡丹分布区 20 个居群的分析，其中 17 个居群的遗传多样性几乎为零，问题的严重性可见一斑！

此外，人们在实施迁地保护策略时，提出对濒危物种要尽可能多地保留其遗传多样性。应当看到，种质资源多样性不仅包括遗传变异的高低，而且包括遗传变异的分布式样，即居群的遗传结构。对该物种遗传结构的深入研究，可为科学合理地制定保护策略提供科学依据和量化指标。以少量材料保存大部分遗传多样性，可以起到事半功倍的效果，这正是我们从事资源保护时需要追求的目标。

三、牡丹种质资源的分类

为了便于研究与利用，有必要对种质资源加以分类。牡丹种质资源一般可按其来源、生态类型、亲缘关系、育种实用价值等进行分类。从育种和遗传的角度看，按亲缘关系与育种实用价值进行分类较为合理。

（一）本地品种资源

本地品种指各地固有的品种。这些品种资源中，特别要注意一些早期遗留的传统品种的搜集与保存。这些品种大多没有经过现代育种技术的遗传修饰。其中有些类型虽然有一些缺点，但往往具有稀有的特性，如特别抗某种病虫害，有特别的生态环境适应性、特别的品质性状等。

（二）外地品种资源

外地品种包括国内其他地区以及国外的品种或类型，它们往往具有不同的遗传性状。特别是现在各地流行、市场认可的商业品种（commercial varieties），要加以注意。其中具有较好的观赏性状、结实特性与较广适应性的品种或类型，可选用作育种的基本材料。

（三）野生近缘种

野生近缘种指现代栽培品种的野生近缘种，包括介于栽培类型和野生类型之间的过渡类型。这类种质资源常具有现有栽培品种所缺少的某些抗逆性，可通过远缘杂交及现代生物技术将一些优良性状转入栽培品种。

（四）人工创造的种质资源

人工创造的种质资源指各种杂交后代、突变体、远缘杂种及其后代等。这些材料既具有一些明显的优良特性，也往往具有某些缺点，有的也可作为育种亲本在育种中进一步发挥作用。

四、牡丹种质资源的研究和利用

我国对农作物种质资源研究提出了二十字方针，即“广泛收集、妥善保存、深入研究、积极创新、充分利用”。1992 年国家林业部批准在洛阳市郊区苗圃建立牡丹基因库，国内多年从事牡丹芍药研究与育种工作的单位，分别在多地建立资源圃，从国内外收集、引种芍药属野生种和国内外培育的品种，并在牡丹种质资源研究和利用方面取得了一定成就。

（一）牡丹种质资源研究和利用的进展

1. 野生种质资源的调查整理与分类

牡丹的分类工作始于 1804 年。英国学者安德鲁斯给从中国广州带到英国的牡丹栽培植株确定了拉丁学名：*Paeonia suffruticosa* Andrews。在此后的 100 多年里，中国牡丹的野外考察、标本采集、引种与命名，基本上都由外国传教士或学者进行。中国老一辈的植物学家只在 20 世纪 30 年代进行过一些标本采集，如郝景盛（1930）、夏纬英（1933）、王启无（1935）、俞德浚（1937）、秦仁昌、刘慎谔（1939）、冯国楣（1940）等。直到 1958 年，四川大学方文培教授发表《中国芍药属研究》，首次对国内芍药属植物进行整理。1992 年，洪涛、李嘉珏等发表 3 个新种 1 个新等级，牡丹的分类工作引起了更多学者的关注，并参加到野外考察和研究中来。1999 年，洪德元、潘开玉等依据他们系统考察的结果，对芍药属牡丹组的分类进行了系统修订。目前认为芍药属牡丹组约有 10 个种。虽然对分类结果还有不同看法，但仍然可以说中国牡丹野生资源的种类及分布范围已基本查清。

2. 栽培品种资源的收集、整理与分类

中国花卉协会牡丹芍药分会从 1979 年成立以来，即将牡丹品种整理工作作为分会的重要任务之一。1996 年成立了中国牡丹品种登录委员会，制定了牡丹品种登录办法，从 1997 年起先后出版多部《中国牡丹品种图志》，提出以花型分类为主的品种分类方案。1989 年，李嘉珏《临夏牡丹》一书出版，提出中国牡丹存在多个品种群的观点。1997 年版《中国牡丹品种图志》吸收上述观点并提出一个较为完整的中国牡丹芍药品种分类方案。此后，分类方案不断有所调整，著者在本书中提出的牡丹三大品种系统八大品种群的栽培类群分类方案即包括在内。但总的分类原则是一脉相承的。在品种群内以花型为主的分类方案也为业界广泛接受和运用。

3. 种质资源圃的建立与远缘杂交育种的突破

在 20 世纪 90 年代牡丹资源考察与引种工作的基础上，国内主要研究单位先后在兰州、洛阳（含栾川）、北京、杨凌及承德等地建立了牡丹芍药种质资源圃，从事牡丹系统研究与杂交育种，特别是远缘杂交育种工作，并在 21 世纪前 20 年取得成就，先后有 100 多个远缘杂交品种在国内或国际上登录。

4. 牡丹油用价值的发现与油用牡丹的发展

在牡丹种质资源研究中，牡丹种子油用价值的发现以及 2011 年国家卫生部公告将凤丹牡丹及紫斑牡丹籽油列为新资源食品，2014 年国务院办公厅文件将油用牡丹与油茶、核桃一起列为木本油料作物加以发展，这是中国牡丹种质资源研究与发展中具有里程碑意义的事件。从此，牡丹组植物作为一类集油用、药用于一身，同时兼具观赏价值的资源植物，在我国经济社会发展中将会发挥更大的作用。

5. 牡丹基因组研究取得重大突破

近期，以上海辰山植物园等单位为代表的牡丹基因组研究经历十余年艰苦努力，终于取得重大突破。杨山牡丹遗传密码得到破译，标志着牡丹种质资源研究开始进入基因组时代。之后，华中农业大学和西藏农牧科学院联合发布了大花黄牡丹的基因组信息。

6. 中国牡丹文化研究的进展

2 000 年前，从先民发现牡丹药用价值开始，牡丹就与人类生活有了密切联系。汉魏时期医药家不仅用牡丹治病，还有“久服，轻身益寿”之说。从唐代中期起，牡丹观赏形成热潮。此后多次在全国范围内掀起推广和普及的热潮，从而促成了牡丹文学、牡丹谱录与牡丹审美文化的繁荣。牡丹文化是中华传统文化的组成部分，是各族人民共同培育起来的，反映中华民族理想、愿望与追求的雅俗共赏的文化。从 1994 年评选国花活动以来，牡丹文化研究开始受到重视，先后有《中国牡丹全书》《天上人间富贵花——牡丹历代诗词赏析》以及郭绍林《历代牡丹谱录译注评析》《唐宋牡丹文化》等图书出版。本书更是一部中国牡丹种质资源的应用与发展史，对弘扬中华牡丹文化具有重要意义。

（二）牡丹种质资源研究和利用面临的问题

1. 进一步重视野生种质资源的保护和保存

1）加强野生种质资源的保护　由于牡丹是药用植物，因毫无节制的滥挖药材而使得野生资源遭到严重破坏，有些种类几近灭绝。这就提醒我们野生资源保护时刻不能放松，但仅靠少数科研人员的呼吁是不够的，需要国家层面的重视与各级政府的努力，才能取得成效。

2）进一步做好野生种质资源的保存　野生种质资源的保存有多种方式，其中迁地保护与保存是有效的方式之一。多年来，各地已经做了不少工作。但就种质资源遗传多样性保护而言，仅收集部分种苗或种子，力度显然不够。一个物种，一般需要在其全分布区就其遗传多样性或遗传结构进行考察与评价的基础上，提出采样策略，对其核心种质进行有效保护或保存，才能达到目的。

如刘光立（2013）对四川牡丹进行全面考察和分析后，认为要对整个分布区尽量多的居群进行有效保护，同时对其多样性高的丹巴中路居群实行重点保护的建议，可供参考。

除此之外，一些特殊种质的搜集与保存也很重要。如紫斑牡丹，绝大部分居群为白花黑斑，但湖北神农架一带发现有白花红斑的类型，后来又在陕北甘泉下寺湾发现太白山紫斑牡丹中有红花、粉花、白花同时存在的杂色居群。2021 年 5 月，笔者在甘肃漳县盛世牡丹园收集的野生牡丹中，也发现有紫斑牡丹原亚种的红花、粉花类型。这些类型对研究紫斑牡丹花色演变具有重要意义。

2. 努力做好品种资源的收集整理与研究工作

我国牡丹品种资源丰富，是品种资源大国。但我们对品种资源的研究重视不够，大部分品种未能得到有效利用。新育品种中，优良品种占比不大，而且新品种育出后，不能及时推向市场。以下几点需要进一步予以关注：

（1）在继续做好品种登录工作的同时，努力将品种登录与品种资源圃的品种收集工作结合起来。

（2）努力提高品种研究水平。要重视品种生物学特性的观察、研究，新品种育出后，对环境条件的要求、物候期、适用范围等都要有清楚的说明。

（3）牡丹育种要与牡丹产业化发展密切结合起来，特别要加强专用品种的选育，从而形成各具特色的品种系列。在观赏方面，园林绿化、盆花栽培、切花栽培，要有各自的当家品种；油用品种，油用与观赏结合的品种以及其他与产品开发相结合的品种，如花瓣产量高、花粉产量高、精油含量高的品种等，都要有针对性地加以选育。

（4）加强牡丹衍生物及其应用的研究，并与品种选育结合起来。

（5）品种资源圃的品种收集工作要规范。要努力克服商品流通过程中品种名称混乱现象的发生。

3. 加强牡丹种质资源应用基础理论研究

1）关于物种的研究　牡丹组种类不多，但各有特色，值得逐个深入研究。相关研究本书做了初步总结。近年来，牡丹油用是研究热点，杨山牡丹、紫斑牡丹受到更多关注。而从资源利用角度，黄牡丹和紫牡丹也需要继续给予关注。

笔者在梳理牡丹育种史的过程中，发现黄牡丹居功至伟：其一，杂交后代多。从 1900 年前后，黄牡丹被法国育种家用于育种以来，迄今已近 120 年。

截至2021年，在美国牡丹芍药协会以Lutea hybrids名义登录的品种已达455个。国内从20世纪90年代后期开始将黄牡丹用于育种，仅栾川基地从2001—2015年育出的100个品种中，以黄牡丹为亲本的就占50%以上。二者合计约为500个品种，占全世界牡丹品种（约2 500个）的1/5。其二，在牡丹远缘杂交中发挥了重要而特殊的作用。黄牡丹用作母本，在牡丹亚组间杂交中表现极好。而其杂交后代，不仅解决了亚组间杂交后代不育的问题，还帮助人们敲开了牡丹芍药组间杂交的大门。日本人伊藤东一1948年获得的第一批牡丹芍药杂交后代，其父本‘金晃’就是法国人最早育出的黄牡丹后代。由此可见，用黄牡丹育出的远缘杂种在后续远缘杂交中仍然具有一定的育性。其三，黄牡丹不仅将正宗的黄色遗传给了杂交后代，还带来了令人愉悦的果香味。除花色、花香外，黄牡丹还将一枝多花、一年多次开花（花芽不休眠而连续开花）等优良性状遗传给了部分后代。其中有‘海黄’（‘正午’）、‘黄冠’等优良品种甚受欢迎。虽然后面这些性状紫牡丹也有，但紫牡丹的作用和影响远不及黄牡丹。

应当说，黄牡丹是牡丹花色育种与花香育种中的好种，其特殊种质所发挥的作用不是“滇牡丹”所能取代或涵盖的。这样一个种，在分类上不能够占有一席之地吗？其基因型所表现的形态性状多变也许正是它的特色。黄牡丹（包括紫牡丹在内）富于变化的种质资源需要进一步系统收集、整理、研究、评价和利用。

2）关于栽培牡丹起源的研究　栽培牡丹起源于哪个或哪些种？其野生近亲有哪些？一直是人们所关注的问题。目前，对于西北品种群主要起源于紫斑牡丹，凤丹系列品种来自杨山牡丹的看法一致。而对于中原品种群（即普通牡丹）的起源却有着截然不同的看法：一种观点认为中原栽培牡丹起源于矮牡丹（*P. jishanensis*），以及紫斑牡丹、杨山牡丹和卵叶牡丹；另一种观点则认为，中原栽培品种主要起源于中原牡丹（*P. cathayana*）以及紫斑牡丹、杨山牡丹和卵叶牡丹，矮牡丹所起作用很小（详见第五章第三节）。这样，栽培牡丹的起源研究还将继续。随着牡丹全基因组测序工作的完成，后续研究将有可能为问题的解决带来重要契机。

陈俊愉院士生前也很关心栽培牡丹起源的研究。他根据从事菊花起源研究近50年的经验，建议大家做一些（牡丹）种之间的人工杂交试验，最好既做F_1，又做到F_2，以便探索人工合成中国（栽培）牡丹的途径，从而对牡丹起源与演化研究做出新贡献。

第二节

牡丹的起源

芍药科为单型科，仅含芍药属。在植物进化生物学中，包括牡丹在内的芍药属植物的起源问题是个难点。迄今为止，没有见到过芍药属植物化石与令人可信的孢粉的报道。因此，只能就芍药属植物的系统分类位置，从一般的生物进化规律来进行一些推论。

一、芍药属植物系统分类地位

根据近年来芍药属研究的最新进展，国内外学者对该属植物已取得以下认识。

（一）芍药属植物是个相对孤立的类群

1753 年，著名植物分类学家林奈（Linnaeus）在其分类学著作中，根据欧洲巴尔干半岛的两种多年生草本植物（药用芍药 *Paeonia officinalis* var. *feminea* 和南欧芍药 *P. mascula*）建立了芍药属，迄今已有 260 余年。1804 年，英国植物学家安德鲁斯根据从中国广州引到欧洲的一株植物描述了芍药属第一个木本植物，即栽培牡丹，距今已有 210 多年。早期的研究者将芍药属归于毛茛科，到 20 世纪初叶才有人对此提出异议。英国渥斯德尔（W. C. Worsdell）于 1908 年以解剖学研究为依据，认为芍药属与毛茛科中其他属有较大差别，应将它从毛茛科中分离出来，单独成立芍药科。到 20 世纪 50 年代，一些学者从形态解剖、花部特征、胚珠结构、雄蕊发育、染色体特征、细胞遗传学特征、胚胎发生、花粉形态与外壁结构以及化学成分等不同侧面，充分证明芍药属与毛茛科其他成员的不同，单独成立芍药科的观点得到国内外普遍认同。至于芍药科的地位，多数流行的分类系统已将其提升为芍药目（Paeoniales），并得到许多植物学家的认同。对于芍药目的系统位置，则先后被不同的学者列入毛茛超目（Ranunculanae）、茶超目（Theiflorae）或番荔枝超目（Annonanae）中（表 4-1）。

早期基于形态学的研究表明芍药科植物可能是较为原始的被子植物，但当代多个独立的分子系统学研究均表明其应该归属于虎耳草目，为核心真双子叶植物。由 29 个植物学家组成的“被子植物种系发生学研究小组”基于分子证据建立了被子植物目、科阶元的分类系统，简称 APG 系统，并在线不断更新。他们基于大量分子数据，采用亲缘分支的方法进行分类。1998 年他们提出核心真双子叶类分类方案，2017 年更新为 APG Ⅳ，在线及时更新的 APG web v14 是最新的分类系统。在该系统中，芍药科仍被归到虎耳草目中。

随着研究的深入，越来越多的结果揭示出芍药属的特异性，如它的雄蕊群

表 4-1 **芍药科在不同分类系统中的地位**

	B&H	克朗奎斯特	塔赫他间	达尔格伦 Dahlgren	索恩 Thorne	APG Ⅳ/（AP web）
门	—	木兰门	木兰门	—	—	—
纲	双子叶植物纲	木兰纲	百合纲	木兰纲	被子植物纲	—
亚纲	离瓣花亚纲	五桠果亚纲	毛茛亚纲	木兰亚纲	毛茛亚纲	—
系 / 超目	离瓣花系	五桠果目	毛茛超目	山茶超目	毛茛超目	核心真双子叶类
目	毛茛目	—	芍药目	芍药目	芍药目	虎耳草目

注：B & H [指 Bentham（贝翰）和 Hooker（虎克）]，他们将芍药属归于毛茛科下。

离心发育且具周位花盘，心皮厚，柱头宽，假种皮由胎座突出发育而成，染色体大型且具有超大的基因组，基数 5，胚胎发育早期有游离核阶段，而且有独特的化学成分——芍药苷与丹皮酚等。对芍药属植物分类学地位的争论，也在一定程度上反映了该属植物系统位置的特殊性和孤立性。

（二）牡丹组是芍药属中最原始的类群

现代分子系统学研究结果同时表明，芍药属（科）在虎耳草目内可能位于木本类群的基部（但支持率并不高），分化时间大约在白垩纪（D. E. Soltis，2008）。基于形态学、生物地理及部分分子系统学的研究表明，在芍药属内牡丹组是芍药属中最原始的类群。

在芍药属的诸多研究特别是胚胎学研究中，发现该属植物的许多原始性状。1951 年，雅柯夫列夫（M. C. Yakovlev）在芍药属原胚发育研究中发现合子的早期分裂不形成细胞壁而形成多核原胚。此后，他和约菲（M. D. Yoffe）再次描述上述事实（1957，1967），并发现原胚周围分化出多达 25 个胚原基，不过通常只有一个留存下来并形成一个双子叶型胚。芍药属胚胎发生特征和种子萌发方式与原始裸子植物苏铁、银杏相似，而与其他被子植物不同；但是游离核原胚细胞化不直接导致胚体形成，又与裸子植物不同。这种特殊现象在研究被子植物起源等复杂的系统演化问题上具有重要意义，并被认为是芍药属与裸子植物平行演化的结果（M. S. Cave，1961；母锡金等，1985）。

1946 年，F. C. Stern 将芍药属下分为 3 个组：牡丹组、北美芍药组、芍药组。潘开玉（1995）根据性状演化趋势对芍药属演化趋势进行了推断，认为木本的牡丹组是最原始的类群，次为北美芍药组，而芍药组则是相对年轻的类群。根据 *LOS1* 和 *PHYC* 两个核基因的系统发育分析（袁军辉，2013）也支持芍药科内木本类群为最先演化出来，再演化出草本类群。牡丹组种类均为灌木，花多数，多数种心皮 5 枚，全为二倍体，均为原始性状；北美芍药组既有花多数、二倍体等原始性状，也有草本、根纺锤状加粗、叶细裂等特化性状。北美芍药组仅 2 个种，即北美芍药（*Paeonia brownii*）和加利福尼亚芍药（*Paeonia california*），分布于北美西部。芍药组有 23 个种，其中原始的草本类型也在中国分化发展，这些种与牡丹组几乎呈同域分布。芍药组向西移，在地中海地区强烈分化，在那里衍化出约 12 个种，且大多为四倍体。

（三）牡丹组植物是在中国分化发展的，中国是现存芍药属原始类群分化发展中心

芍药属牡丹组约有 10 个野生种，又可区分为两个亚组：革质花盘亚组（subsect. *Vaginatae*）和肉质花盘亚组（subsect. *Delavayanae*）。前者主要分布于秦岭南北，有卵叶牡丹、矮牡丹、杨山牡丹、紫斑牡丹、四川牡丹和圆裂四川牡丹；后者分布于西藏东南部、云南西北部和四川西南部，有大花黄牡丹、黄牡丹、紫牡丹和狭叶牡丹（黄牡丹、紫牡丹和狭叶牡丹有学者将其合并为滇牡丹）。牡丹组全部原产于中国，因而，就世界范围而言，青藏高原的东南部和秦巴山地，应是芍药属原始类群分化发展的中心。

二、关于芍药属牡丹组植物起源与演化的推断

（一）芍药属牡丹组植物的起源与演化历程

分子系统学研究表明，芍药科是虎耳草目的成员之一。虎耳草目也包括了柔荑花序类的金缕梅类，令人难以理解。为了澄清这个问题，Dong 等（2018）用叶绿体全基因组数据，分析了虎耳草目的系统发育关系。他们测定了 14 个类群的叶绿体全基因组，加上原来已经有的叶绿体全基因组数据，数据覆盖了虎耳草目的所有科和部分科内重要分支。为了消除进化速率和进化模型可能造成的影响，他们选择了不同的进化模型用于数据分析。用最大简约法得到的结果显示芍药科与虎耳草目的草本类更接近；但是，用贝叶斯分析方法则显示芍药科与木本类亲缘关系更近。显然，芍药科作为虎耳草目的一员是确定的，至于具体近亲，估计已不复存在了。

Zhou 等（2020）采集了芍药属下 90 个群体共 187 份样品，对 14 个叶绿体基因和 20 个单拷贝核基因进行测序，从而对整个芍药属进行了系统发育分析。研究结果表明，泛喜马拉雅地区是当前芍药属木本类群和草本类群的孑遗分布区，被认为是芍药属的诞生地。根据芍药属（科）物种分布信息，参考斯特恩（Stern）（1946）的观点，可将整个芍药属（科）分布区划分为以下 7 个区域：A. 泛喜马拉雅（喜马拉雅山、横断山、喀喇昆仑和兴都库什山脉的东北部）；B. 东亚（中国东部和北部、朝鲜半岛、日本、西伯利亚东南部及俄罗斯远东地区）；

C. 中亚（中国的西北部延伸至西伯利亚和俄罗斯的科拉半岛）；D. 高加索和小亚细亚；E. 南欧（克里米亚、巴尔干半岛北部和瑞士）；F. 地中海地区；G. 靠近太平洋的北美洲。通过各区芍药属植物的物种数量对比，发现泛喜马拉雅地区有 11 个物种，而地中海地区有 14 个物种，这两个地区应该是芍药属的分布中心。基于单拷贝核基因构建的系统进化树芍药科首先分化为 2 个分支，然后又分化出 7 个亚分支。从进化树上对应的物种分析发现，泛喜马拉雅地区是一个多样性中心，该地区芍药属的物种占据了进化树上的 2 个分支和 4 个亚分支，而地中海区的物种全部集中在 1 个分支的 1 个亚分支上。由此可以认为泛喜马拉雅地区是芍药属的起源中心。

基于分子钟计算结果，芍药属从虎耳草目中分化出来的时间约为距今 78.24 百万年（即 78.24 Ma）的晚白垩纪，属内木本和草本类群开始分化的时间约为距今 28.00 百万年（即 28 Ma，早第三纪渐新世）。值得注意的是，木本和草本类群分化形成的时期正是喜马拉雅地区快速抬升的时期，抬升作用创造的丰富地形和环境可能是芍药属分化的重要因素。虽然木本和草本类群可能在渐新世晚期已经分化，但活跃的多样化和随后的迁移发生在中新世，即现存的大多数芍药属物种分化形成的历史都不超过 10.00 百万年（10 Ma）。约在 22.40 百万年（22.4 Ma）前，木本类群发生过一次变异事件，形成了泛喜马拉雅地区（肉质花盘亚组）和东亚地区（革质花盘亚组）的分化。草本类群自泛喜马拉雅地区向四周迁移，形成两条明显的迁移路线：其中一部分向东迁移到东亚，然后通过白令海峡迁移到北美地区；另一部分向北迁移到达中亚，然后进一步向西迁移到西亚和欧洲。另外还可能存在一支类似于草芍药（*Paeonia obovata*）的支系直接向西迁移到西亚和欧洲。

距今 12.00 百万年（12 Ma）前，革质花盘亚组内又出现一次分化，在 7.16 百万 ~ 2.0 百万年间有不少新物种形成，从而形成东西分布的两群：西部群包括四川牡丹、紫斑牡丹（原亚种西部居群及太白山紫斑牡丹）以及有可能为四川牡丹与栽培牡丹杂交种的圆裂牡丹（圆裂四川牡丹）；东部群包括紫斑牡丹（原亚种东部居群）、矮牡丹、卵叶牡丹和已灭绝的中原牡丹（*P. cathayana*）（周世良等，2020）。在牡丹组内，肉质花盘亚组是较原始的类群。该类群随分布区地势抬升及气候剧烈的变化使其不断垂直迁移，从而加剧了遗传分化，并使其仍处于活跃的物种形成过程中。

（二）芍药属牡丹组表型性状演化趋势

泛喜马拉雅地区的芍药属植物具有最原始的形态特征。随着该属植物离开泛喜马拉雅地区的森林，向干旱、寒冷等各种压力更大的环境迁移，这些特征也变得越来越专一。随着牡丹组迁移到东亚地区，牡丹植株下部的叶片开始由二回三出复叶转变为其他类型的复叶，小叶也由中等分裂转变为全缘。在迁徙到川西和西北较干旱的地区时，为适应当地环境，叶片特化为众多小叶，且小叶变小，以减少水分蒸发；而再向秦巴山地迁徙后，叶片数量减少，叶片变得宽大，这样能更适应林下少光的环境。由西向东，牡丹组不同种的花盘（房衣）由肉质环状逐渐变为革质，包住整个心皮。革质和高花盘（房衣）是适应昆虫特别是甲虫授粉的结果。花序状态也由最初的聚伞花序发展到单枝单花。

第三节
牡丹野生种质资源

一、芍药属牡丹组的种类

（一）研究概况

芍药属木本类群即牡丹组（sect. *Moutan* DC.）为中国特有，而广泛作观赏栽培的牡丹品种也起源于中国。虽然先民们早在东汉初年对牡丹的药用价值即已有认识，但用现代科学知识对其记载和分类却开始较晚。从 1804 年英国学者安德鲁斯对牡丹正式命名以来，已经历 200 余年。在相当长的时间里，牡丹组的分类主要由外国学者主导。直到 20 世纪 90 年代，情况才有了根本变化。

1.1949 年以前的研究

1）早期的分类处理　安德鲁斯是第一位对牡丹进行科学记载的学者。1804 年，他根据当时从中国广州引种到英国栽培的植株绘制了模式图，确定了拉丁学名 *Paeonia suffruticosa* Andrews。1807 年，他又依据 1802 年从广州引到英国赫特福德郡休姆爵士花园中一株半重瓣、花瓣白色但基部有明显紫斑的牡丹，命名为 *P. papaveracea* Andrews。由于花瓣带紫斑而曾被误认为是紫斑牡丹的野生类型，但它实际上是 *P. suffruticosa* 的一个栽培品种。1808 年西姆斯（Sims）也依据 1794 年引入英国的栽培品种以牡丹的中文名称定了一个新种 *P. moutan* Sims。

这显然与 *P. suffruticosa* Andrews 同物异名，但在国外文献中应用也较广泛。

1818 年，安德森（Anderson）完成了芍药属第一本专著，将该属植物分为木本和草本两个类群。1824 年德康多尔（De Candolle）首次对芍药属下次级分类作了划分：木本种类归为 sect. *Moutan*，草本种类归为 sect. *Paeonia*。1890 年，林奇（Lynch）首次将芍药属 *Paeonia* 划分为 3 个亚属，即木本的 subgenus *Moutan*，欧亚的草本类群归为 subgenus *Paeonia*，北美西部的两种草本归为 subgenus *Onaepia*。

2）野生种的发现和记载　1886 年，法国学者弗朗谢（A. Franchet）根据传教士德洛维（Delavay）采自云南的两份标本同时发表了两个新种：*P. delavayi* Franch. 和 *P. lutea* Delavay ex Franch.。前者采自云南丽江，花紫红色；后者采自云南洱源，花黄色。这两个种后来被称为紫牡丹和黄牡丹（见陈嵘《中国树木分类学》，1957 版）。这是首次对牡丹组野生种进行科学记载和描述。

1913 年，雷德尔（Rehder）和威尔逊（Wilson）共同发表了 *P. delavayi* 的一个变种 *P. delavayi* var. *angustiloba* Rehder et E. H. Wilson，模式标本采集自四川康定县西部。1914 年，英国法雷尔（R. J. Farrer）在甘肃南部武都附近山坡灌丛中发现一株开白花带紫斑的牡丹，这是历史上对紫斑牡丹的首次记录。1920 年，雷德尔根据珀登（W. Purdom）1910 年采自陕西延安和太白山的两份标本描述了一个新变种 *P. suffruticosa* var. *spontanea* Rehder。1921 年，科马罗夫（V. L. Komarov）根据俄国人波坦（G. N. Potanin）于 1893 年采自四川省雅江县的标本发表了新种 *P. potaninii* Komarov。1925—1926 年，美国约瑟夫·洛克从甘肃卓尼一个喇嘛庙中采下当地紫斑牡丹种子寄往美国并先后在欧美繁殖成功，这些后代被称为 ‘Rock’s Variety’ 或 ‘Joseph Rock’（Bean,1980; Haw, 1990; 成仿云，2005）。

1936 年，勒德洛、谢里夫和泰勒在西藏雅鲁藏布江河谷发现一种野生牡丹，并采回种子寄回英国加以繁殖。2 年后，斯特恩和泰勒将其定名为 *P. lutea* var. *ludlowii* Stern et Taylor（Stern and Taylor, 1951, 1953）.

1939 年，汉德尔·马泽蒂（H. Handel-Mazzetti）根据瑞典史密斯（H. Smith）1922 年采自四川卓斯甲的标本发表了新种 *P. decomposita* Handel-Mazzetti。

1946 年，斯特恩写下了重要的芍药属专著，对芍药属分类群进行了整理。

承认芍药属下分为三大类群，但他没有划分亚属而是按组级处理。他在牡丹组下划分了两个亚组：革质花盘亚组（subsect. *Vaginatae* F. C. Stern）和肉质花盘亚组（subsect. *Delavayanae* F. C. Stern）。斯特恩描述了4个种2个变种：革质花盘亚组有 *P. suffruticosa* 和 *P. suffruticosa* var. *spotanea*；肉质花盘亚组有 *P. delavayi*、*P. lutea*、*P. potaninii* 和 *P. potaninii* var. *trollioides*。据分析，斯特恩对 *P. suffruticosa* 这个物种的概念不清，导致标本引证上有较多失误，如他将 *P. decomposita* 等均归于 *P. suffruticosa* 中（洪德元等，2004）。

2.1949 年以后的研究

第一位对中国芍药属进行类群分类的中国学者是方文培。他于1958年发表了《中国芍药属研究》，在该文中他基本上沿用了斯特恩1946年的分类方案，在牡丹组下区分为两个亚组，共记载6个种：革质花盘亚组下2个种，*P. suffruticosa* 及其下的1个变种，另一个是他命名的新种四川牡丹 *Paeonia szechuanica* Fang（后来经洪德元确认为 *Paeonia decomposita* 的异名）；肉质花盘亚组下4个种，*P. delavayi*、*P. lutea*、*P. potaninii* 及他命名的另一个新种云南牡丹 *Paeonia yunnanensis* Fang。根据模式，洪德元认为 *P. yunnanensis* 实际上是 *P. suffruticosa* 的异名。此后，《中国高等植物图鉴》（中国科学院植物研究所，1972）记载了牡丹组3个种1个变种；《中国植物志》（第27卷）在毛茛科芍药亚科芍药属牡丹组下记载了3个种，即 *P. suffruticosa*、*P. szechuanica* 和 *P. delavayi*。在 *P. suffruticosa* 种下有3个变种，即栽培牡丹 var. *suffruticosa*、矮牡丹 var. *spontanea* 和紫斑牡丹 var. *papaveracea*；在 *P. delavayi* 种下有3个变种，即野牡丹（原变种）var. *delavayi*、黄牡丹 var. *lutea*（把 *P. trollioides* 作了异名）和狭叶牡丹 var. *angustiloba*（把 *P. potaninii* 作了异名）（潘开玉，1979）。

1989年，李嘉珏经多年观察研究，发现以甘肃中部地区为中心，存在一个由紫斑牡丹发展演化而来的栽培类群——紫斑牡丹品种群。这样，中国北方至少有两个栽培类群：中原牡丹品种群和西北紫斑牡丹品种群。栽培牡丹的起源应具有多元性（李嘉珏《临夏牡丹》，1989）。

1990年，霍（S. G. Haw）和劳特纳（L. A. Lautner）对 *P. suffruticosa* 的种下分类做了修订，通过标本与植株比对，区分了野生类型与栽培类型。他们指出前人将 *P. papaveracea*、*P. suffruticosa* var. *papaveracea* 与 Rock’s Variety 及其野生类型视为同一类群是不合适的。依据法雷尔（Farrer）采自甘肃南部的模式标本将野生紫斑牡丹作为新亚种（subsp. *rockii*）处理。他们将 *P. suffruticosa* 分为 3 个亚种，即 *P. suffruticosa* subsp. *suffruticosa*，subsp. *spontanea*（Rehder）S. G. Haw et L. A. Lauener 以及 subsp. *rockii* S. G. Haw et L. A. Lautner。另有一个未知类群 subsp. *atava*，他们将这个类群由 *P. moutan* 转到 *P. suffruticosa* 中（Haw and Lautner, 1990）。

1992 年，洪涛等发表了 3 个新种和 1 个新等级。3 个新种是：杨山牡丹 *P. ostii* T. Hong et J. X. Zhang、稷山牡丹 *P. jishanensis* T. Hong et W. Z. Zhao 以及延安牡丹 *P. yananensis* T. Hong et M. R. Li；另外还将霍和劳特纳发表的紫斑牡丹从亚种提升到种的等级：*P. rockii*（S. G. Haw et L. A. Lautner）T. Hong et J. J. Li。后来，洪涛等还发表了其他新种如红斑牡丹 *P. ridleyi* Z. L. Dai et T. Hong 和保康牡丹 *P. baokangensis* Z. L. Dai et T. Hong（洪涛等，1997）。但这两个新种都属于野生牡丹引种栽培后的杂交类型，并没有野生居群作依据。

1995 年，裴颜龙和洪德元依据采集自湖北神农架松柏镇的标本发表了新种卵叶牡丹 *P. qiui* Y. L. Pei et D. Y. Hong。

1997 年，中国第一部《中国牡丹品种图志》出版。在这部专著中，李嘉珏总结了芍药属牡丹组分类研究进展，首次对野生种的分布与生境进行了综合性阐述；王莲英等提出了中国牡丹芍药品种分类系统，中国牡丹 4 大品种群的概念基本形成。

1998 年，洪德元等依据在云南、四川（西南部）及西藏多年野外调查结果，并根据模式标本进行了相关性状的数据分析，认为这一带除大花黄牡丹以外的野生类群各种性状都存在呈连续性的变异，是一个多变的类群，从而将原来划分的各个种、变种、变型均作为一个种处理，即滇牡丹复合体 *P. delavayi* complex。

1998 年，洪德元等依据安徽巢湖银屏山悬崖上的一株牡丹和河南洛阳嵩县木植街乡石滚坪村涩草沟自然村杨惠芳家院中一株引种栽培的牡丹发表了新亚种银屏牡丹 *P. suffruticosa* subsp. *yinpingmudan* D. Y. Hong, K. Y. Pan et Z. W. Xie。并认为它是 *P. suffruticosa* 真正的野生近亲，广泛栽培作观赏的牡丹是由这一类型驯化培育起来的。根据他们的调查，栽培牡丹的野生近亲只剩下这两株了。同时认为，矮牡丹 *P. jishanensis* 在形态上和繁殖方法上和栽培牡丹明显不同，不太可能是栽培牡丹的野生类型。

1999年，洪德元和潘开玉发表了两篇重要论文，回顾了牡丹组植物近200年来的分类历史，结合他们团队多年野外调查及世界各大植物标本馆的标本对比观察结果，提出芍药属牡丹组的分类方案。牡丹组共8个种：牡丹*P. suffruticosa*、矮牡丹*P. jishanensis*、卵叶牡丹*P. qiui*、凤丹（杨山牡丹）*P. ostii*、紫斑牡丹*P. rockii*、四川牡丹*P. decomposita*、滇牡丹*P. delavayi*和大花黄牡丹*P. ludlowii*。其中*P. suffruticosa*包括2个亚种：栽培亚种subsp. *suffruticosa*和银屏牡丹subsp. *yinpingmudan*；*P. rockii*包括2个亚种：原亚种subsp. *rockii*和太白山紫斑牡丹subsp. *taibaishanica*；四川牡丹同样包括2个亚种：原亚种subsp. *decomposita*和圆裂四川牡丹subsp. *rotundiloba*。分类方案还包括2个杂种：由*P. rockii*和*P. jishanensis*杂交而成的延安牡丹*Paeonia×papaveracea* Andrews以及由*P. rockii*和*P. qiui*杂交而成的保康牡丹。他们认为牡丹组依据花盘类型可分为3个类群：牡丹、矮牡丹、卵叶牡丹、凤丹、紫斑牡丹为一类；四川牡丹单独一类；滇牡丹、大花黄牡丹为一类。由于总的种类不多，没有必要作亚组的划分。在另一篇论文中他们介绍了*P. suffruticosa* complex即所谓牡丹复合体的概念，认为其正确含义应是*P. suffruticosa*和与其亲缘关系较近的*P. jishanensis*、*P. qiui*、*P. ostii*和*P. rockii*共5个种组成的一个分类尚待澄清的复合体。*P. suffruticosa*仅是其中一个成员，它包括栽培亚种*P. suffruticosa* subsp. *suffruticosa*和野生亚种*P. suffruticosa* subsp. *yinpingmudan*，同样*P. rockii*也包括2个亚种。

2000年，傅立国主编的《中国高等植物》（第四卷）芍药科芍药属发表了洪德元、潘开玉8个种3个亚种的分类方案。在介绍*P. suffruticosa*时说：其野生类型（花单瓣）仅见于安徽巢湖和河南嵩县，名为银屏牡丹*P. suffruticosa* subsp. *yinpingmudan*。

2001年，霍发表文章基本认同洪德元、潘开玉的牡丹组分类方案，同时提出了一些质疑：①银屏牡丹的模式标本一个已被鉴定为*P. ostii*，而另一个河南嵩县的栽培植株也没有明显的证据表明这是野生类型的后代，因而银屏牡丹是一个无效命名。②*P. suffruticosa*就是一个杂交后代，没有真正的野生类型，其原种应是*P. spontanea*（即*P. jishanensis*）、*P. rockii*和*P. ostii*。③承认延安牡丹是一个杂种，但其正确的拉丁名应是*P.×yananensis* T. Hong & M. R. Li，而不是洪德元等提出的*P.×papaveracea* Andrews。后者实际上是一个品种，与延安牡丹亲本来源不同。

2001 年，陈俊愉在《中国花卉品种分类学》中介绍了芍药属牡丹组 10 个种的分类方案，同时认为："*P. suffruticosa* Andr. 不过是中国栽培牡丹（中原品种群）的统称，是以栽培品种为对象而记载的一个起源组成复杂的栽培复合体。这种情况在观赏植物中屡见不鲜。"同年，沈保安对芍药属牡丹组药用植物分类进行了修订。他的分类方案包括 8 个种、7 个亚种，其中包括 5 个新等级、3 个新组合。他将银屏牡丹提升为种的等级，并在银屏牡丹下面划分了新亚种河南牡丹。此外，还有药用牡丹、太白山牡丹等新划分的亚种。由于银屏牡丹等的分类后来有一系列修订，一些新亚种与组合分类依据不足或不符合命名规范等，该分类方案基本上未被学界采纳。

2002 年《中国牡丹全书》（上）及 2004 年《中国树木志》（第 4 卷）介绍了洪涛的芍药属牡丹组 12 个种的分类方案（含红斑牡丹与保康牡丹）。

2007 年，洪德元和潘开玉对银屏牡丹进行了订正，认为银屏牡丹作为新亚种发表时依据的两份标本实为两个实体，产自安徽巢湖银屏山的模式实为杨山牡丹 *P. ostii* 的成员，并依据河南嵩县的标本发表了新种中原牡丹 *P. cathayana* D. Y. Hong & K. Y. Pan，指出该种与杨山牡丹（凤丹）和矮牡丹近缘。

2011 年，洪德元依据两个亚种间形态性状有显著差异而将亚种圆裂四川牡丹提升为种的等级 *P. rotundiloba* (D. Y. Hong) D. Y. Hong。

2010—2011 年，洪德元总结多年研究结果，相继出版了芍药科植物研究的英文版系列专著：*Peonies of the world: taxonomy and phytogeography* 及 *Peonies of the world: polymorphism and diversity*。他指出全世界芍药属植物共 33 种，其中牡丹组 9 个种，北美芍药组 2 个种，芍药组 22 个种。在这两部著作中，他认可了斯特恩将牡丹组划分为两个亚组的观点。

2011 年，李嘉珏等《中国牡丹》一书由中国大百科全书出版社出版。在基本肯定洪德元分类系统的同时，也就 *P. suffruticosa* 的定位、*P. cathayana* 的存疑及滇牡丹复合体的处理等提出了不同意见。

2017 年，徐兴兴等发表《革质花盘亚组野生牡丹资源的调查及保护利用建议》；同年，张晓骁等发表《中国芍药属牡丹组植物地理分布修订》，介绍了牡丹组植物最新调查结果。根据调查，他们基本赞同李嘉珏芍药属牡丹组的分类处理。

2019年，张延龙等《中国牡丹种质资源》一书出版，全面介绍了中国牡丹资源调查研究历史，牡丹资源评价描述记载方法与标准，芍药属牡丹组分类系统；介绍了9个野生种，包括革质花盘亚组的矮牡丹、卵叶牡丹、杨山牡丹、紫斑牡丹（含亚种太白山紫斑牡丹）、四川牡丹（含亚种圆裂四川牡丹），肉质花盘亚组的紫牡丹、狭叶牡丹、黄牡丹和大花黄牡丹。

（二）洪德元分类系统

鉴于芍药属牡丹组系统分类问题较多，洪德元院士亲自带领团队进行了较为全面系统的野外考察（共64个居群）和室内研究，对牡丹组分类进行了全面修订，1999年提出了新的芍药属牡丹组分类系统，以后又作了部分更正。2010年，将全组共分2个亚组9个种1个亚种和1个栽培种2个杂种，2个亚组是肉质花盘亚组和革质花盘亚组，具体种类如表4–2。

表4–2　**芍药属牡丹组的种类（洪德元分类系统）**

1. 大花黄牡丹 *Paeonia ludlowii* (Stern & G. Taylor) D. Y. Hong
2. 滇牡丹 *Paeonia delavayi* Franch.
3. 四川牡丹 *Paeonia decomposita* Hand.-Mazz.
4. 圆裂牡丹 *Paeonia rotundiloba* (D. Y. Hong) D. Y. Hong
5. 紫斑牡丹 *Paeonia rockii* (S.G. Haw & Lautner) T. Hong & J. J. Li et D. Y. Hong
5a. 紫斑牡丹原亚种 *Paeonia rockii* subsp. *rockii*
5b. 太白山紫斑牡丹 *Paeonia rockii* subsp. *atava* (Brühl) D. Y. Hong & K. Y. Pan
6. 凤丹（杨山牡丹）*Paeonia ostii* T. Hong & J. X. Zhang
7. 矮牡丹 *Paeonia jishanensis* T. Hong & W. Z. Zhao
8. 卵叶牡丹 *Paeonia qiui* Y. L. Pei & D. Y. Hong
9. 中原牡丹 *Paeonia cathayana* D. Y. Hong & K. Y. Pan
10. 牡丹 *Paeonia suffruticosa* Andr.

（三）牡丹组分类中几个问题的探讨

在芍药属牡丹组系统分类研究中，洪德元分类系统的提出无疑是个重要贡献。但根据我们多年野外考察、引种、育种及栽培实践，发现有些问题还有待商榷。

1. 关于亚组的区分与亚组名称问题

自 1946 年斯特恩将芍药属牡丹组划分为 2 个亚组以来，一直被诸多学者认可。中间洪德元等曾提出牡丹组存在 3 个类群，其中四川牡丹可单独划分为一类，但鉴于牡丹组种类不多，可以不再划分亚组，但后来仍然接受了 2 个亚组的处理。著者认为，2 个亚组从形态特征、生物学特性以及分布区域都有明显不同，适当加以区分，主要是便于应用，但关于亚组中文名称还值得斟酌。

在牡丹组花朵中包被在雌蕊群外面叫作“花盘”的结构，分类上通常把它作为划分亚组的重要依据。这个结构在牡丹品种形态描述中早已被改称为“房衣”，并且通过解剖学观察弄清了它的起源，即这个结构原来是心皮附属物，二者由一个共同的原基分化而来。心皮可能来源于叶原基，而房衣来源于叶鞘（赵敏桂，2000）。

芍药属牡丹组的房衣总是相互联合，包裹心皮形成杯状或盘状，但房衣在各心皮间隔处往往有较深裂痕，成圈的房衣可能是由每个心皮的房衣之间发生次生愈合而形成。成熟的革质房衣与肉质房衣形成特征与解剖结构明显不同：革质房衣发达，包裹心皮大部分甚至全部，相对较薄，横切面上维管束多，分布密集；肉质房衣较不发达，仅包裹心皮基部。从其来源、结构功能以及与子房的关系看，“房衣”这一术语比“花盘”的提法更为科学合理。因而建议将亚组中的“花盘”改称为“房衣”，即革质房衣与肉质房衣。

2. 关于 *Paeonia suffruticosa* Andrews 的界定

1804 年，英国学者安德鲁斯发表 *P. suffruticosa*，首次对牡丹进行科学记载并确定了拉丁学名。根据国际植物命名法规，我们承认他的这次发表是有效发表，所发表植物代表的是一个栽培种。然而问题远不止于此，还有两个问题需要回答：*P. suffruticosa* 是个纯种还是杂交种？它代表牡丹全部栽培类群还是其中某一部分？

根据洪德元对 *P. suffruticosa* 模式图（图 4–1）的界定：“花总是重瓣，颜

● 图 4-1 ***Paeonia suffruticosa*** **模式图**

● 图 4-2 ***Paeonia suffruticosa*** **Andrews ‘Papaveracea’（原 *P. papaveracea* Andrews 模式图）（据成仿云等，2005）**

色不一，白色或粉紫色。全为栽培类型”；“栽培历史近千年以上，有成百个品种”；“有的品种可能有 *P. jishanensis*、*P. rockii* 及 *P. ostii* 等物种的种质渗入”。与此同时，他指出了观赏品种形成的两个途径：（野生种）直接引种驯化和人们有意无意的种间杂交（洪德元等，1998, 2004, 2005, 2007）。除了“花总是重瓣”这一点外，其他描述大体上是客观的。然而，重瓣花是由单瓣花演变而来，*P. suffruticosa* 的花不可能“总是重瓣”。在洪德元等列举的 13 个作为 *P. suffruticosa* 的引证品种（标本）中，‘朱砂垒’就是一个接近单瓣的荷花型品种。在答复霍等（2001）对银屏牡丹的质疑等问题时，他们又肯定 *P. suffruticosa* 是一个纯种而非杂交种（洪德元等，2004）。

由于 *P. suffruticosa* 的模式图是个重瓣花，高度重瓣的花朵遮盖了对物种分类具有重要作用的花器官特征的信息。根据这个模式图本身，人们无法判断它就是纯种起源而能排除杂交起源的可能性。

然而，即使根据洪德元等对 *P. suffruticosa* 的上述描述，以及 *P. suffruticosa* 与其各近缘种间没有生殖障碍等因素，作为上百个品种中的一员，其杂交起源的可能性极大。而安德鲁斯提供的另一个模式图（图 4-2）更有助于人们加深对这一问题的理解。前面提到安德鲁斯在 1807 年又发表了一个新种 *P. papaveracea* Andrews，他所依据的仍然是从中国广州引进的植株。1802 年，英国“希望号”船长普伦德加斯特（J. Prendergast）把克尔（W. Kerr）从广州收集到的一批牡丹运到英国南部的赫特福德郡的沃姆里伯里（Wormley Bury），种植在休姆爵士花园中。1806年，其中一株开出具明显紫斑的花朵，从而成为安德鲁斯发表新种的依据（李惠林，1959）。1926年，比恩（Bean）正式把它确定为 *P. suffruticosa* 的一个品种。这个模式提供的信息表明，它的紫斑可能来自紫斑牡丹，而小叶形态和花丝、花盘（房衣）的紫红色又表明它可能有矮牡丹的遗传成分，是杂交起源。

这两份模式图表明，它们所代表的应是具有千年栽培历史，遗传背景复杂，属于杂交起源的栽培类群（成仿云等，2005；李嘉珏等，2011）。

由于这两个模式植株均来自广州，而1804—1807年，中国境内能有牡丹商品生产并能运到广州销售的，就是山东曹州（今菏泽）牡丹。因而著者确定，两个模式植株代表的是中国中原品种群中的传统品种，以及这些品种引种国内外各地发展演化形成的栽培类群。

一般来说，栽培种下不宜再按植物系统分类方法划分亚种、变种，而应是栽培类群（品种群）及品种之分。本书正是按照这个思路将植物学分类与园艺学分类很好地衔接起来的。

3. 中原牡丹 *P. cathayana* 作为一个野生种的处理依据不足

在洪德元分类系统中，中原牡丹是一个举足轻重的野生种，其模式植株被认为是牡丹（*P. suffruticosa*）唯一的野生近亲。

洪德元依据在山区居民家偶然发现的单株而发表一个新种的依据有两点：一是这个植株与1804年安德鲁斯发表 *P. suffruticosa* 时的模式图叶形相近；二是据其主人说，该植株是30年前从附近山上挖下来的。洪发现该植株栽培逾30年没有无性小株。而该地地处河南洛阳嵩县南部杨山周围，这一带是紫斑牡丹 *P. rockii* 分布区，也是杨山牡丹 *P. ostii* 模式种产地，附近群众有引种的野生紫斑牡丹和‘凤丹’栽培。

前面提到 *P. suffruticosa* 模式图提供的分类信息十分有限，在该栽培种模式图本身不能确定是纯种还是杂交种的情况下，怎么能用它判定这株来源并不完全清楚的植株就是 *P. suffruticosa* 唯一的野生近亲呢？

随后的系列研究表明，中原牡丹的模式植株实际上就是 *P. suffruticosa* 所代表的栽培群体中的一个成员。该模式植株与矮牡丹、卵叶牡丹关系密切（林启冰等，2004），其遗传组分复杂，也可能是杂交起源（袁军辉，2014）。

4. 杨山牡丹作为 *P. ostii* 的中文名不宜更改

1992 年，洪涛等发表新种杨山牡丹 *P. ostii*，这是一个正式有效的发表。该种模式采自河南洛阳市嵩县杨山，故以名之。该种既有野生居群，也有‘凤丹’等栽培类群，完全没有必要在该种发表多年后，又将品种名提升为种名。

5. 关于“滇牡丹”的分类处理

洪德元分类系统将“滇牡丹”作为一个大种处理是可以的，但该类群没有任何类型的划分，也许在理论上是可以，但在育种和栽培实践上是不可行的。根据我们的调查，该类群在滇西北的混杂居群占少数，不混杂的居群占绝大多数。而紫牡丹、黄牡丹、狭叶牡丹等名称正好代表了这一大类群中各具特色的“种质”，或者说“基因型”。引种育种实践表明，这些种质是稳定的可遗传的。紫牡丹（*P. delavayi*）的紫红色（或红色）及其极易成花的特征特性，黄牡丹（*P. lutea*）的正黄色及其易于突破远缘杂交障碍的特征特性，使得它们成为远缘杂交育种中极其宝贵的种质资源。可以说没有黄牡丹就没有中国牡丹中真正的黄色品种。在中国和世界牡丹育种史上黄牡丹功不可没，我们不可能在分类史上，更不应在现实中将其除名。如果不能使用这些名称，那应该用什么符号来代替呢?

（四）实际应用中的分类处理

基于以上认识，我们在实际应用中采用以下分类处理（表 4–3、表 4–4）。

此外，还有一个天然杂种：延安牡丹 *Paeonia×yananensis* T. Hong et M. R. Li。

二、芍药属牡丹组的分布

（一）水平分布

芍药属牡丹组各个野生种分布区东至安徽巢湖银屏山（杨山牡丹），西至西藏山南地区隆子（大花黄牡丹）、洛扎（黄牡丹），北至陕西北部志丹、延安、甘泉一带（紫斑牡丹、矮牡丹），南至云南中部景东（黄牡丹），处于北纬 24.46 °~36.80 °，东经 92.43 °~117.78 °。约有 11 个省（自治区）分布有牡丹组植物，包括山西、陕西、甘肃、河南、湖北、湖南、安徽、四川、云南、西藏及贵州。其中，以陕西省资源丰富度最高，分布有 4 个种 1 个亚种，一个

● 表 4-3 **本书采用的芍药属牡丹组分类安排**

Ⅰ. 肉质花盘（房衣）亚组 *Paeonia* subsect. *Delavayanae* Stern
1. 大花黄牡丹 *Paeonia ludlowii* (Stern & G. Taylor) D. Y. Hong
2. 紫牡丹 *Paeonia delavayi* Franch.
3. 黄牡丹 *Paeonia lutea* Delavay ex Franch.
4. 狭叶牡丹 *Paeonia potaninii* Kom.
Ⅱ. 革质花盘（房衣）亚组 *Paeonia* subsect. *Vaginatae* Stern
5. 矮牡丹 *Paeonia jishanensis* T. Hong & W. Z. Zhao
6. 卵叶牡丹 *Paeonia qiui* Y. L. Pei & D. Y. Hong
7. 杨山牡丹 *Paeonia ostii* T. Hong & J. X. Zhang
8. 紫斑牡丹 *Paeonia rockii* (S.G. Haw & Lautner) T. Hong & J. J. Li et D. Y. Hong
8a. 紫斑牡丹原亚种 *Paeonia rockii* subsp. *rockii*
8b. 太白山紫斑牡丹 *Paeonia rockii* subsp. *atava* (Brühl) D. Y. Hong & K. Y. Pan
9. 四川牡丹 *Paeonia decomposita* Hand.-Mazz.
9a. 四川牡丹原亚种 *Paeonia decomposita* subsp. *decomposita*
9b. 圆裂四川牡丹 *Paeonia decomposita* subsp. *rotundiloba* (D. Y. Hong) D. Y. Hong
10. 牡丹 *Paeonia suffruticosa* Andr.

● 表 4-4　**芍药属牡丹组分种检索表**

1. 单花生于当年生枝顶端，上举；花盘（房衣）革质，包裹心皮达 1/2 以上
2. 花盘（房衣）花期全包心皮；心皮 5～7，密被茸毛；叶为二回三出复叶或为二至三回羽状复叶
3. 枝下部叶为二回三出复叶，小叶通常 9 枚
4. 小叶长卵形、卵形或近圆形，多分裂，绿色
5. 小叶长卵形或卵形，顶生小叶 3 深裂，侧生小叶 2～3 裂，裂片先端急尖；叶下面多无毛（各地观赏栽培）　牡丹 *P. suffruticosa*
5. 小叶卵圆形至近圆形，全部小叶 3 深裂，裂片再分裂，先端急尖至圆钝；叶下面脉上被细毛（陕西延安市、宜川县、华阴市、潼关县；山西稷山县、永济市；河南济源市）　矮牡丹 *P. jishanensis*
4. 小叶卵形或卵圆形，多不裂；花期叶面多带紫红色；花瓣基部有红斑（陕西商南县、旬阳县；河南西峡县；湖北神农架林区、保康县）　卵叶牡丹 *P. qiui*
3. 枝条下部叶为羽状复叶，小叶多于 9 枚，卵形、长卵形至披针形
6. 叶为二回羽状复叶，小叶不超过 15 枚，卵形至卵状披针形，多全缘；花瓣白色，无紫斑；花丝、柱头及花盘红色、紫红至暗紫红色（河南栾川县；陕西商南县、洋县、眉县、略阳县、镇坪县；安徽巢湖；湖南龙山）　杨山牡丹 *P. ostii*
6. 叶为二至三回羽状复叶，小叶多于 15 枚；花瓣白色，稀粉色和红色，基部有紫斑，花丝、柱头及花盘黄白色
7. 小叶卵形至卵状披针形，全缘（甘肃文县、舟曲县、成县、徽县、两当县、武都区、天水市秦城区、漳县；陕西太白县、留坝县、略阳县、洋县；河南嵩县、栾川县、三门峡市、内乡县；湖北神农架林区、保康县；四川青川县、南坪县）　紫斑牡丹 *P. rockii*
7. 小叶卵形至卵圆形，稀披针状卵形，3 深裂或浅裂，稀不裂（甘肃合水县、秦城区、漳县、临洮；陕西志丹县、延安市、甘泉县、富县、黄龙县、旬邑县、铜川市耀州区、太白县、眉县）　太白山紫斑牡丹 *P. rockii* subsp. *atava*
2. 花盘（房衣）半包，心皮 2～5，无毛；叶为三至四回羽状复叶
8. 心皮多为 5，稀 3 或 4，偶有 6～7；花盘包被心皮下部；小叶全部分裂，35～71 枚，椭圆形至狭菱形（四川大渡河流域：马尔康市、金川县、小金县、丹巴县、康定市等）　四川牡丹 *P. decomposita*
8. 心皮多为 3，稀 2、4 或 5；花盘包被心皮大部；小叶通常 25～37 枚，菱形至近圆形（四川岷江流域：黑水县、松潘县、茂县、汶川县、理县；甘肃迭部县）　圆裂四川牡丹 *P. decomposita* subsp. *rotundiloba*
1. 花通常 2～3（4）朵，顶生兼腋生，聚伞花序；花盘（房衣）肉质，仅包心皮基部；心皮无毛
9. 花黄色，或黄绿色、白色
10. 心皮多单生，稀 2～3；花瓣、花丝、柱头黄色，植株高 1.5～3.5 m，以种子繁殖（西藏林芝市、米林市、隆子县）　大花黄牡丹 *P. ludlowii*

续表

10. 心皮通常3，稀2、4或5，花瓣黄色，稀黄绿色或白色，部分居群花瓣基部具棕褐色或红色斑。兼性营养繁殖（云南德钦县、香格里拉、维西县、昆明西山、东川市、澄江县、禄劝县、大理市、景东县等；四川木里县；西藏林芝市、波密县、察隅县等） 黄牡丹 *P. lutea*
9. 花紫红色、红色
11. 复叶的小裂片披针形至长披针形，宽 0.7 ~ 2.0 cm；花紫红色或红色，直径 9 ~ 10 cm；花、外有 8 ~ 12 片由萼片、苞片组成的总苞，花药通常红色，心皮 2 ~ 5（云南丽江市、香格里拉（中甸）、鹤庆县；四川木里县、盐源县） 紫牡丹 *P. delavayi*
11. 叶的小裂片狭披针形或线状披针形，宽 4 ~ 7 mm；花红色，直径 3 ~ 6 cm。苞片与萼片 5 ~ 7 枚，无总苞，花药黄色，心皮通常 2 ~ 3 枚（四川西部雅江县、道孚县） 狭叶牡丹 *P. potaninii*

天然杂种延安牡丹。

革质花盘亚组的种类集中分布在秦巴山地、陕甘黄土高原和川西北高原地区，位于北亚热带到暖温带、中温带气候过渡区，海拔 500 ~ 2 000 m 的中山区，植被多以壳斗科栎属种类为建群种的温带落叶阔叶林或针阔混交林中，如栓皮栎（*Quercus variabilis*）林、橿子栎（*Quercus baronii*）林、辽东栎（*Quercus liaotungensis*）林等。多生长在半阳坡、半阴坡、阴坡，中上坡位，喜阴凉湿润环境，但有较强的生长适应性。据徐兴兴、成仿云等的调查（2016），革质花盘亚组物种丰富度在省级尺度上以陕西省最高（5 种），次为甘肃省、湖北省、河南省（均为 3 种）；居群丰富度与物种丰富度在省级尺度上分布格局基本一致，等级最高的区域仍为陕西省，有 32 个居群（其中新发现 22 个居群，矮牡丹 4 个，卵叶牡丹 3 个，杨山牡丹 7 个，紫斑牡丹 8 个）。其余依次为甘肃省（11 个），湖北省（8 个），四川省（7 个），河南省（6 个），居群丰富度也较高。陕西省地处黄河中游，从北到南可分为陕北黄土高原、关中平原及由秦巴山系组成的陕南地区 3 个地貌单元，这与革质花盘亚组植物集中分布区重叠。这里野生牡丹资源蕴藏量较大，遗传多样性丰富，是牡丹最适宜生长地区。

肉质花盘亚组的种类主要分布在云贵高原西北部、青藏高原东南部，属横断山脉东南边缘，典型的高山深谷，地形复杂，生境多样。从昆明附近的 1 900 m 到西藏察隅 3 600 m，海拔相差 1 700 m。随海拔升高，气候、植被和土壤呈现明显垂直变化。如云南中部昆明周围为北低纬度亚热带—高原山地季风气候，大理、丽江一带属北亚热带高原季风气候，香格里拉（中甸）、德钦属青藏高寒气候。

（二）垂直分布

革质花盘亚组野生种集中分布于海拔 500 ~ 2 000 m 的中山区。少量分布在 2 000 m 以上的高山区。其中矮牡丹、卵叶牡丹、杨山牡丹主要分布于 500 ~ 1 650 m 地带。紫斑牡丹则从 1 000 m（太白山）到 1 942 m（甘肃漳县），四川牡丹分布海拔最高，多在 2 000 ~ 2 550 m 区域。

肉质花盘亚组种类分布海拔普遍较高，在 2 000 ~ 3 600 m。黄牡丹从海拔 2 000 m 到 3 500 m 都有分布，西藏藏南地区的洛扎一个黄牡丹居群分布到 3 900 m。紫牡丹、狭叶牡丹、大花黄牡丹分布的最低海拔在 2 900 m，上限在 3 600 m。紫牡丹、黄牡丹、狭叶牡丹都有较强的适应性，而大花黄牡丹分布海拔虽高，但分布区冬季温度并不低，因而在寒冷地区越冬还存在问题。

第四节
肉质花盘亚组的种类

一、大花黄牡丹

***Paeonia ludlowii*（Stern & G. Taylor）D. Y. Hong（1997）**

——*P. lutea* var. *ludlowii* Stern & G. Taylor（1953）

——*P. ludlowii* （Stern & G. Taylor）J. J. Li & D. Z. Chen（1998）

（一）分类历史

大花黄牡丹最早由英国人泰勒、谢里夫和勒德洛（F. Ludlow）于 1936 年在西藏东南部米林的雅鲁藏布江河谷发现，并多次采种到英国。1951 年英国学者斯特恩和泰勒发现这些种子产生的后代和黄牡丹的差异，首次对其进行了报道，并于 1953 年将其确定为黄牡丹的变种 *Paeonia lutea* var. *ludlowii* Stern et Taylor。但该种在我国并未受到关注，以至 1978 年出版的《中国植物志》（第 27 卷）中未能将其收录。1995 年前后，李嘉珏、陈德忠等在对西藏大花黄牡丹的调查引种过程中，已经发现了大花黄牡丹与黄牡丹形态性状与繁殖方式的明显差别，在《植物引种驯化集刊》发表的引种论文中提出应将其提升到种的等级（李嘉珏等，1995）。洪德元（1997）根据对西藏米林和林芝的野生牡丹的考察，发现 *P. lutea* var. *ludlowii* 与 *P. lutea* 在植株高度、叶裂大小、花果特征及繁殖方式等方面的差异，将其提升为种的等级，*Paeonia ludlowii*（Stern et Taylor）D. Y. Hong。李嘉珏等（1998）根据形态特征、生长繁殖特性以及细胞学和生化方面的分析，对其分类地位进行了探讨，并提升为种的等级。

（二）形态特征

大花黄牡丹（图 4–3）为丛生落叶灌木，株高 2 ~ 2.5 m，最高可达 3.5 m。

1. 单花；2. 花序；3. 果实；4、5、6. 生境为林芝市巴宜区米瑞乡雅鲁藏布江流域，海拔约 3 000 m（曾秀丽　摄）

● 图 4–3　**大花黄牡丹**

全体无毛，茎皮灰色，片状剥落，1 年生枝黄绿色。二回羽状复叶，表面绿色或黄绿色，近羽状分裂，裂片披针形，无毛，全缘或具 1 ~ 2 齿，叶端渐尖，叶长 25 ~ 37 cm，叶柄长 16 ~ 23 cm，叶柄绿色或紫红色。每枝着花 2 ~ 4 朵，多为 3 朵，生于枝顶及叶腋，花大，直径 8 ~ 12 cm，花瓣、花丝、花药均为黄色，花瓣 9 ~ 12 枚，倒卵形；萼片 3 ~ 5 枚，苞片 5 ~ 6 枚。心皮 1（2）枚，光滑无毛。花期为 4 月下旬至 5 月底，果期为 8 ~ 9 月。

（三）分布与生境

1. 分布

经多年调查，共发现大花黄牡丹 8 个居群，分布于西藏林芝市的巴宜区、米林市和山南地区的隆子县。巴宜区的大花黄牡丹分布于米瑞乡的米麦娘村、曲尼贡嘎村、朗乃村及米瑞村。其中，米麦娘村居群较大，沿河流山谷带状分布。

2. 分布区自然条件

林芝地处青藏高原南缘，多地海拔为 2 700 m 以上，总的地势为西北高、东南低，地域广阔，气候温和，雨量充沛。大花黄牡丹自然分布于雅鲁藏布江中游海拔 2 700 ~ 3 300 m 河谷地带。虽然海拔较高，但冬季并不寒冷，属高原温带半湿润季风气候。年平均气温 6.5 ℃，最冷月平均气温 0.1 ~ 3.2 ℃，最热月 12.3 ~ 17.4 ℃，10 ℃以上积温 2 200 ℃，无霜期 170 天，年降水量 660 mm，平均相对湿度 66%。土壤类型主要为山地棕壤和暗棕壤。山南地区位于西藏南部，喜马拉雅山东段北麓，地势西高东低，平均海拔 3 900 m，属高原温带干旱季风气候。境内太阳辐射强烈，日照时间长，气温较低，昼夜温差大，干湿分明，多夜雨，冬春干燥，多大风。平均日照 2 983 h，无霜期 125 天，年降水量 279.41 mm。隆子县初霜见于 10 月上旬，终霜在 6 月中。大花黄牡丹山南居群（准巴）海拔 3 250 m，土壤为山地棕壤（倪圣武，2009）。

3. 生长特性

据实地调查，大花黄牡丹生长状况如表 4–5 所示，其 1 ~ 2 年生幼苗高在 50 cm 以下，3 ~ 4 年生高在 50 ~ 100 cm，成年个体株高 2 m 左右。

大花黄牡丹实生苗 7 ~ 12 年开花，萌蘖枝 4 年左右开花，枝条更新周期为 12 年。其开花无大小年现象，现有居群中幼苗严重不足，老龄个体占多数，这些老年植株依靠萌蘖枝自身更新维持种群数量。

●表 4-5　**大花黄牡丹原生境的生长情况（单位：m）**

居群	株高	冠幅	冠层高	叶长 / 叶柄长	萌蘖枝长	当年生枝	2 年生枝
林芝五道班	1.75	1.24×1.15	1.02	0.41/0.21	1.1	0.35	0.65
林芝南伊沟	0.86	0.65×0.42	0.45	0.37/0.18	0.7	0.37	0.51
林芝交汇处	1.92	1.85×1.72	1.22	0.21/0.12	1.3	0.25	0.41
米林扎贡沟	1.85	1.81×1.55	1.25	0.29/0.17	1.3	0.38	0.71
米林养殖场	1.90	1.54×1.37	1.05	0.22/0.15	1.2	0.21	0.35
隆子准巴	1.98	1.87×1.72	1.45	0.25/0.17	1.5	0.45	0.65

大花黄牡丹分布区域都有溪流，因而对环境中水分依赖性较大，抗旱能力较弱。种子在强光且土壤干旱情况下萌发受到影响，但在半遮阴条件下萌发生长良好。其主根粗大，无地下茎，仅能有性繁殖。盛花期有侧方遮阴，开花效果更好。在空气湿度大、土壤持水量好、有侧方遮阴环境中，大花黄牡丹生长健壮，植株高大，开花良好。但成年植株往往上部枝繁叶茂，下部枯枝丛生，在原产地及甘肃榆中引种地都见有这种情况。

（四）种群生态

1. 种群结构

应用二元指示种分析法（TWINSPAN）将大花黄牡丹生境地群落划分为灌木群落与乔木群落两种类型。灌木群落类型主要由灌木物种组成，主要种类除大花黄牡丹外，还有鸡骨柴（*Elsholtzia fruticosa*）、宽刺绢毛蔷薇（*Rosa sericea*）、腺果大叶蔷薇（*R. macrophylla* var. *glandulifera*）、粉叶小檗（*Berberis pruinosa*）、腰果小檗（*B. johanhis*）、短柄小檗（*B. brachypoda*）、西藏野丁香（*Leptodermis xizangensis*）及淡黄鼠李（*Rhamnus flavescens*）等。乔木群落类型可区分为乔木层、灌木层和草本层。在乔木群落类型中，由于大花黄牡丹主要分布于林缘、林窗及河谷台地，所以群落中乔木种类及数量相对较少，种类主要有林芝云杉（*Picea likiangensis* var. *lirzhiensis*）、光核桃（*Amygdalus mira*）、川滇高山栎（*Quercus aquifolioides*）、白柳（*Salix alba*）、川滇柳（*S. rehderiana*）及白桦（*Betula platyphylla*）等。这些种类对群落结构、群落环境具有明显的控制作用。

两种群落在林分结构、环境因子和物种丰富度上类似，但灌木群落内的大花黄牡丹显著高于乔木群落。大花黄牡丹多度与乔木物种丰富度及多度存在极显著或显著负相关，而与灌木多度存在极显著正相关。群落中大花黄牡丹的数量及其株高、冠幅与灌木有密切关系，其幼苗更新多在灌丛下方较荫蔽处，而在裸地及高大乔木下方极少。灌木群落中大花黄牡丹幼苗总数及单位面积幼苗数量均高于乔木群落。由于大花黄牡丹萌生能力较强，常常在母株周围形成庞大的多代萌生株丛（杨小林等，2006）。

2. 生态位

运用 Levins 公式和百分率相似公式计算大花黄牡丹群落中主要种群的生态位宽度、生态位相似性比例以及生态位重叠值，结果表明，大花黄牡丹作为建群种，处在灌木层第一层，其在群落中生态位宽度值最高（0.929 4），在群落中具有很大的生态适应范围。与其较具竞争力的是另一个优势种拉萨小檗（*B. hemsleyana*），生态位宽度值为 0.581 7。大花黄牡丹种群与群落中其他主要种群间的生态位相似性比例及生态位重叠值较低，表明相互间能协调共存，从而在维持群落中物种多样性和稳定性方面发挥着重要作用（杨翔等，2010）。

3. 分布格局

大花黄牡丹种群分布表现为显著的集群分布类型。这是由于其幼苗阶段需要庇荫，但进入幼龄阶段后，需光性增强，个体往往只在林缘、林窗才能正常生长。大花黄牡丹种子大，其传播一般仅限于母株周围，往往在母株周围形成庞大的多代萌生株丛，这是其呈集群分布的重要原因。大花黄牡丹生长地一般为土质疏松的山地棕壤，有利于其根系在地下延伸，从而形成较大的斑块（杨小林等，2006）。

4. 种群数量动态

运用种群静态生命表、存活曲线、生殖力表和 Leslie 矩阵模型，研究了大花黄牡丹种群数量动态过程，结果表明，大花黄牡丹在树龄 10 年之前和

20～25 年分别经历了强烈的环境筛和竞争自疏，20 年左右为其生理寿命，25 年个体进入生理衰老期，35 年左右为其极限寿命。

大花黄牡丹种群早期个体死亡率极高，幼龄苗木严重不足导致种群数量下降，其净增率为 0.965，内禀增长率 －0.001 8（表明瞬时出生率小于瞬时死亡率），周限增长率 0.998 2（表明该种群将以 0.998 2 倍的速度几何级数下降）；世代平均周期为 19.58 年，表明大花黄牡丹生殖期植株平均年龄为 19.58 年，因而 20 年左右为大花黄牡丹的生理寿命。大花黄牡丹种群数量下降，不能完成自我更新，表现为衰退型种群。

（五）物候过程

薛丽娜等 2012—2013 年期间观测了西藏林芝地区八一镇西藏农牧学院高原生态所保护地内大花黄牡丹的物候过程。

八一镇海拔约 3 000 m，属高原温带季风湿润气候。年平均气温 8.6℃，1 月平均气温 0.2℃，7 月平均气温 15.6℃，≥10℃积温 2 180℃；年均降水量 634.2 mm，5～10 月为雨季，占年降水量 85% 左右，11 月至翌年 4 月为旱季，全年无霜期 117 天。该地气候温和，热量丰富，干湿季明显，年温差较小，而日温差较大，盛行河谷风。

大花黄牡丹植株是 1998 年从米林县南伊珞巴乡才召村引进栽培的。高 1.65～2.11 m，地径平均 38.35 cm。3 月上（中）旬鳞芽开始萌动，3 月底（4 月初）花芽开始膨大，5 月上旬（中旬）始花，5 月中旬（下旬）进入开花盛期，花后进入果实发育期，直至 9 月中旬，此后开始落果。年际间物候期存在一定差异。物候期与温度指标显著相关：候均气温 4.1℃萌动期开始，候均气温 10℃进入开花期，花期≥5℃，有效积温不低于 325℃，花期前累计日照时数不少于 470 h，幼果形成期、果实成熟期、果实（种子）脱落期平均温度依次为 15℃、17℃、13℃或以上，11 月平均温度低于 6℃时，进入休眠期。

（六）光合特性

权红等（2013）研究了西藏大学农牧学院藏药材种质资源圃中大花黄牡丹成年植株的光合特性与光合日进程。该地海拔 2 910 m，属温暖半湿润气候，年平均温度 8.6℃，年均降水量 660 mm，年均相对湿度 60%，无霜期 170 天，气候温和，雨量较多，光照较强，昼夜温差大。

大花黄牡丹光合速率日进程表现为单峰型曲线，11:30 达到最高峰［12.560 μmol/（$m^2 \cdot s^{-1}$）］，并不存在光合“午休”现象。12:30 时，其气孔限制值（0.410）和水分饱和参数（2.960 kPa）分别达到最大值，此时水分利用率并不高（1.821 μmol/mmol）。而在 10:30 时，其水分利用率达最大值（8.339 μmol/mmol），并且此时期大花黄牡丹获得一天中最大表观量子效率（0.050）。而蒸腾速率在 12:30 时最大［5.136 mmol/（$m^2 \cdot s^{-1}$）］，这个时间并不与光合速率最大值同步。大花黄牡丹光合速率绝对值较低，但在光合速率日进程中，维持高光合速率值［>4.0 μmol/（$m^2 \cdot s^{-1}$）］的时间可长达 9 h，使其能有效地积累光合产物，并说明大花黄牡丹是一种喜光植物。

大花黄牡丹胞间二氧化碳（CO_2）浓度和净光合速率日变化呈相反趋势，主要表现为“早晚高，中午低”，12:30 达最低值（230 μmol/mol）。

大花黄牡丹光合作用并不因高温、强光而增强是对高原半干旱半湿润环境长期适应的结果。

（七）繁殖特性

1. 繁殖特点

大花黄牡丹为专性种子繁殖，野生居群中均具大量实生幼苗。植株没有地下茎及根出条现象，但能从上部枯死的茎秆基部萌发新枝，萌蘖性强。

大花黄牡丹花朵具蜜腺，能吸引蚂蚁等昆虫采食，在采食过程中完成授粉过程。

2. 种子特性

1）种子结构　大花黄牡丹通常为 1 个蓇葖果，少数有 2 个，平均每个蓇葖果有种子 7 粒，种子成熟时黑色或黑褐色，椭圆状或卵圆状球形，或因挤压而呈多面形。千粒重最高可达 1 638.26 g，是牡丹组内最大的种子。种子由外种皮、内种皮、胚乳和胚构成，其质量比依次为 18.88%、2.07%、78.94%、0.11%。种胚圆锥形，胚根伸出胚乳，顶端伸进种孔。子叶 2 片，卵圆形，位于胚乳中央裂隙中。据调查，种子有仁率 93.00%。种子含水量高（57.24%），种子自然风干过程中，生活力随含水量而变化。当含水量降至 11.02% 时，开始出现丧失生活力者；随含水量降低，丧失生活力的种子迅速增加。到第 13 天，含水量降至6.38%，种子全部丧失活力，胚由白色变成淡黄色。种皮坚硬，但吸水性强，12 h吸水量可达22%，24 h达到饱和状态，最大吸水量36%（倪圣武，2009）。

2）种子休眠特性　大花黄牡丹种子具典型的上胚轴休眠和深度的下胚轴休眠特性（何志等，2008）。种子不加处理在冷室播种需17个月方可生根，出苗率不到1%。种子胚乳、种皮和胚各部位浸提液均存在抑制小白菜种子萌发的物质，且抑制物质含量依次增加。胚本身的抑制物质是导致其生理休眠的主要原因。

新鲜种子15 ℃层积3个月，生根率可达85%；下胚轴休眠解除对温度要求严格，低于或高于15 ℃均不利于下胚轴萌发；经暖温层积90天且根长>6 cm的种子再经过4 ℃，60～80天冷层积，可有效解除上胚轴休眠，出苗率可达66%。用400 mg/L 赤霉素（GA_3）浸泡根长1.5 cm以上种子2 h，出芽率可达100%。

高含量的脱落酸（ABA）、低含量的生长素（IAA）是大花黄牡丹种子双休眠的主要原因。上胚轴休眠与子叶、下胚轴和根的脱落酸含量密切相关。采用变温层积（15 ℃、90天和4 ℃、60天）解除休眠过程中，各部位脱落酸含量急剧下降，生长素含量升高。外源赤霉素能有效打破上胚轴休眠，玉米素核苷（ZR）对其胚根和上胚轴萌发生长有一定促进作用。

3）种子萌发生理　赵仕虎等（2007）采用随采随播的方法，8月采种后分别采用赤霉素、乙醇、机械破皮、沙藏处理后直接播种于大田，以赤霉素500 mg/L 处理后播种效果最好，出苗率达91%，而对照出苗率也达到77%。倪圣武等（2009）调查发现，在自然状况下大花黄牡丹的种子萌发至少需要两年时间，但采用赤霉素浸泡并结合低温处理可以有效打破种子休眠，促进种子萌发。马宏等（2012）研究了储存后的大花黄牡丹种子休眠的解除，发现大花黄牡丹种子理想的萌发程序和条件为：播种前温水浸泡7天，于15 ℃恒温培养；待根生长至3 cm以上时，以300 mg/L 赤霉素浸泡2 h，置于15 ℃恒温培养。该方法可将发芽时间缩短至约120天，发芽率也可达到95%。

（八）遗传多样性

唐琴等（2012）应用相关系列扩增多态性（SRAP）分子标记研究了西藏

林芝、米林一带大花黄牡丹5个居群的遗传多样性。用16对引物从79个个体中检测到439个有效位点，其中多态性位点404个，以米林C居群多态性位点最高（331个），林芝B居群最低（73个）。在物种水平上，多态性位点百分率（*PPL*）为92.03%，香农（Shannon）表型多样性指数（H_{sp}）为0.244 3，根井正利基因多样性指数（*H*）为0.145 9；居群水平上多态性位点百分率为31.12%，香农指数平均（H_{pop}）0.126 9，根井正利基因多样性指数0.080 5。这表明大花黄牡丹具有丰富的物种遗传多样性，但各个居群间差异显著，5个居群中，由于米林C居群原生境保存较好，遗传多样性较高（*PPL*=75.40%，H_o=0.297 0），其余居群均较接近。

据分子变异分析（AMOVA），大花黄牡丹居群间基因分化系数G_{ST}= 0.463 5，说明总的遗传变异中有46.35%的遗传变异存在于居群间，53.65%存在于居群内。居群间与居群内变异均达极显著水平（$P<0.001$），居群分化较显著。基因流*Nm*=0.289 4，表明大花黄牡丹基因流严重受阻。

居群间遗传相似性和遗传距离分析表明，5个居群间根井正利遗传距离变化在0.010 9 ~ 0.195 0，林芝两个居群遗传距离最小（0.010 9），遗传一致度最高（0.929 2）；米林3个居群间则有较大的遗传距离。大花黄牡丹居群间的遗传距离和地理距离间没有显著的相关关系（*r*=0.526 2，*P*=0.912 5）。此外，据对19个植株进行UPGMA聚类分析，结果显示其遗传相似系数变动在0.52 ~ 0.99，大部分来源于同一自然居群的个体聚在一起，表现出较为密切的亲缘关系，但米林C居群中也有一些个体未能与同一居群的个体聚在一起，值得进一步关注。

（九）资源利用

大花黄牡丹于1936年被英国人发现后，即被引种国外，目前在欧洲及美国一些地方已作为园林植物栽植观赏。

国内对大花黄牡丹研究起步很晚。20世纪90年代初期，甘肃兰州等地即开始了引种，之后，河南洛阳、山东菏泽以及北京等地也相继引种。目前，能正常生长结实并能用于育种的首推洛阳栾川南部山区。在栾川试验基地已有成片的大花黄牡丹开花结实。次为甘肃兰州，在背风向阳的小气候条件下，大苗可露地越冬，但花量较小。其余大多未能成功。西藏林芝当地已开始应用于园林绿化，拉萨也有引种，室外环境已能正常开花结实。

大花黄牡丹根可作药用。从传统中药材角度，认为大花黄牡丹的根皮中丹皮酚含量较低，并不符合国家标准（韩小燕等，2008）。但在藏区，仍被当作一种藏药加以利用，西藏林芝等地已有药材场进行人工栽培。

大花黄牡丹种子含油率较高，是一种潜在的油用资源。据曾秀丽等（2015）分析，大花黄牡丹种子中不饱和脂肪酸占总脂肪酸含量的86.32%，其中以油酸含量最高（44.35 mg/g），次为α- 亚麻酸（26.64 mg/g）、亚油酸（19.00 mg/g），饱和脂肪酸含量较低。与‘凤丹’籽油比较，二者不饱和脂肪酸含量差异不大，但脂肪酸构成差异较大。‘凤丹’主要脂肪酸含量顺序为α- 亚麻酸 > 亚油酸>油酸 > 棕榈酸 > 硬脂酸，而大花黄牡丹则为油酸 >α- 亚麻酸 > 亚油酸 > 棕榈酸> 硬脂酸。其中大花黄牡丹中油酸相对含量平均值为42.54%，高于‘凤丹’；α-亚麻酸平均相对含量为25.56%，低于‘凤丹’；亚油酸相对含量与栽培品种接近。

（十）致濒原因与保护

大花黄牡丹已被列为国家二级保护野生植物。

早期的考察认为大花黄牡丹结实能力较强，在原生地灌丛的空隙中，实生苗随处可见（刘翔，1995）。此后的种群数量动态研究（杨小林等，2007）发现，其早期个体死亡率极高，幼苗严重不足；现有种群数量主要靠其自身的萌蘖维持。大花黄牡丹为虫媒花，在传粉过程中，常出现昆虫啃食心皮和胚珠的现象。居群中成年结实植株仅占20%，且饱满种子的发芽率约为50%，生根成活率仅为10% 左右（赵福，2004）。这些生物学特性导致其自我更新困难，成为濒危的重要原因。

除自身因素外，人类和牲畜的频繁活动加速了大花黄牡丹的濒危进程。由于大花黄牡丹的根是一种重要的藏药，随着藏药事业的发展，分布区往往成为藏药基地（杨小林等，2007）。另外大花黄牡丹的种子很大，千粒重高达1 332 g 或以上。在油用牡丹发展热潮中，人们对其天然种群的种子采取了地毯式的采集，使其自然繁殖更加困难。加强大花黄牡丹野生种群的保护已刻不容缓。

二、紫牡丹、黄牡丹、狭叶牡丹与滇牡丹复合体

（一）分类历史与现状

1. 分类历史

紫牡丹和黄牡丹是最早被描述和记载的牡丹野生种。而第一位对这些种类进行描述的是法国学者弗朗谢（A. Franchet）。他于 1886 年发表了 2 个新种：*Paeonia delavayi* Franch. 和 *P. lutea* Delavayi ex Franch.。前者后来被称为紫牡丹、野牡丹，模式标本是法国传教士德洛维（Delavay）采自云南丽江，花紫红色，萼片大而多；后者被称为黄牡丹，仍是德洛维采自云南洱源，花黄色。1904 年，费雷（Finet）和加涅潘（Gagnepain）将 *P. lutea* 归为 *P. delavayi* 的一个变种：*P. delavayi* var. *lutea*。

1921 年，科马洛夫（V. L. Komarov）依据俄国人波坦（G. N. Potanin）1893 年采自四川雅江的标本，发表了 *P. potaninii* Komarov，并指出他的新种与 *P. delavayi*、*P. lutea* 相似，但新种小叶羽状分裂，裂片狭披针形，顶端渐尖，花瓣紫色或粉色。

1931 年，斯特恩替 Stapf 发表了 *P. trollioides* Stapf ex Stern（1931），所依据的标本是福里斯（G. Forres）采自云南德钦白茫雪山，花黄色。至此，在云南、四川已有 4 个种记载。此前，外国学者还发表了 *P. delavayi* 几个种下分类群：*P. delavayi* var. *atropurpurea* Schipc zinski（1921）、*P. delavayi* var. *angustiloba* Rehder et E. H. Wilson（1913）、*P. delavayi* var. *alba* Bean（1933）和 *P. delavayi* var. *lutea* f. *superba* Lemoine（1906）。

1946 年，斯特恩在牡丹组（Sect. *Moutan*）肉质花盘亚组中区分了 3 个种，即 *P. delavayi*、*P. lutea* 和 *P. potaninii*，并把他们发表的新种 *P. trollioides* 作为 *P. potaninii* 的变种处理：*P. potaninii* var. *trollioides*（Stapf ex Stern）Stern。

1958 年，方文培在芍药属肉质花盘亚组中记载了 4 个种，即 *P. delavayi*、*P. lutea*、*P. potaninii* 及其 2 个种下类型：*P. potaninii* f. *alba* 和 *P. potaninii* var. *trollioides*，以及他的新种云南牡丹（*P. yunnanensis* W. P. Fang）。云南牡丹模式标本来自云南丽江文笔山，根据其描述应是 *P. suffruticosa* 的异名。

1972 年，《中国高等植物图鉴》记载了 1 个种 2 个变种：紫牡丹，狭叶牡丹，黄牡丹。1979 年，《中国植物志》（第 27 卷），毛茛科芍药亚

科中，潘开玉记载了野牡丹（紫牡丹）及其种下变异：野牡丹（原变种）*P. delavayi* var. *delavayi*，狭叶牡丹 *P. delavayi* var. *angustiloba* Rehder et Wilson（将 *P. trollioides* 作为异名）。

1984 年吴征镒在其主编的《云南植物名录》中维持 2 个种的方案：*P. delavayi*、*P. delavayi* var. *angustiloba*、*P. lutea*。

1998 年，洪德元考察了四川、西藏、云南的紫牡丹、黄牡丹、狭叶牡丹分布区，包括所有模式标本产地，结果认为，该类群“多态性极为显著，甚至在居群内部都可以见到花的颜色从白色、纯黄色、黄色有紫红色斑块、橙色、红色甚至紫色的变异；花瓣数目 4 ~ 10 枚，花丝和花药颜色从黄色变至橙色、紫红色；心皮数目 2 ~ 5 枚或 3 ~ 6 枚，从绿色到紫红色；花盘绿色、黄色、红色或紫红色。但是这个类群一致地有有性生殖和无性繁殖（走茎），根纺锤加粗。看来没有一个性状或性状的组合可以把它划分为不同种甚至种下分类群，原来分出来的许多类群只不过是 1 个种的一些极端形态变异而已，任何形态上的划分都是不自然的”。洪德元将该类群重新命名为“滇牡丹”或“滇牡丹复合体”，紫牡丹、黄牡丹、狭叶牡丹等从其分类系统中消失。

2. 研究现状

洪德元对“只有一个种而无任何种下类型”的分类处理发表后，得到一些学者的赞同，但未能在牡丹学术界取得共识，研究仍在继续。同时由于意见不一致，引起了名称上的混乱。

英国学者霍（2001）支持洪德元的观点，但他试图在 *P. delavayi* 下面做进一步的划分。根据株高划分出 2 个变种：*P. delavayi* var. *delavayi*（株高 1 m 以上）、*P. delavayi* var. *angustiloba*（株高小于 1 m）。再根据花色在原变种下划分出 5 个变型：① *P. delavayi* var. *delavayi* f. *delavayi*（花紫色）。② *P. delavayi* var. *delavayi* f. *lutea*（花黄色）。③ *P. delavayi* var. *angustiloba* f. *angustiloba*（花紫色）。④ *P. delavayi* var. *angustiloba* f. *trollioides*（花黄色）。⑤ *P. delavayi* var. *angustiloba* f. *alba*（花白色）。

王晓琴（2009）应用简单序列重复区间标记（ISSR）着重研究了云南香格里拉滇牡丹杂色居群，根据形态性状将野生类群划分为 10 个花色组及组内低、中、高共 25 个类型。聚类分析表明，绿色、黄绿色、黄色、橙色、复色与红色、紫红色、紫色、墨紫色、粉色等花色组分别聚为两组。该研究支持将所有类群归为一个种的处理，但也证实滇牡丹种下除原变种（*P. delavayi* var. *delavayi*）外，还存在黄牡丹（*P. delavayi* var. *lutea*）、矮黄牡丹（*P. delavayi* var. *humilis*）等类群。同时认为滇牡丹种内的连续变异可能起源于种下变种与其他变种间的天然杂交。

李奎等于2008—2009年对滇牡丹复合体分布区进行了较为全面的调查，应用随机扩增多态性DNA分子标记技术（RAPD）对16个居群和牡丹组内其他野生种进行了系统研究，从经筛选的16个引物扩增获得197个多态位点，利用非加权平均法（UPGMA）构建的树状图表明，包括紫色花、黄色花和狭叶类群在内的每个野生种都能区分开，各自聚为一支。结合花色和花器官特征，叶型、叶色和小叶特征，株高及年生长量等形态特征的综合分析，认为"*P. delavayi*（滇牡丹）"作为涵盖该类群所有分布区域的种名不合理，作为"*P. delavayi*（滇牡丹复合群）"处理也不合理，支持将黄色系居群命名为黄牡丹，红紫色系居群命名为紫牡丹，维西粉红色系居群提升为种的等级（李奎等，2010）。

杨勇等（2016）应用5个管家基因对包括黄牡丹、紫牡丹、狭叶牡丹在内的8个野生牡丹进行了分析。在构建的进化树中，狭叶牡丹较早独立出来，认为应将狭叶牡丹作为一个独立的种处理。

2017年，张晓骁等根据多年野外考察结果，发表了《中国芍药属牡丹组植物地理分布修订》。他们在考察中发现了各个种分布区的新变化，如紫牡丹有较大的居群，狭叶牡丹主要分布于四川雅江，与滇西北的紫牡丹有明显区别等。该修订支持李嘉珏的处理意见。

3. 对"滇牡丹复合体"的认识和处理

李嘉珏等于1997—1999年曾4次与团队成员考察过四川、云南野生牡丹分布区，其中陈德忠多次考察西藏，并参与了大花黄牡丹、紫牡丹、黄牡丹与狭叶牡丹的引种驯化与杂交育种。2017—2018年李嘉珏又与赵孝庆、申强等考察了四川西南部野生牡丹，有以下几点认识：

1）"滇牡丹复合体"变异丰富，但仍有一定规律可循　以花色变异为例，从整个分布区看，花色基本稳定的居群是多数，所谓杂色居群是少数。杂色居群集中分布在滇西北的丽江、香格里拉（中甸）一带。出现杂色居群的基本条件是紫牡丹与黄牡丹同时存在。除滇西北外，滇中、藏东南、川西南均未见杂色居群。2016年6月李嘉珏、赵孝庆在四川九龙县南部发现2个处于濒危状态的白花居群（*P. lutea* var. *alba*）；2017 年 6 月在四川盐源格萨拉发现一个极度濒危的紫牡丹居群。3 个居群都是以往未报道过的纯白色、纯紫红色，没有其他杂色，叶型也没有明显变异。西藏东南部的黄牡丹，由于长期的地理隔离，叶片形态与云南黄牡丹已有较大差异，但花色并未出现无规律的变异。

2）“滇牡丹复合体”基本上是黄色和红（紫红）色两大色系　以花色为基础，该复合体可以区分为以下类群：

（1）黄色系。包括不同程度的黄色及黄绿色，这是整个分布区的“底色”。可以在云南等地见到呈连续分布的较大居群。据对黄牡丹花色素分析，其主要成分是类黄酮与叶绿素（曾秀丽等，2013）。有文献提到云南德钦等地的黄绿色、绿色居群，盛开后绿色消退，仍表现为黄色，实际上应归于黄色系。

（2）红色系。包括红、红紫、紫红或紫色。这类居群主要见于云南西北部，其次为四川西南部、西部。在丽江玉龙雪山，随海拔不同，紫牡丹呈现由红到紫红色的变化。2005 年，李嘉珏在《中国牡丹品种图志・西北・西南・江南卷》中，根据《西藏经济植物》（倪志诚主编，北京科技出版社，1990）一书的记载，了解到西藏扎囊有紫牡丹分布，但西藏农牧科学院曾秀丽等多年考察未见。

（3）白色系。纯白色花居群少见。云南维西有一个白色居群（龚洵，1994）。2016 年 6 月，李嘉珏、赵孝庆在四川九龙南部发现 2 个白花居群。另范朝双、赵孝庆 1991 年 6 月在西藏林芝县原兽医站前见到过白花牡丹成片分布，并与黄牡丹混生。李嘉珏等在云南西北部黄牡丹居群中也常见到纯白花的植株。

（4）杂色系。所谓“杂色”就是指同一居群内同时出现从白、黄、红、紫乃至复色的变异。杂色居群仅见于云南西北部，如香格里拉市尼西乡哈拉村与汤堆村，以及附近的滑雪场。花粉分析表明，这些中间类型花粉纹饰不同于黄牡丹与紫牡丹，性状处于不稳定状态（李奎等，2011）。

以上色系从花色素组成及其成色机制而言，基本上属于两大系列，杂色系的形成很可能是紫牡丹、黄牡丹自然杂交的结果。

3）多年引种实践表明，所引种类遗传性状基本稳定　自 20 世纪 90 年代初甘肃兰州开展引种活动以来，这些种类的引种迄今已有 20 余年历史，已经经过多代种子繁殖，实生后代性状稳定，没有表现出杂合性状。

至于四川雅江的狭叶牡丹，在兰州、洛阳、北京引种多年，其狭叶性状并未因栽培条件的改善而改变。该种抗性优于黄牡丹、紫牡丹。滇西北一带的紫牡丹也有“狭叶”情况，但与川西雅江等地分布的狭叶牡丹不同。

基于以上的认识，本书仍采用原有分类处理，并未将紫牡丹、黄牡丹、狭叶牡丹合并。但也应当说明，这些种作为近缘种，亲缘关系很近，也有很多共性，作为一个大种的分类处理也无不可，但应当有种下类型。从当前研究现状出发，本书对“滇牡丹复合体”采取兼容的态度，只不过在我们的概念中，这个复合体是可以区分的。即便使用“滇牡丹”的名称，也应当注明所研究的对象属于哪个具体的类群（如黄、紫红、白、杂色等）。这样在研究具体问题时，就可以互相衔接，而不会发生不必要的混乱。

（二）形态特征与地理分布

1. 紫牡丹（滇牡丹、野牡丹）（图 4–4）

***Paeonia delavayi* Franch.（1886）**

落叶灌木，株高约 1.5 m，全体无毛。根纺锤状加粗，具地下茎。当年生枝草质，

1、2、3. 紫牡丹花朵、果实、整株；4、5. 紫牡丹生境；6. 四川盐源格萨拉濒临灭绝的紫牡丹居群

● 图 4–4　**紫牡丹**

暗紫红色，小枝基部有数枚鳞片。二回三出复叶，羽状分裂，裂片披针形至长圆状披针形，全缘或具少数齿，叶背灰白色。每枝着花 2 ~ 5 朵，通常 3 朵，稀为 1 朵。花着生于枝顶及叶腋，花径 6 ~ 8 cm，花瓣 9 ~ 12 枚，红至红紫色，基部稍深，有光泽。雄蕊多数，长 0.8 ~ 1.2 cm，花丝红色至淡紫色；花盘肉质，包住心皮基部，裂片三角状或钝圆；心皮 3 ~ 7 枚，无毛，柱头红紫色。花期 5 月上旬，果期 7 ~ 8 月，每个蓇葖果内有种子 5 ~ 7 粒。常具宿存大型总苞。

该种主要分布在云南西北部丽江、香格里拉（中甸）、鹤庆县、永宁县一带 3 000 ~ 3 600 m山地灌丛冷针叶林中。此外，四川西南部木里、盐源一带亦见。

2017 年，张晓骁等发现香格里拉普达措国家公园有规模最大的紫牡丹居群。紫牡丹沿干河道及山坡边缘呈带状分布，长约 1 km。紫牡丹生长在稀疏针叶林下及灌丛中，以种子繁殖为主，种群年龄结构合理。

2. 黄牡丹（图 4–5）

Paeonia lutea **Delavay ex Franch.（1886）**

——*P. delavayi var. lutea*（Delavay ex Franch.）Finet & Gagnep.（1904）

——*P. trollioides* Stapf ex Stern.（1931）

1. 黄色花朵；2. 黄绿色花朵；3. 棕斑黄牡丹（李金摄）；4. 矮黄牡丹；5. 黄牡丹蓇葖果（西藏波密）；6. 黄牡丹根系；7. 云南黄牡丹花枝；8. 西藏黄牡丹花枝（曾秀丽摄）；9. 云南大理苍山黄牡丹生境；10. 西藏林芝黄牡丹生境（张姗姗摄）；11. 在森林环境中植株可达 3 m

● 图 4–5　**黄牡丹**

株高 0.5 ~ 1.5 m，茎圆形，灰色，无毛。有地下茎，兼性营养繁殖。二回三出复叶，小叶深裂。每枝枝顶和叶腋着花 2 ~ 3 朵，稀单花，花黄色、黄绿色，有时花瓣基部有棕褐色至棕红色斑，雄蕊多数，花丝黄色或橙红色；花盘肉质，高 3 ~ 5 mm，黄色，心皮 3 ~ 6 枚，通常为 5 枚。

黄牡丹有以下变异类型：

2a　黄牡丹（原变种）*P. lutea* var. *lutea*。

2b　棕斑黄牡丹 *P. lutea* var. *brunnea* J. J. Li。该变种植株高 1.0 ~ 1.5 m，花瓣腹部有大型棕褐斑或棕红斑，分布于云南大理、丽江一带，维西有大型棕褐斑居群。

2c　矮黄牡丹 *P. lutea* var. *humilis* J. J. Li et D. Z. Chen。该变种植株低矮，高约 0.5 m，叶密花繁，近地面萌蘖芽出土即开花，高不过 0.2 m。见于云南香格里拉（中甸）哈拉村山间林地及灌丛中。甘肃榆中洛克牡丹公司有引种栽培。

2d　白牡丹（银莲牡丹）*P. lutea* var. *alba* J. J. Li（图 4–6）。

——*P. potaninii* f. *alba* (Bean) Stern (1946)

该变种花白色，瓣基有小黑褐斑，花有香味，其余性状同黄牡丹，见于云南维西、四川九龙。

黄牡丹是肉质花盘亚组中分布范围最广的一个种。见于云南中部及西北部、四川西南部、贵州西部及西藏东南部。云南见于德钦，维西、兰坪、香格里拉、剑川、大理、昆明、东川、澄江、禄劝及景东。分布海拔 2 000 ~ 3 500 m。

西藏黄牡丹分布于拉萨到林芝、波密、察隅一带，约有 15 个居群。分布海拔 2 500 ~ 3 600 m。其中拉萨居群位于雅鲁藏布江河谷，是分布海拔最高的居群，这里气候湿润。黄牡丹与杨树、核桃、光核桃、醉鱼草伴生。种群规模 500 余株，株龄超过 50 年。花期 5 月上旬，8 月下旬果熟，但结实率很低，2008—2012 年每年仅能收到 10 余粒种子，且发芽率极低，以走茎无性繁殖为

1. 银莲牡丹单花；2. 银莲牡丹花序；3. 李嘉珏、赵孝庆和申强等在四川九龙考察现场

● 图 4–6　**银莲牡丹**

1. 狭叶牡丹花朵；2. 狭叶牡丹单株；3. 狭叶牡丹生境（2、3 贾茵拍摄）

● 图 4–7　**狭叶牡丹**

主。林芝地区黄牡丹主要见于帕隆藏布江和尼洋河流域，可见于路旁、半山、果园边，从半湿润、半干旱到干旱河谷均有分布。种群数量应在千株以上，其中波密居群数量过万株。此外，山南地区洛扎、错那也有分布。洛扎县卡久山为黄牡丹最西居群，北纬 28°06 ' 44 "、东经 91°07 ' 28 "，海拔 3 900 m，花期 6 月上旬（曾秀丽等，2013）。

西藏黄牡丹花瓣为黄色，花瓣基部有褐色斑，花丝红色，多数花瓣背部有绿色色斑或绿色条纹；叶片较云南黄牡丹宽大，叶裂更浅，叶色更绿。在野生植株及引种栽培植株中发现有全株雌蕊不发育的雄性花。花朵内有蜜腺，能为蜜蜂、蚂蚁和蝇类提供食物。此外，还有一个居群内发现部分植株花瓣增多，有 8 ~ 17 枚，有半瓣化趋势。个别花朵呈直立性，表现了较好的观赏性。有矮化植株，4 年生以上高仅 10 ~ 15 cm（杨勇，2015）。

3. 狭叶牡丹（图 4–7）

***Paeonia potaninii* Kom.**

——*P. delavayi* Franch. var. *angustiloba* Reder & E. H. Wilson（1913）

落叶亚灌木，高 1.0 ~ 1.5 m，茎圆，淡绿色，无毛。根纺锤状加粗，有地下茎。二回三出复叶，二回裂片又 3 ~ 5 裂或更多深裂。裂片狭披针形，宽 0.5 ~ 1.0 cm。花红色至红紫色，花径 5 ~ 6 cm，花瓣 9 ~ 12 枚；雄蕊多数，花丝浅红至黄色，心皮 2 ~ 3 枚，罕见 1 枚，无毛，柱头细而弯曲；花盘肉质，高 2 ~ 3 mm。花期 5 月，果期 8 月。

该种主要分布在四川雅江、巴塘、道孚一带，海拔 3 000 ~ 3 200 m。

（三）生态环境与群落结构

1. 生态环境

紫牡丹、黄牡丹及狭叶牡丹分布区属横断山脉东南边缘，是横断山脉高山深谷地形最为典型的区域，地形复杂，生境多样。就海拔而言，从分布区东缘昆明（1 900 m），经大理、丽江、中甸到西藏察隅（3 600 m），海拔相差 1 700 m 以上。随海拔升高，气候、植被和土壤呈现明显垂直变化。

分布区东部（云南中部）属中亚热带气候，一年分干湿两季，无霜期长；植被属亚热带半湿性常绿阔叶林；土壤属红壤和部分黄壤。大理、丽江一带属北亚热带气候，植被属针叶阔叶混交林，针叶树种以松类、云杉、冷杉等为主，阔叶树以栎类、槭类、杨、桦为主；土壤为棕壤。中甸、德钦一线属青藏高寒气候，冬季漫长寒冷；植被为以云杉、冷杉和高山松为主的针叶林；土壤为棕毡土。

2. 群落结构

对云南中部及西北部滇牡丹复合体的群落结构及生长情况进行调查，主要指标汇总如表 4–6 所示（李奎、王雁等，2010）。总体上看，群落结构属灌草或乔灌草多层结构。灌草结构中，灌木层一般不超过 2.5 m。而乔灌和乔灌草多层结构中，乔木层一般高于 5 m，可为野生牡丹植株提供侧向遮阴。各地生境差异较大。德钦明永居群生长在山谷溪旁，阴冷潮湿，而丽江宁蒗、德钦云岭等地则多风干旱，土壤贫瘠，但阳光充足。在群落中紫牡丹、黄牡丹多为伴生种，只有部分居群如香格里拉滑雪场（杂色），德钦升平、明永等地的黄牡丹相对处于优势种地位。

生长状况受生境影响较大，在群落多层复合结构中，野生植株相对较高，林下最高可达 3 m，但冠幅相对较小，自疏良好，枝下高较高；在长势良好、种群数量较大的梁王山、维西叶枝等地冠幅较大。大多数居群枝条生长出现“大小年现象”，即 1 ~ 2 年生枝长强弱交替出现。

居群内实生苗数量和种群数量密切相关。一般种群数量大则标准样方中实生苗多。梁王山、德钦奔子栏、升平、明永及维西叶枝等居群样方中实生苗可达 20 株，新老交替良好，基本处于动态平衡状态。

● 表 4-6 **滇西北地区滇牡丹复合群落结构与生长状态（李奎等，2009）**

地点	花色	海拔（m）/坡向	群落结构 / 优势种	多度 / 密度 / 实生苗数	花径（cm）/ 花瓣数 / 心皮数 / 单株着花	花期（月、日）	株高（cm）
昆明 西山	黄	2 358/ 西	灌草 / 云南蔷薇	16/0.20/8	3.9/8.5/2.7/1.4	5.5—5.25	74.6
昆明 梁王山	黄（斑）	2 406/ 西	灌草 / 小檗	37/0.32/20	6.3/8.0/3.5/2.2	4.30—5.20	84.5
丽江 文笔山	紫红	3 166/ 西	乔灌草 / 灰背栎	10/0.08/5	4.5/7.8/2.8/0.8	4.30—5.20	93.6
丽江 宁蒗	紫	3 523/ 南	乔灌 / 高山杜鹃	14/0.12/4	9.6/13.0/5.5/2.4	5.5—5.28	122.5
丽江 太安	黄	2 988/ 东	灌草 / 灰栒子	4/0.07/1	4.1/7.1/2.1/4.7	5.10—5.30	45.5
维西 叶枝	粉（黑斑）	3 271/ 东南	乔灌 / 高山栎	27/0.30/26	10.6/12.0/2.5/4.9	5.15—6.5	60.0
香格里拉 滑雪场	杂色	3 318/ 西	乔灌草 / 滇牡丹	43/0.05/16	7.8/10.6/3.3/6.6	5.5—5.25	99.1
香格里拉 高山植物园	紫红	3 027/ 北	灌草 / 桦木	3/0.05/2	4.8/8.0/2.5/1.5	5.10—5.30	38.8
德钦 奔子栏	黄	2 950/ 北	乔灌草 / 云南松	46/0，51/31	5.6/7.7/4.0/3.3	4.30—5.20	22.4
德钦 升平	黄（紫斑）	3 179/ 西	灌草 / 滇牡丹	55/0.66/24	6.1/7.9/2.0/7.0	5.15—5.25	53.0
德钦 云岭	黄绿	3 053/ 北	灌草 / 小檗	31/0.48/14	6.7/8.0/2.0/4.5	4.15—5.5	33.0
德钦 明永	黄绿	2 421/ 北	乔灌草 / 滇牡丹	51/0.62/27	4.1/8.3/1.2/6.2	4.15—5.5	62.0

注：多度、密度和实生苗数以标准样方 10 m × 10 m 计算。

（四）种群生态

李奎等（2010）观察研究了滇牡丹复合群 3 个居群的种群生态学特征，3 个居群分别为以灌草层为主体的昆明梁王山居群（黄色花），以灌木层为优势种的香格里拉滑雪场居群（杂色花），以乔木层为优势种的德钦明永居群（黄色花）。

1. 幼苗更新

据观察，自然生境中牡丹种子散布时间为 9 月上旬到 10 月下旬，高峰期为 9 月中至 10 月中。种子以随机散布为主，呈集群分布格局，依结实母株的空间位置决定。2011 年秋不同居群种子雨强度为昆明梁王山 65 粒 /m^2，中甸滑雪场 32 粒 /m^2，德钦明永 13 粒 /m^2。土壤中完好种子粒数依次为 48、21、6 粒，供萌芽更新。土壤中种子储量决定于当年结实量、虫食率及动物采食率等因素。种群内幼苗以枯枝落叶层萌发为主，多集中在母株冠层覆盖范围以内。若无庇荫，种子将很快脱水失活。实生幼苗出现于翌年 4 ~ 5 月，数量很少（不足 3 株 /m^2）。动物搬运取食是种子损耗的主要因子，松属植物较多的滑雪场居群，松鼠搬运显著，丽江文笔山、牦牛坪情况相同。此外，生境及萌发限制也是重要影响因素。种子存留量低、萌发数量低导致其天然种群依靠种子的实生更新能力低下。

2. 种群数量动态

李奎等（2012）连续 3 年（2009—2011）对云南香格里拉滑雪场滇牡丹（杂色）居群种群数量动态进行观测。该地海拔 3 318 m，属温带高原半湿润季风气候，年平均气温 5.9℃，最冷月均温 –0.4℃，最热月平均温 13.3℃，无霜期 123.8 天，年降水量 648.6 mm，年日照时数 2 155.9h，10℃以上积温 1 539.2℃。土壤为山地棕壤，植被为以针叶树为优势种的群落类型。

取得了以下结果：

（1）静态生命表和种群存活曲线分析表明，在 3 ~ 6 龄级间（以 3 年为一龄级），该种群经历了较强的环境筛，其单株生理寿命 15 年左右。根据对年龄结构分析，该种群前 6 年植株数量最多。样地（10 m×10 m）内一年生植株 482 株，接近存活数最大值（标准化存活数 986），其中实生苗 306 株，萌蘖株 176 株。到 9 龄级后迅速下降。老年个体较少，实生幼苗未表现数量优势，部分幼株难以进入有效生殖年龄。但株丛周围有较多以萌蘖方式形成的新个体，可补充实生苗数量的不足，从而维持一定的种群数量。

（2）种群生殖力表阐释了种群增长模型。其净增殖率（R_o）为 0.985 7，表明每一世代种群将以 0.985 7 的倍数减少（R_o<1），内禀增长率（r_m）为 –0.001 7，说明种群整体上瞬时出生率小于瞬时死亡率（r_m<0）；周限增长率（λ）为 0.998 3，也表明该种群将以 0.998 3 倍的速率做几何级数减少。上述参数均表明种群为

缓慢下降趋势，属缓慢衰退型（$\lambda<1$）。其世代平均周期（T）为 8.296 7，即种群平均世代年龄仅为 8 年，在木本亚灌木中相对较低，种群内世代重叠现象显著。

（3）Leslie 模型模拟和预测种群中各年龄组数量动态和年龄结构变化，结果表明未来 30 年，该种群数量呈下降趋势，下降率达 50%。种群数量靠自身萌蘖和种子繁殖共同维持。

导致种群数量下降的原因有两个方面：一是自身生物学特性。其有效种子幼苗生产转化率仅为 1.08%，并且种子质量大，传播力低，二次移动困难，生态位很难拓展。二是人为采挖和生境破坏。牡丹根皮作为药材资源“丹皮”，人们一度滥挖，使种子繁殖力下降。另外，耕地扩张，长期放牧牲畜踩踏以及道路建设等，也挤压了滇牡丹的生存空间。

（五）开花特性与繁育系统

李奎等对香格里拉滑雪场滇牡丹杂色居群开花特性与繁育系统进行了观察研究（2013）。此外，刘开庆等（2008）观察了云南澄江梁王山滇牡丹（黄色花）居群开花情况。

1. 开花特性

2009—2010 年对香格里拉滑雪场杂色居群连续观察 3 年。其整体花期为 5 月中旬至 6 月中下旬，不同年份间会有不同变化。单花花期 6 ~ 9 天，实生植株 3 年以上开花，萌蘖植株次年即可开花。花瓣张开时先露出柱头顶端及内轮花药。当花朵半开呈杯状时，随花瓣展开，花药由内而外逐步散粉，呈雄蕊离心发育方式，时间持续 5 ~ 6 天。有时花瓣干枯甚至凋落时，花粉仍未散尽。

澄江梁王山海拔 2 600 ~ 2 800 m，居群为黄花。2002 年初花 4 月 7 日，盛花 4 月 14 日（开花植株占 26.32%）至 5 月 14 日（开花植株 15.74%），末花 6 月 2 日至 9 日，平均每个花枝开花（2.5±0.5）朵，少数为 1 朵或 4 ~ 6 朵。每个花枝开花时间为 2 ~ 3 周，最长 5 周。单花开放时间约 7 天。花蕾败育率约 8.57%。该地花期较长与海拔较高、气温较低且多雾等有关，也与其遗传背景有关，应是培育早花或晚花品种的重要遗传资源。

2. 花粉活力与柱头可授性

滇牡丹花粉在低温条件下储藏 1 年仍有活力，用于杂交授粉仍可结实。常温条件下存放 10 天仍有较高活力。其花粉胚珠比值（*P*/*O*）为（6 124 ~ 9 713）：1。

开花花朵在花瓣打开后由内轮到外轮逐渐散粉，花瓣张开前一天到张开后第 3 天授粉结实率较高（>70%），第 4 天起结实率迅速下降，第 5 天柱头变暗硬化，但散粉仍在持续。因而认为其具有雌蕊先熟特性，属异花授粉植物。

3. 繁育系统

据试验，滇牡丹不存在无融合生殖现象，但存在微弱的自交性，有一定的风媒传粉能力，但效率不高，结实率仅为 18.8%；花粉流检测表明，其花粉最大水平飞行距离为 2 m，静风天气下风媒传粉可以忽略不计。同株异花授粉结实率 20.0%，人工异株异花授粉结实率 87.0%，自然条件下的传粉多源于昆虫活动。滇牡丹提供丰富的花粉和蜜液作为传粉者的报酬。此外，还通过控制提供报酬的时间来影响昆虫访问的时间点，从而达到传粉的效果。据实时观察，花期访花昆虫共有 3 目 31 种（3 种蜂类、9 种甲虫、7 种蝇类、9 种蚁类和 3 种蝶类）。其中，在花间活动最多、最有效率、最可靠的昆虫为蜂类，主要为中华蜜蜂、无斑宽痣蜂和叶蜂。蜂类访花时间集中在 10:00 ~ 16:00，其他时间访花者多为蚁类。阴雨天时很少有蜜蜂在花间活动，自然授粉结实率 77.8%，低于人工异花异株授粉，表明自然状态下，昆虫授粉不能完全满足柱头接受花粉的要求，其原因可能与访花昆虫有限，且受生境中同花期植物的干扰。

（六）种子生物学特性

1. 形态特征

西藏黄牡丹每个聚合果上有蓇葖 2 ~ 4 个，大多为 3 个。平均每个蓇葖果有种子 11 粒，成熟时红褐色至近黑色。千粒重 880 g。种子由种皮、种胚和胚乳构成。种子多面形，一面较平，另一面高高隆起。种子有仁率 91.0%。自然含水率为 46.8%。自然风干时，第 4 天含水量降至 23.16%，开始有种子丧失活力；第 8 天含水量降至 12.97% 时，所有种子均丧失活力。种子吸水性良好，24 h 吸水量饱和时，最大吸水量 42%。

云南中甸紫牡丹聚合果有 2 ~ 5 个蓇葖果，平均单个蓇葖果有种子 9 粒。种子紫红色，成熟时黑色或黑褐色。千粒重 620 g。种子多面形，结构与黄牡丹相同。种子有仁率 92.0%，自然含水量 38.8%。自然风干到第 4 天含水量降到 27.36% 时即有部分种子丧失活力；第 9 天降到 13.6% 时，种子全部丧失活力。

种子种皮坚硬但吸水性良好，24 h 种子吸水量饱和时，最大吸水量可达 46%（倪圣武，2009）。

2. 萌发生理

分别利用云南昆明西山的黄牡丹、云南澄江县梁王山的黄牡丹和河南洛阳栾川基地的黄牡丹、紫牡丹及天然杂交种的新鲜种子开展试验，并围绕打破下胚轴休眠（长根）和打破上胚轴休眠（发芽）进行。娄方芳等（2007）研究发现，200 mg/L 赤霉素溶液浸泡 24 h、挫伤种脐处种皮和 50℃温水浸种 3 种方式对黄牡丹种子胚根的生长都有促进作用，其促进根生长的效果从高到低依次为 200 mg/L 赤霉素溶液浸泡 > 种皮挫伤 > 温水浸泡；赤霉素溶液浸泡能打破黄牡丹种子上胚轴休眠，促进生根种子提前发芽，尤其是对根长超过 3 cm 的种子发芽更有效，单纯的 5℃低温条件不能打破黄牡丹种子的上胚轴休眠。15℃是野生黄牡丹种子生根和发芽都比较合适的温度条件。

王志芳（2007）通过不同温度和不同处理方法探究打破黄牡丹种子休眠的最佳处理方法。结果发现，在室温 10 ~ 25℃的昼夜变温环境和实验室中 10℃恒温条件下，黄牡丹种子都能萌发。在胚根生长至 3 cm 以后，不经过低温和药剂处理也能发芽，说明黄牡丹种子打破上胚轴休眠的低温要求较宽，5 ~ 10℃均可。

在打破下胚轴休眠中，恒温处理效果较好，15℃更适宜种子萌发长根，50℃温水浸种、浓硫酸处理 3 min 和 500 mg/L 赤霉素处理 24 h 对黄牡丹种子萌发促进效果明显。黄牡丹种子在低温和药剂处理下种子出苗情况差异显著。100 ~ 300 mg/L 赤霉素和 100 mg/L 乙烯利混合液处理效果最好，60 天内出苗率达到 93% ~ 100%。

杨海岩等（2011）比较了不同的基质层积对滇牡丹复合群种子生根的影响及赤霉素和低温处理对种子萌发和幼苗生长的影响，结果发现，草炭层积有利于提高生根率及生根质量；400 mg/L 赤霉素浸泡 2 h，可以加快种子出苗，提高出苗率。天然杂交种杂交优势明显，表现为生根整齐，根系粗壮，发芽早，苗壮，未经低温和赤霉素处理依然可以打破休眠。

（七）花色素组成

据分析，紫牡丹、狭叶牡丹和黄牡丹在花色素组成及各种花色素含量上存在极大差异。王亮生等（2001）分析了 7 个牡丹野生种的花色素组成及含量，紫牡丹（*P. delavayi*）主要花青苷是芍药花素 3,5- 二葡糖苷 Pn3G5G。开紫红花的狭叶牡丹矢车菊素 3- 葡糖苷 Cy3G 的含量占一半，其次为矢车菊素 3,5- 二葡糖苷 Cy3G5G、芍药花素 3,5- 二葡糖苷 Pn3G5G 和芍药花素 3- 葡糖苷 Pn3G，而开红紫花、红花、深红花的狭叶牡丹主要为芍药花素 3,5- 二葡糖苷 Pn3G5G，含量均在 60% 以上。在黄酮和黄酮醇类的组成方面，狭叶牡丹（红紫花、红花、深红花）木犀草素（Lu）、山柰酚（Km）、异鼠李素（Is）是主要成分。狭叶牡丹（紫红花）和紫牡丹（红橙花）芹菜素（Ap）、木犀草素是主要成分。

曾秀丽等（2012）对西藏黄牡丹花色素进行了检测和分析，在花瓣非斑部分未检测到任何花青苷类化合物，但检测到包括金圣草黄素（Ch）、槲皮素（Qu）、芹菜素、异鼠李素和山柰酚等在内的 14 种黄酮和黄酮醇，1 种查尔酮糖苷和 1 种山柰酚衍生物，共计 16 种类黄酮。在花瓣基部的色斑中共检测到 3 种与黄红色相关的花青苷，矢车菊素 3,5- 二葡糖苷 Cy3G5G、矢车菊素 3- 葡糖苷 Cy3G 和芍药花素 3,5- 二葡糖苷 Pn3G5G。

周琳等（2011）分析了云南澄江梁王山的黄牡丹花色成分，发现黄牡丹花色素的组成包括类黄酮和叶绿素两大类，其中类黄酮色素主要为查尔酮和黄酮、黄酮醇的混合物，包括 2',4',6',4- 四羟基查尔酮（2',4',6',4-tetrapydroxychalcone，THC）的 2' - 葡萄糖苷即异杞柳苷（isosalipurposide，ISP）及山柰酚、槲皮素、异鼠李素、金圣草素、芹菜素等，不含花色素苷，说明黄牡丹不同居群间花色素组分相似，但也存在一定差异。

（八）生长发育特性

倪圣武（2008）观察研究了紫牡丹（*P. delavayi*）枝芽生长发育特性，发现其与牡丹（*P. suffruticosa*）差异较大。

1. 紫牡丹的生长开花特性

据在原产地调查，紫牡丹中甸居群植株株高约 1.3 m，冠幅 1.5 m×2.0 m，花期 5 月初到 6 月末。顶端优势相对较弱，有枝条丛生，花后有二次生长现象。最大特点为开花量极多，一个混合芽（花芽）着花 5 ~ 10 朵，最多可达 13 朵，整株着花量可达 232 朵。花径 7 ~ 9 cm，最大 10 cm，花瓣 10 ~ 14 枚，最多 16

枝。花芽多形成在当年生枝上，未见老枝开花。花深紫红色，香味较浓。而在河南栾川，紫牡丹初花期为4月底5月初，1周后进入盛花期，并持续约1个月，然后开花量逐渐下降，整个花期持续一个半月。每个植株因着花量不同而花期长短不一，单花花期一般不超过1周，但盛花期可能超过1周。有少量花蕾败育。

春季开花枝条形成的顶芽和腋芽在此后的生长过程中发生分化，小部分顶芽及大部分腋芽当年萌芽，形成二次花枝，7月中旬至8月第二次开花。花朵大小与花期的第一次开花相似，仅花瓣形状与花色存在差异，应与开花时温度高、日光强烈相关。此时新长出的花蕾易受日灼伤害，花蕾败育率增高。二次花枝生长量减少（40 cm±10 cm），由于花量不多，观赏性不高。少数植株在二次开花基础上形成的二级枝腋芽萌发生长开花，形成第三次花期。此时花枝生长量仅10 cm，开花质量很差。

2. 紫牡丹芽的生命周期

1）隐芽　紫牡丹近地面根颈处形成的隐芽（土芽）数量多，有的年生长量可达2 m。土芽多为叶芽，当年萌发后八九月封顶形成鳞芽越冬。这类鳞芽多为混合芽，翌春萌发成花枝开花。少数土芽为混合芽，当年直接萌发成花枝。土芽形成叶芽或混合芽，与其形成时间长短、着生部位、芽龄有关。根颈处芽多为叶芽，近地面茎基部的芽多为混合芽。

2）顶芽　其产生方式有两种：一是土芽萌发生长后枝条封顶形成的鳞芽，多为混合芽，经冬季低温打破休眠后翌春开花，生命周期2年。二是当年二次生长枝条，一部分当年二次开花，另一部分营养生长，秋季顶端形成鳞芽（混合芽），也经冬季低温休眠，翌春开花，生命周期也是2年。

3）腋芽　其产生方式有两种：一种与普通牡丹相同，生命周期3年，由这类腋芽分化的混合芽开花质量最好；另一种为二次生长形成的二级枝条，在生长季结束后叶腋内形成的鳞芽，这种腋芽如处于二级枝条上部则形成混合芽，如处于二级枝条下部则形成叶芽。由于此类腋芽分化处夏秋之交，往往节间短而形成莲座现象。翌春萌发后形成丛生状。而混合芽也因分化时间短，大多发育不良，越冬易受冻害，一般开花质量不高。

紫牡丹存在当年生花枝上形成的腋芽很快分化花芽并于当年开花的现象，表现出紫牡丹、黄牡丹的另一类花芽分化方式与成花特性，这在其远缘杂交后代（如‘海黄’）中也有所表现（王荣，2008）。

（九）遗传多样性

1. 形态性状的多样性

形态性状的多样性是遗传多样性的表现形式。滇牡丹复合体形态性状表现出较高的多样性。从植株高矮、叶形变化、苞片和萼片以及心皮数量，还有花色都具有很大变异，并且这些差异不仅存在于居群间，而且存在于居群内。除洪德元等（1998）的报告外，还有王晓琴（2009）、倪圣武（2009）、任秀霞（2015）等的分析。王晓琴将香格里拉滑雪场居群划分为10个花色组，并综合植株高矮划分为25个类型，并注意到黄牡丹野生植株的矮化性状，有向草本类型转化的趋势。倪圣武也调查了这个杂色居群的形态多样性：一是叶形态多样，叶裂片数45～216片，叶裂片宽度变化0.43～2.28 cm。二是花色丰富，从纯黄、黄绿、橙黄、粉红、紫红到复色，而花丝有浅黄、紫红和浅黄带红紫三种，花药有黄、橙黄色；花盘有黄、紫红和浅黄带红紫三种；花瓣色斑有或无，或带色晕。此外，植株高矮不同。但植株花色与形态有一定相关性，可分两种类型：①纯黄色植株。地下茎发达，植株低矮，花朵有大花型（花径>6 cm）和小花型（花径<5 cm）。②其他花色植株。地下茎较不发达，植株较高，有木质化枝干，生长势较强等。

任秀霞等（2015）以云南中部及西北部的6个滇牡丹居群为研究对象，进行了株高、新枝长等9个表型性状的表型多样性分析以及简单序列重复区间（ISSR）分析，结果表明，9个表型变异幅度为0.9%～39.8%，平均18.9%；居群间生殖器官的差异较大，而居群内营养器官更容易产生变异。利用居群间欧氏距离进行聚类分析，发现6个居群聚为4个类群，与实际地理位置并不吻合，表明表型性状与地理距离相关性不大。

2. 核形态多样性

1）染色体核型多样性　李思峰等（1989）、洪德元等（1998）、龚洵（1990）等先后对12个黄牡丹居群核型进行了研究，结果表明，尽管12个居群的染色体数目相同（2*n*=10），但在12个居群中出现了8种核型，核型差异不仅表现在不同染色体类型（m、sm和st）的数目上，而且表现在随体的数目（0～6）和位置上，以及次缢痕的数目（0～5）和位置上。核型多样性表现了滇牡丹居群水平上的遗传多样性。

2）Giemsa C－带多样性　肖调江等（1997）研究了5个居群、龚洵等（1990）研究了8个居群的Giemsa C-带式样，除去3个相同的居群，两人共研究了10个居群的Giemsa C-带式样。结果表明，在所研究的10个居群中，出现了9种Giemsa C-带式样。Giemsa C-带式样的差异表现在C-带的数目和位置上，并且主要是染色体短臂上C-带的数目（2～10）和位置。只有昆明西山和梁王山居群的C-带式样相同，这两个居群距离最近，生境基本相同，而其他居群间相隔较远，生境差异较大。研究结果表明，各居群分别对其生态环境形成了适应性，从而产生了遗传分化，C-带式样的多样性同样反映出滇牡丹居群水平上的遗传多样性。

上述12个居群分布范围较广，代表了原有方文培5个分类群，如丽江居群属于 *P. delavayi*，昆明、嵩明、大理、禄劝、丽江鲁甸、察隅（西藏）和中甸土官村1属于 *P. lutea*，中甸土官村2属于 *P. potaninii*，中甸尼西和中甸翁水属于 *P. potaninii* var. *trallioides*（应为 *P. lutea*），维西居群属于 *P. potaninii* f. *alba*（应为 *P. lutea* var. *alba*）。

3. 花粉形态多样性

李奎等（2011）运用扫描电镜观察了滇牡丹40个群体的花粉形态，结果表明，其花粉有较明显的多样性。不同群体的花粉赤道面观多为长球形，少数为超长球形或近球形，极面观为三裂圆形，萌发器官具三拟孔沟，外壁纹饰形态多样，可分为小穴状、穴状、网状、粗网状、皱波—网状、皱波状等。运用数量分类学方法对40个群体进行了亲缘关系分析，结合表型性状分析，认为花粉形态与不同群体及花色等密切相关。黄色花系列群体花粉粒多为小穴状和穴状纹饰，表面较光滑；紫色花系列也以穴状居多，少数为网状；中间花色群体花粉粒表面极不规则，纹饰类型有皱波状、网状等。可以看出多数群体出现了2种以上不同的纹饰类型。黄色花系和紫色花系是滇牡丹比较原始的群体，其花粉形态处于稳定的遗传性状，而杂色花系则处于不确定的自然选择和不稳定的性状表达之中。结合形态学上的差异，支持将黄牡丹作为一个独立的种。何丽霞等（2005）对大花黄牡丹及紫牡丹、黄牡丹、狭叶牡丹中10个居群的花粉形态作了分析，发现黄牡丹6个居群的花粉粒都为长球形，极面观为三裂圆形，但纹饰差异较大，有网状、穴状、穴网状、皱波—网状等多种纹饰。曾秀丽等（2009）观察西藏黄牡丹的花粉形态为近圆形，极面观为三裂，外壁纹饰为网状，与上述研究结果存在明显差异。

4. 利用分子标记分析的遗传多样性

杨淑达等（2005）应用 ISSR 标记对 16 个滇牡丹自然居群和 1 个迁地保护居群进行了遗传多样性研究。从 100 个引物中筛选出 10 个用于扩增，从 511 个个体中检测到 92 个多态位点。在居群水平上，多态位点百分率（*PPL*）为 44.61%，根井正利基因多样性指数和香农信息指数分别为 0.165 7 和 0.244 8。在物种水平上，多态位点百分率为 79.31%，根井正利基因多样性指数和香农信息指数分别为 0.294 7 和 0.435 5。居群间遗传分化系数（G_{st}）达 0.434 9。结果认为滇牡丹遗传多样性水平较高，居群间遗传分化较大。结合前人研究综合评估，认为滇牡丹并不濒危。该研究涉及云南境内中部、西北部 14 个居群，四川西南部木里 2 个居群，是取样材料较广的一次，其 DPGMA 聚类中，云南居群聚在一起而与四川居群（原 *P. lutea*）分开。在云南的居群中，花色为黄、金黄或白色的居群聚在一起，而与花色为紫色（*P. delavayi*）或混有紫色、橙色（*P. potaninii*）、黄色的居群分开，还是较好地反映了实际的情况。

此后，任秀霞等（2015）也应用 ISSR 标记技术进行了相关分析，利用筛选得到的 10 条引物，从 6 个居群 180 个个体中检测到 56 个多态位点。在居群水平上，多态位点百分率为 60.2%，根井正利基因多样性指数和香农信息指数分别为 0.281 和 0.414。在物种水平上，根井正利基因多样性指数和香农信息指数分别为 0.409 和 0.596，居群间遗传分化系数（G_{st}）为 0.319。表明滇牡丹遗传多样性水平较高，居群间遗传分化较大。滇牡丹并不濒危。6 个居群基因流（N_m）为 1.069，不同居群间存在一定的基因交流，高于自交种居群的基因流动水平，而低于一般广布种的基因流动水平（N_m≈1.881）。6 个居群没有按地域远近聚类，说明居群间遗传性状变异存在不连续性。

（十）资源利用与保护

1. 资源利用

1）在牡丹观赏育种中的应用　紫牡丹、黄牡丹与狭叶牡丹为近缘种，相互间杂交易于成功，但由于花朵小，观赏价值不高。其利用价值在于与革质花盘亚组间的远缘杂交。

1900 年前后，法国育种家应用引进的黄牡丹与中国中原牡丹品种杂交，成功培育出第一代真正的黄色牡丹花，成为牡丹现代育种的发端。1920 年以后，黄牡丹、紫牡丹被引入美国，美国育种家以其为亲本与日本牡丹品种杂交，培育出一系列优良亚组间杂种。

1993 年前后，紫牡丹、黄牡丹等在甘肃兰州引种成功。之后，1998 年狭叶牡丹也引种成功。2000 年后这些种类又在河南栾川等地引种成功并先后用于育种，是花色育种、花香育种中重要的种质资源。

2）*具有一定的药用价值* 这些种类根皮均具有一定的药用价值，但其丹皮酚含量不高，达不到国家标准。

3）*重要的油用种质资源* 据分析滇牡丹复合体的不饱和脂肪酸明显高于革质花盘亚组的各个野生种，其总脂肪酸含量也较其他几个种高，尤其是狭叶牡丹表现最为突出；但在出油率方面，这些种并不占优势，普遍低于革质花盘亚组的种类。

2. 资源保护

紫牡丹、黄牡丹及狭叶牡丹由于兼有营养繁殖与种子繁殖特性，一般认为它们并不处于濒危状态。但在人类活动频繁地区，这些种类的生存仍然受到严重威胁。威胁来源首先是挖药材活动得不到有效制止，有些地方几乎是毁灭性的。如 2017—2018 年在四川西南部见到的白花居群及紫红花居群因连年采挖用作药材，所存数量已经很少，如不严加保护，很难恢复。其次是栖息地被蚕食，垦殖、修路以及放牧等活动使分布面积不断缩小。在云南、四川分布区的另一种威胁则是果实虫害，许多地方往往是开花多，结籽少，种子虫害率常常达到 80% 以上。该虫可能是一种食蚜蝇，花期蛀入心皮危害。

紫牡丹、黄牡丹与狭叶牡丹（或滇牡丹复合体）已列入《国家重点保护野生植物名录》（2021），为国家二级重点保护植物。各地应注意加强保护。

第五节
革质花盘亚组的种类

一、矮牡丹（稷山牡丹）

***Paeonia jishanensis* T. Hong & W. Z. Zhao (1992)**

——*Paeonia suffruticosa* Andr. var. *spontanea* Rehd. (1920)

——*Paeonia suffruticosa* Andr. subsp. *spontanea* (Rehd.) S. G. Haw & Lautner (1990)

——*Paeonia spontanea* (Rehder) T. Hong & W. Z. Zhao (1994)

（一）分类历史

美国树木分类学家雷德尔根据珀道姆（W. Purdom）1910 年在延安以西 25 km 的地方所采集的 338 号标本，于 1920 年定名发表牡丹新变种，即矮牡丹，其原始拉丁文描述记载花为粉红色，有时具有瓣化雄蕊。

英国学者霍和劳特纳于 1990 年将雷德尔的变种提升为亚种 *Paeonia suffruticosa* Andr. subsp. *spontanea*（Rehd.）S. G. Haw & Lautner，并将分布于山西稷山马家沟开白花的野生牡丹也鉴定为矮牡丹。但洪涛认为矮牡丹具瓣化雄蕊，这是野生牡丹经过栽培后所产生的重要特征，故矮牡丹应降为栽培品种‘Spontanea’，并依据采自山西稷山马家沟的标本定为新种稷山牡丹 *Paeonia jishanensis* T. Hong & W. Z. Zhao（洪涛等，1992）。1994 年，洪涛又将 *P. suffruticosa* Andr. subsp. *spontanea* （Rehed）S. G. Haw & Lautner 提升到种的等级，即 *P. spontanea* （Rehder）T.Hong & W. Z. Zhao，并将自己 1992 年发表的新种 *P. jishanensis* 作为 *P. spontanea* 的异名处理。既然承认 *P. jishanensis* 和 *P. spontanea* 是一个种，那么，按照国际植物命名法规，在种一级先发表的 *P. jishanensis* 应是合法种名，*P. spontanea* 则成为多余的异名。其中文名称采用“矮牡丹”这个习惯用语较为合适。

矮牡丹拉丁学名几经变迁，主要原因是对野生种出现瓣化雄蕊这一自然现象的认识发生了变化。洪涛认为这种现象只能在栽培条件下发生，是种栽培性状。但近年来的野外调查否定了他的观点，我们在四川牡丹、西藏黄牡丹野生居群中都发现了少数植株的雄蕊瓣化及花瓣增多现象。而古文献中更提到有些品种就直接来自野生植株的自然变异。

（二）形态特征

矮牡丹（图 4–8）为落叶灌木，高约 1.2 m，干皮带褐色，有纵纹。花枝褐红色及淡绿色，皮孔不明显，两年生枝带灰色，皮孔细点状，黑色。二回羽状复叶，小叶一般 9 片，可多达 15 片，小叶近圆形或卵形，长 2.8 ~ 5.5 cm，宽 1.3 ~ 4.9 cm，先端钝尖，基部圆、宽楔形或稍心形，1 ~ 5 裂，裂片具粗齿，上表面无毛，下表面被丝毛，后渐脱落，侧脉 2 ~ 3 对，侧生小叶近无柄或具柄，柄长达 6 mm，基部有簇生毛。花单生枝顶；苞片披针状椭圆形、窄矩圆形或条形，下面被柔毛；萼片宽卵圆形或矩圆状椭圆形，先端圆或钝尖；花瓣 10，稍皱，近圆形，长 4 ~ 5.5 cm，宽 4 ~ 5 cm，顶端有数个浅缺刻，白色，部分微带红晕，基部淡紫色；雄蕊多数，花药黄色，长 0.8 ~ 1.1 cm，花丝近顶部白色，其余暗紫红色，长 0.8 ~ 1 cm；花盘暗紫红色，顶部齿裂；心皮 5 枚，密被黄色粗丝毛，柱头暗紫红色。幼果长 1.8 ~ 2 cm，密被白灰色粗毛。种子黑色，有光泽。花期 4 月下旬至 5 月上旬。

另据调查，矮牡丹不同居群间形态特征已有一定变异：其株高 0.5 ~ 1.5 m，小叶通常 9 枚，但在陕西延安、山西永济、河南济源等居群中，随复叶顶生小叶分裂程度不同，小叶有 9、11、15 枚的变化，稷山居群以 9、11 枚小叶居多，延安居群以 11、15 枚居多。不同居群花部变异也较丰富。如延安居群花

1. 花朵；2. 整株；3. 根系；4、5. 不同的生境

● 图 4-8 **矮牡丹（稷山牡丹）**

朵直径 10 ~ 13 cm，花瓣倒卵形，顶端波状裂，雄蕊数量 80 ~ 100 枚，花丝长约 12 mm，花丝中下部紫红色，上部白色，花药线形，常具有与花瓣颜色相同的瓣化雄蕊，花丝增粗扁平状；山西永济居群花朵直径 12 ~ 19 cm，花瓣阔椭圆形，顶端微凹，雄蕊 50 ~ 70 枚，花丝长 10 ~ 15 mm，深褐红色，近顶部白色，花药线形；河南济源居群花朵直径 8 ~ 12 cm，花瓣近圆形，稍皱，顶端波状裂；雄蕊 100 枚以上，花丝长 6 ~ 9 mm，暗紫色，近顶部白色，花药圆柱状。

（三）地理分布

矮牡丹分布于陕西延安、宜川、华阴、潼关，山西稷山、永济，河南济源等地，生长于海拔 900 ~ 1 600 m 的山坡灌丛和次生落叶林中。具体见于陕西延安万花山崔君府庙后，海拔约 1 000 m；宜川蟒头山海拔 1 321 m；华阴华山二仙桥、小西峰飞龙瀑布附近，海拔约 1 300 m；潼关桐峪镇善车峪，沿山梁呈带状零星分布；山西稷山马家沟林场茶园沟，海拔 1 450 m；西社马家沟村栎林灌丛下，海拔 1 000 ~ 1 173 m；永济城西区水峪口村菜子坪、屹斗南，海拔 968 ~ 1 162 m；河南济源黄楝树林场上架林区青龙背、邵乡黄背角白龙池等地，海拔 1 050 ~ 1 200 m。

洪德元曾报道（1990）陕西铜川有矮牡丹分布，张晓骁（2017）实地调查访问，未见。

（四）种群生态

1. 群落类型与分布格局

1）*群落类型*　郑凤英等（1998）应用双向指示种分析法（TWINS PAN）等多种方法对稷山、永济、延安、华阴等地的矮牡丹生存群落进行分类和排序，共划分 10 个植物群落类型。这些群落反映出明显的环境梯度，即由喜湿的分布海拔较高的杂木林向耐旱的海拔较低的灌丛过渡。这 10 个群落类型为：

Ⅰ. 紫椴 + 盐肤木—连翘—苔草群落（稷山马家沟，海拔 1 500 m，东坡，土壤类型为褐土；群落总盖度 95%，乔灌种类较多，矮牡丹为伴生种，盖度 5%）；Ⅱ. 刺楸 + 蒙椴—山桃—苔草群落（永济水峪口，1 640 m，北坡，山地棕壤；群落总盖度 100%，矮牡丹盖度 4%）；Ⅲ. 橿子栎—山桃 + 连翘—苔草群落（永济水峪口，1 700 m，南坡，山地淋溶褐土；群落总盖度 85%，矮牡丹盖度 8%）；Ⅳ.橿子栎—山桃＋连翘—苔草群落（永济水峪口，1 000～1 700 m，南坡，山地淋溶褐土和山地棕壤；群落总盖度 95%，矮牡丹盖度 4%）；Ⅴ.辽东栎＋橿子栎—红柄白鹃梅—苔草群落（稷山马家沟，1 200～1 300 m，南坡，山地褐土，群落总盖度 90%，矮牡丹为群落伴生成分，盖度 10%）；Ⅵ.辽东栎—矮牡丹—苔草群落（稷山马家沟，1 700 m，南坡，山地淋溶褐土，群落总盖度 70%，物种多样性较小，矮牡丹为该群落优势种，盖度约 50%）；Ⅶ.辽东栎—冻绿—苔草群落（稷山马家沟，1 200～1 300 m，华阴二仙桥，1 600 m，南坡，淋溶褐土和山地棕壤，群落总盖度 90%），该群落人为干扰大，建群种辽东栎屡遭砍伐成灌木状；Ⅷ.侧柏—土庄绣线菊—苔草群落（延安万花山，1 200 m，南坡，灰黄绵土，群落总盖度 70%），该群落人为干扰大，植被破坏较重；Ⅸ.红柄白鹃梅＋连翘＋黄刺玫—苔草群落（永济水峪口，1 100 m，山地褐土，西南坡；灌木层盖度 80%，矮牡丹盖度 5%）；Ⅹ.北京丁香＋二色胡枝子—苔草群落（永济水峪口，1 000 m，北坡，山地褐土，群落总盖度 95%，矮牡丹盖度 10%）。

上述群落均有明显的结构分化（成层现象），总体上矮牡丹在群落中优势作用并不显著。其中，只有人类扰动强度轻的顶级群落（Ⅵ）中，矮牡丹能处于优势层；在人类扰动较强的次生灌丛中，矮牡丹只能处于从属地位。矮牡丹对群落环境适应性较强，对土壤要求不严，但在盖度大的灌丛中只能无性繁殖，群落盖度小于 70% 时，其有性繁殖率显著提高。

2）*分布格局*　应用多种方法对矮牡丹种群分布格局进行判别，均证明矮牡丹种群呈集群分布格局。这与矮牡丹主要利用根蘖和地下茎进行无性繁殖，小株大都集中在母株周围有关，也与山地褐土土质疏松，有利其根系伸展形成大的植株斑块有关。

2. 种群结构

矮牡丹在整个生命周期中，主要以无性繁殖方式进行生殖，增加无性系分株，由此形成的群体，称无性系分株种群。不同生境下的种群差异主要表现在其年龄结构类型和表现结构上（郑凤英等，2001）。

山西稷山、永济一带的矮牡丹无性系种群年龄结构可明显分为 4 种类型：①强增长型，最大年龄不超过 12 年，其中无性系分株幼株比例大，处于旺盛增殖期，分株种群密度较大；②平缓增长型，年龄结构仍呈金字塔形，最大年龄超过 14 年；③稳定适应型，年龄结构中间凸两边凹，中龄级分株比例大，幼龄老龄相对较少；④波动型，依年龄结构又可分为始衰波动型（幼龄分株成活率低，出生率、死亡率随年份波动，分布受地形影响强烈，有衰亡的可能）和适应波动型（有相当数量幼龄分株，有一定更新潜力，但年龄结构不规则）。前 3 类种群的数量动态符合负指数方程 $Y=e^{a-bx}$。

矮牡丹生长最好的辽东栎林，是其生存适宜群落，随着生境的恶化和动荡，分株种群年龄分布重心由幼小向中壮至老壮转移，反映矮牡丹在适应生境变化中的能量分配策略。

不同生境条件下，矮牡丹无性系分株种群表现结构不同。各样地中矮牡丹分株平均高度 11.5 ~ 53.8 cm，平均地径 0.30 ~ 0.68 cm，单株高度不超过 120 cm，基径不超过 2 cm，说明矮牡丹垂直空间扩展程度较小，一般处于群落灌木层第二亚层。

刘康等（1994）研究了延安万花山矮牡丹种群结构，认为天然侧柏林缘的种群由于光照充足，植物间竞争较少，冬夏受侧柏林庇护，因而种群稳定，密度较大，属稳定发展的种群，其动态符合负指数方程 $N=1\ 774.014 \cdot e^{-0.1376t}$；较郁闭的辽东栎林下，光照不足，而灌木种类较多，资源竞争激烈，矮牡丹生长不良，更新较差，种群呈发展与衰退相交替的阶段性更新循环。

3. 生态位

生态位是指物种在特定生态环境中的功能地位，包括物种对环境的要求和影响两个方面及其规律。生态位定量地反映物种与生境的相互作用关系。

王琳和张金屯（2001）研究了矮牡丹各群落中的生态位。生态位宽度值用莱文斯（Levins）指数（B_1）和香农 – 维纳（Shanaon-Wiener）指数（B_2）表示。从 6 个植物群落类型中选取 14 个优势种进行生态位分析。经过对这些优势种的生态位宽度值的比较，其主要建群种辽东栎 B_1 为 2.139 ~ 0.586，B_2 为 7.863 ~ 1.678，而矮牡丹 B_1 为 1.923 ~ 0.683，B_2 为 5.627 ~ 2.333。可见，矮牡丹生态位较宽，适应性较强。矮牡丹生态位主要依群落类型的变化而变化。在 6 个群落中，辽东栎 + 橿子栎—矮牡丹 + 红柄白鹃梅—披针叶苔草群落是其最佳生境。该群落中，矮牡丹生态位宽度较大。水分条件是影响生态位宽度的主要生态因子，矮牡丹生态位宽度随群落水分的递减逐渐变窄。

矮牡丹与群落中其他优势种都有一定的生态位重叠，其中与二色胡枝子和披针叶苔草等灌木或草本植物的重叠指数较大。说明它们生态特征相近，对环境资源有相似要求。

4. 种群生物量

1998 年，上官铁梁测定了稷山、永济两地矮牡丹种群生物量并建立了数学模型。7 个样地总生物量为 0.062 ~ 1.269 t/hm^2，其地上部分生物量 0.029 53 ~ 0.809 67 t/hm^2，占总生物量的 47.63% ~ 63.80%；根系生物量为 0.027 18 ~ 0.458 84 t/hm^2，占总生物量的 36.16% ~ 43.84%。

种群生物量随年龄呈指数模式增长。种群密度与生物量的关系表现为正相关。矮牡丹作为群落灌木层的下层成员，取得竞争成败的关键是无性系生长型对环境适应的反应。矮牡丹的生长型主要表现为植株矮小，根蘖强，无性系小株不分枝或少分枝，叶呈伞房状生于茎的顶端，似棕榈型。

在地带性顶级群落中矮牡丹生长良好，生物量 – 年龄曲线呈稳定增长，条件差的生境波动幅度较大。矮牡丹的生物量 – 年龄曲线总体上表现出一定的规律性，即 10 年为一个高峰期，12 年为一个低峰期。

（五）开花特性与繁育系统

1. 开花特性

据 1994—1995 年春四五月间的观察（罗毅波等，1998），永济居群（I）1994 年 4 月 18 日开花，到 4 月 26 日最后一朵花开相距 10 天；稷山居群（I）1995 年 5 月 3 日第 1 朵花开到 5 月 9 日最后一朵花开。因此，两地花期相差 10 ~ 15 天。永济居群（Ⅰ）自花瓣张开到花瓣雄蕊全落需 15 天；花瓣张开后 2 ~ 3 天，柱头就能黏住花粉；雄蕊自第 1 枚花药开裂到全部开裂需 3 ~ 4 天，到雄蕊全部干萎约需 10 天，到全部脱落需 15 天。柱头表面湿润状态持续 2 天，套袋后柱头可持续保持湿润甚至出现液滴。

雄蕊最先开裂的仅是内轮花药中向阳的几枚花药，然后由内轮向外轮、由中间向两侧开裂散粉。不同轮花药遵循离心方式依次开裂。最内轮花药开裂时，柱头还不能接受花粉，次轮或更外轮花药开放时柱头才能接受花粉。次轮或外轮花药能伸到柱头位置，有时因花丝倾斜，花药倒向柱头，花药开裂而与柱头接触。永济居群（Ⅰ）是在花瓣张开 2 ~ 7 天后最内轮雄蕊才开始散粉，此时柱头表面才能沾上花粉。由此推测，矮牡丹为雄蕊先熟。

2. 传粉

矮牡丹主要依靠昆虫传粉，其花朵中未见蜜液，但可散发气味。昆虫在花朵中主要采集或采食花粉。

在矮牡丹花朵中活动的昆虫，一类是蜂类，有 5 种，如天皇地蜂（雌性）、星地蜂、上海淡脉隧蜂（雌性）等。另一类是甲虫，有 4 种，如斑驼弯腿金龟、长毛花金龟等。前者啃食幼嫩心皮，破坏较大；后者主要在花期相同的红柄白鹃梅花中活动，但也造访矮牡丹，活动几小时到一整天，其传粉效率较高。小体型被毛昆虫在传粉中也起到一定作用。

据观察鉴定，蜂类特别是星地蜂在矮牡丹花中活动频繁，其传粉是专一的，而大体型甲虫类是不专业的。蜂类传粉作用大于甲虫。

与矮牡丹花期相同的植物有红柄白鹃梅、溲疏、紫堇、石竹、山萝花等，这些植物的花分泌蜜液，对蜂类有吸引作用。

3. 结实

据试验，矮牡丹花期去雄套袋与不去雄套袋均未产生种子，但心皮仍能正常发育成蓇葖，蓇葖果内有排列整齐的不育胚珠。由此可见，矮牡丹不存在无融合生殖以及自动自花授粉现象，并且其同株异花授粉结实率也很低，甚至是不亲和的。而异花异株授粉，基本上仍属同一无性系株丛，实质上等同于同株异花，因而结实率也很低，仅有 8.5% 的花朵有种子，具有微弱的自交性。而居群间人工杂交试验结实率最高，自然授粉结实率则因居群状况不同而异：植株分布集中，着花较多（500 m^2 着花上百朵），因难以保证每朵花都有昆虫适时造访，授粉状况较差，仅有 50% 的花朵结实，32.4% 的心皮有种子；而居群内植株分散，花朵适中（仅 40 朵花），昆虫授粉能基本满足要求，则结实率与人工授粉接近。据对 320 个心皮的调查，每个心皮平均胚珠数为 10.59（或 10.81），而种子仅 1.67 粒，胚珠败育率达 85%。

另据潘开玉等 1999 年观察发现，矮牡丹小孢子发生和雄配子发育过程中存在异常现象，导致不育花粉形成，但能育花粉占比仍在 45.03% ~ 84.18%。它们在不同花朵、不同花药乃至同一花药的不同花粉囊中表现不一致。据初步测算，矮牡丹能育花粉与胚珠之比最低为 3 417。综合考虑花粉活力测定值（36% ~ 75%）及花粉到达柱头后的萌发率极高，认为有足够多的能育花粉为每朵花的胚珠（平均 54.05 粒）提供受粉的需要。但在自然状况下，其结实率很低，很可能是雌配子体生活力较低所致。

（六）花粉形态与萌发特性

贾文庆等（2012）用扫描电镜观察矮牡丹花粉粒形状发现，矮牡丹花粉属中型花粉，具 3 拟孔沟，沟细长，长近达两极，平均极轴长 47.46 μm，平均赤道轴长 21.79 μm，极轴长 / 赤道轴（*P/E*）≈ 2.18。两极观近平面状，网眼形状多为圆孔或不规则多边形，数目多且大小不一致。长球形花粉占 72.00%，船状（畸形，一孔沟大而宽）占 20%，其他花粉弧形（畸形，孔沟偏斜）占 8%。新鲜花粉在扫描电镜下没有干燥花粉清晰。试验发现，长球形花粉在花粉中所占的比率和离体培养花粉的萌发率基本一致。

蔡祖国等（2009）的研究表明，硼酸和蔗糖对矮牡丹花粉离体萌发有着重要的影响，不同硼酸和蔗糖浓度培养基处理的矮牡丹花粉萌发率存在明显差异，其中硼酸 0.06 g/L+ 蔗糖 80 g/L、硼酸 0.08 g/L+ 蔗糖 80 g/L、硼酸 0.10 g/L+ 蔗糖 80 g/L 等 3 种培养基处理的花粉萌发率分别为 74.6%、73.1%、66.8%，表明 3 种培养基均可用于矮牡丹花粉萌发。矮牡丹花粉萌发可分为萌动初期、萌动后期、萌发前期、萌发中期和萌发后期 5 个阶段，中间会出现 2 个萌发高峰时段，而在不同浓度硼酸和蔗糖培养基上，其萌发高峰时段出现时间存在一定差异。

研究结果显示，适合矮牡丹花粉管伸长的最佳钙离子（Ca^{2+}）浓度为 0.001 mol/L。添加适当浓度镁离子（Mg^{2+}）对花粉管的伸长有益。适合矮牡丹花粉管伸长的最佳镁离子（Mg^{2+}）浓度为 0.001 mol/L，蔗糖和硼酸的双因素处理比单一的蔗糖或单一的硼酸处理花粉萌发率高。矮牡丹花粉萌发适宜的蔗糖和硼酸浓度为 9% 蔗糖 +0.004 5% 硼酸，萌发率达 73.07%。

（七）繁殖特性、生长特点与组织培养

1. 繁殖特性

矮牡丹属于兼性营养繁殖，既能开花结实，进行有性繁殖，又能利用地下茎、根出条扩大株丛，进行无性繁殖。但其种子自然繁殖能力不强，常以无性繁殖为主。

1）无性繁殖特性　在自然状态下，矮牡丹主要进行营养繁殖。无论在林

下或开阔地均能形成无性系株丛。根系主要分布在 15 ~ 25 cm 的土壤表层。由根颈部蘖芽形成的根状茎一般在地下水平生长 30 cm 后才长出地面，根茎节长度 7 ~ 17 cm，上面不定根稀少，但幼嫩枝茎上芽眼密集，芽鳞痕明显。当母株地上或地下部分受到损伤或刺激时，不同部位的隐芽均可萌发形成新枝。母株周围植株株冠相应较小，一般 10 年以上植株株冠半径不足 1 m，而整个无性系株丛半径却很大。在林下，株丛外表看似不紧凑，实际上 1 m 以内植株都拥有共同根系。地下茎延续可达 2 ~ 3 m，直径 0.7 ~ 0.8 m。

2）种子繁殖特性　矮牡丹种子在 8 月下旬，种皮呈黄色时采收后及时播种（延安），幼苗到第三年春天才会露出地面长出第一片真叶。第二年整整一年只进行地下部分的生长，而胚芽并不伸出种皮。当主根长到 4 cm 左右时，在根的下端约 1.5 cm 处生出 5 ~ 6 条侧根。当年主根最长可达 10 cm 以上，形成一个完整的根系。第三年长成一个完整的幼苗。幼苗需经过 5 年以上时间才能现蕾开花。整个过程反映出矮牡丹种子繁殖的极端缓慢性。矮牡丹种子用赤霉素处理或沙藏层积都很难促其提前萌发（郑宏春，1998）。

2. 生长特性

1）地上茎干生长　郑宏春（1998）对延安万花山矮牡丹进行了树干解析，以了解其生长过程与特性。圆盘间距为 5 cm、10 cm、15 cm，3 个年轮为 1 个龄级，使用体视显微镜测量。由于每年高生长量的是其木质化部分，因而同一年生长中下部与上部几乎等粗，一般茎枝粗的均为连续生长枝。测定结果如下：①株形高大类型生长规律基本相同，株高在株龄 3 ~ 9 年时生长速度达到最大，植株高度增长出现一个高峰，后逐渐降低。6 ~ 12 年时，株高连年生长量和平均生长量曲线相交，进入数量成熟期。仅就株高而言，9 年以上群体高生长明显变慢。②地径增长基本平稳，株龄 3 ~ 6 年时略高于其他年份，其他阶段有幅度不大的波动。③材积增长 16 年以内连年增长量呈持续增加趋势，平均增长速度在 12 年后略变缓慢。16 年内两条曲线没有相交。材积总生长量呈 S 形曲线增长，而不同于一般乔木（材积总生长量呈直线式增长）。矮牡丹树干纵剖面下部似一个圆台，上面似一个圆柱。其髓部的生长一年当中是由小到大，而并非上下一致的。生长较粗的茎上有心材、边材之分，心材呈黑色，边材淡黄色。立地条件对植株生长有较大影响。

2）体内矿物质元素含量　蔡祖国等（2010）对济源太行山区野生矮牡丹

体内的10种矿物质元素含量及其分布规律，植物的富集系数，矿物质元素在植物体与土壤之间、不同器官之间的相关性进行了初步研究，结果表明，矿物质元素在矮牡丹体内的含量以叶片、根中最多，叶柄中最少。此外，土壤中的矿物质元素含量一般均高于植株体内矿物质元素含量；济源太行山区野生矮牡丹对不同矿物质元素的富集能力存在一定差异，其对大量元素钾以及微量元素铜、镉、锌的富集量相对较大。从植株不同部位的富集情况来看，根对锌、铜的富集能力较强，茎对镉的富集能力较强，叶柄对钾、镍的富集能力较强，叶对镁、铁、锰、铅和铬的富集能力较强。元素间含量相关分析表明，钾与绝大多数矿物质元素间存在负相关，镁、锌、镉与其他元素间相关性不显著，而铁、锰、铅、铜、镍、铬间具有极显著正相关性。此外，对植物体内元素含量与生境土壤中元素含量进行相关性分析，结果表明，植物体内各部位之间表现出极显著正相关性，而土壤与植物体之间相关性不显著。其研究结果与席玉英等（2002）分别对稷山矮牡丹和永济矮牡丹体内无机元素分布规律的研究基本相似。

3. 组织培养

刘会超等将苗龄为25天的带柄子叶接种于附加细胞分裂素（6-BA）0.5 mg/L+人工合成激素（NAA）0.01 mg/L的MS、1/2MS、1/4MS、B5培养基上，在接种培养5天后，离体胚开始萌发生长，子叶和胚轴逐渐变绿，显微观察部分子叶上有红色细胞出现，15天后子叶展开变绿，开始膨大，胚根及下胚轴上少量愈伤组织形成；将苗龄为25天的带柄子叶接种于芽分化培养基，8天后，从增粗的子叶顶端及子叶基部分化出许多不定芽及长出叶。不定芽有簇状、具有不定芽点的叶片与伸长不定芽三种。不定芽培养15天后，转入继代培养基，培养25天待芽或芽丛长到一定大小时，可切割转入生根培养基。

试验表明，1/2MS培养基有利于矮牡丹子叶的不定芽分化诱导，诱导率达38.2%；6-BA和NAA的不同浓度配比对不定芽的分化增殖影响较大，在含6-BA和NAA的培养基上，材料出现了不同程度的分化和生长。试验发现，二者比值过高过低都不利于芽的发育，过高易于子叶的伸长、增粗和产生芽点，但后期芽点逐渐变褐死亡，不易形成丛生芽；6-BA与NAA比值过低则容易产生愈伤组织，愈伤组织在培养中逐渐变褐死亡。试验显示，NAA 0.3 mg/L+ 6-BA 3.0 mg/L配比，对矮牡丹不定芽增殖的效果最好，为5.22。不定芽主要从2片子叶背茎面、2片子叶向茎面、基部直接诱导产生；矮牡丹组培苗接种后18天左右有根生成，30 天时大部分根长至 1 cm 长，有些苗长出 3 条不定根，有些仅长出 1 条。试验得出，1/2MS 基本培养基中附加不同质量浓度的吲哚乙酸（IBA）或 NAA 均可有效诱导矮牡丹组培苗生根，其中以 IBA 1.5 mg/L+ NAA 0.5 mg/L 诱导生根率最高，达 54.17%，平均生根数最多，达 3.12 条。从试验结果可以看出，单一的 IBA 不利于根的发生，适量较高质量浓度的 IBA 诱导生根效果佳；高质量浓度的 NAA 有利于愈伤组织的产生，但对根的再生有一定抑制作用。

齐向英等（2012）应用 9 种培养基进行了矮牡丹叶片培养以及愈伤组织的诱导研究，结果表明，矮牡丹叶片成活率最高可达 95%，最低为 85%；9 种培养基均可在叶片中诱导出愈伤组织，出愈率最高为 86.67%，最低为 53.33%。许芳等（2008）进行了稷山矮牡丹腋芽的组织培养发现，用矮牡丹健壮植株上的饱满腋芽，诱导形成丛生芽，经多次继代培养，形成一定数量的丛生芽，经分切后进行 2 周的培养，形成小苗，再进行壮苗培养 1 周，转到生根培养基中诱导生根，10 天左右部分小苗有生根现象，3 周后每个嫩茎生根 3 ~ 5 条，根长 2 ~ 3 cm，生根率达 100%。经炼苗后移栽大田，成活率达 78.2%。

（八）遗传多样性

邹喻苹等（1999）应用随机扩增多态性 DNA 分子标记（RAPD）研究了陕西华山及山西稷山、永济等几个矮牡丹居群的遗传多样性。在矮牡丹 4 个居群 32 个个体中提取了 DNA，用 16 个引物共扩增出 171 个可重复的片段，其中 117 个是多态的，多态位点占扩增片段总数的 67.6%。可见矮牡丹中总体遗传多样性偏高。

分子变异分析（AMOVA）结果显示，矮牡丹 4 个居群间与居群内遗传变异分配为：各居群间总的变异是 52%，居群内总的变异是 48%。居群间的遗传变异大于居群内的遗传变异。就单个居群而言，永济居群内变异较高（60%），其余依次为华山居群（37%）、稷山居群（34%）。矮牡丹居群之间遗传距离平均值为 0.51，$P<0.001$。稷山居群与永济居群处于两个相邻县，遗传距离最小（0.29），地理距离相距较远的华山居群遗传距离最大（0.68），居群间遗传距离与地理距离成正相关。

矮牡丹上述遗传结构与矮牡丹传粉和繁育方式直接相关。依靠昆虫传粉的矮牡丹主要是居群内的异花传粉，而居群间由于地理位置的隔离，昆虫传粉几乎不可能。因而居群间基因流受阻，居群内由于蜂类活动频繁能顺利进行基因交流，并兼有自花传粉。物种的繁育方式决定了它的变异式样。

矮牡丹居群间遗传距离较大，平均为 0.51。较高的意味着居群间分化较大，这有利于制定迁地保护的采样策略。

此外，裴颜龙等（1995）应用 RAPD 标记比较了矮牡丹（稷山、永济、延安 3 个居群）和紫斑牡丹（天水、略阳、山阳、太白山等居群），结果表明，矮牡丹与紫斑牡丹种内低水平的 DNA 具有多态性。相比较而言，矮牡丹多样性水平略低（多态带占 22.5%），而紫斑牡丹稍高（27.6%）。

翟立娟等（2017）应用保守 DNA 衍生多态性标记（CDDP）分析了陕西秦巴山区 4 个野生种 28 个居群的遗传多样性。在紫斑牡丹、杨山牡丹、矮牡丹和卵叶牡丹 4 个种中，紫斑牡丹遗传多样性最高，卵叶牡丹最低，而矮牡丹居中。

（九）资源利用与资源保护

1. 资源利用

1）重要的学术研究价值　历来认为矮牡丹是中原栽培牡丹重要的祖先种，并得到分子分析的印证。因此，其对牡丹起源、演化等方面的研究有着重要的学术价值。在 20 世纪 90 年代，矮牡丹保护生物学是研究热点之一。

2）在观赏育种中的应用　矮牡丹在牡丹育种中是重要的亲本，但在引种过程中，发现矮牡丹扩繁较为困难，根系（实为地下茎）保护不好时，植株成活率不高。其对生境也有一定要求，如在甘肃兰州生长较为适应；在洛阳近郊夏季高温，生长不良；而栾川南部山地湿度较大，晚霜对其生长发育也有一定影响。

3）具有一定的药用、油用价值　矮牡丹是传统的中药材，但过去很少人工种植，导致野生资源受到严重破坏；其种子有较高含油率，是油用种质资源。

2. 资源保护

当前，矮牡丹野生资源已处于易危状态，被列为国家二级重点保护植物。

矮牡丹处于易危状态与其自身生物学特性密切相关，更与人类活动频繁强烈破坏其适宜的生境条件有关。

就矮牡丹本身内在因素而言，较高比例的无活力花粉、败育率高的胚珠以及心皮空间对胚珠限制，导致自然种群种子结实率低、萌发率低，使其在生存竞争中往往处于劣势地位。而对于采其根皮药用的毁坏性挖掘活动则直接导致其居群数量的急剧减少，遗传多样性的降低。

对于矮牡丹急需采取加强保护的措施。一是在其适生地区建立自然保护区，采取必要的抚育措施，并改善其生存环境，促进种群的发展；二是做好迁地保护工作，尽最大可能保护其遗传多样性；三是在有条件的地方建立苗圃，对具有优良种质的材料进行扩繁；四是扩大宣传，严格执法，杜绝对野生资源的滥砍和乱挖等不良现象的发生。

1. 花朵；2. 植株；3. 生境

● 图 4-9　**卵叶牡丹**

二、卵叶牡丹

Paeonia qiui **Y. L. Pei et D. Y. Hong (1995)**

（一）分类历史

卵叶牡丹于 1995 年由裴颜龙和洪德元命名发表，模式标本由邱均专采自湖北神农架林区。

（二）形态特征（图 4-9）

落叶灌木，高 0.6 ~ 0.8 m。枝皮褐灰色，有纵纹。具有地下茎，兼性营养繁殖。二回三出复叶，小叶 9，卵形或卵圆形，先端钝尖，基部圆形；花期表面多呈紫红色，背面浅绿，通常全缘，但顶小叶有时 2 浅裂或具齿。花单生枝顶，直径 8 ~ 12 cm，花瓣 5 ~ 9 枚，粉色或粉红色；雄蕊多数，80 ~ 120 枚，花丝粉色或粉红色；花盘暗紫红色，革质，花期全包心皮；心皮 5 枚，密被白色或浅黄色柔毛；花柱极短，柱头扁平，反卷成耳状，多为紫红色。聚合蓇葖果，幼果密被金黄色硬毛；种子卵圆形，黑色有光泽。花期 4 月下旬至 5 月上旬，果期 7 ~ 8 月。

（三）地理分布

该种发表时认为分布区狭窄，仅限于湖北保康及相邻的神农架林区以及河南西峡（裴颜龙等，1995）。神农架林区见于松柏镇山屯岩，林下或向阳草坡，海拔 1 900 ~ 2 010 m；保康见于后坪镇车风坪、五道峡落叶林下，海拔 1 000 ~ 1 300 m。有移至海拔 400 m 庭院中栽培者。2015 年，张晓骁在陕西旬阳（白柳镇峰溪村林下灌丛，海拔 1 456 m）发现卵叶牡丹分布，并发现其叶片正表面花期为紫红色，果期转为绿色。此后，又在陕西商南县发现分布区（十里坪镇八宝寨山坡林下，海拔 1 141 m）。商南卵叶牡丹仅有 3 枚心皮（或 3、4、5 枚心皮均有，且密被白色柔毛），与其他分布区的卵叶牡丹略有不同（张晓骁，2015，2018）。

卵叶牡丹生长于海拔 700 ~ 2 200 m 的山地灌丛草坡及悬崖上，岩石缝隙中或林下。如陕西旬阳野生居群分布于山地东北坡油松（*Pinus tabulaeformis*）+ 青冈（*Cyclobalanopsis glauca*）的针阔混交林中；商南野生居群多分布于山地阳坡、半阴坡（东南坡）的毛竹（*Phyllostachys heterocycla*）+ 栓皮栎常绿阔叶混交林中（徐兴兴等，2016）。繁殖特性与矮牡丹相似，地下茎及根出条往往使植株成丛或成片出现。

（四）种群结构

周仁超（2002）观察了保康后坪刀背岩（海拔 1 853 m）基本未受人为干扰的卵叶牡丹居群，编制了静态生命表。其标准化存活个体数（l_x）及实际观察到的存活个体数（a_x）均随龄级增加而逐渐降低，幼龄阶段数量明显高于以后几个阶段。死亡率（q_x）和致死率（k_x）1 ~ 2 龄级较高，3 ~ 6 龄级较低，而后几年又大大增加。卵叶牡丹低龄个体和高龄个体死亡率较高，而中间年龄个体死亡率较低，其存活曲线为稍向内凹的直线，属 Deevey-Ⅱ型。按照利克（Leak）1964 年的划分标准，存活曲线凹型为增长型居群，直线型为稳定型居群。因而保康卵叶牡丹后坪居群应为一个基本稳定并处于轻微增长状态的居群，并处于老龄化个体逐渐死亡而幼龄个体逐渐补充的动态平衡中。如无外来干扰，不会出现濒危状态。

（五）物种起源与遗传多样性

根据形态分析和分子标记分析结果，普遍认为卵叶牡丹与矮牡丹亲缘关系较近（袁涛等，2002）。近来，徐兴兴等（2019）研究了秦巴山区原产的紫斑牡丹、矮牡丹和卵叶牡丹3个近缘种的物种形成。他应用叶绿体基因（cpDNA）与微卫星（nSSR）标记对3个种40个居群（紫斑牡丹24个，矮牡丹10个，卵叶牡丹6个）的遗传参数进行了测定。结果认为，这几个物种有中等水平的遗传多样性和高水平的种群分化。叶绿体基因变异分析表明，卵叶牡丹平均多样性高于矮牡丹和紫斑牡丹。共鉴定出18个叶绿体基因单倍型，其中有两个（H_2、H_{12}）为紫斑牡丹与卵叶牡丹共有，3个（H_6、H_{13}、H_{17}）为卵叶牡丹特有。在微卫星标记分析中，卵叶牡丹的遗传多样性高于矮牡丹和紫斑牡丹，其特有基因数（平均1.7）高于矮牡丹（0.2）和紫斑牡丹（0.7）。在遗传结构分析中，当K=2时，矮牡丹和紫斑牡丹个体分别独立聚合，而卵叶牡丹个体混杂在一起，卵叶牡丹的遗传组成约85%来自矮牡丹，15%来自紫斑牡丹。当K=3时，3个种各自单独聚类，单独的遗传结构分析，发现矮牡丹与卵叶牡丹有2个基因（遗传）簇，紫斑牡丹有3个基因簇。此外，生态位分析表明，3个种有不同的生态位，但它们之间存在较高的基因流。基于贝叶斯模型推断和种间遗传分化证据表明，卵叶牡丹和矮牡丹亲缘关系更近。3个种分别由核基因、叶绿体基因片段构建的基因树有冲突，这种现象不仅在3个物种中出现，而且在芍药科内也大量存在，很有可能是因为不完全的谱系分选或杂交。对于这种现象最合理的解释是，矮牡丹和紫斑牡丹在第四纪冰期后相遇，通过杂交形成了卵叶牡丹。

另据翟丽娟等（2017）分析，在陕西秦巴山地分布的4个野生种中（紫斑牡丹、杨山牡丹、矮牡丹和卵叶牡丹），卵叶牡丹遗传多样性水平最低。

（六）资源利用

1）各地引种情况　从1998年开始，湖北保康卵叶牡丹被引种到甘肃兰州。之后，河南栾川及北京西山等地陆续引种，大多表现良好。据在北京鹫峰牡丹试验基地的观察，卵叶牡丹花期较早，4月25日至5月5日为盛花期，比中原牡丹品种及‘凤丹’群体花期早4～5天，早春易有僵蕾、“笑花”等现象发生。

有时个别心皮发育不完全或缺失。据对78朵花的分析，其心皮绝大多数为5枚/朵，个别为2~3枚/朵，平均4.73枚/朵。胚珠变化范围为36~88粒/朵，平均38.8粒/朵（韩欣，2014）。

2012年，李嘉珏曾将保康卵叶牡丹25株引种到湖南邵阳县海拔400 m的丘陵区，发现其在该地难以越夏，陆续死亡。但卵叶牡丹杂种实生苗有一定适应能力，能正常开花结实。此外，成仿云等将卵叶牡丹引种到福建省北部政和县镇前镇海拔800 m山地栽植，生长开花基本正常。

2）杂交育种情况　甘肃兰州、河南栾川、北京鹫峰等牡丹试验基地均已将卵叶牡丹用于杂交育种，发现其育性强，是培育早花、矮化品种的优良育种亲本。

（七）资源保护

卵叶牡丹在秦巴山地南侧远古时期分布范围很广，但后来逐渐缩小，现在仅局限在陕西、河南、湖北三省相邻地区。截至2016年，只发现5个居群，处于濒危状态，需要很好地加以保护，严禁人为破坏。特别要注意遗传多样性高的居群和特异等位基因数量多的居群，如卵叶牡丹保康居群、神农架居群等。既要加强原栖息地保护，也要做好迁地保护。《国家重点保护野生植物名录》（2021）已将该种列为国家一级重点保护野生植物。

三、杨山牡丹

Paeonia ostii **T. Hong & J. X. Zhang (1992)**

——*P. suffruticosa* subsp. *yinpingmudan* D. Y. Hong, K. Y. Pan & Z. W. Xie (1998)

——*P. yinpingmudan* (D. Y. Hong, K. Y. Pan & Z. W. Xie) B. A. Shen (2001)

（一）分类历史与中文名称的确定

1. 分类历史

该种由中国林业科学研究院洪涛等于1992年命名发表。其模式植株是张家勋于1980年10月在河南嵩县杨山海拔1 209 m山坡灌丛中发现的，此后，又在湖南西北部龙山县境内有所发现，并移植到郑州。种名之所以称为“杨山牡丹”，是因为模式植株产自河南嵩县杨山，拉丁名中种加词 *Ostii* 用的是时任国际树木学会副主席奥斯蒂的名字，他是一位热爱牡丹的意大利学者。论文发表后，洪涛等认为安徽巢湖银屏山悬崖上生长的野生“银屏奇花”就是杨山牡丹；更进一步的研究表明，各地广为栽培的药用牡丹‘凤丹白’即为杨山牡丹的栽培品种。

杨山牡丹分类研究中有个“银屏牡丹”的插曲。安徽巢湖银屏山悬崖上的野生牡丹应是杨山牡丹，但洪德元于 1998 年将该植株与河南嵩县木植街乡石滚坪村据说引自附近杨山的一个植株一起命名发表了新亚种“银屏牡丹”*Paeonia suffruticosa* Andr. subsp. *yinpingmudan* D. Y. Hong，K. Y. Pan & Z. W. Xie，并且认为该“银屏牡丹”即为现有栽培牡丹（*P. suffruticosa*）的野生近亲。在近 10 年的时间里，该亚种成为牡丹系统进化与分类研究中的重要成员。2001 年，沈保安将“银屏牡丹”提升为种的等级：银屏牡丹 *Paeonia yinpingmudan*（D. Y. Hong，K. Y. Pan & Z. W. Xie）B. A. Shen。2005 年，洪德元等再次强调“银屏牡丹”与杨山牡丹的不同，并否定了沈保安的分类处理。此后，Haw 于 2006 年提出质疑，而分子生物学研究的证据也不支持洪的观点（赵宣，2004，2008；林启冰等，2004）。2007 年，经进一步研究后洪德元认为“银屏牡丹”作为新亚种发表时所依据的两份标本实为两个实体，其中安徽巢湖银屏山植株实为杨山牡丹（洪德元改名为“凤丹”）的成员，并确认 *P. suffruticosa* subsp. *yinpingmudan* 为 *P. ostii* 的异名（洪德元，潘开玉，2005）。

2. 杨山牡丹中文名称的确定

在杨山牡丹（*P. ostii*）作为一个新种发表若干年后，洪德元等在进行芍药属牡丹组系统分类修订时，提出应将“杨山牡丹”改称“凤丹”，认为它是牡丹组中取丹皮药用的栽培种。如果把 *P. ostii* 叫杨山牡丹，那“凤丹”就要成为异名，这不符合中文名命名习惯（洪德元等，1999）。这个名称改动不妥，原因有二：其一，*P. ostii* 是作为一个新种而不是作为栽培种发表的，它有野生居群的存在（徐兴兴等，2017；张晓骁，2017）；其二，“凤丹”已有多重含义。①它原是铜陵凤凰山和南陵丫山一带优质丹皮的称呼。②在花卉园艺学上，它又是一系列品种的统称，包括‘凤丹白’‘凤丹粉’‘凤丹紫’等。将野生种称为“杨山牡丹”，其栽培类群称为‘凤丹’或凤丹牡丹（*Paeonia ostii* ‘Fengdan’）应是正确的处理和安排（李嘉珏，2001，2005）。

（二）形态特征（图 4–10）

落叶灌木，高约 1.5 m，枝皮褐灰色，有纵纹，具根蘖，1 年生新枝长达 20 cm，浅黄绿色，具浅纵槽。二回羽状复叶，小叶多达 15 片，小叶窄卵状披针形或窄长卵形，长 5 ~ 10 cm，宽 2 ~ 4 cm，先端渐尖，基部楔形，圆或近平截，全缘，通常不裂，顶生小叶有时 1 ~ 3 裂，上面近基部沿中脉疏被粗毛，下面无毛，4 ~ 7 对，侧生小叶近无柄，稀具柄，小叶柄长达 6 mm。花单生枝顶，花径 12.5 ~ 13 cm；苞片卵状披针形，椭圆状披针形或窄长卵形，长 3 ~ 5.5 cm，宽 0.5 ~ 1.5 cm，下面无毛；萼片三角状卵圆形或宽椭圆形，长 2.7 ~ 3.1 cm，宽 1.4 ~ 1.8 cm，先端尾尖；花瓣 11 片，白色，倒卵形，长 5.5 ~ 6.5 cm，宽 3.8 ~ 5 cm，先端凹缺，基部楔形，内面下部及基部有淡紫红色晕；雄蕊多数，花药黄色，花丝暗紫红色；花盘暗紫红色；心皮 5 枚，密被粗丝毛，柱头暗紫红色。蓇葖果 5，长 2 ~ 3.2 cm，密被褐灰色粗硬丝毛。种子长 0.8 ~ 1 cm，黑色，有光泽。花期 4 月中下旬。

杨山牡丹野生居群形态特征无论居群间或居群内均变异较小，但二回羽状复叶小叶有 9 ~ 15 枚的变化，心皮通常为 5 枚，但在陕西商南县二郎庙居群发现有心皮分别为 5 枚、6 枚、7 枚和 8 枚的植株（徐兴兴等，2016）。

（三）分布与生境

1）分布范围　作为芍药属牡丹组革质花盘亚组中一个重要的种，杨山牡丹应有较广的分布区，但目前发现的野生居群不多。有关调查记载如下（王佳，2010）：①河南嵩县杨山，山坡灌丛，海拔 1 200 m（张家勋，1990）。②河南卢氏县野生栎林下，海拔 1 400 m【洪德元，潘开玉；1998，H98005（PE）】。③河南内乡宝天曼，海拔 1 370 m（洪德元，1997，H97011）。④河南嵩县九龙洞母猪洼，女寨怀，乱石尖、百里沟山坡地，海拔 1 150 ~ 1 200 m（贾怀玉，1994）；白云山黑龙潭，海拔 1 500 m【洪德元等，1997，H97011（PE）】。⑤河南西峡，林下，海拔 1 600 m（邱均专等，1998）。⑥安徽南陵丫山，野生，海拔 200 ~ 250 m（沈保安，1984）。⑦安徽宁国板桥村，悬崖边，海拔 600 m（沈保安，1997）。⑧安徽巢湖银屏山，悬崖上，野生（沈保安，2001；洪德元，1998）。⑨湖南龙山，山坡灌丛，海拔 1 409 m（张家勋，1982）。⑩陕西留

1. 模式植株上的花朵；2. 湖北五峰野生杨山牡丹植株的复叶（小叶增多）；3. 岩缝中的根系；4、5. 生境；6. 陕西眉县太白山北麓的杨山牡丹

● 图 4-10 **杨山牡丹**

坝张良庙，灌丛中，野生（支富仓，1998）。此外，湖南西北部永顺县松柏镇有数以百计的杨山牡丹古树，是当地居民先辈从附近羊峰山上挖下来的，所采标本经洪涛鉴定确认（侯伯鑫，2008）。

近年来，在陕西中南部商南县、洋县、眉县、略阳县、镇坪县等地陆续有野生居群发现。据统计，共有 13 个居群（徐兴兴等，2017）。

关于杨山牡丹，还有几点值得注意：一是长期以来药农采挖野生牡丹根作药用，中间还曾出现采挖高潮，致使野生居群急剧减少，甚至绝迹，现在只有人迹罕至的深山才能找到；二是 1958 年以来，中药材管理部门曾在全国范围内大力推广‘凤丹’种植，面积扩展太快以致丹皮市场很快饱和，价格大幅下跌导致药农放弃管理，栽培‘凤丹’遂被野化。因此，对各地分布的杨山牡丹需要认真加以鉴别。此外，赵孝庆等近年在江南各地考察时，注意到江苏南京以南的高淳一带曾有野生白花牡丹分布，推测为杨山牡丹；安徽南部宣城一带 20 世纪 50 年代末 60 年代初曾用‘凤丹’种子作过飞播，有些山地还保留有较大植株。

杨山牡丹野生种与栽培种之间差异不大，是其具有较强遗传保守性的表现，也与药农在长期栽培实践中不刻意追求其观赏性状有关。只要认真观察，可以发现野生种后代整齐度较高与栽培品种仍有一定差异。如陕西眉县太白山杨山牡丹小叶呈长卵状披针形，植株间差别不大；洛阳杨山牡丹的后代也是如此。而栽培‘凤丹’复叶中小叶多在 9、11、15 枚间变化，不少植株叶片较肥大，小叶近椭圆形；此外，杨山牡丹在花色、花瓣数目及花瓣基部色斑或色晕等方面也有不少变异。

2）*主要居群的生境条件* 杨山牡丹的野生分布区处于北纬 28°12′ 53″ ~ 25°33′ 37″，东经 106°33′ 90″ ~118°1′ 9″，大体上沿陕西境内秦岭山脉向东到河南境内伏牛山区，再向东延伸到安徽中部，向南经湖北西南部延伸到湖南西北部武陵山脉北端，处于从北亚热带到暖温带的中高山地。

（1）河南内乡县宝天曼居群。该居群见于河南内乡宝天曼自然保护区内牡珠流村小猴沟，处于北纬 33°31′ 49.9″、东经 111°54′ 10.3″、海拔 1 025 m 的山坡上。该地处于伏牛山南坡，年平均气温 15.1℃，1 月平均气温 1.5℃，7 月平均气温 27.8℃，年平均降水量 885.6 mm，平均蒸发量 991.6 mm，年均相对湿度 68%。

植被以暖温带落叶阔叶林为主，兼有北亚热带常绿阔叶林、落叶阔叶混交林的特征。乔木层树种有麻栎、栓皮栎、茅栎、槲栎、山杨、白桦、化香等；灌木有山胡椒、山刺玫、五味子、黄荆、悬钩子、胡枝子等；草本有宽叶苔草、艾麻等，以及蕨类植物。

该山地土壤垂直分布比较明显，杨山牡丹分布区海拔 800 ~ 1 300 m 为山地黄棕壤。该地有两个分布点：一个在陡峭山体的南坡，居群处于自然野生状态；另一处是曾经耕种过的梯田。

（2）河南辉县关山居群。该居群见于辉县市西北上八里马头口村，地处太行山南麓，关山景区内七里坡仙乐台区。牡丹分布于西南坡向，海拔 900 ~ 1 100 m。该地属暖温带大陆性季风气候。1 月平均气温为 –0.6℃，7 月平均气温 27.1℃；极端最高温度 41.5℃，极端最低温度 –18.3℃。平均无霜期 214 天，平均日照时数 2 020.1 h，平均降水量 589.1 mm。

该地具有较多栽培树种，如泡桐、核桃、榆树、苹果、山楂、杉木以及花椒等。野生树种有黄连木、灯台树等；灌木类有山茱萸、黄栌、胡枝子、扁担杆、荚蒾、铁线莲、黄荆等；草本有唐松草、紫菀、葎草、益母草、杜英、香薷、博落回等。

山地土壤以棕壤为主，pH 6.5 ~ 7.0，中性偏酸。乔木林下为全阴至半阴。西南坡山茱萸林下集中分布有 40 株左右居群，似为自然更新的灌丛，周围有分散单株，生长势较强，结实较多。在七里坡附近，有人为干扰痕迹。附近山上有 2 株生长在石缝中的杨山牡丹。

（3）安徽巢湖银屏山古牡丹。该古牡丹位于安徽巢湖市银屏山风景区仙人洞的悬崖上，是迄今见到的最为古老的一丛杨山牡丹。该植株所在地海拔 282 m，处于北纬 31°43′ 9.6″，东经 117°47′ 14.9″。该地属北亚热带湿润气候，年平均气温 15℃，平均降水量 1 200 mm，无霜期 230 天。该植株生长在离地面约 50 m 的悬崖石罅中。无伴生植物。植株开白花，二回羽状复叶，小叶数 11 ~ 13 枚。

（4）湖北保康横冲居群。湖北襄阳市保康县地处湖北西北部，荆山山脉横贯县境中部将该县分为南北两部。该县后坪镇横冲药材场位于保康县中部，海拔 1 680 ~ 1 742 m，处于北纬 31°43′ 9.6″，东经 111°7′ 14.5″。该地属北亚热带大陆性季风气候。夏季高温高湿，降水量占全年总量的 30% ~ 50%。

该地植物种类丰富，乔木层有油松、华山松、麻栎、枫杨、山杨、青冈栎、刺楸、槲栎、红花泡桐、湖北枫杨、栓皮栎、短柄枹栎等，灌木及藤本有山茱萸、火棘、悬钩子、楤木、平枝栒子、红椿、冻绿、胡枝子、青钱柳、溲疏、五味子、三棵针、中华常春藤、荚蒾等。

土壤在低山河谷以黄棕壤为主，海拔 1 500 m 以上以山地棕壤为主。pH 6.5 ~ 7.5。横冲野生杨山牡丹是 30 年前由保康县林业局戴振伦发现，现仍有 4 株生长在山坡石缝中，2 株主干较粗。山顶林下有一个野生居群，约 30 株。其中能开花的 17 株，周围有更新苗。由于常年处于郁闭环境中，植株生长较弱。

此外，保康县南部马良镇和平乡云起山海拔 900 ~ 1 165 m 处也有杨山牡丹分布。

（四）繁育系统

马菡泽（2016）观察研究了凤丹牡丹的开花过程及其繁育系统，得到的主要参数如下：凤丹牡丹花粉胚珠比约为 443 240.02，其杂交指数为 5（花径大于 6 cm，记为 3；雄蕊先熟，记为 1，柱头与花药处于不同位置，记为 1）。通过杂交指数判断，凤丹牡丹属异交，部分自交亲和，且需要传粉者。其访花昆虫为蜂类和甲虫类，由于花朵无蜜源，主要以花粉作为传粉报酬。凤丹牡丹异交率为 81.73% ~ 84.21%，花粉有效传播距离 4 龄种群平均 6.22 m，最远 17.56 m；6 龄种群为 4.7 m，最远为 14.5 m。

（五）遗传多样性

1. 基于形态性状的遗传多样性

据王佳（2009）对安徽、河南、湖北、湖南等地 10 个居群（含野生和栽培）形态性状的聚类分析，杨山牡丹各居群间形态学差别较小，33 个指标中有差异的只有 13 个，而且这些有差异的指标主要是叶部形态性状，而花部形态性状差异很小。此后，彭丽萍（2018）进一步分析了凤丹牡丹的表型多样性 。从安徽铜陵、亳州，山东菏泽、聊城，山西临汾和河南洛阳 6 个中心产区，选择 5 ~ 30 龄长势良好的栽培群体共 398 个样本进行表型性状变异调查与分析，主要结果如下：

1）凤丹牡丹表型性状变异丰富　分析显示，不同株龄群体间，枝条数、地径、株高、茎长、冠幅（长与宽）、成花枝、芽位数、叶长与叶宽 10 个性状存在显著性差异，表明它们受到株龄因素的显著影响；而顶生小叶长与宽、芽位高、复叶数、心皮数、当年生枝长与枝茎、两年生枝长与枝茎、叶柄长10个性状不存在显著性差异，表明其不受株龄影响。这些性状的均值为：芽位高15.01 cm，复叶数10.69，心皮数4.88枚，当年生枝长40.33 cm、枝径8.55 mm，两年生枝长约14.86 cm、枝径约9.62 mm，叶柄长15.75 cm，顶生小叶长约9.21 cm、宽约4.85 cm。受株龄影响的10个性状中，其生长量均值除叶长和叶宽均值呈递减趋势外，其余性状均值均呈递增趋势。

2）*凤丹牡丹生长潜力较大*　在‘凤丹’表型性状分析中，株高、冠幅和成花枝等与产量相关的性状随株龄增加呈现递增趋势。30龄植株株高均值可达197.32 cm，冠幅136.26 cm×117.06 cm，成花枝22.86个，可见其生长潜力较大。

3）*‘凤丹’栽培群体间表型分化系数属中等水平*　研究发现，‘凤丹’群体间表型分化系数为27.6%，与其他树种相比较属中等水平，并表明其群体内变异是‘凤丹’表型变异的主要来源，种群内的遗传多样性大于种群间的多样性。

4）*表型性状间存在不同层次的相关性*　造成表型差异的主要性状为当年生枝条长与枝径、芽位高、顶生小叶长与宽等。而各性状间又存在不同层次的相关性。通过表型性状相关性可以推测与其相关的表型性状，有利于快速全面地对资源进行客观评价。

5）*表型性状与环境因子之间的相互关系*　环境因素是影响植物表型变异的重要因子之一。15个‘凤丹’栽培群体所处地理环境跨度较大，除2年生枝径对环境因子不敏感外，其他性状均受到环境因子的影响，其中顶生小叶的长与宽受环境因子影响达极显著水平。

2. 基于孢粉分析的遗传多样性

王佳（2009）应用扫描电镜观察了12个杨山牡丹居群的花粉，发现其形态呈两侧对称，花粉粒长球形，少数近球形，赤道面观为椭圆形至长椭圆形，极面观为三裂圆形，具三拟孔沟，有沟膜，沟中部宽，向两端逐步变窄。极轴长39.181～49.800 μm，赤道轴长19.104～25.271 μm，*P*/*E*（极轴长/赤道轴长）值为1.614～2.497，脊宽0.447～0.652 μm，穿孔最大直径为0.501～0.927 μm。花粉两极大部分为圆弧形，少数为平截形。各居群表面纹饰有穴状、穴网状、网状和粗网状等类型，以网状纹饰居多，次为穴状（铜陵‘凤丹’、保康云起山杨山牡丹、湖南永顺杨山牡丹）。

3. 基于分子标记的遗传多样性

1）扩增片断长度多态性（AFLP）分析　王佳（2009）对杨山牡丹 15 个居群 199 个样品进行了 AFLP 分析。9 个多态性引物组合共扩增出 967 条带，平均每个引物组合扩增出 96.7 条带，多态性条带 902 条，百分率 93.23%。结果认为，杨山牡丹在物种水平上，总的多态位点百分率（P）为 93.23%，基因多样性指数（H）为 0.337 6，香农信息指数（I）为 0.504 2。而在居群水平上平均遗传多样性水平则较低（PPL=57.70%、H=0.196 1、I=0.294 6）。

进一步分析其遗传结构，杨山牡丹总遗传多样性 H_t=0.337 3，居群内的遗传多样性 H_s=0.196 1，居群间基因分化系数 G_{st}=0.418 5，基因流 N_m=0.694 7。其 G_{st} 值为 0.418 5，说明其遗传多样性 41.85% 存在于居群间，58.15% 存在于居群内。N_m 值小于 1，说明居群间基因交流较少。

居群间聚类结果显示，在遗传距离 0.15 处，15 个居群分为两大组，其中获嘉杨山牡丹与嵩县杨山牡丹、湖南永顺杨山牡丹、甘肃两当杨山牡丹居群聚为一组，前 3 个居群亲缘关系较近，且与模式植株有关。其余居群在遗传距离 0.13 时又分为两组，保康 3 个居群为一组，而洛阳‘凤丹’、邵阳‘凤丹’、铜陵‘凤丹’、亳州‘凤丹’、关山‘凤丹’、宝天曼杨山牡丹为另一组。

综上所述，杨山牡丹居群间仍具有较高的遗传多样性。

2）表达序列标签 – 简单重复系列（EST–SSR）标记分析　彭丽平（2018）应用 29 对微卫星引物对陕西、山西、山东、河南、湖北、湖南等地 36 个‘凤丹’群体的 902 个个体进行了遗传多样性分析，共检测到 142 个等位基因，平均每个位点等位基因数（N_r）为 4.897。在物种水平上，平均多态性信息含量（PIC）为 0.318，平均观察的杂合子（H_o）为 0.343，平均期望的杂合子（HE）为 0.521，平均遗传多样性指数（H）为 0.330，平均遗传分化系数（F_{st}）为 0.106。表明‘凤丹’群体具有中等遗传多样性和低等的遗传分化。AMOVA 分析显示 93.77% 遗传变异存在于群体内，表明群体内的变异是‘凤丹’群体遗传变异的主要来源。在各地‘凤丹’群体中，陕西群体平均遗传多样性指数（H）为 0.340，平均等位基因丰富度（AR）为 2.353，相对其他群体，其遗传多样性水平最高。

群体遗传结构分析显示，各‘凤丹’群体中存在独立的 5 个祖先结构，表明在凤丹牡丹长期的历史进化过程中，至少发生过 5 次独立驯化事件。其中，来自陕西的‘凤丹’群体共享 4 个独立的祖先结构，与其他地区的‘凤丹’群体间表现出较高的遗传分化，推测陕西很可能是凤丹牡丹的起源中心。此外，来自铜陵的‘凤丹’群体共享独立的祖先结构，表明‘凤丹’在铜陵至少有一次独立的驯化事件。相关分析表明，铜陵‘凤丹’群体与混杂的现代杂交‘凤丹’群体间具有频繁的基因交流，反映现代栽培的‘凤丹’可能早期从安徽铜陵引种，铜陵在现代栽培‘凤丹’群体的驯化和繁殖方面发挥了重要作用。

3）保守 DNA 衍生多态性（CDDP）标记分析　翟立娟等（2017）应用此技术研究了秦巴山地 4 个野生种的遗传多样性。其中杨山牡丹有效等位基因数（N_e）为 1.470 8，根井正利基因多样性指数 0.252 4，香农信息指数 0.361 5。多态性位点数（*NP*）41，多态性位点百分率 58.57%。在紫斑牡丹、杨山牡丹、矮牡丹与卵叶牡丹 4 个种中，杨山牡丹遗传多样性水平居中。

（六）资源利用与保护

1. 资源利用

1）生产性栽培　在牡丹组所有种类中，杨山牡丹是栽培面积最大、应用范围最广的种类。其栽培类型人们习惯称为‘凤丹’或凤丹牡丹，常见品种叫‘凤丹白’。

2011 年以前，‘凤丹白’主要用于以下 3 个方面：一是用作药用栽培；二是进行苗木生产，主要生产嫁接观赏品种用的砧木；三是直接用作观赏。2011 年下半年起，各地转向油用栽培。

（1）药用栽培。药用牡丹的产地有安徽铜陵、南陵、青阳、泾县及亳州；浙江临安的昌南、昌北，金华的东阳；湖南邵阳、邵东、祁阳、祁东；重庆垫江；陕西商洛；山西运城等地。此外，陕西宝鸡、内蒙古赤峰等地也有少量栽培。其中主产地有两个：一是安徽铜陵，占全国药用栽培总面积的 60% ~ 70%；二是山东菏泽，以‘凤丹白’为主，也包括当地丹皮产量较高的少数中原品种（如‘赵粉’‘朱砂垒’等），占全国总面积的 20% ~ 30%（王志芬，2005）。需要注意的是，药用品种并非全是‘凤丹白’，各地还有适应当地风土条件的品种，如重庆市垫江县主栽品种为‘太平红’，湖北恩施、建始、巴东一带以‘锦袍红’‘湖蓝’为主，而湖南邵阳有 2 个品种，一个叫‘凡丹’（实际上是‘凤丹’），另一个叫‘香丹’。

（2）苗木生产。‘凤丹’苗木生产地主要是安徽亳州，2010 年以前年产量在 2 000 万株以上，主要供应山东菏泽、河南洛阳等地嫁接观赏品种时用作砧木。一般苗龄为 1 ~ 3 年。2011 年以后，随着油用牡丹的迅速发展，各地苗木生产面积快速增长，但安徽亳州仍是主产区之一。

（3）观赏栽培。‘凤丹’用作观赏栽培的地方有河南洛阳、山东菏泽及北京等地。观赏栽培的方式：一是在观赏园中小片或成片栽植，成为“凤丹林”，如洛阳邙山上的国家牡丹园。二是用‘凤丹’大苗作砧木，嫁接多个观赏牡丹品种，作“什样锦”造型，这种方式在洛阳应用最多，洛阳国际牡丹园有成片的“什样锦”。三是直接用经过初步杂交改良的‘凤丹’系列品种布置于观赏园中，特别是一些早花品种，在大型观赏园中十分抢眼。

（4）油用栽培。由于 2000 年前后发现凤丹牡丹种子不仅含油率高（26% 以上），而且油中不饱和脂肪酸含量高（多在 90% 以上），不饱和脂肪酸中 α-亚麻酸含量也高（40% 以上），有益于人类健康。2011 年 3 月，牡丹籽油被国家卫生部（现国家卫生健康委员会）批准为新资源食品。

从 2013 年秋起，油用牡丹在全国范围内掀起了发展热潮。安徽铜陵、亳州及山东菏泽等地的‘凤丹白’从药用栽培转向油用栽培，即由以生产丹皮为主，转向种子生产。在全国范围内，除原有产区外，从南到北、从东到西都在积极引种，从而大大突破了原有的种植范围。特别是西藏拉萨、新疆阿克苏等地也都有了引种栽培。凤丹牡丹在这些新引种地的适应性有待多年（3 年以上）观察才能得到确切的结论。如‘凤丹白’引种到海拔较高的兰州榆中及临洮后，最初几年尚好，但随后不断死亡。在兰州附近海拔 2 000 m 以上地区，有‘凤丹白’与中原牡丹品种或紫斑牡丹品种的杂交后代栽培，寒害时有发生。这种情况需要引起各地注意。同时需要强调，当‘凤丹白’用作油用栽培时，就意味着整个生产经营活动转向种子生产，其对气候、土壤条件比药用栽培有着更高的要求，栽培措施也有明显不同。因此，对我国偏北（“三北”地区北部）气候寒冷地区及偏南（长江流域以南）花期雨水较多及冬季气温偏高地区的凤丹牡丹发展，需持谨慎态度。

2）重要的育种亲本　在牡丹杂交育种的实践中，发现杨山牡丹及其栽培品种‘凤丹白’是优秀的育种亲本。它与不少种类的亲和性均较强，有着巨大的育种潜力。

此外，杨山牡丹是栽培牡丹的祖先种之一，具有重要的学术研究价值。

2. 资源保护

杨山牡丹是药用植物，又是专性有性繁殖，因而其野生居群极易遭到破坏。在野生状态下一旦遭到破坏，就很难得到恢复。杨山牡丹野生分布区人为活动频繁，以往药用采挖强度较大，这是在其分布区难以找到野生居群的重要原因。目前，野生杨山牡丹数量很少，处极度濒危状态。加强杨山牡丹野生居群的保护工作已刻不容缓。

该种被《国家重点保护野生植物名录》（2021）列为国家二级重点保护野生植物。

四、紫斑牡丹

***Paeonia rockii*(S. G. Haw & Lautner)T. Hong & J. J. Li ex D. Y. Hong (1998)**

——*P. suffruticosa* Andr. subsp. *rockii* S. G. Haw & Lautner (1990)

（一）分类历史

紫斑牡丹的分类经历了一段较为曲折的过程，原因很简单，就是模式标本的确认。第一位采到紫斑牡丹标本的是英国人法雷尔（R.Farrer），他于1913年在甘肃南部武都（今陇南市）附近的一处山坡上，发现了一株牡丹，花朵大且每片洁白的花瓣基部都有一个清晰的紫斑，他采了标本，但没有作记载。近80年后，由他采集现存于英国爱丁堡皇家植物园标本馆（E）的标本被确认为紫斑牡丹的模式标本。第二位采到标本的是美籍学者洛克，他于1925—1926年在甘肃卓尼一个喇嘛庙（今卓尼禅定寺）里住了一年。他发现院中白色带斑的牡丹花很美丽，便在秋天采下种子寄回美国阿诺德树木园，并相继在美国、加拿大、瑞典和英国等地育苗成功并广为栽植，被人们称为“Rock’s Variety”。

早在1807年，安德鲁又依据从中国广州引种英国栽植在休姆（Abraham Hunme）爵士花园中一株开白花带紫斑的牡丹定名发表新种 *Paeonia papaveracea* Andrews。后来，克纳（Kerner）于1816年将其确认为牡丹的变种 *P. suffruticosa* Andr. var. *papaveracea* （Andr.） Kerner。英国学者比恩（Bean）研究了休姆爵士花园中这样的牡丹，认为其既不是种，也非变种，而是一个品种 *P. suffruticosa* ‘Papaveracea’（见 Trees and Shrubs Hardy in the British Isles, Vol 4, 8th, 81, 1976）。

1972 年《中国高等植物图鉴》首次使用了“紫斑牡丹”名称并作了正确描述，但拉丁学名却误用了上面提到的 *P. papaveracea*。1979 年，《中国植物志》（第 27 卷）出版时，潘开玉把它定为牡丹的种下类型 *P. suffruticosa*. var. *papaveracea*（Andrews）Kerner。

1990 年，英国学者霍和劳特纳看到了 *P. papaveracea* 的原图，弄清了它引入英国的历史，赞同它是牡丹的一个栽培品种。他们将 *P. papaveracea* 和洛克从甘肃南部引进的 Rock's Variety 作了比较，认为它们差异较大，不属于同一类群。而 Rock' s Variety 的后代与法雷尔从甘肃武都采集的标本相近，从而依据该标本将野生紫斑牡丹作为牡丹新亚种处理 *P. suffruticosa* subsp. *rockii* S. G. Haw et L. A. Lautner，以此来纪念洛克。1992 年，洪涛、李嘉珏等在整理牡丹组新分类群时，根据紫斑牡丹与牡丹花朵与叶片形态的明显区别又将该亚种提升为种级水平 *P. rockii*（S. G. Haw & Lautner）T. Hong et J. J. Li。但由于该文发表时新组合没有指出基名 subsp. *rockii* S. G. Haw & Lautner 出现的具体页码而出现失误，1998 年由洪德元作了纠正而使其成为有效发表。由此紫斑牡丹拉丁名应为 *Paeonia rockii*（S. G. Haw & Lautner）T. Hong & J. J. Li ex D. Y. Hong。1994 年，洪涛等又以采自甘肃文县的标本为依据发表了新亚种林氏牡丹 *Paennia rockii* subsp. *linyanshanii* T. Hong & G. L. Osti。洪德元在查看英国爱丁堡皇家植物园标本馆珍藏的紫斑牡丹标本后，发现 *P. rockii* subsp. *linyanshanii* 的描述与之完全相同，因而确定它实际是 *P. rockii* subsp. *rockii* 的异名。这样，秦岭北坡的紫斑牡丹裂叶亚种并未被描述。基于此，洪德元于 1998 年发表了新亚种太白山紫斑牡丹 *P. rockii* subsp. *taibaishanica* D. Y. Hong。此后，洪德元在研究霍等（1990）处理的牡丹亚种 *P. suffruticosa* subsp. *atava*（Brühl）S. G. Haw & Lautner 时，发现该亚种实际上就是太白山紫斑牡丹。该亚种（subsp. *atava*）的模式标本采自西藏中南部一个叫春丕的地方，其花瓣上有明显的紫斑，推测这些植株是由僧侣们从陕西秦岭带到那里去的，于是，洪德元又将亚种太白山紫斑牡丹的拉丁学名改为 *P. rockii* subsp. *atava*（Brühl）D. Y. Hong & K. Y. Pan，而 *P. rockii* subsp. *taibaishanica* 就成了该亚种的异名（洪德元，潘开玉，2005）。

（二）形态特征

落叶灌木，茎直立，高 0.5 ~ 2 m，茎皮褐灰色。二回或三回羽状复叶，小叶 19 ~ 35 枚或更多，卵状披针形，长 2.5 ~ 11 cm，基部圆钝，先端渐尖，多全缘，顶生小叶不裂或有 2 ~ 3 裂，上表面无毛或主脉上有长柔毛，下表面多少被白色长柔毛。花单朵顶生，径 15 ~ 19 cm；花瓣通常白色，稀淡粉红色，基部内侧具黑色或暗紫红色斑块；雄蕊极多数，花药金黄色，花丝黄白色；花盘花期全包心皮，黄色或黄白色；心皮 5 枚，密被茸毛，柱头黄色；聚合蓇葖果，蓇葖（幼）长椭圆形，长 2 ~ 5 cm，径 1 cm。

紫斑牡丹已分化为形态上有一定差异且呈异域分布的亚种。

1. 紫斑牡丹原亚种（全缘叶亚种）（图 4–11）

Paeonia rockii* subsp. *rockii

——*P. rockii* subsp. *lanceolata* Y. L. Pei & D. Y. Hong (1993)

——*P. rockii* subsp. *linyanshanii* T. Hong & G. L. Osti (1994)

该亚种小叶卵状披针形，全缘，花部性状有丰富变异，如湖北保康大水居群花色有白色和花瓣基部为粉色的个体，花瓣数大于 10，色斑有近三角形和卵圆形，还发现有心皮与花丝均为紫红色的植株（徐兴兴等，2016）；神农架居群色斑有深红色等变化。此外，在甘肃南部发现有开红花的类型。

2. 太白山紫斑牡丹（裂叶亚种）（图 4–12）

***Paeonia rockii* subsp. *atava* (Brühl) D. Y. Hong & K. Y. Pan (2005)**

——*P. rockii* subsp. *taibaishanica* D. Y. Hong (1998)

该亚种小叶卵形或宽卵形，大多有裂或有缺刻，花瓣多为白色，但子午岭林区北部见有粉色及花盘花丝呈紫红色的植株（李嘉珏，1999，2005；定光凯等，1997）；在陕西甘泉下寺湾见有呈白色、粉色、紫色的杂色居群（李嘉珏等，2006）。

（三）分布与生境

1. 分布范围

紫斑牡丹是革质花盘亚组野生种中分布范围最广的一个种，大体上以东西长达 1 400 km 的秦岭山脉为界，其北坡向北陕甘黄土高原山地林区分布着太白山紫斑牡丹，其南坡往南则分布着紫斑牡丹原亚种。

紫斑牡丹（原亚种）在甘肃境内见于天水市秦城区（李子村李子林场）、徽县（银杏乡海龙山）、两当、成县、康县（长坝林场）、漳县、舟曲（拱坝沟）、

1、2、3、4. 三种花色花朵（白色、粉色、红色）、白色整株；5、6. 湖北保康居群花叶结构；7、8. 甘肃文县居群复叶；9、10、11、12、13. 紫斑牡丹生境（9. 生境保护好的林地幼苗生长良好；10. 甘肃省两当县生境；11、12. 甘肃省徽县生境；13. 河南洛宁生境）

● 图 4-11 **紫斑牡丹原亚种**

1. 花朵；2. 陕西甘泉下寺湾居群中开红花的植株；3、4. 生境（3 为甘肃庆阳合水县，4 为陕西甘泉下寺湾）；5、6、7. 陕西甘泉下寺湾居群中的 3 种花色（白色、粉色、红色）

● 图 4–12　**太白山紫斑牡丹**

文县（白马河沟）、武都等地；在四川西北部见于青川县、南坪县（双河区）、松潘等地；在陕西境内见于略阳（白水江镇四平村白杨沟、麻柳塘沟、白洋沟）、山阳、留坝、眉县、凤县、太白县（黄柏塬）等；在河南境内见于嵩县（杨山）、栾川（龙峪湾林场）、洛宁、卢氏、三门峡、灵宝及内乡；湖北见于保康、神农架。

太白山紫斑牡丹在甘肃境内见于临洮、天水、合水（太白林场）；陕西中北部见于太白县（太白山、马耳山）、眉县、铜川市耀州区（金锁纸坊村）、陇县、耀县（马角山）、黄龙县（寺山）、旬邑（暗门子沟）、甘泉、富县、宜川、志丹及延安等地。

2. 生境类型

紫斑牡丹分布范围广泛，按地理气候等因子可大体划分为以下区域。

1）陕甘黄土高原　在陕甘之间黄土高原上的子午岭关山林区有太白山紫斑牡丹分布（定光凯等，1997；祁越峰等，2007；唐红等，2012），分布面积最大的要数甘肃合水县太白林区。据祁越峰等调查，2006 年 10 月有 1 050 亩，平均密度 10 株 / 亩；唐红等（2012）报道为 69.25 hm^2。

该地气候属温带半湿润类型。年平均温度 7.4 ~ 8.5℃，绝对最高气温 36.7℃，绝对最低气温 –27.7℃，≥10℃积温 2 600 ~ 2 700℃，年均降水量 500 ~ 620 mm，无霜期 110 ~ 150 天。土壤为灰黄绵土或灰褐土。有 3 种森林群落：辽东栎群落、山杨群落及山杨 + 辽东栎群落。群落构成：乔木有辽东栎（*Quercus liaotungensis*）、山杨（*Populus davidiana*）、侧柏（*Biota orientalis*）、白桦等；灌木有水栒子（*Cotoneaster multiflorus*）、北京忍冬（*Lonicera elisae*）、牛奶子（*Elaeagnus umlellata*）、葱皮忍冬（*Lonicera ferdinandii*）、土庄绣线菊（*Spiraea pubescens*）、毛楝（*Swida walteri*）、毛樱桃（*Spiraea pubescens*）、胡颓子（*Elaeagnus pungens*）等，伴生火绒草（*Leontopodium giraldii*）、唐松草属、蒿属植物。紫斑牡丹呈零星散片状分布于海拔 1 280 ~ 1 420（1 510）m 的山梁及山坡上，以山地阴坡（东北坡）最多，半阳坡（西南坡）仅零星分布。坡位以山坡中部种群密度最大（0.63 ~ 1.66 株 /m^2），幼苗所占比例最高（40% 左右），由于林地小气候条件好，林地枯枝落叶层（2 ~ 5 cm）及腐殖质层（5 ~ 20 cm）较厚，植株生长正常，更新能力强，种群稳定性强。植株 18 龄以后，株高生长稳定在 140 cm 左右。根系主要分布在 4 ~ 40 cm 土层内，土壤 pH 7.8 ~ 8.0。树龄最大约 40 年，最高 2.2 m（唐红等，2012）。

子午岭东段铜川市耀州区境内，属暖温带大陆性气候，年平均气温 10.6℃，年降水量 600 mm 左右，年均日照 2 350 ~ 2 400 h，无霜期 206 ~ 228 天。分布于北纬 35°04′ ~ 35°07′，东经 108°38′ ~ 108°41′，海拔 1 301 ~ 1 535 m 林缘、坡麓次生灌木林中，常与辽东栎、黄刺玫（*Rosa xanthina*）、绣线菊（*Spiraea salicifolia*）等混生。

2）秦巴山地

（1）西段西秦岭及陇南山地。该区西秦岭以北如临洮一带分布有太白山紫斑牡丹，以南为紫斑牡丹原亚种。

小陇山腹地沙坝一带，海拔 1 565 ~ 2 019 m，年平均气温 6.9℃，极端最高气温 31℃，极端最低气温 -22℃；年均降水量 834 mm，年均蒸发量 925.8 mm，无霜期 154 天。土壤主要为山地棕壤，pH 6.5 左右。紫斑牡丹散见于阔叶林下或林缘地带。其群落组成：乔木树种有锐齿栎（*Quercus aliena* var. *acuteserrata*）、山杨、白桦、鹅耳枥、椴、漆等；灌木有榛子、甘肃山楂（*Crataegus kansuensis*）、黄蔷薇（*Rosa hugonis*）、栒子、卫矛（*Euonymus alatus*）、绣线菊、连翘、箭竹（*Fargesia nitida*）等；草本以蒿类、蓼及茜草较多。

甘肃南部文县紫斑牡丹分布于海拔 1 300 ~ 3 200 m 处，见于半阴坡、半阳坡疏林下灌丛中。该地乔木树种有川钓樟（*Lindera pulcherrima* var. *hemsleyana*）、栓皮栎等；灌木有黄栌（*Cotinus coggygria*）、毛樱桃、胡枝子、马桑、小叶忍冬（*Lonicera microphylla*）、水红木（*Viburnum cylindricum*）、荚蒾等；草本有苔草、茜草、雀麦、天门冬、野棉花及鳞毛蕨、蹄盖蕨等。

（2）中段秦岭山地。陕西境内秦岭北坡有太白山紫斑牡丹分布，以南为紫斑牡丹原亚种。在秦岭北坡太白山自然保护区，紫斑牡丹分布在海拔 1 100 ~ 1 800 m 的山坡丛林中，坡向以北、西北为主，在 35° 坡面及山沟中部及上部较为多见，多在落叶栎林或杂木林林缘及林窗向阳地段。土壤为褐土或黄棕壤，pH 6 ~ 7。该地年平均温度 11 ~ 14℃，年降水量 620 ~ 820 mm。宝鸡市凤县属暖温带山地气候，年平均气温 11.4℃，年降水量 613.2 mm，年日照时数 1 625.8 h，无霜期 180 天。紫斑牡丹原亚种分布于北纬 33°50′ ~ 33°58′，东经 106°27′ ~ 106°31′，海拔 1 209 ~ 1 445m 林缘及坡麓的杂木林中，常与刺楸（*Kalopanax septemlobus*）、胡颓子、五角枫（*Acer mono*）混生，土壤为褐土或黄棕壤。在其他各地，紫斑牡丹多生于向阳山坡丛林、稀疏灌丛及岩石缝隙中，很少见于阴湿沟谷。其群落组成多为喜光的中旱生植物，主要乔木树种有山杨、漆树、锐齿栎、华山松等；灌木有黄栌、桦叶荚蒾（*Viburnum betulifolium*）、小叶丁香（*Syringa microphylla*）、甘肃山楂、红柄白鹃梅（*Exochorda giraldii*）、大花溲疏（*Deutzia grandiflora*）、陕西绣线菊（*Spiraea wilsonii*）等；藤本有葛藤（*Pueraria lobata*）、华中五味子（*Schisandra sphenanthera*）；草本有狼尾花、野青茅、筋骨草等。

（3）东段豫西山区。东段为秦岭东延余脉伏牛山、熊耳山及崤山，紫斑牡丹原亚种见于嵩县、栾川、内乡（宝天曼）、淅川及卢氏、洛宁等三门峡一带。在嵩县、栾川县接壤地带的杨山主峰周围紫斑牡丹见于海拔 1 300 ~ 1 650 m。杨山地区年平均气温 12.0℃，极端最低气温 −19℃，年均降水量 821.9 mm。紫斑牡丹生长地热量和光照条件较差，但水分条件较好，阴凉湿润为其生境的主要特点。野生紫斑牡丹生育期比洛阳栽培牡丹少 2 个月左右。杨山土壤主要为山地棕壤，pH 6.43，其群落组成中，乔木优势种为栓皮栎、漆树、槭树（*Acer truncatum*）、青肤杨（*Rhus potanini*）等；灌木层优势种有华北忍冬（*Lonicera tatarinowii*）、棣棠（*Kerria japonica*）等；藤本有大叶铁线莲（*Clematis heracleifolia*）；草本层有细叶苔草（*Carex capilliformis*）、缘毛鹅冠草、唐松草等。据张益民等（1988）调查，杨山一带紫斑牡丹平均密度为 6 株 /100 m^2。因生境差异，该地紫斑牡丹植株间生长差异很大。8 年生植株茎高 40.9 ~ 122 cm，7 年生 58.1 ~ 121.5 cm，6 年生 32.5 ~ 100 cm。一般主茎年均生长 10.3 cm。在林下土壤肥厚处，叶片长大于 33 cm，宽大于 30 cm，而生长于阳坡灌丛中的植株，叶长仅 18 cm，宽 10.2 cm。在栾川县龙峪湾林场，紫斑牡丹生长在海拔 1 300 m 左右的向阳陡坡落叶阔叶林下。该群落中乔木树种有栓皮栎、漆树、千斤榆、山核桃、构树等；灌木有杭子梢、黄栌、粗榧、蔷薇、连翘等；藤本有葛藤、铁线莲、悬钩子等。紫斑牡丹最大植株 10 年树龄，高 1.7 m，其四周 4 ~ 5 m 范围内有 14 ~ 18 株 1 ~ 4 年生幼株。该地土壤为棕壤，偏酸性（pH 5.4 ~ 5.6）。

3）神农架林区　位于湖北西北部的神农架为秦巴山地的东延余脉。紫斑牡丹原亚种分布于本区北段的宋洛山（海拔 1 100 m）、古庙垭（1 300 m）、古水（1 600 m）、牛皮郎（2 200 m）、刘响寨（2 500 m）及高桥、黄杨沟等土层较肥厚的山坡灌丛地带。其集中分布区海拔

1 000 ~ 1 600 m，一般多丛生于山坡密林间的向阳空旷地段，土壤为山地棕壤（1 500 ~ 2 200 m）及山地黄棕壤（海拔 1 500 m 以下），pH 5.6 ~ 6.3。从植被垂直带看，紫斑牡丹分布限于中山与低山之间的常绿阔叶、落叶阔叶与针叶混交林带。植物群落种类丰富，乔木层主要有巴山松（*Pinus henryi*）、华山松、亮叶桦（*Betula luminifera*）、鹅耳枥、槲栎（*Quercus aliena*）、刺叶栎（*Q. spinosa*）、化香（*Platycarya strobilacea*）等；灌木层有杜鹃、胡枝子、枸子、荚蒾。该分布区海拔 938 ~ 1 700 m，年平均气温 7.4 ~ 12.2℃，年均降水量 1 000 ~ 1 700 mm，无霜期 153 ~ 224 天。海拔 2 300 m 地带，年均降水量可达 1 842.8 mm，无霜期 98 天。

（四）种群数量动态

张庆雨等（2015）应用静态生命表、种群生殖力表及绘制存活曲线，研究了陕西境内紫斑牡丹南北两个居群的种群数量动态变化特征。北部铜川市耀州居群位于子午岭林区东部，属太白山紫斑牡丹；南部宝鸡市凤县居群位于陕西境内秦岭西段，属紫斑牡丹原亚种。研究结果表明，两个居群所反映的种群数量动态截然不同。

（1）耀州居群在 3 龄前和 9 ~ 15 龄分别经历了环境筛和竞争自疏，1 ~ 9 龄级间有较多幼苗完成自我更新，种群结构相对稳定，12 龄级后种群消亡率上升，自疏作用增强。由于幼龄个体比例大，中龄个体比例小，种群结构呈金字塔形，属典型的进展型种群；凤县居群在 3 龄前经历了强烈的环境筛，3 龄后处于高死亡状态，该居群整体数量少（个体不足 100 株），其中幼龄个体少，中龄以上植株不足 5%，种群结构不合理，稳定性差。

（2）耀州居群存活曲线为 Deevey-Ⅰ型，其幼龄期个体死亡率低于 40%，12 ~ 15 龄级死亡率上升，以后又趋于平稳，21 龄后进入老龄阶段，30 年为其极限寿命；凤县居群存活曲线为 Deevey-Ⅱ型，1 ~ 3 龄级种群死亡率迅速上升并一直处于较高水平，其极限寿命为 24 年。

（3）依据种群生殖力表，耀州居群净增长率为 1.252，内禀增长率为 0.021 9，周限增长率 1.022 1。其世代平均周期为 10.25 年，11 年左右为其生理寿命。凤县居群净增长率为 0.667，内禀增长率为 –0.048 4，周限增长率为 0.952 8，其世代平均周期为 8.35 年，9 年左右为其生理寿命。前者表现为增长型种群，后者为衰退型种群，与前面静态生命表结论一致。

形成以上结果的原因与居群所处生境条件、居群规模与分布状况、对环境的适应能力以及人为干扰程度等有关。紫斑牡丹种群更新主要依靠种子繁殖，耀州居群紫斑牡丹在林缘坡麓呈星散分布，居群规模相对较大，成年植株结实比例在20%以上，种子饱满率65%以上，平均单株结实量4.8粒，母株周围有较多实生幼龄植株；而凤县居群成年植株少，结实率不到5%，种子饱满率40%，平均单株结实量仅0.6粒，且实生幼苗很少，种群更新困难。更重要的是耀州区森林环境保护较好，而凤县居群人为干扰严重，滥采乱挖可直接导致紫斑牡丹种群走向衰退。

紫斑牡丹分布范围较广，凤县居群仅代表部分紫斑牡丹原亚种的状况，如周仁超（2002）曾调查湖北保康紫斑牡丹原亚种大水居群（海拔1 750 m）和横冲望佛山居群（海拔1 946 m）。这两个居群保护较好。以1年为1个龄级编制静态生命表，结果表明两个居群情况类似，为增长型居群。

（五）传粉昆虫的物种多样性

据调查，子午岭林区紫斑牡丹访花昆虫有55种，其中传粉昆虫有44种，占访花昆虫的80.0%。根据传粉昆虫种群数量，访花频次和传粉行为等综合分析，认为主要传粉昆虫为膜翅目的地蜂、隧蜂、切叶蜂、蜜蜂（熊蜂、木蜂），双翅目的食蚜蝇和缨翅目蓟马，其次是鞘翅目花金龟、花天牛、芫菁等，说明子午岭林区紫斑牡丹传粉昆虫的物种多样性较为丰富，主要种类如下（赵淑玲等，2003）：

地蜂科4种，如黑地蜂、黄胸地蜂等；隧蜂科3种，如红足隧蜂等；切叶蜂科2种，如粗切叶蜂等；蜜蜂科9种，如紫木蜂、黄胸木蜂等；黑足熊蜂、黄熊蜂等4种；食蚜蝇科有黑带食蚜蝇等8种；蓟马科有花蓟马1种，纹蓟马科3种；天牛科有曲纹花天牛等3种；花金龟科有白星花金龟等2种；芫菁科有小斑芫菁等2种。

（六）遗传多样性与遗传结构

1. 遗传多样性

1）基于表型性状的遗传多样性　表型多样性主要研究居群在其分布区内

各种环境下的表型变异，这些变异往往是遗传多样性与环境多样性的综合体现。表型性状变化常常作为遗传变异的表征。张晓骁等（2014）观察分析了陕西境内秦岭、子午岭地区 6 个紫斑牡丹野生居群（分布于凤县、留坝、长安、太白、甘泉、延安）的表型多样性，结果表明 8 个质量性状只有株型在居群内与居群间均存在差异。其他性状（如分枝类型、叶形、叶柄、果实颜色、果实种子饱满程度以及果实被毛与否）只在居群间存在变异，并且居群间变异明显多于居群内。14 个数量性状在居群内与居群间均存在显著变异，但居群间变异仍比居群内变异丰富。表型性状变异离散程度高，8 个居群 13 个数量性状均值在居群间的差异均达到极显著水平，不过不同性状间稳定程度不同，其中蓇葖果数量最稳定，果实内种子数最不稳定。这些差异反映了长期的自然选择条件下，不同性状对环境具有不同的适应能力。

2）基于叶绿体 DNA 标记的遗传多样性　应用 3 个叶绿体基因片段（*petB-petD*、*rps16-trnQ* 和 *psbA-trnH*）分析了紫斑牡丹 20 个居群 335 个个体（样品），获得 1 094 条序列，总共检测到 33 个变异位点，包括 29 个碱基突变和 4 个插入 / 缺失。

遗传多样性主要用核苷酸的多样性、单倍型的数目及其多态性表示。20 个居群中，甘肃党川、湖北保康大水和河南杨山 3 个居群单倍型数目（h 均为 2）和多态性（H_α=0.220、0.484 85 和 0.666 7）最多，其余 17 个居群的单倍型数目（h=1）和多态性（H_α=0）都相同。

甘肃党川、湖北大水、河南杨山 3 个居群核苷酸的多样性（θ）依次为 0.000 08、0.000 87 和 0.000 97，其余 17 个居群 θ=0。就种类而言，紫斑牡丹原亚种和太白山紫斑牡丹单倍型数目（θ）分别为 12 和 4，而多态性（H_α）分别为 0.852 42 和 0.584 75；而核苷酸多样性分别为 0.002 5 和 0.001 4，均为前者明显高于后者。

研究表明，在物种水平上，紫斑牡丹有着高的遗传多样性（G_{st}=0.94），但居群水平的遗传多样性水平很低。Pei（2005）对 138 种植物的叶绿体 DNA 研究表明，G_{st} 平均值为 0.67。比较起来，紫斑牡丹还是比较高的。在一些濒危物种中，紫斑牡丹叶绿体 DNA 单倍型平均多样性 θ=0.88，也高于平均值。20 个居群中，有 17 个居群是单态的，即群体内遗传多样性为 0，说明群体内所有个体只有 1 个基因型，表明这些居群是由单个或少数几个个体发展而来。

3）基于微卫星标记的遗传多样性　应用 14 对微卫星标记位点，在 20 个居群的样品中，共检测到等位基因183个。居群间存在显著的遗传分化（F_{st}=0.32），居群水平的遗传多样性不高（H_s=0.516），但物种水平的遗传多样性水平很高（H_T=0.746），在陕西甘泉、河南栾川、甘肃徽县（麻沿）3个居群中发现了显著性偏低的自交系数（F_{IS}=0.076）和近期的遗传瓶颈事件。

2. 遗传结构与遗传分化

1）遗传结构　基于叶绿体DNA分子标记构建的居群水平的系统发育树和谱系地理分析结果，清晰地表明紫斑牡丹种下有4个遗传亚结构，从而将紫斑牡丹各居群分为4个组：①西部组：包括文县、两当、徽县（麻沿）、漳县、略阳、徽县（涯坪）、徽县（嘉陵）、天水（党川）、成县（孔子沟）、成县（鸡凤山）10个居群。②太白组：宝鸡太白居群。③北部组：包括铜川、合水居群。④东部组：包括甘泉下寺湾、嵩县杨山、栾川、内乡宝天曼、保康横冲、保康长冲垭6个居群。4个主要的单倍型组中没有发现共同的单倍型，表明4个组在遗传上分化明显，并可进一步将前两组合并为西部居群组，后两组合并为东部居群组。

将整个居群的N_{st}和G_{st}进行比较，N_{st}（0.971）显著大于G_{st}（0.939），δ检验差异显著（U=1.72，P<0.01）。表明亲缘关系相近的单倍型更多共同分布于相同的地理区域，整个群体地理结构明显。

以群体为单位的分子变异分析，表明居群间有极高的遗传变异，而居群内变异非常小，仅为0.17%，居群间为2.97%，而占绝大多数的核苷酸多样性（96.81%，P<0.001）则来源于居群间，表明居群间存在着极显著的遗传分化，不同分组间的基因流为0.000 9～0.140 0，而遗传分化则高达0.78～0.982，表明地理上距离更近的群体间有着更近的亲缘关系。而东西长达1 400 km的秦岭山脉及其复杂的地形地貌，可能分隔和影响了野生紫斑牡丹的空间遗传结构。

2）遗传分化　基于微卫星标记的贝叶斯聚类、群体系统发育和主成分分析3种方法，都将紫斑牡丹区分为遗传上有明显分化的3个部分和1个混杂的文县居群，并正好对应于紫斑牡丹地理分布上的3个地域：①北部组，主要为陕甘黄土高原子午岭林区的4个居群，如甘泉、合水、铜川和太白居群。②东部组，秦岭东延余脉河南伏牛山区的内乡、栾川、嵩县杨山3个居群和湖北神农架林区、保康的横冲、长冲垭3个居群。③西部组，包括西秦岭南部甘肃陇南山区的9个居群。此外，有根的系统发育树表明，北部组相对于东部组与西部组似乎更加古老。

门特尔（Mentel）检验（r=0.607 4，P<0.001）和分子变异分析（P<0.001）均支持“距离隔离模型”，并表明了显著的分子变异存在于空间分隔的三个群体间（11.32%）和居群之间（21.22%）。

3. 紫斑牡丹遗传结构形成的影响因素

紫斑牡丹现有遗传结构的形成，是多种因素综合影响的结果。这些因素包括生境片段化、受限的基因流，气候波动以及低的种子萌发和生根率。此外，在长期地理隔离后，不同居群的适应性进化，也是重要原因之一。

1）生境片段化与受限的基因流　野生紫斑牡丹现存空间遗传结构首先是因为秦岭山脉的地理阻隔影响了居群间的基因交流，进而导致了一个曾经连续分布的大群体的片段化。采用蒙莫耶（Monmonier’s）最大分化计算法分析，结果表明在秦岭及其相邻地区存在5个主要的天然地理屏障（图4–13）。前两

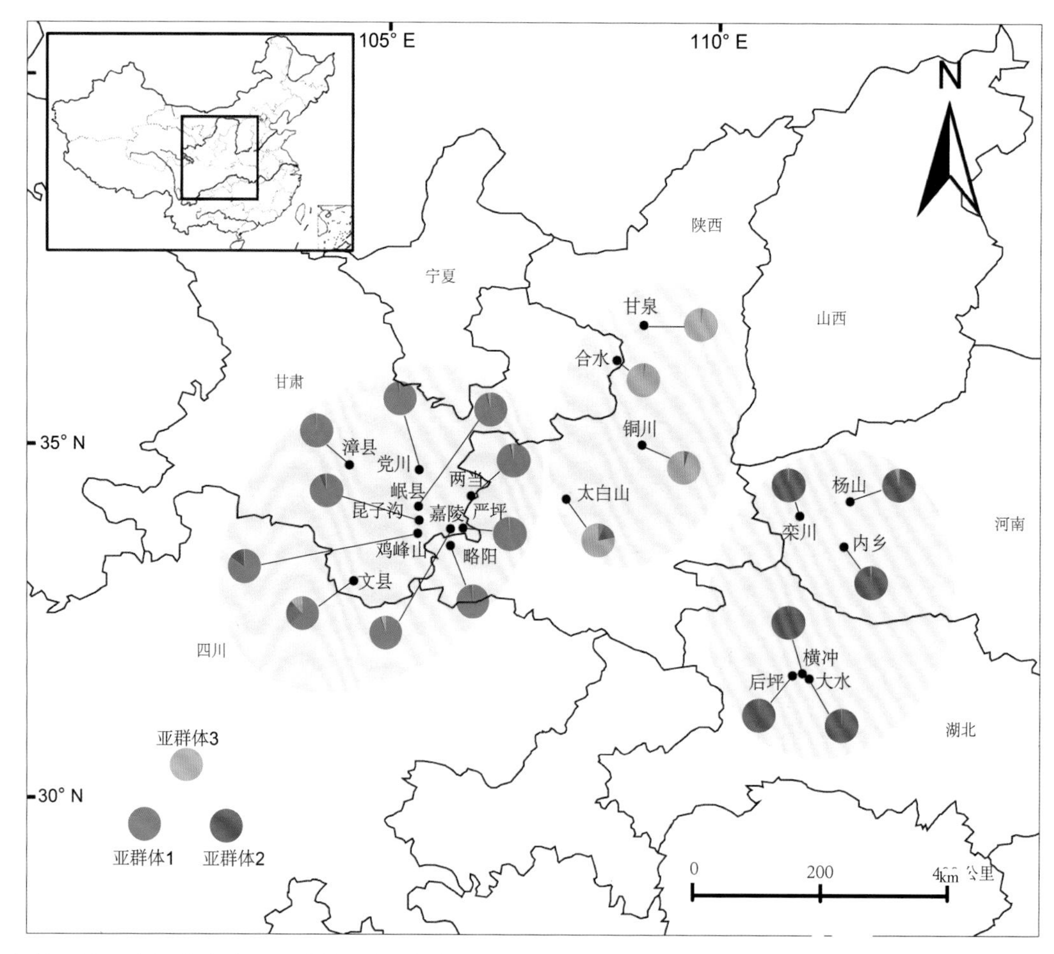

注：紫斑牡丹的3个祖先类群：亚群体1（蓝色），亚群体2（红色），亚群体3（绿色）

● 图4–13　**基于微卫星标记推断的紫斑牡丹空间遗传结构及地理屏障**

个屏障将紫斑牡丹分布区分成了西部、北部和东部 3 个部分，另外 3 个屏障出现在 3 个片段化的群体内部。

第一个屏障出现在东部分支和北部分支之间（即铜川居群和栾川居群之间）。这个地理屏障和洛南—栾川地质带的存在相吻合。这条地质带将东秦岭和巴山山脉的紫斑牡丹与秦岭中部的紫斑牡丹分隔开来。第二个屏障存在于北部分支和西部分支之间（即太白山居群和甘肃南部两当居群之间），正好与地质史上 70 万年前秦岭的快速隆起相吻合。第三个屏障对应渭河，将太白山居群与渭河以北子午岭林区的紫斑牡丹分开。第四个屏障存在西部分支内部，将陕西略阳居群与其他甘肃南部居群分开。第五个屏障在东部分支内部，将熊耳山系的居群与巴山山脉的居群分开。

基于叶绿体 DNA 的有关分化时间的分析表明，紫斑牡丹一个大群体的遗传分化发生在 40 万 ~ 160 万年前，与大量的地质事件在时间上吻合，表明秦岭山脉的快速隆升与紫斑牡丹遗传结构的分化关系密切。

2）气候波动的影响　紫斑牡丹物种经历了多次气候波动。其中第四代冰川引起的全球性降温背景下，野生紫斑牡丹居群由北向南迁移。位于黄土高原南端北部居群中部分植物沿山脉向东南迁移进入东秦岭（今河南伏牛山、熊耳山系），在叶绿体 DNA 标记构建的系统发育树上，北部甘泉居群与东部分支聚在一起，支持这一假说。部分植株继续南迁，进入大巴山区（今湖北神农架林区）；西部一支则可能由北部祖先类型跨越渭河进入秦岭中部，再沿秦岭向西向南扩张。除文县居群和太白居群外，其余居群可能是冰期结束后新建立起来的群体，是适应当地气候和生境后的类型发生扩张形成的。

3）环境生态因子的作用　紫斑牡丹种内空间遗传结构的分化与环境因子关系密切。这些环境因子包括经纬度、海拔、1 月和 8 月平均气温、光照时间、年均降水量、年均蒸发量、土壤类型。相关分析表明，空间遗传结构与空间地理距离和环境因子均呈正相关，空间上越接近的居群，地理环境与气象因子方面的差别就越小。因此，生态选择（自然选择）对紫斑牡丹大部分居群的现有分布格局的形成有着相当大的贡献（袁军辉，2014）。

地理隔离造成的不同气候和土壤因子显然对紫斑牡丹种内遗传分化和表型分化都产生了显著影响，如地理位置上分布在秦岭以北子午岭林区的居群具有典型的裂叶特征，属太白山紫斑牡丹，适应黄土高原相对干旱的气候特点；而秦岭西部和东部居群植株具有典型的全缘叶特征，属紫斑牡丹原亚种，适应相对湿润的生境。这也说明地理上分布近缘的居群适应相似的生态环境条件。

降水量、温度、光照和蒸发量是影响紫斑牡丹空间分化的主要环境因素，并且表明紫斑牡丹形态分化（如叶表型）和生态分化不仅存在遗传构成上的差异，也反映了其适应不同环境的潜力。

（七）资源利用与保护

1. 资源利用

在牡丹组中，紫斑牡丹是利用较早、观赏栽培范围较广、品种资源较为丰富的种类之一，既是重要的观赏植物资源，也是重要的木本油料作物资源。

1）生产性栽培

（1）观赏栽培。以甘肃中部为中心，紫斑牡丹已在西北地区形成了一个栽培类群——紫斑牡丹品种群。从 20 世纪 90 年代中期开始，紫斑牡丹在国内外得到广泛传播，产生了重要影响。

甘肃中部各地培育的紫斑牡丹品种不少，但真正流行的品种也就 200 个左右，在东北一带正在形成一个抗寒性较强的品种类群。

（2）油用栽培。紫斑牡丹种子含油率较高。从 2010 年国家卫生部批准牡丹籽油为新资源食品以来，紫斑牡丹油用品种在全国范围得到推广。由于紫斑牡丹适应性强，比凤丹牡丹耐寒、抗旱且籽油中 α- 亚麻酸含量更高，因而在东北、华北、西北一带适生地区受到欢迎，有着良好的发展前景。

紫斑牡丹也是重要的药用植物，可根据市场需求适度发展。

2）在牡丹育种中的应用　野生紫斑牡丹在甘肃兰州、河南洛阳（市郊及栾川）以及北京鹫峰等地引种栽培均正常生长开花结果。用于育种实践，也证明是优良的亲本资源。其花有芳香，花瓣上的色斑变异丰富，种子含油率高，α- 亚麻酸含量高，且耐寒、抗旱性强，在牡丹花色花香育种、抗性育种以及油用育种中都有很大的潜力。

2. 资源保护

紫斑牡丹为专性种子繁殖，在自然状态下，结实率低，且种子萌发时间长，萌发率低等，使其在生存竞争中处于不利地位。其根皮是重要的中药材，曾受到掠夺式采挖。紫斑牡丹一旦遭受破坏，就很难恢复。甘肃陇东子午岭林区合水林场有一片全国最大的紫斑牡丹分布区。这里的紫斑牡丹受到破坏后，经过28年的封禁，种群才得以恢复生机。值得关注的是，近年来随着油用牡丹的兴起，有些企业雇人上山挖取野生牡丹，由于方法不恰当，死亡率极高，导致野生紫斑牡丹又受到一次劫难。紫斑牡丹处于濒危状态，对其野生资源的保护时刻都不能放松。该种在《国家重点保护野生植物名录》（2021）中被列为国家一级重点保护野生植物。

五、四川牡丹

Paeonia decomposita **Hand.-Mazz. (1939)**

——*Paeonia szechuanica* W. P. Fang (1958)

（一）分类历史

四川牡丹的正式学名由汉德尔－马泽蒂于1939年命名，标本由瑞典人史密斯（H. Smith）采集于阿坝绰斯甲（现金川县观音桥镇），命名者汉德尔－马泽蒂认为该新种与牡丹（*Paeonia suffruticosa*）近缘，但具有多回复叶，小叶浅裂，使它区别于*P. suffruticosa*（洪德元和潘开玉，1999）。1958年，中国第一位进行牡丹类群分类研究的植物学家方文培教授根据李馨于1957年采集于马尔康附近的一个牡丹标本，命名了一个新种*Paeonia szechuanica* Fang。该标本具有三回或四回羽状复叶，因此认为与普通牡丹及四川牡丹相近。至此，分布于马尔康附近的野生牡丹类群具有2个学名（*P. decomposita*和*P. szechuanica*）。1996年洪德元发表了他对于四川牡丹学名问题的研究结果，经过借阅乌普萨拉（Uppsala）大学标本馆的*P. decomposita*模式标本进行比对，发现其与*P. suffruticosa*是完全不同的种，而与*P. szechuanica*为同一个种，因此，*P. szechuanica*是*P. decomposita*的异名。

此后，经大量野外调查发现毗邻的岷江流域亦有相似种分布，通过形态学比较，表明二者在小叶形状和心皮数目方面有连续的明显分化，因此认为二者为亚种关系，并分别命名为四川牡丹（原亚种）*Paeonia decomposita* subsp. *decomposita*和圆裂四川牡丹*Paeonia decomposita* subsp. *rotundiloba*（洪德元，1997、1999）。此后的十余年间四川牡丹2个亚种的定位一直为学者们所接受。直到2011年，基于由多个核基因构建的系统发育树和赫德伯格（Hedberg）较客观、可操作的物种概念界定，洪德元（2011）重新基于标本对四川牡丹与圆裂四川牡丹的表型性状进行观测分析，认为是 2 个独立进化的物种，并将圆裂四川牡丹重新命名为圆裂牡丹 *P. rotundiloba* D.Y.Hong。

从植株形态上看，四川牡丹、圆裂四川牡丹和紫斑牡丹具有叶为三回或四回羽状复叶、花盘黄白色、在花期包裹心皮 1/2 ~ 2/3、心皮 2 ~ 5 枚等共同特点。它们的主要不同之处是四川牡丹和圆裂四川牡丹花为粉红色，基部无斑点，而紫斑牡丹花呈白色（部分红色），基部有显著的紫斑。总之，这 3 个野生种存在一定的形态差异。但这些差异是否表示物种之间的差异就值得商榷（王建秀，2010）。从花粉外壁纹饰来看，这 3 个野生种均为粗网状纹饰（袁涛，1999）。在生殖方式上，紫斑牡丹、四川牡丹均为专性有性繁殖，只能通过种子繁殖，圆裂四川牡丹以种子繁殖为主，在黑水县色尔古居群发现一株圆裂四川牡丹以根出条的方式进行无性繁殖，但该现象是否有普遍性尚待进一步考察（洪德元，2017）。此外，从基因序列角度的研究均表明四川牡丹、圆裂四川牡丹与紫斑牡丹有很近的亲缘关系。但关于四川牡丹、圆裂四川牡丹、紫斑牡丹三者内部明确的亲缘关系尚未达成一致。周志钦等（2003）基于表型性状对牡丹组的系统发育揭示四川牡丹和圆裂四川牡丹聚为一个分支后，再和紫斑牡丹构成一平行支。赵宣等（2008）对牡丹组 8 个野生种进行的系统发育分析显示四川牡丹和紫斑牡丹先聚为姐妹支，再和圆裂四川牡丹聚为一大支。张金梅等（2008）基于 4 个叶绿体 DNA 序列（*ndhF*、*rps16-trnQ*、*trnL-F* 和 *trnS-G*）以及核基因 *GPAT* 序列分析了该分类群的系统发育关系，结果显示，四川牡丹与紫斑牡丹的一些居群的 DNA 具有交叉遗传组成的特点，这与二者的形态分化相背离。虽然在一些居群之间二者的叶绿体基因的差异较大，但并没有分化成独立的进化谱系，因而他们认为将四川牡丹与紫斑牡丹视为同一物种的不同地理宗会更符合实际情况。由于在黑水等地发现兼具两种类型的居群，四川牡丹与圆裂四川牡丹在本书中仍按 2 个亚种的关系进行论述。

（二）生境与分布

最新野外调查发现，四川牡丹分布范围主要在四川西北部，但延及甘肃南部一隅。四川牡丹原亚种（图 4–14）分布于大渡河康定瓦斯沟以上的上游流域，包括马尔康、金川、小金、康定、丹巴等地。其北起阿坝藏族羌族自治州马尔康县沙尔宗乡附近，南至甘孜藏族自治州康定县瓦斯沟一带，分布区域的东部以小金县抚边河流域为界，向西延伸至金川县观音桥镇附近。调查发现，四川牡丹原亚种分布的最低海拔在康定县舍联乡野坝村附近的河谷，海拔 1 664 m，生长于河谷阴坡，数量较少，尤其是成年开花个体稀少。最高海拔种群分布于小金县抚边乡，样地海拔 2 852 m。分布区属于大渡河干旱河谷区，年均气温 12.7℃，年均日照 2129.7 h，无霜期 184 天，年均降水量 500 ~ 600 mm，蒸发量 1 200 ~ 1 500 mm。

1. 花朵；2. 果实；3. 野生开花最大植株；4、5、6. 四川牡丹生境（马尔康脚木足、马尔康松岗、金川末末扎）；7、8. 四川牡丹变异花朵（雄蕊瓣化）

● 图 4–14　**四川牡丹原亚种**

圆裂四川牡丹（图 4–15）间断分布于甘肃南部至四川西北部。甘肃南部仅在迭部县电尕乡一带有分布。川西北地区分布于汶川、茂县、理县、黑水、松潘一带，北起松潘县镇江关乡，南至汶川县绵虒镇板桥山的岷江干流流域，向西沿黑水河分布至黑水县麻窝乡一带，沿杂谷脑河分布至理县古尔沟镇附近。记录到的分布最高海拔为镇江关乡的 2 810 m，最低海拔为汶川县绵虒镇板桥山的 1 824 m。分布地年平均气温在 11.2 ~ 12.9℃，最热月平均气温在 20.0 ~ 21.9℃，最冷月平均气温在 0.4 ~ 2.4℃，分布区降水量较少，平均年降水量在 400 ~ 500 mm，降水季节性明显，70% ~ 80% 的降水集中在 5 ~ 10 月。

四川牡丹分布区主要植被类型为干旱河谷灌丛，多见于东、东南、西南等坡向，少见于西北、东北和北坡，基本未见南坡分布。常见伴生植物主要

1. 花朵；2. 果实；3. 叶片；4. 生境

● 图 4–15　**圆裂四川牡丹**

有野桃（*Prunus davidiana*）、小叶蔷薇（*Rosa willmottiae*）、鼠李（*Rhamnus* sp.）、南方六道木（*Abelia dielsii*）、准噶尔栒子（*Cotoneaster soongoricus*）、绣线菊（*Spiraea* sp.）、葱皮忍冬（*Lonicera ferdinandii.*）、刺黄花（*Berberis polyantha*）、四川丁香（*Syringa sweginzowii*）、蚝猪刺（*Berberis julianae*）、野花椒（*Zanthoxylum simullans*）、散生栒子（*Cotoneaster divaricatus*）、野蔷薇（*Rosa* sp.）、小马鞍羊蹄甲（*Bauhinia faberi* var. *microphylla*）、橿子栎（*Quercus baronii*）和金花小檗（*Berberis wilsonae*）等。

（三）生物生态学特性

1. 物候特征

四川牡丹原亚种从 2 月下旬开始进入芽膨大期，3 月上旬至中旬开始萌芽，

3月下旬至4月上旬叶片展开进入快速生长期，花蕾显现并开始迅速增大，4月上旬至4月下旬进入初花期，花期21～29天；圆裂四川牡丹亚种的开花物候平均比原亚种推迟1～2周。8月中下旬果实停止生长，颜色逐渐由绿色转为黄绿色，8月底至9月初蓇葖果开裂，种子散出，9月底至10月初开始落叶。四川牡丹不同居群间存在明显的物候差异：康定舍联居群在地理位置上位于分布区的最南边，海拔1 660 m左右，为四川牡丹分布的最低海拔。然而该居群的生长期却是最短的，芽膨大期为各居群中开始最晚但果实成熟最早。除舍联居群外，其他各居群物候期基本上随着海拔的增加和纬度的增加而推后。金川末末扎居群的花期比分布区最北缘的马尔康脚木足居群早25天左右。

2. 居群结构

1）年龄结构　不同生境条件下的四川牡丹种群中个体年龄级存活个体比例构成的年龄金字塔基本上呈纺锤形，样地中个体数量最多的龄级是Ⅲ～Ⅵ龄级，为年龄6～12岁的中年个体，各种群中Ⅲ～Ⅵ龄级个体数量分别占个体总数的60.3%、63.9%、65.9%和65.0%，幼龄个体偏少，说明四川牡丹种群属于衰退型种群。根据调查情况来看，四川牡丹种群中的植株更像是同时发生，衰退的原因并不是个体生理年龄达到衰老的程度，而是由于环境条件的改变，加上人为干扰，更新层受到强烈的扰动，幼苗数量极少。同时由于干旱原因，四川牡丹种子落地后无法及时吸收水分萌芽，而受到动物采食破坏，种子向幼苗转化率极低。根据我们野外调查的情况看，康定孔玉乡一家农户屋前，有3株四川牡丹成年个体。四川牡丹在受到人为保护的情况下，个体年龄可以达到50年以上，而且生长茂盛、花量大。由此可以看出，野外条件下四川牡丹老龄个体缺少可能是由于前期作为药材采挖严重，最近10年才有所减少，而人为干扰的减弱为四川牡丹种群恢复提供了机会。

2）表型结构　植物种群表型结构是植物种群增长过程中生物和非生物力共同作用的结果，是种群发育过程中每个个体实现其增长机会的一种表达，也是植物对环境适应性的反映。各种群中，四川牡丹个体高度以80～160 cm数量最多，但不同种群间略有差异，这可能与其生长环境有关。四川牡丹各种群地径级结构以1.0～2.0 cm地径级个体为主，个别样地中出现5.0 cm以上地径级的个体，但数量极少。可以认为，土壤有机质含量对四川牡丹地径的加粗生长具有明显作用。

3. 群落中的物种种间关系

1）四川牡丹生态位　据刘光立等（2013）对丹巴革什扎乡四川牡丹灌丛灌木物种生态位宽度的计测及标准化结果表明，该群落生态位宽度在 0.90 以上的物种有蚝猪刺、野花椒、散生栒子和野蔷薇，物种的个体数量及样地内出现频度明显偏高，在群落内占据优势；而四川牡丹、小马鞍羊蹄甲、橿子栎和金花小檗的生态位宽度较小，低于 0.80，对资源利用能力较弱。四川牡丹灌丛不同物种之间生态位重叠有着明显差异。蚝猪刺与野花椒之间具有最高的生态位重叠值（0.860 8），而橿子栎与小马鞍羊蹄甲的生态位重叠值最低（0.007 5）。综合分析发现生态位宽度较大的物种之间通常具有较高的生态位重叠值，如蚝猪刺与野花椒、散生栒子、野蔷薇的生态位重叠值都在 0.70 以上；而生态位较小的物种之间生态位重叠较低，如橿子栎与金花小檗、四川牡丹、小马鞍羊蹄甲的生态位重叠均在 0.35 以下。就四川牡丹而言，其与蚝猪刺、野花椒等生态位宽度较大物种的生态位重叠值较大（>0.50）；与橿子栎、小马鞍羊蹄甲等生态位宽度较小物种之间生态位重叠值较小（<0.50）。

2）与其他灌木物种的空间关联性　对样地内灌木物种与四川牡丹的空间关联度进行分析表明，散生栒子、野蔷薇与四川牡丹在整个空间尺度范围内无显著的空间关联性；金花小檗、橿子栎、小马鞍羊蹄甲在小于 15 m 的空间尺度上与四川牡丹呈显著负相关关系，在大于 22 m 的空间尺度上呈显著正相关关系；平枝栒子、蚝猪刺、野花椒在 0 ~ 5 m 的空间尺度上与四川牡丹之间呈负相关或接近负相关，在其他空间尺度上通常无显著相关关系。

4. 四川牡丹种子休眠机制

四川牡丹自然状态下萌发率低，除外界环境及上胚轴休眠等因素的影响外，种子自身含有抑制其萌发的内源抑制物质，也是其萌发率低的原因之一。通过不同浓度的四川牡丹胚乳分离相对油菜种子萌发和幼苗生长影响的研究发现，油菜种子在四川牡丹胚乳各分离相中萌发率均下降，在幼苗的生长过程中，各有机相对油菜幼苗生长也存在不同程度的抑制作用，且浓度越大，抑制作用越强，其中乙醚相、甲醇相和水相抑制作用最明显，推测四川牡丹胚乳当中的内源抑制物质可能主要是有机酸和酚类物质。

四川牡丹胚乳各分离相对油菜种子萌发和幼苗生长的影响表现并不一致，其中石油醚相和乙酸乙酯相对油菜种子的萌发没有显著影响，而乙酸乙酯相对油菜幼苗的生长影响显著，同时发现水相和石油醚相处理的种子萌发后并不能正常生长，而是逐渐腐烂。由此可以看出，四川牡丹各分离相中的成分存在较大的差异性，有待进一步研究。

种子休眠的解除与内源抑制物质有关，还可能与内源激素有关。有研究表明，四川牡丹种子的萌发需要严格的低温（景新明，1999），并且在低温处理过程中子叶脱落酸的含量显著下降，由此可以认为四川牡丹种子的休眠是由内源抑制物质和内源激素等多种因素共同影响的结果。

5. 开花特征与繁育系统

1）开花特征　据 2012 年和 2014 年 4 ~ 6 月在四川阿坝州马尔康县脚木足乡的观察：随着花朵开放，花瓣伸长，平均从 34.8 mm 增至 53.9 mm。花瓣夜间稍闭合，能有效阻止夜间雨水冲刷花粉。雄蕊先于雌蕊成熟，且以内轮花药先开裂。开花初期有类似中药丹皮的异香，后期有类似枇杷果实的沉香。花朵无花蜜分泌。（杨勇等，2015）

开花第一天花粉即有活性，开花后第 3 ~ 5 天活力最高（85%），其活性可持续到花药脱离母体。柱头在花药开裂后第二天即具有可授性，持续时间 9 天。花粉活力开始降低时柱头可授性达最强。柱头分泌黏液时间与柱头可授性时期基本一致，但时间要短两天。柱头分泌黏液最多时间与柱头可授性最强时间基本一致。

花期部分花朵花药被虫食，最后心皮亦被破坏。虫食率约 30%。

2）繁育系统　四川牡丹杂交指数为 4：其花冠直径平均 125.6 mm，大于 6 mm，杂交指数记为 3；雄蕊先熟，杂交指数记为 1；花药与柱头几乎处于同一平面上，杂交指数记为 0。按照克鲁登（Cruden）的判断标准（1977）：四川牡丹繁育系统为部分自交亲和，异交，需要传粉者。

花粉胚珠比：单花花粉量 12 225 952 粒，单花胚珠数平均 58.8 个（心皮 2 ~ 7，多为 5，单个心皮含胚珠 8 ~ 33 枚），花粉胚珠比 =191 407.3±52 207.6。其有性繁殖为专性异交。

据观察，访花昆虫主要有阿坝蜜蜂（41.8%），次为食蚜蝇类（31.5%）。四川牡丹无花蜜，花粉是其唯一的传粉报酬。

（四）遗传多样性

1. 表型性状遗传多样性

1）*四川牡丹表型性状特征* 四川牡丹着花主枝高度最低 46.5 cm，最高 230 cm，平均 123.13 cm，叶片大部分为三回三出复叶类型，叶长 11.10 ~ 45.20 cm，平均 27.23 cm。顶小叶的形态是牡丹组植物分类的一个重要参考依据，四川牡丹原亚种的顶小叶长宽比为 1.10 ~ 8.10，平均为 2.48。13 个居群中顶小叶长宽比最小的是康定舍联居群的 2.25，最高的是小金宅垄居群的 3.07，同时侧小叶的形态也以卵形、长卵形至披针形为主，占 90.9%。而圆裂四川牡丹亚种的顶小叶长宽比基本在 2.0 以下，与本亚种有较明显区别。在所调查的四川牡丹原亚种 13 个居群中，185 个个体小叶数变异幅度为 17 ~ 79 枚，与滇牡丹复合体 17 ~ 312 枚，矮牡丹的 9 ~ 15 枚，紫斑牡丹 27 ~ 43 枚相比较，可以认为四川牡丹处于牡丹组植物形态进化的中间位置。四川牡丹原亚种心皮数量在所有性状指标中是最稳定的，185 个个体中 3 心皮和 4 心皮仅各出现 1 次，6 心皮出现 3 次，7 心皮出现 1 次，群体间变异系数仅为 1.40%，与圆裂四川牡丹的 2 ~ 4 心皮相比，差异明显。

2）*表型性状在居群间和居群内的变异* 四川牡丹表型性状在居群内及居群间存在变异，表现为居群内变异大于居群间变异。不同性状在同一居群内的变异程度不同，而同一性状在不同居群间的变异程度也有差异，这既与遗传因素有关，也与环境因子的影响密不可分。从茎、叶、花、果各部分的居群内平均变异情况来看，生殖器官的平均变异程度低于营养器官。表型性状在群体内稳定性较差，主要是由个体发育差异所引起的，主枝基径、小叶宽、小叶数、每蓇葖果种子数和种子千粒重指标在种群间稳定性较差，说明其受环境影响较大。四川牡丹 27 个表型数量性状平均分化系数为 32.64%，说明四川牡丹表型变异来源主要是居群内。

3）*表型数量性状主成分分析与聚类分析* 主成分分析结果表明，种实性状对变异的贡献较大，其次是叶片性状。说明生殖器官，尤其是果实种子，在居群内形成相对稳定的遗传机制，而居群间由于环境隔离而产生分化。前 3 个主成分作图和聚类分析都可以将 13 个种群划分为 4 个组，但发现各组并没有完全按照地理距离进行聚合，表明空间距离在种群变异上的贡献较小。因为四川牡丹分布的大渡河干旱河谷地形复杂，与之相对应的光照、水分、温度条件均是多变的，没有形成明显的环境梯度，这也是13个居群没有按照地理关系而聚合的原因。

2. 基于等位酶分析的遗传多样性

等位酶是同一基因位点上不同等位基因所编码的同一种酶的不同分子形式，或者说是由同一基因位点上不同等位基因所编码的同工酶。由于等位酶谱带与等位基因之间的明确关系，使其成为一种十分有效的遗传标记，是近20年来检测遗传多样性应用最广泛的方法。刘光立（2013）研究了来自四川牡丹13个居群285个个体的等位酶水平遗传多样性和遗传结构，通过6个酶系统的分析，13个四川牡丹居群共检测到11个基因位点，其中多态性位点7个，单态位点4个，等位基因18个，其中全域基因12个，广域基因5个，局域基因1个，未发现特异基因。金川中山、马尔康松岗及脚木足、小金宅垄4个居群具有最高的等位基因（17个）。从分析结果来看，作为分布地域狭窄的特有木本植物，其遗传多样性无论是在居群水平还是在种水平，都处于相对较高的水平。

四川牡丹具有相对较高的遗传多样性，可能与四川牡丹本身的繁育特性有关。从我们野外观察的情况看，四川牡丹具有明显的雄蕊后熟现象，是通过蜂类和甲虫类传粉的异花授粉植物，而虫媒异交物种一般都具有较高的等位酶变异（Hamick，Golt，1990）。四川牡丹属于长寿命木本植物，长寿命木本植物比其他类型植物有更多的机会积累生物突变，因而具有较高的遗传多样性。

四川牡丹13个居群7个多态位点的群体内、群体间基因多样度，群体间平均遗传分化系数为0.120 4，说明四川牡丹群体间变异占总变异的12.04%，有87.96%的遗传变异来自居群内。四川牡丹具有比虫媒异交种相对更低的遗传分化。植物居群间通过花粉和种子的迁移来达到基因流动，较高的基因流动可以使居群内保持较高的遗传多样性，而居群间的分化减少。四川牡丹居群7个多态位点基因流平均值1.827，群体间基因流相对较高。四川牡丹居群间较高水平的基因流，可能跟该植物分布区相对狭窄，采样居群间距离较近以及本种植物沿大渡河及其支流分布有关，居群间未能形成有效隔离，使花粉和种子得以在居群间流动。

3. 基于ISSR标记的遗传多样性

利用筛选出的10条ISSR引物对四川牡丹13个自然居群260个DNA样

本进行 PCR 扩增，共扩增出 100 条谱带，其中多态性条带 87 条，即四川牡丹种水平多态位点百分率为 87%，各居群多态位点百分率为 38% ~ 54%，平均 45.46%。各居群平均每位点等位基因数较为接近，从 1.38 到 1.54，平均值为 1.455，平均每位点有效等位基因数 1.195 ~ 1.304，平均值为 1.258。四川牡丹的遗传多样性水平在多态位点百分率方面，无论是居群水平还是物种水平都明显高于大部分濒危木本植物。

根据四川牡丹总基因多样度的划分，居群遗传多样度由居群间基因多样度和居群内基因多样度构成，通过根井正利方法（1978）计算的居群遗传分化系数 G_{st} 为 0.362，通过香农指数计算出的居群遗传分化系数（I_{sp}–I_{pop}）/ I_{sp}=0.382，略高于 G_{st}，依据遗传分化系数估算出的居群间基因流为 0.882，即约每代迁移个体数量为 0.882 个。根据各居群扩增条带记录，利用 Genalex 6.5 软件对四川牡丹进行分子方差分析，结果表明 13 个四川牡丹居群间的遗传分化达到极显著水平（P=0.001），在总遗传变异中有 38.69% 存在于居群间，61.31% 的变异存在于居群内。通过方差分析得到的居群分化系数 =0.387，与基于根井正利方法（1978）计算的 G_{st}=0.362 和基于香农多样性指数计算的（I_{sp}–I_{pop}）/ I_{sp}=0.382 基本接近，都表明四川牡丹居群间存在较大的遗传分化。

基因流是种群间遗传结构分化的主要原因。研究结果显示，四川牡丹居群间基因流为 0.88，低于虫媒异交物种的平均值 1.154，高于混交植物基因流平均值 0.727。四川牡丹居群间较低水平的基因流在一定程度上促进了各居群的分化（Slatkin，1987），而遗传漂变在四川牡丹居群的分化上产生重要影响。地理隔离是造成居群间基因流减少、居群间遗传分化加剧的重要原因之一，在个体、种子、花粉等的迁移能力不变的情况下，相隔距离越大种群间的基因流越小，从而导致种群间的遗传分化增大。这时种群间的遗传分化与空间距离存在正相关，居群间的地理隔离是构成居群遗传分化的原因之一。

4. 3 种方法的比较

利用形态标记、等位酶标记和简单系列重复区间分子标记 3 种方法得到的四川牡丹遗传多样性指标有一定的差异。在居群分化系数方面，等位酶标记的结果最小，形态标记的结果接近但略小于 ISSR 标记的结果。3 种标记方法，代表了居群遗传多样性研究的 3 个阶段，采用的测量手段与计算方法都存在较大差异，因此在结果上也会存在差异。利用表型性状研究居群遗传多样性是一种古老而简便的方法，但是表型是由基因型和环境共同作用的结果，不能完全代表基因型的差异，特别是一些数量性状受环境的影响非常明显，因此会出现明显的差异。3 种标记方法在检测能力和检测效率方面也存在较大差异。表型性状受到多基因位点的控制，但控制某性状的确切的基因位点却无法得到，而等位酶水平和 DNA 分子水平的检测却可以非常清晰地显示基因位点。

5. 濒危状况与濒危机制

1）四川牡丹的濒危状况　四川牡丹在川西地区分布广泛，是常见的植物种类，但随着资源利用强度的不断增加，再加上四川牡丹本身存在一定的繁殖障碍（景新明，1999；宋会兴 2012），导致其分布面积逐渐缩小。因此，在《中国植物志》（1992）和《中国植物红皮书》两部著作里，记载的分布范围仅仅在马尔康松岗和金川马尔帮一带，被认为是牡丹组植物中濒危状况最为严重的一个种。1995 年，洪德元等对川西甘孜、阿坝的四川牡丹分布区进行了全面考察，发现四川牡丹在金川—大渡河流域海拔 2 050 ~ 3 100 m 的灌丛中广泛分布，不呈濒危状态（洪德元，1999）。2005—2019 年，刘光立对四川牡丹分布区域进行深入调查，从调查情况来看，四川牡丹居群在大渡河、岷江流域的确比较普遍，但不构成连续分布，而成小斑块状镶嵌于河谷灌丛中，居群距离短至 1.5 km，长至 22.5 km。分布海拔从康定舍联乡境内的最低 1 664 m，到马尔康脚木足居群的最高 2 856 m。居群年龄以 8 ~ 15 年为主，5 年以下幼龄植株和 20 年以上的植株较为罕见，但在人迹罕至的断壁石崖以及部分居民的宅旁发现有年龄超过 50 年的植株。可见，人为采挖对四川牡丹的破坏非常严重。这种活动近十几年虽然有所减少，但并未完全停止。如小金县抚边乡的一个样地，2009 年春开花植株约 50 株，但当年 8 月采种时已不足 20 株，到处是被挖的痕迹。由此可见，虽然四川牡丹在金川—大渡河流域分布普遍，但是由于人为采挖与自身更新不良等原因，其资源状况已岌岌可危，部分居群已面临灭绝的危险境地。如金川县马尔帮乡大渡河对面一处山坡上原有四川牡丹大量分布，但前往调查时，在面积近 2 500 m^2 的山坡上仅发现一株发育严重不良的个体。由此可见，四川牡丹迫切需要进行重点保护。

2）濒危机制　四川牡丹是典型的专性有性繁殖方式，种子存在明显上胚轴休眠现象，种子发芽期长，容易受到环境因素的影响，且种子到幼苗转化率低，居群更新不良。同时，四川牡丹竞争能力较弱，在群落内受到野花椒、散生栒子、豪猪刺等优势物种的竞争排斥等。然而，四川牡丹面临的最大威胁是人为的破坏。大量的采挖、生境的破坏，加速了四川牡丹的濒危。

（五）资源利用与保护

1. 资源利用

四川牡丹一直处于野生状态。从 20 世纪 90 年代末期开始，甘肃兰州等地开始引种，并逐步引种到其他地区。从引种结果看，四川牡丹在甘肃兰州、白银及兰州以南的漳县一带均生长良好，开花结实正常，较耐寒，可用于杂交育种。但在河南栾川南部山区因环境较为湿润，对其生长开花有一定影响。

四川牡丹种子含油率较高，是潜在的油用种质资源。

2. 保护建议

对四川牡丹资源进行保护的首要任务是停止人为采挖破坏，而能控制采挖的关键则是控制销售，禁止其根皮的市场流通。同时要控制资源集中区域的环境开发，防止生境遭到进一步破坏。虽然四川牡丹的居群内遗传多样性较高，但同时居群分化也比较明显。需要对整个分布区的尽量多的居群进行有效保护，同时对其中遗传多样性较高的丹巴中路居群进行重点保护。另一个重要的保护措施是采取迁地保护，取样范围应包含尽可能多的居群以及居群内较多的个体。

该种已列入《国家重点保护野生植物名录》（2021），为国家二级重点保护野生植物。

六、其他

（一）中原牡丹

***Paeonia cathayana* D. Y. Hong & K. Y. Pan (2007)**

——*P. suffruticosa* Andr. subsp. *yinpingmudan* D. Y. Hong, K. Y. Pan & Z. W. Xie (1998)

——*P. yinpingmudan* (D. Y. Hong, K. Y. Pan & Z. W. Xie) B. A. Shen subsp. *henanensis* B. A. Shen (2001)

1. 分类历史

该种的分类需要从“银屏牡丹”说起。1998 年，洪德元等发表了

Paeonia suffruticosa Andr. 的一个亚种——银屏牡丹，即 *P. suffruticosa* subsp. *yinpingmudan*。

这个亚种令人关注的是它的模式为两个相距遥远的单株：一株是安徽巢湖银屏山悬崖上的老牡丹，另一株则在河南嵩县木植街乡石磙坪涩草沟村退休教师杨惠芳家院中。该植株据说是杨氏于 1961 年采自附近的杨山。但洪德元多次组织群众上山寻找，没有结果。银屏牡丹的发表并未得到学术界的认同。英国学者霍（2006）认为产自安徽银屏山的那株牡丹是杨山牡丹的成员，而非牡丹的直接祖先，其基部复叶小叶为 11 而非 9。经再次调查，银屏山牡丹基部复叶有 13 片小叶，呈卵状披针形或卵形，大多为全缘，和杨山牡丹的标本没有明显区别。而河南嵩县的植株，基部复叶有 9 片小叶，大多有裂，花玫瑰色，和银屏牡丹有所不同。因此，洪德元认为他们发表银屏牡丹所引用的两份标本应是两个实体，安徽巢湖银屏山植株是杨山牡丹的成员，而河南嵩县的植株才是栽培牡丹真正的野生类型。在否定“银屏牡丹”的同时，又认定河南嵩县木植街乡石滚坪村涩草沟的植株为一个新种，命名为中原牡丹 *Paeonia cathayana* D. Y. Hong & K. Y. Pan，并正式发表。

2. 形态特征（图 4–16）

落叶灌木，高约 0.8 cm。叶片有光泽。二回三出复叶，小叶 9，顶小叶倒

● 图 4–16　**中原牡丹（周世良　摄）**

卵状三角形，长 8 ~ 10 cm，宽 7 ~ 9 cm，3 ~ 5 裂，深达中部或更多。侧小叶呈卵形或卵状披针形，长 4 ~ 7 cm，宽 2 ~ 4.5 cm，全缘或有浅裂。单花着生枝顶。苞片 2 ~ 6 片，光滑无毛，萼片 5，尾状尖，长 3 ~ 3.5 cm，宽 2 ~ 3 cm，光滑无毛；花瓣 9 ~ 10，玫瑰色，宽倒卵形，顶部圆形，长 5 ~ 6 cm，宽 4 ~ 6 cm；花丝紫色，花药黄色；花盘紫色，花期全包心皮，柱头紫色。花期 4 月末 5 月初。

3. 分布

该种目前仅见于河南嵩县木植街乡石碳坪涩草沟村杨惠芳院中栽培，仅有 1 株（丛）。2008 年秋李嘉珏、刘改秀等将该植株引种到洛阳市国家牡丹园，已繁殖多株，生长开花正常。此后，2010 年洪德元又认为湖北保康戴振伦在后坪镇一个村民采到的标本与其类似。

4. 研究进展

中原牡丹是依据一个据说 30 多年前从山上挖回的单株发表的新种，这在分类史上颇为罕见。命名人强调，这个单株是中国栽培牡丹唯一的一株野生近亲，可见其地位之重要。相关研究从 1998 年洪德元等命名发表“银屏牡丹”前就已经开始。由于该项研究涉及中国栽培牡丹的起源问题，因而成为 21 世纪初叶牡丹研究中的一个热点。详情请参看本书第五章第三节相关论述。

P. cathayana 可能是一个存疑的种。它作为一个野生种历史上是否真正存在过，还需要更多的野外调查和更深入的分析研究。

（二）延安牡丹

***Paeonia yananensis* T. Hong et M. R. Li (1992)**

1. 分类历史

延安牡丹于 1992 年由洪涛等命名发表。随后的研究表明，延安牡丹是一个天然杂交种，是以矮牡丹为母本亲本、太白山紫斑牡丹为父本的种间杂交种（袁军辉，2009）。在延安万花山，经过数百年演化，形成了一个较小的品种系列——延安牡丹品种群（李嘉珏，1999，2005）。

在《*Paeonia suffruticosa* Andrews 的界定，兼论栽培牡丹的分类鉴定问题》一文中，洪德元重新肯定安德鲁斯于 1807 年发表的 *Paeonia papaveracea* Andrews，认为该种名是有效和合格的发表。依据他们的考证和研究（洪德元，潘开玉，1999），*P. papaveracea* Andrews 是经紫斑牡丹和矮牡丹杂交而来的栽培和半野生类型（延安），应将 *P.*×*papaveracea* Andrews 作为延安牡丹的种名。但鉴于延安牡丹的模式与 *P. papaveracea* 的模式（花半重瓣，花瓣白色，基部有明显的紫斑）相去甚远，且延安牡丹仍有根状茎、根出条的性状，洪德元关于更换拉丁学名的处理意见并未被学术界采纳。

2. 形态特征

落叶灌木，高约 40 cm，干皮带灰色，有纵纹。新枝绿色。二回复叶，顶生 5 小叶，两侧为 8 小叶，小叶卵圆形或卵形，长 2.5 ~ 8.5 cm，宽 1.9 ~ 8.3 cm，先端钝尖，基部窄楔形、楔形或宽楔形，具深裂、浅裂及粗齿，上面无毛，下面被长丝毛，后渐脱落，侧脉 2 ~ 3 对，侧生小叶无柄或有柄，柄长 0.1 ~ 1.1 cm，小叶柄被长丝毛或簇生丝毛。花单生枝顶；苞片窄椭圆状披针形或倒披针形，长 6 ~ 8 cm，宽 1 ~ 1.5 cm，下面被丝毛；萼片宽椭圆形或矩圆状椭圆形，长 3.8 ~ 4 cm，宽 2 ~ 2.8 cm，先端圆；花瓣 10 片，倒卵形，长 4 ~ 5 cm，宽 3 ~ 4.5 cm，先端凹缺，淡紫红色或白色，基部有暗紫黑色斑块；雄蕊多数，花药黄色，长 4 ~ 6 mm，花丝长 0.7 ~ 1.1 cm，上部白色，下部紫红色；花盘紫红色；心皮 5 枚，密被硬丝毛，柱头紫红色。花期 5 月中旬。（图 4–17）

3. 分布与生境

延安牡丹分布范围较窄，仅见于延安万花山及其附近村落。

延安属于暖温带半湿润偏旱气候区，该地年平均气温 9.4℃，极端最高气温 39.7℃，极端最低气温 –25.4℃，≥10℃积温 3 268.4℃；年均降水量 550.0 mm，年均蒸发量 1 585.9 mm，无霜期 180 天。延安牡丹散布于山地侧柏林或次生杂木林中，林地土壤为灰褐土与灰黄绵土。

1. 花朵；2. 生境

● 图 4–17　**延安牡丹**

4. 资源状况与保护

1）资源状况　据对延安及其周围地区的考

察，这一带分布有两种野生牡丹：①矮牡丹，在延安万花山崔府君庙附近有一个小居群，基本保持原有面貌；②太白山紫斑牡丹。该亚种在延安万花山有变异类型，为白花红心，即花朵为白色，但花丝、花盘（房衣）、柱头为紫红色。呈零星分布。此外，李嘉珏曾在附近甘泉下寺湾野生居群中见有红花类型，这是一个花色混杂的群体，同时见有白花、红（紫）花、粉花。这种情况在紫斑牡丹居群中尚属首次发现（李嘉珏，2006）。此外，富县张家湾林场也发现有紫斑牡丹白花红心类型。

据李嘉珏、李明瑞整理，延安万花山共有 16 个品种（李嘉珏，2006，2011）。数量不断发展，已有 3 万余株。这些品种往往表现出有斑、无斑两两对应的所谓“平行演化”现象。有些品种仍具有根出条、地下茎等无性繁殖特性，可以形成较大的无性系株丛。

2）资源保护　延安万花山早已开辟为旅游区，设管理处，在牡丹花期举办花会。除山地野生牡丹园外，山下也建有牡丹园，以引种外地牡丹为主。菏泽等地中原牡丹品种不大适应当地气候，后以引进耐寒性较强的兰州紫斑牡丹品种为主。

延安牡丹需以万花山管理处为主，继续加强研究和管护，并需进一步总结经验，提高管理水平。

第五章

牡丹的栽培种与品种资源

牡丹最早给予科学命名的种是个栽培种，因而“牡丹”二字具有双重含义：一是牡丹（*Paeonia suffruticosa* Andrews）所指为普通牡丹，即具体的栽培种；二是牡丹（*Paeonia* section *Moutan* DC.）所指为芍药属牡丹组植物。

栽培牡丹的基本阶元（或基本单元）是品种。中国是牡丹栽培品种起源、演化和发展的中心，有着丰富的品种资源。中国和世界各地 2 500 多个品种可以划分为三大品种系统 8 个品种群。

本章介绍牡丹的栽培种、牡丹的品种资源及其栽培类群划分、牡丹观赏栽培起源、牡丹品种资源评价与核心种质构建。

第一节
牡丹的栽培种

一、栽培种的命名

1787 年，时任英国邱园主任的约瑟夫 · 班克斯让东印度公司的外科医生亚历山大 · 杜肯在中国广州收集了一些牡丹带到英国，其中一个重瓣品种 ‘粉球’ 于 1789 年在邱园开花。1804 年，英国植物学家安德鲁斯即以该植株为依据加以记载命名：*Paeonia suffruticosa* Andrews。这是芍药属植物中首次得到科学记载和命名的木本种。

据记载，当时这种牡丹在中国和日本的庭园中普遍栽种，有许多品种。根据安德鲁斯的描述和他精致的线描图可以肯定就是在中国普遍栽培的观赏牡丹（图 5–1）。此后陆续发现和命名的一些野生种，如紫斑牡丹、矮牡丹等，都被视为该种的变种。直到 1978 年《中国植物志》27 卷（记载芍药亚科）出版时，矮牡丹学名仍被定为 *P. suffruticosa* var. *spotanea*，紫斑牡丹则为 *P. suffruticosa* var. *papaveracea*。1992 年，洪涛、李嘉珏等发表《中国野生牡丹研究（一）——芍药属牡丹组新分类群》一文，重新界定稷山牡丹（矮牡丹）、紫斑牡丹后，牡丹野生种才陆续从 *P. suffruticosa* 中分离出来，从而使 *P. suffruticosa* 重新回归到它最初的含义，即代表芍药属牡丹组（*Paeonia* section *Moutan*）中的栽培种。

根据国际植物命名法规，*Paeonia suffruticosa* Andrews 是一个最早定名且有效的牡丹栽培种学名，是以栽培品种为对象而加以记载的一个起源和组成复杂

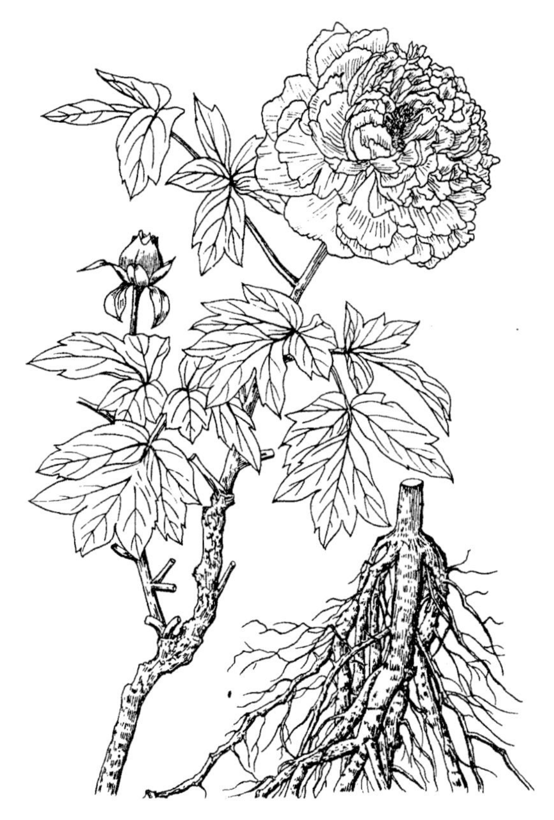

● 图 5–1　**常见的牡丹线描图**

的栽培杂种。

二、形态特征

牡丹

***Paeonia suffruticosa* Andr. (1804)**

——*P. papaveracea* Andr. (1807)

——*P. moutan* Sims (1808)

——*P. yunnanensis* W. P. Fang (1958)

落叶灌木。高 1.5 ~ 2.0 m，皮棕色或灰色；分枝短而粗。叶常为二回三出复叶；顶生小叶宽卵形，长 7 ~ 8 cm，3 裂至中部，裂片不裂或 2 ~ 3 浅裂，上面绿色，无毛，下面淡绿色，有时具白粉，无毛，小叶柄长 1.2 ~ 3 cm；侧生小叶窄卵形或长圆状卵形，长 4.5 ~ 6.5 cm，2 裂至 3 浅裂或 3 裂，近无柄；叶柄长 5 ~ 11 cm，和叶轴均无毛。花单生枝顶，径 10 ~ 17 cm；花梗长 4 ~ 6 cm；苞片 5，长椭圆形，大小不等；萼片 5，绿色，宽卵形，大小不等；单瓣花花瓣 5 ~ 11（或为半重瓣、重瓣），红紫或粉红色至白色，倒卵形，长 5 ~ 8 cm，先端呈不规则波状；雄蕊长 1 ~ 1.7 cm，花丝紫红色或粉红色，有时上部白色，长约 1.3 cm，花药长椭圆形，长约 4 mm；花盘革质，杯状，紫红色，顶端有数个锐齿或裂片，花期完全包住心皮，在心皮成熟时开裂；心皮 5，稀更多，密生柔毛。聚合果，蓇葖长圆形，密生黄褐色硬毛。花期 4 ~ 5 月，果期 8 ~ 9 月。

牡丹在我国已有逾 2 000 年的应用与栽培历史，现各地广为栽培，但主要集中在黄河中下游一带，以山东菏泽、河南洛阳为栽培中心。早在唐代即已引种日本，后来又辗转传到欧美各国。

三、*Paeonia suffruticosa* Andrews 和“牡丹”的界定

（一）*Paeonia suffruticosa* Andrews 的界定

作为牡丹栽培种，*Paeonia suffruticosa* Andrews 应该代表哪些分类群？洪德

元等（2004）认为：*P. suffruticosa* Andrews 的范围应以安德鲁斯发表该种的模式图为准，其具体描述为：花总是重瓣，颜色不一，白色或粉紫色，全为栽培类型。

关于 *P. suffruticosa* 物种界定问题的提出无疑具有重要意义，因为栽培牡丹已经发展成为一个庞大的家族，迫切需要厘清它们的来龙去脉。如何界定？首先是依据。洪德元等提出以安德鲁斯的模式图作为界定依据无疑是正确的，但不够全面。作为一个栽培种，还应考虑另一方面的依据，那就是模式植株的来源和它可能代表的类群。从模式图看，*P. suffruticosa* 花为高度重瓣，粉红（或粉紫）色；叶片为二回三出复叶，小叶 9，顶生小叶 3 深裂，中裂后又 3 浅裂，侧小叶近卵圆形或椭圆形，2 ~ 3 裂；从来源看，这是从中国广州引种到英国的栽培牡丹。1787—1804 年，国内只有山东菏泽牡丹有商品生产，并有商贩运往广州一带用作催花。重瓣是其栽培性状，是由单瓣品种演化而来，或直接从杂交后代中产生。综合考虑上述依据和背景，著者认为：*P. suffruticosa* 应具体界定为中国中原品种群中的传统品种，这样，它的花朵就不一定“总是重瓣”，花色也不仅仅是“粉红（粉紫色）”了。它就具有了通常描述“牡丹”所具有的形态特征。

作为栽培类群，中国牡丹已经形成一个庞大家族。而 *P. suffruticosa* 主要代表其观赏类群中的核心成员——中原品种群，以及由中原一带引种全国各地乃至引种日本及欧美各国具有中原牡丹血统的栽培类群。除此之外，中国牡丹还包括由紫斑牡丹起源的主要分布于甘肃中部的西北品种群，由杨山牡丹起源的全国各地广为栽培的药油兼用品种风丹牡丹系列，其他还有亚组间杂交系品种系列、组间杂交系品种系列。

（二）“牡丹”一词的界定

鉴于拉丁名 *Paeonia suffruticosa* Andrews 范围有以上界定，那么，人们习惯用它来表述整个中国牡丹也明显不确切了。牡丹（*Paeonia suffruticosa* Andrews）实际所指，应是以中原牡丹（品种）为代表的栽培种，即普通牡丹。当“牡丹”一词作为芍药属牡丹组植物统称时，其确切的表述应为牡丹（*Paeonia* sect. *Moutan*）。

第二节
牡丹品种资源

一、品种及品种群的概念

（一）品种的定义与书写规范

1. 品种定义

关于“品种”一词，本书以《国际栽培植物命名法规》中的品种定义为准。

根据 2009 年国际生物科学联盟国际栽培植物命名法委员会通过的《国际栽培植物命名法规 (第八版)》（以下简称《法规》）(中国林业出版社，2013) 的相关规定，该《法规》管理的栽培品种 (cultivar) 是栽培植物的基本阶元。《法规》第二条栽培品种定义如下：

栽培品种是这样一个植物集合体：①它是为特定的某一性状或若干性状的组合而选择出来的。②在这些性状上是特异、一致、稳定的。③当用适当的方法繁殖时仍保持这些性状。

根据上述定义，可以认为：品种是在一定的生态、经济条件下，按照人类自身需要所选育的栽培植物的特定群体，该群体与同一植物的其他群体在某些性状上有所区别（特异性，distinctness），在形态特征、生态习性及某些经济性状上相对一致（一致性，uniformity），同时具有相对稳定的遗传特性（稳定性，stability）。特异性、一致性、稳定性（简称 DUS）是某一栽培植物群体成为品种的三个基本要素。品种属于经济学范畴，是重要的生产资料，每个品种都有其所适应的地区范畴和栽培条件，在一定的历史时期发挥作用。

2. 品种名称的书写规范

《法规》第十四条第一款规定："栽培品种地位是通过把栽培品种加词放在单引号内来标示的，不能在一个名称内用双引号以及缩写 cv. 和 var. 来标示栽培品种加词，这样用的要改正过来。" 按照上述规定，本书品种名称均用单引号标示。

（二）品种群的概念

在牡丹品种资源分类体系中，"品种群" 是一个重要的单元。

牡丹品种群是指起源相同或相近，具有相似的生态习性与生物学特性的品种栽培类群。

在《国际栽培植物命名法规》中，与品种群相对应的概念是 "栽培群" 。该《法规》对栽培群定义如下：栽培群是基于性状的相似性，可包含若干栽培品种、若干单株植物或它们的组合的正式阶元；一个栽培群的所有成员应当共同具有该栽培群据以限定的一个或多个性状。

在中国园艺植物品种分类系统中，也用到了 "品种系统" "品种群" 的概念。俞德浚（1963）提出 "将同一种或同一变种起源的品种均列为一个品种系统，在该品种所属的系统划分后，尚有多余的品种时，应该进行品种群的划分" 。

二、品种的基本属性

和野生牡丹不同，品种是人工培育和选择即人工进化的产物，并作为生产资料在作物生产上得到应用。品种资源是牡丹种质资源的重要组成部分，它具有以下基本属性：

（一）品种具有直接经济价值

品种是人类按照一定的目的和要求进行培育和选择的结果，其主要性状或综合经济性状一般符合市场需求，具有直接经济价值。

（二）品种的自然寿命与经济寿命

品种既具有自然寿命，也具有经济寿命，二者并不完全等同。

牡丹品种是具有相同基因型的无性繁殖的栽培群体，其生长势会因长期无性繁殖而衰退。其衰退的速度与其亲本基因型有关。而牡丹品种的经济寿命则与其经济品质和市场竞争力有关。

（三）品种的文化属性

在长期的人工进化过程中，牡丹的一些优良传统品种因具有一定的人文背景而被赋予了文化属性。这些品种的源品种早已不复存在，但人们会以相近的品种取而代之，仍然保留了原来的品种名称，如‘姚黄’‘魏紫’等。这类品种名称的传承是一种文化传承，其他品种不宜采用。

（四）新品种的培育者享有该品种的知识产权

在一定的时间范围内，品种培育者享有该品种的知识产权。该产权得到国家法律层面上的保护。

三、牡丹品种资源现状

中国是芍药属牡丹组植物的起源、演化中心，也是栽培品种的起源、演化和发展中心。中国有着丰富的牡丹品种资源。

（一）1949 年以前的资源状况

中国牡丹在唐以前，只有零星的观赏栽培。从盛唐起，观赏栽培兴起，并在中唐开始有了市场交易。但确切的品种概念形成是在北宋初年。两宋时期，品种总数约在 230 个。宋代，中原品种群（洛阳）以及西南品种群（彭州）、江南品种群（苏州、杭州）初步形成。

元代牡丹仍有所发展，元代品种约有 194 个（陈平平，2009）。

明代牡丹兴起于安徽亳州，薛凤翔记载品种 274 个，加上其他谱录所记，约有品种 347 个。

清代牡丹兴起于山东曹州（今菏泽）。但西北地区以甘肃中部临夏、临洮、陇西为代表的西北牡丹也兴盛起来，西北品种群基本形成。在江南一带，上海、苏杭及湖南等地牡丹也有所发展。据清代谱录所记，包括西北一带的传统品种，清代牡丹品种约有 500 种（但不包括清代钮琇所记亳州品种 140 种）。

（二）当代中国的牡丹品种资源

当代中国牡丹的园艺品种包括以下几部分：一是传统品种，主要是 1949 年以前保存下来的品种；二是 1949 年以来历年新选育的品种；三是历年从国外引进的品种，特别是 20 世纪 90 年代从日本及欧美各国引进的品种。但品种统计中，国外引进品种没有包括在内。

1985 年前后，山东农业大学喻衡教授曾进行过一次品种整理。根据他的调查，当时全国有品种 462 个，其中 1949 年以前的老品种 166 个，新中国成立后新选育的品种 294 个（《中国牡丹全书》，2002）。由于工作条件的局限，喻衡的品种调查没有涉及我国西北、西南及陕西延安、湖北保康等地的牡丹品种。

由中国花卉协会牡丹芍药分会主持的品种整理登录工作从 1992 年以来一直坚持进行。从 1997 年起，先后有多部品种图志出版。据不完全统计，截至 2015 年底，全国牡丹品种总数已达 1 345 个（王莲英，袁涛，2015），超过唐代以来 1 000 多年育种的总和。

四、牡丹品种的管理

由于牡丹品种数量众多，并且每年都在不断增加，品种流动范围较广，涉及国际国内。为了防止和避免品种命名及使用上的混乱现象发生，并有效保护育种者的正当权益，国际园艺界相关组织、国家有关行政管理部门及行业组织根据相关规定及法律法规，对品种工作进行了必要的管理。

管理涉及牡丹品种的命名，品种整理和审定、登录，品种权的保护等方面。其中品种整理是在品种命名混乱的情况下，由相关行业机构组织进行的阶段性工作。国际上，美国牡丹芍药协会成立时，就把牡丹芍药品种整理作为主要任务，使品种名称混乱现象逐步得到克服。中国花卉协会牡丹芍药分会于 1989 年成立后，也把品种整理作为重要任务，花费了十余年时间才得以完成。

（一）牡丹品种的命名

品种命名是品种管理中一项重要内容。

国际上，由国际生物科学联盟组织编写出版了《国际栽培植物命名法规》（ICNCP），对包括牡丹芍药在内的各类园艺作物栽培品种的命名、书写及确认等有相当详尽的规定和严格的要求，已如前述。

根据近年来品种命名工作经验，牡丹品种命名应遵循以下原则：

（1）遵守国际上通用的栽培植物命名法规，并充分体现中华民族传统文化的特色，做到文字简练，通俗易懂，诗情画意，含蓄隽永。

（2）一个品种应只有一个名称，避免同名异物，同物异名，也应避免与已有的牡丹花谱中的名称重复。

（3）牡丹品种名称以 2～4 字为宜，尽可能反映品种形态特征、生物学特性或其他突出特点，或反映产地、育种者信息。要求生动形象，比喻贴切。

（4）品种名称确定并正式审定登录后，切忌随意更改，以免引起混乱和知识产权纠纷。

除上述原则外，品种命名还应遵守申请新品种权时对品种名称的各项要求。

（二）牡丹品种的审定

品种审定实际上是品种登录前的准备工作，是对申报品种各种性状进行鉴定。符合新品种审定条件的牡丹品种，可向国家相关部门或中国花卉协会牡丹芍药分会品种审定委员会提交申请材料，由上述单位根据相关要求组织专家审定，审定合格后颁发证书。

申报条件如下：新品种育成后经过 2～3 年品种区域试验，主要性状稳定一致，特异性突出，繁殖有一定数量（有 10 株以上开花植株），具有较高观赏性、实用性和抗逆性，具有适宜的品种名称且观察资料完整（3 年以上）。

审定标准依品种类别而定。如观赏品种以花形、花色、花朵大小、花姿、花期长短为主要指标；切花品种以花形、花色、1 年生枝长以及生产性能、耐储运性、水养期、货架寿命长短等为主要指标。

（三）牡丹品种的登录

1. 品种登录的作用

品种登录是对育种成果的登记和发表。品种登录等同于取得育种界和学术界的认可，同时取得了在市场上进行合法流通的准入证。经登录的品种也就成为品种研究的基础材料，培育新品种时的参考。

品种登录也是品种流通过程中名称专一性和通用性的保证。

2. 牡丹品种的国际和国内登录

1）牡丹品种的国际登录　为了保证品种名称在世界范围的专一性、准确性和稳定性，国际园艺学会所属品种命名和登录委员会建立了统一的栽培植物品种登录系统，并指定了各种栽培植物的国际登录权威（ICRA）。国际上的品种登录是由国际品种登录权威依据《国际栽培植物命名法规》（ICNCP，8th, 2009）的相关规定，对植物品种名称进行审核、登记，并确认育种者的过程。

品种登录权威所在的机构代表了该机构在该种植物品种的改良与分类等方面的世界权威性。芍药属植物的品种国际登录在美国牡丹芍药协会。该协会成立于 1904 年，建立之初，即将牡丹芍药品种的整理与修订工作列为首要任务。在对老品种进行整理与修订的同时，建立了新品种命名登录制度，逐渐在国际牡丹芍药领域具有了权威性而被国际园艺学会（ISHS）指定为芍药属（*Paeonia*）新品种登录权威。

2）牡丹品种的国内登录　牡丹品种的国内登录由中国花卉协会牡丹芍药分会负责。经过登录的品种会公示在中国花卉协会主办的刊物上并发放登录证书。

（四）牡丹品种的保护

品种保护主要是保护育种者的权益。

《中华人民共和国植物新品种保护条例》（以下简称《条例》）已于 1997 年 3 月 2 日以国务院令的方式发布，并于同年 10 月 1 日起施行。《条例》规定木本植物的品种保护由国家林业局（现国家林业和草原局）管理。1999 年 8 月 10 日，国家林业局发布了《条例》的《实施细则》（林业部分）。国家林业局新品种保护办公室依据《条例》及其《实施细则》的规定，对国内牡丹的新品种权进行管理。牡丹已列入我国第一批林业植物新品种保护名录。

我国是国际植物新品种保护联盟（International Union for the Protection of New Varieties of Plants, UPOV）成员国。该联盟规定国际上植物品种权可分别向所在国的有关机构申请，中国的牡丹品种权可向我国国家林业和草原局新品种保护办公室申请。

根据《条例》和《实施细则》（林业部分）的规定，申请授予品种权的品种应具备以下条件：①新颖性；②特异性；③一致性；④稳定性；⑤适当名称。申请牡丹新品种权的品种测试按国家标准《植物新品种特异性、一致性和稳定性测试指南 牡丹》（GB/T 32345—2015）（简称牡丹新品种 DUS 测试标准）进行。截至 2020 年，我国已有近百个牡丹新品种通过测试并获得国家林业和草原局植物新品种授权。

品种权经过申请并通过审定和批准后，即受到国家法律的保护。牡丹品种保护期为 20 年，品种权实行复审制度。出现品种侵权和假冒授权品种的行为，违规者要承担法律责任。

五、牡丹的栽培类群

（一）研究概况

长期以来人们没有考虑过牡丹栽培类群的划分。1989 年，李嘉珏在对甘肃中部牡丹品种进行多年考察后，发现这一带的品种与中原牡丹品种无论是形态特征还是生态习性都有明显区别，是一个相对独立的栽培类群，从而在其《临夏牡丹》一书中提出中国北方存在两个品种群的观点。1992 年，在中国花卉协会牡丹芍药分会铜陵年会上，李嘉珏又进一步提出中国牡丹存在 3 个品种群和几个小品种群的观点。3 个品种群是中原品种群、西北品种群（图 5–2）、江南品种群，另外在四川彭州、陕西延安、湖北保康等地还存在几个小的品种群。1997 年王莲英主编的《中国牡丹品种图志》（中原卷）采纳了品种群的概念，将全国牡丹划分为 4 大品种群，即中原品种群、西北品种群、西南品种群与江南品种群，另外还有一些直接由原种形成的品种群。2006 年，李嘉珏主编的《中国牡丹品种图志（西北、西南、江南卷）》将中国牡丹以及国外牡丹划分为 8 个品种群和 2 个亚群。除上述 4 大品种群外，又增加了日本品种群、欧洲品种群、

1
2
3
4
5
6
7
8

1.‘冰山雪莲’；2.‘狮子王’；3.‘蓝池紫燕’；4.‘粉壁蓝霞’；5.‘礼花’；6.‘九子菊’；7.‘棕斑粉’；8.‘美菊’；9.‘白燕尾’；10.‘紫薇’

● 图 5-2 **甘肃中部丰富多彩的牡丹品种（西北品种群）**

美国品种群和组间杂种群，另外有延安品种亚群、鄂西（含保康、襄阳）亚群。

2007年，成仿云按起源关系及相关生物学性状，将国内外牡丹栽培类群（含组间杂种群）共划分为17个品种群，其中国内10个，国外7个。

（二）基于种源关系的牡丹栽培类群划分

根据近年来的研究结果，结合牡丹育种工作进展，本书对牡丹栽培类群的划分作了如下调整：首先按照芍药属内亚组或组的起源将所有的品种划分为3大品种系统，然后按照种的起源，结合地域分布、生态习性等特点进行栽培类群及品种群的划分。具体划分结果如下：

1. 普通牡丹品种系统

这是由牡丹组革质花盘亚组内的种间或种内杂交后代形成的品种系列。

1）普通牡丹栽培类群 该类群主要由普通牡丹（*P. suffruticosa*）发展演化而来。其起源种为矮牡丹、紫斑牡丹、杨山牡丹、卵叶牡丹。在不同地区先后形成4个品种群。

（1）中原牡丹品种群。这是栽培牡丹中最早形成的品种群，其历史悠久，品种众多，花色、花型及其他园艺性状变异也最丰富，对国内外其他地区牡丹品种群形成有着重要而深刻的影响。

（2）江南牡丹品种群。中原牡丹品种南移，经长期驯化栽培，形成适应江南一带湿热气候的品种类群。该类群有杨山牡丹后代如‘凤丹’的深刻影响。

（3）西南牡丹品种群。中原牡丹品种向西南一带引种，经长期驯化栽培，实生选育形成的品种类群。也有其他栽培类群如西北牡丹、江南牡丹的深刻影响。

（4）日本牡丹品种群。中原牡丹品种引种国外，首先在日本经过长时间的驯化栽培、实生选育等，形成了适应日本海洋性气候并具有日本特色的品种类群，即日本品种群。

中原牡丹品种和日本品种先后引种欧洲和美国，通过驯化栽培和实生选育，也形成了适应各地气候条件的品种类群。但总的数量不多，影响不大，可酌情划分欧洲亚群、美国亚群等。

2）紫斑牡丹栽培类群　该类群是指由紫斑牡丹直接发展演化形成的品种系列。在国内主要是由太白山紫斑牡丹形成的西北牡丹品种群。该品种群亦常被称为紫斑牡丹品种群，主要分布于甘肃中部及其周围地区，因花瓣基部具有丰富多彩的色斑而闻名于世，特色鲜明。

西北紫斑牡丹品种引种东北，经长期驯化、实生选育将会形成更耐寒的东北亚群。

紫斑牡丹品种引种欧美已有近百年的历史，并分别形成了所谓的美国类型（US form）和英国类型（UK form）。前者花瓣平展，数量较少；后者花瓣增多，边缘多皱（Smithers, 1992；成仿云，2005）。20 世纪 90 年代中国又有较大规模的向外输出，欧美各地常有新品种育出，应为紫斑牡丹的欧美亚群。

3）杨山牡丹栽培类群　杨山牡丹的栽培类群通常被称为‘凤丹’或凤丹牡丹，它参与了中原牡丹品种群和江南牡丹品种群的形成。由于长期作为药用栽培，较少从观赏角度选育与繁育品种，因而其直接演化的品种类型不多。但‘凤丹’分布范围较广，今后随着油用育种与观赏育种的加强，品种将会不断增多。该类群目前可归类为凤丹牡丹品种群。

2. 牡丹组亚组间杂种品种系统

这是由牡丹组内肉质花盘亚组的种与革质花盘亚组的种（或品种）间的杂交后代形成的品种系列。这类品种的产生不过百余年，目前已有 2 个类群的分化，即普通杂交系与高代杂交系的区分。在美国牡丹芍药协会的国际牡丹品种登录表中，该类群品种被划分为黄牡丹杂种群（Lutea hybrid tree peony group）。我们同样归类为一个品种群，并命名为牡丹亚组间杂种品种群。必要时也可有亚群的划分。

3. 牡丹芍药组间杂种品种系统

这是由芍药组内的种（或品种）与牡丹组内的种（或品种）之间的杂交后代形成的品种系列。从1974年第一批品种正式在美国牡丹芍药协会登录算起，这类远缘杂交品种的产生不到80年，但因其具有顽强的生命力而不断得到发展。由于这类品种首先由日本伊藤东一育出，所以也称为伊藤杂种、伊藤杂交系。

目前仅划分为一个品种群，即牡丹芍药组间杂种品种群。

六、种质资源的保存与保护

种质资源的保存是指利用天然或人工创造的适宜环境保存各类种质资源。其主要目的是防止种质资源的流失，同时便于研究和利用。

（一）种质资源的保存方式

就牡丹种质资源的保存而言，目前主要保存方式是就地保存、迁地保存和资源圃保存等。基因文库保存等方式有待进一步开发。

1. 就地保存和迁地保存

1）就地保存　就地保存是指在牡丹野生种的自然分布地，通过保护其生态环境从而达到保存资源的目的。但迄今为止，由于没有设立专门的保护机构与专门的原生地保护区，总体保护情况不容乐观。野生资源受到破坏的情况时有发生。根据现有的调查评估，我国芍药属牡丹组植物基本上处于濒危状态（见本书第四章）。经国务院批准由国家林业和草原局、农业农村部发布的《国家重点保护野生植物名录》（2021）已将卵叶牡丹、紫斑牡丹列为国家一级重点保护野生植物，牡丹组其他野生种均列为国家二级重点保护野生植物。特别需要注意的是，属于革质花盘亚组的种类，其野生资源的遗传多样性已明显低于栽培牡丹。野生资源的就地保存和保护仍是工作重点，极需引起各有关部门的高度重视。

2）迁地保存　迁地保存有以下两种情况：一是指资源植物原生境变化较大，难以正常生长、繁殖和更新时，可以选择生态环境相近的地方建立迁地保护区，这样做的好处是能较好地保持保护对象的遗传多样性、稳定性，减少变异，避免人工驯化；二是在其他合适地方建立迁地保护圃，通过引种和驯化栽培，进行野生资源的保存和保护。通过第二种方式保存中国芍药属种类最全的有英国皇家植物园——邱园。国内目前搜集与保存野生种相对较全的有甘肃兰州的牡丹资源圃、河南栾川的芍药属植物迁地保护圃、北京西山鹫峰的牡丹芍药资源圃等。

野生种的保存应包括种、亚种、变种、变型等所有基因型。而濒危物种的遗传多样性保存则应在全分布区调查和分析的基础上进行，了解这类物种遗传多样性水平和结构是制订保护计划的重要依据。

2. 资源圃种质保存

中国牡丹品种资源是一个庞大的栽培类群，重要品种资源的保存以品种资源圃的保存为主，并采取田间种植为主的保存方式。

（二）种质资源保存的三个层次

从中国目前园艺植物种质资源工作的现状看，牡丹种质资源保存大体有三个不同的层次：一是国家级资源工作机构。如中国科学院植物研究所及国家植物园、国家级自然保护区等，中国农业科学院蔬菜花卉研究所、中国林业科学院林业研究所及其在各地的全国性农林作物资源圃，北京林业大学等大专院校。国家级资源工作机构需要从发展战略高度及应用基础研究的需要出发建立种质资源圃，全面征集与长期保存国内外重要的牡丹种质资源。二是区域性或省级资源工作机构。附属于省级农林科学院的牡丹研究所或研究中心的种质资源圃，负责区域性的牡丹种质资源搜集与保存工作。三是育种单位。这些单位可根据本单位育种任务的需要，搜集和阶段性保存与本单位育种任务相关的种质资源。

（三）品种资源圃建设

1. 性质与任务

为了更好地保存现有优良品种资源，加强品种研究，为牡丹新品种登录及进一步的育种工作创造条件，有必要在全国各牡丹重点产区，按照科学规划、合理布局的要求，建立若干品种资源圃。其主要任务如下：

一是搜集与保存各地丰富的有重要价值的品种资源。二是开展牡丹品种生物学特性的观察和研究。三是为牡丹新品种登录提供信息服务。四是开展新品种选育工作，开展国内外品种交流活动等。

2. 种质资源的搜集与保存

1）搜集与保存的范围　根据建圃任务，一般应考虑以下方面：①传统品种。应以核心种质研究确定的种类为主，兼顾其他。②历年新选育的优良品种。③各地有特色的代表性品种。④国外的优良品种。⑤其他。有条件的资源圃可兼收野生近缘种，可作牡丹砧木的种、品种或类型以及古树资源。古树资源也是一类种质资源，可剪取接穗通过嫁接繁殖加以搜集。

此外，相关单位可根据研究任务确定资源圃搜集范围，如油用种质资源圃、药用种质资源圃、观赏品种的香气种质资源圃以及秋花类、切花类、微型盆栽类等。

2）以田间种植为主的保存方式　在当前条件下，品种资源仍以田间种植作为主要保存方式，其他种质保存方式根据研究任务确定。田间种植需注意以下要点：

（1）圃地准备。圃地应提前做好准备。要求肥力均匀，排灌方便（尤须注意排涝），小气候条件较好。

（2）品种鉴别。入圃的品种（种质）一定要经过认真鉴别，保证其纯正与准确。这方面曾有多次教训，因搜集品种把关不严，造成日后工作的被动。

（3）种植株数。根据圃地规模确定。一般每品种以 5 株为宜，最多不超过 10 株，最少应保证 3 株。

（4）绘图与建档。品种定植后，应及时绘制定植图，同时建立种质资源档案。

建立完善的种质资源管理数据库，制定相应的保存种质资源记录和处理规范。建立每份品种（种质）的基本信息，包括统一的编号，种（品种）名、原产地、来源地、育种信息以及便于查找的准确定植图及该图的详细说明，管理人员信息及变更情况等。

3. 研究与利用

对搜集到的各类种质进行观察和研究，要特别注意各类种质在异常气象条件及病虫害等环境胁迫下的反应，并做出评价。对优良种质进行繁殖、交流，为进一步开发利用提供服务。

第三节 牡丹观赏栽培起源

牡丹观赏栽培起源研究是众多植物学家和园艺学家关心和研究的热点。弄清楚这个问题对于品种资源的分类和管理以及今后的选种、育种等具有重要意义。

前已提及，中国牡丹已经形成一个庞大家族。在这个家族中，首先是以中原（栽培）牡丹为代表的栽培类群（品种群）的兴起，然后才有其他栽培类群的形成。因而本节讨论的问题，实际上就是牡丹栽培种以及与其相关的品种群的起源问题。

栽培起源涉及起源的时间、地点，参与起源的野生种以及早期原始品种的来源及其形成方式等诸多问题。

一、牡丹观赏栽培起源的历史依据

关于牡丹观赏栽培的起源，我们先依据古文献的记载加以梳理和分析。

（一）关于栽培起源的时间

先民们认识并应用牡丹已有 2 000 多年历史，但观赏栽培具体起源于何时，历史文献记述简略，且语焉不详。因而历来有许多不同的观点，争论不休，难成定论。在相关记述中，可信度较高的当为唐代舒元舆《牡丹赋并序》，该文提到武则天曾令人从她山西老家引种过牡丹，并且从那以后，唐代京城长安的牡丹就兴旺发达起来，誉满天下。据查，武则天和唐高宗确实在显庆五年（660）春季去过山西汾州。武氏见到寺庙里牡丹花开得很漂亮，“因命移植”。由此推算，先民们引种牡丹栽培，距今当在1 400年左右。但著者认为，各牡丹产区小规模的引种栽培，应早于唐代，也是毋庸置疑的。

（二）早期栽培品种的形成及其起源方式

1. 早期栽培品种的形成

唐代虽有牡丹栽培，并在中唐时期形成了规模宏大的观赏热潮。牡丹的美丽妖娆使唐人为之倾倒，人们几乎用尽了世上最美好的语言来描绘和歌颂牡丹，给予了“国色天香”的美誉，但却没有人将这些各具特色的植株加以记载和命名，因而唐代文献缺乏品种的相关资料。直到五代时期，有陶穀《清异录》记载后唐庄宗在洛阳建临芳殿，殿前植牡丹千余株，并记述了15个品种名称。后唐庄宗仅在位三年，相关记述缺乏其他文献可供佐证，较为可靠的记述出自宋初。公元986年，有僧人仲休（或仲殊）撰《越中牡丹花品》，提到当地牡丹“绝丽者三十二种”。此后，欧阳修《洛阳牡丹记》（1034）记载洛阳最好的品种24种，周师厚《洛阳花木记》（1082）记载洛阳牡丹108种（注：原文记109种，一种重复）。南宋时期陆游《天彭牡丹谱》（1178）记载彭州牡丹67种。

2. 早期观赏品种的来源

早期牡丹栽培品种的来源大体有以下几条途径：

1）从野生变异植株直接引种而来　最著名的例子是欧阳修记载的‘魏花’，是樵夫在山上发现后挖下来卖给曾在朝中为相的魏仁溥家而得名。这个例子说明野生植株也在不断发生变异，甚至“突变”。这类品种通过营养繁殖保持品种特性，应属于“营养系品种”。

2）从野生植株的栽培变异中选育而来　野生植株当时也叫“山篦子”，北宋时洛阳人从山上挖回来嫁接时用作砧木。栽培驯化过程中，不时有植株发生变异而选作品种。

3）从栽培植株的变异或“突变”中选育而来　栽培变异包括花色变化与花瓣增多等。重瓣程度尤为古人看重。北宋欧阳修时期记载的品种24个，还有3个单瓣品种，占12.5%。之后，周师厚记载109个品种（一个重名，实为108个），全为重瓣（54.1%）、半重瓣（45.9%）。栽培变异中还有“突变”的类型，如欧阳修记载的‘潜溪绯’，“本是紫花，忽于丛中特出绯者，不过一二朵，明年移至他枝”。

4）从自然杂交的实生后代中选育而来　如周师厚记载从‘魏花’实生后代选出‘胜魏’‘都胜’，陆游记载‘绍兴春’‘鹿胎红’都是从实生后代中选育而来。陆游说：“大抵花户多种花子，以观其变。”

5）从各牡丹产区引种而来　唐代有汾州（今山西汾阳一带）、秦州（今甘肃天水一带），宋代有丹州、延州（今陕北宜川、延安一带）、青州（今山东淄博一带）、越州（今浙江绍兴一带）等。

由上，早期品种起源途径包括引种与驯化栽培、突变加选择、杂交加选择几个方面。

3. 参与早期原始品种形成的野生种

1）牡丹的野生分布　据北宋苏颂《本草图经》的记载，牡丹“今丹、延、青、越、滁、和州山中皆有，但花有黄紫红白数色，此当是山牡丹”。又如欧阳修记，牡丹“大抵丹延以西及褒斜道中尤多，与荆棘无异，土人皆取以为薪”。此外，欧阳修、周师厚还具体记载了以下两点：①洛阳南部山区野生牡丹分布广泛，具体如洛阳寿安县（今洛阳宜阳县）锦屏山产牡丹，另缑氏山、嵩山亦产。②丹、延、青、越诸州皆有栽培品种引种到洛阳。上述记载表明，北宋及宋以前中国野生牡丹分布相当广泛，这些地方不断有栽培品种形成。现已查明这些地方分布的野生种均属牡丹组革质花盘（房衣）亚组。如山西西南部、陕西北部宜川、延安及华阴、潼关一带为矮牡丹分布区，而延安及其以西为太白山紫斑牡丹分布区；今洛阳西部山区仍有紫斑牡丹原亚种及杨山牡丹分布。至于安徽中部及其以南山地，古时应为杨山牡丹分布区。令人遗憾的是，山东青州、浙江越州一带，早已没有了野生牡丹的踪影。

2）参与早期牡丹品种起源的野生种　古文献中牡丹品种花部及叶片形态特征记述简略，特别是能作为物种判别依据的特征很少，仅花瓣基部的色斑（按欧阳修、周师厚等记为“檀心”）可直接作为推测其可能起源于紫斑牡丹的重要依据。根据宋代牡丹谱录记载，源于洛阳南部山区的品种，一类有斑，如‘姚黄’‘胜姚黄’（千叶黄花，有深紫檀心）、‘玉板白’（单叶白花，叶细长，其色如玉，深檀心）、‘岳山红’（千叶肉红花，本出嵩岳，有紫檀心）；另一类无斑，如‘御袍黄’（千叶黄花，应天院神御花圃中植山篦数百，忽于其中变此一种）、‘洗妆红’（千叶肉红花，元丰中，忽生于银李圃山篦中）、‘大叶寿安’与‘细叶寿安’（千叶肉红花，出寿安县锦屏山中）、‘金系腰’（千叶黄花，本出缑氏山中）、‘玉千叶’（白花，无檀心，景祐中开于范尚书宅山篦中）。上述诸品种，有斑的可能为紫斑牡丹原亚种的后代，源自野生而无斑的可能来自杨山牡丹（或矮牡丹）。

起源于陕北宜川、延安一带的品种也有有斑和无斑两类：一类如‘丹州黄’，千叶黄花，“有深红檀心，大可半叶”。该品种花瓣上的深红色斑有半片花瓣那么大，推测为太白山紫斑牡丹的后代。另一类如‘玉蒸饼’，千叶白花，产自延安，在洛阳生长旺盛，花大盈尺，无斑，推测为矮牡丹后代。

另唐代产自山西西南部的品种，推测为矮牡丹的后代。

由上，唐宋时期，参与牡丹栽培起源的近亲，很可能有紫斑牡丹原亚种及太白山紫斑牡丹，而矮牡丹、杨山牡丹也可能是重要的起源种。

4. 原始品种的产地与起源中心

中国早期观赏品种的形成，首先源自野生分布区周边民众的引种栽培，然后传播到中心城市，因而原始品种往往是在多地形成，时间先后不一。唐及五代原始观赏牡丹产地有汾州、洛阳及秦州（今甘肃天水一带）等地，宋则有丹、延、青、越诸州及洛阳等地。

中国观赏牡丹发展的另一个特点是品种培育中心与栽培中心是紧密结合在一起的。从唐代长安（今陕西西安）到宋代洛阳（北宋）、彭州（南宋），明代的亳州，清代的曹州（今山东菏泽），都是如此。但原始品种的起源中心则主要是河南洛阳。洛阳是十三朝古都，是中国古文明的重要发源地之一，其周围山地有丰富的牡丹资源，牡丹的发展得天独厚。

中国牡丹的另一个品种起源中心是甘肃中部地区，包括陇西、临洮、临夏等地。

二、形态性状分析提供的依据

形态性状分析包括以中原品种为主的四大品种群传统品种的形态性状分析，杂交后代性状遗传的观察以及孢粉纹饰分析等方面（袁涛等，1999，

2002，2004）。这些研究均未涉及后来发表的中原牡丹。

（一）分类性状的选择

形态特征的观察与分析是牡丹起源研究的基础。品种形态往往具有双重属性，一方面保留了物种本身的分类特征，另一方面又出现了因满足人类审美需求和选择压力而积累和强化的观赏性状，最终形成并演化出众多观赏性状差异很大的品种。由于长期的栽培和选育，一些分类性状在栽培品种中弱化甚至消失，而观赏性较强的性状则得到强化。牡丹品种中有如下表现：①大多数品种已无根状茎和横走根，但有不同程度的萌蘖枝发生。②花朵平展或杯状差异不明显，而出现许多新变异。如花朵增大，直径和高度增加；花瓣数增多，形状、花色变化大等。③叶背被毛减少。④结实率降低，有的品种仅能无性繁殖。

基于上述情况，种级水平的形态分析着重于以下分类性状：①茎，同龄植株株高及株型变异，萌蘖枝数量。②叶，叶形变化、小叶数及表面颜色、叶背被毛情况。③花，花瓣基部有无色斑及色斑大小，花盘（房衣）形状、质地及颜色，花丝及柱头颜色。与牡丹栽培起源密切相关的革质花盘（房衣）亚组 5 个野生种的花部性状如表 5–1 所示。

● 表 5–1 **革质花盘（房衣）亚组野生种的花部性状**

种名	花色	花形	花径（cm）	花盘（房衣）	心皮	柱头颜色	花丝颜色	雄蕊瓣化
卵叶牡丹	粉或粉红色，基部色深	平展形	8 ~ 12	紫红，光滑，全包心皮，薄革质	密被黄白色细毛	紫红色	粉或粉红色	未发现
矮牡丹	白或粉红色，瓣基部色深或有色斑	杯形	12 ~ 20	紫红，光滑，全包心皮，薄革质	密被黄白色细毛	紫红色	上端白色，下端紫红色	少量
杨山牡丹	白色，基部浅红晕或无	杯形	12 ~ 13	紫红，光滑，全包心皮，薄革质	密被黄白色细毛	紫红色	紫红色	未发现
紫斑牡丹	白色，偶见粉红色，瓣基大紫斑	杯形	10 ~ 18	黄白色，具纵纹，近全包心皮，厚革质	密被黄白色细毛	黄白色	黄白色	未发现
四川牡丹	粉红色	杯形	6 ~ 8	黄白色，仅包裹心皮基部，厚革质	光滑无毛	黄白色	黄白色	偶见

（二）品种群间形态性状的变化

在中原、西北、江南及西南 4 个品种群的主要产区进行了调查统计。中原品种调查 218 个（实际为 315 个，统计时剔除了雌雄蕊全部瓣化或退化的品种），西北传统品种 50 个，江南品种 24 个，西南品种以彭州为代表，调查为 6 个。每个品种 20 株，结果分述如下：

1. 株形

分三类：高大（株高 > 80 cm）、中高（株高 40 ~ 80 cm）、低矮（株高 < 40 cm）。中原品种以中高和低矮居多，二者占 80%；西北品种高大型占 99%；西南及江南品种高大型 > 90%。

2. 萌蘖枝

分三类：多（ > 6 枝）、中（4 ~ 6 枝）、少（ < 4 枝）。中原品种三类均有，依次为 42.1%、36.2% 和 21.7%。多的如‘盛丹炉’可达 60 枝 / 株，少的如‘墨魁’‘黄花魁’仅 3 ~ 5 枝 / 株。西北及西南品种萌蘖枝少；江南品种以后二类为主，分别占 75.3% 和 24.7%。

3. 叶形

中原品种以二回三出复叶为主，小叶 9 枚，或为 11、15 枚，顶生小叶叶基多为宽楔形，侧生小叶叶基明显不对称，叶形态变化较大；西北品种小叶数多而形态变化少，二回至三回羽状复叶，小叶数（9）15 ~ 19 枚及以上，小叶片较小，顶生小叶叶基楔形，侧生小叶叶基近对称；江南品种中‘凤丹’系列叶形似杨山牡丹，小叶 15 枚，长椭圆状披针形，全缘；另一类以宁国牡丹为主，小叶 9 枚，卵形或长卵形，中裂或浅裂，裂片具齿；西南品种为二回三出复叶，小叶 9 枚，较大，浅裂，侧生小叶明显不对称，总叶柄及顶生小叶叶柄长，侧生小叶开张角度大，外观似枝叶稀疏状。

4. 表皮毛

中原品种多数萌发时叶片被毛明显，花后脱落，仅个别品种如‘烟笼紫珠盘’明显被毛，且不易脱落；西北品种大多数下表面明显被毛，花后不易脱落；江南品种叶片下表面被毛少或无毛；西南品种下表面近无毛。

5. 花部特征

分 3 种类型。Ⅰ型：瓣基无色斑，但有色晕，花盘（房衣）、花丝紫红色。

Ⅱ型：瓣基有色斑，下分3亚型。Ⅱ–1型，花盘花丝均为紫红色或部分紫红色；Ⅱ–2型，花盘花丝均黄白色；Ⅱ–3型，花盘花丝异色。Ⅲ型：瓣基无色斑、色晕，下分2亚型：Ⅲ–1型，花盘花丝紫红色；Ⅲ–2型，花盘花丝黄白色。

中原品种：Ⅰ型占47.9%，Ⅱ型44.5%（其中Ⅱ–1型35.3%，Ⅱ–2型7.8%，Ⅱ–3型1.4%），Ⅲ型7.6%（其中Ⅲ–1型7.4%，Ⅲ–2型0.2%）。西北品种全为Ⅱ型，其中Ⅱ–1占34.2%，Ⅱ–2占34.7%，Ⅱ–3占31.1%。江南品种Ⅰ型占95.8%，Ⅱ–3型占4.2%。西南品种全为Ⅱ–1型。

（三）杂交后代的性状遗传

1. 中原品种与‘凤丹’系列的杂交后代

这类品种植株高大，萌蘖枝少，小叶9枚或15枚，小叶下表面被毛少或无。其中小叶15枚（二回羽状复叶）的类型似‘凤丹’。与中原传统品种相似的少，但它们是中原品种群中新品种的重要组成部分。

2. 中原品种与西北品种的杂交后代

甘肃榆中原和平牡丹园创始人陈德忠从传统西北品种与中原品种杂交后代中选育543个品种（或品系）均具紫斑，因为淘汰了较多花盘（房衣）、花丝均为紫红色的单株，因而其中具紫斑牡丹典型特征（花朵特征为Ⅱ–2型）的品种占总数的57%。这类品种萌蘖枝少，植株普遍较高大，小叶9~21枚及以上。据对未经筛选的杂交后代78株进行调查，其花朵有Ⅱ–1型（占33.3%）、Ⅱ–2型（30.9%）、Ⅱ–3型（35.8%），总体上表现偏母遗传，与传统西北品种基本相同。

以中原品种为母本时，后代小叶大而少，一般9~15枚，叶基角度大，花朵以Ⅱ–1、Ⅱ–3型为主，但紫斑较小、多为紫红色；以西北品种为母本时，后代小叶小而多，一般在19枚以上，叶背具毛，色斑大型，且形状、颜色较多，花朵以Ⅱ–3型为主，次为Ⅱ–2型，Ⅱ–1型较少。

3. 以野生紫斑牡丹为亲本的杂交后代

后代全具紫斑，紫斑为显性性状，花盘（房衣）、花丝颜色介于两亲本之间，为不完全显性。若将F_1代自交或杂交，F_2性状分离更广，会出现与亲本相似或F_1中没有的新类型，如无紫斑，但花盘（房衣）、花丝白色；或有紫斑或无紫斑，而花盘（房衣）、花丝不同色。但这些类型在栽培牡丹中都存在。

（四）孢粉纹饰的分析

孢粉表面纹饰分析实际上是一种微形态分析。芍药属牡丹组野生种花粉外壁纹饰有小穴状、穴状、穴网状、网状、粗网状、皱波状以及皱波网状等连续变化，并在一定程度上反映了不同分类群的进化水平。下面主要介绍中原品种群与西北品种群的研究结果。

1. 中原品种群的孢粉纹饰分析

该品种群有与矮牡丹相似的穴状纹饰，与紫斑牡丹相似的粗网状纹饰，也有与杨山牡丹相似的网状纹饰，而以穴状、穴网状纹饰居多。而具网状和粗网状纹饰品种的性状指标，都与矮牡丹和紫斑牡丹、中原品种与西北品种的杂交后代基本一致，因而推测这些品种由矮牡丹与紫斑牡丹杂交后代演化而来。

一些品种花粉纹饰与形态特征也与卵叶牡丹有相似之处，因而推测卵叶牡丹也参与了中原品种的形成。如'胡红''十八号'花粉穴状纹饰，孢粉形态指标介于卵叶牡丹与紫斑牡丹之间。'胡红'株型低矮，小叶卵圆形且缺刻多，叶面明显紫红晕；'十八号'株型高大，萌蘖枝少，小叶缺刻少而钝，瓣基具紫斑而花盘花丝红色。而'锦袍红''赵粉'孢粉形态介于卵叶牡丹与杨山牡丹之间。'锦袍红'株型高大，叶片大型，小叶长卵圆形，边缘紫红色；'赵粉'叶形偏向杨山牡丹与矮牡丹的杂交后代。

2. 西北品种群的孢粉纹饰分析

西北品种的孢粉纹饰以与紫斑牡丹相似的网状与粗网状纹饰为主，约占品种总数的74.4%。也有少量的小穴状、穴状和穴网状纹饰。孢粉具粗网状纹饰且形态特征类似典型紫斑牡丹的品种应直接来源于紫斑牡丹。此外，在西北品种与中原品种的杂交后代中，粗网状纹饰占绝大多数，但也有与西北传统品种非常相似的穴网状及穴状纹饰，表明西北品种形成与演化过程中也有中原品种的影响。通过杂交，杨山牡丹、矮牡丹也间接地与西北品种有着基因交流。

（五）小结

基于中国牡丹4大品种群与革质花盘（房衣）亚组5个野生种形态性状的分析，有以下结论：

（1）中原品种（群）植株大多偏矮，小叶9~15枚，以9枚为主，约

44.5% 的品种有色斑，萌蘖性普遍较强。其起源应以矮牡丹为主，并有紫斑牡丹、杨山牡丹及卵叶牡丹的参与。四川牡丹没有参与中原品种的形成。

（2）西北品种（群）不仅植株高大，小叶数一般在 15 枚以上，且叶形变化不大，叶缘多有缺刻，普遍具有明显色斑，Ⅱ –1 型品种占到 34.2%。其起源应以太白山紫斑牡丹为主，兼有矮牡丹、杨山牡丹的间接参与。

（3）其他品种群中，‘凤丹’系列品种直接驯化起源于杨山牡丹，其他品种是中原品种、西北品种南移驯化栽培并有品种间杂交发生。

（4）除早期原始品种的形成为引种与驯化栽培外，杂交与选择是品种起源的主要方式。

三、分子标记研究的进展

从 20 世纪 90 年代兴起的分子标记研究，为解决牡丹栽培起源问题提供了新途径。多年来，随着测序水平的提高，分子标记已从第一代发展到第三代，并有了反映母系遗传的叶绿体基因序列及反映双亲遗传的核基因序列的参与而使分析更加深入。

均采用洪德元分类系统（包含“中原牡丹”），研究内容涉及以下三个方面：①牡丹组革质花盘（房衣）亚组内的种间关系。②品种间的关系（品种分类）。③种和品种间的关系，即牡丹的栽培起源。下面着重介绍①③两个方面的主要观点。

（一）关于革质花盘（房衣）亚组的种间关系

袁军辉（2010，2014）应用 3 个叶绿体基因片段和共显性的 14 个微卫星标记，研究了革质花盘（房衣）亚组的种间关系，结果认为该亚组种间关系复杂而且杂交特征明显。

1. 紫斑牡丹不是一个单系类群

紫斑牡丹叶绿体基因系统发育树明显分为两支：东边一支混杂有中原牡丹品种和杨山牡丹的遗传成分，而西边一支混杂有矮牡丹、卵叶牡丹和四川牡丹的遗传成分。而基于微卫星标记的系统发育树，则紫斑牡丹可以分为 3 个分支，对应于紫斑牡丹地理分布的 3 个地域：北部陕甘黄土高原（子午岭）及秦岭太白山，东部秦岭东端伏牛山山地及神农架林区，西部秦岭西端及甘肃陇南山地，并与四川牡丹形成并系类群。

2. 杨山牡丹、四川牡丹、矮牡丹和卵叶牡丹均为单系类群

这几个种中，卵叶牡丹和矮牡丹有较近的亲缘关系，而四川牡丹的叶绿体基因表现出与矮牡丹和卵叶牡丹关系更近，其核基因则表现与紫斑牡丹的东部居群有更近的亲缘关系。

3. 现存中原牡丹、杨山牡丹个体表现出部分杂交种的特征

这两个种的叶绿体基因表现出与紫斑牡丹东部居群更近的亲缘关系。而核基因组成则比较复杂，表现出明显的杂交来源，其核基因遗传成分至少来自 3 个祖先类群：矮牡丹和卵叶牡丹的祖先类群，太白山紫斑牡丹（秦岭中部及子午岭）的祖先类群，并与紫斑牡丹原亚种（甘肃陇南山地）的祖先类群近缘。

4. 延安牡丹的杂交起源

袁军辉等（2010）采集了延安牡丹（*P. yananensis*）的主要变异类型，并采集了其核心分布区周边分布的其他野生牡丹，包括矮牡丹和紫斑牡丹共 11 个野生居群的 159 个不同个体，采用 22 个表型特征，3 个叶绿体基因片段和 14 个微卫星分子标记进行分析。结果表明，延安牡丹与另外两个野生种在表型上分化十分明显。而 3 个叶绿体基因间隔区的序列数据（*petB-petD*, *rps16-trnQ* 和 *psbA-trnH*）构建的系统发育树则表明延安牡丹与矮牡丹聚在一起。但微卫星分子标记分析表明，延安牡丹同时与矮牡丹和紫斑牡丹共享了许多等位基因。因而综合这些研究结果，推断延安牡丹是以矮牡丹为母本，紫斑牡丹为父本经天然杂交而形成的，这一结果也得到了形态学数据的支持。

而徐兴兴等的分析表明，卵叶牡丹也可能源自矮牡丹和紫斑牡丹间的杂交。

（二）关于牡丹的栽培起源

1. 中原栽培牡丹主要起源于中原牡丹与杨山牡丹的杂交

周志钦等（2003，2005，2007）先后利用 4 个核基因片段和两个叶绿体基因结合形态分析研究了牡丹组 8 个种和 101 个中原栽培品种的亲缘关系。结果表明，核基因树和形态学证据支持银屏牡丹（注：其依据的两份材料后来一份归于杨山牡丹，另一份被发表为中原牡丹）、杨山牡丹、紫斑牡丹、卵叶牡丹和矮牡丹都参与了栽培牡丹的起源；而叶绿体基因构建的单倍型网络树则表明，栽培牡丹的母系最主要起源为银屏牡丹，次为紫斑牡丹、杨山牡丹和卵叶牡丹，矮牡丹并不是栽培牡丹最主要的野生祖先。在参与分析的101个品种中，有65.35%的品种具有两个野生种的特征。基于核基因*GPAT*谱系和叶绿体基因谱系对37个品种和野生牡丹的比较发现，其中35个可能是杂交起源。杂交和渐渗杂交在栽培牡丹起源中发挥了重要作用。由此得出，栽培牡丹是多系起源和进化的。

王建秀（2010）利用叶绿体基因序列信息和微卫星标记，对147个品种（其中125个为中原传统品种、10个现代品种、11个日本品种、1个美国品种）与牡丹组7个物种的联合分析，认为传统栽培品种的母本主要是中原牡丹（74.8%），部分为紫斑牡丹（包括原亚种保康、内乡居群及太白山紫斑牡丹的甘泉居群）或卵叶牡丹（22.4%），极少为杨山牡丹（凤丹），矮牡丹和四川牡丹没有作为传统品种的母本。微卫星分析结果表明，传统品种的父本主要是中原牡丹（46.9%）和杨山牡丹（24.2%），有一定比例的紫斑牡丹、卵叶牡丹和矮牡丹，没有四川牡丹。在147个参试品种中，父本母本均为中原牡丹的占35.4%。综合叶绿体谱系关系树与微卫星位点，认为传统品种一部分是单元起源，如'赵紫''第一娇''朱砂红'；而相当数量是中原牡丹和杨山牡丹的杂交后代，如'胡红''蓝田玉''凤丹白'等；一小部分是紫斑牡丹与中原牡丹的杂交后代，如'脂红''一品朱衣''墨魁'等。少数品种为几个野生亲本（如紫斑牡丹、中原牡丹、杨山牡丹）多次杂交的后代，如'粉娥娇''洛阳红''桃红献媚'等。由此，中国牡丹传统品种受中原牡丹和杨山牡丹影响最大，次为紫斑牡丹、矮牡丹和卵叶牡丹。而日本牡丹则以中原牡丹影响最大，次为紫斑牡丹。

此外，周世良等（2014）利用4个叶绿体基因片段和4个单拷贝DNA标记分析了47个中原传统品种和9个牡丹野生种的亲缘关系，发现中原传统品种起源于革质花盘（房衣）亚组中5个野生种的杂交。其中大多数品种的母本是中原牡丹，父本是紫斑牡丹、卵叶牡丹和杨山牡丹；另一部分品种母本是卵叶牡丹，父本为中原牡丹和杨山牡丹。矮牡丹也可能参加了杂交。

2. 中国栽培牡丹独立驯化起源于不同的野生牡丹

1）中原和西北栽培牡丹分别驯化起源于矮牡丹和太白山紫斑牡丹　分别

收集了野生矮牡丹、紫斑牡丹原亚种、太白山紫斑牡丹（上述 3 个种采样涵盖了全部分布区）以及四川牡丹（1 个居群），栽培品种包括西北品种 103 个（传统品种 49 个，现代品种 54 个），中原品种 72 个（传统品种 28 个，现代品种 44 个），各类样品共 553 份。采用 14 个微卫星标记，通过赋值法、主成分分析法分析，取得以下结果（袁军辉等，2014）。

（1）中原栽培牡丹和西北栽培牡丹是遗传分化明显的两个群体。经 STRUCTURE 软件分析和主成分分析（PCA），中原品种与西北品种有明显区分，前者近于矮牡丹而后者近于太白山紫斑牡丹。栽培牡丹与野生牡丹分化明显（$P < 0.001$），遗传分化系数中原品种与西北品种相近（0.09），次为紫斑牡丹原亚种（0.09），太白山紫斑牡丹（0.11），然后是矮牡丹（0.12）。遗传结构分析表明中原品种与矮牡丹分化较清晰，而西北品种与太白山紫斑牡丹遗传分化很小，得出西北品种比中原品种起源时间要晚。估算结果表明：前者驯化时间尺度仅为后者的一半左右，这与二者栽培历史基本吻合。

（2）两个栽培群体分别驯化起源于矮牡丹和太白山紫斑牡丹。近似贝叶斯计算对 3 个驯化模式的统计推断，支持中原栽培牡丹起源于矮牡丹，西北栽培牡丹起源于太白山紫斑牡丹。总之，杂交在驯化起源中的作用很小，栽培牡丹不同类型之间及栽培牡丹与野生牡丹之间的基因流十分有限。

2）凤丹牡丹为独立驯化起源　凤丹牡丹是杨山牡丹的栽培类型。彭丽平等（2017）从凤丹牡丹主要分布区安徽、山东、陕西、山西、北京、湖北、湖南及河南等省、市 36 个栽培（部分疑似野生）居群采集 901 个样品，采用 4 个单核苷酸多态性标记和简单重复序列标记用于样品分析。通过基于贝叶斯等方法的 STRUCTURE 软件进行祖先类群基因簇推断，结果从陕西、安徽、山东、河南和湖南的样品中发现 5 个完全分离的祖先类群基因簇。栽培‘凤丹’不同基因簇的异域分布支持独立起源的假说，并提示在漫长的栽培过程中杨山牡丹发生过 5 次独立驯化事件。而陕西秦岭可能是杨山牡丹驯化的起源地，这里发生过 4 次独立驯化事件。另外，‘凤丹’的另一个起源地是安徽铜陵，这里的‘凤丹’都归入一个特别的基因簇，并且没有陕西‘凤丹’类群的遗传成分渗入，这里至少有 1 次独立驯化事件。

（三）小结

上述分子标记研究结果可以使我们加深对中国牡丹遗传特性的认识，同时发现有无“中原牡丹”参与分析，其结果大相径庭。这些互相矛盾的结论需要通过进一步研究来加以解决。

1. 需要提高整体研究水平

牡丹组植物有一个十分庞大的基因库，有为数众多的基因家族。牡丹组植物从野生到家生，又经历了 1 000 多年的曲折历程。其分布范围广泛，有着诸多变异，要通过少数的基因序列来弄清楚牡丹组的系统发育关系和演化历史是不容易的。因而研究工作中，准确而有代表性的样品数量及取样策略、可靠的分辨率高的分子标记及统计分析方法都十分重要。此外，一些基础研究，如物种范围内居群水平上的空间遗传结构及其进化历史的大样本研究等，也不可或缺。

2. “中原牡丹”分类地位需要一个再认识

纵观 20 余年牡丹栽培起源问题的研究，洪德元等银屏牡丹及后来作为新种的“中原牡丹”的发表，以及牡丹“直接从银屏牡丹（2007 年起改为中原牡丹）驯化并选育而成”的观点，对研究结果产生了重要影响，是产生不同结论的主要因素之一。但认真分析中原牡丹发表的历史、依据的模式以及上述分子标记的研究过程与基本结论，中原牡丹作为一个野生种的分类地位并未得到支持和确认：①中原牡丹唯一的模式植株近似栽培类型，没有野生居群。②在分子标记研究中，它与中原传统品种的基因型几乎完全相同。如张金梅等（2008）的研究报告中，中原牡丹与以‘锦帐芙蓉’‘蓝田玉’‘墨洒金’为代表的牡丹（*P. suffruticosa*）叶绿体基因序列完全一样，而核基因 *GPAT* 仅有极微小差异。由于基因序列相同，因而物种分析上只能采用“牡丹 + 中原牡丹”的处理方式。随后的研究（王建秀，2010）中，中原牡丹与中原传统品种‘葛巾紫’‘状元红’‘娇容三变’‘蓝田玉’以及‘胡红’的叶绿体基因、核基因 *GPAT* 以及微卫星 DNA 序列相同或极其相近。这些研究表明“中原牡丹”实际上是中原栽培牡丹中的一个成员。这样就不难理解中原牡丹与中原传统品种亲缘关系分析中，二者为何如此惊人的高度一致。

3. 栽培牡丹遗传多样性高于野生牡丹的启示

在一系列研究（王建秀，2010；袁军辉等，2014）中，都发现栽培牡丹遗传多样性高于野生牡丹的情况，栽培牡丹保存了野生群体中没有的大量遗传资源。这些现象提示我们在遗传多样性保护上，既要注意进一步加强野生资源的保护，也要重视品种资源，特别是传统品种资源的保护。

目前，由上海辰山植物园等单位主导的牡丹全基因组测序工作已经基本完成，西藏农牧科学院、华中农业大学主持的大花黄牡丹全基因组测序即将完成。今后经过重测序等研究，栽培牡丹起源问题将会在分子层面得到更好的回答。

第四节
品种资源评价

一、资源评价的重要性

资源评价是种质资源工作的中心环节，离开客观科学的评价就谈不上种质资源的有效利用。

资源评价的任务，一是为当前和今后牡丹的遗传改良工作服务，为各地不同育种目标提供有用的资源信息和符合育种需要的种质资源。二是为资源的有效利用提供信息服务。

就遗传改良工作而言，要求评价结果能反映各类资源的遗传差异而不是表现型差异，因而在评价内容和项目上应以农艺及经济性状为主，然后兼顾其他相关性状。

品种资源评价应在品种观察研究的基础上进行，这些观察研究通常涉及以下内容：①植物学性状的观察。②生物学特性的观察。③观赏特性及其他重要性状的观察。④抗逆性，对温度、光照、水分、盐分、气体等环境胁迫的抵抗能力以及对不良气候、土壤条件的适应能力等。⑤抗虫及抗病性。

二、品种资源评价方法

品种资源评价需要按照评价目的决定评价项目、标准与方法，这里仅介绍几种对牡丹观赏品质及综合性状进行评价的方法供作参考。

（一）百分制计分法

这是应用较早的品种评价方法，除牡丹外，在其他名花中都曾有应用，是简便易行的品种评价方法之一。其主要特点是根据实践经验确定影响其观赏品质的主要性状及其在整个评价系统中的权重，并加以量化。喻衡（1985，1988）在菏泽新品种选育中曾提出如下评分标准：

①花色 15 分，要求鲜洁、晶莹、有光泽。

②花径 15 分（其中 16 cm 以上 15 分，15 cm10 分，14 cm8 分，12 cm7 分）。

③花容 10 分，要求端庄、富丽、大方。

④花型 10 分（其中牡丹花型 15 分，玫瑰型、长球型 12 分，单瓣型、绣球型 10 分）。

⑤花香 10 分（浓香 10 分，微香 8 分，一般 7 分）。

⑥花期 10 分（其中 8 天以上 10 分，7 天为 9 分，5～6 天为 8 分）。

⑦开花朵数 10 分（其中每枝 3 朵以上 10 分，2 朵 9 分，1 朵 8 分）。

⑧株型 10 分，要求枝叶匀称，花叶协调，花开叶片之上。

⑨抗逆性 10 分，要求抗病、抗虫、抗湿、抗污染性要强。

以上 9 项共 100 分，对特殊或稀有性状可适当加分，但加分最多不超过 20 分。

（二）模糊数学法

1965 年，美国控制论专家查德提出了模糊概念，提出用“模糊集合”作为表现模糊物的数学模型。模糊数学逐步得到发展，其中模糊综合评价是根据模糊数学的隶属度理论把定性评价转化为定量评价的方法。它具有结果清晰、系统性强的特点，能较好地解决模糊的、难以量化的问题，适于各种非确定性问题的解决。

张忠义等（1997）以 330 个中原品种为研究对象，应用模糊数学法进行了分析评价。

1. 牡丹主要特征的项目、类目选择

选用牡丹 9 个主要特征作为建立模型的 9 个项目，每项目分 3 个或 4 个等级（类型）作为类目。如项目 I 为花型，下分 4 个类目：台阁型（X_{11}，16 分）；

重瓣型 2 包括金环型、皇冠型、绣球型（X_{12}，12 分）；重瓣型 1 包括荷花型、菊花型、蔷薇型、托桂型（X_{13}，9 分）；单瓣型（X_{14}，5 分）。项目 2 为花色，下分 3 个类目：黄、绿、黑、复色（X_{21}，15 分）；白、蓝（X_{22}，12 分）；粉、紫、红色（X_{23}，8 分），以此类推（表 5–2）。

2. 项目、类目的专家打分系统

有些特征如花径等可以定量描述，而花型、花色、花香、花态、株型等则不可以定量描述。故采用专家打分系统对各项目的不同类目进行打分，取其平均分作为各项目的类目得分，以 X_{ij}（i=1，2…9；j=1，2，3，4）表示第 i 项目第 j 类目的得分去构建数学模型。根据专家打分结果，花型、花色、花期、花径、花香 5 个项目的各类目所得分要高，类间得分差异较大；其余 4 个次要项目的各类目得分则低，类间得分差异小。各项目第一类目得分总和为 100 分，即最完美的品种可得 100 分。

3. 项目、类目反应表的编制

将 330 个品种逐一在表 5–2 中进行反应，属于某项目某类目时画“1”，不属于时画“0”，即

$$a_{ij}\begin{cases}1\text{，属于 } i \text{ 项目第 } j \text{ 类目时} \\ 0\text{，不属于时}\end{cases} \qquad (1)$$

每个品种在反应时只能和每项目的 1 个类目反应，不能 1 个类目也不反应，

● 表 5–2　**中原品种特征项目、类目反应表（示例）**

序号	品种	花型				花色			花期				花径				香气			
		台阁	重瓣2	重瓣1	单瓣	黄绿黑复	白蓝	粉紫红	Ⅰ	Ⅱ	Ⅲ	Ⅳ	Ⅰ	Ⅱ	Ⅲ	Ⅳ	浓香	香	淡香	不香
1	‘小胡红’	0	1	0	0	0	0	1	0	1	0	0	0	0	1	0	1	0	0	0
2	‘洛阳红’	0	0	1	0	0	0	1	1	0	0	0	0	0	1	0	1	0	0	0
3	‘朱砂垒’	0	0	1	0	0	0	1	1	0	0	0	0	0	1	0	0	1	0	0
4	‘状元红’	0	0	1	0	0	0	1	1	0	0	0	0	0	1	0	0	0	1	0

也不能同时和 2 个或 2 个以上类目反应，由此得出如表 5–2 形式的完整项目、类目反应表。

4. 品种质量评估的数学模型

由以上专家打分系统及项目、类目反应表建立牡丹品种质量评估的数学模型为

$$y_k=\sum_{i=1}^{9}\sum_{j=1}^{m_i}\sigma_{ij}\,y_{ij}(k=1,2,\cdots,330;m_i=3\text{ 或 }4) \quad (2)$$

y_k 为第 k 个品种的综合得分，根据以上数学模型编写的计算机程序及表 5–2 的反应结果打印出每个品种的综合得分。

5. 品种等级的统计划分

由此计算出 330 个品种得分的平均数及方差、标准差分别为

$$\bar{y}=\frac{1}{n}\sum_{k=1}^{n}y_k=\frac{1}{330}\times(67+73+\cdots+70)=67.057\,6\text{（分）} \quad (3)$$

$$s^2=\frac{1}{n}\sum_{k=1}^{n}(y_k-\bar{y})^2=25.8967,\ s=5.088\,9\text{（分）} \quad (4)$$

采用正态概率值检验证明 330 个品种得分遵从正态分布即 $y_k\sim N(67.057\,6,5.088\,9)$，据以划分等级。通过相邻等级间差异显著性的多重比较对等级划分合理性进行检验后，330 个品种被划分为 4 等：Ⅰ等（优），77 ~ 100 分。如‘鹤落鲜花’‘粉蝶飞舞’‘紫冠藏翠’‘春紫’‘青山贯雪’‘玉玺映月’‘玉楼点翠’（以

花态				生长势			株型				分枝能力		
直立	斜伸	侧开	叶下花	强	中	弱	矮小	直立	半开展	开展	强	中	弱
0	0	1	0	0	1	0	0	0	1	0	0	0	1
1	0	0	0	0	1	0	0	1	0	0	1	0	1
0	0	1	0	1	0	0	0	0	1	0	0	1	0
1	0	0	0	1	0	0	0	0	1	0	0	1	0

上 77 分），‘鲁荷红’‘昭君出塞’‘大叶兰’（以上 78 分），‘春蓝’‘石园白（以上 79 分），以及‘金丝贯顶’（81 分）、‘绿香球’（82 分）共 16 个品种。Ⅱ等（良）72～76 分，包括‘洛阳红’‘玉红’‘丹皂流金’‘葛巾紫’‘蓝宝石’‘白玉’‘白雪塔’‘瑶池贯月’‘豆绿’等 51 个品种。Ⅲ等（一般），61～71 分，有‘小胡红’‘朱砂垒’‘状元红’‘璎珞宝珠’‘大胡红’‘脂红’‘大红袍’‘百花妒’‘首案红’‘丛中笑’‘鹤顶红’‘赵粉’等 231 个品种。Ⅳ等（差），0～60 分，有‘山花烂漫’‘十八号’‘雨过天晴’等 32 个品种。

330 个品种的得分极差为 82－55=27 分，品种间变异较大。另外，330 个品种最高分仅为 82 分，距最完美品种还相差 18 分，可见中原牡丹品种的定向改良及育种的潜力较大。

该次评价中，项目还可增加如“综合印象”等，类目还可细分到 5～6 类。其中专家打分系统判定类目得分值对评判结果有较大影响，花型项目中“台阁型”得分占比较大，值得商榷。

（三）层次分析法

层次分析法是 20 世纪 70 年代初由美国匹茨堡大学运筹学家桑迪（F. L. Santy）提出的一个系统分析方法。其特点是将研究对象作为一个系统对待，按照分解、比较判断、综合的思维方式进行决策，并将定性与定量评价有机地结合起来，将人们的思维过程数学化、系统化。

应用层次分析法首先要根据总目标的性质把问题层次化，构成一个多层次的分析结构模型。其次通过构造判断矩阵，依次计算下一层各因素对于上层对应因素的相对重要性权值，然后依次由上而下计算出最低层因素相对于最高层的相对重要性权值，并进行一致性检验，排出各方案（品种）的相对优劣次序，最后得出判断结果。

陈道明等（1992）应用层次分析法对 300 多个中原品种进行了综合性状评价，构建了较为完整的中原品种评价系统。

张旻桓等（2015）应用层次分析法对湖南长沙当地品种及引进的中原品种、江南品种及日本品种共 116 个进行适应性评价，建立了南方牡丹适应性评价体系。其工作程序及评价结果如下：

（1）通过调查研究与基础资料分析，结合专家意见选定 14 个评价性状，确定评价层次，建立评价结构模型，构成综合评价指标体系（表 5–3）。

（2）确定适合南方地区的评价因子与评分标准，该评分标准为 4、3、2、1 共 4 级（表 5–4）。

（3）按照综合评价模型建立的层次关系进行判断比较，构建判断矩阵并得出各层次的排序，然后对判断矩阵进行一致性检验。

（4）根据判断矩阵确定各因子的权重值（表 5–5）。

根据评价模型计算得到各品种的综合评价值，并求得平均数（$\bar{x}$）为 3.04（分），标准差（s）为 0.29（分）。整个得分遵从正态分布，其中Ⅰ级为 $\bar{x}+2s=3.62$（分），3.62 分以上有 7 个品种；Ⅱ级为 $\bar{x}+s=3.33$（分），3.33 ~ 3.61 有 27 个品种；Ⅲ级为 $\bar{x}-s=2.75$（分），2.75 ~ 3.32 共 70 个品种；Ⅳ级为 $\bar{x}-2s=2.46$（分），2.46 ~ 2.74 共 15 个品种。

划入Ⅰ级的 7 个品种是‘香玉’‘玉楼点翠’‘紫红殿’‘新国色’‘香丹’‘银粉金麟’‘大藤’；划入Ⅱ级的 27 个品种为‘迎日红’‘娇容三变’‘海黄’‘洛阳红’‘粉菊花’‘湘绣球’‘红辉霜狮’‘白雪塔’‘岛锦’‘朱砂垒’‘四旋’‘芳纪’‘凤锦荷’‘土家粉’‘紫绣球’‘盛丹炉’‘香韵’‘湘西粉’‘香柔’‘蓝田玉’‘胡红’‘凤丹紫’‘凤丹白’‘凤丹荷’等。参与评价的 19 个湖南品种只有‘香丹’划入Ⅰ级，13 个划入Ⅱ级，5 个划入Ⅲ级。

需要注意的是：南方雨水较多，观赏品种中重瓣程度太高的品种并不适宜生产，需要重视优良的单瓣、半重瓣品种。评分标准中将台阁型品种给分较高也并不合适。

● 表 5–3 **牡丹品种综合评价指标**

总目标层（A 层）	优良品种（A）													
准则层（B 层）	形质性状（B_1）				数量性状（B_2）		开花性状（B_3）			生长性状（B_4）				
因子层	花色	花型	花态	花香	花径	单株开花数	花期早晚	花期长短	开花难易度	耐湿热性	抗逆性	抗病性	生长势	萌发能力
（C 层）	(C_1)	(C_2)	(C_3)	(C_4)	(C_5)	(C_6)	(C_7)	(C_8)	(C_9)	(C_{10})	(C_{11})	(C_{12})	(C_{13})	(C_{14})

● 表 5-4 **各评价因子的评分标准**

分值	花色	花型	花态	花香	花径	单株开花数	花 期
4	绿、黄、黑、复色	千台、楼台	直上	很香	16 cm 以上	15 朵以上	4 月 10 日前，4 月 20 日后
3	大红、蓝、玫红	绣球、金环、皇冠	侧开	淡香	14～15 cm	10～14 朵	4 月 10～12 日
2	紫红、粉红	蔷薇、菊花、荷花、托桂	藏花	微香	10～13 cm	5～9 朵	4 月 16～20 日
1	粉紫、白、紫蓝	单瓣	侧垂	无香味	10 cm 以下	4 朵以下	4 月 13～15 日

分值	花期时长	开花难易度	耐湿热性	抗逆性	抗病性	生长势	萌发能力
4	10 天以上	无大小年	强	强	强	强	强
3	8～9 天	有大小年，但不明显，仅在重瓣上有变化	较好	较好	较好	较好	较好
2	6～7 天	有大小年	一般	一般	一般	一般	一般
1	5 天以下	不易开花	差	差	差	差	差

（四）灰色关联度分析法

灰色关联度分析法是邓聚龙于 1982 年创立的一种统计分析法，近年来该法逐渐应用于观赏植物资源评价。该法可对参试对象的主要性状进行综合描述和量化评估，能够克服单一性状两两比较的局限性，可较全面地评价参试对象的优劣。近年来该法逐渐应用于观赏植物资源评价。罗浩等（2020）应用该法对 51 个紫斑牡丹切花品种进行了综合评价并筛选出适宜切花的品种。

按照灰色系统理论，将参评品种视为一个灰色系统，把每个品种视为该系统中的一个因素，计算系统中各因素的关联度，关联度越大，则因素的相似程度越高，反之则低。评价过程首先是评价指标、评分标准及参考品种构建。紫斑牡丹切花品种评价和筛选中采用了切枝长、1 年生枝长、单株花数、分蘖数、

● 表 5-5 **准则层与因子层各指标的权重**

目标层	目标层权重	准则层	准则层权重	因子层	因子层权重	C 层总权重排序
优良品种（A）	1	形质性状（B_1）	0.238 2	花色（C_1）	0.370 5	0.088 2
				花型（C_2）	0.344 8	0.082 1
				花态（C_3）	0.185 2	0.044 1
				花香（C_4）	0.009 5	0.023 7
优良品种（A）	1	数量性状（B_2）	0.141 6	花径（C_5）	0.333 3	0.047 2
				单株开花数（C_6）	0.666 7	0.094 4
		开花性状（B_3）	0.283 3	花期早晚(C_7）	0.25	0.070 8
				花期长短(C_8）	0.25	0.070 8
				开花难易度（C_9）	0.5	0.141 6
		生长性状（B_4）	0.336 9	耐湿热性（C_{10}）	0.354 3	0.119 3
				抗逆性（C_{11}）	0.192 1	0.064 7
				抗病性（C_{12}）	0.192 1	0.064 7
				生长势（C_{13}）	0.192 1	0.064 7
				萌发能力（C_{14}）	0.069 4	0.023 4

长势、株高、瓶插寿命、最佳观赏期、花型、花态、花显示度、花径、花香、初花期 14 个评价因素对参试品种进行评价。其数量性状直接按数值进行评价，描述性状按评定标准给予数量化赋值。以参试的 51 个牡丹品种作为一个灰色系统，每个品种作为系统中的一个元素，根据切花生产的应用目标构建“标准品种”，该“标准品种”集合了本次试验调查 14 个性状指标的最大值，这些最大值所构成的数列即为参考数列 X_0，各品种性状指标构成的数列为比较数列

X_i（参试品种数 i=1，2，3，…，51），计算出参试品种与“标准品种”之间的关联度。关联度越大，说明性状的相似程度越高，品种综合性状越优，反之则越差。

由于性状调查中涉及描述性指标和数量指标，其数量级和单位不同，因此关联分析前需对原始数据进行标准化及无量纲化处理。用比较数列 X_i 除以参考数列 X_0；利用公式（1）计算参试品种与标准品种的各性状的关联系数（ξ_i），把参试品种各性状指标的权重和关联系数代入公式（2）求得参试品种与标准品种的加权关联度（r_i）。

$$\xi_i=\frac{\min\limits_{i}\min\limits_{k}|X_0(k)-X_i(k)|+\rho\max\limits_{i}\max\limits_{k}|X_0(k)-X_i(k)|}{|X_0(k)-X_i(k)|+\rho\max\limits_{i}\max\limits_{k}|X_0(k)-X_i(k)|} \tag{1}$$

$$r_i=\sum_{k=1}^{n}\omega_i(k)\,\xi_i(k) \tag{2}$$

公式（1）和公式（2）中，$k=1$，2，3，…，14 为待评价性状数；$|X_0(k)-X_i(k)|$ 为第 i 个品种第 k 个性状的无量纲化处理的数值与最优性状值的绝对差值；ρ 为分辨系数，取值范围［0，1］，该研究取 ρ=0.5；r_i 为第 i 品种的灰色关联度，$\omega_i(k)$ 为第 k 个性状的权重值。

该研究中充分考虑了切花生产对品种的专用要求，利用灰色系统理论获得参试品种的加权关联度排名，明确各品种的优劣，对加权关联度结果进一步聚类分析后，共计筛选出 18 个具有良好切花生产潜力的品种，如‘京玉红’‘粉面桃腮’‘京粉岚’‘京冠辉红’等，为牡丹切花生产提供了优良种质资源。

第五节
核心种质构建

一、核心种质的概念及其意义

植物种质资源是进行各种作物新品种选育和种质创新的重要物质基础。世界上科技发达国家都很重视作物种质资源的搜集、保存和保护。随着种质资源数量的急剧增加，如何对其进行有效的保存、更新和评价鉴定，如何快速准确地挖掘新的优异基因资源，如何提高现有种质资源的利用效率等问题也日渐凸显。1984 年，澳大利亚学者弗兰克尔（Frankel）提出了核心种质的概念，并与布朗（Brown）（1989）对其作了进一步的发展完善。

所谓核心种质，是指运用一定方法，从某种植物种收集材料中遴选出能最大限度代表其遗传多样性而数量又尽可能最少的种质材料作为核心收集品。这部分数量尽可能少而又能最大限度代表其全部种质遗传多样性的种质材料即为核心种质，核心种质之外的其他材料则称为保留种质。

核心种质不是全部种质资源收集材料的简单压缩，其数量少，但却能包含该植物种质资源中绝大部分基因类型，能覆盖该植物整个遗传多样性。总起来说，核心种质要最大限度避免遗传重复，要具有多样性、异质性、代表性、实用性和有效性，同时它又需要不断补充完善和更新从而具有动态性的特点。

核心种质研究的核心内容，是构建一个能反映某一植物种群遗传多样性，能提供育种家几乎所有遗传变异的可操作的小样本品种群体，因而具有重要意义：①有利于提高种质资源保存、评价和应用效率，降低种质资源库的管理成本。②有利于识别种质资源中重要但分布频率低的农艺性状材料，为选择具有优异基因的杂交亲本提供了便捷途径，有利于提高育种效率。③有利于种质资源的国内外交流，防止优异种质的流失。

从庞大的种质库中筛选出数量有限但能充分代表种质（库）中绝大多数遗传变异的样品，核心种质（库）的构建须有一套有效方法。多年来，相关学者在核心种质构建程序、数据选择、数据分析法、种质分组、取样比例和策略以及核心种质有效性检验等方面进行了广泛的探讨，提出建立核心种质的 4 个步骤：数据分类收集整理、数据分析与种质分组、样品选择及核心种质的检测与管理。

二、中原牡丹品种的核心种质构建

中原牡丹品种是中国牡丹家族中最大的品种群。到 2016 年，该品种群登录品种已达 805 个，占全国品种总数的 59.85%。中原牡丹品种丰富，类型多样，应用广泛，在国内外都有着重要影响。虽然对该类群有洛阳国家牡丹园（兼国家牡丹基因库）的搜集与保存，但对品种资源的研究仍显薄弱。2008 年，李保印开展了中原牡丹品种核心种质构建研究。作为国家“十五”规划科技攻关项目“中国特有花卉种质资源保存、创新和利用研究”的子课题，该研究无疑对牡丹种质资源今后的考察、收集、种质创新和有效保护利用，以及品种改良、新品种培育都具有重要意义。

中原牡丹品种核心种质构建以 1997 年版《中国牡丹品种图志》记载的 400 个品种为基本材料，在总结其他观赏植物核心种质构建经验基础上，综合牡丹本身的资源特点和研究基础，采取了分三步走的策略：第一步，进行数据收集，建立基本数据和表型性状数据库；第二步，在表型遗传多样性分析基础上构建初级核心种质，并对其进行分子水平上的检测；第三步，综合利用表型分析和分子分析数据，在初级核心种质的基础上构建核心种质。

（一）基本数据库建立与表型性状多样性分析

1. 中原牡丹品种构成的基本特点

中原牡丹品种类型多样，花型齐全，花色丰富，叶型、株型变化繁多，但其不同类型间发展并不均衡。从花朵结构看，单花类占87%，台阁类占17%（其中千层台阁占73%，楼子台阁占27%）；以花型分，10个花型各自包含的品种数量差异很大，皇冠型最多，近160个，金环型最少，仅‘粉面桃花’‘玉美人’2个；从品种最初选育地点看，山东菏泽占61.2%，河南洛阳占15.0%，北京占1.5%；从选育时间上看，传统品种占22.5%，现代品种占76.2%；从花期上看，早花品种占16.8%，中花占60%，晚花占23.2%；从花色组成上看，分别为白（9.5%）、红（53.5%）、黄（2.0%）、蓝（0.7%）、黑（3.3%）、粉（15.7%）、紫（13.3%）、绿（0.5%）、复色（1.5%）；从花瓣色斑（或晕）看，无晕斑占19.3%，有色晕占47.1%，有色斑者占33.0%。

2. 表型性状的遗传多样性

中原牡丹品种表型性状遗传多样性丰富，但各类别间差异明显。据分析中原牡丹品种中单花类品种遗传多样性指数为0.968 8，台阁类为0.855 9，前者比后者遗传多样性丰富。各个花型组间，皇冠型品种表型遗传多样性指数最高（0.910 0），楼子台阁型（0.886 1）、荷花型（0.862 1）次之，金环型最低（0.595 7）。

不同选育时期、不同栽培区或同一栽培区、不同选育地点，其遗传多样性丰富程度也有差别。如山东菏泽品种多样性指数为0.946 0，其中赵楼为0.951 0，百花园为0.883 0，古今园为0.492 0；河南洛阳品种多样性指数为0.983 4，其中王城公园为0.985 0，国色牡丹园为0.796 0，牡丹公园为0.693 0；北京景山公园选育的品种为0.647 5。

在表型性状中，多样性指数较高的性状是总叶柄长，花朵的纵径与横径、花色、叶色等。其他性状多样性指数相对较低。总体上，中原牡丹品种表型性状变异丰富，其平均方差为1.251 2，平均标准差0.925 9，平均变异系数38.72%，其中以花色变异系数最大（91%），次为雌蕊和雄蕊瓣化性状（分别为82.0%和69.0%）；变异系数最小的是萌芽形状（20%）和茎干软硬度等。此外，质量性状的等级以及各等级在不同花型组中的分布频率也不相同。

不同花型组的品种间的平均欧氏距离小于总体资源收集品的品种间平均欧氏距离（4.228）。

3. 优先考虑的必选材料

为了保证核心种质的代表性，避免重要材料的漏选，根据种质资源的特点和专家建议考虑了以下几点：①品种的种源组成。能反映祖先种特点的品种优先入选，如瓣基无斑、株型低矮的‘罗汉红’或瓣基色斑明显、植株高大的‘大蝴蝶’‘青龙卧墨池’等。②品种分类的系统性。如数量较少的托桂型品种。③品种的历史地位及其在育种中的重要性。如‘姚黄’‘魏紫’‘豆绿’‘洛阳红’‘赵粉’等。④品种染色体的特殊性。如三倍体品种‘首案红’。⑤品种花色的特殊性。如复色品种‘二乔’，其他如花色变化多，瓣基有紫斑，花梗极短的‘三变赛玉’等。⑥某些性状的特殊性。如叶型特殊（一回三出复叶）的‘红珊瑚’，萌芽为绿色的‘百花妒’，花期极早的‘观音面’，花期极晚的‘软枝蓝’，产根量极高的‘玉楼点翠’，抗叶斑病的‘种生黑’等。

（二）初级核心种质构建

鉴于牡丹品种分类体系已较完善，其中品种花型分类能反映品种演化规律而将花型分类作为分组的依据，并按花型将 400 份样本分为 10 组，分组后材料的挑选是核心种质构建过程的中心环节，也是最大限度保存遗传多样的关键。经对比试验，在分组内以平方根法确定抽样量为总体种质样本的 30%，然后采用类平均法（DPGMA）聚类抽样，构建了由 120 份材料组成的初级核心种质。

应用遗传多样性和遗传丰度两个指数并重的方法进行检测，在表型水平上初选核心种质覆盖了原始总体种质的品种类型和性状，香农遗传多样性指数对总体种质的代表性达到 99.12%，表型保留比例达 100%。

（三）核心种质构建

以初级核心种质 120 份样本材料为基础，分别使用表型数据和扩增片段长度多态性、简单序列重复区间两组分子标记数据的不同组合，再加上随机抽样法，构建 8 个各自含有 60 份样本的中原牡丹品种核心种质候选群体。根据综合检测与比较，最后确定以表型数据 +AFLP+ISSR 聚类压缩法构建的核心种质作为中原牡丹品种核心种质。由于综合运用了形态学上数量性状和质量性状数据，克服或弥补了单组性状数据的不足，同时采用多个分子标记数据，提高了结果的可靠性，核心种质的根井正利遗传多样性指数和香农信息指数都显著高于保留种质。

（四）核心种质遗传多样性分析

应用序列相关扩增多态性分子标记技术对 58 个中原牡丹品种核心种质进行了遗传多样性分析（周秀梅、李保印，2015）。23 对引物组合扩增出 595 条清晰条带，其中多态性条带占 64.3%，每对引物组合平均条带数和多态性条带数分别为 25.9 条和 16.4 条。供试品种间或对遗传相似系数为 0.567 ~ 0.894。采用 UPGMA 聚类分析法，在遗传相似系数 0.692 处，将 58 个品种聚为 7 个类群，表明构建的核心种质具有丰富的遗传多样性，但聚类结果与牡丹品种的花型、花色等性状没有明显的关系。其 7 个聚类簇记述如下，以供参考。

第一个聚类簇 9 个品种分为 3 个亚簇：‘红珊瑚’‘种生黑’‘淡藕丝’‘假葛巾紫’‘白玉’5 个品种为第一亚簇；‘百花妒’和‘肉芙蓉’为第二亚簇；‘魏紫’和‘苏家红’为第三亚簇。

第二个聚类簇包括‘古班同春’和‘菱花晓翠’2 个品种，均为荷花型。

第三个聚类簇包括‘十八号’和‘春归华屋’，均为千层台阁型。

第四个聚类簇 11 个品种分为 2 个亚簇：‘绿幕隐玉’‘仙桃’‘宫样妆’‘小魏紫’‘雁落粉荷’‘玉板白’6 个品种为一个亚簇；‘娇容三变’‘丹炉焰’‘罗汉红’‘深紫玉’和‘宋白’5 个品种为另一亚簇。

第五个聚类簇 17 个品种分为 5 个亚簇：第一亚簇有‘洛阳红’‘紫蝶’和‘酒醉杨妃’（依次为蔷薇型、单瓣型、荷花型）；第二亚簇仅有‘二乔’1 个品种；第三亚簇 7 个品种，为‘少女裙’‘阳红凝辉’‘赵粉’‘软枝蓝’‘李园春’‘东海浪花’‘御衣黄’（重瓣性低的品种先相聚，再与重瓣性高的品种相聚）；第四亚簇仅有‘凤丹白’；第五亚簇 6 个品种，‘锦绣九都’和‘咏春’先聚为一支，再与‘青龙卧墨池’相聚，‘霓虹焕彩’与‘天然富贵’先聚，再与前 3 个品种聚合，最后与‘粉面桃花’聚合。

第六个聚类簇仅有‘锦袍红’（蔷薇型）。

第七个聚类簇 15 个品种分为 3 个亚簇：第一亚簇有‘姚黄’‘藏枝红’和‘玉楼点翠’；第二亚簇有‘雪映朝霞’‘昆山夜光’‘大蝴蝶’；第三亚簇有 9 个品种，即‘赤龙焕彩’‘金玉交章’‘烟笼紫珠盘’‘首案红’‘豆绿’‘状元红’‘雏鹅黄’‘雨后风光’和‘盘中取果’。

第六章

中国古牡丹资源

通常各地种植逾百年的牡丹即被称为古牡丹，但本书所指古牡丹应是清代及中华民国以前留存下来的牡丹。古牡丹是牡丹种质资源的组成部分，有着重要的研究价值与历史文化价值。

本章介绍中国古牡丹的分布、品种构成、历史文化价值及其保护与更新。

第一节

中国古牡丹的分布

一、研究概况

一般在一个地方栽植逾百年的牡丹称为古牡丹。有些古牡丹与某些历史事件或文化名人有关，则归于古树名木之列。

古牡丹是牡丹种质资源的重要组成部分。了解和掌握中国各地古牡丹资源现状，对于今后古牡丹资源的保护和利用具有重要意义。

20 世纪 60 年代以来，洛阳市牡丹研究所王世端、李清道、刘翔等开展了古牡丹的考察，此后李嘉珏等对西北古牡丹做过一些考察，并在其主编的《中国牡丹与芍药》（1999）和《中国牡丹全书》中作了初步总结。近年来，王佳等（2008，2010）对江南地区古牡丹，郝青等（2008）对全国部分地区古牡丹进行过调查，并就牡丹衰老生理、牡丹栽培中的连作障碍、牡丹衰老植株的复壮等进行过试验研究。2014—2016 年，浙江金华俞文良配合李嘉珏对南方古牡丹进行了较为广泛的考察，对古牡丹复壮作了进一步探讨。上述工作，为中国古牡丹资源的整理奠定了基础。

二、中国古牡丹分布状况

综合多年来各地调查结果，全国古牡丹分布于北京、山西、内蒙古、辽宁、河北、河南、山东、陕西、甘肃、宁夏、上海、江苏、安徽、浙江、江西、湖北、湖南、贵州、四川、云南及西藏等21个省（市、自治区）（表6–1、表6–2）。总的来看，古牡丹主要分布于中国中东部及江南一带。分布较为集中的有以下几个地区：山西中南部，甘肃中部，上海、浙江及江苏、安徽南部。

在古牡丹中，传说栽植年代最久的是河北省柏乡县北郝村弥陀寺的“汉牡丹”；生长势最强的是山西潞城南舍村玉皇庙内的一株宋代古牡丹；地径最粗的是甘肃临洮城北孙家大庄孙生顺家的古牡丹；植株最大，开花最多的是山西古县三合村的古牡丹。分布最北的是沈阳植物园内的古牡丹，分布最南的是广东省乐昌县白石区谷家冲村清乾隆年间移自洛阳的古牡丹，或为云南武定狮子山植于明代的古牡丹，分布最西的为西藏自治区日喀则的古紫斑牡丹，分布最东的为上海市崇明、奉贤的古牡丹。

表6–1　**中国北方古牡丹分布**

编号	分布地点	品种	年代	花色，花型	株数	备注（资料来源）
1	北京戒台寺（1）		清	无	1	郝青，2008
2	北京戒台寺（2）		清	无	1	郝青，2008
3	北京戒台寺（3）		清	紫红，荷花型至皇冠型	1	郝青，2008
4	北京戒台寺（4）		清	紫红，皇冠型	1	郝青，2008
5	北京戒台寺（5）		清	粉色，蔷薇型	1	郝青，2008
6	北京戒台寺（6）		清	紫色，蔷薇型	1	郝青，2008
7	北京市孚王府		清	粉色，荷花型	1	郝青，2008
8	山东菏泽百花园		明	粉色，荷花型	1	郝青，2008
9	河北滦平		清乾隆年间	紫色，荷花型	1	郝青，2008
10	河北滦平		清乾隆年间	白色，皇冠型	1	郝青，2008

续表

编号	分布地点	品种	年代	花色，花型	株数	备注（资料来源）
11	河北柏乡		西汉	红色，皇冠型	多株	郝青，2008
12	内蒙古宁城	‘胡红’	清	红色，蔷薇型	1	郝青，2008
13	山西古县		唐	白色，荷花型	1	李嘉珏，2011
14	山西双塔寺	‘紫霞仙’	明万历年间	紫色，单瓣型	多株	郝青，2008
15	山西潞城		北宋	粉色，荷花型	1	郝青，2008
16	山西西溪		金	红色，单瓣至皇冠型	1	郝青，2008
17	山西太原古交区关头村		清末	红色	1	李嘉珏，2002
18	山西太原芮城永乐宫		清末		1	李嘉珏，2002
19	山西长治		宋		1	李嘉珏，2002
20	山西平顺		唐		1	李嘉珏，2002
21	陕西宜川		明	浅红色，皇冠型	1	李明瑞，2002
22	甘肃兰州中川		清	红色	1	李嘉珏，2011
23	甘肃兰州宁卧庄		清	浅红色，蔷薇型	1	李嘉珏，1999
24	甘肃临洮		民国		1	李嘉珏，2006
25	河南洛阳伊川		清顺治年间		1	李嘉珏，2006
26	河南洛阳卫坡		清道光年间		1	李嘉珏，2006
27	辽宁沈阳植物园				1	李嘉珏，2011

● 表 6-2　**中国南方古牡丹分布**

编号	分布地点	品种	年代	花色	花型	株数	备注
1	上海奉贤区吴塘村	‘粉妆楼’	400	粉色	菊花台阁	1	胡永红等，2018
2	上海徐汇区康健园	‘玉楼春’	290	粉色	菊花台阁	1	胡永红等，2018
3	上海徐汇区龙华寺	‘玉楼春’	160	粉色	菊花台阁	1	胡永红等，2018
4	上海徐汇区漕溪公园	‘凤丹白’	120	白色	单瓣型	8	胡永红等，2018
5	上海松江区醉白池	‘徽紫’	100	紫红	菊花型至蔷薇型	1	胡永红等，2018
6	上海嘉定区古漪园	‘徽紫’	100	紫红	菊花型至蔷薇型	5	胡永红等，2018
7	上海嘉定区古漪园	‘凤丹白’	100	白色	单瓣型	1	胡永红等，2018
8	上海嘉定区古漪园	‘玉楼春’	100	粉色	台阁型	3	胡永红等，2018
9	江苏盐城便仓	‘盐城红’	770	玫红	单瓣型	10	李嘉珏、赵孝知，2017
10	江苏盐城市便仓枯枝牡丹园	‘盐城粉’	770	粉色	单瓣型	10	李嘉珏、赵孝知，2017
11	江苏苏州留园		100 余年				郝青，2008
12	安徽巢湖市银屏山	银屏杨山牡丹	宋	白色	单瓣型	1	王佳，2008
13	安徽铜陵顺安区	‘御苑红’	宋	粉红	台阁型	1	李兆玉，2018
14	福建福鼎市	‘玉楼春’	200	粉色	台阁型	1	俞文良，2016
15	福建霞浦县	‘玉楼春’	300	粉色	台阁型	1	俞文良，2016
16	福建屏南县双溪镇		200			1	俞文良，2016
17	湖南永顺县松柏镇	‘紫绣球’	500	紫红	皇冠型	1	侯伯鑫，2008

续表

编号	分布地点	品种	年代	花色	花型	株数	备注
18	浙江平湖市新埭镇	‘玉楼春’	明正德初年	粉色		1	李嘉珏，2002
19	浙江杭州余杭区普宁寺	‘玉楼春’	500	粉色	菊花台阁型	1	王佳等，2008
20	浙江临海岔路镇柯先村	‘玉楼春’	800	粉色	台阁型	1	俞文良，2016
21	浙江金华孝顺镇浦口村	‘黑楼紫’	100	紫红	皇冠型	1	俞文良，2016
22	浙江金华孝顺镇浦口村	‘大富贵’	100	紫红	皇冠型	1	俞文良，2016
23	浙江金华孝顺镇浦口村	‘红芙蓉’	100	红紫	菊花型	1	俞文良，2016
24	浙江金华孝顺镇中柔一村	‘红芙蓉’	270	红紫	菊花型	1	俞文良，2016
25	浙江武义县明皇寺	‘玉楼春’	700	粉色	台阁型	1	俞文良，2016
26	浙江东阳湖溪镇	‘玉楼春’	300	粉色	台阁型	1	俞文良，2016
27	浙江义乌后宅镇塘下村	‘玉楼春’	200	粉色	台阁型	1	俞文良，2016
28	浙江衢州九华乡寺坞村	‘红芙蓉’	100	红紫	菊花型	1	俞文良，2016
29	浙江建德三都镇洋娥村	‘红芙蓉’	200	红紫	菊花型	1	俞文良，2016
30	江西高安荷岭镇上寨村	‘红芙蓉’	350	红紫	菊花型	1	俞文良，2016
31	江西婺源	‘玉楼春’	200	粉色	台阁型	1	俞文良，2016
32	云南武定狮子山	‘惠帝紫’，‘狮山皇冠’	500 余年		台阁型	2	李嘉珏，2011
33	云南昆明文昌庙		250 余年		台阁型	1	郝青，2008
34	贵州盘县保基村	‘玉楼春’	200	粉红	台阁型	多株	俞文良，2016
35	安徽肥东		清	粉色，红色	蔷薇型	4	刘华，2020

第二节

古牡丹的科学价值与历史文化价值

一、古牡丹的科学价值

全国各地广为分布的古牡丹，是宝贵的历史遗产，它给人们提供了丰富的遗传信息，具有重要的科学价值。如从江南古牡丹的品种构成看，我们可以认识到江南牡丹品种来源较为广泛。

江南古牡丹大体上由以下几类品种构成：

1）由杨山牡丹的野生植株驯化而来　如安徽巢湖银屏山古牡丹，湖南永顺松柏镇移自附近羊峰山上的杨山牡丹古牡丹。在上海漕溪公园，还有由栽培品种‘凤丹白’形成的百年古牡丹等。

2）中原品种南移，经驯化后留存下的古牡丹　这类品种较多，按色系分有以下几类：

（1）粉花系列，有‘玉楼春’‘西施’‘粉莲’等，花朵高度重瓣，呈台阁型。这类品种由于花朵较重，花梗较长而软，花头往往下垂。

（2）红紫花系列，这类品种分布很广，花红紫色，菊花型与蔷薇型。安徽宁国市南极牡丹园约有 7 个品种，包括‘昌红’‘呼红’‘羽红’‘玫红’‘雀好’‘轻罗’等。这些品种大同小异，以往当地也叫‘魏紫’。由于‘魏紫’是一个很古老的牡丹名品，这个名字用于这些品种并不合适，因而李嘉珏在宁国等地考察时，建议改称‘徽紫’，并将上述7个品种归于“徽紫系列”（李嘉珏，2006）。

（3）深紫红花系列，包括‘黑楼紫’‘紫绣球’‘大富贵’等。这些品种也是大同小异。

（4）白花系列。除‘凤丹白’外，还有‘玉楼’‘凤尾’等，是由‘凤丹白’演化而来。在四川彭州一带有不少‘玉楼’大植株。

3）其他地区来源的古牡丹 如由西北地区引来带紫斑牡丹血统的‘盐城红’‘盐城粉’等。这些古牡丹花瓣基部有明显的色斑。

江南古牡丹提供的信息与江南牡丹传统栽培品种构成的调查结果基本相符。值得注意的是，江南传统品种名称较为混乱，如浙江慈溪的‘黑楼紫’（或‘黑楼子’），在金华一带就叫‘大富贵’，这种同物异名的情况应当进行规范。

除江南古牡丹外，北方古牡丹也有不少遗传信息。如山西古县古牡丹，是紫斑牡丹品种与中原牡丹品种杂交的产物，有较强的适应性。还有山西晋城陵川县西溪古牡丹，生长势强，丰花，是一个优良品种。甘肃中部有较多的紫斑牡丹古树，表现出紫斑牡丹树性强、寿命长的特点。

二、古牡丹的历史文化价值

全国各地分布广泛的古牡丹，蕴藏着丰富的历史文化信息，是活的历史文物，具有重要的文物价值。

（一）北方古牡丹

1. 北京古牡丹

北京西郊门头沟区戒台寺内有个北宫院，又称牡丹院、慧聚堂，院中种有几十株牡丹，其中有6株4个品种为清代道光年间所植。据2006年郝青等调查，最大植株高2.13 m，最大冠径3.65 m。这些牡丹大都已开始衰弱。

2. 河北柏乡汉牡丹（图6-1）

生长在河北省柏乡县城北北郝村的汉牡丹，是迄今国内传说中最古老的古牡丹。相传西汉末年，王莽篡位，带兵追杀刘秀。刘秀逃到北郝村弥陀寺时，只见寺庙断壁残垣，满目荒凉，无处藏身，但却有牡丹数丛枝叶繁茂，保护他躲过一劫。刘秀心怀感激，留下咏牡丹诗一首：

● 图 6–1 河北柏乡汉牡丹

萧王避难过荒庄，井庙俱无甚凄凉。

唯有牡丹花数株，忠心不改向君王。

据柏乡县志记载，“汉牡丹”即由此得名。

现柏乡县以“汉牡丹”为依托，修建了牡丹园。但汉牡丹因多年疏于管理，长势衰退。2002年版《中国牡丹全书》记载，该古牡丹高约 1.5 m，丛径约 1.8 m。郝青等 2004 年实地调查时，最大一株高约 0.65 m，最大冠径 0.85 m。经当年秋季采取复壮措施后，生长势有所恢复，2008 年郝青等再次调查，株高 0.85 m，最大冠径 1.10 m。

3. 河北滦平兴州古牡丹

河北省北部长城古北口，滦平县城东北 15 km 处，兴州河畔兴州村，有清乾隆行宫遗址，其中保存有 2 株古牡丹。

据传，乾隆三十四年（1769），乾隆外出巡视时，曾在此地留宿，由当地黄九龄之女相陪。2 年后，乾隆特赐黄氏女 2 株牡丹，植于行宫内。2 株牡丹一红一白。据 2006 年调查，白花植株高 0.75 m，最大冠径 1.42 m，花朵为皇冠型，开花 70 朵；红花植株高 0.95 m，最大冠径 1.47 m，花朵为荷花型，开花 90 朵。

4. 山西古县古牡丹（图 6–2）

山西古县三合村的古牡丹闻名晋西南一带，是能以 1 株牡丹办花会的大牡丹。

三合古牡丹花粉白色，花瓣基部带有红色色斑，是紫斑牡丹与中原牡丹品种之间的杂交后代。2006 年调查时，主枝实际年龄约 40 年，高 2 m，最大冠径 5.2 m。最粗主枝地径 12 cm，直径 6 ~ 12 cm 的还有 8 个主枝，当年开花 582 朵。李嘉珏《中国牡丹与芍药》（1999 版）记载该古牡丹 1986 年的生长指标为高 1.8 m，冠幅 2.5 m×2.6 m，当年开花 124 朵。这 20 年中，高度相差不大，冠幅增加 1 倍，开花量增加 4 倍多。但 2014 年夏初李嘉珏与洛阳市牡丹研究院的专家们再次考察时，发现该株古牡丹长势有明显的衰退。

三合古牡丹有个神奇而美丽的传说。这个传说与当年武则天贬牡丹的传说

1. 花期（株丛）；2. 花朵；3. 果期（株丛）；4. 蓇葖果内无种子；5、6. 碑文内记述了古县古牡丹的传说

● 图 6–2 **山西古县古牡丹**

紧密相连。武则天掌权当了皇帝，那年冬天，来到上林苑饮酒赏雪，兴致大发，诏令苑中百花，择日开放。众花不敢违旨，均到时开花，只有牡丹迟迟未开。这便使得平日喜爱牡丹的武则天勃然大怒，下旨将牡丹放火焚烧，烧剩的都贬往洛阳。在押送途中，这棵牡丹乘机逃脱，来到古县三合村，见这里山清水秀，景色迷人，就在这里安家落户了。

2008年以来，古县县委县政府下大力开发古牡丹资源，将这里规划为旅游区，兴建了一批著名景点，每年举办牡丹花会。景区中高39 m的汉白玉牡丹仙子和牡丹长卷石雕均创吉尼斯世界纪录。

5. 山西潞城古牡丹

山西潞城县南舍村玉皇庙内有一株古牡丹。据碑文记载，该古牡丹栽植于北宋年间，传说也是武则天贬牡丹途中脱逃的牡丹仙子变的。《中国花卉报》1991年327期报道，该古牡丹主干（地）径45 cm，高2.12 m，最大冠径2.7 m，有100多个分枝，1991年开花130余朵。花深紫色，花径20 cm，有芳香。又据郝青等2006年调查，庙内有两株牡丹，一株开红花，一株开白花。白花植株长势衰弱，红花植株长势健壮，高2.3 m，最大冠径5.6 m，花朵粉紫色，荷花型。最粗主枝地径26 cm，另有4枝为10～20 cm。枝龄约50年（郝青，2008）。

6. 山西芮城古牡丹

山西省芮城县境内的永乐宫，是13世纪中叶兴建的道教宫殿，以明代壁画闻名于世。寺内有清末牡丹数株，因其枝干苍老，皮色墨灰，故人称“墨干牡丹”。每年4月下旬开花，色彩鲜艳，清香宜人。

7. 山西陵川西溪古牡丹

山西省晋城市陵川县崇文镇岭常村西溪水源附近有座龙王庙，院内有株古牡丹，叫“西溪牡丹”，传说该株牡丹植于金代。金代盖州人刘伊尹曾写有一首七律《西溪牡丹》，以“醉脸笼娇”来描绘其美丽姿容。据当地老人回忆，50年前庙内牡丹高过屋檐，花开2 000余朵，满园皆花。2006年调查时，古牡丹老植株已毁，仅存几十厘米高的萌蘖条。好在陵川县焦家先人40年前将西溪牡丹的一个分支移植到自家院内，经焦光夫妇精心养护，长势很好。2006年，株高2.16 m，最大冠径3.25 m，东西2.75 m，最大地径9.5 cm。枝龄约40年，花粉紫色，有多种花型，开花量达811朵，是罕见的丰花类型。

西溪牡丹与河北柏乡汉牡丹叶型、花色和花型都极为相似。据传它与汉代王莽和刘秀两个历史人物有关。古牡丹周围民居保留了山西古建筑风格，风光宜人，具有旅游开发价值（郝青，2008）。

8. 山西太原双塔寺古牡丹

山西太原市迎泽区郝庄村双塔寺内，有8株古牡丹，花紫红色，品种名‘紫霞仙’。据记载，这些古牡丹植于明代，距今已有400余年。

双塔寺原名永祚寺，建于明万历二十七年（1599），因建有双塔而得名。它为国内现存最高且规模最大的成双组合砖塔，为明代典型“无梁”式建筑。寺内大雄殿、观音阁等仿木结构建筑上，多有牡丹花雕图案，形态逼真，雕工精湛，与院中牡丹两相呼应。从寺中的一副对联“古寺独享牡丹花，双塔同揽娇媚月”可知，该寺新建有大型牡丹花坛多处，栽植各类品种百余种。

据《中国牡丹与芍药》（李嘉珏，1999）一书记载，这些古牡丹株高 2.4 m，最大冠径 3.00 m，最粗主枝干径 10 cm。2006 年郝青等调查，最大植株高 1.95 m，最大冠径 4.15 m，最粗枝干径 5 cm。两相比较，可以看出从 20 世纪 80 年代到 2006 年间，‘紫霞仙’前期长势良好，冠径增加，但后期长势转弱，最粗枝与最高枝已有死亡现象发生。

9. 陕西宜川古牡丹

陕西宜川县交里乡段塬村，有一株植于明代的古牡丹，距今已有 600 年的历史。该牡丹是随一户张姓人家，于明洪武三年（1370）由山西迁居此地时移来定植后。至今，张家人已繁衍 22 代，古牡丹见证了他们家族的历史，于是为古牡丹立碑作为永远的纪念。

该牡丹浅红色，重瓣，高 1.5 m，覆盖面积 4 m^2。至今仍枝叶繁茂。

10. 陕西眉县古牡丹

在陕西眉县太白山北坡半山一座小庙中，栽植有一株大紫斑牡丹。

11. 河南伊川古牡丹

在河南省洛阳市伊川县吕店乡清泉寺村李氏农家小院内，有一株清顺治年间（1644）栽植的古牡丹。2000 年前后株高 1.5 m，最大冠径 1.9 m，主干基径 27 cm，花粉紫色，重瓣平头，花径 20 cm，着花近百朵（《中国牡丹全书》，2002）。

12. 甘肃各地古牡丹

甘肃中部地区兰州及周围的临夏、临洮、陇西等地，是紫斑牡丹集中分布区。其祖先种为太白山紫斑牡丹，但漳县及其以南为紫斑牡丹原亚种。其树性较强，寿命普遍较长。各地百年以上古牡丹常见。

1）兰州宁卧庄宾馆古牡丹　甘肃兰州宁卧庄宾馆院内多牡丹，1958 年前后移自临洮、临夏一带。其中有几株大紫斑牡丹，号称“紫斑牡丹王”。据 1997 年测定最大植株高 2.5 m，最大冠径 3.0 m，主干地径 15 cm。其中‘瑶台

● 图 6–3 **甘肃兰州中川古牡丹**

● 图 6–4 **甘肃临洮古牡丹**

● 图 6–5 **甘肃临夏北塬大牡丹**

春艳’年年满树繁花，1997年春着花360余朵（李嘉珏，2002）。

2）兰州中川古牡丹　甘肃兰州中川机场南中川牡丹园，近年移植有近百年大紫斑牡丹多株。其中最大一株高3.2 m，主干地径25.0 cm，号称“牡丹神”（图6–3）。

3）临洮古牡丹　在甘肃临洮城内、城郊乡镇，五六十年树龄的紫斑牡丹比比皆是。不少植株高达3.0 m以上，如临洮西坪五藏沟一株‘玛瑙盘’，树高达3.6 m。由于植株高大，人们常称其为“树牡丹”（图6–4）。五藏沟在临洮县城西南山地，20世纪50年代这里满山遍野都是野生紫斑牡丹，附近农家尚有不少当时留下的大牡丹。临洮曹家坪牡丹园搜集附近上百株树龄百年左右古牡丹，建成一片牡丹林，蔚为壮观。接近牡丹原种的有‘五藏红’‘五藏白’。

4）临夏北塬大牡丹　据李嘉珏2016年5月在甘肃临夏回族自治州临夏市北源上的调查，该地民居院落中有大紫斑牡丹1株，最大冠径约5.0 m，粉白色，荷花型（图6–5）。

5）陇西城关古牡丹　甘肃省定西市陇西县城关居民马敬安家，有一株名为‘无瑕玉’的古牡丹，树高2.3 m，最大冠径1.8 m，主干地径25 cm，1986年时开花200余朵，花白色，皇冠型。据马氏称，该株牡丹已传四代人，有100余年历史。

6）漳县古牡丹　在漳县城郊新建的漳县牡丹园有一批从附近几个县农家院落搜集的大牡丹，其中有几十株古牡丹（图6–6）。一个古树桩，地径粗大，有50 cm，据李嘉珏2019年5月调查，应是野生紫斑牡丹原亚种的植株无疑，树龄当在百年以上。

13. 宁夏中卫古牡丹

《中国牡丹全书》（2002）载，据宁夏银川黄多荣调查，宁夏回族自治区中卫县大河机床厂内，有清代栽植的牡丹 1 株，品种为‘玫瑰红’，

1、2、3、6、7. 甘肃漳县贵清山植物园古牡丹群；4、5. 漳县盛世牡丹园古牡丹群

● 图 6-6　**甘肃漳县古牡丹**

植株高 1.8 m，最大冠径 2.0 m。2000 年前后仍生机勃勃，年开花 100 余朵。

14. 内蒙古宁城古牡丹

内蒙古自治区赤峰市宁城县小城子镇长皋村乌向明家，有一株传为清康熙皇帝御赐牡丹，距今 350 余年。人称“陪嫁牡丹”。

据《清史稿》等史籍记载：1676 年，清康熙帝为巩固皇位，将其侄女固伦郡主下嫁给喀喇沁中旗乌梁海氏、万丹伟征之子额琳臣驸马。陪嫁优厚，并移北京御花苑（园）‘富贵红’牡丹一株于驸马府。道光二年（1822），嫡传人格木普勒迁居长皋村七爷府，随即将‘富贵红’牡丹移植于新府邸院内，而后于此代代相传。

1998 年 5 月 28 日，内蒙古赤峰市城建局邀请北京林业大学袁涛与北京市植物园赵第轩两位专家进行了鉴定，认为该株牡丹品种为‘胡红’，又称‘大胡红’或‘富贵红’。

据《陪嫁牡丹》一书作者乌傲菊考证,《清史稿·本纪十二》载:“高宗二十九年冬十月辛丑，山东进牡丹。”“陪嫁牡丹”就是这次进贡来的牡丹。

这丛陪嫁牡丹在驸马府得到妥善保护，生长开花良好，已成为当地一个重要旅游景点。

（二）南方及西藏古牡丹

1. 安徽巢湖银屏牡丹

在安徽巢湖市银屏山仙人洞悬崖上，离地约 50 m 绝壁石罅中长出一丛牡丹，令人可望而不可即。石壁上刻有当代诗人、书法家张恺帆所题“银屏奇花”4 个大字。该银屏牡丹为单瓣花，每年谷雨时盛开，现已成为中国著名的古牡丹之一，因其特有的观赏价值被载入《中国名胜词典》。清代诗人周人俊曾有诗赞曰：“笑他仙境红尘扰，峭壁犹开富贵花。”民间传说，银屏牡丹每年花开多少，花期长短，可预示当年旱涝丰歉，从而被赋予了神奇的色彩。当地民间称其为“天下第一奇花”“神花”。

银屏牡丹具体始于何年何月已无从知晓。据巢县县志记载，自唐代起当地就有“谷雨三朝看牡丹”的习俗；北宋文学家欧阳修贬官为滁州太守时，曾应庐州太守李不疑之邀，游览了银屏风光，写下《仙人洞看花》诗。诗中提到的“岩花”可能写的就是此花。清道光年间巢湖画家刘钧元传世画作《仙洞牡丹图》

题跋云："古巢南郊三十里有仙人洞……悬崖百尺。岩上有牡丹数本，其色白皎皎如云之出岫，逼真幻境……"银屏牡丹年代久远，且生长于石罅间，每年开花几朵到十几朵，植株大小多年来变化不大。

根据形态学和分子生物学的证据，科学家认为该银屏牡丹即为杨山牡丹。并确认其为自然野生，具有重要的科学研究价值。

另据中央电视台中文国际频道报道，安徽怀宁有株清乾隆时留下的古牡丹，2020 年 4 月初开花 428 朵。花重瓣，粉红色。

2. 安徽铜陵御赐牡丹

安徽铜陵市义安区天门镇盛家的一丛古牡丹（图 6–7），被称为"盛氏御赐牡丹"，距今已有近千年历史。

盛氏御赐牡丹与铜陵历史文化名人盛度紧密相联，具有浓厚的人文色彩。盛度（968—1040），原铜陵县五松石洞耆（今铜陵市义安区天门镇）汪冲村人。北宋时曾官至宰相。他在朝为官时屡有建树，深得皇帝信赖与赏识。北宋天圣年间，盛度成功出使西夏并带回几株珍贵的古牡丹奉献朝廷，皇帝龙颜大悦，

● 图 6–7　**安徽铜陵御赐牡丹（詹敬鹏　摄）**

赐宴并宠赐牡丹1株。盛度告老还乡时，将御赐牡丹也带回故里，安置在五松盛氏宗祠前厅左右两个花坛里，精心培植。今由盛氏后人盛昌春护植在天门镇自家宅院中，长势旺盛，开花繁茂。这株牡丹，当地人又叫'御园红''状元红'。但据李嘉珏初步观察，该品种类似于江南一带的'玉楼春'。

2000年，这株御赐古牡丹怒放200余朵，大放异彩。此事被《铜陵市年鉴》作为大事、喜事加以记载。2006年，澳大利亚《华夏周刊》"魅力铜陵"大幅报道御赐古牡丹千年人文历史，大大提高了铜陵和铜陵牡丹的国际知名度和影响力。同年秋，铜陵青铜文化节节日办将该古牡丹制成《邮票纪念珍藏册》。2014年，铜陵天工集团董事长、盛度第四十九代孙盛昌其得知盛昌春欲转让该株牡丹时，遂出资30万元购得其所有权，并实行原地保护，留待以后综合开发。2017年3月，铜陵盛氏御赐牡丹被列为安徽省古树名木。当地政府和相关部门正在筹建"御赐古牡丹文化园"，将古牡丹保护与美丽乡村建设、旅游开发紧密结合起来。

3. 江苏便仓枯枝牡丹

江苏省盐城市盐都区便仓镇，是见诸宋史的千年古镇。镇中有以"奇""特""怪""灵"而驰名中外的古牡丹，因其枝干苍劲、形似枯枝，故称"枯枝牡丹"。（图6–8）此牡丹之"奇"在于鲜枝可燃，李汝珍的《镜花缘》记载："无论何时，将其枝梗摘下，放入火内，如干柴一般，登时就可着。""特"是指便仓枯枝牡丹唯有在便仓枯枝牡丹园内才正常开花，如移植他地就不开花或花小而不艳。"怪"在枯枝牡丹花瓣能应历法增减，农历闰年13个月花开13瓣，平年12个月花开则12瓣。

枯枝牡丹的栽培可追溯至北宋，迄今已有700年历史。据明代嘉靖丙戌进士广西参政夏雷著《卞参政工传》记载：北宋时，陕西按察司副使后调任参知政事的卞济之，因奸佞当道，辞官归隐盐城便仓，从洛阳携来红、白牡丹二本，植于庭院，便仓枯枝牡丹即发轫于斯。明《盐城县志》及《卞氏家谱》载：卞济之后人卞元亨于元末明初居盐城便仓，将牡丹红、白二本分为12株栽植于庭（指宗祠前厅），后虽历经战火，犹芳华未艾。中华人民共和国成立前夕，卞氏宗祠为战火夷平，枯枝牡丹亦濒于灭绝，所剩被群众分移他地。

1952年，国家文化部派人调查《水浒传》作者施耐庵及其表弟卞元亨生平时，建议在卞氏宗祠原址上建设枯枝牡丹园。后经恢复、扩建，达到了卞氏宗

● 图 6–8　**盐城枯枝牡丹园中的古牡丹**

祠原有规模。1983 年，盐城市人民政府拨专款重建枯枝牡丹园，国务院前副总理、国防部长张爱萍为重建枯枝牡丹园题写“海水三千丈，牡丹七百年”“枯枝牡丹园”的楹联和匾额，并新建增设了十多处景点，植枯枝牡丹千余株。1990 年，该园列为市级文物保护单位，2006 年授予国家级旅游景区。

枯枝牡丹有盐城红（‘紫袍’）、盐城粉 2 个品种，均为单瓣型，花瓣基部有明显的紫斑。研究表明，这 2 个品种均为紫斑牡丹品种。近年来，枯枝牡丹园不断引种其他各地牡丹品种，现有牡丹品种已经超过百余个，成为苏北闻名的牡丹园，每年花期还会举办牡丹花会。

4. 浙江杭州普宁寺古牡丹

普宁寺位于杭州仁和镇普宁村，寺中最有名望并且颇有神话色彩的是寺中的“十八墩牡丹”。据《余杭县志》记载，普宁寺牡丹相传是明代于谦（1398—1457）所植。清代塘栖人张亚冬《百言之序》中写道：“牡丹则问普宁寺，凡斯古迹，笔不胜搜，杖策闲寻，放舟偶步，有不换烟景以留连，对名花而踯躅者哉。”

普宁寺古牡丹现存6株，植株高1.5 m，最大冠径2 m，品种为“玉楼春”。在清明至谷雨间开花，花径可达17 cm，粉色，菊花台阁型。

5. 上海奉贤邬桥镇古牡丹

上海市奉贤区的吴塘村，有一株享有“江南第一牡丹”之誉的古牡丹，这是上海株龄最大的一株，距今已经有400多年的历史。其品种名为‘粉妆楼’，花朵粉色，菊花台阁型，花朵硕大，富丽娇艳，是上海市一级保护古树名木。

据《奉贤县志》（1987）记载，明代画家董其昌（1555—1636）年少时就读于松江叶榭水月庵时，与邬桥金学文为同窗好友。明万历年间，金家新居落成，正值董其昌升任礼部尚书。为了贺金学文乔迁新居，同时庆贺自己的荣升，董在赴任之前，将亲书匾额“瑞旭堂”和名为‘粉妆楼’的牡丹赠给金学文，以寄富贵之意。董其昌是“松江派”的代表，这株古牡丹也是邬桥镇人文历史的见证。金学文将这株牡丹植于堂前天井，金家历代对这株牡丹精心养护，长势良好，每年开花数十朵。1995年，金家老宅拆迁，金家将古牡丹及牌匾无偿捐献给了国家，是上海市第一次私人捐献古树名木，市、区古树管理部门为其举办了捐赠仪式。翌年，由上海市绿化局出资建立了一座一亩地大小的“古牡丹苑”，园中除了古牡丹外，还种植了一些‘凤丹’和芍药。

6. 上海龙华寺古牡丹

龙华寺是上海最著名的寺庙之一，曾名空相寺，位于上海市龙华风景区。据清同治《上海县志》载：“相传寺塔建于吴赤乌十年，赐额龙华寺。”赤乌系三国时期东吴君主孙权的第四个年号（238—251）。龙华寺香火旺盛，古钟时鸣，“龙华晚钟”昔为“沪城八景”之一。在方丈室东连染香楼（今为斋堂）前的牡丹园中，有一株植于清咸丰年间的百年牡丹，品种为‘粉妆楼’，花粉红色，菊花台阁型，为上海市二级保护古树名木。据传该古牡丹是清咸丰年间，杭州东林寺方丈从东林寺鲁智深墓附近用船运至龙华百步桥，而后栽于当时寺内前庭。目前，树龄已超过160年。龙华古牡丹与“龙华晚钟”并称“龙华双艳”。1997年龙华寺对古牡丹进行了复壮工作，又引进了‘凤丹白’‘玉楼’‘凤尾’‘呼红’‘昌红’‘玫红’‘西施’等品种和一些中原品种搭配种植在一起，增加了观赏效果。

7. 上海古漪园古牡丹

古漪园位于上海市嘉定区南翔镇，建于明代嘉靖年间，为江南名园之一。南翔镇是清代江南地区主要的牡丹栽培地点之一，相传古漪园古牡丹为清咸丰年间栽植。品种为‘徽紫’系列，花紫红色，花型为菊花型或蔷薇型，其形态特征与中原品种‘锦袍红’极为相似。目前古牡丹花枝粗壮、枝叶茂盛。公园管理处以2株古牡丹为核心，搭配从洛阳、菏泽引进的30多个品种300多株牡丹，构建了一个小牡丹园，每年花开时节游人不断。

8. 上海松江醉白池古牡丹（图 6–9）

醉白池位于上海市松江区人民南路，占地 5 hm^2，与上海豫园、古漪园、秋霞圃、曲水园并称为上海五大古典园林，而醉白池又是其中最古老的一处园林。园内以一长方形的水池为中心，四周绕以楼阁、亭榭、桥廊以及花墙。醉白池以水石精舍、古木名花之胜而驰名江南。池东有牡丹台栽植百年牡丹‘四旋’，池北有树龄达300余年的香樟，池西雪海堂后院还有金桂、银桂，池中种植有荷花。园中颇有“春访牡丹夏观荷，秋来赏菊冬瞻梅”之趣。

9. 长沙王陵公园古牡丹

建于2007年11月的长沙王陵公园牡丹园，是湖南历史上首个利用湖南本省牡丹资源建立的牡丹园。该园共收集了湖南本土牡丹品种23个，包括观赏

● 图 6–9　上海松江醉白池古牡丹

牡丹品种 13 个，其中来自湘西的 9 个、长沙的 2 个、邵阳的 2 个；药用牡丹品种 10 个，均来自邵阳。从湘西永顺县松柏乡收集的 30 余株牡丹，大部分是百年以上的古牡丹。

10. 广东乐昌古牡丹

广东省北部，乐昌市白石镇上黄村谷家冲村民欧镇煌家旧宅院内，曾栽植有一株古牡丹，名为‘杨妃醉酒’。该株牡丹栽植于清乾隆年间，距今 200 余年。欧家先人欧相玑迎娶邓氏女时，邓氏女之父（洛阳人）赠其牡丹而移来此地。欧氏后裔将这株牡丹视为传家之宝，载入欧氏家谱。据欧家人回忆，这株古牡丹在 20 世纪 80 年代末 90 年代初开花最盛。当时，植株高约 2 m，最大冠径约 2.5 m。1986 年《中国花卉报》第 65 期曾有报道。1991、1992 年间因赏花人不小心压断了两个主枝之后，古牡丹开始衰弱。1997 年乡民好奇，挖走其主根，从此植株日渐枯萎，2000 年死亡。

2008 年 4 月，刘政安等前往调查，只看到遗留的古牡丹种植池，不胜感慨。但由此想到，在南岭山地有一定海拔的山村，恢复牡丹种植仍有前景。

11. 云南武定古牡丹（图 6–10）

云南楚雄彝族自治州武定县狮子山牡丹园，在其“闲来步”桂花厅庭院内，有一株相传为明代建文帝所植的古牡丹，名‘惠帝紫’，迄今已有近 600 年历史。花浅紫色，楼子台阁型。2005 年春实地调查，该株牡丹高约 1.21 m，最大冠径 0.52 m。

该园还有一个亦传为明代建文帝所植的牡丹，名‘狮山皇冠’，花粉白色，皇冠型，有时亦成菊花型、蔷薇型，在 3 月上旬至 3 月下旬开花。1998 年盛开时，花朵直径达 28 cm，被中央电视台记者称为“中国牡丹之最”。

武定狮子山牡丹园为目前我国西南最大的牡丹园。占地 102 亩，种植有 4 万株观赏牡丹，除云南当地品种外，还引种不少中原牡丹品种与西北牡丹品种。

12. 江西高安古牡丹

在江西省高安市荷岭镇有一株植于明代的古牡丹，这株牡丹种植在该镇仙霞岭上寨村陈氏宗祠。据记载为上寨籍明朝兵部左侍郎陈邦瞻回乡时从河南带回来的，栽在陈氏宗祠天井的花台中。400 年来，每逢暮春，水红色花朵争奇斗艳，光彩耀人。1979 年，荷岭镇建镇时，从陈氏宗祠分来 2 株种在镇政府门前，2003 年时仅剩 1 株，仍年年开花，最多时开花 38 朵，而陈氏宗祠中的古

1.‘狮山红’；2.‘惠帝紫’；3. 云南武定狮子山公园牡丹园；4. 狮子山牡丹传说

● 图 6–10　**云南武定古牡丹**

牡丹植株更大，花朵更多。

13. 西藏的古牡丹（图 6–11）

西藏古老的紫斑牡丹散布于林芝、隆子、拉萨和日喀则等地，其露地生长最高海拔为 4 200 m 的旺波日山，北纬 29°47′ 13″，东经 91°30′ 18″。最古老的一株古紫斑牡丹在日喀则的一座寺庙中，海拔 3 900 m。传说已栽种 400 年。西藏紫斑牡丹都是开白花，因系单株分散栽培，并不结实。

● 图 6–11　**西藏日喀则古紫斑牡丹**

第三节
古牡丹的保护与更新

一、古牡丹的保护工作现状

国务院颁布的《城市绿化条例》中，对古树名木的保护和管理有明确规定。2000 年 9 月，国家城乡建设部颁布了《城市古树名木保护管理办法》，对古树名木进行了界定，对主管机关的分工、保护管理职责的划分，相应的行政措施、技术措施及经费负担等都有明确规定。

“古树”是指树龄在百年以上的树木;“名木”是指国内外稀有以及具有历史价值、纪念意义和重要科研价值的树木。古树名木中树龄在 300 年以上者列为一级保护，其余为二级保护。

对古牡丹的保护以上海市较为规范。凡树龄百年以上者都有标记，并分别建设了护栏。但大部分地区没有注意这项工作，特别是目前古牡丹大多分散在各地寺庙、宗祠或民居宅院。在多次牡丹发展浪潮中，许多大龄、老龄牡丹被频频移动，但因操作不当、措施不力，常招致重大损失。过去已被记录的古牡丹，有不少被破坏，如甘肃临夏回族自治州州政府大院前一株“紫斑牡丹王”，整修大门时被移走，从此消失（李嘉珏，1999）。又如湖南永顺松柏镇一株号称有千年历史的大杨山牡丹，移植长沙后很快死亡。湖北保康一株大紫斑牡丹移植武汉东湖牡丹园，生长数年后死亡。甘肃中部大龄紫斑牡丹在向河南洛阳及东北黑龙江、吉林等地移植时死亡甚多，损失也很惨重。吸取教训，慎重为之，是今后需要注意的问题。

古牡丹具有重要的科学价值、历史文化价值与经济价值。古牡丹在一个地区能长期保存下来，它的品种、适应性、生长发育特点和相应的种植技术，都有重要研究价值和借鉴意义。有些好品种，还是今后杂交育种中重要的亲本材料和基因资源。中国科学院北京植物园在2004—2006年调查的基础上，收集了5个古品种资源，定植于资源圃内。

二、古牡丹保护的基本原则

对古牡丹的保护工作，要遵循以下基本原则：

（一）科学保护与适度开发利用相结合

保护和开发利用是一对矛盾，但要处理好两者的关系。保护是基础，是前提，因为只有牡丹生长健壮、开花繁茂，才具有开发利用价值；只有适度开发利用，展示其观赏价值、历史文化价值，供群众欣赏和了解牡丹文化，才能使大家进一步提高保护意识。

现在有两种倾向：一种是将古牡丹神化，认为它是“神”的化身，一个枝芽、一片叶子都不准动；另一种是放任不管，任其自生自灭。这两种倾向都不可取，古牡丹的保护一定要有科学态度，要按自然规律办事。在自然状态下，牡丹进入成年阶段后，它会不断自我更新，逐渐走向衰老死亡。针对这种情况我们要有应对措施。

（二）就地保护为主

古牡丹树龄较大，长势逐渐衰弱，应以就地保护为主。但如果原生长地条件太差，而古牡丹还有一定的利用价值，也不妨实行迁地保护。通过移植，采取复壮措施，使其继续发挥作用。但迁地保护时一定要有科学的实施方案，以保证古牡丹移栽成活，并能得到复壮，否则前功尽弃。这方面教训很多，应汲取。如长沙某公园从湘西北永顺移栽“千年古牡丹”，虽然花了很大代价，却未能成功，这当中有这样几个问题没有处理好：其一，两个地方生态环境差异较大。原生地海拔600 ~ 800 m，较适宜牡丹生长，而长沙海拔仅50 m多，夏季湿热，并不适宜牡丹的生长。其二，移栽后保护措施不力。如第二年春天开花未加控制。植株移植后尚未恢复，大量开花又过多消耗树体营养，接下来夏季又未能遮阳保护，落叶较早。这样树体长势很快衰弱下来，这株目前见到的年代久远的杨山牡丹最后死亡，殊为可惜。所以，像这类古牡丹应以就地保护为主，不再适宜搬迁。

三、古牡丹的更新复壮

（一）牡丹衰老原因分析

株龄百年以上古牡丹早已进入老年期。但不同树种和品种间，以及不同生境条件不同的管理水平下，古牡丹的生长状况存在较大差异。研究牡丹衰老的原因以及延缓衰老过程的措施，对于古树的保护具有重要意义。

迄今为止，对牡丹衰老生理的研究较少。不过，早在明代，薛凤翔已经注意到采用不同繁殖方法产生的苗木，其生命周期会有不同的表现。

薛凤翔认为："牡丹子生者二年曰幼，四年曰弱，六年曰壮，八年曰强。秋接者立春曰弱，谷雨曰壮，三年曰强。生与接俱不能无分。分一年曰弱，二年曰壮，三年曰强，八年曰艾，十二年曰耆，十五年曰老，耆则就衰，老则日败。再接再分，就衰日败者，复返本而还元，立春曰弱，一年曰壮矣。"（《亳州牡丹史》）

薛凤翔注意到了牡丹实生苗、嫁接苗、分株苗之间的差异，并较为详细地叙述了分株苗的阶段年龄之间的变化。这里"艾"与"耆"均指年老，不过后者所指衰老程度要超过前者。在薛凤翔看来，分株苗虽然长势恢复很快，但到15年（龄）就已经衰老了。

郝青（2008）对菏泽百花园栽植的'洛阳红'，选栽培管理条件相同或相近的5～30龄植株，对其生长状况及土壤环境进行了调查测定，取得以下初步结论。

1）牡丹的各项生长指标，随着牡丹株龄的变化而呈现一定的规律性变化　如15龄以内，冠幅、新梢长、叶径干鲜重量及持水量、开花率、根的数量等，均呈上升趋势，15龄以后部分指标开始下降，20～30龄，各项指标下降幅度增大，表明牡丹进入20龄，已开始步入衰老期。

2）对叶片一些生理指标的测定结果与上述形态指标观测结果相符　如叶

片可溶性蛋白质在 5 ~ 15 龄呈上升趋势，15 龄以后转为下降，20 龄以后为快速下降；超氧化物歧化酶（SOD）活性 5 ~ 10 龄呈上升趋势，10 ~ 20 龄下降，20 ~ 25 龄下降幅度最大；丙二醛（MDA）则总体呈上升趋势，10 ~ 25 龄缓慢上升，25 ~ 30 龄较大幅上升。

3）牡丹植株的衰老与土壤中有害物质的积累有关　对牡丹连作地块土壤及根系浸提液的化学成分进行分析后得到以下结论：牡丹根际土壤及根系浸提液中，有机物成分相当复杂，从中共鉴定出 12 类 234 种化学成分，这 12 类化学物质为烷烃、烯烃、芳香烃、醇、醚、酚醌、有机酸、醛、酮、酯、苯、胺等。

上述化合物中，幼年植株土壤中不含而仅在老龄植株根际土壤中相对含量较高的有 40 种，主要是烷烃和脂类。牡丹栽培地根际土壤中增加的物质有 24 种（对照土壤中没有），这些物质在大龄牡丹土壤中呈现增长趋势，与牡丹连作年限呈正相关。这些化合物应是牡丹根系分泌物，并且可能是对牡丹产生自毒作用的物质。

20 ~ 30 龄牡丹土壤浸提液，能影响已萌动生根的牡丹种子上胚轴休眠的解除，从而具有较强的抑制生长的作用。

在古牡丹养护方面加强管理是延缓衰老的一项重要措施。正如日本须贺川牡丹园一株牡丹已近 300 年，由于管理精细，方法得当，仍然长势良好。又如一些寺庙古牡丹，由于常使用香炉灰，长势也比较好（郝青，2008）。

（二）牡丹的大苗移植

1. 牡丹大苗移植的注意事项

目前南北各地营建牡丹园的热潮长盛不衰，而新建牡丹园中移植一些大龄牡丹以作“镇园之宝”的需求也很旺盛。这些要求无可厚非，问题在于要有科学的态度。根据多年经验，著者认为移栽大牡丹一是要品种对路，各地要以适应当地生长条件的传统品种为主；二是株龄不宜过大，以 30 ~ 50 龄的植株较为适宜；三是要注意栽植地的环境条件和栽培措施，一般宜筑台种植，宜半阴，宜适度肥沃而排水通气良好的土壤；四是要注意移栽季节等。

从紫斑牡丹移植的情况看，管理条件较好时，20 ~ 50 龄的植株生长状况处于最佳状态。太大的树势衰弱的植株不要选用。

2. 大苗移植的操作要点

牡丹大苗根系生长往往超出其冠幅，移植前先标好其朝向，尽可能挖大土球（不带土时，粗根易折断），用草绳捆绑扎实，运输过程中轻起轻放，不要弄破土球。照原朝向栽植，比原土痕略深 (1 ~ 5 cm）。栽后覆土要夯实，头水要浇透。适度重剪，以保持地上、地下部分的水分平衡。较大伤口要涂抹保护剂。翌年夏季适度遮阴。南方移植牡丹大苗与北方有所不同，金华俞文良有如下经验:

（1）抬高地势（或堆土栽植）。

（2）栽植前去掉原土并冲洗干净，检查粗根上的黑斑，刮除干净。然后将植株悬挂起来晾晒四五天。栽前喷洒生根剂如吲哚乙酸 200 ~ 300 mg/L 等。不急于栽植时，可放置露地晾晒，南方湿润地区放置半月以后再栽也无妨；老根晾晒后，根皮软化，有促进发根的作用。同时晾晒后伤口不易感染，有利于愈合，无须再用消毒剂处理。

（3）用调制好的营养土栽植。

（三）牡丹衰老植株的复壮

对已进入衰老期的大龄牡丹，要根据植株长势、根系状况（特别是根系腐烂程度）、生境条件，采取必要的复壮措施。要根据具体情况分别施策，才能达到预期效果。

1. 以枝条回缩修剪为主的更新复壮

当牡丹进入老年阶段前期，枝条年生长量虽然很小，但植株根系尚好，此时根颈部常有萌蘖枝发出，老茎上的隐芽尚可利用。应注意扶持基部萌蘖枝，以填补主枝缺失的空当，然后利用主枝中下部隐芽，实行重剪，促发新枝。同时注意加强水肥管理。

2. 就地重新栽植更新复壮

当植株进入老龄阶段中期，植株生长势明显衰退，但根系仍大部分完好时，可以实行就地就近重新栽植更新。即将植株挖取并进行各项处理后，重新换土栽植。2004 年秋，河北柏乡对汉牡丹实施的就是这种复壮方法。

3. 利用备用植株实行更新

当老龄植株长势衰弱，萌蘖枝已无力生长开花，根系大部分腐烂时，这类植株已无挽回可能，需要采取果断措施，利用备用植株予以更换。注意原来被污染的土壤要全部更换或用调制好的新营养土。北方适当抬高种植即可，南方种植地则要抬高 0.8 ~ 1.0 m。

（四）古牡丹复壮实例

河北柏乡汉牡丹在 20 世纪 90 年代生长势尚好，但后来逐渐衰退。在前期认真调查和试验研究的基础上，于 2004 年秋采取综合复壮措施。其要点如下：

（1）整株挖起，剪除地上衰弱枝，地下病根，刮除病斑，全株消毒。

（2）用生根粉浸泡根系，促发新根；在老根头上接以幼根以增加根系数量。

（3）扩穴换土：在不更换栽植地点的情况下，将原穴四周 1 m 左右的旧土取出，换上配制好的疏松透气的新土，新土中混合适量有机肥、活性炭及杀虫杀菌剂。

（4）加强管护：第二年少量多次喷施叶面肥，雨季前及时喷洒杀菌剂，花后保护叶片安全度夏。夏季适度遮阴。

经采取复壮措施后，该植株生长势很快恢复，2008 年枝条生长量达 30 cm，花朵直径达 20 cm。

下篇

种质创新与品种改良

第七章

牡丹育种的历史回顾

牡丹育种的历史进程，是随着社会生产的发展以及科学技术水平的提高而向前发展的。由最早的引种与驯化栽培，逐步发展到选择育种，再到人工杂交育种，由普通杂交育种到远缘杂交育种，并取得了芍药和牡丹组间远缘杂交的突破。今后，随着分子生物学和相关学科的发展以及组织培养繁殖技术水平的提高，牡丹育种将进入常规育种与分子育种相结合的发展阶段。

本章介绍牡丹的引种驯化、选择育种与杂交育种的历史进程与成就、其他育种技术的探索及今后展望。

第一节
引种驯化阶段

一、早期的引种与驯化栽培

早在 2 000 多年前，先民们就发现了牡丹的药用价值并将之应用于日常的疾病治疗。此后，随着生产发展与生活水平的提高，牡丹的观赏价值受到关注，由此进入观赏领域。牡丹由野生变家生，逐渐成为商品，进入流通领域。当人们具有品种意识之后，新品种选育也空前活跃起来。

人们将牡丹从野生变家生并用于观赏，是从引种和驯化栽培开始的，引种和驯化栽培是原始品种起源的最初途径。宋《图经本草》提到，凡盛产牡丹之乡，均有“山牡丹”分布，这里提到的“山牡丹”实际上就是野生牡丹。指出这一点很重要，因为只有发现野生种的地方，栽培种（或品种）才有从那里起源的可能。并且，引种活动和驯化过程异地同时进行（姚德昌，1982）。不过，牡丹引种具体始于何时，由于缺乏古文献的具体记载而争论不断。有的认为始于距今 2 500 年的商代（张宗子，2005），有的认为始于 1 600 年前的晋代（蓝保卿等，2002；李嘉珏，2011，1999），也有的认为应始于唐代武则天时期。如果只考虑文字依据，则始于武则天时期的说法应较为可信。此说法见于唐代舒元舆《牡丹赋并序》的序言中。具体情况应是武则天随同唐高宗回她山西汾州老家省亲时，见到当地寺庙中有盛开的牡丹花，十分赏心悦目，因令移入宫苑。

从此，牡丹得到空前发展。由此看出，唐代武则天时期是牡丹由民间进入宫廷或皇家园林的开端。此前认为这个事件发生在隋代，并以刘斧《青琐高议》中《隋炀帝海山记》中易州进牡丹的说法为证。但其实《青琐高议》是本笔记小说，《隋炀帝海山记》中关于隋代易州（今河北易县）向朝廷进牡丹的说法也并不成立（郭绍林，1996，2019）。李嘉珏赞同郭绍林教授的观点，同时认为：①河北易州历来不产牡丹，哪来牡丹可以进贡？洛阳牡丹主要是当地起源，同时有各牡丹产区品种的引进。②民间引种牡丹并加以驯化栽培应早于武则天时期，因为武氏回家乡见到的是人们已引种驯化多年的牡丹花。其在民间已经历多少岁月，很难说清楚。牡丹野生分布范围很广，引种活动是在多个地方同时进行的。晋西南汾州一带有稷山牡丹（矮牡丹）分布，也是引种地之一。唐代延州、丹州亦产牡丹（戴藩瑨，1987）。

引种伴随着驯化栽培。唐代中期，牡丹开始进入商品市场。白居易《买花》诗记述了当时牡丹花上市交易且价钱昂贵的情况。不过，唐人心目中并没有牡丹品种意识，以致唐代文献没有任何牡丹品种名称的记载，仅仅记述了一些牡丹的变异情况，如不同花色、不同重瓣程度或者花香等。直到五代时期，陶穀《清异录》中记述了后唐庄宗时期，洛阳临芳殿前种有牡丹，并提到了15个品种名称。虽然这则记述还有一些令人疑惑之处，但总算提到了具体的品种。

北宋时期，园艺业繁荣，人们品种意识增强。欧阳修《洛阳牡丹记》对洛阳牡丹品种起源、性状特征、命名原则以及更新换代的进程有了较为详细的记述。此后，周师厚《洛阳花木记》亦记品种‘刘师阁’系由唐时长安引种洛阳。

二、引种驯化的持续发展

引种既包含从野生到家生，也包括从外地引到当地，即地域之间的交流，从而使得牡丹栽培范围得以不断扩大。唐代从山西汾州引种牡丹到国都长安，先后就有两次：一次是武则天下令移植；一次是朝廷官员裴士淹“奉使幽冀回”，又到汾州众香寺引“得白牡丹一棵，植于长安私第，天宝中，为都下奇赏”。（唐段成式《酉阳杂俎》）应该说，唐代长安牡丹的兴起，长安南北牡丹产地都曾有所贡献。

北宋时期，欧阳修《洛阳牡丹记》记载了洛阳从各牡丹产区引进品种的史实。这些地方包括丹州、延州（今陕北宜川、延安一带）、青州（今山东淄博一带）、越州（今浙江绍兴一带）。虽然欧阳修说只有洛阳牡丹是“天下第一”，其他地方的品种都不入流，“列第不出三”。然而，他着重记载的24个名品，仍然包括一些地方的优良品种，如‘丹州红’‘延州红’‘鞓红’（‘青州红’）。后来，周师厚的《洛阳花木记》又记下了‘丹州黄’‘玉蒸饼’‘越山红楼子’等。可以说，宋代洛阳牡丹虽以当地品种为主，但包含了全国各地的优良品种，是各地牡丹精品荟萃。而这些栽培品种的原产地就分布有矮牡丹、紫斑牡丹和杨山牡丹，因而这些记载就为李嘉珏关于中国牡丹“多地”“多元”起源论提供了历史依据。

再者，欧阳修《洛阳牡丹记》中的品种记载，强调了精品意识。他仅记载了24个品种，而当时洛阳品种应远不止这个数量，并且欧阳修自己也承认他并未见到洛阳牡丹的全貌。他在洛阳经历四春三冬，只在1031年春到洛阳上任时见到晚开的品种，1034年春离任时看到早开品种。而时间稍晚于他的张峋《洛阳花谱》记下的品种就有百余种。

从唐代起，历经宋、元、明、清，牡丹在中原大地上形成了极具特色的中原牡丹品种群。该品种群既吸收了全国各地牡丹品种的精华，又不断向全国各地扩散与传播，以致今天江南、西南一带的传统品种，如江南一带的‘徽紫’系列，以及其他一些高度重瓣品种，大多是引进中原品种后经过驯化并进一步选育的产物。

地区之间以及不同国家之间的引种与品种交流，在现当代牡丹发展中发挥着重要作用。从20世纪90年代起，中国曾经有过3次大的引种高潮，如1994年之后10余年间，北方地区及国外掀起的对西北紫斑牡丹品种的引种；2000年前后掀起的洛阳、菏泽等地引种日本、欧美品种的高潮；2010年前后引种国外伊藤杂交系品种的热潮。这几次大规模的引种，对丰富各地品种资源，延长牡丹观赏期，促进牡丹产业以及推动牡丹旅游业发展等方面，都发挥了极其重要的作用。

第二节
选择育种的兴起与发展

一、选择育种的重要意义

牡丹是常异花授粉植物，在亲缘关系较近的种或品种间杂交较为容易。而在栽培条件下，牡丹表现出变异丰富的特点，花瓣增多，花朵变大，花色也逐步丰富起来，而各地广为分布的野生群体中，各种变异也在不断发生着。这些变化都为人们进行选择育种提供了可能。从古至今，选择育种一直是牡丹主要的育种方法。迄今为止，几乎80%以上的品种都来自选择育种。

选择育种有芽变选择与实生选择等方法，在实践中常以实生选择为主。实生选择是从天然授粉种子产生的实生苗中，通过单株选择和多次反复对比评选，最后形成品种的方法，是牡丹选择育种中应用最早，持续时间最长，而且成就显著的育种方法。

芽变选择方面，北宋时期先后选出了‘潜溪绯’‘御袍黄’‘洗妆红’等名品。此法一直沿用至今，国内外都不断有优良品种问世。如日本品种中的‘岛锦’，就是从‘太阳’的芽变中选育出来的。近年来，又从西北紫斑品种‘书生捧墨’中选育出彩叶品种‘彩云飞’（王莲英等，2013，2015）。

二、选择育种的几个重要发展时期

（一）中国国内的发展

选择育种在国内外都曾得到广泛应用，但以中国国内应用最为广泛。从宋代起，几乎历代都有过以选择育种为主的育种高潮。

1. 两宋时期

从北宋到南宋，分别在洛阳和彭州形成了两次育种高潮。不过在北宋初年，江南一带也曾有过育种活动，并有《越中牡丹花品》（仲休，986）这篇谱录问世。

洛阳牡丹育种高潮发生在北宋中前期，前后持续近 80 年。这个育种高潮的形成，既与北宋时期朝野崇尚牡丹的社会风气有关，也与当时嫁接技术的提高有关。通过嫁接快速固定牡丹变异，并能较快提高牡丹繁殖系数。

根据欧阳修《洛阳牡丹记》和周师厚《洛阳花木记》的记述，洛阳花户将引种驯化与选择育种相结合，在较短的时间内取得明显成效。当时，洛阳市郊山地野生牡丹广为分布，人们从野生牡丹中发现变异，从中进行选育。著名品种‘魏花’就是直接从野生变异中选育出来的。欧阳修说：“魏家花者……出于魏相（仁溥）家。始樵者于寿安山中见之，斫以卖魏氏。”就是说‘魏花’这个品种虽然种植于曾在朝为相的魏仁溥家，但它是樵夫在山上砍柴时见到，挖回来卖给魏家的。除‘魏花’外，从野生牡丹中还先后选育出‘细叶寿安’‘粗叶寿安’（“出寿安县锦屏山中”）、‘岳山红’（“本出于嵩岳”）、‘洗妆红’（“元丰中忽生于银李圃山篦中”）、‘玉千叶’（“景祐中开于范尚书宅山篦中”）、‘金系腰’（“本出于缑氏山”）等。除此之外，洛阳还从全国各地牡丹产地引进品种。从欧阳修到周师厚近半个世纪，洛阳品种有较大幅度增加，人们喜欢的半重瓣（“多叶”）、重瓣（“千叶”）品种已达百种以上。欧阳修在其《洛阳牡丹记》中，曾有“四十年间花百变”的感叹。

《洛阳牡丹记》《洛阳花木记》揭示了洛阳牡丹的起源及其品种来源的广泛性和变异的多样。此外，我们还可以推断紫斑牡丹与杨山牡丹等已经参与了中原牡丹（品种群）的形成。两本谱录的品种描述中反复出现的“檀心”二字，实际上指的是花瓣基部的色斑。这个色斑有多种颜色，如‘姚黄’‘胜姚黄’“有深紫檀心”；‘岳山红’‘状元红’“有紫檀心”；‘潜溪绯’“有皂檀心”（即为黑斑）；而‘丹州黄’“有深红檀心，大可半叶”。就是说来自陕北一带的‘丹州黄’这个品种的色斑是深红色，有半个花瓣那么大，应是典型的太白山紫斑牡丹的后代。

北宋末年，四川天彭（今彭州市）花户从洛阳引进一批品种，经自然杂交，从实生后代中选育出一批适应天彭风土条件的品种，如‘泼墨紫’等。

2. 明代中后期

从明代中叶起，安徽亳州牡丹兴盛起来。初时，亳州薛氏家人从全国各地广泛搜集牡丹名品，其中包括山东曹州（今菏泽）的品种。然后通过实生选育，培育出大批优良品种，薛凤翔《亳州牡丹史》记载了其中的274种。不仅如此，该谱还总结了薛氏本人及亳州花户丰富的选育品种的经验，特别是其中关于天然授粉种子“喜嫩不喜老”的论述：

“七月望后，八月初旬，以色黄为时，黑则老矣。大都以熟至九分即当剪摘，勿令日晒，常置风中，使其干燥。中秋以前当即下矣……子嫩者一年即芽，微老者二年，极老者三年始芽。子欲嫩者，取其色能变也；种阳地者，取其色能鲜丽也。”

这段论述甚为精彩，至今仍不失其在实践中的指导意义。

实生选育也见于北京。明袁宏道《张园看牡丹记》（约1573）记述了张园园主从事牡丹实生选育的过程：

“（园主）每见人间花实，即采而种之。二年芽始茁，五年始花，久则变而为异种：有单瓣而楼子者，有始常而终冶丽者；亦有不复花，则芟其枝……”

3. 清代时期

清代牡丹栽培中心转移到曹州（今山东菏泽）。但清前期，亳州牡丹仍有一个繁盛时期。钮琇《亳州牡丹述》记录了亳州牡丹124个品种，其品种名称大多与薛凤翔《亳州牡丹史》不同。说明亳州牡丹再次兴起后，花户又选育了不少新品种。

曹州牡丹的兴起，既引进了亳州品种，也有以实生选育为主不断培育新品种。

清代除中原牡丹品种外，西北牡丹品种也逐渐兴起。甘肃中部从陇西、临洮到临夏一带，主要采用实生选育方法培育品种，形成了极具地方特色的栽培类群。

4. 中华人民共和国成立后

1949年中华人民共和国成立以来，也有过几次育种高潮。

1）菏泽的牡丹育种　从1956年到1965年，在山东农学院（现山东农业大学）喻衡指导下，菏泽赵楼及附近的洪庙、李集等开展了牡丹实生选育工作。这一时期选育的品种以及1949年以前遗留下的传统品种，成了中国牡丹产业发展的基础。

1956年播种自然杂交种子1.2亩，得苗5 375株，1961年选出优株504株，1963年复选得360株，然后陆续选出一批新品种，并通过专家评审。其中'迎日红''朝阳红''无瑕玉''蓝宝石''红宝石''霓虹焕彩''珊瑚台''雨后风光''贵妃插翠'等至今仍然流行的品种，就是1985年4月29日由陈俊愉等主持的菏泽地区牡丹新品种选育课题鉴定会上予以通过的。该次鉴定通过了46个品种。

2）西北紫斑牡丹的育种　在甘肃中部，沿陇西、临洮、和政到临夏一带，群众性的育种活动持续进行着。而甘肃榆中牡丹育种家陈德忠从1967年开始紫斑牡丹的育种，应用实生选育与杂交育种的方法，坚持40余年，选育出500余个品种（品系），取得明显成效。

3）东北寒地牡丹品种的选育　东北吉林、黑龙江等气候寒冷地区，从20世纪90年代开始掀起了牡丹发展热潮。以引种驯化为主，结合实生选育，筛选耐寒品种。经过十几年的努力，筛选出一批较耐寒冷，能适应吉林长春等地气候条件的紫斑牡丹品种。

（二）国外的发展

最早在盛唐时期，日本就已经引进了中国牡丹。以后又多次引进，并在江户时代（1600—1867）进行了持续多年的品种改良工作。按照日本人的审美标准，主要通过选择育种的方法，选出200多个观赏价值较高且特色鲜明的品种，为形成日本牡丹品种群奠定了基础。

近代，美国纳索斯·达佛尼斯采用实生育种法，在1964—1996年选育了9个性状优良的现代杂交牡丹新品种。

第三节

人工杂交育种的开展

沿用多年的选择育种中，实生选育简便易行，在实践中应用普遍，但其局限性较大，随机性强，人们预期育种目标往往难以实现。近代以来，人工定向杂交育种应运而生，并逐渐成为牡丹育种工作中的主流。

人工杂交育种是从牡丹组革质花盘亚组内品种或种间近缘杂交开始，逐步发展到牡丹组内两个亚组之间，以及芍药属内芍药组与牡丹组之间的远缘杂交。

一、近缘杂交育种

近缘杂交指的是亲缘关系较近的亚组内种或品种间的杂交。

国内牡丹人工杂交育种工作始于20世纪50年代。最初北京景山公园和故宫博物院的科技人员开展了人工混合授粉。据喻衡1956年的考察，故宫博物院的牡丹人工杂交已进行30余年，并育出了‘芙蓉点翠’和‘冰含紫玉’2个品种（喻衡，1962）。

喻衡1956年在菏泽指导花农开展人工杂交工作。当时人工杂交和自然杂交实生选育并进。1956年以后，山东菏泽赵楼、何楼、洪庙均进行了人工授粉和人工辅助授粉工作。特别是赵楼大队，年年播种育苗，年年选育新种（喻衡，1980）。从1956年到1965年，山东菏泽选育出数以百计的新品种和110多个传统品种一起，成为此后二三十年国内各地发展观赏牡丹的骨干品种。近年来菏泽百花园、菏泽曹州牡丹园、赵孝知团队等利用品种群间杂交陆续培育出了‘文海’‘黑夫人’‘白山黑水’等新优品种。

继菏泽之后，甘肃兰州陈德忠等坚持紫斑牡丹新品种选育工作，既利用自然杂交、实生选育的方法，也开展了中原品种与西北品种之间的杂交，先后选育新品种（品系）500 余个，其中较为流行的品种 100 余个。20 世纪 90 年代，从中选出‘书生捧墨’‘陇原壮士’等 10 个品种进行了国际登录（成仿云、陈德忠，1998）。

1986 年以后，洛阳等地也陆续选出一批新品种，如‘洛神’等。

二、远缘杂交育种

牡丹远缘杂交始于 1900 年前后，首先是在欧美国家中开展起来，牡丹远缘杂交的成功标志着牡丹育种工作跨入现代育种阶段。

（一）牡丹组内亚组间的远缘杂交

1. 法国育种家的贡献

牡丹组内两个亚组间的杂交始于法国。1884 年和 1887 年，法国传教士德洛维（A. Delavay）在中国云南相继发现了紫牡丹（*P. delavayi*）和黄牡丹（*P. lutea*），并采集种子送到巴黎自然历史博物馆播种。1891 年黄牡丹开花，翌年紫牡丹开花。法国的维克托 · 莱蒙（Victor Lemoine）和路易斯 · 亨利（Louis Henry）获得黄牡丹后，就尝试利用它与从中国引进的栽培牡丹（花大，高度重瓣）进行杂交。1904 年，维克托 · 莱蒙率先获得成功，育出首个黄色重瓣品种‘金阳’（‘La Lorraine’）；1908 年，亨利育出复色重瓣品种‘金阁’（‘Souvenir de Maxime Cornu’）。之后，维克托 · 莱蒙和他的儿子又陆续培育出诸多黄色系新品种。这些杂交品种展示后，迅速引起轰动。这批杂交种多为高度重瓣，花头严重下垂，但至今仍在世界各地广为流传。黄牡丹杂种系列培育成功，使得远缘杂交育种成为牡丹育种史上一个意义重大的转折点。

2. 美国育种家的成就

美国牡丹芍药育种家桑德斯（A. P. Saunders）从 1905 年起开始搜集芍药属资源，并开展芍药、牡丹育种工作。受维克托 · 莱蒙启发，桑德斯将从欧洲引进的黄牡丹、紫牡丹与引进的日本牡丹品种杂交，杂交后代克服了法国杂种严重垂头的问题。他从大量杂交组合中共获得了 17 224 株杂种苗。他于 1953 年去世前，共登录了 320 个牡丹芍药品种，其中牡丹品种 78 个，成就斐然。这些牡丹新品种多为单瓣和半重瓣，花头直立性增强，颜色变化十分丰富，从深红、猩红、杏黄到琥珀色、金黄色和柠檬黄色均有。

牡丹组内两个亚组间的杂交后代（F_1）几乎不育，但桑德斯有一天突然发现两株 F_1 植株结实，分别收获了一粒种子，他采下播种后竟然萌发成苗。后来，他感到自己年事已高，已经没有时间和精力继续开展育种工作，就将这两株珍贵的幼苗赠给了威廉·格拉特威克（Willian Gratwick）。格拉特威克有自己的牡丹园，收集有大量的日本品种，还有黄牡丹、紫牡丹等一些野生种以及几乎所有的桑德斯育出的牡丹亚组间杂种。两株幼苗在牡丹园中长大开花，分别被命名为 Saunders F_2A 和 Saunders F_2B。格拉特威克的画家朋友纳索斯·达佛尼斯（Nassos Daphis）经常到他的牡丹园中写生，之后便深深爱上了牡丹。格拉特威克鼓励他参与牡丹的杂交育种。最初达佛尼斯的育种方向和桑德斯是一致的。1949 年，当他从法国游学回到牡丹园时，见到了这两株非常特殊的育种材料。达佛尼斯意识到 F_2 代的育种价值，并为它们找寻好的潜在杂交组合。他发现这两个材料作为母本是不合适的，经在显微镜下检查了它们的花粉状态后，发现其花粉育性很好。1953 年，达佛尼斯以桑德斯培育的牡丹亚组间杂交种 F_1 为母本，F_2A 或 F_2B 的花粉为父本进行杂交，当年即获得 75 粒种子，成为回交 1 代（BC_1），这些后代的育性逐渐得到恢复。1959 年，达佛尼斯和格拉特威克又用这两个 F_2 的花粉与普通牡丹杂交，授粉 800 朵花，仅获得 1 粒种子，其余全都是空壳。这粒种子播种成苗开花后，命名为‘泽费罗斯（西风之神）’（‘Zephyrus’，其杂交组合为‘Suiho-haku’×F_2A）（现国家植物园北园有引种）。之后的牡丹育种家在达佛尼斯的基础上继续利用亚组间杂种互相杂交，逐渐形成了牡丹亚组间高代杂种（Advanced Generation Lutea Hybrids，AGLH）。截至 2020 年，AGLH 的回交世代已发展到第十代。

达佛尼斯的育种不仅使他达到了选育花色、花型更完美的品种的目的，同时也克服了牡丹亚组间远缘杂交 F_1 代不育的情况，为进一步的杂交育种带来了更多的可能性。他的育种实践也表明了牡丹以及黄牡丹、紫牡丹有着巨大的遗传潜力。

继达佛尼斯之后，有更多的园艺爱好者和育种家投入到牡丹芍药育种工作当中，如让·卡约（Jean Cayeux）、哈罗德·恩茨明格（Harold Entsminger）、罗杰·安德森（Roger Anderson）、比尔·桑德尔（Bill Seidl）、大卫·里斯（David Reath）、克莱姆（Klehm）家族及纳特·布雷默（Nater Bremer）等。其中罗杰·安德森与比尔·桑德尔因育种成果突出而获得2003年的桑德斯纪念奖章。在育种中，他们应用的育种资源也更加广泛，育出大量形态各异的杂交品种，成功改写了世界牡丹品种的结构和面貌。

以肉质花盘亚组（主要是黄牡丹、紫牡丹和狭叶牡丹）为亲本的杂种牡丹越来越多，逐渐形成了一个品种类群，美国牡丹芍药协会将其归于牡丹亚组间杂交种品种群，目前至少已登录455个杂交品种。

（二）芍药组与牡丹组间的远缘杂交

牡丹组中亲缘关系较远的两个亚组间的杂交获得成功，并在20世纪上半叶在欧美掀起育种热潮，鼓励着人们继续向更高难度的育种工作提出挑战，从而使得过去认为不可能的工作——牡丹芍药杂交成为可能。

1. 牡丹芍药组间杂交品种的由来

1948年，日本园丁伊藤东一在东京京王百花园，以白色托桂型芍药品种‘花香殿’（‘Kakoden’）为母本，牡丹亚组间杂种‘金晃’（‘Alice Harding’）为父本杂交，从1 200个授粉花朵中得到36粒种子并培养成苗，其中有9株主要特征类似牡丹（其余类似芍药），最后只有6株成活。1956年，伊藤去世前植株未曾开花。美国商人路易斯·斯米尔诺在日本出差时了解到伊藤培育的这批组间杂交品种，并意识到它们可能具有巨大的市场潜力。于是他从伊藤的遗孀手中购买了其中4株幼苗并带到美国。1974年斯米尔诺在美国牡丹芍药协会登录了4个品种：‘Yellow Heaven’（‘金色天堂’）、‘Yellow Emperor’（‘金帝’）、‘Yellow Dream’（‘金梦’）以及‘Yellow Crown’（‘金冠’）。新品种的展出与登录在欧美牡丹芍药育种家中引起强烈反响，之后一些人相继投入组间杂交并进行了不懈努力，杂交试验达几千次，虽然成功率不高，但经长期积累，这类品种仍不断增多，花色进一步丰富。

截至2020年6月，共有151个牡丹芍药组间杂交品种在美国牡丹芍药协会登录，其中表现较好且已投放市场的品种有50多个。这样，一个新的牡丹芍药杂种品种群得以形成。20世纪70年代中期，美国牡丹芍药协会将这类组间杂交后代命名为 Itoh hybrids，即伊藤杂种。但一些育种家仍称之为 Intersectional hybrids，即牡丹芍药组间杂交种。

2. 牡丹芍药组间杂种的特点

由于组间杂交最早是以芍药为母本、牡丹为父本，后来人们习惯上称这种杂交方式为正交，而将以牡丹为母本、芍药为父本的杂交称为反交。多年杂交育种的实践证明，正交相对容易而反交却相对困难。目前市场上流行的伊藤品种几乎都是正交即芍药作母本（♀）、牡丹作父本（♂）杂交的后代。这些品种有以下几个鲜明特点：

（1）杂交优势强。植株生长旺盛，株形优美，花叶繁茂，绿叶期长，在洛阳引种群体绿叶期可达 8 ~ 9 个月。其习性上类似芍药，入冬前地上部分枯死，但茎基部木质化，形成地上芽。

（2）花期晚且花期较长。多数品种有腋部花芽二次开花习性和一茎多花特性，侧花芽开花与顶花同样大小，且重瓣性更强。在洛阳引种群体，花期可从 4 月初持续到 6 月上旬。有的品种花芽具早熟性，花期过后如马上将地上枝茎剪除，给予良好水肥条件并加强养护管理，可以在秋季再次开花。

（3）花色比较丰富。有不少花色特异的品种，且大多数品种花香怡人。

（4）适应性强。不仅对病虫害有较强抗性，在较为干旱、寒冷或气候湿热地方均可正常生长开花。

组间杂交品种在世界各地广受欢迎，但由于繁殖较难，苗木价格昂贵。2004 年后由于组培技术得到突破，问题初步得到解决。

3. 著名组间杂交育种家的经验总结

长期从事组间杂交的美国育种家有罗杰·安德森（Roger Anderson）、唐·霍林斯沃斯（Don Hollingsworth）、比尔·桑德尔、艾琳·托洛米奥（Irene Tolomeo）和唐纳德·史密斯等。他们积累了较为丰富的经验，目前市场上流行的品种主要由他们杂交培育而成（何桂梅，2004）。

罗杰·安德森从事杂交育种 30 余年，育出 30 多个组间杂交品种，如‘巴茨拉’等，甚受欢迎。

唐·霍林斯沃斯育出的‘花园珍宝’（‘Garden Treasure’）曾获美国牡丹芍药协会金奖，其他如‘边境魅力’（‘Border Charm’）、‘草原魅力’（‘Prairie Charm’）等也深受欢迎。

比尔 · 桑德尔于 1973 年在组间反交方面获得成功。他用可育的四倍体芍药的花粉给黄牡丹杂种 ‘黄金时代’ ‘雷电’ 授粉后获得杂交种子，但均未发芽。1975 年他建议人们用 ‘金晃’ 作为反交母本。1986 年，他从罗杰 · 安德森那里获得一粒组间反交种子并培养成苗，1990 年开花后命名为 ‘桃太郎’(‘Peach Boy’)。其杂交组合为 *Paeonia* Lutea Hybrid ‘Tessera’ × *P. lactiflora* ‘Martha W.’（牡丹亚组间杂交种 ‘泰塞拉’ × 芍药 ‘玛莎 · 华盛顿’）。

唐纳德 · 史密斯长期从事组间杂交，每年可获得 75 ~ 100 粒种子，20 ~ 25 株杂种苗。他认真记载组间杂种的各种性状表现，如花色变化、重瓣化、顶芽败育及育性高低等。他做了大量反交组合，得到许多种子，但发芽率很低。迄今仅得到 2 个反交品种，‘反交奇迹’（‘Reverse Magic’）与 ‘不可能的梦’（‘Impossible Dream’）。现阶段研究发现伊藤杂种基本都是三倍体（杨柳慧等，2017），育性很差，很难获得饱满的种子。近年来史密斯也在尝试恢复组间杂交品种的育性，他从自己杂交的伊藤杂交系中筛选出了部分品种和芍药（*P. lactiflora*）或杂种芍药（herbaceous peony hybrid，即由两个或多个种源的芍药杂交形成的品种）进行杂交，在最近 5 年中尝试了超过 500 个杂交组合，收获大约 1 300 粒种子，其中有 165 粒比较饱满被播种，共有 4 粒种子发芽，形成了 3 株苗，最终保留下来 2 株，最大的苗子已经开花。这一尝试有可能改变伊藤芍药不育的现状。

据史密斯 1995 年的总结，组间杂交中较为成功的母本有 ‘玛莎 · 华盛顿’ 后代（‘Martha W.’ seedlings）、‘玛莎 · 华盛顿’（‘Martha W.’）、‘花香殿’、‘美国小姐’（‘Miss America’）等；父本有 ‘金晃’、‘金色年华’、‘雷电’、‘名望’（‘Renown’）、‘中国龙’（‘Chinese Dragon’）等。何桂梅 2004 年统计的美国牡丹芍药协会登录的伊藤杂交品种共有 86 个品种，其中，以 ‘玛莎 · 华盛顿’ 或 ‘花香殿’ 作母本的分别占 47.67% 和 5.8%；以 ‘金色年华’ 或 ‘金晃’ 为父本的分别占 34.88% 和 13.95%。而 ‘玛莎 · 华盛顿’ 作父本也育出 2 个反交品种。此外，好的杂交组合通常能育出多个品种。例如：‘玛莎 · 华盛顿’ × ‘金色年华’、‘花香殿’ × ‘金晃’、‘玛莎 · 华盛顿’ × ‘史密斯黄’ 等。这几个组合育出的品种数分别占到上述 86 个品种中的 26.74%、5.81% 和 3.49%。由此可见，在组间杂交中，亲本和亲本组合非常重要，适宜的亲本和亲本组合是育种获得成功的关键因素。

总的看来，西方育种家在牡丹远缘杂交工作中，坚持几十年甚至终生的投入，在亲本材料和杂交组合选择的广泛性和育种工作的系统性方面，都值得我们学习和借鉴。

（三）国内牡丹远缘杂交的进展

1. 牡丹种质资源圃建设

20 世纪 90 年代中期，中国牡丹专家开始牡丹野生种质资源的调查搜集，在摸清家底的基础上建立种质资源圃。先后有李清道等（河南洛阳）、李嘉珏、陈德忠、何丽霞、成仿云（甘肃兰州）以及赵孝知、赵孝庆（山东菏泽）等参与全国各牡丹分布区的调查引种，并首先在甘肃兰州建成了中国第一个野生牡丹种质资源圃。到 1998 年，甘肃省林业科技推广总站成功搜集引种了牡丹组 9 个野生种 23 个居群的材料，并随即开展了亚组间、组间的远缘杂交工作（李嘉珏，1999，2006），利用这些野生资源相继育出一批远缘杂种（何丽霞等，2011）。

2001 年，王莲英等在河南栾川筹建了中国芍药科野生种迁地保护基地，先后引种成功牡丹组所有野生种以及国产芍药组 6 个野生种，同时开展了亚组间、组间远缘杂交工作（王莲英等，2013，2015）。

除兰州、栾川基地外，还有成仿云、刘政安、王亮生、王雁、张秀新、张延龙等团队分别在北京西山鹫峰实验林场、中国科学院植物研究所、北京门头沟区及延庆区、河北承德、陕西杨凌等地建立了资源圃或育种基地，开展育种工作。此外，建立牡丹资源圃并开展育种工作的还有洛阳农林科学院和洛阳市牡丹研究院（现合并为洛阳市农林科学院牡丹研究所）等。

2. 亚组间远缘杂交的突破

中国牡丹芍药专家在远缘杂交上做了大量工作，取得了可喜的成就。以河南栾川基地为例，从 2001 年起到 2015 年十几年间共完成杂交组合 6 910 个，授粉花朵 12 198 朵，收获 5 417 个聚合蓇葖果，结实率 44.4%；收获种子 48 312 粒，出苗 5 955 株，出苗率 12.3%；共选育优株 118 个，产生优株率 2%。其中组间杂交组合 1 494 个，占总杂交组合的 21.6%；亚组间杂交组合 4 131 个，占总组合的 60%；亚组内杂交组合 905 个，占 13.1%。从中选育品种 100 多个，到 2016 年，已陆续发表登录 30 个亚组间远缘杂交新品种。（图 7–1）

1.‘金城墨玉’；2.‘夏日玫瑰’；3.‘小香妃’；4.‘金台夕照’；5.‘彩虹’；6.‘金福娃’；7.‘紫霞映珠’；8.‘山川飘香’

● 图 7-1 **近年来中国各地新选育的牡丹远缘杂交新品种**

栾川基地的工作有以下几个鲜明的特点（王莲英等，2013，2015）：

1）培育新品种速度快　新品种选育平均只需要5年，由于缩短了播种苗首次开花时间，从而大大提高了培育新品种的速度。

2）新品种花色丰富　100多个品种中，粉色最多（28个），次为黄色（20个）。黄色中有不同程度的黄，如纯黄、金黄、乳黄、明黄、橙黄、粉黄、蜡黄、土黄；花瓣基部伴有红斑、褐斑、棕斑、紫斑，或有红晕、橙红晕、粉晕；花型有单瓣型、荷花型、菊花型、蔷薇型、托桂型、金环型。大量黄花品种的选育，也使中国成为目前牡丹品种中拥有黄色品种较多的国家。此外，新品种中还出现了香槟色、砖红色等以往牡丹品种没有的颜色，前者如‘蝶舞’‘杏花晚照’，后者如‘杏花春’‘山川霞光’。艳丽新奇的复色品种，如‘彩虹’‘紫绫浮荷’，稀少的绿色（‘碧玉’‘绿影’）、褐色（‘墨浪’‘赤龙’‘墨蝶’）以及黑色品种等。

3）新品种花香独特　新品种吸收野生牡丹的优点，出现了各种异样的香味，如甜香味、玫瑰香味、含笑香味等。

4）杂交优势明显，抗性增强　远缘杂交品种表现出明显的杂交优势，生长势、抗逆性明显增强。如‘金波’‘金童玉女’‘华夏一品黄’秋天平茬后次春每株能开花4～5朵或6～8朵。‘赤龙’‘彩虹’‘金鳞霞冠’较耐干旱。而‘华夏一品黄’‘华夏玫瑰红’有很强的耐湿性，2009年夏遇暴雨水淹3天仍能存活并很快得到恢复。此外，远缘杂种夏季抗灰霉病、叶斑病能力普遍较强。

5）其他优良特性

（1）早熟性（即童期缩短）。有的杂种苗出土后只生长一年，第二年花期即开花，从出苗到开花仅14个月。所选优良品种从幼苗出土到开花最短的27个月，从而为缩短育种周期、加快育种进程打下了良好基础。

（2）多花性。新品种大多开花较多，花期延长。如‘彩虹’，2005年杂交，4年后开花，开花第三年（2011年）即达19朵/株，原因是一茎多花。还有隐芽和脚芽萌动抽枝也能开花，有的隐芽长出后无叶也能开花。花朵数量多，可以增加观赏性，延长观赏期。还有‘小香妃’‘香妃’‘山川霞光’等也都具有这一特性。

（3）延长观赏期。花期的早晚与长短决定牡丹的有效观赏期。育出的牡丹新品种中，开花最早的是‘紫绫浮荷’（5月4日），还有‘春潮’‘荷塘月色’‘彩虹’‘铁观音’‘香妃’等。最晚开花的有‘杏花晚照’（5 月 21 日）、‘山川飘香’（5 月 18 日）、‘彩盘献瑞’（5 月 19 日）及‘赤龙’（5 月 20 日）。花期最短的品种单株 5 ~ 7 天，如‘杏花春’。花期最长的品种单株 25 ~ 28 天，如‘彩虹’‘香妃’‘小香妃’‘山川飘香’等。在正常气候条件下新品种总花期可达 1 个月或略长。部分新品种花期长，主要是一茎多花，往往是顶花开罢，下边的侧蕾直径才长到 1 ~ 2 cm。

除河南栾川基地外，甘肃林业科技推广总站兰州基地也选育远缘杂种 60 多个，其中国家林业和草原局审定了 20 个远缘杂交新品种，花色艳丽、丰富，很有特色。

近年来远缘杂交成功与充分发挥我国种质资源优势有关。在栾川基地已登录的 30 个亚组间远缘杂交新品种中，其中 26 个杂种的双亲分别为黄牡丹、紫牡丹与中国和日本的普通牡丹；另外 4 个杂交品种的亲本则分别为紫斑牡丹与黄牡丹、紫牡丹。除此以外，牡丹组中其他有潜力的亲本资源，如卵叶牡丹、矮牡丹、四川牡丹、大花黄牡丹等，也在育种中得到应用。国外优良亚组间杂交品种‘海黄’（‘正午’）、‘中国龙’等在育种中的作用也受到重视。

（四）牡丹芍药组间远缘杂交的进展

1. 首例组间远缘杂交品种的发现

中国牡丹芍药组间远缘杂交工作始于 20 世纪 90 年代中期。从 1993 年开始，陈德忠、何丽霞等都进行过芍药与紫斑牡丹之间的杂交，但未收到种子。2006 年，刘政安、王亮生等在北京昌平陈德忠的紫斑牡丹苗圃（种苗移自兰州原和平牡丹园）中发现一株特殊的黑斑芍药，经进一步分子鉴定后，郝青等确认其为芍药与紫斑牡丹的组间杂种，并命名‘和谐’（郝青等，2008）（图 7–2）。这是国内报道的第一例组间杂交品种。‘和谐’的出现证明紫斑牡丹与芍药杂交也有一定的亲和性，因而可以进行更加广泛的不同种类之间的组间杂交试验，以培育更多的组间杂交新类型。

2005—2009 年，荆丹丹等人还利用‘和谐’与芍药品种‘艳紫’‘粉蝴蝶’，杨山牡丹品种‘凤丹’，紫斑牡丹品种‘紫海银波’进行正反交试验。当用‘和谐’作母本时，所有组合均不结实，而用作父本时，虽得到了少量种子和后代，但后代表型均为芍药，可能是操作失误导致的结果，也可能是‘和谐’作父母本

1.‘和谐’；2.‘黄蝶’；3.‘金乌’；4.‘金阁迎夏’

● 图 7-2　**近年来中国各地新选育的牡丹芍药组间杂交新品种**

均不可育。

2. 首批组间远缘杂交品种

国内有多个基地进行组间远缘杂交试验。据钟原等报道（2016），他们从2009年开始，以芍药品种‘粉云飞荷’为母本，黄牡丹杂种‘金帝’为父本进行杂交，2016年发表了‘京华旭日’‘京俊美’‘京华朝霞’‘京桂美’‘金蕊黄’5个组间杂种。这是中国第一批具有自主知识产权的芍药属组间杂交新品种。

2011—2017年，洛阳国家牡丹园刘改秀等利用牡丹亚组间杂种‘金阁’作父本与芍药杂交，也培育出了‘黄焰’‘黄蝶’‘橙色年华’‘金阁迎夏’4个组间杂交新品种，已在中国花卉协会牡丹芍药分会登录并通过河南省有关部门的良种审定。2021 年，杨勇在美国牡丹芍药协会登录了芍药属组间杂种‘金乌’。该品种母本为未命名的紫红色单瓣芍药，父本为牡丹亚组间杂种‘金岛’。

3. 牡丹亚组间高代杂交品种的引进与利用

1）牡丹亚组间高代杂交品种的概念　根据美国牡丹芍药协会提供的牡丹亚组间高代杂种的谱系关系，认为牡丹亚组间高代杂种是牡丹组内亚组间远缘杂交品种间不断杂交产生的后代。

2）牡丹亚组间高代杂交品种的特点　这类品种株型端正、茎干硬直、生长势强、多萌蘖，植株外观秀丽，嫩叶先期紫红，后期变绿。在北京花期为 4 月底 5 月初，群体花期较长，单瓣、半重瓣或重瓣，侧开，花朵具香味，花色丰富（浅黄、纯黄、浅红、猩红、浅紫、紫红和复色），花瓣基部多具红色斑或紫红晕。有的品种具有二次生长习性。这类品种的育性和杂交亲和性均较高。

3）牡丹亚组间高代杂交品种在远缘杂交中的应用　2007 年 8 月，北京林业大学成仿云从澳大利亚墨尔本成功引回 60 个品种于北京西山试验基地种植，经驯化栽培后，有 45 个品种共计 100 株成活。

2008—2009 年，将高代杂交品种与芍药开展远缘杂交，获得一些杂交种子和杂交苗。据观察，牡丹亚组间高代杂交品种与芍药的杂交结实率明显高于其他牡丹种（或品种）与芍药杂交的结实率，说明这些品种具有较强的杂交亲和性，是一类优良的育种资源（肖佳佳，2010）。

4）远缘杂交机制的探讨　针对组间杂交存在的远缘杂交障碍问题，中国学者还探讨研究了其细胞学机制，发现黄牡丹与 5 个栽培芍药品种的杂交组合存在受精前障碍，主要是由于柱头乳突细胞产生大量胼胝质导致花粉管生长变形或无法进入花柱所致（律春燕等，2009）。而以‘凤丹’为父本与芍药 2 个栽培品种杂交时，父本花粉管可进入母本花柱上部，之后则因强烈的胼胝质反应而中止延长，因此亦无法完成受精（宋春花，2011）。肖佳佳（2010）发现‘凤丹白’× 川赤芍所得的杂种胚败育发生在原胚阶段，因此拯救该远缘杂交组合所获得的杂种胚应于此阶段进行。

此外，还进行了生理生化分析。如发现杂交不亲和花粉在花粉识别阶段过氧化物酶（POD）和超氧化物歧化酶（SOD）活性明显低于杂交亲和花粉，整个受精过程授粉雌蕊的吲哚乙酸和赤霉素含量也低于杂交亲和花粉（律春燕等，2009；贺丹等，2017）。贺丹等（2019）在芍药‘粉玉奴’授‘凤丹白’花粉后的柱头上，发现烯醇化酶、热休克蛋白（HSP70、HSP60）、钙调素及乙二醇酶均下调，腺嘌呤核苷酸转运体上调。这表明这些失调蛋白可能会通过阻断花粉萌发和花粉管伸长过程中的能量合成、信号转导及代谢途径来影响杂交亲和性。

第四节
其他育种技术的探索

作物常规育种还包括倍性育种、辐射育种等，在牡丹中已有初步尝试。在新技术育种方面还包括航天育种、基因工程育种等，牡丹的相关研究刚刚起步。

一、航天育种

航天育种，也称太空诱变育种，是利用返回式航天器，将作物种子、组织、器官或生命个体等种质材料搭载到宇宙空间，利用宇宙空间微重力、超真空、强辐射等特殊环境的诱变作用，使生物基因产生变异，再返回地面进行选育，是培育新品种、新材料的作物育种新技术。

航天育种最大优势在于能够在较短的时间内创造出目前地面诱变育种方法难以获得的罕见基因资源，培育出有突破性的优良品种。空间诱变育种有非常突出的特点：

一是方法简单，人造卫星或航天飞行器只要将地球上的作物或种子带上太空遨游一番之后，返回地面就会发生多种变异供人工选择。

二是不需要专门的仪器设备，不需要复杂的诱变源，符合自然资源和生态环境保护和可持续发展的要求。

三是空间诱变因素多、范围广、幅度大，有利于加快育种进程，有可能获得目前地球育种中较难突破、对产量和质量以及综合性状产生突破性影响的特殊变异材料，育成各种类型的超级植物品种。

四是太空育种的周期短。采用常规系谱法育种，一般要育成一个木本植物新品种需要 8 ~ 10 年，而太空育种仅用 5 ~ 6 年就可能育成一个新品种。

我国是世界上最早开展航天育种的国家之一，在太空诱变育种方面进行了大量研究，不论广度和深度，品种与成果均位于国际先进水平。

2005 年，洛阳国际牡丹园把一批牡丹、芍药种子送上太空，开始了牡丹航天育种之旅。2016 年山东菏泽瑞璞科技发展有限公司也将一批油用牡丹种子和芍药种子送上太空，开始了油用牡丹太空诱变育种的新征程。

二、分子育种

分子育种包括分子标记辅助选择和基因工程。前者所指是育种工作从传统的以表现型为依据的选择，过渡到以分子标记或基因为依据的选择，从而大大提高了选种的效率。后者所指是外源基因的导入或对内源基因的修饰，以定向改变该基因所控制的性状，从而实现定向育种。在今后一个相当长的发展阶段，传统育种与分子育种的结合是牡丹育种工作的必然选择和发展趋势。

（一）功能基因等基础研究的进展

1. 牡丹功能基因研究

功能基因研究是分子育种的重要基础工作。只有深入掌握牡丹重要性状形成和调控的分子机制及其关键基因，才能通过基因工程育种技术实现相关性状的定向、高效改良。

当前，牡丹功能基因研究领域涉及牡丹花色、花型以及花期调控，抗逆性（包含抗虫、抗旱、耐涝及耐热性等），不定根发生和营养代谢（包括脂肪酸及三酰甘油合成、主要药用成分合成）等方面；研究方法涉及早期的同源克隆、cDNA 文库以及近期的转录组测序、蛋白质差异表达分析等。牡丹重要性状形成和调控机制的解析以及基因功能的验证是研究的重点。由于牡丹、芍药尚未成功建立植株再生体系，基因功能验证不得不借助模式植物进行，而且基因工程育种也无法开展。因此，建立高效的牡丹植株再生体系和遗传转化体系，并与分子育种结合，是当前深入开展功能基因研究中亟待解决的问题（钟原、成仿云等，2016）。

2. 牡丹 DNA 指纹图谱的构建

牡丹品种繁多，各类品种及其杂交后代的鉴别、新品种登录等，都需要有准确可靠的鉴定手段，因而形态性状与分子标记相结合，构建牡丹 DNA 指纹图谱（分子身份证）就成为牡丹育种及生产经营实践的迫切需求。2004 年以来，相关研究已取得一定进展，但要提高指纹图谱的准确性、高效性及可扩充性，还需要重视筛选更多在不同连锁群上分布均匀、多态性高的分子标记，并采取不同类型分子标记配合使用，效果才会更好。如李莹莹等（2013）应用基于 DNA 保守序列的多态性分子标记技术（CDDP）对 9 个牡丹野生种、299 个中原品种和 8 个国外品种进行了研究，利用 18 条标记引物筛选出核心引物组合，构建了 318 份牡丹种质的 18 位分子身份证，证明该项标记具有较好的多态性和特异性。

杨志刚等（2015）应用表达序列标签微卫星标记构建了 37 个中原品种及 21 个日本品种的 DNA 指纹图谱，并证明该项标记多态性差异较大，适宜用作 DNA 指纹谱图构建。此外，应用叶绿体 DNA 及微卫星标记相结合的方法，研究 147 个品种（包含 135 个中原品种、11 个日本品种）的基因型也取得较好效果，证明了所有品种都具有其独特的基因型（王建秀，2010）。

3. 牡丹高密度遗传连锁图谱构建与重要性状的 QTL 分析

遗传连锁图谱是功能基因和数量性状基因座（quantitative trait loci，QTL）在染色体上定位的基础，在植物分子育种中有着重要地位。芍药属植物具有基因组高度杂合、自交亲和性差、童期长等特点，构建一个理想的作图群体难度较大，迄今仅有 3 个牡丹遗传群体用于构建遗传图谱的报道。

蔡长福等（2015）选用多态性水平最高的‘凤丹白’M24×‘红乔’组合的 F_1 群体（含 195 株个体）为作图群体，构建了牡丹首张高密度遗传连锁图谱。该图谱共包括 1 189 个 SLAF 标记和 72 个 SSR 标记，定位到 5 个连锁群。该遗传图谱总长度为 1 061.94 cm，平均图距为 0.84 cm，每个连锁群平均有 252.2 个标记，预期覆盖基因组的 99.53%。以此为基础，用复合区间作图法对作图群体的枝、叶、花和果实共 27 个数量性状进行了 QTL 分析。有 20 个性状检测到相关的 QTLs 共 49 个，每个 QTL 可解释变异的 8.3% ~ 71.9%，其中控制花瓣数的 QTL-pn-2 对表型变异的贡献率可达 71.9%；检测到 3 个与花色性状相关的 QTL，可解释变异的 11.4% ~ 12.8%。

利用以‘凤丹’作母本，‘新日月锦’作父本杂交获得的 120 个 F_1 单株的遗传群体为实验材料，张琳等（2019）应用 GBS 技术开发标记构建遗传图谱，最终有 3 868 个标记被锚定在 5 个连锁群上，该遗传图谱覆盖基因组总长为 13 175.5 cm，每个连锁群的标记数在 322 ~ 1 224 个。郭琪等（2017）利用与张琳等（2016）相同的 F_1 群体，利用微卫星标记构建遗传图谱，最终构建到图谱上的微卫星标记共有 35 个，覆盖 5 个连锁群，每个连锁群包含标记在 3 ~ 14 个。

Li 等（2019）利用‘青龙卧墨池’×‘墨子莲’（均为中原品种，花色都为紫黑色）构建了一个 120 个 F_1 代的遗传群体，并利用 RAD-seq 技术开发分子标记，其中母本遗传图谱上有 2 264 个标记，覆盖 7 个连锁群；父本有 793 个标记，覆盖 5 个连锁群，总长度分别覆盖基因组总长度的 965.7 cm 和 870.2 cm。

以上三个遗传群体的种群数量均小于 200，使得标记偏分离比例偏高，同时锚定到遗传图谱上的标记数量相对还偏少，标记的分布不均匀。今后条件允许时，还需要开发更多的分子标记对以上构建的遗传图谱进行加密。

（二）牡丹基因组研究的重大突破

21 世纪 20 年代初，上海、洛阳、北京、武汉、拉萨、深圳等地先后开展牡丹全基因组测序及其后续研究工作。以上海辰山植物园科研中心胡永红、袁军辉等为代表的团队，历经十余年艰苦探索，终于取得重大突破。牡丹基因密码破译将对牡丹遗传改良及分子育种产生重大影响。

1. 牡丹基因组是极其复杂的超大型基因组

据研究，凤丹牡丹（即杨山牡丹）基因组大小为 12.28 Gb，其中 11.49 Gb（约

93.5%）成功组装到 5 条超大染色体（1.78 ~ 2.56 Gb）；共注释基因 73 177 条，高置信基因集 59 758 条，有 54 451 条锚定在 5 条不同染色体上。而此前对中原品种‘洛神晓春’的分析，其基因组组装大小为 13.79 Gb，共注释 65 898 个基因。

2. 凤丹牡丹超大染色体和巨大基因组的形成机制

凤丹牡丹基因组中，约有 330 511 条假基因和 15 238 个基因家族，这是目前已经通过全基因组测序的几十个植物中数量最多的物种。与其他具有巨大基因组的单子叶植物大多经历了全基因组加倍事件不同，凤丹牡丹基因组似乎没有经历过其谱系特定的全基因组复制，而是在大约 200 万年时间尺度内，其基因间区的逆转录转座子（以 Del 为代表的长末端重复序列）爆发式扩张，是促成其超大基因组和超大染色体形成的可能机制。由于大量的长末端重复序列是插入在远离功能区的基因间区，因而具有超大基因组与染色体的凤丹牡丹大部分功能基因仍然能正常表达和转录。

据研究，牡丹基因组中约有 208 个组蛋白编码基因（*H1*, *H2A*, *H2B*, *H3* 和 *H4*）。五种组蛋白编码基因的扩张（特别是 *H2A.W* 和 *H3.1*）可能有助于维持其超级巨大的染色体。

3. 凤丹牡丹种子高效积累不饱和脂肪酸的分子机制

通过对 448 份不同产地的凤丹牡丹种质的简化基因组测序和全基因组关联分析（GWAS），结合种子时序发育转录组等技术，揭示了牡丹种子高效积累不饱和脂肪酸的机制：在脂肪酸生物合成通路中的每个关键节点至少有一个高表达基因在行使功能，进而保障了 α- 亚麻酸的大量积累。*SAD*、*FAD2* 以及 *FAD3*、*FAD7/8* 等多个候选油脂合成基因在其中发挥了重要作用。

4. 栽培牡丹雄蕊瓣化的分子机制与牡丹花型发育的多样性模式假说

凤丹牡丹（*P. ostii*）是栽培牡丹（*P. suffruticosa*）的重要祖先亲本之一。研究发现，花发育过程中器官身份决定基因中 A 类基因 *AP1* 的异位表达和 C 类基因 *AG* 在部分雄蕊中的表达减少可能有助于雄蕊瓣化瓣的形成。同时发现，在牡丹的长期栽培驯化过程中，决定花多样性的多个花器官发育基因明显受到人工选择压力。千百年的人工驯化过程是牡丹发育模式转变的进化驱动力。在祖先亲本凤丹牡丹的“花发育 ABCE 经典模型”（Strict ABCE Model）和栽培牡丹中的“不严格的花发育边界消退模型”（Unstrict ABCE Model）基础上，结合选择分析结果，提出了牡丹花型发育的多样性模式假说，从而为进一步培育优质观赏牡丹提供了理论基础和基因资源。

第八章

牡丹育种的理论与实践

从 20 世纪 90 年代以来，全国各地陆续建立了多个育种基地，广泛搜集牡丹、芍药种质资源，开展人工杂交育种。经过二三十年的努力，取得了引人注目的成就，使得中国与西方国家在牡丹远缘杂交育种方面的差距大大缩小。在这场育种热潮中，各地积累了丰富的经验，有必要做些归纳整理，以利继续提高。

本章介绍主要育种基地种质资源概况、杂交育种的方法和操作程序、影响杂交育种效果的因素以及经验教训与具体成果、国外育种经验的借鉴等。

第一节
牡丹育种必备条件与资源搜集

一、育种工作的必备条件

要搞好牡丹（芍药）育种工作，需要具备一些必要的条件：一是选择合适的地点建立适度规模的育种基地；二是广泛搜集芍药属种质资源，为育种奠定坚实的物质基础；三是要有一支素质较高，具有创新和奉献精神的团队。

（一）建立育种基地

在生态环境适于绝大部分芍药属植物生长的地方建立育种基地和工作平台，对于牡丹（芍药）育种工作的顺利开展至关重要。这样一个基地，既有利于芍药科濒危植物的迁地保护，也有利于各类种质资源的搜集与保存，同时也便于开展芍药属的育种工作。

目前，相关单位和研究团队先后在甘肃兰州、北京西山、河南栾川、陕西杨凌等地建立了牡丹种质资源圃或育种基地，并开展了卓有成效的工作。其中，北京林业大学王莲英团队 2000 年起在河南洛阳市栾川县南部山区建立的芍药科濒危植物迁地保护兼育种基地较为理想，其他基地也各有特点，工作上各有优势和特色，可以互为补充。全国各地多个牡丹芍药育种基地的建立，对中国牡丹（芍药）育种事业乃至整个芍药科的学术研究都具有重要意义。

（二）种质资源的搜集与保存

种质资源是育种的物质基础。在一定意义上，谁掌握了丰富的种质资源，谁就掌握了牡丹（芍药）产业的未来。在育种基地引进芍药科的野生种及有价值的栽培品种或育种材料并能栽培或驯化成功，这是顺利开展育种工作的又一个必备条件。

（三）育种团队的建设

搞好育种工作，需要一支过硬的队伍，需要有一批能为牡丹事业做出贡献的育种工作者，他们必须具有下面几方面的素质。

1. 必须热爱牡丹（芍药）事业并愿为之奉献

牡丹（芍药）育种工作者应该具备发自内心对牡丹（芍药）事业的热爱、对新生事物的向往、对科学知识的强烈渴求以及认真负责的工作态度。只有具备上述精神，才可能全身心投入育种工作。

牡丹（芍药）育种工作是一项系统工程，这项工作细致、复杂、枯燥而又漫长，没有舍己为公、乐于奉献的忘我精神是不能胜任的。

2. 具有一定的文化基础并且花卉育种技术知识过硬

参加育种工作需要具有中等以上文化程度，同时还要有一定的花卉育种方面的专业技术知识，这样才能得心应手地开展相应的工作。

3. 具有吃苦耐劳、认真负责、坚持到底的韧劲

育种操作是室外露天作业，面朝黄土背朝天，风吹日晒雨淋是家常便饭。所以应具备吃苦耐劳、不怕脏累的精神。牡丹（芍药）育种成果的出现需 5 ~ 10 年的时间，在这期间从杂交开始到收种、制种、播种、管理、移栽、定植、扩繁、鉴定，应步步清晰，影像资料齐全，跟踪记录翔实，一切工作应有条不紊，一丝不苟，不能出一点差错。

只有具备上述适宜的环境条件和工作平台，充足的资源条件和高素质的人才条件，才能真正做好牡丹（芍药）育种工作。

二、种质资源的搜集与驯化栽培

（一）甘肃兰州基地的资源搜集（图 8-1）

甘肃兰州引种基地有两处：一处是在甘肃省林业科技推广总站院内，东经 103°51′ 09″，北纬 36°06′ 24″，海拔约 1 550m；另一处在兰州市榆中县和平村及三角城兰州诺克牡丹科技有限公司基地，海拔约 1 750 m。

1、2. 甘肃林业科技推广总站资源圃；3、4. 甘肃榆中三角城资源圃

● 图 8-1　**甘肃兰州牡丹资源圃**

1. 自然条件

甘肃兰州属黄土丘陵沟壑地貌。北温带半干旱大陆性季风气候，春季多风，干旱少雨；夏季酷热，降水增多；秋季凉爽，温差较大；冬季寒冷干燥。兰州年平均气温 9.1℃，1 月平均气温 –6.9℃，7 月平均气温 22.2℃，绝对最高气温 39.8℃，绝对最低气温 –23.1℃；≥10℃积温 3 354.6℃；年均降水量 327.7 mm（最大 546.7 mm、最小 155.3 mm），主要集中在 7 月、8 月、9 月三个月。年均空气蒸发量 1 650 mm；年均空气相对湿度 58%；年均日照时数 2 607.6h，无霜期 186 天，最大冻土层 1.2 m。土壤为黄壤土，pH 8.0 ~ 8.5，有机质含量低，肥力差。植被为干旱草原植被向荒漠草原过渡类型。榆中基地位于兰州市以东 8 km，属黄土丘陵沟壑地貌，海拔 1 700 ~ 1 850 m，年平均气温 7.5℃，绝对最高气温 39.4℃，绝对最低气温 –24.7℃，≥10℃积温 2 200℃；年均降水量约 350 mm，无霜期 184 天，土壤为灰钙土，pH 8.1。有黄河水或泉水补充灌溉。

2. 引种野生牡丹的适应情况

引种了牡丹所有野生种，其在原产地及引种地的表现如表 8–1，物候观察如表 8–2，结实情况如表 8–3。

1）成活及保存情况　经过多年驯化栽培，所引 9 个种都适应了兰州地区的气候土壤条件。但各个种间存在差异。

肉质花盘亚组的种类中，大花黄牡丹从 1992 年即开始在榆中基地引种，主要从西藏米林引进，虽然成活率较高，生长旺盛，但越冬后当年生枝条死亡，从基部大量萌蘖，因而需保护越冬。在保护地株高可达 3.2 m。在兰州徐家山麓背风向阳处大苗可露地越冬，但开花量较少。紫牡丹 1994 年、1999 年两次从云南丽江、中甸（今香格里拉）引进，引进苗木 100% 成活，表现出极强的适应性。黄牡丹也是从 1994 年开始引种，1998 年从云南再次引进 6 个居群的苗木，同时引进有开橘黄色花的野生杂种苗，成活率均高，开花量较大。狭叶牡丹 1998 年从四川雅江引进，适应性很强，枝条封顶最晚。

革质花盘亚组的 5 个种中，矮牡丹 1998 年从山西稷山引进。由于多为带地下茎的种苗，须根很少，成活率低，生长缓慢，但成活后适应性较强。其他几个种均为 1998 年引进。

卵叶牡丹从湖北保康、神农架引进，杨山牡丹从湖北保康、河南嵩县引进；紫斑牡丹原亚种从湖北保康引进，同时还从甘肃天水、舟曲、文县引进；太白

● 表 8-1 **野生牡丹原产地与引种地（甘肃兰州）生长情况比较**

种类	地点	当年生枝长度（cm）	成花量（最高）（朵/株）	花径（cm）	花瓣数	种子千粒重（g）	虫食率（%）	种子萌发率（%）	备注
大花黄牡丹	原产地	25～30	>100	10.5～12.1		1 519.9	0	88.9	成活率高，生长旺，花少
	引种地	36～45	12	9～14	10	1 568.4	0	68.2	
紫牡丹	原产地	40～50	8～10	6～8	9～12	397.4	90	75.0	成活率高，成花量大
	引种地	35～45	65	7～11	9～13	582.4	0	80.0	
黄牡丹	原产地	50	4～6	4～6	5～10	507.0	33.8	81.0	成活率较高，成花量大
	引种地	25～64	20	6～9	5～11	533.6	0	84.0	
狭叶牡丹	原产地	30～35	9	5～6	9～12	359.1	80	67.0	成活率较高，生长较原产地稍慢
	引种地	20～27	12	6	9～11	558.5	0	82.0	
四川牡丹	原产地	50	6	10～15	9～12	171.8	0	36.1	成活率较高，生长优于原产地
	引种地	40～56	9	14	10	228.6	0	91.0	
紫斑牡丹	原产地	32～42	3～5	15～16	10	235.5	0	48.0	子午岭居群，引种较难
	引种地	30～38	7	18	10	340.5	0	85.0	
杨山牡丹	原产地	70～80	12～15	12.5～13.0	10	331.3	0	43.0	生长速度减缓
	引种地	47～61	11	18～19	10	299.1	0	70.0	
卵叶牡丹	原产地	22～25	4～5	8～12	5～9	165.0	0	41.0	生长同原产地
	引种地	20～25	10	12～14	10～11	222.5	0	83.0	

续表

种类	地点	当年生枝长度（cm）	成花量（最高）（朵/株）	花径（cm）	花瓣数	种子千粒重（g）	虫食率（%）	种子萌发率（%）	备注
矮牡丹	原产地	16～23	6	16～18	10	232.2	0	14.5	成活率低，生长较原产地慢
	引种地	24	2	18	10	341.5	0	62.0	

● 表 8-2　**兰州基地野生牡丹物候观察（2001—2002）**

（日/月）

种类（居群）	萌动	萌芽	显蕾	花蕾膨大	初花	盛花	谢花	顶芽形成	种子成熟	落叶	备注（观察地点）
大花黄牡丹（西藏林芝）	30/3	5/4	24/4	5/5	18/5	22/5	28/5	—	24/8	14/12	榆中
紫牡丹（云南丽江玉龙雪山）	10/3	15/3	25/3	5/4	11/4	26/5	11/5	20/7	28/8	20/11	徐家山
紫牡丹（云南丽江安南）	10/3	15/3	18/3	29/3	1/4	26/4	17/5	20/7	28/8	20/11	徐家山
黄牡丹（云南鲁甸）	1/4	20/4	24/4	7/5	14/5	20/5	2/6	20/7	1/9	20/11	榆中
黄牡丹（云南德钦）	5/3	10/3	15/3	29/3	2/4	5/4	18/4	20/7	1/9	20/11	徐家山（大棚）
黄牡丹（云南中甸格咱）	25/3	29/3	5/4	16/4	26/4	3/5	15/5	20/7	1/9	20/11	徐家山
黄牡丹（云南中甸哈拉）	5/3	10/3	15/3	1/4	8/4	11/4	20/4	20/7	1/9	20/11	徐家山（大棚）
黄牡丹（云南中甸汤堆）	3/4	22/4	29/4	1/5	6/5	13/5	27/5	15/7	1/9	20/11	榆中
狭叶牡丹（四川雅江）	29/3	1/4	20/4	11/5	8/5	11/5	18/5	10/8	8/9	10/11	徐家山
矮牡丹（山西稷山）	27/3	31/3	5/4	8/4	5/5	7/5	13/5	5/7	5/9	16/11	榆中
卵叶牡丹（湖北保康）	15/3	25/3	29/3	8/4	11/4	23/4	29/4	8/7	20/8	16/11	徐家山

续表

种类（居群）	萌动	萌芽	显蕾	花蕾膨大	初花	盛花	谢花	顶芽形成	种子成熟	落叶	备注（观察地点）
杨山牡丹（河南嵩县杨山）	25/2	5/3	15/3	29/3	1/4	10/4	20/4	5/7	15/8	16/11	徐家山（大棚）
紫斑牡丹（甘肃文县）	10/3	15/3	25/3	8/4	15/4	25/4	3/5	5/7	15/8	16/11	徐家山
紫斑牡丹（甘肃临洮）	10/3	15/3	25/3	16/4	20/4	26/4	5/5	10/7	15/8	16/11	徐家山
紫斑牡丹（甘肃天水党川）	15/3	25/3	10/4	20/4	26/4	28/4	3/5	10/7	15/8	16/11	徐家山
紫斑牡丹（甘肃合水太白）	15/3	25/3	8/4	23/4	28/4	30/4	3/5	10/7	15/8	30/9	徐家山
紫斑牡丹（湖北保康）	15/3	25/3	8/4	20/4	23/4	25/4	5/5	5/7	15/8	12/10	徐家山
四川牡丹（四川马尔康）	28/3	10/4	15/4	17/4	3/5	6/5	16/5	10/7	20/8	25/10	榆中

● 表 8-3 **野生牡丹结实情况（2002）**

种类（居群）	结实花朵数	蓇葖果数	结实粒数	每蓇葖果结实数	
				最多	平均
大花黄牡丹（西藏林芝）	12	20	35	3	1.8
黄牡丹（中甸乡城公路）	5	23	55	6	2.4
黄牡丹（中甸哈拉）	9	40	69	6	1.7
黄牡丹（中甸汤堆）	4	12	18	3	1.5
黄牡丹（中甸格咱）	69	156	400	5	2.6
黄牡丹实生苗	6	18	22	3	1.2
紫牡丹（丽江玉龙雪山）	8	40	56	6	1.4

续表

种类（居群）	结实花朵数	蓇葖果数	结实粒数	每蓇葖果结实数	
				最多	平均
紫牡丹（丽江安南）	167	516	1342	7	2.6
狭叶牡丹（四川雅江）	12	36	60	5	1.7
矮牡丹（山西稷山）	2	10	62	12	6.2
卵叶牡丹（湖北保康）	73	365	751	8	2.1
杨山牡丹（河南嵩县杨山）	15	75	156	12	2.1
紫斑牡丹（湖北保康）	4	20	175	10	8.8
紫斑牡丹（甘肃天水党川）	2	10	4	2	0.4
紫斑牡丹（甘肃临洮）	21	105	475	11	4.5
紫斑牡丹（甘肃文县）	40	200	666	13	3.3
紫斑牡丹（甘肃舟曲）	3	15	30	8	2.0
四川牡丹（四川马尔康）	31	155	514	9	3.3

山紫斑牡丹从甘肃合水太白林场引进，同时收集了临洮、榆中等地的半野生类型。四川牡丹引自四川马尔康。上述种类均成活率高，适应性较强。

2）生长量　大花黄牡丹萌蘖枝生长旺盛，但不能正常封顶且难以越冬。而黄牡丹、紫牡丹及狭叶牡丹生长势均优于原产地。在榆中三角城诺克牡丹科技有限公司基地，大批黄牡丹、紫牡丹与狭叶牡丹形成优势群丛，自然授粉形成不少变异类型。其他种生长量与原产地差异并不大。

3）着花量　矮牡丹、卵叶牡丹、四川牡丹等单株成花率与原产地基本相同，大花黄牡丹单株成花率明显低于原产地。虽经多年驯化，但花朵变异不大，仅个别种花瓣数有所增多，花径趋于增大。

如紫牡丹花朵趋于增大，单株成花率、花瓣数目、结实数量等明显增多。

紫牡丹有单花与多花并存现象。一个花枝可着花 2～8 朵，开花可持续 1 个月，群体花期 45 天。每个心皮种子数可达 8～10 粒。2001 年与 2004 年，紫牡丹于 9 月上旬及 10 月下旬出现二次开花现象，单花花期持续 14～16 天，在一定条件下，紫牡丹 2 年生枝与 3 年生枝上的隐芽均可形成花芽而开花，其极易成花的特点非常突出。

4）结实率　野生种结实率明显高于原产地，除杨山牡丹外，其余种在引种地种子千粒重均高于原产地。在野外调查时，矮牡丹（稷山牡丹）采果（聚合果）6 个，共 74 粒种子，平均每个聚合果 12.33 粒。而引种地兰州，2 个果实收种子 62 粒，平均每个聚合果 31 粒。

5）种子萌发率　以胚培养的方法统计，大花黄牡丹原产地种子萌发率优于引种地，其余种类均为引种地种子萌发率优于原产地。

6）病虫害　引种植株在兰州、榆中均很少发生病虫害，而原产地部分种类如紫牡丹、黄牡丹、狭叶牡丹等，果实虫害严重，结实率降低。

3. 引种中的具体措施

1）考察与引种相结合，注意居群间的差异　兰州基地多年坚持野外考察与引种，春季考察，秋季引种，不仅注意种间差异，还注意到物种内居群间的差异，并注意到居群的引种。其中黄牡丹引种了 6 个居群，紫斑牡丹 6 个居群，紫牡丹 2 个居群。

物种是生物分类的基本单位，而居群则是物种的基本结构单元，是物种存在的具体形式。由于生殖隔离和生境上的差异，居群间有着或大或小的变异，而多年育种实践也使我们认识到，不仅要注意种内居群间的差异，还需要注意居群内个体间的差异。在野生资源的研究和利用中，注意居群水平上的研究和遗传多样性的保护是非常重要的。

2）重视引种植株驯化栽培的具体环节　引种中以苗木为主，苗木与种子引进相结合。重视每一个操作环节。

（1）注意保护根系。野外采挖时，要尽量保持根系完整。苗木挖取后即剪去叶片，留下叶柄基部，用湿苔藓包裹根系，防止失水，这对矮牡丹苗十分重要，不然成活率很低。紫斑牡丹野生苗也要注意根系保湿。定植前根部消毒处理。

（2）栽植地土壤改良，保护越冬越夏。资源圃土地细致整理，适当施肥。

引种当年幼苗埋土越冬，露出地面的枝条，用草类、报纸、地膜包裹，防止春初多风抽条。大花黄牡丹温棚保护越冬，四五年后适应性增强，植于避风向阳处。由于兰州地区春季多风干旱，3 月底 4 月初分次除去覆盖物，第一年越夏时搭遮阳网，保护安全越夏。

（3）重视肥水管理与病虫防治。生长季节注意圃地水肥管理，前促后控。病虫害较少，但也不可大意。曾发现蚂蚁啃食紫牡丹、黄牡丹根颈部，导致部分植株死亡，采用药物灌根后得到控制。

（二）河南栾川基地的种质资源搜集

1. 栾川基地概况（图 8–2）

栾川基地位于河南栾川南部山区。该基地有以下显著特点：一是地理位置优越，植被覆盖度高；二是气候湿润冷凉；三是土壤结构好，微量元素丰富；四是人文条件好。

● 图 8–2　**河南栾川牡丹资源圃**

1）优越的自然条件　栾川基地地处河南豫西伏牛山区，北纬 33°，东经 111°，植被覆盖率 87% 左右。这里是我国北亚热带和暖温带交汇处，自古以来就有牡丹、芍药野生分布，具体种类有紫斑牡丹、杨山牡丹、草芍药（含红花、白花两种类型）。伴生植物丰富，常绿乔灌木有松、柏、小叶冬青、扶芳藤等，落叶乔灌木有栎类、杨类、白桦、血皮槭、青榨槭、五角枫、漆树、悬钩子、铁线莲、荚蒾、珍珠梅、杜鹃、流苏、连翘、五味子、野蔷薇、山葡萄等，以及多种草本植物。

基地海拔 1 300 ~ 1 400 m，年均气温 9.6℃，最冷月平均气温 –0.5℃，最热月平均气温 23.5℃。年均降水量 700 ~ 800 mm，平均空气相对湿度 60% 左右。年均日照 2 103 h，无霜期 150 ~ 160 天。

2）适宜牡丹生长的土壤环境　基地土壤为山地沙质棕壤土，结构疏松，透气性好，涵养水分能力强。pH 7.02。土壤成分分析（表 8–4）表明，这里微量元素多，含量高，特别是全磷、全钾、速效氮高，特别适于牡丹生长。

此外，栾川基地还有良好的人文基础。所在乡村领导支持基地工作，有困难积极帮助解决。群众注意牲畜圈养，爱护牡丹芍药及各种观赏植物，使育种基地受到有效的保护。

表 8–4　**栾川基地土壤成分分析**

名称	含量（mg/kg）	名称	含量（mg/kg）	名称	含量（mg/kg）
有机质（%）	2.99	Na	652.536	Cr	10.438
全氮（%）	0.156 3	Ca	29 768.286	Pb	25.345
速效氮	170.89	Mg	895.103	Ni	7.049
全磷	201.879	Fe	3 434.823	Co	1.869
速效磷	17.39	Mn	230.204	B	16.838
全钾	916.689	Cu	92.801	Al	3 150.600
速效钾	82.00	Zn	207.047	Mo	65.132

2. 野生资源的引种与驯化栽培

栾川基地搜集引种了国产牡丹、芍药野生资源并基本驯化成功。

1）野生牡丹

（1）大花黄牡丹（*P. ludlowii*）。2002 年从西藏米林采集种子 800 粒，在北京沙藏，2003 年春带到基地播种，2004 年出苗，有 150 多株。实生苗当年平均高度 14.5 cm，最高可达 47 cm。混合芽长卵形，棕褐色。根为黄色，圆柱状，十几年的实生苗根颈直径可达 15 cm 左右。当年生枝紫红色，年平均生长量 45.5 cm，枝条着生 9 片叶；多年生枝灰褐色，表皮具有剥落现象。叶由浅绿至深绿，大型长叶 43 cm×32 cm。总叶柄柄凹紫红色，长 17 cm。2011 年 11 月 3 日曾发现一片叶子最大达 84 cm×34 cm，总叶柄长 36 cm，顶小叶叶柄长 22 cm，侧小叶叶柄 8.5 cm，平伸或斜上伸。株高平均在 170 cm 以上，最高可达 320 cm，冠幅 130 cm×120 cm，其营养生长均超过原生地。经过 5 年的驯化，于 2008 年 5 月中旬部分植株开花，此后有近千株开花，花量多，整个基地着花两三千朵至上万朵，结实累累，蔚为壮观。花色全黄，花径 8～14 cm，花瓣 8～12 枚，纸质，1～2 轮；花药、花丝黄色；花盘肉质，乳突状，黄色；心皮 1～2 枚，偶见 3 枚，柱头乳黄色。一茎 1～5 朵花，顶生及腋生，多侧开，花期 5 月中旬至 6 月上旬。蓇葖果圆柱形，种子从栗黄色变成棕黄色，最后黑褐色，千粒重 1 300 g。经播种后的实生苗和杂种苗都生长健壮，相继开花。

（2）黄牡丹（*P. lutea*）。1998—2002 年，先后从云南、西藏引进了 56 株。混合芽长卵形，棕褐色，有时顶芽有总苞。根土黄色，圆柱形，移栽时发现根直径可达 3 cm，根长可达 100 cm 以上，须根和毛细根很少，根出茎较多。当年生枝灰色或棕褐色，平均生长量 12.1 cm。多年生枝灰褐色，表皮斑剥状。叶绿色，二回三出复叶，9 小叶，大型长叶 40 cm×25 cm。总叶柄柄凹黄白色，长 16 cm，斜上伸。所有植株均于引进的第二年开花。花黄色，花径 4～10 cm，花瓣 6～9 枚；花药黄色，花丝有黄色、红色；花盘黄色，心皮 2～5 枚，柱头乳白色或乳黄色，花色有深黄、浅黄、橘黄；花瓣有薄有厚，瓣基有红斑、红晕和无斑之分；花期一般为 5 月上中旬，有早有晚；株型有高有矮，因引种居群不同而异。引种过程中未采用任何人为措施，还经过几次移栽，但仍能健壮生长，开花结实良好。蓇葖果圆柱形，种子黑褐色，种子千粒重云南中甸居群为 856 g，大理苍山居群为 864 g，西藏林芝居群为 683 g。

（3）紫牡丹（*P. delavaji*）。1998年从云南丽江引进32株。混合芽卵圆形，棕褐色，顶芽莲座状，常5～9芽聚生在一起。根黄色，根直径可达4 cm，根长可达120 cm以上，须根和毛细根很少，萌蘖芽较多。当年生枝条由棕褐色变棕黄色，翌年基部斑剥，年均生长量68.7 cm。萌蘖枝当年生长量最多可达250～300 cm。由于木质化程度不高，只能匍匐生长，还能开花结果。多年生枝条灰色，表皮斑剥状。叶深绿色，二回三出羽状复叶，9小叶，中型长叶33 cm×23 cm，柄凹紫红色，长9 cm，斜上伸。株高70～120 cm，冠幅120 cm×98 cm。引进后第二年即开花且花量大，最多单株达108朵。花紫红色、紫褐色，花径4～1 2cm，花瓣8～12枚，革质，有光泽；花药紫红色，花丝紫褐色；花盘肉质，乳突状，紫红色；心皮3～5枚，偶有6枚，柱头紫红色。5月上旬进入盛花期，末花期5月底，然后一直到11月初霜冻止。经常会有夏梢、秋梢发生。特别是经摘心后腋芽萌发生长，其顶芽形成混合芽，并不时地开放。7月底以前开的花种子能正常发育成熟，从而延长了授粉期。所以紫牡丹开花多，结实多。种子千粒重为1 012 g。紫牡丹也经多次移栽，开花结实一直良好。

（4）狭叶牡丹（*P. potaninii*）。2002年从四川雅江引进30株。混合芽卵圆形，棕褐色。根呈纺锤形，棕黄色，地下根出茎较多。当年生枝条棕褐色，翌年成灰色，年均生长量为16 cm；多年生枝灰色或棕褐色，表皮斑剥状。株高40～50 cm，冠幅50 cm×40 cm。叶浅绿色，二回三出复叶，9小叶，大型长叶40 cm×30 cm，总叶柄柄凹紫红色，长17 cm。植株引进后第二年即开花结实。花紫褐色，花径4～10 cm，花瓣7～12枚；花药黄色，花丝紫褐色；花盘肉质乳突状，浅粉色；心皮2～5枚，柱头粉红色。花期5月中旬至5月底，蓇葖果7月下旬成熟。种子千粒重988 g。由于地下匍匐茎较多，生长3～5年即布满整片圃地。虽经几次移栽，但一直开花结实良好。

（5）矮牡丹（*P. jishanensis*）。2006年从山西稷山引进12株，2010年从河南济源引进10株。混合芽长卵形，灰褐色。根棕黄色，地下根出条较多，根蘖苗多。当年生枝条棕褐色，翌年变灰色，年均生长量26.5 cm。表皮斑剥状。株高54～65 cm，冠幅50 cm×45 cm。叶深绿色，中型圆叶35 cm×22 cm。总叶柄柄凹紫红色，长13 cm。矮牡丹植株引进后分别于2008年和2012年开花，花白色，花径14～16 cm，花瓣8～11枚，有时瓣基有粉晕；花药黄色，花丝上端白下端粉紫色；花盘紫红色，全包心皮；心皮5枚，被毛，柱头紫红色。

花期4月下旬。由于开花较早，而当地尚有晚霜危害，柱头和子房受冻影响结实，大小年现象明显，结实性不太好，地上部分抗性弱，用其育种不易成功。2013年曾获得3株杂种苗，不慎被员工锄草时锄掉了。由于开花较少，杂种种子收获不佳，只有不多的实生苗。

（6）四川牡丹（*P. decomposita*）。2002年从四川马尔康引进12株。混合芽长卵形，棕褐色。根棕黄色，圆柱状。当年生枝条棕褐色，年均生长量25.6 cm，多年生枝条灰褐色，表皮斑剥状。株高50～70 cm，冠幅80 cm×60 cm。叶深绿色，小叶27～30枚，小型长叶26 cm×14 cm。总叶柄柄凹棕黄色，长14 cm。植株于2005年开花结实。花粉红色，花径15～18 cm，花瓣11～14枚，瓣基粉红色晕较深；花药黄色，花丝白色；花盘白色，环包心皮2/3；心皮4～5枚，无毛，柱头乳白色。花期5月上旬。由于基地常年空气相对湿度较大，其生长适应性稍差。

（7）卵叶牡丹（*P. qiui*）。2000年和2001年从湖北省神农架引进10株牡丹苗及300粒种子。混合芽长卵形，棕色。根细呈面条状，棕红色。当年生枝棕褐色，年均生长量为12 cm；多年生枝灰褐色，表皮斑剥状。株高50～70 cm，冠幅70 cm×50 cm。叶暗绿色带紫晕，特别是初花期，叶色多为紫红色，大型圆叶45 cm×33 cm。总叶柄柄凹紫红色，长19 cm。引进植株于2001年开花结实，花色浅粉至粉红色，花径6～14 cm，花瓣6～8枚，瓣基有粉晕或斑，2～3轮；花药黄色，花丝紫红色；花盘粉红色，全包心皮；心皮4～6枚，多为5枚，被毛，柱头紫红色。花期4月下旬至5月上旬。蓇葖果纺锤形，种子黑色发亮，千粒重为381 g。无论是人工杂种还是自然杂种，出苗率都很高，植株生长健壮，且开花结实量大。

（8）杨山牡丹栽培品种‘凤丹’（*P. ostii* ‘Fengdan’）。2001年从安徽亳州引进50株。混合芽长卵形，棕红色。根棕黄色，圆柱状。当年生枝棕绿色，多年生枝条灰褐色，表皮斑剥状。株高50～110 cm，冠幅60 cm×50 cm。叶浅绿色至深绿色，大型圆叶36 cm×25 cm。总叶柄柄凹紫红色，长14 cm。植株于2002年开花结实，花白色，花径14～16 cm，花瓣9～11枚，瓣基有时有粉红色晕；花药黄色，花丝紫红色；花盘紫红色，心皮5枚，被毛，柱头紫红色。花期5月上旬。花多，蓇葖果多，种子多，黝黑发亮，千粒重为399 g。开花较早。用其育种较容易，但后代单瓣个体多，重瓣个体少，也选出了优良新品种。该种容易扩繁，还是新品种扩繁的优良砧木。

（9）紫斑牡丹（*P. rockii*）。2002 年从河南嵩县杨山和灵宝的寺河分别引进 11 株、5 株，于 2003 年相继开花结实。2004 年从湖北保康引进 200 粒种子，播种后于 2006 年开花结实。其混合芽长卵形，棕褐色。根棕黄色，圆柱状。当年生枝条棕褐色，年均生长量 36 cm，多年生枝条灰褐色，表皮斑剥状。株高 80 ~ 150 cm，冠幅 120 cm×110 cm。叶深绿色，全缘，15 ~ 25 小叶，二回三出羽状复叶，大型长叶 48 cm×32 cm。总叶柄柄凹紫红色，长 13 cm。花为白色，也有浅粉色，花径 14 ~ 20 cm，花瓣 9 ~ 14 枚，瓣基有黑褐色斑块；花药黄色，花丝白色或乳黄色；花盘乳白色，心皮 5 枚，个别 6 枚，被毛，柱头乳黄色。花期 5 月中旬。紫斑牡丹结实率非常高，种子黑色有光泽，千粒重分别为杨山居群 242 g、保康居群 412 g、寺河居群 363 g。

2）野生芍药

（1）芍药（*P. lactiflora*）。2002 年从四川和内蒙古引进 16 株和 200 多粒种子，于 2003 年和 2008 年先后开花结实。花为白色，花径 6 ~ 12 cm，花瓣 7 ~ 9 枚，花药黄色，花丝白色，心皮 3 ~ 5 枚，柱头红色，花期 5 月中下旬。芍药在栾川基地生长结实正常，并繁育出一批实生苗。

（2）草芍药（*P. obovata*）。2000 年从湖北保康引进白花草芍药 16 株，2001 年开花结实；2002 年从基地附近收集白花草芍药 15 株，2 年后开花结实；2017 年从四川康定孔玉乡引进 5 株，从吉林省磐石市烟筒镇引进 12 株白花草芍药，定植后于 2018 年开花。单花顶生，花形钟状，花径 6 ~ 10 cm，花瓣 6 ~ 8 枚，瓣基有时有蓝紫晕；花药黄色，花丝浅粉色；心皮 2 ~ 4 枚，无毛，柱头紫色或红色，花盘肉质浅黄色。没有苞片，只有 3 ~ 5 枚萼片。株型直立，株高 35 ~ 75 cm，冠幅 40 cm×40 cm，全身无毛，茎基部有鞘状鳞片；叶深绿色，茎下部为二回三出复叶，茎上部为三出复叶，全缘，顶端短尖，小叶呈倒卵形或宽椭圆形，叶面有紫晕，叶背灰白色，无毛。9 小叶，顶小叶全缘。叶柄凹槽紫红色，长 16 cm。根粗壮，圆柱形，棕黄色。栾川基地花期 4 月下旬。种子成熟需 75 ~ 80 天，一般在 8 月上旬成熟，蓇葖果纺锤形，种子椭圆形、蓝黑色。栾川白花草芍药千粒重 240 g，康定白花草芍药千粒重 164.64 g。

（3）美丽芍药（*P. mairei*）。2016 年及 2017 年两次从四川宝兴引进 22 株种苗和 180 多粒种子，植株定植后第二年开花，种子播种后第二年部分出苗。

叶深绿色，二回三出复叶，叶面有光泽，叶脉下陷，叶背灰白色，无毛；9 小叶，顶小叶全缘，长卵形或长倒卵形，顶端尾状渐尖，叶柄槽紫红色，长 16 cm。株型半开展，株高 30 ~ 100 cm，冠幅 40 cm×30 cm，全株无毛。花单生枝顶，粉红色，花径 5 ~ 12 cm，花瓣 7 ~ 13 枚，瓣肋有白色条斑；花药黄色，花丝粉色；心皮 3 ~ 4 枚，被毛，柱头红色，短而外翻；花盘肉质，紫红色，包住心皮基部，苞片 3 ~ 4 枚，萼片 4 ~ 5 枚。在栾川基地花期为 4 月中下旬，蓇葖果圆柱形，种子黑褐色，千粒重 227.27 g，成熟期为 6 月下旬。根短柱状，毛细根较多，紫红色。

（4）块根芍药（*P. intermedia*）。于 2016 年从新疆裕民引进 10 株种苗，定植后第二年开花。2017 年从俄罗斯引进 30 多粒种子，播种后第二年没出苗。叶深绿色，上表面有刚毛，下表面无毛，一至二回三出复叶，叶片轮廓宽卵形，3 小叶羽状分裂，裂片 70 ~ 100 枚，裂片线形，先端渐尖，顶小叶 2 中裂 2 深裂，小叶呈披针形，叶柄凹槽紫红色，长 10 cm，叶背灰白色，无毛。主根纺锤形或球形，侧根纺锤形，棕褐色；株型半开展，株高 40 ~ 70 cm，冠幅 30 cm×25 cm，全株无毛。单花顶生，花紫红色，花径 5 ~ 7 cm，花瓣 7 ~ 9 枚，瓣基有白色下沿，雄蕊黄色，花丝浅黄色，心皮 2 ~ 5 枚，被毛或无，花盘肉质，浅黄色。苞片 3 ~ 4 枚，萼片 4 ~ 5 枚。栾川基地花期为 5 月初，蓇葖果圆柱形，果实成熟期为 6 月中旬，大约 45 天。种子椭圆形，很小，千粒重 77.9 g。

（5）多花芍药（*P. emodi*）。2016—2018 年连续 3 年分 3 批先后引进 8 株种苗、900 多粒种子。种苗定植后生长良好，种子播种后部分出苗。一茎多花，一枝 3 ~ 4 朵。花白色，单瓣，花冠 8 ~ 10 cm，花瓣 8 ~ 10 枚；雄蕊黄色，花丝白色；心皮 2 ~ 5 枚，被毛或光滑，柱头乳白色，花盘肉质，乳白色；苞片 3 ~ 4 枚，萼片 3 ~ 4 枚。叶绿色，二回三出复叶，上部叶 3 深裂或全裂，小叶裂片 15 ~ 27 枚，狭长状椭圆形或披针形，两面无毛，顶端渐尖；株型直立，株高 70 ~ 100 cm，冠幅 40 ~ 60 cm，全株无毛；蓇葖果圆柱形，种子黑褐色，千粒重 288 g；根圆柱形，棕褐色。

（6）川赤芍（*P. veitchii*）。2002 年从四川马尔康引进 8 株，2004 年开花结实。花为深粉红色，花径 4 ~ 6 cm，花瓣 5 ~ 6 枚；花药黄色，花丝白色，雄蕊有瓣化现象；心皮 2 枚，个别 3 枚，柱头乳白色。花期 5 月中旬。由于川赤芍在基地开花较少，目前还没有育出实生苗。

3. 栽培资源的引种

除牡丹芍药野生资源外，栾川基地还先后从山东菏泽、甘肃兰州等地以及日本、美国引进部分牡丹芍药栽培品种作为育种亲本。

1）国内外牡丹栽培品种的引种　2001 年从甘肃引进 20 多个紫斑牡丹品种，如‘夜光杯’‘凤蝶’‘书生捧墨’‘灰鹤’‘黄河’‘狮子头’‘菊花白’‘青心白’‘黑海撒金’‘金城晚霞’‘蓝海金岛’等。

2002 年从山东菏泽引进中原牡丹品种 30 多个，如‘鲁菏红’‘鲁粉’‘清香白玉翠’‘玉面桃花’‘层中笑’‘百园红霞’‘雪映桃花’‘胡红’‘朝阳红’‘紫罗兰’‘冰罩蓝玉’‘红梅点翠’‘藏枝红’‘红霞迎日’‘蓝田玉’‘青龙卧墨池’‘宏图’‘墨池金辉’‘银红巧对’‘乌龙捧盛’‘紫蓝魁’‘绿洲红’‘肉芙蓉’‘天香锦’‘琉璃冠珠’‘黄花魁’‘金桂飘香’‘黄金翠’‘姚黄’‘菱花湛露’‘旭日东升’‘丛中笑’‘红荷’等。

2004 年从洛阳引进中原牡丹品种‘朱砂垒’‘洛阳红’‘似荷莲’‘锦袍红’等。

2004 年从日本引进日本品种‘日月锦’‘日暮’‘镰田锦’‘镰田藤’‘八千代椿’‘连鹤’‘花王’‘红辉狮子’‘花競’‘岛锦’，法国品种‘金岛’‘金阁’‘金鸦’等以及美国品种‘海黄’。

上述栽培品种引进后均表现良好，生长健壮，都已多年正常开花。

2）国内外芍药品种的引种　2002 年从山东菏泽引进芍药品种 20 多个，如‘夕阳红’‘红艳争辉’‘珠光’‘垂头红’‘火炼赤金’‘粉池金鱼’‘红雁飞霜’‘红艳披霜’‘紫霞映雪’‘红牡丹’‘紫凤朝阳’‘赵园粉’‘赵园红’‘桃花飞雪’‘手扶银须’‘凤羽落金池’‘奇花露霜’‘晴雯’‘玫菊’‘粉玉奴’‘白玉盘’‘大富贵’‘大瓣粉’等。

2002 年从美国引进芍药品种 9 个，如‘堪萨斯’‘卡尔罗森菲尔德’‘克保得斤’‘查理白’‘伊克哈特小姐’‘索浪’‘何牧利克先生’‘班克海尔’‘彼德布兰德’。这些品种适应性强，植株粗壮直立，花朵硕大，香味浓郁。

2013 年从菏泽引进芍药品种 6 个：‘迷你’‘东京女郎’‘护航舰队’‘伊利尼美人’‘道格拉斯’‘黄金轮’。从菏泽引进的芍药品种，花朵偏小，半数为单瓣或半重瓣，适合育种用。引进后生长健壮，已多年正常开花。

4. 牡丹野生种的适应性分析

在引种过程中，有针对性地采取了一些技术措施，包括土壤改良（土地深翻，施偏酸性基肥）、高畦种植以利排水、部分种类及幼苗夏天适度遮阴和施用叶面肥，以及适度修剪、调节树势等，使野生种基本上适应栾川基地气候而正常生长。各野生种在栾川的生长情况及物候进程如表 8–5、表 8–6 所示。

1）大花黄牡丹　在国内现有引种基地中，栾川基地的大花黄牡丹表现最好，引种最成功。

据在西藏原产地调查，大花黄牡丹实生苗需 7 ~ 12 年开花，仅西藏高原生态所小气候条件下有 5 年左右开花现象。而栾川基地 2008 年春有 3 株 5 年生苗开始开花。如果比较不同海拔引种地情况，则栾川南部山区海拔 1 300 m 左右的地方更适宜大花黄牡丹的生长。这里总体生长较好，植株直立，没有倒伏及枝条节间变短、扭曲等现象发生，并且有部分实生苗于第五年开花。而处于海拔 800 m 的低山试验地，全光照，植株生长情况要稍微差些，仅越冬后顶芽完好率比较高。（表 8–7）

大花黄牡丹在栾川的引种与驯化栽培有以下经验（王福等，2013）：

（1）生长期只需半天日照即可。从随机取样调查结果看，在当地自然状态下，秋后封顶形成顶芽的枝条占 43.8%，不封顶的占 56.2%，而开花后采用 75% 遮阴网进行东侧遮阳，而西侧利用高山自然遮挡的情况下，封顶枝条提高到 78.8%。适度遮光使顶芽形成率大大提高。

（2）忌夏季高温干旱。引种的大花黄牡丹在当地海拔 700 ~ 800 m 的圃地生长 8 年未能开花，而移植至海拔 1 300 m 的圃地后第二年就开花。这里夏季温度不高，地表水丰富，东西两面有高山遮挡，适于大花黄牡丹生长。

（3）花芽形成随株龄增长而减少。2011 年调查 31 个花芽（混合芽），第二年全部开花，其中 2 ~ 3 年枝龄的各占 35.5%，4 年枝龄的占 26%，5 年枝龄的占 3%，6 年枝龄的花芽为 0。可见随枝条的老化，花芽形成率降低或无法形成。也有部分植株生长期较长，入冬前难以封顶而导致顶芽受冻。

2）紫牡丹　生长健壮，着花量增多（平均 20 ~ 30 朵 / 株，最多 81 朵 / 株），萌蘖性增强。有如下变化：①花色逐渐变浅，出现玫瑰红、红及粉红色花朵。②一年中多次发枝，形成夏梢、秋梢并开花。③萌蘖枝增多，多批次萌生形成夏梢、秋梢并开花。④秋季平茬后翌春萌发春梢至 0.8 ~ 2.0 m 而开花。

3）黄牡丹　生长良好，并有如下变化：①苍山黄牡丹出现花萼瓣化及雌雄蕊退化现象。②萌蘖性特强。萌蘖枝（或根出茎）多而生长旺，多的可达

● 表 8-5 野生牡丹原生地与引种地（河南栾川）生长情况比较

种类	地点	当年新梢生长量（cm）	成花数量（朵 / 株）	花径（cm）	种子千粒重（湿重）（g）	种子萌发率（%）
大花黄牡丹	原生地	25～30	>60	10.5～12.1	1 519.9	88.9
	引种地	40～50	>15	8.0～14.0	1 300.0	34.7
黄牡丹	原生地	30～45	4～6	4～6	507.0	81.0
	引种地	10～60	>5	4～10	856.0	34.2
紫牡丹	原生地	40～50	8～10	6～8	394.4	75.0
	引种地	30～65	>30	4～10	1 012.0	54.0
狭叶牡丹	原生地	30～35	9	5～6	359.1	67.0
	引种地	30～40	>10	5～8	988.0	14.8
四川牡丹	原生地	25～30	6	10～15	389.0	36.0
	引种地	20～35	>5	13～16	—	40.0
紫斑牡丹	原生地	32～42	3～5	15～16	235.5	48.0
	引种地	25～50	>12	18～20	339.0	59.0
卵叶牡丹	原生地	22～25	5	8～12	165.0	41.0
	引种地	15～30	>5	6～14	381.0	52.0
矮牡丹	原生地	18～23	6	16～18	337.2	14.5
	引种地	20～30	>4	12～16	—	37.5
杨山牡丹	原生地	50～60	12～15	12.5	331.3	43.0
	引种地	48～70	>10	12～14	399.0	66.0

● 表 8-6　**野生牡丹芍药物候期（河南栾川）**

（日 / 月）

种类	物候期												
	萌动期	显蕾期	翘蕾期	立蕾期	小风铃	大风铃	圆桃期	平桃期	破绽期	初花期	盛花期	末花期	花芽分化始期
大花黄牡丹	25/3	15/4	20/4	23/4	28/4	1/5	4/5	6/5	7/5	10/5	14/5	27/5	5/6
黄牡丹	25/3	6/4	14/4	18/4	20/4	23/4	26/4	29/4	2/5	4/5	8/5	23/5	25/5
紫牡丹	25/3	10/4	16/4	20/4	23/4	26/4	28/4	2/5	4/5	5/5	6/5	30/5	30/5
狭叶牡丹	25/3	15/4	20/4	25/4	27/4	28/4	30/4	2/5	4/5	7/5	10/5	25/5	30/5
紫斑牡丹	25/3	1/4	10/4	14/4	17/4	20/4	25/4	30/4	3/5	5/5	8/5	22/5	25/5
卵叶牡丹	25/3	26/3	1/4	10/4	14/4	17/4	20/4	24/4	26/4	28/4	30/4	18/5	20/5
杨山牡丹	25/3	1/4	7/4	10/4	17/4	18/4	26/4	30/4	3/5	5/5	8/5	15/5	18/5
四川牡丹	25/3	1/4	14/4	18/4	22/4	24/4	28/4	30/4	3/5	5/5	8/5	10/5	12/5
矮牡丹	25/3	26/3	29/3	8/4	12/4	14/4	17/4	19/4	22/4	23/4	25/4	28/4	1/5
芍药	25/3	10/4	15/4	20/4	23/4	27/4	2/5	4/5	7/5	10/5	15/5	25/5	5/6
白花草芍药	25/3	25/3	6/4	10/4	—	—	—	—	11/4	12/4	15/4	18/4	20/4
红花草芍药	25/3	10/4	12/4	18/4	—	—	—	—	4/5	7/5	10/5	15/5	18/5
川赤芍	25/3	16/4	20/4	22/4	24/4	26/4	30/4	1/5	2/5	3/5	8/5	12/5	20/5
新疆芍药	25/3	5/4	15/4	20/4	23/4	26/4	28/4	29/4	30/4	3/5	7/5	10/5	12/5
欧洲细叶芍药	25/3	6/4	15/4	18/4	20/4	23/4	25/4	26/4	27/4	28/4	30/4	1/5	3/5

● 表 8–7 **不同海拔引种地大花黄牡丹 5 年生实生苗生长对比**

地点	海拔（m）	平均高（m）	平均冠幅（m×m）	平均萌蘖枝数	平均生长量（cm）	越冬顶芽完好率（%）	备注
引种基地	1 300	1.2	0.9×0.9	4	101.41	40	基本正常
临时圃地	800	1.0	0.9×0.9	3	72.28	60	节间变短，茎扭曲，倒伏

40~50 枝 / 株。③西藏和云南苍山黄牡丹较高，老枝少，顶芽易受冻；中甸黄牡丹表型变异大，出现植株高矮、花朵大小、花色深浅及瓣基色斑变化大。

4）狭叶牡丹　生长良好，着花量多，萌蘖枝多。

革质花盘亚组的种类如卵叶牡丹、紫斑牡丹、杨山牡丹表现良好，着花量及结实量均大。其中原生境空气相对湿度较低的种类，如四川牡丹、矮牡丹，在栾川基地的生长开花情况还是差些，不如兰州基地。

（三）北京鹫峰牡丹基地的资源收集

1. 自然概况

北京林业大学西山鹫峰牡丹试验基地，位于北京市海淀区西山鹫峰森林公园。北纬 39°4′，东经 116°8′，海拔 465 m。

该地属华北大陆性季风气候，春季干旱多风，夏季炎热多雨，冬季干燥寒冷。年平均气温 12.2℃，1 月平均气温 –4.8℃，7 月平均气温 24.2℃，绝对最高气温 40.2℃，绝对最低气温 –22.9℃。年降水量近 700 mm，多集中在 7 月、8 月。年均空气相对湿度 57%，年均日照时数 2 621 h。无霜期 180 天，晚霜见于 4 月上旬，早霜见于 9 月上旬。

山地土层较薄（5 ~ 19 cm），石砾含量大，pH 6.4 ~ 8.4。

2. 野生资源的收集

1）野生牡丹的引种　北京鹫峰牡丹基地从 2002 年开始收集各地野生资源。经多年引种栽培，目前除大花黄牡丹外，其余各种都已在基地开花结果，并已应用于杂交育种及其他各项试验工作。（图 8–3，表 8–8）

引种过程中，各个种表现有所不同。如 2004 年引种的矮牡丹，初期生长势弱，枝叶稀少，直到2009年才正常生长开花，地下茎伸长迅速，地上枝生长繁茂。黄牡丹虽然与原生境差异较大，但因在兰州已经过多年驯化，生长势强，引到北京西山后，生长尚好，但直接从云南香格里拉引进的黄牡丹及混杂群体则又经过了一定的驯化过程才得以正常生长。

大花黄牡丹在北京西山生长茂盛，但枝条木质化程度低，越冬后冻死，翌春大量萌蘖枝生长，不能正常开花。

除上述引种外，鹫峰基地还采取了直接从原产地选择优良变异单株进行引

● 图 8-3 **北京西山鹫峰牡丹资源圃与育种基地**

● 表 8-8 **北京西山鹫峰牡丹试验基地野生牡丹引种情况**

种类	引种地	引种时间（年）	正常开花时间（年）	花期（日 / 月）	2010 年开花量
矮牡丹	河南济源	2004	2009	15/4	>10
四川牡丹	四川马尔康	2006	2008	27/4	>4
卵叶牡丹	湖北保康	2005	2006	15/4	大量
紫斑牡丹	湖北保康	2005	2006	28/4	大量
紫斑牡丹	甘肃漳县	2005	2008	28/4	大量
黄牡丹	甘肃兰州	2005	2008	28/4 ~ 4/5	>5
大花黄牡丹	西藏林芝	2006	未开花	—	—
滇牡丹（紫牡丹）	云南中甸	2007	2010	1/5 ~ 5/5	>1

种的措施，如从云南香格里拉哈拉村滇牡丹分布区引种。这里野生牡丹分布特点是：沟谷一端为黄牡丹，另一端为紫牡丹，数量较多，中间是个混杂的群体，花期 1 个月，黄花花期早于紫红花。花色类型多样，有不同程度的黄色、红色，也有橘黄等过渡色，以及复色、绿色等。野生植株由地下茎形成片状无性系群丛，中间杂有部分实生苗。花期在该居群中选定优良单株，秋季移植。除苗木移植外，配合实验基地的育种，还采取了其他相应措施，如花期采集花粉迅速带回北京授粉；剪取芽条，带回嫁接；采收种子用于实验与育苗；也可采挖根出条进行驯化栽培。2007 年引种，2009 年春开花。

2）野生芍药的引种　野生芍药保存下来的有引自吉林长白山、内蒙古赤峰及甘肃漳县、平凉的芍药，引自甘肃迭部的川赤芍。引自四川茂县的美丽芍药成活多年后死亡。

3. 栽培品种资源的收集

鹫峰基地对国内外牡丹芍药栽培品种资源的收集较为广泛，是 3 个育种基地中做得最好的，一方面为筛选北京地区适生品种（园林应用或切花、盆花栽培）

做了基础工作，另一方面也为育种工作提供了更多的中间材料。在 2013 年以前搜集引进的品种或材料如下（钟原等，2013）：

1）牡丹品种

（1）中原牡丹品种。‘傲霜’‘彩绘’‘藏枝红’‘丛中笑’‘大棕紫’‘豆绿’‘富贵满堂’‘冠世墨玉’‘贵妃插翠’‘红姝女’‘宏图’‘胡红’‘花二乔’‘花蝴蝶’‘黄花魁’‘锦袍红’‘俊艳红’‘昆山夜光’‘蓝宝石’‘鲁荷红’‘明星’‘霓虹焕彩’‘青龙卧墨池’‘肉芙蓉’‘三变赛玉’‘珊瑚台’‘十八号’‘首案红’‘乌龙捧盛’‘姚黄’‘夜光白’‘银红绿波’‘银红巧对’‘迎日红’‘虞姬艳妆’‘赵粉’‘脂红’‘紫蓝魁’‘紫罗兰’ 39 个。

（2）日本品种。‘八千代椿’‘岛大臣’‘岛锦’‘芳纪’‘太阳’‘白辉狮子’‘连鹤’ 等。此外，有日本岛根大学青木宣明教授 2004 年赠送的种子培育出一批实生苗。

（3）凤丹牡丹。从各产区收集了 ‘凤丹’ 实生苗群体。

（4）甘肃牡丹品种。‘白璧蓝瑕’‘白云红霞’‘百丈冰’‘冰心粉荷’‘大瓣白’‘大瓣红’‘粉娥娇’‘佛光红’‘高原圣火’‘观音面’‘瀚海冰心’‘和平红’‘黑旋风’‘红冠玉带’‘红海银波’‘红莲’‘红楼藏娇’‘红星’‘红杨妃’‘红叶粉’‘红装素裹’‘点金白燕尾’‘金心三转’‘巨荷三变’‘蓝荷’‘蓝蔷薇’‘蓝丝绸’‘龙首红’‘玛瑙粉’‘玫瑰洒金’‘明眸’‘暮春白’‘千丝万缕’‘蔷薇白’‘青心白’‘青心粉’‘青心红’‘赛姚黄’‘狮子头’‘书生捧墨’‘桃花三转’‘洮阳粉’‘关公红’‘绣球红’‘雪莲’‘夜光杯’‘一品红’‘银百合’‘大瓣绣球’‘玉楼插翠’‘紫蝶漫舞’‘紫冠玉珠’‘紫海银波’‘紫皇冠’‘紫金城’‘紫楼镶金’‘紫绣球’‘紫云仙’ 等 61 个。

（5）牡丹亚组间杂交品种。早期引进的有‘黄金时代’（‘Golden Era’）、‘名望’‘海黄’（‘正午’）、‘黄冠’‘金阁’ 等。

2）芍药品种　收集国内品种 19 个，国外品种 13 个。此外，还从内蒙古赤峰、山西、甘肃兰州等地及日本收集多个芍药实生苗群体，用于远缘杂交育种。

（1）国内品种。‘大富贵’‘粉玉奴’‘芙蓉’‘红绣球’‘红艳争春’‘黄金轮’‘锦旗耀银辉’‘莲台’‘烈火金刚’‘玲珑玉’‘桃花飞雪’‘团叶红’‘砚池漾波’‘银线绣红袍’‘赵园粉’‘朱砂判’‘紫凤朝阳’‘紫凤羽’‘紫凌’ 。

（2）国外品种。‘巴克艾·贝尔’（‘Buckeye Belle’）、‘公爵夫人’（‘Duchesse

de Nemours'）、'超级焦芋'（'Edulis Superba'）、'金色黎明'（'Golden Morn'）、'堪萨斯'（'Kansas'）、'卡尔·罗森菲尔德'（'Karl Rosenfied'）、'玛莎·华盛顿'（'Martha W.'）、'蒙恩·朱丽尔'（'Monsieur Jules Elie'）、'粉色夏威夷珊瑚'（'Pink Hawaiian Coral'）、'红色魔法'（'Red Magic'）、'塔夫'（'Taff'）等。

3）*牡丹芍药组间杂交品种*　2004年9月从美国密苏里州霍林斯沃思苗圃及其他苗圃有选择地引进了13个品种，全部成活。具体品种如下：'巴茨拉'（'Bartzella'）（黄，重瓣）、'边境魅力'（'Border Charm'）（黄，半重瓣）、'凯莉记忆'（'Callie' s Memory'）（浅黄，半重瓣）、'铜壶'（'Copper Kettle'）（铜黄，重瓣）、'科拉·路易斯'（'Cora Louise'）（白，半重瓣）、'初至'（'First Arrval'）（粉，半重瓣）、'花园珍宝'（'Garden Treasure'）（黄，重瓣）、'希拉里'（'Hillary'）（鲜红，重瓣）、'拉斐特·埃斯卡德里尔'（'Lafayette Escadrille'）（暗红，半重瓣）、'柠檬梦'（'Lemon Dream'）（黄，半重瓣）、'晨丁香'（'Morning Lilac'）（紫红，单瓣）、'草原魅力'（'Prairie Charm'）（浅黄，半重瓣）、'维京满月'（'Viking Full Moon'）（浅黄，单瓣）。

4. 牡丹亚组间高代杂种的引种与驯化栽培

2007年8月从澳大利亚墨尔本引进牡丹高代杂种60个130株，经过驯化栽培，2009年10月统计共成活45个品种100株，其中有19个品种已经正常开花结实。2012年统计共保存26个品种。

由于澳大利亚墨尔本和中国北京分别地处南、北两半球，生长季节相反，引种需要克服季节物候不同步所引起的不适应问题。主要采取了以下措施：

1）*苗木盆栽，温室过渡*　8月底，墨尔本冬季结束，气温回升，而北京则夏季结束即将进入秋季，气温逐渐降低。此时，将引回苗木用水浸泡后上盆。盆土用泥炭土、蛭石、珍珠岩、有机肥按3∶1∶1∶0.5体积比配制，有机肥采用发酵后的鸡粪。盆栽时注意保护根系，深度合适，不接触盆底，以免烂根。10月中，当气温降至15℃时移入普通日光温室，翌年春天（约4月15日），气温上升至15℃后移出温室。

2）*加强养护管理*　苗木进入温室后萌动，2周后萌发。由于植株已在墨尔本完成低温春化阶段，部分显蕾开花，枝叶生长量较大。此时需注意肥水管理，约半月施用一次叶面肥，一个月补充一些有机肥；平时注意浇水量，盆土见干才浇水，浇则浇透，避免烂根。经过温室内的营养生长，叶片逐渐枯死；翌年春天气温升高后，再次萌动生长，部分植株显蕾开花，移出温室后，继续注意肥水管理，夏季适当遮阴。秋天（8月）带原盆土移栽圃地。

引种苗经多年驯化后基本适应北京鹫峰基地气候，正常生长开花。

牡丹亚组间高代杂种与牡丹亚组间 F_1 代杂种相同，花期都在中原品种之后，与日本品种、西北品种有所重叠。高代杂种遗传背景复杂，既有黄牡丹、紫牡丹血缘，也有日本品种的参与，经过多次回交，牡丹基因增多。高代杂种引种后表现出适应性强的特点，恢复较快，是具有很大育种潜力的杂交亲本。

第二节

育种方法与操作程序

一、常规育种的主要方法

牡丹育种有多种方法。其中常规育种最常用的是选择育种与杂交育种。

（一）选择育种

选择育种是常规育种的重要手段之一。

人工选择就是从牡丹芍药的材料中，挑选那些符合人们意愿和需要的个体，淘汰那些表现较差的。人工选择增强了目标意识，使生物性状改变的速度远远超过了自然选择，所以人工选择可以在短期内取得重大进展。选择不仅贯穿于牡丹芍药育种工作的始终，还贯穿于牡丹芍药生长发育的各个时期。选择是育种工作的中心环节。

选择育种有芽变选种和实生选种等方法。

1. 芽变选种

植物体细胞会发生突变，如果突变的体细胞发生于芽的分生组织，芽萌发成枝后就会表现出与原来不同的性状，形成新的类型，即为芽变。对牡丹无性系群体中产生的有益芽变进行营养繁殖，就可以创造出全新的品种。这个过程就是芽变选种。

芽变选种古已有之，欧阳修《洛阳牡丹记》中的‘潜溪绯’是一个著名的例子。这里以王莲英团队选择的‘彩云飞’为例。2001 年栾川基地从甘肃引进 20 多个紫斑牡丹品种，经过缓苗、复壮，逐步开花结实。2004 年花期调查时，偶然发现一株‘书生捧墨’植株有 3 个枝条上的叶色发生变化，其叶片上有嵌合的黄白色、粉紫色、乳白色、紫红色等杂色，嵌合的杂色随季节而发生变化，而其余枝条的叶片却全是绿色。经连续几年的跟踪观察，确定变异性状稳定。2008 年秋天在叶色变化的枝条上采集种子播种，2010 年发现实生苗中有 2 株叶色黄、白、绿相间。经过科研小组研究，把这个单株即‘书生捧墨’的芽变优株定名为‘彩云飞’。通过嫁接和种子繁殖，都保留了其叶色变异的优良性状。2009 年该品种通过实审获得国家林业局（现国家林草局）植物新品种权（图 8–4）。

2. 实生选种

从牡丹实生繁殖群体中选出优良个体并建成无性系品种，这就是实生选择育种，简称实生选种。这是从古到今应用最为广泛的牡丹育种方法。

实生选种过程实际包含了杂交和无性系选择两个连续的过程：首先是杂交创造变异（这里的杂交大多是指自然杂交）；然后从杂种 F_1 代选择优良单株，并对优选单株进行营养繁殖；最后对优良无性系进行比较鉴定，形成新的品种。

在栾川基地发现‘书生捧墨’叶色芽变的同时，又在该地块从兰州引进的实生繁殖群体中发现一株紫斑牡丹，开白色花，但瓣基没有紫斑。经过连续多年观察，该单株性状稳定，且抗性很强，耐寒、耐旱、耐涝、抗病虫害，也是

● 图 8–4　**新品种‘彩云飞’**

育种的优良亲本。经讨论为其定名为‘隐斑白’。该品种也于2009年通过品种审定获得国家林业局（现国家林草局）植物新品种权（图8–5）。

在十几年的引种驯化工作中，经常采集一些野生牡丹天然授粉种子播种，以期从实生苗中选出新品种。在2005年播种的云南苍山黄牡丹实生苗中，发现其花色多发生变化，有时还有秋季自然二次开花现象。经过多年连续观察，2015年花期从其自然杂交实生苗中选出一株花色变化极其特殊的植株。其整株着花量大，株丛高，花色呈巧克力色且具有甜香味，而抗性又强，是一个不可多得的优良新品种，定名为‘巧克力精灵’（图8–6）。

● 图8–5　**新品种‘隐斑白’**

● 图8–6　**新品种‘巧克力精灵’**

（二）杂交育种

杂交育种是通过人工杂交的手段，把不同亲本上的优良性状组合到杂种中，对其后代进行多代培育选择、比较鉴定，以获得遗传性相对稳定、有栽培利用价值的新品种。

1. 概念与意义

1）杂交育种的概念　杂交育种过程就是牡丹（芍药）植株上的花粉借助媒介传递到另一个牡丹（芍药）植株的柱头上的过程。通常把接受花粉的植株叫作母本，用符号“♀”表示；供给花粉的植株，叫父本，用符号“♂”表示。父母本统称亲本。杂交用“×”表示，一般母本符号写在前边，父本符号写在后边。杂交种苗第一代即子代，用符号“F_1”表示，杂交种苗第二代用 F_2 表示，依次类推。

杂交是生物进化的重要方式，是研究遗传理论的重要方法之一。杂交也是重要的传统育种方法。根据杂交亲本亲缘关系的远近，可分为近缘杂交和远缘杂交。近缘杂交是指亲缘关系较近，在同一物种内不同品种间进行的杂交。在牡丹育种中，牡丹组亚组内（包括野生种和栽培品种）的杂交即近缘杂交。远缘杂交是指亲缘关系较远的种以上的植物间的杂交。在牡丹芍药育种中，牡丹组内两个亚组之间的杂交，牡丹组与芍药组之间的杂交，都是远缘杂交。

此外，根据杂交时是否通过性器官，又可将杂交区分为有性杂交和体细胞杂交，本书讨论的仅是牡丹（芍药）的有性杂交。

2）杂交育种的意义　通过杂交，一般产生一定的遗传效应。良好的杂交组合，往往在 F_1 代就可能产生出明显的杂种优势，甚至可能出现亲本没有的新性状，得到超亲分离。而在杂交的后续效应中，由于实现基因重组，基因互作和累加，可能产生更多的变异类型。如果将亲缘关系较远的种间、亚组间乃至组间的有利性状导入栽培品种，实现基因渐渗，在这个基础上对杂交后代进行选择，就有可能选育出前所未有的新品种、新类型。

有性杂交是牡丹种质资源创新的有效手段，100 多年来，国内外培育了数以千计的观赏牡丹品种，绝大多数来自有性杂交育种。与现代分子育种方法相比，杂交育种仍是一项投资少、容易为群众接受与掌握的育种方法，也是今后相当长的时间内，选育各种牡丹新品种的主要方法。

2. 杂交育种的方式

杂交方式是指一个杂交组合中要选用几个亲本，以及各亲本间应用的组配方式。著者在牡丹（芍药）人工杂交育种中，通常采用以下几种方式：

1）单交　参与杂交的只有两个亲本，称为单交，亦称简单杂交、成对杂交，用 A×B 表示。单交是育种中常用的杂交方法。当两个亲本优缺点能够互补，综合性状基本上符合育种目标时，应尽量采用这种方法。因其参与杂交的亲本少，方法简单易行，容易对杂交后代进行遗传分析和选择，杂交后代选择的规模相对较小，杂交的后代变异相对稳定，选择时间短，见效快。参与杂交的两个亲本之间可以互为父母本，因此又分正交和反交。不过正反交是相对而言的，如果 A×B 为正交，则 B×A 为反交。育种实践表明，如果亲本主要性状遗传不涉及细胞质的控制，正交和反交后代性状表现没有差异。通常选用最适应当地条件的亲本作母本。由于有些杂交组合正交反交结果存在较大差异，为了比较二者间的不同效果，在配制杂交组合时，最好正反交同时进行。

2）复交　即复合杂交或复式杂交，简称复交，这是指有 3 个或 3 个以上亲本，进行两次或两次以上的杂交。

复交杂种的遗传基础比较复杂。由于杂种亲本中至少有一个是杂合状态，因此其 F_1 代就表现性状分离。复交产生的杂种一般比单交种苗性状能提供更多的变异类型。在单交杂种后代不完全符合育种目标，而在现有亲本中还找不到能对其缺点加以补偿的对象时，或某亲本优点突出，但缺点也很明显时，采用复交方式较好。常用的复交方式有以下几种：

（1）三交。三交即 3 个亲本参与的杂交，表示为（A×B）×C。单交 × 单交亲本之外的亲本或单交亲本之外的亲本 × 单交，C×（A×B），也就是单交的 F_1 代与第三亲本杂交，表示为 F_1×C，以及第三亲本与 F_1 代杂交，表示为 C×F_1。一般用综合性状优良的品种或具有重要目标性状的亲本作为最后一次杂交的亲本，以增加该亲本性状在杂种后代遗传组成中所占的比重。三交关键在于第三个亲本的选择。

（2）双交。两个单交的子代杂交即为双交。即 4 个亲本参与杂交，表示为（A×B）×（C×D），不过双交的杂交亲本也可以是 3 个，表示为（A×B）×（A×C），由于亲本间已经经过了基因重组，因而双交的 F_1 就可能出现综合所有亲本的类型。

（3）多交。用两个以上的亲本进行多次杂交，叫多交，又称复合杂交。与单交相比，多交的优点是：多交将分散于多个亲本上的优良性状综合于杂种中，有利于丰富杂种的遗传基础，可选育出适应性强、综合性状优良的新品种。缺点是：多交育种时间较长，工作量大，所需试验地面积、人力、物力都较多，费时、费力、成本高。多交可表示为：{[（A×B）×C]×D}×E……，其有以下几种类型：①累加杂交，是在多交的基础上，逐个加入亲本进行杂交，如上式所示。②合成杂交，将参与杂交的亲本先组合成两两单交后，再将两个单交的 F_1 代进行杂交，可表示为：（A×B）×（C×D）×（E×F）……。③混合授粉，将多个亲本的花粉混合一起，授给一个母本的杂交方式，可表示为：A×（B+C+D+E+F+……）。

（4）回交。回交是指两个亲本杂交后代 F_1 单株与原两亲本之一进行杂交，即（A×D）×A 与（A×D）×D。一般在第一次杂交时选具有优良特性的品种作母本，而在以后各代中作父本，这个亲本在回交时称为轮回亲本，而只参与一次杂交的亲本为非轮回亲本。杂种一代与亲本回交的后代为回交一代，记作 BC_1；BC_1 再与轮回亲本回交，其后代为 BC_2，依次类推。

国外将牡丹亚组间的远缘杂种再与普通牡丹杂交也称为回交，目的在于加强杂交后代中的普通牡丹基因。

二、杂交育种操作程序

（一）确定育种目标

观赏牡丹的育种目标包括花色、花型、花香、花期（早花、晚花、多次开花）、株型、观叶、抗性（抗寒、抗旱、耐涝、耐污染、抗病虫）等，对于切花品种、盆栽品种等还应有特殊的要求。

科学合理地确定育种目标，对于杂交育种工作的成败至关重要。育种目标的确定应考虑以下两点：

其一，必须考虑市场的需求和消费者的期盼，这在一定程度上决定着牡丹（芍药）产业的发展方向。

其二，必须重点突出，要有具体的针对性，不能把所有的育种目标统统放在一起。

（二）育种亲本的选择与选配

根据所确定的育种目标，选择所需的原始材料。原始材料是育种工作的物质基础，科学地选择杂交亲本，并选配杂交组合，这是获得优良重组基因型的先决条件，也是杂种后代性状形成的基础，还是杂交后代中能否出现优良变异类型的关键。亲本选择、选配得正确与否，关系到杂交育种的成败。

1. 杂交亲本的选择

其一，亲本应具备育种目标所要求的综合性状，目标性状突出，容易实现育种目标。

其二，考虑亲本性状遗传规律。亲本优良目标性状遗传能力强，目标实现较快，少走弯路。

其三，重视选用优良地方品种。

2. 杂交亲本的选配

亲本的选配是指从大量种质资源中选用适合作亲本的品种或野生种，安排合理的杂交组合。杂交育种有以下 3 种类型：

（1）重组育种。将双亲的优良性状（主要是控制不同性状的优良基因）重新组合起来。

（2）超亲育种。也叫聚合育种，是将控制同一性状的优良基因组合到一起，从而产生超过双亲的分离个体。

（3）渐渗育种。是将野生近缘种的优良性状（质量性状）转移到优良栽培品种，有学者称为野化育种。

不同的育种类型对杂交亲本的选配有着不同的要求。重组育种选配亲本要求：①一个或两个亲本必须具有必要的目的性状。②双亲在必要性状和期望性状上表现都好且彼此能互补，不过互补性状不宜过多。③根据双亲性状表现可以预测杂种后代的表现趋势。超亲育种时，要求亲本间有足够的遗传距离使杂种后代产生广泛的遗传变异。渐渗育种要考虑亲本间的可交配性。

归纳起来，杂交组合应遵循以下原则：

其一，选择两个亲本的性状能够互补的组合。其中一个亲本的性状优点可以弥补另一个亲本的性状缺点。

其二，选择地理远缘、生态型不同的亲本组合。这类亲本间遗传基础差异大，杂交后代的分离会比较大，往往容易分离出性状超越亲本或适应性比较强的优良新品种。

其三，选择亲本必须具有目标性状的显性特点，不要选择具有隐性性状特点的亲本。当然数量性状不存在显隐性的问题。

其四，选择优良性状较多且主要性状接近育种目标的亲本为母本。一般母本对杂种后代的影响比父本强。在牡丹芍药远缘杂交育种时，更多选择野生种作为母本。根据其他作物和牡丹本身的育种经验，利用野生种进行杂交育种，遗传变异性较大，后代抗逆性较强，产生理想后代的概率较高。父本的选择也应尽量靠近育种目标的表型性状及特性。最好选用高代杂交而获得的优良品种为父本，因为这些品种融入的基因较多，基因频率的改变或重组的概率增加，获得优异后代的可能性提高。

其五，必须注意亲本的育性和杂交亲和性。选择雌蕊发育健全、结实能力强的品种或材料作母本；用雄蕊发育正常，花粉量多且生命力强的品种或材料作父本。

要注意亲本间的杂交亲和性。育种实践中存在亲本性器官发育很正常，但不结籽的现象，这是由于雌雄配子间互不适应而不能结籽，叫作交配的不亲和性。在‘凤丹’育种群体中发现有的个体杂交亲和性差，几乎所有杂交组合均不结实。这些亲本一经发现，就要坚决淘汰。此外，杂交中还会出现正交亲和而反交不亲和的现象。对单方面不亲和的品种或材料在配制杂交组合时，要注意正反交的问题。

其六，根据亲本的配合力进行选择。杂交亲本应具有较好的一般配合力。一般配合力是指某一亲本品种与其他若干品种杂交后，杂交后代在某个数量性状上的平均表现。一般配合力好的亲本，配置出强优势杂交组合的机会较大，得到优良后代的概率较高，容易选出好的品种。一般配合力的高低与品种本身性状的好坏有一定关系，但二者不能等同，需要通过杂交，根据杂交后代的表现来进行测定。由此可见，选配亲本时，除注意掌握亲本本身的优缺点外，还需通过育种实践观察分析积累资料，以便选出配合力好的品种或类型作为骨干亲本。

其七，根据杂种 F_1 代的表现，即根据杂交优势进行选择。

其八，选择亲本时尽量注意双亲的花期是否一致。花期相同有利于育种操作，否则要进行必要的调控。

（三）花粉的处理

如果两个亲本花期不遇或异地种植时，需利用花粉处理技术离体保存花粉，待母本开花后，进行杂交授粉。

1. 花粉的采集

为保证父本花粉的纯度，需要预先对父本将要开放的花朵套袋隔离。在开花的前一天或者在父本花朵破绽期，把花蕾摘下，也可以当场用镊子取出花药，放入（阴凉通风处的）容器中，或硫酸纸上，待花粉自然散出时，把花粉收集起来，放入信封或硫酸纸袋中，封口贴上标签，写上品种名称、采集时间、地点备用。

2. 花粉贮藏

花粉的贮藏与运输，可以解决资源组合中双亲在时间和空间上的不一致现象，对于牡丹芍药育种工作的顺利开展具有重要意义。

花粉采集后，需要创造条件使花粉的代谢强度降低，以延长花粉寿命。大多数牡丹（芍药）花粉在干燥、低温、黑暗的条件下能保持较高的生命力。花粉贮藏的一般做法是将装有花粉的容器置于底部装有无水氯化钙的干燥器中，再将干燥器放入 0 ~ 2℃ 的冰箱里保存。如果保存时间较短，为便于使用，也可以将装花粉的信封或硫酸纸袋置于相对湿度较低而又黑暗的环境中保存，一般可保存 20 ~ 30 天。相关内容在本书第十二章第五节有更详细的论述。

3. 花粉生活力的测定

所有采集和贮藏的花粉，在使用前都要进行花粉生活力的测定。常用的方法有形态鉴定法、直接授粉法、荧光检测法、染色法、培养基萌发法 5 种。最为简单的方法是培养基萌发法，用 1% 的琼脂和 10% 的蔗糖配成培养基，把花粉撒在培养基表面，放在 25℃的环境中培养，定时镜检，统计发芽率。一般牡丹芍药花粉的生活力大于 10% 时就可以使用。栾川基地牡丹芍药野生种及品种花粉生活力测定结果如表 8–9。

4. 父本花粉采集范围及品种数量

在栾川基地除引进的父本之外，每年还从洛阳、菏泽、北京植物园等地采集部分花粉。其中，国产牡丹品种有‘黑花魁’‘冠世墨玉’‘玉板白’等。日本品种有‘扶桑司’‘岛大臣’‘火鸟’‘御所樱’‘镰田锦’‘白王狮子’‘寿紫’‘世

● 表 8-9 **栾川基地牡丹、芍药种及品种的花粉生活力测定**

类别	名称	花粉活力(%)	名称	花粉活力(%)	名称	花粉活力(%)	名称	花粉活力(%)
野生牡丹	杨山牡丹(安徽亳州)	64.9	紫斑牡丹(河南嵩县杨山)	46.7	紫斑牡丹(灵宝寺河)	67.9	紫斑牡丹(湖北保康)	20.3
	矮牡丹(山西稷山)	57.7	四川牡丹(四川马尔康)	57.8	卵叶牡丹(湖北神农架)	41.5	狭叶牡丹(四川雅江)	56.3
	黄牡丹(云南中甸)	51.7	黄牡丹(西藏)	33.4	黄牡丹(云南大理)	79.2	紫牡丹(云南丽江)	68.4
	大花黄牡丹(西藏米林)	64.8						
野生芍药	川赤芍	82.3	新疆芍药	73.7	芍药	35.0		
牡丹品种	‘夜光杯’	25.1	‘似荷莲’	25.4	‘朝阳红’	21.4	‘墨素’	7.8
	‘冠世墨玉’	12.5	‘清香白玉翠’	37.5	‘洛阳红’	11.4	‘绿洲红’	14.3
	‘古城春色’	47.1	‘丹红’	40.9	‘丰花红’	39.4	‘晨辉’	3.4
	‘黄金翠’	2.1	‘赵粉’	17.2	‘王红’	7.2	‘杨贵妃’	12.2
	‘层中笑’	49.2	‘勇士’	4.1				
芍药品种	‘护航舰队’	27.8	‘艳丽花展笑’	42.3	‘粉盘藏珠’	13.7	‘紫凤朝阳’	13.3
	‘玉芙蓉’	58.4	‘大瓣红’	51.4	‘种生粉’	45.2	‘大富贵’	61.1
	‘海云紫’	46.7	‘玫瑰红’	8.1	‘大红赤金’	14.2	‘铁杆紫’	41.2
	‘锦山红’	52.4	‘紫红魁’	38.1	‘昆山夜光’	41.7	‘胭脂点玉’	30.6
	‘俏袭人’	23.1	‘紫绫’	30.0	‘红绫赤金’	14.3	‘赵园粉’	40.5
日本牡丹品种	‘日向’	7.2	‘岛锦’	16.7	‘八束狮子’	21.4	‘长寿乐’	29.7
	‘新日月’	64.5	‘黑光司’	43.4	‘镰田锦’	59.4	‘初乌’	14.9
	‘皇嘉门’	28.3	‘连鹤’	37.7	‘日月锦’	5.4	‘岛锦’	8.7
	‘时雨云’	75.0	‘芳纪’	41.8	‘日暮’	27.6	‘群乌’	15.4
	‘八千代椿’	49.1	‘太阳’	38.3	‘岛大臣’	17.2		

续表

类别	名称	花粉活力(%)	名称	花粉活力(%)	名称	花粉活力(%)	名 称	花粉活力(%)
新育品种	‘雅红’	11.4	‘彩云飞’	24.0	‘墨流’	8.5	‘金衣飞舞’	3.2
	‘金袍赤胆’	20.0	‘小香妃’	3.2	‘玛瑙镶玉’	60.7	‘娇丽’	24.8
	‘绿影’	9.1	‘彩虹’	7.5	‘彩盘献瑞’	42.6	‘墨蝶’	35.1
	‘银袍赤胆’	42.6	‘荟萃’	11.2				

世之誉’‘新七福神’‘麟凤’‘百花选’‘旭港’‘佛前水’‘岛根白雁’‘皇嘉门’‘天衣’‘日向’‘群乌’‘岛辉’‘初日之出’‘杨贵妃’‘芳纪’‘时雨云’‘白神’‘太阳’及美国品种‘名望’等。芍药品种有‘烈火金刚’‘紫檀香玉’‘红富士’‘天山红星’‘艳紫向阳’‘锦山红’‘遍地红’‘竹叶红’‘柳叶红’‘晴空万里’‘黑紫绫’‘玫瑰红’等。共计40多个品种参与杂交育种。

5. 杂交工具及用品

杂交所需工具为镊子，用品有硫酸纸袋、毛笔、铅笔、标签、记录本、75%乙醇、曲别针等（图8–7）。

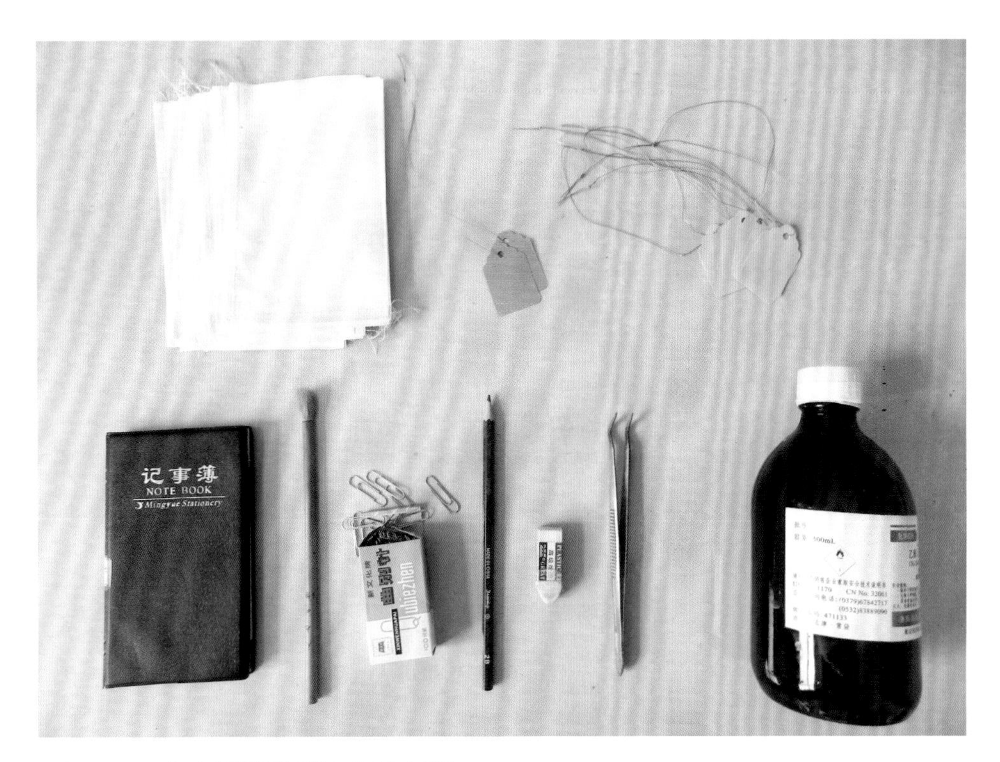

● 图8–7 **杂交授粉使用的工具和材料**

在明确了育种目标、选定杂交亲本、确定杂交组合及杂交方式、采集有生命活力的花粉、备好杂交用具后，就可以进行杂交授粉工作了。

（四）杂交工作的操作程序

1. 母本植株及花朵的选择

选择具有典型目标性状及发育正常、结实良好的无病虫害植株作为授粉母株，选择中上部的花蕾作为杂交用花。一般授粉母株保留 3 ~ 5 朵花用以授粉，其余花蕾剪掉。

2. 隔离

牡丹芍药虽然自花授粉的可能性低，但蜂类、蚂蚁、鸟兽、劳作及风等都有传粉的可能，为了防止所选母本发生非目标性的杂交，因此母本花朵去雄后，授粉前后期都要进行隔离。直至杂交授粉结束后才能解除隔离。当然父本应在雄蕊成熟前隔离，隔离的方法就是套袋。

3. 母本花朵的去雄套袋

选择母本花朵去雄是指在杂交前，人工摘除牡丹或芍药两性花上的雄蕊，防止发生自交。去雄一般在破绽期进行，去雄时天气要好，无风无雨。当花朵绽口时，选择顶开或侧开的花朵，用手轻轻剥开花蕾，然后用镊子小心去除雄蕊的花药，不要碰伤雌蕊和心皮，查看雌蕊发育是否正常，然后套上事先备好的硫酸纸袋或牛皮纸袋，用曲别针折封住下口，再用记号笔或铅笔在纸袋上标明去雄套袋日期。

4. 授粉

授粉是将父本的花粉直接授到母本柱头上的操作过程（图 8–8）。

1）授粉时机　授粉的最佳时机是天气风和日丽，气温一般在 25℃以上，母本柱头分泌黏液时。一般从套袋算起第四或第五天是授粉最佳时期。

2）授粉　在天气晴好时，把已经套袋 5 天左右的花朵打开纸袋（如果打算重复授粉，可提前 1 ~ 2 天），检查柱头是否分泌黏液，如柱头已经分泌黏液，即可用棉签蘸上所需花粉涂抹于柱头上。为了节约资源，也可以手持待授粉花朵的花托，将柱头倾斜至所需花粉纸袋里直接蘸上所需花粉，然后套上纸袋，折封下口用曲别针卡好，挂上写好的标签即可。

3）挂牌登记　挂牌即挂标签。用铅笔或不掉色的记号笔在标签上写明组

1. 花蕾破绽；2、3. 人工去雄；4. 芍药柱头分泌黏液；5. 授粉；6. 套袋

● 图 8–8 **授粉操作示例**

合代码。用“P”表示组合。“角码”为自然流水号，从“1#”开始，然后为2#、3#、4#……依次类推，表示组合的顺序。母本名称写在左侧，父本名称写在右侧，中间用“×”相连，右下角注明日期。如果母本和父本名称不详的可用定植代码代替，写完后挂在授粉花朵的花柄上，并在记事本上详细登记。如Z16P15# 黄牡丹 × ‘竹叶红’即为2016年第15个组合，用“Z”表示杂交，因为“Z”是杂交一词拼音的字头；用“16”作角码，表示2016年，“Z16”则表示2016年杂交的；P15#就是第15个组合，即黄牡丹 × ‘竹叶红’的杂交组合。登记杂交日期、授粉朵数、组间还是种间杂交、天气状况如何等。

（五）杂交后的管理

1. 加强圃地田间管理

杂交授粉半个月以后检查授粉花朵。若柱头萎缩，子房膨大，说明杂交成功，可以去除套在上面的纸袋。取下的纸袋予以保存以备收种时用。然后加强肥水管理和病虫害防治。一般花后追施一次腐熟的有机肥，1 000 kg/ 亩，穴施、条施均可。施肥后如果土壤墒情不够，应该浇水。更主要的是病害防治，此时灰霉病、茎腐病、叶斑病、软腐病都处于高发期，可用 0.3% 高锰酸钾溶液、800 倍甲基硫菌灵或 600 倍多菌灵溶液进行叶面喷洒 7 ~ 8 次，5 ~ 7 天 1 次。

2. 杂交种子成熟应及时采收与登记

一般情况下，进入 7 月中下旬，杂交种开始成熟。肉质花盘亚组为母本的杂交组合 70 ~ 80 天可成熟采收，而革质花盘亚组为母本的杂交组合则需要 80 ~ 90 天。组间杂交的正交组合 60 ~ 70 天即可成熟采收，反交的杂交组合需 70 ~ 80 天。此时根据杂交组合代码和杂交日期，依据上述参考的成熟期，逐个采收成熟的蓇葖果，然后连标签一起装入纸袋，用曲别针封口，并在袋子上注明该组合代码，同时在记事本上找到该组合代码打“√”，以示杂交组合结实，已经采收。未结实的组合代码打‘×’，以示杂交组合未结实。

杂交成功的结实数、采收日期均需在笔记本上标明，待全部杂种采收后，经过种子处理，最后统计本年度杂交育种结果。

3. 杂交种子处理

杂交果实采收后，装入纸袋中，放在阴凉通风处进行 3 ~ 5 天的后熟，然后进行剥种、制种、水洗，后用 0.3% 高锰酸钾溶液消毒 5 ~ 10 min，再水洗后直接播种或沙藏。有些出苗较晚的杂交种类，在种子消毒后，可以进行药剂催芽处理。如以紫斑牡丹、大花黄牡丹、‘凤丹’、卵叶牡丹为母本的杂交种，可以用 0.05% 萘乙酸溶液浸泡 70 ~ 80 h 后，再经过水洗后播种，可以缩短出苗时间。

4. 播种

播种苗床的处理，采用 1 cm 的网眼筛，把苗床土全部过筛，然后掺入 1 000 kg/ 亩腐熟的有机肥和 50 kg/ 亩过磷酸钙，再用 0.5% 高锰酸钾的水溶液进行土壤杀菌消毒。为防治地下害虫，应加入 10 kg/ 亩地线净。土壤相对湿度应维持在 75% 左右，即土壤手攥成团，稍碰即碎。掺和搅拌均匀后摊平做畦。床应做成高床，标准为 500 cm×100 cm×20 cm。播种方式为条播，播种深度 4 ~ 5 cm。种子间距 4 ~ 5 cm，行距 20 cm。播种后覆土耙平。

播种时千万要注意，因每个组合杂种种子数量多少悬殊较大，所以播种时一定要按顺序、有规律地进行播种。如果苗床面积允许，可以每个组合播种一行。可有时一个组合只有 1 ~ 2 粒种子，为节省苗床面积，还是按顺序播种，边播种边按顺序插好标签，千万不能把杂交种播乱。

杂交种子播完后，立即做好苗床播种定植示意图。防止日常管理中标签碰掉或丢失，造成混乱。

5. 杂种苗苗床管理

当杂种苗出齐两片真叶时，进行第一次中耕除草。然后在 6 月中旬、7 月初、8 月中旬、10 月初各进行一次中耕除草；适时浇水，见湿见干，雨季及时排涝；6 月初、7 月初叶面各喷施一次 0.3% 磷酸二氢钾溶液，用以增加磷、钾元素；5 月底、6 月中旬各喷洒一次等量式波尔多液以防治病害。平时应经常检查苗床，若发现小苗真叶萎蔫，说明其根下有地下害虫蛴螬或地老虎危害，应用竹签或小铲将害虫挖出消灭。

据观察，肉质花盘亚组为亲本的杂种苗，生长速度快，当年生长量最高可达 70 ~ 80 cm，当年即可出圃；而革质花盘亚组为亲本的杂种苗生长较慢，当年仅为 8 ~ 10 cm，或不足 8 cm。因此播种时，要把 2 个亚组的杂种分别播种，以利于苗床的管理和出圃。

6. 杂种苗定植管理

杂种苗定植前，要进行苗圃整地，首先施腐熟有机肥 1 000kg/ 亩，喷洒 0.5% 的高锰酸钾溶液进行土壤杀菌消毒。为防地下害虫撒毒土地线净 5 kg/ 亩。然后深耕耙平，按适宜的株行距放线定点，准备栽植。

自杂交种子 8 月播种到第二年秋天，即 9 ~ 11 月，以肉质花盘亚组为母本的杂种苗和高代杂种苗就可以出圃。杂种苗出圃定植时，起苗、运苗、栽苗一定要设专人操作。在此过程中，杂交组合的标签必须和杂种苗一起运转，一定做到苗不离牌，严防杂种苗在移栽时搞乱。定植时，根据杂种苗将来植株的大小确定株行距，一般为 70 cm×80 cm，但是大花黄牡丹为亲本的杂种苗株行距就应大些，一般为 100 cm×150 cm。要一个组合一个组合地栽。按顺序栽好苗同时挂好标牌。为防止混乱最好每株都挂标签，也可以首尾各挂一枚。当杂种苗全部定植后，立即做好杂种苗定植示意图。

杂种苗定植后，视土壤墒情，进行浇水，防寒。到翌年早春萌动前，浇一次萌动水，喷一次 3 波美度石硫合剂，防治病害及越冬虫卵。展叶后，喷施一次 0.3% 磷酸二氢钾，促其开花；3 月下旬、4 月中旬、6 月中旬、7 月底、8 月底、10 月底，进行 6 次中耕除草；适度浇水，浇水后及时松土，雨季及时排涝；6 月中及 7 月初叶面各喷洒等量式波尔多液一次，从 7 月中开始到 9 月下每隔 7 ~ 10 天喷洒一次甲基硫菌灵 800 倍液或多菌灵 600 倍液防治病害。

杂种苗定植后，从第二年开始，逐步有杂种苗不断开花。因此，加强田间观察，及时拍照详细记录杂种苗的表现。

（六）其他注意事项

1. 选择母本时一定要确认该母本是否具有生育能力

工作初期，见到表型性状有特色的，就去雄套袋，待到柱头分泌黏液时，准时进行授粉。但到 8 月采收时，却发现果实中没有种子。这让育种人非常失望，辛苦 1 年竟然颗粒无收。后跟踪调查发现这个品种根本就不结实。所以在选择母本时，千万注意不要选不结实的品种或雌蕊发育不全的植株作母本。这种不结实现象，要靠平时多观察，积累经验才能获得。

2. 选择父本花粉时一定要确认是否具有生命活力

在开展授粉工作之前，必须测定所采花粉是否具有较强的生活力，在没有把握的情况下尽量不采用。

经花粉生活力测定，所有野生种的花粉都具有极强的生命力，在育种时可以放心地选用。

3. 花粉在常温下的保存与利用

花粉采收阴干后，每存放 1 天花粉的活力就会下降 2% ~ 5%。随着时间的延长和气温的提升，花粉活力会进一步降低。当气温达 30 ℃以上时，花粉活力每天会降低 10% 以上。在冷凉干燥的情况下，气温维持在 15 ~ 20℃时，花粉最多能保存 25 ~ 30 天。还需利用干燥剂保存，否则不能保证花粉具有一定的生命力。但如果在 0 ~ 2℃的恒温环境中，花粉的生命力可保存更长时间。杂交育种工作中，如果不注重花粉生命力的逐渐下降，对于育种成败会有很大的影响，甚至可能前功尽弃。

4. 牡丹的野生种基本上都不具有自花授粉结实能力

连续3年对栾川基地野生种自育能力进行调查与实验。每年每种选10朵花，在其绽口前套袋，下口封严，待到秋季种子采收时调查结实情况。从3年统计结果看，除个别的种外，绝大多数不结实。如‘凤丹’在2012年自花授粉就有1朵结实，采收24粒种子。播种后，第二年长出3株实生苗，但其他8个野生种连续3年都没有结实。当然，‘凤丹’的结实也不能排除蚂蚁、昆虫帮助授粉。另据杨勇等（2015）针对四川牡丹传粉的研究，发现四川牡丹自交也能产生少量种子。为避免自交影响杂交结果，仍然需要严格的去雄套袋。

5. 工作中必须做好影像资料的建档和记录工作

杂交育种是个烦琐而又漫长的过程，一般杂种苗开花需要1.5~10年的时间。所以必须以严谨的科学态度，自始至终一丝不苟地做好详细记录，从亲本选定、花粉采集、杂交授粉、标签制作、标签悬挂、核对记录、日常管理、种子采收、种子处理、种子播种、杂种苗管理、幼苗出圃、幼苗定植、杂种苗开花、新品种定名申报等，都要详细记录，画好播种定植图，出圃后做好跟踪定植图，并尽可能拍照、摄像保存相关资料。要避免时间过长，把杂交亲本组合及杂种苗搞乱。

6. 杂交育种工作应采取自育自管的工作模式

育种工作是个系统工程，环环相扣，哪个环节都不能出错。特别是搞育种的人员较多时，最好每个人自己搞自己分工的育种工作，坚持竖向管理，以杜绝混乱现象的发生。

7. 天气变化对授粉的影响

授粉时的天气，应为风和日丽，无风无雨，温暖舒适，气温在25℃稍偏上为最好。十几年杂交育种的经验表明，晴好天气杂交授粉成功率高，阴雨天、低温天、大风天成功率就低，有时可能颗粒无收。当套袋的花朵已到授粉时间，母本柱头已经分泌黏液，却正好赶上恶劣天气时，可以改日授粉，甚至放弃授粉。补救措施是用刀片割去柱头再进行授粉。总之，要尽量避免劳而无功，浪费人力物力。

第三节
影响杂交育种效果的因素

影响杂交育种效果的因素是多方面的。首先是杂交亲本间的亲和性，亲缘关系的远近对杂交结果有着重要影响；其次是父本母本的育性。此外，杂交过程中的天气状况以及栽培管理也有一定影响，不可忽视。

一、育种成效指标

杂交育种过程中，为了衡量杂交效率，比较杂交亲本间亲和性的高低，需要采用育种成效指标进行统计分析。

衡量或比较杂交成效应统一使用以下几组数据：

坐果率 %= 结实聚合果数 / 授粉花朵数 ×100%

平均单花结实数（粒 / 朵）= 收获种子数 / 授粉花朵数

出苗率 %= 出苗总株数 / 播种总种子粒数 ×100%

成苗率 %= 成苗总株数 / 播种总种子粒数 ×100%

平均单花出苗数（株 / 朵）= 平均单花结实数 × 出苗率

上述指标中，平均单花结实数与平均单花出苗数甚为重要。特别是远缘杂交中，仅有单花杂交结实数量显然是不够的，杂交种子出苗率、成苗率乃至真杂种数，才能真正反映杂交效果。

注意：牡丹的果实为聚合蓇葖果，简称聚合果。革质花盘亚组的种类每个聚合果一般由 5 个蓇葖果组成，但野生种部分个体和栽培品种有超过 5 个的情况；肉质花盘亚组中，大花黄牡丹的果实多由单个蓇葖果构成，少数有 2 ~ 3 个蓇葖果形成聚合果，其余种类则是由 2 ~ 5 个蓇葖组成的聚合果。牡丹的蓇葖果由心皮发育而成，心皮的腹缝线两侧各着生一排胚珠，胚珠着生数量因种和品种不同、发育状况不同而存在差异。如西北紫斑牡丹品种每个心皮胚珠数为 16 ~ 23 个，平均 19 个，一般不少于 15 个；中原品种为 10 ~ 14 个，平均 13 个，通常不超过 15 个；凤丹牡丹为 12 ~ 22 个，平均 20 个；卵叶牡丹平均为 11.7 个。

二、杂交亲和性与亲本育性的影响

（一）牡丹组内的近缘杂交

1. 肉质花盘亚组内的杂交

肉质花盘亚组内野生牡丹种间杂交试验结果如表 8–10 所示。黄牡丹与紫牡丹亲缘关系更近，而与狭叶牡丹、大花黄牡丹关系稍远。

● 表 8–10 **肉质花盘亚组内的种间杂交**

杂交地点	母本（♀）	父本（♂）	授粉花朵数（朵）	结实数（粒）	平均单花结实数（粒 / 朵）	出苗数（株）	出苗率（%）	存活数（株）	平均单花出苗数（株/朵）	备注
河南栾川	黄牡丹	紫牡丹	4	4	1.00	2	50.00	—	0.50	赫津藜等（2017）
	黄牡丹	狭叶牡丹	2	15	7.50	4	26.67	—	2.00	
	黄牡丹	大花黄牡丹	3	13	4.33	2	15.38	—	0.67	
	紫牡丹	黄牡丹	12	145	12.08	76	52.41	—	6.33	
甘肃兰州	黄牡丹（哈拉）	紫牡丹（安南）	—	6	—	5	83.33	4	—	何丽霞等（2011）
	紫牡丹（安南）	黄牡丹（变异植株）	—	94	—	27	28.72	27	—	

2. 革质花盘亚组内的杂交

1）野生种间的杂交　该亚组野生种间杂交试验结果如表 8–11 所示。其中北京 2012—2013 年连续两年杂交共授粉 134 朵，获得 2 076 粒种子，平均单花结实数 15.49 粒 / 朵，出苗 565 株，平均出苗率 27.70%。在所有组合中，结实率最高为杨山牡丹 × 卵叶牡丹（26.67 粒 / 朵）。以杨山牡丹、紫斑牡丹、卵叶牡丹为母本的杂交结实率都比较高，比较起来，以卵叶牡丹为母本与其他 3 个野生种杂交结实率都很高，表明卵叶牡丹具有很强的育性。

由于各地引种的矮牡丹株数不多，而栾川基地由于生境较为湿润，矮牡丹适应性稍差而杂交结果并不理想。但北京鹫峰基地卵叶牡丹 × 矮牡丹组合仍有平均单花出苗数 5.20 株 / 朵的结果，说明矮牡丹具有较强育性。而四川牡丹 × 卵叶牡丹结实率为零的情况应与母本生长较弱有关，有待进一步观察。

表 8–11　**革质花盘亚组种间杂交结果比较**

杂交地点	母本（♀）	父本（♂）	授粉花朵数（朵）	结实数（粒）	平均单花结实数（粒 / 朵）	出苗数（株）	出苗率（%）	存活数（株）	平均单花出苗数（株/朵）	备注
北京鹫峰（2012—2013 年两年平均）	杨山牡丹	卵叶牡丹	15	391	26.07	91	23.27	—	6.07	韩欣（2014）
	紫斑牡丹	卵叶牡丹	9	84	9.33	31	36.90	—	3.44	
	紫斑牡丹	杨山牡丹	16	271	16.94	75	27.68	—	4.69	
	紫斑牡丹	四川牡丹	17	128	7.53	95	74.22	—	5.59	
	卵叶牡丹	杨山牡丹	43	799	18.58	—	—	—	—	
	卵叶牡丹	四川牡丹	14	191	13.64	83	43.46	—	5.93	
	卵叶牡丹	矮牡丹	15	212	14.13	78	36.79	—	5.20	
	四川牡丹	卵叶牡丹	5	0	0.00	0	0.00	—	0.00	

续表

杂交地点	母本（♀）	父本（♂）	授粉花朵数（朵）	结实数（粒）	平均单花结实数（粒 / 朵）	出苗数（株）	出苗率（%）	存活数（株）	平均单花出苗数（株/朵）	备注
甘肃兰州（2003）	四川牡丹	紫斑牡丹	—	70	—	20	28.57	4	—	何丽霞等（2011）
	四川牡丹	卵叶牡丹	—	43	—	16	37.21	5	—	
	卵叶牡丹	四川牡丹	—	64	—	11	17.19	6	—	
	杨山牡丹	四川牡丹	—	65	—	22	33.85	2	—	
北京鹫峰	卵叶牡丹	杨山牡丹	7	85	12.14	42	49.41	—	6.00	刘欣等（2016）
	杨山牡丹	卵叶牡丹	15	223	14.87	59	26.46	—	3.93	
	卵叶牡丹	紫斑牡丹	7	127	18.14	40	31.50	—	5.71	
	紫斑牡丹	卵叶牡丹	12	130	35.83	92	21.40	—	7.66	

注：表中甘肃兰州所用紫斑牡丹（父本）为文县种源，北京鹫峰所用紫斑牡丹为保康种源。

2）野生牡丹与栽培品种间的杂交　这类杂交没有系统的试验报告，仅有卵叶牡丹的一些试验结果（刘欣，2016）。以卵叶牡丹为母本，以中原品种为父本，5 个杂交组合，授粉 243 朵，均有结实，收获种子 3 427 粒，平均单花结实数 14.10 粒 / 朵；以日本品种为父本，2 个杂交组合授粉 76 朵花，收获种子 841 粒，平均单花结实数 11.07 粒 / 朵（结实区间 8.38 ~ 15.41）。以卵叶牡丹为父本，分别与中原品种、西北品种杂交，各有 1 个组合均未结实，但数据太少，不足以说明问题。另与‘凤丹白’授粉 6 朵，收种子 36 粒，平均单花结实数 6.00 粒 / 朵。

3）品种群内的杂交　在中原品种群内，18 个杂交组合，授粉 175 朵花，16 个组合收获种子 1 058 粒，平均单花结实数 6.05 粒 / 朵（最高 12.82 粒 / 朵）；在西北品种群内 36 个杂交组合，授粉 242 朵花，有 33 个组合收获种子 2 769 粒，平均单花结实数为 11.44 粒 / 朵（最高 29.80 粒 / 朵）（王越岚，2009；肖佳佳，2010；韩欣；2014；王二强等；2017；王旭，2017）。

4）品种或品种群间的杂交

（1）西北品种（群）与中原品种（群）间的杂交。以 31 个西北品种为母本，24 个中原品种为父本，配置 39 个组合，授粉 428 朵，收获种子 6 229 粒，平均单花结实数 14.55 粒 / 朵。其中平均单花结实数最高的组合为‘熊猫’×‘十八号’（42.1 粒 / 朵），次为‘黄河’×‘景玉’（39.0 粒 / 朵），较低的组合为‘墨冠玉珠’×‘烟绒紫’（0.9 粒 / 朵）、‘仙鹤毛’×‘墨楼争辉’（0.2 粒 / 朵）（何丽霞等，2011；王二强等，2015）。表 8–12 所列为兰州的一组试验结果。

另以中原品种为母本，西北品种为父本，33 个组合，授粉 274 朵，收获种子 1 902 粒，平均单花结实数 6.94 粒 / 朵。最高单花结实数为 16.50 粒 / 朵（王

表 8–12　**西北品种与中原品种间的杂交**

杂交组合（西北牡丹）×（中原品种）	杂交时间	结实数量（粒）	出苗数量（株）	出苗率（%）	成苗数量（株）	成苗率（%）
‘白荷’×‘种生红’	2000 年	35	10	28.57	10	100.00
‘白单’×‘种生红’	2000 年	30	2	6.66	2	100.00
‘桃花雨’×‘脂红’	2001 年	35	10	28.57	9	90.00
‘粉单’×‘脂红’	2000 年	22	5	24.72	5	100.00
‘和平莲’×‘种生红’	2001 年	49	6	12.24	6	100.00
‘桃花雨’×‘红绫’	2001 年	40	7	17.50	7	100.00
‘小藕’×‘脂红’	2002 年	45	17	37.77	15	88.23
‘小藕’×‘虞姬艳妆’	2002 年	15	6	40.00	6	100.00
‘红莲’×‘虞姬艳妆’	2003 年	36	17	47.22	14	82.33

二强等，2015）。

（2）西北品种与日本品种间的杂交。以25个西北品种为母本，13个日本品种作父本杂交，配置组合36个，授粉412朵，结实量4 168粒，平均单花结实数为10.12粒/朵。其中平均单花结实量最高的为‘粉玉清光’×‘岛大臣’（37.0粒/朵），次为‘蓝蔷薇’×‘太阳’（26.5粒/朵）；平均单花结实量最低的为‘夜光杯’×‘芳纪’（1.5粒/朵）。另有131个组合，授粉1 210朵，收获种子14 528粒，平均单花结实数12.01粒/朵（王二强等，2015）。

以日本品种为母本，西北品种为父本，15个组合，授粉235朵，收获种子2 074粒，平均单花结实数8.83粒/朵（最高20.10粒/朵）。

（3）中原品种与日本品种间的杂交。以中原品种为母本，日本品种为父本，49个组合授粉512朵，收获种子3 038粒，平均单花结实数5.93粒/朵（最高27.64粒/朵）；以日本品种为母本，中原品种为父本，6个组合，授粉102朵，收获种子296粒，平均单花结实数2.90粒/朵（最高9.00粒/朵）（王越岚，2009；肖佳佳，2010；韩欣，2014）。

以上品种群间（包括与‘凤丹白’的杂交在内）共有11个杂交类型，525个组合，授粉5 863朵花，共有466个组合，收获种子80 841粒，平均单花结实数为13.79粒/朵。

3. 几个优良品种的杂交试验

1）‘凤丹白’　以‘凤丹白’为母本，父本为中原品种（9个）、日本品种（12个）。授粉250朵获种子6 269粒。其中中原品种平均单花结实数26.67粒/朵，日本品种为22.83粒/朵。最高组合‘凤丹白’×‘十八号’（36.73粒/朵），最低组合‘凤丹白’×‘蓝芙蓉’（14.80粒/朵）。出苗率中中原品种为父本的组合平均35.08%，日本品种平均38.48%。平均单花出苗数分别为9.33、8.78株/朵。出苗率最高的为‘凤丹白’×‘花王’（53.74%），最低的为‘凤丹白’×‘八重樱’（12.69%）。

王新等（2016）报道了以‘凤丹白’为母本的杂交试验结果：

（1）以不同花型的34个中原品种为父本，授粉1 205朵，平均单花结实数18.44粒/朵。其中有18个组合高于‘凤丹白’自然授粉结实数（19.13粒/朵），较好的有‘贵妃插翠’（33.33粒/朵）、‘洛阳红’（31.15粒/朵）等，较低的有‘粉中冠’‘胡红’（分别为4.89粒/朵、5.39粒/朵）。

（2）以18个日本品种为父本，授粉786朵。平均单花结实数23.84粒/朵，有16个组合高于其自然授粉结实数，如‘黑龙锦’（35.89粒/朵）、‘新日月锦’（30.68粒/朵）、‘岛大臣’（29.24粒/朵）等，仅‘花競’（14.40粒/朵）、‘八千代椿’（18.65粒/朵）较低。

（3）以从实生群体中优选的5个紫斑牡丹单株作父本，授粉32朵，平均单花结实数26.62粒/朵。最高为‘紫斑1号’（32.57粒/朵），最低为‘紫斑4号’（19.86粒/朵）。

以‘凤丹白’为父本，分别与西北及中原品种杂交。以西北品种为母本8个组合授粉47朵，6个组合收获种子479粒，平均单花结实数10.19粒/朵（最高21.80粒/朵）；以中原品种为母本，7个组合授粉42朵，3个组合收获种子120粒，平均单花结实数2.86粒/朵（最高10.32粒/朵）。

2）‘夜光杯’　‘夜光杯’为西北品种中少有的黑色系品种之一。自然授粉平均单花结实数6.35粒/朵（王二强等，2017）。

（1）‘夜光杯’作母本，以中原品种（10个）、日本品种（6个）以及‘凤丹白’作父本，杂交组合17个，授粉142朵，获种子2 042粒，平均单花结实数14.38粒/朵。最好的组合为‘夜光杯’分别与‘凤丹白’（21.80粒/朵）、‘芳纪’（21.10粒/朵）、‘户川寒’（17.40粒/朵）、‘日月锦’（17.80粒/朵）、‘景玉’的组合，与中原品种‘小青龙’的结实数最低，2011年、2014年分别为12.33粒/朵、6.70粒/朵。

（2）‘夜光杯’作父本，母本为中原品种（12个），授粉140朵，平均单花结实数8.62粒/朵。以‘黑海撒金’结实率最高（15.60粒/朵），‘墨紫莲’次之（13.92粒/朵），‘乌金耀辉’也较好（12.60粒/朵），最低为‘向阳红’（1.80粒/朵）；以西北品种为母本（6个），授粉65朵，平均单花结实数14.85粒/朵，与‘梦想’‘白鹤亮翅’‘蓝精灵’平均单花结实数依次为26.80粒/朵、16.90粒/朵、15.90粒/朵，差些的‘枣园红’‘陇原红’也有9.20粒/朵和8.90粒/朵；以日本品种（11个）为母本，授粉159朵，平均单花结实数为9.08粒/朵，其中最高的为‘皇嘉门’（20.10粒/朵），其次为‘花競’（18.90粒/朵）与‘太阳’（13.6粒/朵）的组合，最低的为‘紫红殿’（4.73粒/朵）。‘夜光杯’作父本，与3个品种群杂交均有结实，亲和性由高到低依次为西北品种、日本品种、中原品种。同一组合不同年份实施，结实量相差较大。

3）‘芳纪’ ‘芳纪’是引进的日本品种中表现较好、颜色鲜艳的品种之一。

（1）‘芳纪’作母本，与中原品种（6 个）西北品种（4 个）杂交授粉 168 朵，平均单花结实数 4.37 粒 / 朵，其中‘芳纪’×‘紫楼镶金’（西北品种）最高（12.40 粒 / 朵）、次为‘芳纪’×‘沙墨紫金’（9.0 粒 / 朵）。总的看，与西北品种杂交亲和性较高。

（2）‘芳纪’作父本，与 3 个中原品种、10 个西北品种，1 个芍药杂交。14 个组合，授粉 235 朵，结种子 1 986 粒，平均单花结实数 8.45 粒 / 朵。最高为‘墨紫绒金’×‘芳纪’（20.75 粒 / 朵），其次为‘似荷莲’×‘芳纪’（13.00 粒 / 朵）；而西北品种中以‘蓝蔷薇’‘紫蝶迎风’‘梦想’‘红杨妃’为母本，结实率依次为 13.00 粒 / 朵、12.20 粒 / 朵、10.79 粒 / 朵、10.13 粒 / 朵。除与芍药杂交为零外，与中原品种、西北品种均有一定结实能力，较为亲和。

4）‘首案红’ ‘首案红’是中原品种中的传统品种，也是牡丹中最早报道的三倍体品种，生长势强，高度重瓣。但据观察，其不同部位着生的花芽开出的花朵雌雄蕊瓣化程度不同，花粉萌发率不同。一般顶花芽（Ⅰ）形成的花朵，基本上是皇冠型，雌雄蕊高度瓣化；当年生枝腋芽（Ⅱ）开出的花多为单瓣型、荷花型，瓣化程度低，雄蕊数量较多；老枝鳞芽（Ⅲ）开出的花朵为单瓣型，雌雄蕊正常。三类花朵的花粉萌发率依次为 0.17%、0、1.59%。但以这些花粉授粉结实率以Ⅰ型最高（12.73 粒 / 朵），Ⅲ型最低（2.63 粒 / 朵）。以‘首案红’作父本，分别与‘凤丹白’、紫斑牡丹实生苗杂交后所得种子出苗率低。经改用混合花粉授粉，效果提高，2013 年杂交获得 167 株幼苗，出苗率 41.34%。杂种苗生长势强，但未发现疑似三倍体植株（韩欣，2014）。

4. 小结

据初步统计，截至 2017 年，各地在革质花盘亚组内各种间、品种及品种群间，共有 31 类 606 个杂交组合，授粉 6 825 朵，最后得到 539 个组合 92 159 粒种子，平均单花结实量为 13.50 粒 / 朵（蒋至立等，2021）。

牡丹革质花盘亚组内的近缘杂交，基本不存在生殖隔离，因而绝大部分杂交组合均能结实，得到杂交种子，并且种子出苗率也较高。但从各类型杂交结果看，不同亲本组合及正交反交间，结实量差别较大，从最高 42.10 粒 / 朵到 0.20 粒 / 朵，以至结实量为零。可见仍然存在亲缘关系远近或亲本育性上的差异。此外，相同组合年际间差别很大，也显示出环境因素及其他因素的影响。

（二）牡丹组内亚组间的远缘杂交

1. 野生种间的杂交

芍药属牡丹组内两个亚组野生种间的杂交情况如表 8–13 所示。2 个亚组间亲缘关系较远，杂交结实率不高，但也有一些种类仍存在一定的亲和性，并且不同地区的表现也有所不同。

● 表 8–13　**牡丹组内两个亚组野生种间杂交结果比较**

杂交地点	母本(♀)	父本(♂)	授粉花朵数（朵）	结实数（粒）	平均单花结实数（粒/朵）	出苗数（株）	出苗率（%）	存活数（株）	平均单花出苗数（株/朵）	备注
河南栾川	黄牡丹	矮牡丹	5	12	2.40	0	0	—	—	赫津藜等（2017）
	黄牡丹	卵叶牡丹	3	14	4.67	1	7.14	—	0.33	
	黄牡丹	四川牡丹	3	21	7.00	0	0	—	—	
	黄牡丹	紫斑牡丹	10	98	9.80	8	8.16	—	0.80	
	矮牡丹	黄牡丹	4	0	0	0	—	—	—	
	卵叶牡丹	黄牡丹	9	3	0.33	0	0	—	—	
	四川牡丹	黄牡丹	4	10	2.50	0	0	—	—	
	紫斑牡丹	黄牡丹	2	45	22.50	0	0	—	—	
甘肃兰州	黄牡丹（中乡）	紫斑牡丹（临洮）	—	6	—	3	50.00	2	—	何丽霞等（2011）
	黄牡丹（哈拉）	四川牡丹（马尔康）	—	7	—	6	85.71	6	—	
	四川牡丹（马尔康）	黄牡丹（哈拉）	—	6	—	5	83.33	5	—	

续表

杂交地点	母本(♀)	父本(♂)	授粉花朵数(朵)	结实数(粒)	平均单花结实数(粒/朵)	出苗数(株)	出苗率(%)	存活数(株)	平均单花出苗数(株/朵)	备注
甘肃兰州	紫斑牡丹(文县)	黄牡丹(哈拉)	—	3	—	2	66.66	2	—	何丽霞等(2011)
	紫牡丹(安南)	紫斑牡丹(文县)	—	25	—	7	28.00	5	—	
	紫牡丹(安南)	紫斑牡丹(临洮)	—	10	—	3	30.00	2	—	
	杨山牡丹	紫牡丹(安南)	—	5	—	5	100.00	4	—	
北京鹫峰	黄牡丹	杨山牡丹	3	0	0	—	—	—	—	王越岚(2009)
	黄牡丹	紫斑牡丹(保康)	3	0	0	—	—	—	—	
	紫斑牡丹(保康)	黄牡丹	11	214	19.93	9	4.11	—	0.82	
	黄牡丹	卵叶牡丹	3	1	0.33	0	0	—	0	
	卵叶牡丹	滇(紫)牡丹	10	63	6.30	2	3.17	—	0	
	‘凤丹白’	紫牡丹	25	383	15.32	2	0.52	—	0.08	肖佳佳(2010)
	黄牡丹	矮牡丹	4	0	0	—	—	—	—	
	卵叶牡丹	黄牡丹	10	63	6.30	2	3.17	—	0.20	刘欣(2016)
	黄牡丹	卵叶牡丹	8	1	0.13	0	0	—	0	

在河南栾川的试验结果表明，与黄牡丹亲和性较好的是紫斑牡丹（平均单花结实数 9.8 粒 / 朵）和四川牡丹（7.0 粒 / 朵），杂交种子有一定的出苗率；而卵叶牡丹（4.67 粒 / 朵）和矮牡丹（2.40 粒 / 朵）亲和性一般，所有杂交种子不能发芽出苗。在以上述野生牡丹为母本，黄牡丹为父本杂交时，仅紫斑牡

丹结实情况较好（22.5 粒 / 朵），但未能出苗。

在北京西山鹫峰的杂交试验表明，当以黄牡丹为母本时，5 个组合中只有 2 个结种子，但均未成苗；作父本时，与紫斑牡丹、卵叶牡丹、杨山牡丹亲和性较好。另外，紫斑牡丹作为父本，与杨山牡丹、卵叶牡丹也有一定结实数。

在甘肃兰州的杂交试验，由于没有结实量统计，不便比较，但所有组合均有结实，而且种子成苗率很高。不过不同组合结果有所不同：以肉质花盘亚组作母本，革质花盘亚组为父本，结实率低，但种子较为饱满，后代变异从苗期可预测，一般性状偏母本的较多，一旦性状介于双亲之间或偏父本，开花后必然变异很大，从中可选出优良品种（系）；革质花盘亚组作母本，肉质花盘亚组为父本，结实量较高，但种子皱缩或出现假种子概率较高，这类杂种后代性状表现较为复杂，苗期很难预测。

紫牡丹（安南居群）自 1998 年引种兰州后，其生长发育状况、成花数量、每个花枝上的着花数量、结实量与成苗率等均优于原产地。分别用作父本和母本与革质花盘亚组的种或品种杂交均可育出好品种，是一个极好的育种原始材料。较好的杂交组合有杨山牡丹 × 紫牡丹、‘凤丹’× 紫牡丹、紫牡丹 × 紫斑牡丹（文县）、紫牡丹 ×‘珊瑚台’等，在杂交后代中出现了橙黄色（22-B）、橙红色（31-B）、橙红复色（51-B，24-B）、夕阳红色（53-A）、大红色（46-A）、深红色（187-B）等多种色彩变化（何丽霞等，2011）。

2. 野生种与栽培品种间的杂交

这类杂交在河南栾川与甘肃兰州都做了不少工作。在河南栾川以黄牡丹作母本与普通牡丹杂交的亲和性明显好于作父本，获得新品种数量也最多。据赫津藜等（2017）的报道，黄牡丹作母本与中原品种、日本品种杂交（正交），杂交组合 56 个，授粉 257 朵，有 48 个组合收获种子 933 粒，平均单花结实数 3.63 粒 / 朵，成苗 209 株，出苗率 22.40%，平均单花出苗数为 0.81 株 / 朵。其中平均单花结实数在 5 粒 / 朵以上的父本，中原品种有‘豆蔻年华’（11.67 粒/ 朵）、‘荟萃’（10.00 粒 / 朵）、‘蓝田玉’（9.00 粒 / 朵）、‘层中笑’（8.13 粒 / 朵）、‘藏枝红’（7.50 粒 / 朵）、‘娇丽’（7.33 粒 / 朵）、‘红荷’（6.00 粒 / 朵）、‘百园红’（5.33 粒 / 朵）、‘似荷莲’（5.13 粒 / 朵）；西北品种有‘夜光杯’（6.00 粒 / 朵）；日本品种有‘世世之誉’（17.00 粒 / 朵）、‘日月锦’（9.30 粒 / 朵）、‘白雁’（8.50 粒 / 朵）、‘群乌’（7.00 粒 / 朵）、‘佛前水’（6.50 粒 / 朵）、

'岛锦'（6.14 粒 / 朵）、'杨贵妃'（5.50 粒 / 朵）、'镰田锦'（5.18 粒 / 朵）。而以黄牡丹作父本的反交仅有 3 个组合结实，所得种子均未成苗，正交也有 17 个组合的种子没有出苗。杂交种子出苗率超过 50% 的组合父本有'红霞迎日''玉面桃花''八千代椿''雪映桃花''紫罗兰''初日之出'。不过以上组合杂交结实率均低于 4 粒 / 朵。成苗率在 30% ~ 50% 的父本有'花兢''肉芙蓉''百园红霞''红辉狮子''荟萃''层中笑''日月锦''红荷''旭日东升''日暮'和'夜光杯'。而单花结实率最高的组合如黄牡丹 ×'世世之誉'（17 粒 / 朵），出苗率仅 9.8%。可见单花结实数与种子出苗率之间并无很强的关联性。种子出苗率应与受精后杂种胚和胚乳发育情况有关。

在观赏品种中，单瓣型、荷花型和菊花型等较简单花型的品种作父本结实率较高。

表 8–14 所列是甘肃兰州基地肉质花盘亚组野生种和革质花盘亚组栽培品种杂交的种子出苗情况（何丽霞等，2011）。这里，杂交种子大多有较高的出苗率和存活率。

此外，赫津藜等（2014）以黄牡丹为母本与 12 个亚组间远缘杂种杂交结果表明，12 个组合授粉 65 朵，平均单花结实数 5.15 粒 / 朵，获杂种苗 103 株，出苗率 30.75%，平均单花出苗数为 1.58 株 / 朵。其中以'海黄'（即'正午'）为父本时，结实率 3.31 粒 / 朵，出苗率 49.06%；以牡丹亚组间杂种'金岛'为父本时，为 2.03 粒 / 朵；以'金阁'为父本时，未能结实。值得关注的是用栾川基地选育的含黄牡丹基因的亚组间杂种作父本与黄牡丹杂交，有些组合也取得较好效果。这些品种如'金童玉女''华夏一品黄''华夏红''彩虹''小香妃'等。'墨池金鱼'作父本有较好结实数（14.50 粒 / 朵），但种子未出苗，'华夏玫瑰红'未能结实。

3. 亚组间杂种与亚组间高代杂种的应用

1）亚组间杂种 F_1 的应用　牡丹亚组间杂种 F_1 如法国的'金阁''金帝''金晃'及美国的'海黄'等，国内已引种多年，而国内也已经育出了'华夏一品黄''小香妃'等品种。

国外对这类品种的育性及其在育种中的应用甚为关注。如美国桑德斯于 1952 年育出的'海黄'被认为是二次开花及芳香育种中很有潜力的育种材料。美国以其为父本已得到回交一代'兹拉塔的珍妮'（'Zlata' s Jennie'）、回

● 表 8-14 **野生牡丹与栽培品种间的杂交**

杂交组合	杂交时间	授粉花朵数（朵）	结实数（粒）	平均单花结实数（粒/朵）	出苗数（株）	出苗率（%）	存活数（株）	存活率（%）	备注
‘白玉’×黄牡丹	1999	—	4	—	2	50.00	1	50.00	
‘白单’×黄牡丹（格咱）	2002	—	5	—	1	20.00	1	100.00	
‘白单’×黄牡丹（中乡）	2001	—	3	—	1	33.33	1	100.00	
‘白单’×黄牡丹（中乡）	2004	—	4	—	4	100.00	4	100.00	
‘白荷’×紫牡丹（安南）	2000	—	24	—	4	16.66	2	50.00	
‘凤丹白’×紫牡丹（安南）	2003	—	6	—	3	50.00	3	100.00	
‘凤丹白’×狭叶牡丹	2000	—	98	—	9	18.75	9	100.00	
黄牡丹×‘虞姬艳装’	2003	—	39	—	4	10.25	2	50.00	
黄牡丹（哈拉）×‘五洲红’	2004	—	4	—	4	100.00	4	100.00	
紫牡丹（安南）×‘珊瑚台’	2003	—	33	—	11	33.33	5	45.45	
紫牡丹（安南）×‘紫荷’	2005	—	8	—	2	25.00	2	100.00	
紫牡丹（安南）×‘红绫’	2005	—	15	—	4	36.66	2	50.00	
狭叶牡丹×‘黑旋风’	2001	—	20	—	9	45.00	4	44.44	

交二代‘爱 357’（‘Love 357’）等品种，而日本青木宣明以其为母本与日本普通牡丹杂交，也获得了几个观赏性状很好的品种，如‘赤铜辉’等。据观察，牡丹亚组间杂种 F_1 自然杂交结实率很低（0.005 3%～0.001 3%），其正常成熟

花粉极少，正常的 2- 细胞花粉仅占 2.41%（何桂梅，2006）。

吴静等（2014）于 2006—2011 年连续 6 年以‘海黄’为亲本进行杂交，以其为父本，用‘凤丹白’及紫斑牡丹实生单株作母本，5 年平均结实数分别为 2.88 粒 / 朵、6.29 粒 / 朵。2006 年，平均最高 29.17 粒 / 朵（‘紫斑 1 号’）和 26.86 粒 / 朵（‘紫斑 9 号’）。‘紫斑 1 号’、‘紫斑 4 号’单株与‘海黄’亲和性较高，已获得 22 株真杂种。

牡丹亚组间杂种 F_1 花粉量虽少，但花粉具有较好的育性，不过花粉育性年际间有差异。以几个母本平均单花结实率高低排序：杨山牡丹 > 川赤芍 > 芍药 > 卵叶牡丹 > 紫斑牡丹 （肖佳佳，2010）。最高的杨山牡丹（‘凤丹白’）可达 7.09 粒 / 朵，次为川赤芍（1.71 粒 / 朵）、芍药（1.43 粒 / 朵）。但有些年份也作如下排序：杨山牡丹 > 紫斑牡丹 > 芍药 > 川赤芍（王越岚，2008）。

以‘海黄’为母本，中原品种、日本品种为父本的杂交，38 个组合授粉 1 088 朵花，仅有 4 个组合分别得到 1 粒种子（父本分别为‘凤丹白’‘紫斑 12 号’‘紫斑 16 号’‘肉芙蓉’），平均单花结实数 0.002 粒 / 朵，说明其作母本育性很低但并未完全丧失作为母本用于杂交的价值。这类组合与父本选择及杂交时天气状况有关。同样韩欣（2014）以‘海黄’为母本，5 个中原品种，15 个日本品种，2 个牡丹亚组间高代杂种杂交，授粉 1 723 朵，获饱满种子 76 粒，仅出苗 3 株，平均单花结实数仅 0.044 粒 / 朵。其中‘海黄’与牡丹亚组间高代杂种的平均单花结实数为 0.183 粒 / 朵，明显高于与日本品种（0.019 粒 / 朵）和中原品种（0.011 粒 / 朵）的杂交。不过出苗率偏低，59 粒种子仅出苗 1 株。较好的杂交组合有‘海黄’（♀）分别与‘日月锦’‘寿の寿紫’‘梅多拉’（‘Medora’）、‘科罗拉多’（‘Colorado’）的组合。

2）牡丹亚组间高代杂种的应用　利用具有一定育性的牡丹亚组间杂种之间多代杂交产生的后代被称为高代杂种。截至 2020 年，牡丹亚组间高代杂种已经发展到第十代。由于原始亲本中有紫牡丹、黄牡丹的参与，牡丹亚组间高代杂种表现出这些亲本的花色特点且群体花期长，而且随着杂交代数增多，育性有很大提高，但品种间差异较大。

2012 年以牡丹亚组间高代杂种为母本，与中原品种、日本品种杂交，34 个组合，杂交授粉 143 朵仅 3 个组合获得种子 11 粒，平均单花结实数 0.06 粒 / 朵，获得 1 株幼苗。

2013 年继续杂交 18 个组合，授粉 138 朵，其中仅 17 朵结种子 37 粒，平均单花结实数 0.01 粒 / 朵。37 粒种子仅有 2 粒饱满，饱满率 5.41%。有些种子虽外观饱满，但内部无胚。‘赛德尔 205 号’×‘日月锦’两年均获得饱满种子和杂种苗，为较优秀的组合。由此可见，牡丹亚组间高代杂种作母本与普通牡丹品种杂交结实率极低。

在前面提到的杂交试验中，部分牡丹亚组间高代杂种作父本有一定结实量。

3）亚组间杂种花粉性状的观察

（1）花粉有 3 种类型：①花粉粒较大，圆形或三角形。②体积小，圆形，无细胞核与细胞质。③空瘪粒，多角形或畸形。3 种类型中，只有大花粉粒能萌发。不同品种花粉活力大小与大花粉粒所占比例有关。

（2）花粉数量及萌发率差异较大。‘名望’‘金阁’‘王子心愿’（‘Prince Desore’）等花药呈半透明水浸状，阴干后不散粉，花粉量少，萌发率低。‘名望’‘黄冠’等仅为 0.65%，而牡丹亚组间高代杂种则提高到 12.57%，最高的‘波吕许莫尼亚’（‘Polyhymnia’）达到 22.39%，‘南部极光’（‘Southern Aurora’）、‘梅多拉’、‘阿德尔菲’（‘Adelphi’）也在 10% 以上，说明经多代杂交，其后代雄性器官育性明显提高。这些品种花药多，花粉量大，萌发率高。

（3）花粉发育中部分花粉出现双花粉管异常现象。在花粉管不同部位各长出一个萌发管，或同一部位长出两个萌发管。亚组间杂种‘金色年华’（约占萌发花粉数 4.2%）和牡丹亚组间高代杂种‘克罗玛蒂拉’（‘Chromatella’）、‘科罗拉多’、‘波吕许莫尼亚’（‘Polyhymnia’）都有。这是远缘杂交后代中一种生殖异常现象。

（4）花粉贮藏后萌发率提高。牡丹亚组间杂种花粉低温贮藏 15 天后活力下降不明显，部分品种花粉因“冷刺激”活力反有升高。如‘名望’‘黄冠’‘克罗玛蒂拉’观察到花粉萌发；‘中国龙’‘阿德尔菲’‘匈牙利伯爵夫人’（‘Hungarian Countess’）和‘金阁’萌发率较新鲜花粉明显提高（韩欣，2014）。

4. 小结

据统计，截至 2017 年，各地用黄牡丹、紫牡丹为主要亲本，分别与革质花盘亚组的野生种、栽培品种以及牡丹亚组间杂种杂交，共 27 个杂交类型 274 个杂交组合，授粉得到 139 个组合的 11 309 粒种子，平均单花结实数 2.38 粒 / 朵（蒋至立等，2021）。从中选育出 100 多个品种，取得一定成就。

总的看，以黄牡丹为母本，杂交优势明显。单花结实量按父本从高到低，依次为牡丹亚组间杂交品种、西北品种、日本品种、中原品种、‘凤丹白’；反之，以黄牡丹为父本，结实量比不上用其作母本的效果，但出苗率比作母本的高1倍。紫牡丹也是个好的育种材料，但总体上不如黄牡丹。国内牡丹亚组间杂交第一个育种高潮过后，其 F_1 代不育或育性很低的问题又凸显出来。牡丹亚组间高代杂种的应用能否突破这个瓶颈，还有待观察。

（三）芍药与牡丹的组间远缘杂交

1. 概况

近半个世纪以来，牡丹芍药组间杂交品种逐渐成为世界各地广受欢迎的品种类群，因而组间远缘杂交也备受关注。当前，应用于组间杂交的亲本有以下类型：

（1）芍药野生种：如芍药、川赤芍、草芍药等以及芍药的一些优良无性系。

（2）芍药品种：如中国芍药品种群的品种和引进的‘玛莎 · 华盛顿’。

（3）牡丹野生种：包括黄牡丹、紫斑牡丹等。

（4）牡丹品种：包括属于普通牡丹的中原品种、日本品种；属于紫斑牡丹的西北（甘肃）品种；属于杨山牡丹的‘凤丹白’等。

（5）牡丹亚组间杂交品种：包括早年育出的法国品种、美国品种及其高代杂交品种；也包括新培育的亚组间 F_1 代。

（6）牡丹芍药组间杂交品种：包括国外引进的伊藤品种，国内芍药属组间杂交产生的 F_1 等。

日本伊藤东一最早且经典的组间杂交组合为芍药品种‘花香殿’× 牡丹亚组间杂种‘金晃’。多年来，基于伊藤成功的经验，组间杂种大多由芍药与亚组间杂种杂交获得。国外常用的父本有‘金色年华’‘金晃’‘雷电’‘名望’等，母本有‘玛莎 · 华盛顿’等。

2. 不同杂交组合的试验结果

1）芍药（组）与牡丹组肉质花盘亚组间的杂交　目前仅有黄牡丹与各种芍药杂交结实的报道（赫津藜等，2014），部分杂交结果如表 8–15 所示。

以黄牡丹为母本（正交），与芍药、川赤芍及 14 个芍药品种杂交，共有杂交组合 16 个，授粉 56 朵花，有 11 个组合结实，收获种子 118 粒，平均单花

● 表 8–15　**黄牡丹与芍药组间杂交结果**

母本（♀）	父本（♂）	授粉花朵数（朵）	结实数（粒）	平均单花结实数（粒 / 朵）	出苗数（株）	出苗率（%）
黄牡丹	草芍药	3	0	0	0	—
黄牡丹	川赤芍	2	18	9.00	3	16.67
草芍药	黄牡丹	3	14	4.67	0	0
川赤芍	黄牡丹	5	14	2.80	0	0
合计		13	46			

结实数 2.23 粒 / 朵，成苗 12 株，平均出苗率 10.17%。其中黄牡丹 × 川赤芍平均单花结实数最高（9.0 粒 / 朵），与芍药品种‘大红赤金’‘丹凤’平均单花结实数也在 5.0 粒 / 朵以上。4 个出苗的组合中，出苗率最高的父本是‘朝阳红’（71.45%），次为‘红牡丹’（18.18%）、川赤芍（16.67%）、‘紫霞映雪’等。

以黄牡丹为父本（反交）与芍药、草芍药及 4 个芍药品种杂交，6 个组合有 3 个结实，平均单花结实数 1.39 粒 / 朵；其中与 2 个野生芍药以及芍药品种‘仙女’有结实，收获种子 32 粒，均未成苗。

2）芍药（组）与牡丹革质花盘亚组间的杂交　在北京鹫峰基地的杂交试验结果如下（韩欣，2014）：

（1）芍药与杨山牡丹（‘凤丹白’）、紫斑牡丹的杂交。正交组合有芍药×‘凤丹白’、川赤芍 ×‘凤丹白’，2007—2009 年多年杂交均未结实。但芍药 × 紫斑牡丹组合有结实（肖佳佳，2010）。2009 年有 35 个组合，授粉 227 朵，有 8 个组合收获种子 33 粒，平均单花结实数 0.5 粒 / 朵。其中芍药 11#× 紫斑 1# 平均单花结实数 2 粒 / 朵，出苗 7 株，出苗率 70%；芍药 2#× 紫斑 8# 平均单花结实数 0.50 粒 / 朵，获 3 粒种子均已出苗；川赤芍 × 湖北保康紫斑牡丹平均单花结实数 0.43 粒 / 朵。反交组合以‘凤丹白’及紫斑牡丹作母本，芍药及川赤芍作父本杂交，均有结实并获得种苗，具体如表 8–16。另湖北保康紫斑牡丹 × 川赤芍授粉 6 朵花，获得 5 粒种子，平均单花结实数 0.83 粒 / 朵；紫斑牡丹（实

● 表 8-16 **牡丹芍药组间反交结种与出苗情况**

杂交组合	授粉花朵总数(朵)	结籽总数(粒)	空心种子(粒)	出苗数(株)	空心种子率(%)	出苗数/种子总数(%)	出苗数/实心种子数(%)
‘凤丹白’×芍药 2#	21	44	25	6	56.82	13.64	31.58
‘凤丹白’×‘大富贵’	20	163	39	4	23.93	2.45	3.23
‘凤丹白’×川赤芍	15	209	55	46	26.32	22.01	29.87
紫斑牡丹 9#×川赤芍	17	163	120	3	73.62	1.84	6.98
紫斑牡丹 3#×芍药 1#	14	246	244	0	99.19	0	0

生植株)×川赤芍平均单花结实数 9.59 粒/朵(王越岚,2009)。

紫斑牡丹×芍药的反交组合中。空心种子常常占到 90%。这些种子没有胚和胚乳,出苗率为零。而‘凤丹白’×芍药 2 个组合的实心种子播种后,出苗率分别为 13.64% 和 2.45%,占实心种子数的 31.58% 和 3.23%。

芍药与紫斑牡丹杂交结实率不高,但杂交种子出苗率较高。

(2)芍药与牡丹栽培品种的杂交。这类杂交应用的母本有各类芍药实生苗;芍药品种;芍药实生苗无性系。父本有中原品种(26 个)、日本品种(21 个)。2008—2009 年在鹫峰基地杂交,授粉 763 朵花,141 个组合有 35 个组合结种子,获种子 199 粒,平均单花结实数 0.26 粒/朵。其中中原品种 73 个组合,授粉 394 朵,21 个组合结种子 142 粒,平均单花结实数 0.36 粒/朵;日本品种 68 个组合,14 个组合结种子 57 粒,平均单花结实数 0.15 粒/朵。中原品种‘蓝芙蓉’‘乌金耀辉’‘赵粉’‘迎日红’‘蓝宝石’,日本品种中‘御所樱’‘花大臣’‘八重樱’等作父本,杂交结实率较高。就杂交组合而言,芍药 23#×‘蓝芙蓉’结种子 33 粒,平均单花结实数 11.00 粒/朵,出苗 18 株,出苗率 54.55%;芍药 12#×‘蓝芙蓉’结种子 21 粒,平均单花结实数 10.50 粒/朵,出苗 16 株,出苗率 76.19%。

部分品种,如‘乌龙捧盛’‘如花似玉’‘肉芙蓉’等 14 个中原品种,‘寿の寿紫’‘日暮’‘花王’等 11 个品种两年杂交未结实。

● 图 8–9　**‘玛莎 · 华盛顿’（‘Martha W.’）的花朵（钟原　摄）**

2008 年杂交结实的芍药实生单株移植后再杂交，2009 年无一结实，说明植株营养状况影响结实。

此外，以芍药品种‘玛莎 · 华盛顿’（图 8–9）作母本，与紫斑品种、日本品种杂交，结实率很低。6 个组合授粉 142 朵，获种子 6 粒，平均单花结实数 0.004 2 粒 / 朵；获 1 株杂交苗，出苗率 16.67%（该杂交苗为日本品种‘杨贵妃’所得）。2013 年，将‘玛莎 · 华盛顿’自然授粉种子播种，出苗率 28.13%，远高于远缘杂交种子出苗率（王越岚，2009；肖佳佳，2010；韩欣，2014）。

3）芍药与牡丹亚组间杂种及高代杂种的杂交

（1）芍药与牡丹亚组间杂种杂交。这类父本包括亚组间杂种‘海黄’‘名望’‘金阁’‘金帝’‘金色年华’。共有 37 个组合，授粉 343 朵，有 29 个组合共结种子 490 粒，平均单花结实数 1.43 粒 / 朵，其中‘玛莎 · 华盛顿’×‘金色年华’组合最高，平均单花结实数 9.20 粒 / 朵。此外，牡丹亚组间杂种‘海黄’‘名望’‘金阁’作父本与芍药杂交，均有一定结实率，所结种子出苗率也较高。

（2）芍药与牡丹亚组间高代杂种杂交。3 个组合，授粉 114 朵，获种子

571 粒，平均单花结实数 5.009 粒 / 朵，获杂交苗 59 株，出苗率 10.33%，平均单花出苗数 0.52 株 / 朵。其中以‘阿德尔菲’和‘梅多拉’为父本结实率高，出苗率也高，共获 56 株幼苗，29 株叶形偏父本（韩欣，2014）。

从以上杂交结果看，牡丹亚组间杂种，特别是其高代杂种在克服远缘杂交不亲和与杂交不育的障碍方面有着很大优势。

3. 组间杂交品种的利用

1）伊藤杂种开花生物学特性的观察

（1）花型多为单瓣型与蔷薇型，多有香味。雄蕊常呈花丝状，在开花第二至三天干枯；雌蕊外观发育正常，心皮黄色或黄绿色，后期变绿色，膨大；胚株多数，白色或紫红色，后期均败育。

（2）绝大部分品种柱头分泌黏液早，速度极快，时间短而集中。晴天集中在第二至三天。花期遇雨，黏液分泌延后，可持续到第七、第八天。‘维京满月’黏液分泌最少，只在花后第三天开始分泌；‘希拉里’‘草原魅力’均在第七、第八天最多。总的黏液分泌量较牡丹、芍药少。分泌量除与品种有关外，还与温度有关，当温度高于 25℃ 时分泌量增多。

（3）雄蕊即使外观形态正常，但花粉很少或无。其花药有 3 种形态类型：①趋瓣化花药；②小花药；③正常花药（成仿云，2000）。据花药切片观察，正常花粉仅占 0.96% ~ 1.89%，推测花粉育性在 1.49% 以下（孙菊芳，2006）。

（4）在自然授粉和人工授粉情况下均不结实，开花后心皮可以生长膨大，但胚珠在花后 3 ~ 4 天开始萎缩，10 天左右完全萎缩。

2）杂交结实情况

（1）伊藤杂种作母本，以中原品种（6 个）、日本品种（6 个）、‘凤丹白’亚组间杂种‘金色年华’作父本，17 个组合，授粉 135 朵，虽有 73% 的心皮膨大，但未获种子。仍以伊藤杂种为母本，与芍药品种杂交，16 个组合授粉 122 朵，76% 心皮膨大，也未获种子。

（2）以伊藤杂种如‘维京满月’作父本与芍药杂交，获得平均 7.33 粒 /朵的结实率（张栋，2008）。另芍药 2#×‘维京满月’获 30 粒种子，有 20 粒发芽，可见伊藤杂种中少数品种作父本仍有一定育性。

4. 组间杂交亲本材料的筛选

选择更多适宜的亲本材料是获得组间杂交成功的关键因素。基于此，在以往的工作基础上，杜明杰等（2018）以 19 个牡丹亚组间高代杂种为父本，12 个优良芍药实生苗单株（编号 L_1 ~ L_{12}）为母本进行杂交，共 26 个杂交组合，授粉 604 朵，获杂交种子 4 494 粒，712 株杂交后代，平均单花结实数 7.44 粒 / 朵，平均出苗率 15.84% 和单花成苗数 1.18 株 / 朵。从中筛选出 8 个亲和性高的父本，如 AGH1、'黑豹'（'Black Panther'）、'南部极光'、'爱荷华'（'Iowa'）、'肯卡'（'Kenka'）、'阿德尔菲'、'梅多拉'、'达科他'（'Dakota'）等；筛选出 5 个杂交亲和性高的母本，如 L_1、L_2、L_3、L_4、L_6。上述父本、母本的杂交 F_1 单花成苗数分别为对照'金色年华'（父本）、'玛莎・华盛顿'（母本）的 2.41 倍、3.22 倍。此外，还筛选出 12 个杂交亲和性高的杂交组合，其中芍药 L_1×'南部极光'的单花成苗数为对照组合（'玛莎・华盛顿'×'金色年华'）的 4.38 倍。该研究丰富了组间杂交的亲本材料，为今后的工作奠定了基础。

5. 小结

据初步统计，截至 2018 年，各地报道的杂交组合共 462 个，授粉 4 649 朵，最终获得 193 个组合 8 439 粒种子，平均结实量 1.82 粒 / 朵。以芍药为母本，不同父本结实情况依次为牡丹亚组间高代杂种（5.71 粒 / 朵）、牡丹亚组间杂种（2.10 粒 / 朵）、西北牡丹品种（0.36 粒 / 朵）、中原牡丹品种（0.32 粒 / 朵）、日本牡丹品种（0.27 粒 / 朵）；以芍药为父本与牡丹杂交，不同母本结实情况依次为西北牡丹品种（9.11 粒 / 朵）、'凤丹白'（4.02 粒 / 朵）、黄牡丹（0.28 粒 / 朵）、牡丹亚组间杂种（0.26 粒 / 朵）、中原牡丹品种或日本牡丹品种（0 粒 / 朵）（蒋至立等，2021）。在组间远缘杂交中，结实数与成苗数往往差异很大，因而杂交成苗数更能反映远缘杂交的实际效果。由于缺乏成苗率的统计，上述分析只能反映一个大体趋势。在牡丹芍药组间杂交中，牡丹亚组间杂种 F_1 与牡丹亚组间高代杂种发挥了重要作用。

（四）杂交亲和性、亲本育性与杂交结实的关系

1. 关于杂交亲和性

1）亲本间的杂交亲和性是影响杂交结实的关键因素　杂交亲和性是亲本间亲缘关系的具体体现。研究表明，在一定范围内，杂交亲本间亲缘关系与杂交结实量密切相关。从杂交组合平均单花结实数看，革质花盘亚组内的杂交（包

括种间、品种群间在内），平均单花结实数为 13.52 粒 / 朵，而牡丹亚组间杂交为 2.38 粒 / 朵，芍药牡丹组间杂交为 1.82 粒 / 朵，差异显著。这组数据是芍药属植物亲缘关系远近的具体反映。

然而，在革质花盘亚组内的杂交，虽然没有明显的生殖障碍，但各杂交组合的平均单花结实数并不与亲本间亲缘关系呈正相关，如中原品种群与西北品种群内的品种间杂交平均单花结实数分别为 6.05 粒 / 朵和 11.44 粒 / 朵，低于品种群间的 13.77 粒 / 朵。此外，无论品种群内杂交还是品种群间杂交，均存在结实数相差较大的情况。如西北品种（群）与中原品种（群）间的杂交，平均单花结实数由‘熊猫’×‘十八号’组合的 42.10 粒 / 朵，到‘仙鹤毛’×‘墨楼争辉’的 0.20 粒 / 朵，相差 210.5 倍。其他品种（群）间的杂交也有几倍到几十倍的差距。由此看来，各杂交组合的结实量既与杂交亲本间亲缘关系、遗传距离有关，也与品种的育性有关，还需要作进一步的具体分析。

2）普遍亲和与特殊亲和　在革质花盘亚组内的杂交试验中，常发现有些品种（如中原牡丹品种中的‘香玉’）亲和性很好，易于与其他种或品种杂交，结实量很高，表现出普遍亲和的特点。而在组间远缘杂交中，绝大数种和品种表现不亲和，但也存在一些特殊个例表现出亲和性。如日本伊藤东一发现芍药‘花香殿’与牡丹亚组间杂种‘金晃’的杂交组合，突破了组间杂交不亲和的藩篱，获得成功。后来，人们又发现芍药品种‘玛莎 · 华盛顿’与牡丹亚组间杂种‘金色年华’之间杂交亲和性很好，能获得大量有效种子与杂交苗，这就表现出一种特殊的亲和性。而这种特殊亲和性的获得，又与父本是牡丹亚组间杂种有关。最近的研究发现，牡丹亚组间高代杂种多为四倍体（$2n$=20），而伊藤杂种多为三倍体（$2n$=15）。因此推测牡丹亚组间高代杂种与芍药杂交亲和性较强，是因为牡丹亚组间高代杂种能产生正常的 $2n$ 雄配子，而 $2n$ 雄配子与芍药的单倍体（n）雌配子易于结合产生有活力的种子。

2. 关于杂交亲本的育性

1）在具有一定杂交亲和性的基础上，父母本的育性是决定结实量的重要因素　在讨论杂交亲本育性时，需要了解芍药属植物本身遗传特性中的制约因素。就雌蕊育性而言，芍药属植物本身结实率普遍不高。其柱头在接受到足够量的花粉时，并不是所有的胚珠都能完成受精并发育成种子。据对牡丹野生种繁育系统的研究，一般只有 30% 左右的胚珠发育成种子（杨勇等，2015）。这就意味着胚珠有较高的败育率。杂交育种中，父本相同的组合，母本育性是影响结实量的重要因素。有些野生种的育性比栽培品种强，远缘杂交中比较适合作母本。在栽培品种作亲本时，花朵结构较简单的单瓣、半重瓣花型的品种，由于较多地保留了原始种质的繁殖特性，育性较强，作母本时能获得更多的杂交种子和杂交苗，重瓣性较强的品种或心皮多而发育不完全的品种不宜作母本。在品种（群）间的杂交中，中原品种由于大多重瓣性较高，其平均单花结实量往往赶不上日本品种、西北品种，此是原因之一。

在父本材料中，花粉活性是影响杂交结实量的重要因素。芍药属植物花器官发育过程中，花粉败育率也很高，但有活性的花粉数量一般能满足授粉的要求。花粉活性与多种因素有关：不同年份气候条件的差异会影响花粉发育的质量；花粉采集时间、采集后的处理方式与保存方法，对花粉活性也有影响。同样，不同花型的花粉质量也有差异，单瓣型、荷花型品种花粉活性强，而绣球型、台阁型品种相对较弱。

2）牡丹亚组间高代杂种的育性有待增强 牡丹亚组间杂交中，通过对有育性的 F_2 代的回交育种，使其后代中牡丹基因进一步增加，育性进一步增强，因而在远缘杂交中发挥着越来越重要的作用。但是牡丹亚组间高代杂种育性的恢复仅是相对于牡丹亚组间杂交 F_1 代而言。高代杂种之间杂交结实的概率较大，但与革质花盘亚组内的杂交比较，其结实率还是偏低，而且不是所有高代杂种参与杂交都能结实，多数品种作母本育性普遍较差，而作父本大多有一定育性。

三、环境条件对杂交育种的影响

在牡丹杂交育种中，相同的杂交组合，在不同地区间、不同年份间实施杂交，结实率和杂交种子出苗率往往差异很大。这种情况发生在同一育种基地，大多与育种操作过程中天气状况有关，而不同地区间的差异，则与各地气候条件及相关环境条件的差异有关。

根据对各地杂交育种结果的分析，环境因子的影响有两点值得关注：

一是杂交的成功率存在个别年份特别高的现象。如据王福统计，栾川基地 2001—2015 年，每年杂交结实率、杂交种子出苗率以及入选优株率都有所不同，有高有低，但 2005 年却特别突出（表 8–17）。截至 2015 年，基地共育出 118 个新品种，其中 2005 年选出的就有 70 个，占总数的 59.3%，并且主要是远缘

●表 8-17 栾川基地 2001—2015 年牡丹芍药杂交情况

年份	杂交组合				授粉花朵数（朵）	结实花朵数（朵）	坐果率（%）	采收种子数（粒）	每果平均粒数（粒）	平均单花结实数（粒/朵）	出苗数（株）	出苗率（%）	产生优株数（株）	优株率（%）
	总计	组间占（%）	亚组间占（%）	亚组内占（%）										
2001	12	0	100.0	0	—	125	—	1 426.0	11.4	—	214.0	15.0	7.0	3.3
2002	21	0	100.0	0	—	116	—	1 107.0	9.5	—	155.0	14.0	3.0	1.9
2003	—	—	—	—	—	—	—	—	—	—	—	—	—	—
2004	191	9.4	46.1	34.5	677	255	37.7	1 702.0	6.7	2.51	252.0	14.8	7.0	2.4
2005	493	19.9	40.0	25.8	1 640	444	27.1	3 493.0	7.9	2.0	618.0	17.7	70.0	11.5
2006	284	8.5	36.3	50.7	578	173	30.0	1 590.0	9.2	2.75	186.0	11.7	8.0	4.3
2007	486	16.9	28.8	34.8	1 628	756	46.4	3 579.0	4.7	2.198	391.0	11.0	10.0	2.6
2008	586	33.8	31.1	5.5	1 059	412	39.0	2 543.0	6.2	2.401	249.0	10.0	3.0	1.0
2009	858	12.2	84.0	3.6	923	374	40.5	3 131.0	8.4	3.392	718.0	23.0	5.0	0.7
2010	567	4.9	90.5	4.6	892	360	40.4	3 955.0	11.0	4.433	150.0	4.0	1.0	0.7
2011	347	2.3	83.0	14.7	535	498	93.1	6 076.0	12.2	11.36	1 690.0	28.0	2.0	0.1
2012	495	13.3	28.4	8.3	204	467	65.0	4 849.0	10.4	23.77	654.0	13.5	1.5	0.2
2013	402	14.9	64.7	20.4	498	267	53.6	2 459.0	9.2	4.436	378.0	15.4	—	—
2014	902	20.6	72.7	6.7	1 064	472	44.4	3 750.0	7.9	3.524	300.0	8.0	—	—
2015	1 566	42.0	52.4	5.6	2 000	974	35.0	8 652.0	8.0	4.326	—	—	—	—
合计	6 910	21.6	60.0	13.11	12 198	5417	44.4	48 312.0	8.9	3.96	5 955.0	12.3	118.0	2.0

杂种。其中又以黄牡丹为亲本的占多数（28 个）。如黄牡丹与‘日月锦’的杂交组合产生 9 株杂种苗选出 9 个新品种；黄牡丹与‘层中笑’组合产生 6 株杂种苗，选出 6 个新品种；黄牡丹与‘夜光杯’组合产生 4 株杂种苗，产生 4 个新品种；黄牡丹与‘百园红霞’组合产生 5 株杂种苗，产生 5 个新品种；黄牡丹与‘似荷莲’组合产生 4 株杂种苗，产生 4 个新品种。此外，以紫牡丹与紫斑牡丹为亲本进行杂交组合产生的 2 株杂种苗，产生 2 个新品种；以紫斑牡丹与‘花王’为亲本进行杂交组合产生 3 株杂种苗，产生 3 个新品种。其他，还有以卵叶牡丹、杨山牡丹等为亲本进行远缘杂交也产生了部分新品种。可以说 2005 年是牡丹远缘杂交育种的丰收年。我们把这种情况称为“2005 现象”。2005 年成果突出可能与以下几个原因有关：①育种亲本均处于青春期，生长健壮，着花量大，质量高，无病虫害，且开花较早（五一前后）。②环境条件优越：天气晴朗，风和日丽，长时间没有下雨，气温适宜（25℃以上），空气相对湿度低，母本处于侧方遮阴下。③花粉生命力强。④操作者刚刚“入门”，育种过程处处严谨。但除上述几点以外，还可能存在某些特殊环境因素的影响，值得进一步探讨。

二是高的杂交结实率、杂种成苗率与优株率之间并不成正比。进一步的分析发现，2005 年杂交组合 493 个，平均单花结实数只有 2.13 粒 / 朵，处较低水平，但杂交种子出苗率较高（17.7%），优株率也较高（11.5%）。而 2012 年授粉花朵仅 204 朵，虽然坐果率高（60.0%），平均单花结实数也为历年最高（23.77 粒 / 朵），但优株率很低，仅 0.2%；此前的 2011 年授粉 535 朵，平均单花结实数 11.36%，杂交种子出苗率 27.8%，但优株率仅 0.1%。这方面的原因还需要做更深入的分析。

除洛阳栾川基地外，洛阳国际牡丹园的杂交结果统计也有类似的情况，具体如表 8–18 所示。

● 表 8-18 洛阳国际牡丹园 2010—2015 年杂交结果统计

年份	杂交组合数	授粉花朵数（朵）	结实花朵数（朵）	坐果率（%）	结种子数（粒）	平均单花结实数（粒/朵）	出苗数（株）	出苗率（%）
2010	8	501	16	3.19	71	14.17	0	0
2011	6	24	0	0	0	0	0	0
2012	6	940	61	6.49	117	12.45	2	1.71
2013	12	1 795	149	8.30	128	7.13	1	0.78
2014	7	774	108	13.95	261	33.72	2	0.77
2015	6	527	86	16.32	185	35.10	169	91.35
平均	8	760	70	8.04	127	17.10	29	15.77

第四节
牡丹杂交育种的经验与教训

一、不同杂交组合的选育效果

（一）亚组内的近缘杂交

1. 肉质花盘亚组内野生种间的杂交

肉质花盘亚组中几种野生牡丹亲缘关系很近，种间相互杂交，亲和力强，结实率高，产生新变异的概率高。但因多为小花，被选中的新品种较少。其花色多为橘黄色、橘红色、黄色、复色等，色彩比较丰富。如紫牡丹×西藏黄牡丹，F_1 代选出‘杏花烟雨’。对于小花型品种的选育需要作进一步探讨。

2. 革质花盘亚组内的野生种和栽培品种间以及亚组内的种间杂交

这类杂交效果较好，受孕率高，结实多，杂种苗也多，容易育出新品种。

以紫斑牡丹、卵叶牡丹、四川牡丹、杨山牡丹等野生种为母本，以观赏牡丹品种为父本进行杂交，亲和力强，结实率高，产生新品种的概率高。后代花色多为红色、粉色、白色之间。如用紫斑牡丹为母本的 F_1 代有‘荟萃’‘桃花女’‘华夏粉狮’‘华夏红狮’‘华夏粉黛’‘紫玉醉雪’‘玛瑙香玉’‘胭脂妃’‘柳叶胭脂’‘紫云飞花’‘出水芙蓉’‘桃花飞羽’‘剪绒莲’‘软玉冰心’‘粉绫素裹’‘宽瓣粉’等；以卵叶牡丹为母本的 F_1 代有‘紫玉’‘秀女’‘冰玉’‘冷玉罗汉’‘菊妃’‘娟娃娃’等；以杨山牡丹为母本的 F_1 代有‘娇丽’等。

以矮牡丹为母本，以观赏牡丹品种为父本进行杂交，结实率低或者根本不结实，产生新品种的概率不高。到目前为止，栾川基地还没有育出以矮牡丹为亲本的新品种。分析其原因：其一为矮牡丹开花早，气温低，授粉期间日均气温最高为 20.2℃，最低为 9.1℃，有时还发生晚霜冻（每年 5 月中旬以前经常会有霜冻发生）。2016 年 5 月 16 日夜里气温降至 -2℃，矮牡丹花瓣和心皮有时受冻失水或变黑，受孕较难或不能受孕。其二是进入 7 月后雨水充沛，空气相对湿度较大，矮牡丹发病率高，即使杂交成功也易感染灰霉病、茎腐病而死亡。

3. 革质花盘亚组内品种群间杂交

在选择优势品种选配合适的杂交组合时，也能收到良好成效。菏泽赵孝知选择不同品种群间花色相同的名品，如红色与红色、白色与白色、黑色与黑色等作为杂交组合，目的是进一步提高杂交后代的鲜艳程度。如将西北品种中黑色系的‘黑天鹅’‘夜光杯’，白色系的‘菊花白’‘北国风光’，与中原品种中黑色系的‘冠世墨玉’‘黑花魁’，白色系的‘香玉’定向杂交。12 年后，相继选出花色更浓更深的‘赛墨莲’‘天鹅娇子’‘黑夫人’，纯白的‘笑之’‘白山黑水’等 12 个新品种。此外，选用日本品种群中红色系的‘花王’，紫红色系的‘群芳殿’等，与中原品种中紫红色的‘墨润绝伦’‘彤云’等定向杂交，选育出紫红色的‘少帅’‘彤云夕照’‘绝伦王子’‘红云擎天’等 9 个优良品种。上述 21 个品种兼有双亲优良性状，杂交优势强，有 10 个品种适于切花，6 个新品种耐日晒，花期较长。21 个品种不仅在菏泽生长开花良好，引到长江流域一带，也表现出耐湿的特点。

4. 品种群内品种间近缘杂交其后代抗性较差

品种群内牡丹品种间的杂交，属于亲缘关系较近的杂交。这类组合亲本选配好时，其 F_1 代也能选出不错的新品种。如 2006 年的一个杂交组合为‘朝阳红’×‘紫罗兰’，其子代出现 3 株理想菊花型优良单株，其中 2 株为红色，1 株为紫黑色。但开红花的 2 株花后其枝干抗病性减弱，于当年七八月份地上部分相继枯死，第二年再从基部发出新枝，生长开花。过去牡丹或芍药杂交育种基本都采用品种群内品种间的杂交组合，亲缘关系较近，因此后代抗逆性、抗病性差，市场竞争能力不强。

（二）亚组间的远缘杂交

1. 基本情况

牡丹革质花盘亚组的种类，特别是栽培品种，花朵较大，花型多样，但花色多集中在紫、红、粉、白等几个色系上。肉质花盘亚组的种类，一般花朵小，花瓣少，花头下弯，但有几个突出的优点：一是整体花期较长；二是其黄色与深紫红色是重要基因资源；三是花香，黄牡丹、紫牡丹是花香育种的好材料。通过远缘杂交，期望将2个亚组的优良性状进行组合，并能够稳定遗传。但由于2个亚组间生殖隔离明显，虽有杂交成功，但后代多为不育，有性繁殖困难。此外，杂交后代优良性状有些尚存在不稳定现象。如‘紫绫浮荷’2012年首次开花，花瓣具不规则紫红色条纹，但翌年条纹已不明显；‘彩盘献瑞’2012年首次开花多为托桂型，雄蕊瓣化瓣紧凑卷曲，色泽较外轮花瓣深，但2013年开花为单瓣型（王莲英，2013）。

2. 不同杂交方式的效果

1）正交　牡丹2个亚组种间和品种间正交时，即以肉质花盘亚组的种为母本，革质花盘亚组的种和品种为父本进行杂交，其亲和力强，结实率高，产生新品种的概率也高。栾川基地有100个新品种为正交组合而产生的。

（1）以黄牡丹、紫牡丹为母本与革质花盘亚组为父本的远缘杂交。这类杂交组合表现亲和力强，结实率高，产生新品种的概率最高，其花色多为红、黄、紫、褐、白、香槟色，并有自然二次开花现象。其中以黄牡丹为母本的F_1代选出的优良品种有‘华夏一品黄’‘金波’‘金衣漫舞’‘金衣花脸’‘金衣飞舞’‘金童玉女’‘嫦娥’‘赛玫红’‘笑颜’‘山川飘香’‘春潮’‘荷塘月色’‘血色黄昏’‘烈火’‘紫缘荷’‘金龙环日’‘小香妃’‘香妃’‘霞光’‘银袍赤胆’‘金袍赤胆’‘黄绫艳’‘大彩蝶’‘蕉香’‘彩虹’‘蝶舞’‘金鳞霞冠’‘杏花晚照’‘金月’‘墨蝶’‘金龙探海’‘杏花春’‘艳金星’‘俏金星’等；以紫牡丹为母本的F_1代选出的新品种有‘华夏玫瑰红’‘华夏红’‘铁观音’‘雅红’等，其中‘华夏玫瑰红’具有二次开花现象。

（2）以大花黄牡丹、狭叶牡丹为母本与革质花盘亚组为父本的远缘杂交。这类杂交组合亲和力强，结实率高，产生新品种的概率也高。目前F_1代所选出的新品种还不多，但已有新品种产生。其花色多为橙黄、橙红、棕黄、棕褐、紫红等，并有自然二次开花现象。如大花黄牡丹×‘白王狮子’的 F_1 代选出的新品种是橙红和橙黄的复色，且在10月1日前后开花，具有秋梢和萌蘖枝二次开花现象；狭叶牡丹×‘琉璃贯珠’的 F_1 代选出的新品种有‘紫霞映珠’，其侧蕾较多，着花量大，当年生萌蘖枝也能开花，花呈紫红色。

2）反交　反交即以革质花盘亚组的种和品种为母本，而肉质花盘亚组的种为父本进行杂交。这类杂交组合亲和力不强，结实率不高，目前虽然有杂交种苗，但其 F_1 代的新品种尚未选出。

二、适宜用作杂交亲本的种类

野生种和具有生育能力的观赏品种之间杂交，都具有一定的亲和力，能够受孕结实，播种后大部分能出苗。从杂交选育的结果看，差距比较悬殊，产生新品种的概率千差万别。为了达到育种要求，实现育种目标，育种时要慎重选择亲本。选择母本时要考虑的因素有单瓣、半重瓣、雄蕊相对较少、花期较长（或早或晚）、花色独特、花香异样、一茎多花、多次开花、植株健壮、抗性强。而选择父本时要考虑的因素有花型端庄大气、花色艳丽独特、花茎长而挺立、株型直立、叶型美丽、花香异样、花期较长（或早或晚）、植株健壮、抗性强。选择亲本时，表型性状差距越大，其 F_1 代的表型性状变化越大，可选择的概率增高，反之其变化越小，可选择的概率降低。

1. 杂交育种中作父本效果较好的亲本

据王福在栾川基地多年的育种实践经验，选择以下牡丹品种作为父本较为理想，其 F_1 代产生新品种的概率较高。如中原品种中的‘层中笑’‘百园红霞’‘红霞迎日’‘似荷莲’‘清香白玉翠’‘朱砂垒’‘朝阳红’‘洛阳红’‘琉璃贯珠’‘胡红’‘彩云飞’‘藏枝红’‘玉面桃花’‘雪映桃花’‘冰罩蓝玉’‘菱花湛露’‘蓝田玉’‘鲁菏红’以及甘肃紫斑牡丹品种中的‘夜光杯’‘隐斑白’等；日本品种有‘新日月’‘花王’‘红辉狮子’‘日暮’‘镰田锦’‘日向’‘日月锦’‘连鹤’‘白神’‘白王狮子’‘岛大臣’‘岛锦’‘旭港’‘花競’‘镰田藤’等；美国品种中‘海黄’也较好。以这些品种作父本与野生牡丹、野生芍药为母本进行杂交，其 F_1 代产生新品种较多。目前育出的牡丹新品种大部分是采用这些亲本育出的。

2. 以野生牡丹作为母本进行杂交时的效果

经过十几年的育种实践，得出利用野生牡丹作母本产生新品种的概率从高到低的排序如下：卵叶牡丹、紫斑牡丹、黄牡丹、紫牡丹、狭叶牡丹、大花黄牡丹、四川牡丹、杨山牡丹、矮牡丹。

三、杂交育种中若干问题的探讨

（一）关于杂交后代的性状遗传

牡丹杂交育种的性状遗传是个比较复杂的问题，这方面的分析和研究不多，但近20年的育种已为今后的研究奠定了基础。下面以栾川基地工作为例，进行一些初步探讨。

1. 牡丹 F_1 观赏性状遗传趋势

张娜（2014）以栾川基地22个杂交组合37个杂交后代（亚组间杂交 F_1 代27个，亚组内杂交 F_1 代10个）及其亲本共57份材料为研究对象进行了观察分析，其 F_1 主要观赏性状的遗传趋势如下：

1）花型　随父本花瓣轮数的增加，单瓣型母本的 F_1 花型逐渐向较高级花型发展。

2）花色　花色遗传没有明显的偏父本或偏母本的趋势。但进一步的分析表明（表8–19），当亲本有一方是白色，另一方为非白色时，其子代的花色多数情况下为非白色（图8–10和图8–11），说明白色相对其他花色遗传力较弱；当亲本花色有黄色时，后代中多数表型为黄色或橙色（图8–12），说明黄色具有较强的遗传力。

3）色斑　花瓣有斑相对于无斑为显性性状。

4）花盘与心皮　花盘质地与心皮是否被毛连锁遗传。花盘革质与心皮被毛呈显性性状。

5）其他　花径遗传具有较强的偏母性；叶形遗传表现一定的偏母性。

2. 同一杂交组合不同 F_1 代的差异

栾川基地22个杂交组合中半数以上只得到一个 F_1 代，但也有部分组合得到2个以上的 F_1 代，其中黄牡丹×‘日月锦’组合得到8个 F_1 代（图8–13）。观察该组合以花器官为主的18个表型性状发现，同一杂交组合亲本和子代之间表型差异显著，不同子代之间表型性状也存在显著差异：

1）花型　花型遗传偏母，子代以单瓣型为主，但也出现了双亲间没有的

● 表 8-19　**栾川基地杂交后代及其父母本花色表现**

母本花色	父本花色	组合数	子代数	子代花色分布						
				白色	粉色	紫红	粉蓝	黄色	橘色	复色
白	白	1	1		1					
白	粉	1	1	1						
白	紫红	1	1				1			
白	紫黑	1	1				1			
白	粉蓝	1	1		1					
白	黄	1	1		1					
粉	红	1	1		1					
粉	粉蓝	1	1		1					
紫红	粉	1	1			1				
紫红	黄	1	1			1				
黄	白	2	4			2		1	1	
黄	粉	4	6	1	1				3	1
黄	红	1	1						1	
黄	紫红	3	11			3		6	2	
黄	紫黑	1	4			1		3		
黄	粉蓝	1	1					1		
合计		22	37	2	6	8	2	11	7	1

● 图 8-10　**紫牡丹（♀）（左）×‘隐斑白’（♂）（中）的 F_1 代‘雅红’（右）**

● 图 8-11　**黄牡丹（♀）（左）×‘隐斑白’（♂）（中）的 F_1 代‘血色黄昏’（右）**

● 图 8-12　**黄牡丹（♀）×‘夜光杯’（♂）的 F_1 代**

花型——菊花型和蔷薇型。

2）花色　母本为黄色，子代花色有偏母倾向，但出现了双亲花色的中间色。如‘彩虹’为橙黄色，边缘有明显红晕；‘蕉香’‘大彩蝶’出现了少有的香槟色。

3）色斑　父本花瓣基部无色斑，但 8 个子代 6 个有色斑。

4）分枝与株高　有无侧蕾多随父本，仅‘彩虹’有侧蕾随母本；子代株高偏父本，多数较高大。

5）其他花部特征　花径均处于双亲之间，约 10 cm；花期均在 10 天左右；花盘（房衣）随父本遗传，均为革质，心皮均被白色茸毛；花盘、花丝、柱头颜色性状高度相关，三者同色或为相近色。

6）叶片特征　8 个后代的羽状复叶与革质花盘亚组的亲本相似，叶片大小较亲本有增加的趋势，仅‘金鳞霞冠’叶片与母本一致，为小型长叶；复叶羽裂回数多为二回，仅‘金鳞霞冠’为一回；顶小叶均为深裂至全裂；小叶叶型随父本，以卵形为基本形。

● 图 8–13　**黄牡丹（♀）×‘日月锦’（♂）的 F_1 代**

3. 关于花色遗传中的显性与隐性

据王福的观察，当用野生牡丹作为杂交亲本育种时，多数 F_1 代的花色偏母本，但也有不同。如用紫斑牡丹作亲本，后代多数偏父本，少数偏母本。具体如紫斑牡丹（♀）×‘花王’（♂），F_1 中‘华夏粉狮’‘华夏红狮’‘华夏粉黛’都不是白色，而是偏父本，但比父本的颜色变浅。还有黄牡丹（♀）×‘白神’（♂）的 F_1 代‘华夏一品黄’，即为偏母本，呈黄色。再有黄牡丹（♀）×‘隐斑白’（♂），其 F_1 代‘血色黄昏’‘烈火’‘紫缘荷’，既不是母本的黄色也不是父本的白色，而是橘红色。所以杂种 F_1 代的花色变数很大，常常不以人们的意志为转移。

另据观察，用白色的种或品种作亲本时，其 F_1 代白色几乎都为隐性；野生黄牡丹作亲本时，其 F_1 代的花色多数为黄色，黄色呈显性；大花黄牡丹作亲本时，其 F_1 代的花色为橙黄色、橘红色、棕黄色，黄色呈显性；紫牡丹作亲本时，其 F_1 代的花色多为红色、紫红色，紫红色呈显性；狭叶牡丹深紫色亲本参与杂交育种时，其 F_1 代的花色仍多为紫色，也有白色、红色、粉色等，紫色呈显性；卵叶牡丹作杂交亲本时，其 F_1 代的花色基本为粉色或浅粉，甚至乳白色、白色，粉色为显性；四川牡丹作亲本时，其 F_1 代是粉色，粉色呈显性。综上所述，野生牡丹参与杂交育种时，除紫斑牡丹和‘凤丹’的花色白色呈隐性外，其余野生种的花色皆为显性。而牡丹栽培品种则不同，利用栽培品种进行品种间杂交时，花色变化目前还未发现规律。若从大多数品种的色彩来分析，红色、黄色、粉色、紫色在杂交后代中，一般为显性。

（二）常规杂交育种中的偶然性

牡丹芍药杂交育种过程受内外多种因素的影响。在当前情况下，采用常规育种方法要育出理想的新、奇、特的新品种在一定意义上讲存在偶然，不是必然。比如某个亲本组合杂交后，从其子代选出了几个较理想的新品种，但是如果还是同一育种人，再利用这个组合，在相同的环境下重复进行杂交，其杂交后代因性状分离和基因重组，会出现截然不同的结果。从我们近 20 年的育种实践看，可以说人工杂交育种所培育出的新品种，是不可复制的，是世界上唯一的。但近似的品种有可能产生，其花色相近，花型、叶型、株型相似，但绝不会相同。所以牡丹芍药杂交育种中的亲本组合，完全可以公开，无须保密。育种者懂得并掌握丰富的种质资源才是最重要的，因为只有更多、更好的杂交组合才能育出更多有意义、有价值的牡丹芍药新品种。

（三）授粉最佳时机的判断

在杂交育种过程中，掌握最佳授粉时机至关重要，这是决定杂交育种成败的关键一环。授粉的最佳时机，为母本花蕾绽口时去雄套袋，套袋后 5 ~ 7 天，柱头开始分泌黏液，这是最佳授粉时机的标志。紫斑牡丹、'凤丹' 及观赏芍药品种套袋后，一般 6 ~ 7 天柱头开始分泌黏液；黄牡丹、紫牡丹、狭叶牡丹、大花黄牡丹、四川牡丹、矮牡丹、卵叶牡丹、野生芍药套袋后，一般 4 ~ 5 天柱头分泌黏液。总之，革质花盘亚组比肉质花盘亚组柱头分泌黏液的时间略长些。如果黏液分泌不明显，可以观看蚂蚁是否出入纸袋，花丝是否开始脱落，柱头是否从聚到散，出现这类现象是授粉的最后时机。掌握时机，在风和日丽的晴朗天气进行授粉，是最佳选择。这是在栾川育种基地总结出来的经验，其他地方需要自己观察总结。总之，气温是决定授粉最佳时机的基本要素，气温高，柱头分泌黏液快，所需时间短；气温低，柱头分泌黏液慢，所需时间长。阴雨、潮湿、低温的天气不利于授粉。因为 25℃以上是花粉萌发最快的时候，花粉萌发后易进入胚珠，形成合子，受孕成功。低于 25℃时花粉萌发慢，进入胚珠耗时长，受孕成功率低。

（四）利用海拔梯度延长育种时间，克服花期不遇

在牡丹芍药资源充足的情况下，利用海拔高度不同、温差变化不一样和野生牡丹及 F_1 代自然二次开花现象来延长授粉时间。这是一种既经济又实惠的方法。一般情况下像洛阳、菏泽两个栽培中心，其牡丹芍药最佳授粉时间仅有 10 天左右，遇到不利天气时，杂交授粉时间会更短。因此为了延长牡丹芍药的授粉时间，在每年的 4 月中旬，从低海拔的洛阳和菏泽两地采集牡丹和芍药的花粉，然后带到海拔约 700 m 的基地进行杂交育种。授粉时间从 4 月下旬至 5 月中旬 20 天左右。然后再转移到海拔 1 300 m 的基地，从 5 月中旬至 6 月中旬，大约 30 天。两地育种天数之和可达 50 天。相比洛阳、菏泽，育种时间增加 1 个多月，从而很好地解决了牡丹和芍药花期不遇的问题。这期间还可以充分利用牡丹杂种 F_1 代的自然二次花与芍药进行组间远缘杂交，扩大牡丹、芍药的杂交育种规

模和范围，提高产生新品种的概率。

（五）缩短育种周期的探索

利用芍药科野生种实生苗提前开花和 F_1 代的早育（童期短）现象（即营养生长期短、生殖生长期提前的现象），开展牡丹、芍药的远缘杂交育种，可以大大缩短新品种问世的时间。据调查，肉质花盘亚组野生种的实生苗，在原生地首次开花需 5 ~ 9 年的时间，而在育种基地实生苗开花只要 2 ~ 5 年的时间。而牡丹杂种的 F_1 代从播种到开花有些只需 19 个月，这样就大大提前了牡丹的开花时间，因而延长了杂交授粉的时间。据报道，美国育出一个新品种平均需 9.8 年，而我们利用提早开花的现象育出一个新品种平均需 4.5 年，比美国减少一半。如果利用 F_1 代早育开花（童期短）的现象进行杂交授粉，更可以大大提高育种效率。如大花黄牡丹 × 矮牡丹的 F_1 代（Z9–23–1）出苗后第三年花期就正常开花，当年结实后立即播种，第二年在苗床上就开花了。大花黄牡丹和矮牡丹的实生苗自然首花期一般都在 6 ~ 9 年，可是通过杂交后，童期明显缩短，在育种时可以充分利用这一特性，快速培育新品种。

（六）远缘杂交中的假杂种现象与杂种苗的早期鉴定

1. 假杂种现象

牡丹亚组间杂交过程中可能会出现花药破损导致自身花粉污染或者其他植株花粉污染等情况，而牡丹亚组内杂交非常容易，故远缘杂交过程中可能会得到部分非定向父本授粉的种子，即假杂种。假杂种的产生为后期的选择和管理增加了难度，需要尽早鉴别，及时淘汰假杂种而加强真杂种的精细管理和培育。

2. 杂交苗的早期鉴定

连续 3 年对栾川基地 2004 年及以前培育的 158 株杂交后代进行形态学观察，这些植株的亲本中，母本为肉质花盘亚组的紫牡丹、黄牡丹和狭叶牡丹，父本为革质花盘亚组的种类或品种。经对 F_1 主要形态性状的对比分析，初步认定花盘质地、心皮有无毛、花径大小、叶型变化为区别真假杂种的主要形态特征。如果杂交后代 F_1 表现出革质花盘化，心皮被毛，花径比母本明显增大，小叶裂片变宽（近似父本），4 个性状同时出现者为真杂种。而花盘偏肉质，心皮光滑无毛、花径小，小叶裂片狭窄者为假杂种。因为后者为极明显偏母性状，极少或没有父本性状的遗传（关坤，2008；王莲英，袁涛，2013）。

经用随机扩增多态性分子标记技术对上述 158 个 F_1 的分析，新品种均出现了父本母本各自的特异性条带，是真杂种，与形态标记鉴定结果一致，并验证了形态鉴定的可靠性。从而首次提出杂种后代形态学鉴定的 4 个依据，即花盘、心皮、花径和叶型，为区分真假杂种的主要性状。这就使得育种工作能更好地进行早期鉴定，提高育种效率（关坤，2008）。

杂种苗早期鉴定也可采用其他分子标记方法，如吴蕊等（2011）利用牡丹'秋发 1 号'（♀）与紫牡丹（♂）杂交，获得杂种苗 16 株，形态标记将 F_1 代幼苗分为偏父型 3 株，偏母型 5 株，中间型 8 株，而简单序列重复区间标记（SSR）鉴定在 L=0.65 时，将 F_1 代幼苗分为偏父型 6 株，偏母型 5 株，中间型 5 株。16 株中有 12 株两种方法鉴定结果一致，4 株不一致，认为形态标记结合分子标记的评价方法有利于杂交后代的早期鉴定。

3. 组间杂交中的异常种子也可能形成杂种苗

杂交种子播种前需要进行漂洗，一般认为漂浮起来的多为空瘪粒，需要剔除。但在北京鹫峰基地的组间杂交试验中发现，芍药种子籽粒小，部分远缘杂交种子胚乳皱缩成凝胶状或种子开裂，漂洗过程中这些种子浮于水面，2013 年漂洗过程中将漂浮在水面上的开裂种子或胚和胚乳呈凝胶状的组间杂交种子沙藏后播种，发现这些种子能正常萌发，且出苗率比例较高。其中某杂交组合中 62 粒漂浮种子播种后，竟获得 24 株幼苗，出苗率为 38.71%，而且从一年生幼苗形态看表现出组间杂种的特点。说明这类种子本身是成熟种子，并非胚败育或空瘪粒。

出现这种现象的原因是种子干燥后胚乳会皱缩，从而使种皮和胚乳间出现缝隙，增大了种子的浮力。另外，组间杂交种子易出现开裂，开裂种子的胚乳与种皮形成缝隙，也增大了种子浮力。

这类种子应先沙藏，剔除腐烂种子后再播种，可避免不必要的损失（韩欣，2014）。

（七）提高授粉效率的辅助措施

在远缘杂交中，为了克服杂交障碍，下列方法可供参考：

1. 重复授粉、蒙导授粉和延迟授粉

几种方法均可以提高‘粉玉奴’×‘凤丹白’和‘粉玉奴’×‘洛阳红’的单花结实率，且以延迟授粉效果最好（贺丹等，2020）。

2. 授粉前或授粉后用不同的溶液处理牡丹柱头

郝津藜等（2019）每次授粉前用盐溶液和激素处理牡丹柱头，发现氯化钾（3.5%）处理优于氯化钠，而赤霉素（25 mg. L^{-1}）处理更有利于提高杂交组合结实率。

段晓娟（2014）在授粉后即分别缠上浸有6–苄基腺嘌呤（6–BA）、赤霉素和萘乙酸的脱脂棉，发现6–BA处理最利花粉管伸长，且试验结果受亚组间正反交影响；此外硼酸处理也能提高牡丹亚组间杂交结实率和促进组间远缘杂交结实；王旭（2017）应用硼酸（100 mg. L^{-1}）处理‘凤羽落金池’×‘海黄’、硼酸（50 mg.L^{-1}）处理‘金星闪烁’×C15，可克服杂交不亲和。

3. 远缘杂交胚拯救技术

远缘杂交中，杂交结实量多而出苗率低的类型，视杂交胚发育情况，应用组培技术实施胚拯救工作。相关技术尚待完善中。

（八）杂交育种中的教训及注意事项

牡丹芍药杂交育种工作中有苦也有甜，有收获也有教训，可谓五味杂陈。

1. 初期缺乏经验犯低级错误

在工作初期，曾利用生活力极低或没有生活力的父本花粉与没有结实能力的母本进行杂交组合，虽然精细操作，辛勤管理，结果秋天采种时，却颗粒无收，教训十分深刻。从一定意义上说，教训也是经验。育种工作一定要以科学态度为指导，脚踏实地地积极开展工作，没有捷径可走。

2. 利用阴雨不良天气进行杂交授粉得不偿失

在育种过程中，当进入授粉的最佳时期时，难免会遇到阴雨连绵的不良天气。由于事先去雄套袋的花朵较多，虽然赶上了不良天气，但仍然继续进行授粉，结果事与愿违。阴雨天授粉结实率极低，只有不到正常天气的20%或根本不结实。这是因为空气相对湿度大，花粉易破裂，加上温度低，花粉萌发慢难以进入子房，多以败育告终。此时应延迟1～2天授粉，或切掉柱头再进行授粉。

3. 杂交种子在苗床播种后覆膜保温不可取

2014 年杂交种子采收后，经过处理播种于事先准备好的苗床上，由于秋天天气干旱，浇透水后覆膜保墒，结果翌年春天没出几棵杂种苗，到第三年仍没出多少。原因是苗床覆膜后，遇上暖冬，气温偏高，杂种种子感受低温时间不够，造成出苗率很低。解决办法为干旱少雨时，要及时喷水或灌溉，也可以覆盖秸秆或杂草，或在入冬前揭掉覆盖的薄膜，不要让播种苗床覆膜越冬。

4. 杂交种子不能采收过晚或采后放置过久

杂交种子采收过晚或采后放置过久，种子失水过多，种皮又厚，所以播种后翌年多数不出苗，需隔 1 ~ 2 年才出苗，浪费时间。最好是适时采收，随采随播。一般肉质花盘亚组为母本所结杂种的蓇葖果多为 70 ~ 80 天成熟，而革质花盘亚组为母本的杂种蓇葖果，多为 80 ~ 90 天成熟；组间杂种一般正交 60 天，反交 70 天即可成熟。

在多年育种过程中，曾经发现有些杂种 F_1 代种子，遇到潮湿阴雨的年份，赶上雨季时（多为 7 月下旬），果皮会自然腐烂，杂交种子落地。因为空气相对湿度大，种子在植株基部的阴凉环境下生根发芽，于 9 月、10 月间长出幼苗。这一自然现象也清楚地告诉人们，杂交种子应该适时地早采早播和随采随播。

5. 防止杂交种子采收后的霉变

每年杂交种子采收时（一般为 7 月底至 8 月初），正是雨季，空气相对湿度大，温度高，稍不注意就可能发生霉变，所造成的损失无法挽回。所以杂种采收后，要放在阴凉通风处晾着，经常翻动，防止霉变。经过 3 ~ 5 天后熟后，进行剥种、制种，然后沙藏。如不进行沙藏就可以直接播种。2003 年杂种采收后放在室内，因故未能及时处理，结果全部霉变，造成一年空档。

6. 杂种苗要设专人管理

杂交种子播种时和种苗出土后，必须有专人跟踪管理。锄草、施肥、打药不能用外人，因为他们不懂杂种苗的珍贵和重要性，往往锄草或施肥时无意中伤害了来之不易的杂种苗。这种情况每年都能遇到，有时就连孤本杂种苗都能被锄掉，或经常把杂种苗上挂的标牌碰掉，让人无法识别，造成无法弥补的损失。

第五节
国外牡丹育种经验的借鉴

在牡丹育种中，除不断总结与积累自身的经验外，对国外的育种经验也需要不断加以关注。近来，笔者在搜索国外牡丹生产和育种苗圃时，发现澳大利亚的一家苗圃——牡丹芍药园（Peony Garden）（以下简称“澳洲牡丹园”）近30年来开展了大量的牡丹育种工作，且成果斐然。通过对这家苗圃网站信息的详细解读，我们对国外近年来牡丹的栽培和育种状况有了全新的认知，其“后来居上”的成功经验值得我们学习和借鉴。

下面以澳洲牡丹园为例对国外牡丹栽培和育种经验作进一步的分析和总结，希望能对国内牡丹育种工作有所启发。

一、国外牡丹育种典型案例的初步分析

（一）澳洲牡丹园的发展背景

澳大利亚常被称为澳洲，面积较广，南回归线贯穿其中部，受不同气压带及季风影响，形成了东北部热带雨林气候、东部亚热带季风湿润气候、东南部温带海洋气候、西南部地中海气候、北部热带草原气候、东部和南部热带草原气候，以及西部热带沙漠气候等类型丰富的气候区。

澳洲牡丹园位于澳大利亚维多利亚州的墨尔本市，处于澳大利亚的东南角，

属温带海洋性气候，年降水量在 500 mm 左右。因地处南半球，其季节特征和我国完全相反，夏季是 12 月至翌年 2 月，冬季是 6 月至 8 月。墨尔本市夏季最热月均温在 25℃左右，冬季气温为全澳大利亚最低，有零度以下低温。正因为冬季气温会低于零度才使得该地区有条件种植芍药属植物。

澳洲牡丹园建立于 1978 年，前身是一个私家花园，花园主人出于个人兴趣爱好，在自家花园中种植牡丹和芍药。最初的几年几乎每年都会引种数十个牡丹品种，并通过分株进行扩繁。在前期资源搜集的基础上，园主开始尝试进行杂交育种工作，最初的育种工作仅仅是针对普通牡丹，利用日本牡丹及中国牡丹进行品种间杂交，培育出了一些更适应墨尔本当地气候的品种。伴随着对芍药属植物了解的深入，园主意识到培育牡丹亚组间高代杂种更具有挑战性。牡丹亚组间杂种的出现，极大地丰富了牡丹栽培品种的花色，黄色、橙色和香槟色等普通牡丹中不曾有的新花色开始涌现。但 F_1 杂种牡丹育性非常低，几乎不能正常结实，在很长一段时间内利用牡丹亚组间杂种 F_1 继续进行育种都无法实现。于是园主从美国牡丹育种家桑德尔手中采购了部分种苗和亚组间杂交种子，利用这些材料构建了自己的资源圃，并不断开展杂交育种工作。通过不断尝试，最终牡丹亚组间高代杂种不断育出，育性也得到极大的恢复。该苗圃利用牡丹亚组间高代杂种品种之间进行杂交，以及利用牡丹亚组间高代杂种与普通牡丹进行回交，使得后代花色和花型变得更加丰富。

（二）资源搜集及杂交育种

1. 资源搜集

开展育种的前提是要拥有足够的育种亲本，Peony Garden 的主人在前期积极开展了牡丹品种收集工作。主要收集的品种有以下两类：

1）普通牡丹　该苗圃共引种了 52 个普通牡丹品种，其中日本品种 47 个，占多数；中国品种 5 个，分别是‘粉二乔’‘洛阳红’‘赵粉’‘翠荷花’和‘玉楼点翠’（音译）。在这 52 个品种中，粉色品种 22 个，紫红色品种 13 个，红色品种 11 个，白色品种 6 个。这些普通牡丹花型多为单瓣、半重瓣，仅 16 个为重瓣。

2）牡丹亚组间杂交品种　苗圃引入美系牡丹品种共 26 个，其中桑德斯培育的品种 17 个，达佛尼斯培育的品种 5 个。12 个属红色系（包括紫黑色、深红色、红色、橙红色），14 个属黄色系（包括亮黄色、浅黄色），花型也多为单瓣型和半重瓣型，重瓣型极少。

2. 杂交育种

截至 2016 年，澳洲牡丹园公布的自育品种达到 689 个。这些品种包括普通牡丹 119 个，高代杂种牡丹 567 个，牡丹芍药组间杂种 3 个。

（三）育种成果分析

1. 普通牡丹育种

多数日本品种和中国品种都具有较好的结实性，在育种初期，园主通过杂交培育出了 119 个适应墨尔本气候的牡丹品种。这些品种的花型和花色与我们常见的日本牡丹差异不大，花色主要为白色、粉色、红色、紫红色、紫色，部分品种花瓣基部有明显色斑，花型以半重瓣为主，花朵较大。

2. 组间杂交育种

利用牡丹和芍药杂交并成功获得后代是非常宝贵的。该苗圃共获得 3 个极具商业价值的品种：'金色奋进号'（'Golden Endeavour'）、'粉色仙女'（'Pink Fairy'）、'金色仙女'（'Golden Fairy'）。值得注意的是，这 3 个品种中有 2 个品种（即 'Golden Endeavour' 'Pink Fairy'）是以牡丹作为母本、芍药作为父本育成的，这种反交培育的芍药属组间杂种极少，难度也更大。

3. 牡丹亚组间高代杂种的选育

牡丹亚组间高代杂种选育是澳洲牡丹园育种的重点，自 1993 年第一个杂交后代开花，截至 2016 年，共计有 567 个杂交优良株系被定名，育种成果丰硕。这些牡丹亚组间高代杂种具有以下特点：

1）花色相对集中　高代杂种牡丹的花色主要分为四大类：红色、橙色和复色、紫红色和黄色。从图 8–14 可以看出，红色系杂种牡丹数量最多，占了所培育的新品种数量的 46%。

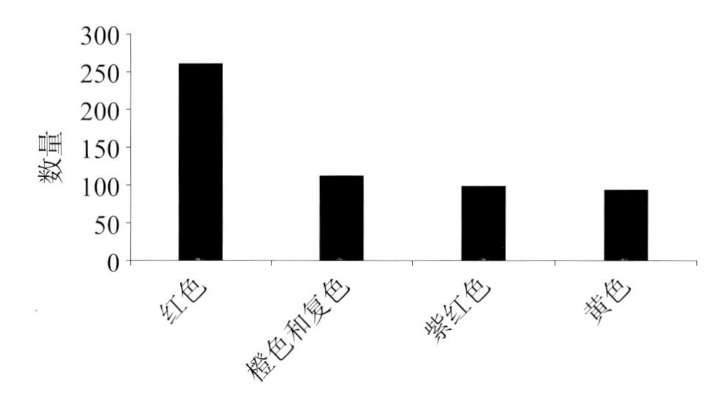

● 图 8–14　**牡丹亚组间高代杂种的花色分布**

2）花径中大品种居多，但育出了巨型花　从花朵直径来看，可以将澳洲牡丹园培育的牡丹亚组间杂种分为四类：巨大花型（25 ~ 28 cm）、大花型（18 ~ 24 cm）、中花型

（15～17 cm）和小花型（12～14 cm）。从图 8–15 可以看出，这些新培育的品种中，中花型品种居多，占所有品种的 65%。同时，通过和普通牡丹的回交，大花型品种数量在美国培育的杂种牡丹基础上比例有所增加，占全部品种数量的 32%，同时也出现了巨大花型品种。巨大花型品种虽然在所有牡丹中占比不高，但能将这一性状引入牡丹亚组间杂种非常难得。

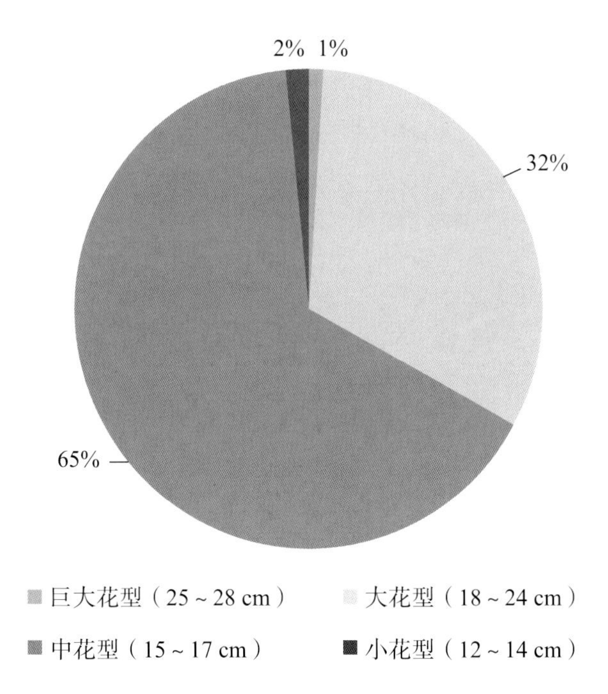

● 图 8–15 **牡丹亚组间高代杂种的花径特征**

3）半重瓣类型居多　从花型上看，澳洲牡丹园培育出的牡丹亚组间高代杂种多数品种花瓣少于 5 轮，花瓣能达到 10 轮以上的非常稀少。这与其育种用的亲本关系较大。该苗圃早期引种的普通牡丹品种多为日系的半重瓣品种，引种的牡丹亚组间杂种花瓣层数也较少，因此想培育出花瓣层次更多的品种有一定难度。

4）牡丹亚组间高代杂种童期　牡丹属于长命植物，童期（从播种至首次开花的时间）较一般植物长。澳洲牡丹园从 2006 年开始统计培育的杂种牡丹童期，结果显示该苗圃的牡丹亚组间杂种童期最短为 2 年，最长童期竟长达 16 年。其中多数品种的童期为 3～6 年，平均为 4.86 年。见图 8–16。

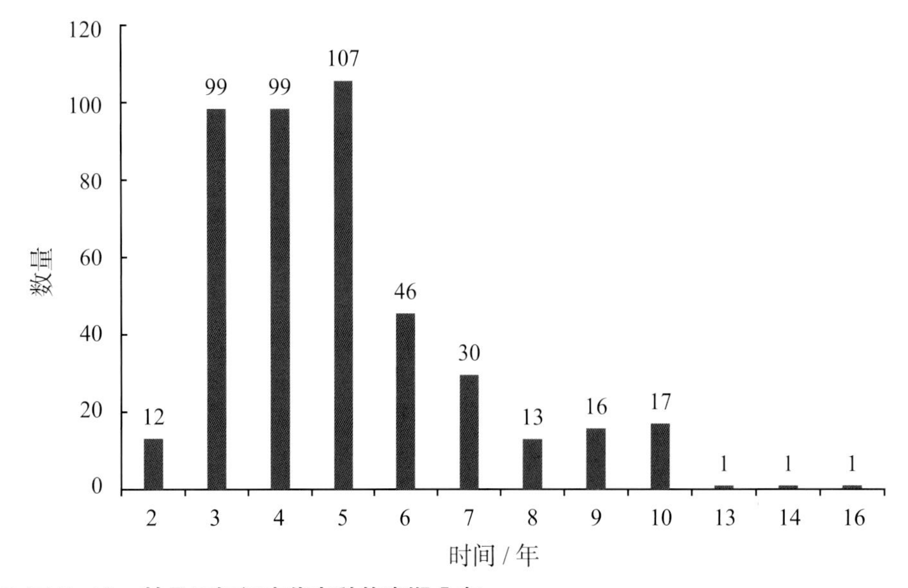

● 图 8–16 **牡丹亚组间高代杂种的童期分布**

5）1993—2015 年育种成果分析　牡丹育种是一个长期积累的过程，澳洲牡丹园开展牡丹育种工作已超过 40 年。正因为一直坚持，后期的育种成果才能如此丰硕。有资料记载的苗圃第一个杂交品种开花是 1993 年，之后每年都有新品种出现，到 2006 年品种数量开始出现爆发式增长。2011 年该苗圃有 83 个自育品种首次开花，数量之多，实属罕见。见图 8–17。

6）育种亲本分析　查阅育种资料可以看到，该园所利用的原始育种亲本并不丰富，仅 20 个左右。其中主要利用的亲本有‘中国龙’‘金色年华’‘安娜玛丽’‘F_2A’和‘F_2B’（桑德斯培育的两个 F_2 代）以及‘黄金时代’‘罗莎琳德·埃尔西·富兰克林’和‘金晃’等，这些品种也是美国现在多数杂种牡丹的主要原始育种亲本。通过持续不断地杂交，该园多数新培育品种已经是第五代，甚至更高世代。其中高代杂种‘瓦拉’（‘Walla’）的培育过程如图 8–18 所示。

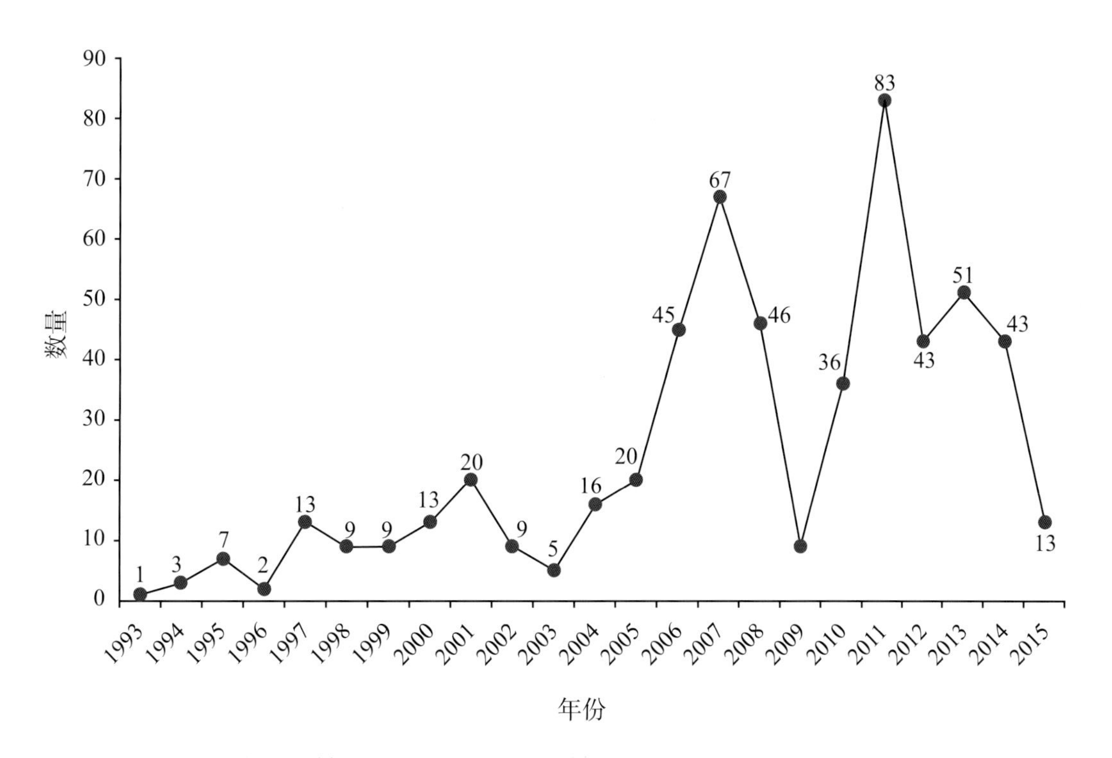

● 图 8–17　1993—2015 年每年首次开花的牡丹亚组间杂种种苗数量

二、澳洲牡丹园牡丹育种工作的几点启示

在对澳洲牡丹园几十年牡丹育种工作进行分析总结的基础上，结合欧美长期牡丹远缘杂交的育种实际，著者认为该园工作可以给后人留下以下启示：

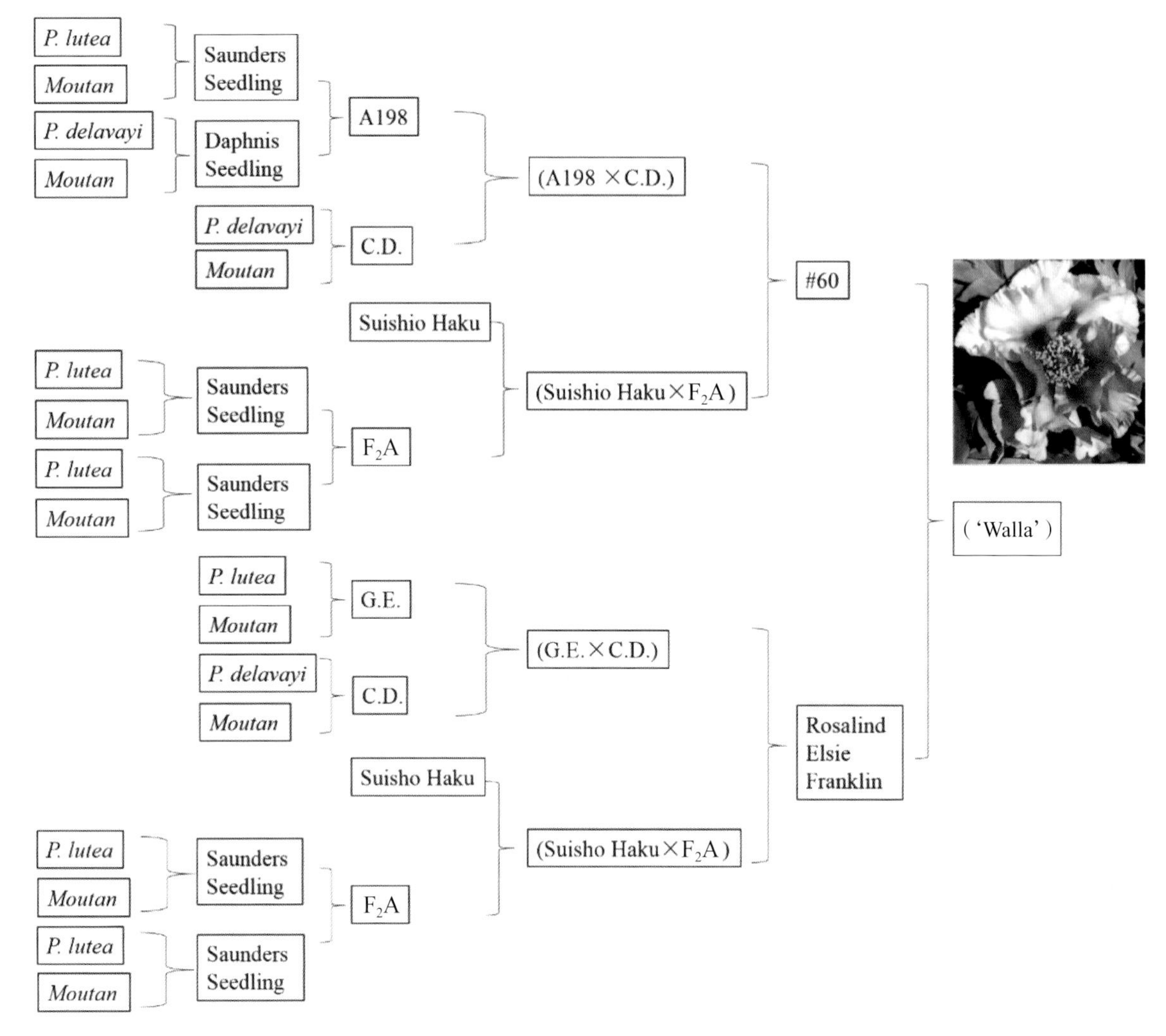

C.D.=‘Chinese Dragon’（‘中国龙’）；G.E.=‘Golden Era’（‘金色年华’）

● 图 8–18　牡丹亚组间高代杂种‘瓦拉’（‘Walla’）的杂交谱系

（一）牡丹杂交育种工作一定要长期坚持，并且要有正确的技术路线和育种策略

牡丹育种工作初期，由于经验不足，且牡丹杂交实生苗大多童期较长，因而很难短期见到具体成果。但长期坚持且重视杂交亲本选择和选配杂交组合，则随着时间的推移，其成效会越来越显著。澳洲牡丹园是个榜样，经过不到 30 年的努力，其培育的牡丹远缘杂种已经超越了美国培育的牡丹远缘杂种数量，并在培养巨大花型品种等方面有所创新。

（二）勇于探索，敢为人先

总结澳洲牡丹园和其他欧美育种人的育种经验，可以发现在育种亲本的选择及育种思路上，他们一直在创新。从最初利用肉质花盘亚组野生种与普通牡丹杂交培育出牡丹亚组间杂种，之后又通过不懈努力恢复了亚组间杂种的育性，使得牡丹亚组间杂交品种不断增多。借鉴日本育种家的经验开展芍药与牡丹组间杂交，并在实践中不断总结经验，探索出了一条培育组间杂种的道路。而澳洲牡丹园的主人在组间杂交育种的道路上，又在尝试其他类型亲本的应用，并初步取得成功。新品种的产出需要坚持不懈的努力，同时也需要不断去探索和尝试新的杂交组合类型和育种技术，只有勇于探索，才能不断有所突破。

（三）某些具体育种目标要不断根据市场需要进行调整

牡丹远缘杂种具有两个较为明显的优势：一是拥有一些普通牡丹品种没有的花色；二是花期比较长、晚，最晚的可以较普通牡丹花期晚 2 周左右。因而在花色和花期上都对现有栽培品种进行了有效的补充。澳洲牡丹园培育的牡丹远缘杂种中，部分新品种花型花色都非常优秀，但也有美中不足之处。就花色而言，他们培育的牡丹拥有众多的黄色和橙色品种，但白色、雪青色和粉色品种相对较少，有必要通过将普通牡丹的白色和粉色性状导入，使得晚花品种颜色更加丰富。澳洲牡丹园培育的牡丹亚组间杂种花瓣层次超过 5 轮的较少，但大众审美还是更喜欢花瓣层次丰富的品种，因此可以将其与重瓣程度较高的普通牡丹进行杂交，培育花瓣层次更丰富的品种。这样不仅可以增加花朵的美感，同时也可以延长单个花朵的花期。

（四）努力克服牡丹亚组间远缘杂种 F_1 代育性低的障碍，加快牡丹育种进程

牡丹亚组间远缘杂交中，F_1 代几乎没有育性，克服这一障碍是牡丹亚组间远缘杂交育种得以持续进行的关键节点。澳洲牡丹园借助美国育种家的成果较好地解决了这个问题。

应当注意，牡丹亚组间远缘杂交 F_1 代虽然几乎没有育性，但并不是完全没有育性。日本为了培育出自己的黄色系、橙色系牡丹新品种，利用美国牡丹亚组间远缘杂交 F_1 代‘海黄’作母本（‘海黄’杂交结实率约为 1/2 000），与其他日系牡丹品种杂交。通过大量的杂交工作，获得少量饱满种子，播种后部分萌发出苗开花，并培育出了‘黄冠’和‘赤铜辉’等一批性状优于‘海黄’的杂种牡丹新品种。我们后期的育种不能再停留在 F_1 代育种上，应该积极在现有的 F_1 代品种中进行筛选，也可从国外引入部分有育性的牡丹亚组间杂种，积

极开展高代杂种牡丹的育种工作。在这方面，北京林业大学成仿云团队已经开展了许多有益的尝试。

（五）充分发挥中国芍药属资源优势，不断丰富牡丹远缘杂交中亲本资源，走出一条中国牡丹品种创新之路

芍药属牡丹组植物原产中国，从 20 世纪 90 年代中期开始，中国各地先后开展了芍药属牡丹组植物的引种驯化工作，并且开展了野生种与栽培品种之间的杂交，其中肉质花盘亚组与革质花盘亚组间的远缘杂交，相继培育出‘华夏一品黄’‘炎黄金梦’‘华夏金龙’‘香妃’‘华夏玫瑰红’‘甘林黄’‘靓妆’等几十个亚组间杂交新品种，并且大量新的亚组间杂交新品种每年不断涌现（李嘉珏等，2011；王莲英 等，2013；王莲英和袁涛，2015）。牡丹亚组间杂种不仅极大地丰富了我国现有牡丹品种的花色，延长了花期，还表现出抗旱、耐涝、抗病、生长势强、童期短、部分两次开花等优点（王莲英等，2013），但亚组间杂种也存在花朵侧开、花头下垂、花朵直径小等缺点，需要继续加以改良。

因气候条件限制，澳洲牡丹园在紫斑牡丹育种上并无明显建树。我们则应重视开展耐湿热紫斑牡丹的杂交育种工作，利用现有紫斑牡丹品种及相对较耐湿热的紫斑牡丹与耐湿热品种进行杂交，在保留紫斑牡丹原有优点的基础上，导入耐湿热的性状，使得这一最具中国特色的牡丹可以在中国和世界更多地区栽培。

近年来，芍药属组间杂种也正在大量涌入中国市场，且价格逐年下降，吸引了众多园艺爱好者。中国牡丹芍药组间杂交育种虽然起步较晚，但已初见成效。近几年逐步有新品种育出，并以北京林业大学成仿云团队和洛阳国家牡丹园刘改秀团队育种成果最为突出（王莲英，袁涛，2015；杨勇，2018）。由于基本沿用了美国伊藤杂种的育种思路，以芍药作为母本，亚组间杂种牡丹品种作为父本，育成品种和美国伊藤杂种有较高的相似度。

澳洲牡丹园在伊藤杂种选育中采用了以牡丹为母本、芍药为父本的反交育种方式，并成功获得 2 个组间杂交新品种。2005 年，刘政安、王亮生在北京昌平陈富飞苗圃发现 1 株花瓣基部有紫斑的芍药个体，经试验证明是芍药和紫斑牡丹杂交的后代（郝青等，2008）。上述两例说明，芍药属组间杂交不能局限在芍药作母本、亚组间杂种作父本的模式当中，其他模式也可能有机会获得后

代。中国拥有丰富的芍药属野生资源和栽培品种资源，应积极尝试不同类型的组间杂交，培育出更具中国特色的组间杂交新品种。

（六）正确处理品种数量与质量的关系，坚持品质第一

截至 2016 年，澳洲牡丹园共命名了 567 个亚组间杂交品种，超过了美国牡丹芍药协会登录的所有牡丹亚组间杂种数量的总和。但同时我们也注意到这些所谓的品种多数是单瓣，且花色多集中在黄色、橙色和红色，这也导致了这些品种的辨识度不高，很多品种可能根本没有机会推向市场。我们在开展牡丹育种的过程中，也需要正确处理品种数量与质量的关系，不能盲目追求品种数量而忽视质量。在品种筛选过程中需要综合考虑各方面的因素，尽量做到每个新选育品种都能经得起市场和时间的考验。

第六节
牡丹新品种的扩繁

一、目的和意义

牡丹新品种扩繁的目的是迅速增加新品种植株数量，以便申报国家授予的新品种权，同时为进入市场做好充分的准备。其意义在于所培育的新品种能获得自主知识产权，得到国家新品种保护权；新品种进入市场，可以提高市场的竞争力，增加企业或单位经济收入；同时更新退化品种，提高牡丹适应性和观赏性，为提高人民文化生活水平服务。

二、扩繁方法

新品种扩繁尝试过扦插，虽能成功，但扦插苗生长缓慢；分株繁殖亦可，但扩繁速度较慢。所以主要采用嫁接方法。

（一）嫩枝扦插

指利用牡丹当年生长旺盛的新梢，于6月下旬，剪切12 ~ 15 cm长的插条，插条上着生2个芽，先用0.3%的高锰酸钾溶液消毒2 min，经过水洗后，速蘸事先配制好的萘乙酸、吲哚丁酸、绿色植物生长调节剂（GGR）溶液，阴干后扦插于阳光沙床上。及时喷淋清水。设定4种溶液浓度，分别是1#液为0.05%

萘乙酸；2# 液为 0.2% 吲哚丁酸；3# 液为 0.05% 绿色植物生长调节剂；4# 液为 1# 液 + 2# 液的混合液，以清水作对照。经观察，以 4# 液的效果最佳，其愈伤形成快、生根快、成活率高，但是移栽后生长缓慢。

（二）嫁接

1. 嫁接的时间及接前准备工作

牡丹嫁接时间多为每年的白露前后。嫁接前应准备嫁接刀、枝剪、绑缚物、黏土以及砧木和接穗。砧木和接穗采集后，用 0.3% 高锰酸钾溶液浸泡消毒，黏土用水泡开加入 0.3% 高锰酸钾溶液消毒，栾川采用的砧木都是‘凤丹’实生苗，芍药根砧木应用较少。

2. 嫁接方法

嫁接方法虽多，但是经常用的却只有芽接和根接。

1）芽接　芽接的时间一般掌握在牡丹新梢皮层能剥离时为最佳时机，一般为 7 月中旬。常用方法有“T”形和方块形芽接法。

2）枝接　当砧木较粗或更新换头时一般采用劈接法。新品种枝接一般在室内进行，因为嫁接成活之后，接穗部分生长旺盛，但接口部位愈伤组织单薄，风一吹就会折断。2009 年在基地枝接一批新品种，成活后生长特别旺盛，结果夏风一吹，70% 的嫁接枝条全从接口处刮断。

3）根接　主要采用居接和掘接。居接的优点是当年秋天根接新品种混合芽成活后，第二年一定能开花，可以满足鉴定的要求。想急于看花时也可以采用此法。第一步准备砧木，将生长健壮的‘凤丹’苗从地面平茬剪除地上部分，然后下挖寻找较粗的主根，使其露出土面 10 cm，用 0.3% 高锰酸钾溶液消毒之后，用枝剪在直径粗的地方剪短，再用嫁接刀把横截面削平。如果根的直径在 2 cm 以下，用劈接的方法嫁接；若在 2 cm 以上，可以采用插皮接的方法嫁接。第二步削接穗，接穗经过消毒后，左手握紧接穗使接穗头朝下，右手持刀在接穗 3 ~ 4 cm 处下刀向上斜削，使削面呈马蹄形，然后在马蹄形削面的背后的两边轻削一刀，使其露出形成层，其尖部也要削掉 3 ~ 5 mm，露出形成层。第三步插接穗及绑缚。首先用刀在砧木的断面下，寻找平滑的一面向下竖切一刀达木质部，再用事先削好的马蹄形竹签，插入砧木根皮与木质部之间，向下插入 2 ~ 3 cm 拔出，然后把削好的接穗插入竹签插过的插孔中，轻轻往下插，直到削面剩下 0.5 cm 为止。最后绑缚、涂泥，回填土培成土堆。此种嫁接方法成活率高，开花早，效果好，如图 8–19。

掘接第一步准备砧木和接穗。首先把当年生的‘凤丹’苗木连根刨出，经过短暂的晾晒使根系变软，然后用枝剪把直径 0.8 cm 以上的主侧根条剪下，去除剪口下 5 cm 部分的须根和侧根。用 0.3% 高锰酸钾溶液消毒 10 min，捞出清水冲洗后，风干备用。采集接穗时千万不要把新品种搞混，应每个新品种采下后单独存放，写上新品种名称，一同放入同一个尼龙网袋中，待所有新品种的接穗采完后，把尼龙网袋连同接穗一起放入 0.3% 高锰酸钾溶液中，消毒 10 min，捞出后清水冲洗，风干待用。或者每采一个新品种，处理一个，嫁接一个。第二步嫁接，首先用左手握紧砧木的根，根尖向下，右手持嫁接刀在根的断面下 3 ~ 4 cm 处倾斜削成马蹄形削面，应注意的是削面必须平滑。接穗也是同样的削法。然后把砧木和接穗两个马蹄形切面相合使形成层对齐，不易对齐时，可以将两个马蹄形切面稍旋转 5°，形成层即可相交，因为马蹄形切面上，形成层呈椭圆形，两个椭圆形旋转几度后形成层必有 4 个点相交，所以能保证形成层结合。然后用麻绳或塑料条绑缚，涂泥。此外，也可以采用劈接和插皮接的方法。

● 图 8–19　**大花黄牡丹的居接：接穗萌动（上），接穗开花（下）**

不管采用哪种方法，只要嫁接时使形成层对齐、削面平滑、保持一定湿度，嫁接一定能够成活。

（三）嫁接后的栽培管理

嫁接后有两种处理方法，第一种直接把嫁接苗定植在苗圃里，苗圃地要事先按要求施肥、消毒，墒情不好时要先灌水、造墒，然后深耕、耙平。首先在苗圃地上开沟，沟的深度与嫁接苗的高度相当，株距为 20 ~ 30 cm，行距为 50 ~ 60 cm，然后把嫁接苗垂直放入沟中，使接口处于地平之下，覆土按实即可。

第二种是把嫁接苗进行沙藏。沙藏60天后嫁接苗的愈伤组织长好，伤口愈合，这时取出嫁接苗按第一种办法定植即可。待到第二年苗木发芽后，及时剔除砧木上的萌蘖芽，旱时浇水，叶面施肥，病虫害防治，中耕锄草。2～3年即可出圃。

第九章

牡丹花色与花色育种

花色和色斑是牡丹重要的观赏性状。花色也是牡丹品种分类的重要依据之一。牡丹花色虽然富于变化，但主要品种花色分布较为集中，中间色、过渡色多，而人们喜闻乐见、市场需求量较大的花色纯正的品种偏少。花色育种依然面临着十分艰巨的任务。

本章介绍牡丹花瓣和色斑的花色分布，色素组成与花色分布的关系，牡丹主要色素类黄酮的生物合成途径，牡丹花色的常规育种与分子育种。

第一节
牡丹的花色与色素组成

一、牡丹的花色与花色分布

（一）牡丹花色概述

1. 花色的概念

花色是植物花器官在太阳光照射下，经花瓣表面的海绵组织反射后再次通过色素层过滤的光线所呈现出来的颜色。狭义的花色仅指花瓣的颜色，广义的花色还包括花瓣以外的花萼、雌雄蕊以及瓣化的花苞片的颜色（赵梁军，2011）。

2. 花色测定方法

花色测定的方法目前主要有以下 3 种：①目视测色，即通过肉眼观测来确定花瓣颜色的所属范围。该法简便直观，但观测者不能为色盲、色弱，且要对色彩区分应有较高的敏感性。使用该法时请注意在描述颜色相近的花色时，目视测色容易产生误差。②英国皇家园艺学会比色卡（RHSCC），它是专门针对大自然存在的颜色而设计的比色工具，根据颜色的三要素即色度、明度、饱和度进行了排列，一套共包含 4 个“扇形”，比色卡上的每一个颜色片上都有一个小洞，能够覆盖所需检测的样品，观察颜色是否与之匹配。2015 年推出的新版英国皇家园艺学会比色卡，在2007年已有的896种颜色上又增添了24种颜色（命名以N或NN开头，如N155），一共920种颜色分布在230张卡片上。比色卡表面的光滑涂层增强了其抗划痕性，同时还提供了6种语言（英语、法语、荷兰语、德语、俄语及日语）的使用说明。③分光色差计，也叫分光测色仪，通过测量物体反射光的相对光谱功率分布，得到物体表面的反射光谱，测得样品的亮度L^*值，色相a^*、b^*值，求出样品表面颜色的色相角h和彩度C^*等参数。为了尽量减少测定误差，目视测色和用比色卡比色时，应在室内或室外（室内为宜）光线充足但不刺眼、光源能长时间保持稳定的条件下测定，每批样品应由3位及3位以上观测者，测定3次及以上。用分光色差计测定花色时，同一样品检测至少3片花瓣。对于花色描述，目视测色和比色卡是合适的，但分光色差计是最适用和最精准的（白新祥等，2006）。

3. 牡丹花色

牡丹花大色艳，享有"国色天香""花中之王"的美誉，是我国十大传统名花之一（陈俊愉等，1990），具有重要的观赏价值。野生牡丹有大花黄牡丹等9个种。牡丹呈色的物质是花瓣中的多种类黄酮类色素，除滇牡丹中的黄色花类群（黄牡丹）含有少量类胡萝卜素外，其他牡丹的花瓣中不含有类胡萝卜素，也未检出甜菜素。其类黄酮色素合成途径包括从苯丙氨酸到查耳酮，再到花青苷（又称花青素苷）、黄酮苷、黄酮醇苷的3个分支，涉及从*CHS*到*ANS*、*3GT*、*5GT*、*AOMT*等14个结构基因；其中，*F3'H*、*FLS*、*FNS*是决定牡丹花色素合成代谢流分支的3个节点基因。

（二）牡丹的花色分布

1. 牡丹野生种的花色分布

为了准确描述野生牡丹的花色，采用分光色差计测定其花瓣的亮度L^*值、色相a^*值、色相b^*值。现有野生种的花色（包括斑色在内）可分为红（包括红和橙红）、橙、黄（深黄和浅黄）、紫红（红紫和深紫红）、白和紫色系。杨山牡丹（'凤丹'）和紫斑牡丹（斑除外）属于白色系；四川牡丹和卵叶牡丹为紫色系；大花黄牡丹属于黄色系；滇牡丹（包括原来的紫牡丹、黄牡丹和狭叶牡丹，本章以下"滇牡丹"均指三者混合）花色分布广，其种下类型具有黄、橙黄、红、紫红、白等丰富的花色变异（图9–1）。

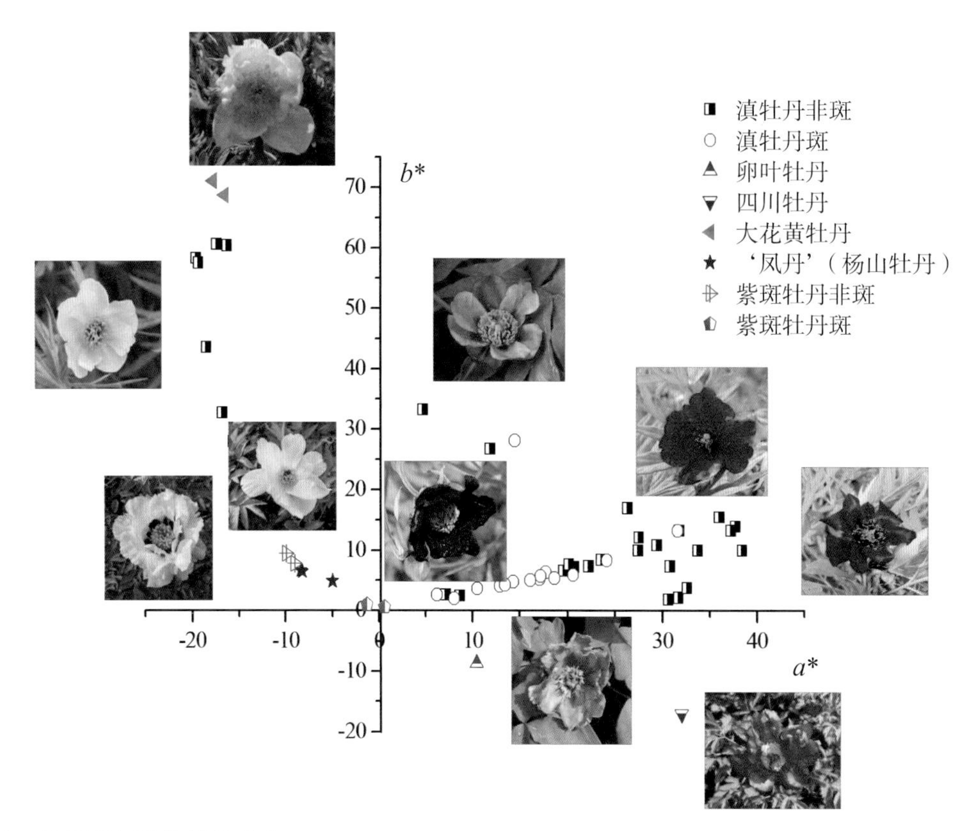

● 图 9–1　**牡丹野生种的花色分布**

2. 牡丹栽培品种的花色分布

牡丹花色按传统色系划分，分为红、粉、紫、白、黄、黑、绿、蓝以及复色共 9 大色系（李嘉珏，2005）（图 9–2）。各个色系还可再细分，如红色系再分为桃红、脂红、肉红、紫红等；紫色系再分为深紫、红紫、粉紫、浅黄紫等。

在 CIE $L^*a^*b^*$ 表色系统的二维空间（色相 a^* 值为横坐标、色相 b^* 值为纵坐标）上表征牡丹栽培品种（中国科学院植物研究所收集的能在北京气候条件下正常开花的品种 580 个）的花色，其分布状况如图 9–3。从图上可见，牡丹花色主要属于红、红紫、黄和白色系，缺乏蓝色系品种，且鲜红色、橙色品种少，黄色品种仅有少数几个国外的品种。牡丹虽有 9 大色系，但各个色系中含有的品种数差异很大，牡丹花色集中在“红—红紫—紫”的范围内。说明传统的种间、品种间、种和品种间杂交等传统育种方法，难以扩大牡丹花色的变异。这就为通过分子育种等手段选育新花色（如蓝牡丹、黑牡丹、复色牡丹）等留下了较大的发展空间。同时，大部分中原品种花色集中在第四象限的紫红色区域；西北品种的花色分布与中原品种接近，但在色相 a^*、b^* 坐标系的第一象限分布少；所调查的江南品种和西南品种数量较少且花色单一，江南品种除‘凤丹白’（白

● 图 9-2 **牡丹栽培品种的花色多样性**

色）和‘粉莲’（淡紫红色）外，其余 6 个品种均为紫红色，分布也很集中；日本牡丹品种中红色花较多，主要分布在色相 a^*、b^* 坐标系的 a^* 轴附近，此外有少数紫红色和白色品种（李崇晖，2010）。

3. 牡丹色斑的花色分布

斑色同样是牡丹重要的观赏性状，野生种中的紫斑牡丹和大部分滇牡丹，以及相当一部分栽培品种的花瓣基部均有明显的色斑。滇牡丹的色斑为黑色、紫褐或棕红色；紫斑牡丹的色斑主要为黑色、紫红色；西北牡丹品种中的斑色

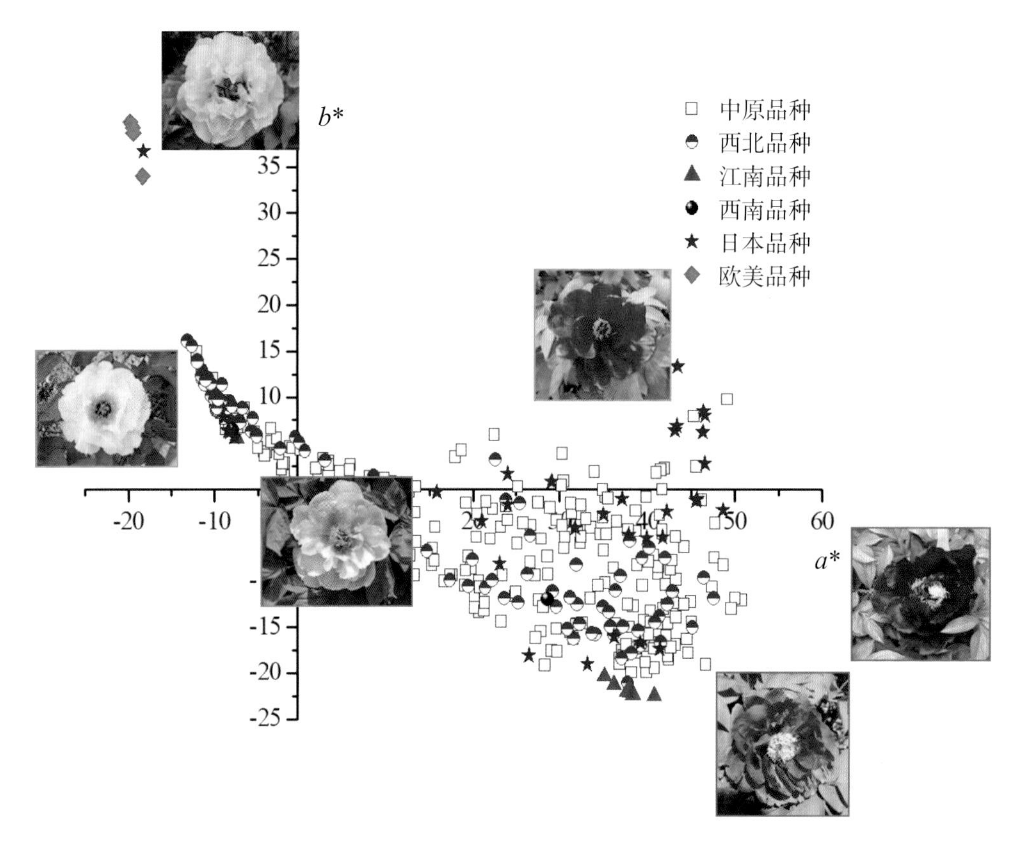

● 图 9–3 **牡丹栽培品种的花色分布（580 个品种）**

更加丰富，包括黑、黑紫、棕红、紫红等色斑。中原牡丹品种中带斑的品种占到 30% 左右，多为紫红斑；带斑品种在西南牡丹、日本牡丹品种中也有较高比例。但江南品种中有色斑的品种较少（张晶晶等，2006）。

不同品种群的斑色差异较大（图 9–4）。欧美品种斑色主要分布在紫红色区域，与滇牡丹斑色较接近；西北牡丹斑色分布比中原牡丹集中，与紫斑牡丹斑色接近，且靠近原点，说明斑色很深；而中原品种的大部分斑色在第四象限分布，属于紫红色区域（李崇晖，2010）。

二、牡丹花瓣的色素组成与花色的关系

（一）牡丹花瓣中的色素种类

除少数带绿色的牡丹如‘豆绿’‘绿玉’和‘绿香球’等品种的花瓣中含有叶绿素外，绝大多数牡丹花瓣中含有的色素属于类黄酮化合物，包括花青苷、黄酮苷、黄酮醇苷和查耳酮苷 4 大类。这些类黄酮苷的种类多样，其不同的色素组成和含量，共同决定了牡丹花色的多样性。

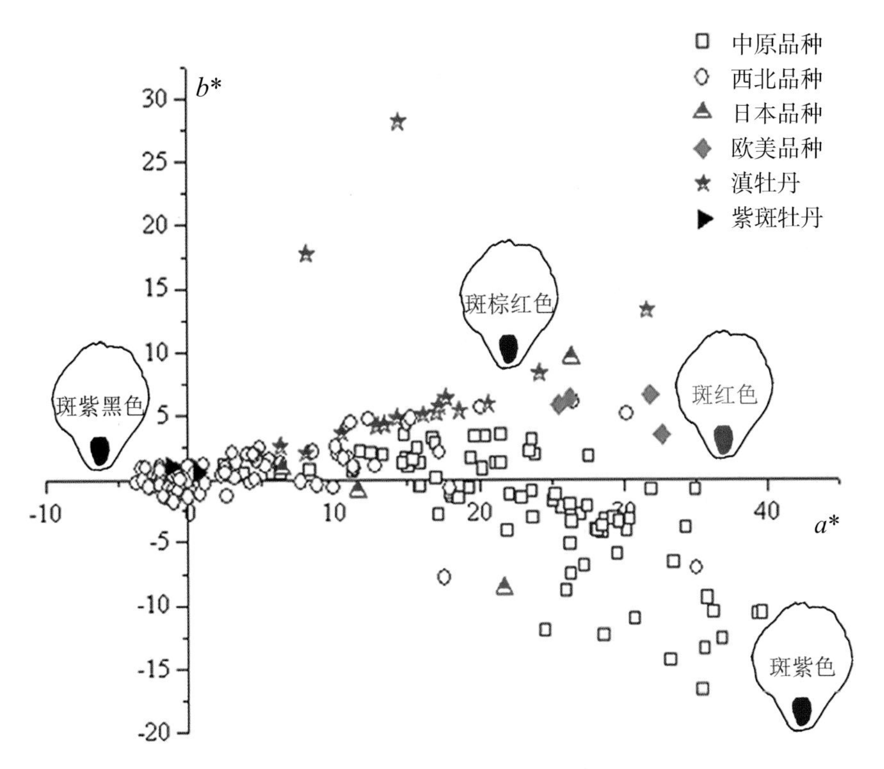

● 图 9–4　**牡丹斑色的色相 *a**、*b** 分布图**

中国科学院植物研究所王亮生研究组利用液相色谱（HPLC–DAD）及液质联用技术，从牡丹 6 个野生种（共 37 份种质）和 375 个栽培品种的花瓣中检测到并鉴定或推定了牡丹花瓣中 38 种类黄酮的结构，包括 12 种花青苷、6 种黄酮苷、19 种黄酮醇苷和 1 种查耳酮苷（李崇晖，2010）。Fan 等（2012）分析了 48 个中原牡丹品种花瓣中的类黄酮成分，检测出 14 种类黄酮苷，包括 5 种花青苷、6 种黄酮苷、3 种黄酮醇苷。Ogawa 等（2015）从牡丹花中分离得到 6 种类黄酮糖苷。Li 等（2016）从四川松潘采集到的野生紫斑牡丹花中检测出 19 种类黄酮糖苷。Zhang 等（2017）从栽培凤丹花中检测出 5 种类黄酮糖苷。牡丹花瓣中含有的类黄酮的种类如下：

1. 花青苷

牡丹花瓣中的花青苷经过水解后得到 3 种花青苷元，分别是矢车菊素（cyanidin，简称 Cy）、芍药花素（peonidin，简称 Pn）和天竺葵素（pelargonidin，简称 Pg）（Hosoki 等，1991；Sakata 等，1995；Wang 等，2001，2004）。牡丹花瓣中的花青苷共有 12 种，包括矢车菊素 3,5- 二己糖苷（cyanidin 3,5-di-O-hexoside,a1）、矢车菊素 3,5- 二葡萄糖苷（cyanidin 3,5-di-*O*-glucoside，Cy3G5G，a2）、矢车菊素 3- 葡萄糖 -5- 阿拉伯糖苷（Cy3G5A，a3）、天竺葵

素 3,5- 二葡萄糖苷（pelargonidin 3,5-di-*O*-glucoside，Pg3G5G，a4）、矢车菊素 3- 葡萄糖苷（cyanidin 3-*O*-glucoside，Cy3G，a5）、芍药花素 3,5- 二葡萄糖苷（peonidin 3, 5-di-*O*-glucoside，Pn3G5G，a6）、矢车菊素 3- 阿拉伯糖苷（Cy3A，a7）、天竺葵素 3- 葡萄糖苷（pelargonidin 3-*O*-glucoside，Pg3G，a8）、矢车菊素 3- 没食子酰葡萄糖苷（Cy3galloylG，a9）、芍药花素 3- 葡萄糖苷（peonidin 3-*O*-glucoside，Pn3G，a10）、芍药花素 3- 阿拉伯糖苷（Pn3A，a11）、芍药花素 5- 没食子酰葡萄糖苷（Pn5galloylG，a12）。其中，天竺葵素 3,5- 二葡萄糖苷（Pg3G5G，a4）、矢车菊素 3,5- 二葡萄糖苷（Cy3G5G，a2）、芍药花素 3,5- 二葡萄糖苷（Pn3G5G，a6）、天竺葵素 3- 葡萄糖苷（Pg3G，a8）、矢车菊素 3- 葡萄糖苷（Cy3G，a5）、芍药花素 3- 葡萄糖苷（Pn3G，a10）是 6 种主要的花青苷（图 9–5）；其余 6 种花青苷 a1、a3、a7、a9、a11、a12 是李崇晖（2010）在牡丹花中首次检出。

	R_1	R_2
pelargonidin 3,5-di-*O*-glucoside	H	glucose
cyanidin 3,5-di-*O*-glucoside	OH	glucose
peonidin 3,5-di-*O*-glucoside	OCH_3	glucose
pelargonidin 3-*O*-glucoside	H	H
cyanidin 3-*O*-glucoside	OH	H
peonidin 3-*O*-glucoside	OCH_3	H

● 图 9–5　牡丹花瓣中含有的 6 种主要的花青苷结构式

2. 黄酮苷

牡丹花瓣中含有的黄酮苷水解后得到 3 种黄酮苷元，分别是芹菜素（apigenin，简称 Ap）、木犀草素（luteolin，简称 Lu）和金圣草黄素（chrysoeriol，简称 Ch）（图 9–6）。牡丹花瓣中的黄酮苷包括 6 种：木犀草素 7- 葡萄糖苷（Lu7G，f12）、木犀草素 7- 新橙皮糖苷（Lu7Neo，f13）、芹菜素 7- 葡萄糖苷（Ap7G，f19）、芹菜素 7- 新橙皮糖苷（Ap7Neo，f21）、金圣草黄素 7- 葡萄糖苷（Ch7G，

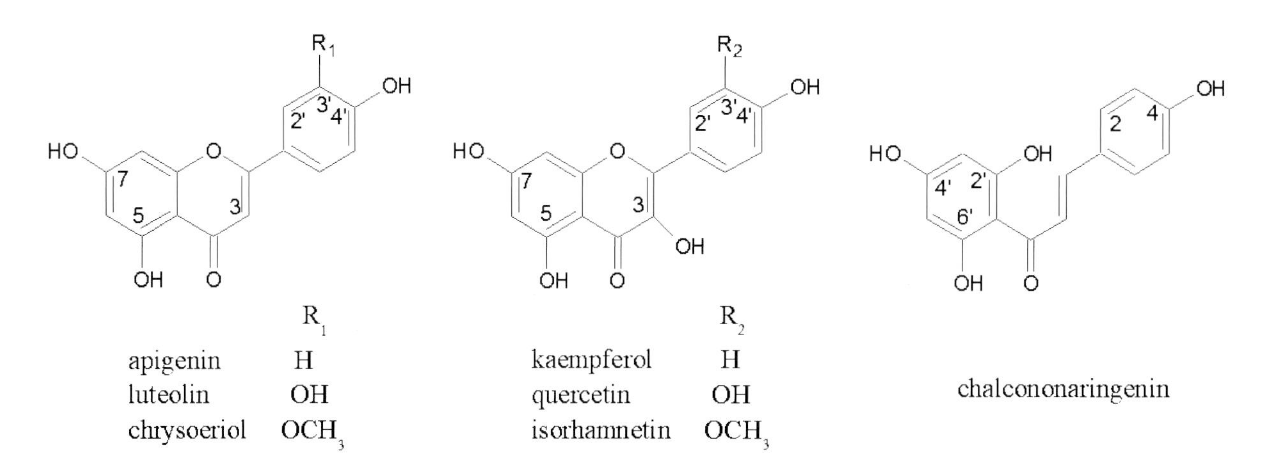

● 图 9–6　牡丹花瓣中类黄酮水解产物黄酮苷元、黄酮醇苷元和查耳酮苷元的结构式

f24）和金圣草黄素 7- 新橙皮糖苷（Ch7Neo，f25）。其中 f13、f24 和 f25 是李崇晖（2010）在牡丹花瓣中首次检出。Ogawa 等（2015）从牡丹花中分离得到木犀草素 7- 葡萄糖苷（Lu7G）和芹菜素 7- 葡萄糖苷（Ap7G）两种黄酮苷。Li 等（2016）从四川采集的野生紫斑牡丹花中检测出木犀草素 7- 葡萄糖苷（Lu7G）、芹菜素 7- 葡萄糖苷（Ap7G）、芹菜素二葡糖苷（apigenin diglucoside）、芹菜素鼠李葡糖苷（apigenin rhamnoglucoside）和 3 种芹菜素没食子酰基葡萄糖苷异构体（apigenin galloylglucoside isomers），共 7 种黄酮苷。遗憾的是，除 Lu7G、Ap7G 外，后 5 种黄酮苷都没有准确地鉴定出分子结构。Zhang 等（2017）从栽培‘凤丹’的花中检测出芹菜素 7- 葡萄糖苷（Ap7G）和芹菜素 7- 新橙皮糖苷（Ap7Neo）两种黄酮苷。

3. 黄酮醇苷

牡丹花瓣中含有的黄酮醇苷水解后得到 3 种黄酮醇苷元，分别是山柰酚（kaempferol，简称 Km）、槲皮素（quercetin，简称 Qu）和异鼠李素（isorhamnetin，简称 Is）（图 9–6）。牡丹花瓣中的黄酮醇苷种类较多，包括 19 种：槲皮素 3,7- 二葡萄糖苷（Qu3G7G，f1）、槲皮素 3- 葡萄糖 -7- 阿拉伯糖苷（Qu3G7A，f2）、山柰酚 3,7- 二己糖苷（Km 3,7-di-*O*-hexoside，f3）、山柰酚 3- 阿拉伯糖 -7- 葡萄糖苷（Km3A7G，f4）、山柰酚 3,7- 二葡萄糖苷（Km3G7G，f5）、山柰酚 3- 葡萄糖 -7- 鼠李糖苷（Km3G7R，f6）、异鼠李素 3，7- 二葡萄糖苷（Is3G7G，f7）、山柰酚的衍生物（Km derivative，f8）、槲皮素 3- 没食子酰葡萄糖苷（Qu3galloylG，f9）、槲皮素 7- 葡萄糖苷（Qu7G，f10）、槲皮素 3- 葡萄糖苷（Qu3G，f11）、槲皮素 3- 阿拉伯糖苷（Qu3A，f14）、山柰酚 3- 没食子酰葡萄糖苷（Km3galloylG，f15）、山柰酚 3- 葡萄糖苷（Km3G，f16）、山柰酚 7- 葡萄糖苷（Km7G，f17）、异鼠李素 3- 没食子酰葡萄糖苷（Is 3-*O*-galloylglucoside，f18）、异鼠李素 3- 葡萄糖苷（Is 3-*O*-glucoside，f20）、山柰酚 3- 阿拉伯糖苷（Km3A，f22）、异鼠李素 7- 葡萄糖苷（Is7G，f23）。其中 f1 ~ f4、f6、f7、f9 ~ f11、f14、f15、f18、f20、f22、f23 是李崇晖（2010）在牡丹花瓣中首次检出。Ogawa 等（2015）从牡丹花中分离得到山柰酚 3- 葡萄糖苷（Km3G）、山柰酚 7- 葡萄糖苷（Km7G）和槲皮素 3- 葡萄糖苷（Qu3G）3 种黄酮醇苷。Li 等（2016）从四川松潘采集的紫斑牡丹花中检测出槲皮素 3- 葡萄糖苷（Qu3G）、槲皮素 7- 葡萄糖苷（Qu7G）、槲皮素 3,7- 二葡萄糖苷（Qu3G7G）、山柰酚

3- 葡萄糖苷（Km3G）、山柰酚 7- 葡萄糖苷（Km7G）、山柰酚 3,7- 葡萄糖苷（Km3G7G）、异鼠李素 3- 葡萄糖苷（Is3G）、异鼠李素 7- 葡萄糖苷（Is7G）、异鼠李素 3,7- 葡萄糖苷（Is3G7G）、山柰酚葡萄糖基鼠李糖苷（kaempferol glucosyl rhamnoside）、槲皮素没食子酰基葡糖苷（quercetin galloylglucoside）和山柰酚没食子酰基葡糖苷（kaempferol galloylglucoside），共 12 种黄酮醇苷。后 3 种化合物没有准确地鉴定出结构。Zhang 等（2017）从栽培‘凤丹’花中检测出二氢山柰酚（dihydrokaempferol）、山柰酚 7- 葡萄糖苷（Km7G）和山柰酚 3,7- 葡萄糖苷（Km3G7G）三种黄酮醇苷。

4. 查耳酮苷

牡丹花瓣中含有 1 种查耳酮苷，即异杞柳苷，学名为 4,2’,4’,6’- 四羟基查耳酮苷，又称为查耳酮 2’- 葡萄糖苷（Chalcone2’G，f26）（Li 等，2009; Ogawa 等，2015），见图 9–6。

（二）牡丹花瓣色素组成与花色

1. 牡丹野生种的花色素组成

革质花盘亚组的野生种的花瓣色素组成中，花青苷以芍药花素（Pn 型）和矢车菊素（Cy 型）苷类色素为主，天竺葵素（Pg 型）苷类色素含量很低；其主要的糖苷类型是 3G5G 型和 3G 型。黄酮苷和黄酮醇苷类色素以芹菜素（Ap 型）和山柰酚（Km 型）苷类色素为主，不含查耳酮；糖苷类型以 7G 型为主，3G7G 型次之。肉质花盘亚组的野生种中，大花黄牡丹不含花青苷，主要含有 3 种类黄酮苷，即山柰酚 3,7- 二葡萄糖苷（Km3G7G）、山柰酚 3- 葡萄糖苷（Km3G）和芹菜素 7- 新橙皮糖苷（Ap7Neo）（Li 等，2009；曾秀丽等，2012）。

滇牡丹（含紫牡丹、黄牡丹和狭叶牡丹）花色丰富，花青苷类型为芍药花素 + 矢车菊素（Pn+Cy）型，不含天竺葵素 Pg 型色素；其他类黄酮苷类色素以槲皮素 Qu 型、异鼠李素 Is 型和查耳酮苷类为主，山柰酚 Km 型、芹菜素 Ap 型色素含量低；糖苷类型以 3G7G 型和 3galloylG 为主。影响其花色的因素很复杂，花青苷、查耳酮苷、黄酮苷和黄酮醇苷都对花色表型有不同程度的贡献，但还缺乏深入的调查。

2. 牡丹栽培品种的花色素组成

栽培品种各色系的类黄酮组成特点如下：

1）红色系　绝大多数花青苷以天竺葵素 Pg 型色素为主，其中天竺葵素 3,5- 二葡萄糖苷（Pg3G5G）的含量最高，其次是天竺葵素 3- 葡萄糖苷（Pg3G），矢车菊素 Cy 和芍药花素 Pn 型色素含量较低。黄酮和黄酮醇类中，芹菜素 Ap 和山柰酚 Km 型的 7G 型和 3G7G 型糖苷是主要的呈色色素。Hosoki（1991）认为天竺葵素 3- 葡萄糖苷（Pg3G）是日本牡丹呈鲜红色的主要因素，而牡丹鲜红色花不仅需要 Pg3G 的含量高，同时要求黄酮苷、黄酮醇苷的含量低（Sakata 等，1995）。

2）淡紫红色系　花青苷以天竺葵素 3,5- 二葡萄糖苷（Pg3G5G）和芍药花素 3,5- 二葡萄糖苷（Pn3G5G）为主，且大部分品种中天竺葵素 Pg 型色素含量较高。芹菜素 Ap 型和山柰酚 Km 型糖苷占绝对优势，且主要以 7G 型糖苷为主。

3）紫红色系　大部分品种中花青苷以 Pn3G5G 为主，Cy3G5G 次之，少部分品种中则以 Pg3G5G 为主。Ap 型和 Lu 型的糖苷含量较高，7G 型糖苷为主。

4）紫色系　包括淡紫红色和淡紫色品种，花青苷中芍药花素 3,5- 二葡萄糖苷（Pn3G5G）含量最高，天竺葵素 3,5- 二葡萄糖苷（Pg3G5G）次之，矢车菊素 Cy 型色素含量较少。芹菜素 Ap 型糖苷含量最高，其次是山柰酚 Km 型糖苷，且以 7G 型糖苷为主。

5）黄色系　花瓣的非斑部分不含花青苷。芹菜素 Ap 型苷类含量最高，其次是查耳酮苷，随后是山柰酚 Km 型苷。斑中含有芍药花素 Pn 型和矢车菊素 Cy 型花青苷。

6）西北牡丹品种斑与非斑部分的花色素组成　在西北牡丹品种中，色斑部分与非斑部分的花青素成分种类一致，但含量不同，分别为芍药花素 3,5- 二葡萄糖苷（Pn3G5G）、芍药花素 3- 葡萄糖苷（Pn3G）、矢车菊素 3,5- 二葡萄糖苷（Cy3G5G）和矢车菊素 3- 葡萄糖苷（Cy3G），而红色系品种的主要成分为天竺葵素 3,5- 二葡萄糖苷（Pg3G5G）。斑和非斑部分中的花青素苷含量存在差异，色斑部分的花青素苷含量明显高于非斑部分，以矢车菊 Cy 型色素为主，3G 型糖苷占主导，而非斑部分则以芍药花素 Pn 型色素为主，主要糖苷类型为 3G5G 型（Zhang 等，2007）。

第二节
牡丹类黄酮的生物合成

一、牡丹类黄酮的生物合成途径

根据牡丹花瓣中类黄酮代谢产物的分子结构，中国科学院植物研究所王亮生研究组推定了牡丹花瓣类黄酮合成代谢途径（图 9–7）。首先，在查耳酮合成酶（CHS）的催化下，香豆酰 -CoA 和丙二酰 -CoA 生成 4,2’,4’,6’ - 四羟基查耳酮，在 THC2’ GT（UDP 葡萄糖 - 四羟基查耳酮 2’ - 糖苷转移酶）的催化下生成异杞柳苷（查耳酮 2’ 葡萄糖苷），异杞柳苷呈黄色，为滇牡丹、欧美品种群和日本品种群的黄色系品种中特有的化合物。4,2’,4’,6’ - 四羟基查耳酮在查耳酮异构酶（CHI）的作用下生成柚皮素，以柚皮素为中心分出 7 支途径。首先，柚皮素由 FNS 催化生成芹菜素。柚皮素在 F3H 和 F3’ H 的催化下，分别向生成 B 环上有 1 个羟基（二氢山柰酚）和 2 个羟基（圣草酚和二氢槲皮素）的两个方向转化。二氢山柰酚被 FLS 催化生成山柰酚，圣草酚被 FNS 催化生成木犀草素，二氢槲皮素被 FLS 催化生成槲皮素。二氢槲皮素和二氢山柰酚在 DFR、ANS 等酶的作用下，生成矢车菊素和天竺葵素。至此，完成了牡丹花中类黄酮羟基化过程。木犀草素、槲皮素和矢车菊素在 FOMT（类黄酮甲基转移酶）的作用下，分别生成金圣草黄素、异鼠李素和芍药花素，前两个步骤用虚线箭头指示。至此，完成了牡丹花中类黄酮的甲基化修饰过程，生成花青苷元、

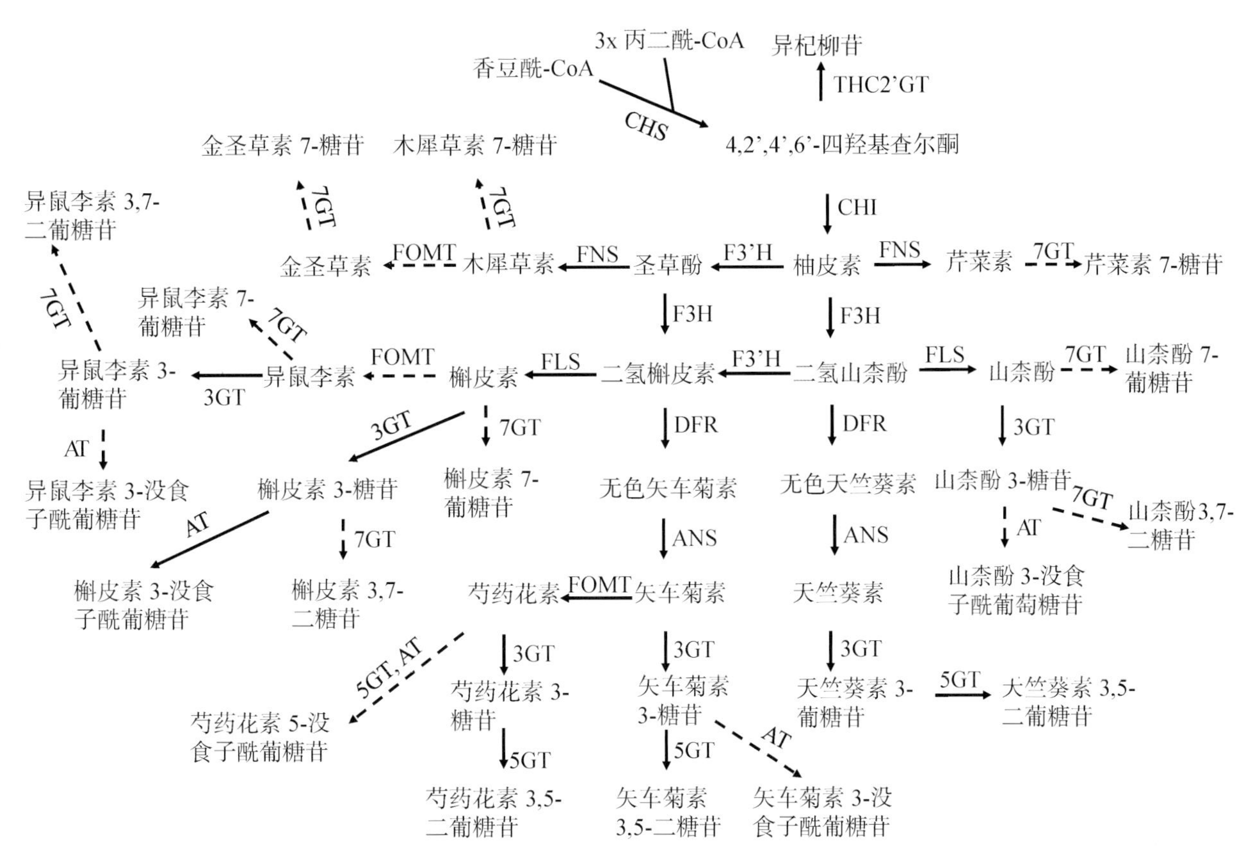

注：图中虚线箭头表示尚不确定的反应。

● 图 9–7　**推定的牡丹花瓣中类黄酮合成代谢途径（李崇晖，2010）**

黄酮苷元和黄酮醇苷元各 3 种。花青苷元在 GT（糖基转移酶，有 3GT：3 位糖基转移酶和 5GT：5- 位糖基转移酶），黄酮苷元在 7GT（7 位糖基转移酶），黄酮醇苷元在 3GT、7GT 的催化下发生糖苷化修饰，生成 3G 型、3G5G 型、3G7G 型和 7G 型糖苷。类黄酮 3G 型糖苷在 AT（酰基转移酶）的作用下，进一步生成没食子酰化的类黄酮糖苷。至此，完成了牡丹花瓣类黄酮的糖苷化和酰基化修饰过程（李崇晖，2010）。在这一推定的代谢途径中，仅有导致牡丹花瓣色泽紫色化的花青苷甲基转移酶基因（*PsAOMT*）具有功能活性，2015 年由杜会验证了该基因的功能。

二、与牡丹类黄酮合成相关的基因

牡丹类黄酮合成途径涉及很多重要的酶基因，又称为结构基因。以合成查耳酮为起点，包括 14 个酶基因，即查耳酮合酶基因（*CHS*）、查耳酮异构酶基因（*CHI*）、黄烷酮 3' - 羟化酶基因（*F3'H*）、黄烷酮 3- 羟化酶基因（*F3H*）、二氢黄酮醇还原酶基因（*DFR*）、花青苷元合酶基因（*ANS*）、类黄酮糖基转移酶基因（*THC2'GT*、*3GT*、*5GT*、*7GT*）、花青素甲基转移酶基因（*AOMT*）和没食子酰基化酶基因（*GAT*）、黄酮合酶基因（*FNS*）和黄酮醇合酶基因（*FLS*）。由于牡丹花瓣中没有检测出飞燕草素及其苷类，因此，推测牡丹类黄酮合成途径中可能不存在 F3'5'H 酶或 *F3'5'H* 基因，或其不具功能活性。中国林业科学研究院林业研究所邹红竹等（2021）首次从滇牡丹黄色花类群的花瓣中检出 14 种类胡萝卜素类物质，分别是 α– 胡萝卜素、花药黄质、番茄红素、玉米黄质、紫黄质、γ– 胡萝卜素、新黄质、β– 胡萝卜素、叶黄素、β– 隐黄质、β– 阿朴胡萝卜素醛、八氢番茄红素、ε– 胡萝卜素和 α– 隐黄质，其中以叶黄素和八氢番茄红素含量最高。但至今也没有从牡丹野生种及栽培品种的花瓣中检测出甜菜色素。

北京林业大学钟原等（2016）对牡丹功能基因的研究进展进行了综述。上述结构基因中的 7 个基因，即 *PsCHS1*（周琳等，2010, 2011；Zhang 等，2014，2015；Zhao 等，2015）、*PsCHI1*（Zhou 等，2014；Zhang 等，2014，2015；Zhao 等，2015）、*PsF3'H1*（Zhang 等，2014，2015）、*PsF3H1*（Zhang 等，2014）、*PsDFR1*（周琳等，2011；Zhang 等，2014）、*PsANS1*（Zhang 等，2014，2015）、*PsAOMT*（杜会，2014，2015）的 cDNA 全长已得到克隆。中国林业科学研究院林业研究所周琳等克隆了牡丹查耳酮合酶基因（*PsCHS1*），该基因编码的蛋白具有 CHS 家族保守存在的所有功能活性位点和特征多肽序列，在花瓣中的表达量最高（周琳等，2010, 2011）。该研究团队还克隆了牡丹查耳酮异构酶基因（*PsCHI1*），在未着色花朵的早期阶段表达量最高。通过农杆菌介导将 *PsCHI1* 转化烟草，得到的 F_1 代植株与野生型烟草对照组相比，其总黄酮和黄酮醇含量高达 3 倍，而花青苷含量显著减少，花色表型也明显变浅（周琳等，2014）。Zhao 等（2015）以牡丹品种‘彩绘’和‘雪塔’为材料，成功获得了 3 个结构基因 *PAL*（苯丙氨酸解氨酶基因）、*CHS*、*CHI* 的全长 cDNA，还获得了 6 个结构基因（*F3'H*、*F3H*、*DFR*、*ANS*、*UF3GT*、*UF5GT*）的 cDNA 片段。杜会以日本牡丹‘群芳殿’（‘Gunpohden’）为研究材料，克隆得到了牡丹花青苷甲基转移酶基因（*PsAOMT*），并通过原核表达、真核表达及点突变等方法进行了功能验证，推测其参与了牡丹紫色花的形成（杜会，2014，2015）。

近年来，高通量转录组测序技术成功应用于牡丹基因挖掘中。北京林业大学董丽研究组以中原牡丹品种‘洛阳红’为材料，成功获得了6个结构基因*PsCHS1*、*PsCHI1*、*PsF3'H1*、*PsF3H1*、*PsDFR1*、*PsANS1*的全长cDNA（Zhang等，2014，2015）。中国林业科学院林业研究所王雁团队通过对野生滇牡丹不同色系类群花瓣做转录组分析，初步揭示了*F3H*、*DFR*、*ANS*和*3GT*这4个结构基因可能是其红色—紫色（紫牡丹）花色形成的关键基因，而*THC2'GT*、*CHI*和*FNS Ⅱ*这3个结构基因可能是其黄色花（黄牡丹）形成的关键基因（Shi等，2015）。洛阳师范学院Zhang等（2015）通过转录组测序和差异表达基因分析，发现*PsCHS*、*PsF3'H*、*PsDFR*、*PsANS*这4个结构基因和紫斑牡丹的紫斑形成密切相关。

至今为止，从牡丹中已经克隆的7个结构基因（*CHS*、*CHI*、*F3'H*、*F3H*、*DFR*、*ANS*、*AOMT*），除*CHS*、*CHI*、*AOMT*的功能已经得到较好的验证外，其他4个基因（*F3'H*、*F3H*、*DFR*、*ANS*）的功能，还没有得到充分的功能验证。另外，上述结构基因中，哪几个结构基因在不同色系形成中是关键基因仍有待探讨。

1. 类黄酮羟基化酶基因（*F3'H*）

按类黄酮B环的羟基化、甲基化程度，可将牡丹花瓣中类黄酮成分分为B环上含1个羟基（Km型+Ap型、Pg型）、B环上含2个羟基（Qu型+Lu型、Cy型）、B环上3'羟基被甲基化（Is型+Ch型、Pn型）3种类型。各类型糖苷百分含量之间的相关性分析结果显示：Km型+Ap型糖苷百分含量与Pg型糖苷呈正相关，与Qu型+Lu型、Is型+Ch型、Cy型和Pn型糖苷均呈负相关，且Qu型+Lu型糖苷百分含量与Is型+Ch型之间、Cy型与Pn型之间均呈正相关。*F3'H*酶的活性高低决定了终产物的类型：*F3'H*活性高，花瓣中易积累B环上有2个羟基（3'位发生羟基化）的Qu型+Lu型糖苷和Cy型糖苷、3'羟基被甲基化的Is型+Ch型糖苷以及Pn型糖苷；*F3'H*活性低，B环上含1个羟基的Km型+Ap型糖苷和Pg型糖苷的百分含量较高（李崇晖，2010）。上述结果表明，*F3'H*基因很可能是牡丹花瓣类黄酮代谢途径上的一个关键结构基因。

2. 类黄酮糖基转移酶基因（*GTs*）

类黄酮苷元经过糖苷化以后，其水溶性、稳定性、运输特性、生物活性、亚细胞定位以及识别与结合特性都将发生改变（Jones and Vogt, 2001；Lim

等，2001；Ross 等，2001；Regev-Shoshani 等，2003）。植物中最常见的糖基供体为 UDP- 葡萄糖（尿苷二磷酸糖基），以及 UDP- 半乳糖、UDP- 鼠李糖、UDP- 木糖和 UDP- 葡萄糖醛酸等（尹燕雷等，2013；Ikegami 等，2009；Yonekura-Sakakibara 等，2007；Rosenberger 等，2012；Sawada 等，2005）。牡丹花瓣中类黄酮合成既能以 UDP- 葡萄糖作为糖基供体，也能利用 UDP- 阿拉伯糖、UDP- 鼠李糖、UDP- 新橙皮糖（李崇晖，2010）。迄今为止，UDP-3-*O*- 葡萄糖转移酶（UF3GT）是研究得最为深入的一种类黄酮糖基转移酶。UFGT 一般具有较为宽松的作用位点专一性。例如，从碟豆（*Clitoria ternatea*）中克隆的 *Ct3GT* 基因仅作用于花青苷元的 3 位（Hiromoto 等，2013）；从月季中分离得到的 *RhGT1* 基因既能在花青苷元的 3 位又能在 5 位糖苷化（Ogata 等，2005）；有的物种除了作用于 3 位、5 位外，还可以作用于 7 位、3' 位、5' 位（Hiromoto 等，2013；Ogata 等，2005；Hall 等，2011；Fukuchi-Mizutani 等，2003；Kogowa 等，2007）。从牡丹花瓣中含有的类黄酮化合物的种类来看，其 UFGTs 极有可能既作用于查耳酮苷元的 2' 位，也能作用于类黄酮苷元的 3 位、5 位、7 位（*THC2'GT*、*3GT*、*5GT*、*7GT*）。按牡丹花瓣中类黄酮苷元糖苷化位置和有无没食子酰化，将其类黄酮组成类型进行分类，各类型糖苷的百分含量之间存在相关性，发现 7G 型百分含量与 3G 型百分含量之间呈负相关，揭示黄酮醇苷元 3 位糖苷化和 7 位糖苷化之间可能存在竞争。由于 Km 同时存在 3A 和 3A7G 糖苷类型（A 指没食子酰基，下同）、3G 和 3G7R 糖苷类型，Qu 同时存在 3G 和 3G7A 糖苷类型，推测黄酮醇苷元的 3G7G 型糖苷可能是先形成 3G 型糖苷，然后在 7GT 的催化下生成的双糖苷类型。牡丹类黄酮苷元的糖苷化过程非常复杂，一是糖基受体多样（4 种），包括查耳酮苷元、花青苷元、黄酮苷元、黄酮醇苷元；二是糖基供体多样（4 种），包括 UPP- 葡萄糖、UDP- 阿拉伯糖、UDP- 鼠李糖、UDP- 新橙皮糖；三是作用位点多样（4 个可选结合位点），包括查耳酮苷元的 2' 位，以及类黄酮苷元的 3 位、5 位和 7 位。上述结果表明，其 *GTs* 基因（家族）也可能是牡丹花色调控过程中的关键结构基因。

3. 类黄酮甲基转移酶基因（*FOMT*）

植物类黄酮甲基化一般由 *S*- 腺苷甲硫氨酸（SAM）依赖的甲基转移酶（MTs）所催化，该反应将底物 SAM 的一个甲基转移到受体的 *O*-、*N*-、*C*- 和 *S*- 原子上（Klimasauskas and Weinhold, 2007），以 *O*- 甲基化类型（该过程由 OMTs 催化）居多。类黄酮的羟基位点进一步甲基化可减少活性羟基的个数，改变产物的溶解性，进而调节其体内活性，最终决定特定的小分子是否与受体结合（Wang 等，2011）。从植物中得到的 OMTs 根据分子量和底物不同可分为两型（I 型和 II 型）（Joshi and Chiang，1998；Noel 等，2003；Lam 等，2007），I 型 OMTs 分子量较大，为 38 ~ 43 KDa，主要以咖啡酸、黄酮、异黄酮、香豆素、生物碱和其他酚类为底物，反应不依赖金属阳离子；II 型 OMTs 分子量较小，为 23 ~ 27 KDa，反应依赖金属阳离子，主要以咖啡酸辅酶 A（CoA）为底物，如咖啡酰辅酶 A CoA-*O*- 甲基转移酶（CCoAOMT），是木质素合成关键酶（Ye 等，1994）。牡丹紫色品种居多，几乎所有牡丹花瓣中都含有两种甲基化花青苷——芍药花素的双糖苷和单糖苷（Pn3G5G 和 Pn3G）。杜会等（2015）从牡丹花瓣中克隆了花青苷甲基转移酶基因（*PsAOMT*），并运用时空特异性分析、异源表达蛋白体外酶学特性及动力学分析、草莓体内瞬时表达以及转基因烟草表型观察和色素分析等多种手段，验证了该酶的功能，并通过正、反向定点突变准确找到了调控该酶催化活性的关键位点，证实了 *PsAOMT* 是决定牡丹花色紫色化的关键基因之一。

在牡丹花瓣中甲基受体有 3 个，分别是矢车菊素、木犀草素、槲皮素，其反应产物分别是芍药花素、金圣草黄素和异鼠李素。牡丹类黄酮甲基转移酶的底物特异性是一个较难的问题，同源的或序列相似的 OMTs，尽管其催化活性有差异，但往往能催化多个受体进行甲基化修饰，缺乏底物特异性，因而生化反应的结果为判断单个 OMT 的甲基受体和供体的特性未必能够提供有价值的信息。由于牡丹类黄酮糖苷化基因（*GTs*）的功能研究方面没有取得进展，因此牡丹类黄酮甲基化修饰和糖苷化修饰的先后顺序究竟哪个在先、哪个在后，是今后需要研究的课题。

4. 类黄酮酰基转移酶基因（*GAT*）

一般认为，类黄酮的酰基化是类黄酮化合物结构修饰的最后一个步骤，是在糖基化之后发生的。参与酰基化的有机酸有香豆酸、咖啡酸、芥子酸、阿魏酸和 *p*- 羟基苯甲酸等芳香酸（Luo 等，2007；Yoshida 等，2009），也有乙酸、丙二酸、草酸、琥珀酸和苹果酸等脂肪酸（Tanaka 等，2009；Andersen and Jordheim，2010）。酰基化修饰提高了花青苷的结构稳定性，也会显著改变花青苷本来的呈色效果。芳香酸酰基化的效果是使花色变得更蓝。

从牡丹花瓣类黄酮分析结果可以推测其代谢过程中存在以下酰基化过程，即①由矢车菊素 3- 葡萄糖苷（Cy3G，a5）生成矢车菊素 3- 没食子酰葡萄糖苷（Cy3galloylG，a9）。②由芍药花素（Pn）经过糖苷化、酰基化生成芍药花素 5- 没食子酰葡萄糖苷（Pn5galloylG，a12）。③由槲皮素 3- 葡萄糖苷（Qu3G，f11）生成槲皮素 3- 没食子酰葡萄糖苷（Qu3galloylG，f9）。④由山柰酚 3- 葡萄糖苷（Km3G，f16）生成山柰酚 3- 没食子酰葡萄糖苷（Km3galloylG，f15）。⑤由异鼠李素 3- 葡萄糖苷（Is3G，f20）生成异鼠李素 3- 没食子酰葡萄糖苷（Is3galloylG，f18）（李崇晖，2010；Li 等，2016）。牡丹花瓣中类黄酮苷既有花青苷的酰基化又有黄酮苷、黄酮醇苷的酰基化。参与酰基化的有机酸仅有没食子酸。至今为止，通过分离纯化还没有得到牡丹酰基化类黄酮化合物的单体，其分子结构鉴定还处于质谱推定阶段，缺少核磁共振谱数据的证据。

5. 牡丹类黄酮合成相关的调控基因

MYB 类、bHLH 类和 WDR 类（或 WD40 类）是调控类黄酮合成的主要转录因子，相对应的基因称为类黄酮合成调控基因。这 3 类转录因子多以复合体（称为 MBW 转录复合体或 MBW 复合体）的形式结合到结构基因的启动子上，对类黄酮合成途径上结构基因的表达进行调控。目前，从拟南芥（Xu 等，2013）、矮牵牛（Ramsay and Glover，2005）、圆叶牵牛（Zhu 等，2015）等植物中分离得到了部分 MBW 复合体，并对其调控类黄酮中的花青苷代谢途径的机制进行了深入研究。例如，拟南芥的 PAP1-TT8/GL3-TTG1 转录复合体能够激活花青苷合成途径上结构基因的表达。矮牵牛的 AN11（WD40）-AN1（bHLH）-AN2（R2R3-MYB）转录复合体能够调控花瓣内花青苷的合成。

近年来，Zhang 等（2014, 2015）以中原牡丹品种‘洛阳红’为材料，获得了 5 个调控基因 *PsMYB2*、*PsbHLH1*、*PsbHLH3*、*PsWD40-1*、*PsWD40-2* 的全长 cDNA。高乐旋等（2016）以栽培的‘凤丹’后代浅粉至深粉色花为材料，通过转录组测序与分析，初步揭示出 *PoMYB2* 和 *PoSPL1* 这两个转录因子可能通过影响 MYB-bHLH-WDR（MBW）复合体的激活能力，进而负调控‘凤丹’粉色花的形成。

中国科学院植物研究所王亮生研究组通过对紫斑牡丹‘青海湖银波’的斑与非斑部分进行比较转录组测序，筛选到在色斑部分特异表达的 *PsMYB12* 和 *PsCHS* 基因，在证明 *PsMYB12* 可以转录激活 *PsCHS* 基因表达的基础上，进一步筛选到与 *PsMYB12* 互作的转录因子 *PsbHLH* 和 *PsWD40*，此三者形成的 MBW 蛋白复合体可以增强 *PsMYB12* 对 *PsCHS* 的转录活性（Gu 等，2019）。

第三节
牡丹的花色育种

一、牡丹花色常规育种

牡丹花大色艳，培育牡丹新花色品种是一件艰难而有趣的工作。而育种最关键的是需要清楚自己最终期待获得什么性状，在这个基础上开展育种工作，才能做到事半功倍。我国现有的牡丹品种依然缺少纯正的橙色、蓝色、黑色和多种颜色组合的复色品种。通过常规杂交育种手段，我国在牡丹花色育种方面已经取得一定进展，而分子育种等方法也可以作为丰富牡丹花色的重要补充。

（一）国内牡丹杂交育种

品种间杂交和实生选育会存在遗传背景雷同等问题，导致我国传统牡丹品种的花色培育长期停留在粉色、紫红色、白色系，而难以扩大后代花色变异范围。在传统牡丹品种中引入肉质花盘亚组的基因资源后，牡丹花色杂交育种开始出现突破，其中黄牡丹在黄色牡丹育种中的作用尤为突出。陈德忠利用黄牡丹与西北牡丹杂交首次培育出2个均为黄色的亚组间远缘杂交品种‘炎黄金梦’和‘华夏金龙’，但当时并未申请植物新品种权。北京林业大学王莲英团队将黄牡丹与日本品种杂交选育出纯黄色后代‘华夏一品黄’，将黄牡丹与紫红色品种‘日月锦’‘百园红霞’杂交获得橙色系品种‘小香妃’‘香妃’以及红黄复色品种‘彩虹’‘雨后彩虹’等（王莲英，2013）。甘肃林业技术推广总站何丽霞团队通过将黄牡丹、紫牡丹与紫斑牡丹及部分栽培品种杂交，培育出橙色、黄色、复色等新品种，如‘晨韵’‘甘林黄’。中国农业科学院蔬菜花卉研究所张秀新团队以黄牡丹、紫斑牡丹和日本牡丹作为父母本，通过远缘杂交培育出了6个新品种，分属于红、橙、紫、黄、粉、白色系，并在美国牡丹芍药协会登录，为中国牡丹常规育种迈向国际市场推进了一大步。

（二）国外牡丹花色培育

西方的园艺爱好者及育种专家也为牡丹花色的杂交育种做出了贡献。法国的莱蒙在19世纪90年代将黄牡丹、紫牡丹与我国栽培品种杂交，培育出了一系列纯黄色的品种，包括‘金帝’‘金阳’‘金阁’‘金晃’等，这些黄色系品种先后传至欧美和日本，受到了广泛的欢迎（Bean，1981）。在美国，桑德斯教授通过将黄牡丹和紫牡丹与日本品种杂交，获得了从深红、猩红到金黄、杏黄、琥珀色的后代花色变异，如深红色的‘中国龙’，纯黄色的‘金色年华’‘海黄’，以及墨紫色的‘黑海盗’等（杨琴等，2015）。

（三）牡丹芍药组间杂种的培育

牡丹与芍药之间的组间远缘杂交也大大丰富了花色，这在本书相关章节已经多次提及，这里不再赘述。中国科学院植物研究所刘政安、王亮生等在北京昌平发现1株牡丹芍药杂交后代，将其命名为‘和谐’，这是国内发现的第一例芍药属组间杂种，花瓣浅紫红色，基部具有黑紫色色斑（郝青，2008）。北京林业大学王莲英团队在2004年将黄牡丹与芍药品种‘班克海尔’杂交，培育出了一株花色纯黄的小花品种‘金月’，但未进行品种登录。北京林业大学成仿云团队和洛阳国家牡丹园分别在2011年和2017年以芍药品种与牡丹亚组间杂种‘金帝’‘金阁’等杂交培育出9例芍药属组间杂种，包括红色的‘京桂美’，橙色的‘橙色年华’，黄色带红斑的‘金俊美’，黄色的‘黄蝶’‘黄焰’，复色的‘京华朝霞’等（袁涛，2017）。

二、牡丹花色分子育种

（一）红色系牡丹花色相关结构基因的挖掘

红色系牡丹的一个共同特点，就是其花瓣中能够合成 3- 位结合有单个葡萄糖基（3G 型）或在 3,5- 位结合有两个葡萄糖基（3G5G 型）的天竺葵素苷（Pg 型），包括 Pg3G 和 Pg3G5G 两种。前期研究结果表明，红色系牡丹类黄酮成分尤其是花青苷成分中，Pg3G 是形成鲜红色表型的重要花青苷。根据代谢途径推断生成 Pg 型色素这一分支途径中的 *F3'H*（生成 Pg 型和 Cy 型花青素的节点基因）、*5GT*（进一步糖基化基因）、*FNS*（生成黄酮分支基因）和 *FLS*（生成黄酮醇分支基因）这 4 个结构基因功能弱化后，会有助于 Pg3G 的合成与积累。为此，今后应重点研究这 4 个结构基因的功能，深入探索牡丹花瓣红色形成的分子机制。

（二）紫色系牡丹花色相关结构基因的挖掘

紫色系牡丹的一个显著特征，就是其花瓣中能够合成 3- 位结合有单个葡萄糖基（3G 型）或在 3, 5- 位结合有 2 个葡萄糖基（3G5G 型）的芍药花素苷（Pn 型），包括 Pn3G 和 Pn3G5G 2 种。根据已有的研究基础，结合紫色系牡丹类黄酮成分尤其是花青苷组成特点，牡丹紫色花色表型的化合物基础，主要是花瓣中合成了先后被羟基化（–OH）、甲基化（$–OCH_3$）和糖苷化（–Glu）修饰的 4 种花青苷，即矢车菊素 3- 葡萄糖苷（Cy3G）、矢车菊素 3,5- 二葡萄糖苷（Cy3G5G）、芍药花素 3- 葡萄糖苷（Pn3G）、芍药花素 3,5- 二葡萄糖苷（Pn3G5G）。根据代谢途径推测，由于这一生成 Cy 型和 Pn 型色素分支中的 *F3'H*、*AOMT*、*3GT* 和 *5GT* 功能强大，导致大量的糖苷化及甲基化修饰的花青苷的合成与积累。为此，今后还应重点研究 *F3'H*、*3GT*、*5GT* 和 *AOMT* 基因的功能，探索牡丹纯紫色花转基因育种的技术途径。

（三）黄色系牡丹花色相关结构基因的挖掘

牡丹中黄色花表型分析后发现其花瓣中大量积累 Ap 型糖苷，其次是查耳酮糖苷和 Km 型糖苷。推测这一代谢途径中 *CHS*、*FNS* 和 *FLS* 功能强化，而 *CHI* 功能弱化后导致黄酮和黄酮醇及查耳酮的积累，使得花瓣呈现黄色。为此，

今后应重点研究 *THC2'GTCHS*、*FNS*、*FLS* 和 *CHI* 基因的功能。

（四）牡丹花色相关调控基因的挖掘

牡丹花瓣中花青素苷和其他类黄酮合成受转录因子严格调控，这种调控存在时空特异性和品种特异性，今后应通过挖掘 MYB、bHLH 和 WDR 3 类调控因子，分析其调控功能，全面阐明牡丹花青苷和其他类黄酮苷合成途径中结构基因的调控机制，比较各个色系花瓣中类黄酮合成途径调控机制的差异。

（五）牡丹花色分子育种策略

牡丹花色分子育种任重道远。首先，要构建牡丹的快繁技术体系，即使成功获得了转基因植株，如果不能实现转基因小苗的快速繁殖，后续的观赏性状评价、适应性评价以及转基因生物安全评价也无从着手。其次，要根据花卉市场的迫切需求和当代流行色的变化确定明确的花色育种目标，确定功能明确的目的基因来源，将纯红、纯黄、纯紫、纯白、浅粉色和复色牡丹结合花型、株型选择，正确选择接受转基因的受体植株或品种。最后，要构建高效的转基因技术体系，既重视传统的基因枪法、花粉管通道法，也要积极尝试花粉磁转染法（Pollen magnetofection）（Zhao 等，2017）、基因枪法、基因编辑（Watanabe 等， 2017）等新的育种技术与方法。

总的来说，培育花色稀缺且稳定的牡丹新品种还有很长的路要走，或者说我们其实才刚刚起步，应当稳步前行。扩大亲本范围、丰富育种手段等都是可以考虑的培育途径，牡丹组培快繁技术和高效遗传转化技术体系的建立，基因编辑等新技术的兴起，将有可能从基因组水平直接调控牡丹的花色。

第十章

牡丹花香与花香育种

牡丹花散发出一系列低分子量挥发物，其中具有香气的成分形成花香。精油是花香挥发物的提取物，是化妆品及轻工业的重要原料。牡丹素有“国色天香”之美名，人们对牡丹花香多有期待。花香是牡丹重要育种目标之一。

本章介绍牡丹花香挥发物的成分和牡丹花香分型，主要花香挥发物的生物合成途径，牡丹花香的常规育种与分子育种展望。

第一节
花香育种概述

花香是花器官特定组织（主要是花瓣或花被片）释放的次生代谢产物，是由一系列低分子量、易挥发的有香味的化合物构成的，主要包括萜类、苯环型/苯丙素类、脂肪酸衍生物和少量含氮含硫化合物等（Dudareva 等，2004），这些化合物共同作用形成了植物的花香特征。目前，在植物中已经有超过 1 700 种香气物质被发现和鉴定。其中，萜类是花香化合物中最多的一类，几乎存在于所有植物的花香香气中（Knudsen 等，2006）。植物花香的释放与花的发育阶段、授粉状态、内源生物钟和环境条件等因素有关（Borda 等，2011）。

花香具有多种生物学功能，是植物与外界环境相互作用的一种重要次生代谢产物。在漫长的生活史中，花朵与传粉者在生理生化特性、形态特征等方面形成了协同进化的关系。花香对于植物繁衍和生长发育起着重要作用，不仅能够吸引昆虫传粉、趋避害虫，而且还是植物应激反应的重要信号物质。同时，花器官也是提取香精香料的重要来源，被广泛应用于日化、食品和医疗等领域，具有重要的应用价值。此外，由植物精油发展而来的“芳香疗法”也越来越受到人们的认可，成为一种具有独特医疗价值的治疗方式（Song 等，2018）。

花香作为观赏植物的重要观赏品质之一，被誉为“花卉的灵魂”。长期以来，观赏植物的育种目标多集中在花色、花型、花期和采后品质改良等方面，花香这一重要的品质指标被育种家忽视，导致大多现代花卉品种丢失了花香，如月季、康乃馨等（Pichersky，Dudareva，2007）。目前，适用于商业化生产的芳香观赏植物产品并不多。牡丹素有“国色天香”的美称，曾有《牡丹》诗赞叹牡丹的花香：“落尽残红始吐芳，佳名唤作百花王。竟夸天下无双艳，独占人间第一香。”然而，相当一部分牡丹栽培品种香气并不浓郁，少数催花品种还有不好闻的气味。因此，培育香气怡人的牡丹新品种势在必行。

第二节
牡丹花香的成分

一、牡丹花香挥发物的组成

（一）牡丹花香化合物类型

牡丹花瓣可以释放几十种甚至上百种含量不同的香气成分，主要包括萜烯类、苯环 / 苯丙素类和烷烃类，也有少量的酯类、醛类、醚类等化合物，其组成和含量在不同品种和不同花发育阶段差异明显，从而导致不同牡丹品种花香的不同。研究表明，不同牡丹品种间花香组成及释放量存在明显差异。周海梅等（2008）以洛阳国家牡丹园的 10 个牡丹品种为材料，进行了挥发性成分研究，共鉴定出 34 种挥发性成分，其中多数是烷烃类化合物，而烷烃类化合物对牡丹花香的贡献或影响尚不明确。李珊珊等（2012）采用顶空固相微萃取法（HS-SPME）和气质联用（GC-MS）技术分析了 30 个牡丹栽培品种花瓣中的挥发性成分，共检测出 146 种挥发性成分，鉴定或推定出 136 种化合物，其中香气成分 81 种（图 10–1），主要香气成分是萜烯类、芳香烃类和烷烃类。

（二）牡丹花的特征香气成分

不同牡丹品种中特征香气成分不同，牡丹花香中常见特征香气成分见表

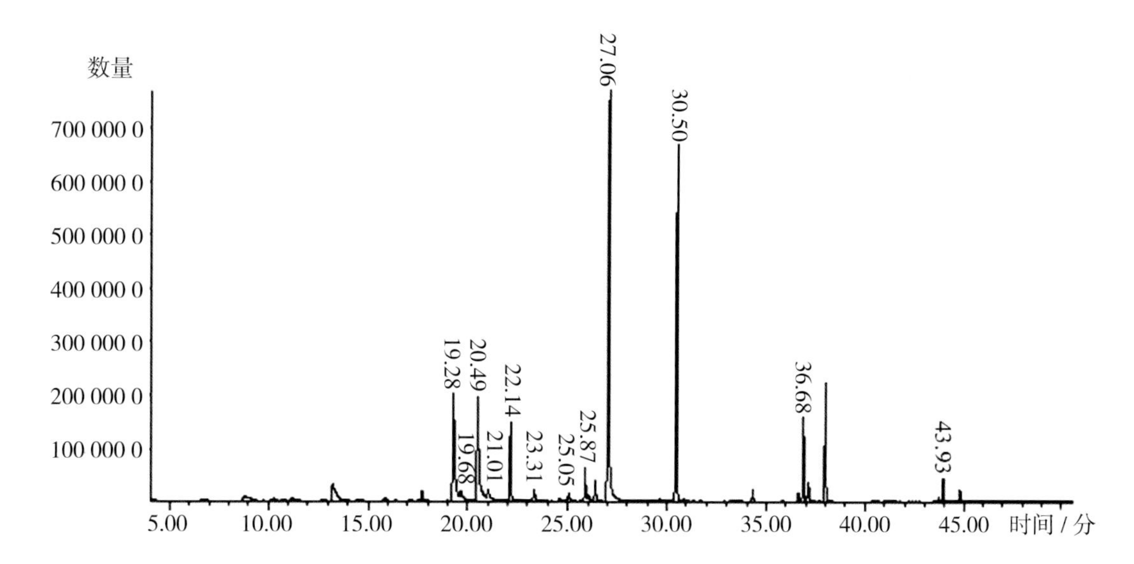

● 图 10–1　**日本牡丹栽培品种‘岛大臣’花瓣挥发成分的 GC–MS 总离子流图**

10–1。芳樟醇是‘海黄’中的特征香气成分，盛花期时高达 40%。赵静等（2012）采用活体动态顶空套袋与自动热脱附 – 气相色谱 / 质谱联用（ATD-GC/MS）技术对 6 个牡丹品种花香成分进行了分析与鉴定，结果表明 6 个品种的花香存在共有成分，每个品种又有各自的特有成分。‘赵粉’‘洛阳红’‘凤丹白’‘海黄’‘名望’以及‘高原圣火’花香中释放量最高的物质分别是 α- 蒎烯、2,3- 二羟基丙醛、3- 甲基 -1- 丁醇、2- 乙基 -1- 己醇、乙酸 -1- 甲基乙基酯以及 5- 乙基 -2,2,3- 三甲基庚烷。静态顶空 - 气质联用技术分析发现，‘藏枝红’和‘红姝女’中含量最高的是苯乙醇，‘墨楼争辉’和‘李园红’中含量最高的是乙酸橙花酯（李莹莹，2013）。此外，‘凤丹’‘洛阳红’‘赵粉’‘肉芙蓉’‘银红巧对’‘墨楼争辉’‘蓝宝石’‘大棕紫’等品种因栽培环境、花朵发育阶段、香气收集方法等不同，其主要香气成分各异（周海梅等，2008；孙强，2012；李莹莹等，2015）。

（三）牡丹花香的释放规律

1. 花朵开放过程中花香挥发物的变化

植物花香在整个开花进程中挥发性成分的组成和释放量是不断变化的。张红磊（2011）以初花期、盛花期和凋花期‘白鹤卧雪’的花朵为材料监测不同花期牡丹香气成分的动态变化，结果表明不同花期的香气成分各异，初花期主要是乙醇和 α-蒎烯，盛花期则是乙醇、α-蒎烯和 3-蒈烯，而凋花期则是乙醇和

● 表 10-1 **牡丹主要花香成分及其香气特征**

化合物	化学式	香气特征
萜烯类 /Terpenoids		
1R-α- 蒎烯 /1R-α-Pinene	$C_{10}H_{16}$	具有松脂香味
β- 罗勒烯 /β-Ocimene	$C_{10}H_{16}$	具有草香、花香气味
3- 蒈烯 /3-Carene	$C_{10}H_{16}$	具有强烈的松木样气味
芳樟醇 /Linalool	$C_{10}H_{18}O$	具有典型的花香气味
柠檬醛 /Citral	$C_{10}H_{16}O$	具有强烈的柠檬气味
香茅醇 /Citronellal	$C_{10}H_{18}O$	具有玫瑰花的香气
香叶醇 /Geraniol	$C_{10}H_{18}O$	具有玫瑰花的香气
大根香叶烯 D/Germacrene D	$C_{15}H_{24}$	具有木香、辛香香气
苯环型 / 苯丙素类 /Benzenoids/Phenylpropanoids		
苯乙醇 /Phenylethyl alcohol	$C_8H_{10}O$	具有玫瑰花的香气
水杨醛 /Salicylaldehyde	$C_7H_6O_2$	具有苦杏仁气味
苯甲酸乙酯 /Ethyl benzoate	$C_9H_{10}O_2$	具有水果香气
1,3,5- 三甲氧基苯 /1,3,5-Trimethoxybenzene	$C_9H_{12}O_3$	具有苯酚的气味
脂肪酸衍生物 /Fatty acid derivatives		
(*E*)-2- 己烯醛 /(*E*)-2-Hexenal	$C_6H_{10}O$	具有强烈的青草香气
十四烷 /Tetradecane	$C_{14}H_{30}$	—
十五烷 /Pentadecane	$C_{15}H_{32}$	—
十六烷 /Hexadecane	$C_{16}H_{34}$	—
3- 甲基十五烷 /3-Methylpentadecane	$C_{16}H_{34}$	—
6,9- 十七烷二烯 /6,9-Heptadecadiene	$C_{17}H_{32}$	—
十七烷 /Heptadecane	$C_{17}H_{36}$	—

叶醇为主要成分。赵静等（2012）采用动态顶空吸附（ATD-GC/MS）技术监测了‘海黄’开花进程中花朵挥发性物质组成和含量的变化，结果表明开花过程中挥发性物质组分及释放量是不断变化的，初开期花香释放总量最大，随后逐渐下降。初开期‘海黄’中释放量最高的是 2- 乙基 -1- 己醇，花蕾期、盛开期和盛开末期花中释放量最高的组分是芳樟醇。张静等（2013）的研究也表明牡丹花香挥发性成分的组成从花蕾期到衰花期不断变化，花蕾期以醇类为主，盛花期以醇类和萜烯类为主，而衰花期酯类化合物含量有所增加。

2. 牡丹花香挥发物释放的日变化规律

大多数植物花香挥发物的释放表现出明显的昼夜节律。据对‘海黄’花香日变化规律（8:00 ~ 18:00）的检测，其香气释放表现出明显的日变化特征，在 11:00 ~ 12:00 释放挥发物成分种类最多，17:00 ~ 18:00 释放成分种类最少；花的总释放量从 8:00 ~ 12:00 不断增加，然后逐渐下降，其中萜类物质的变化幅度最大；芳樟醇是‘海黄’主要的香气成分，8:00 ~ 9:00 芳樟醇的释放量为 19.37 μg/h，11:00 ~ 12:00 迅速增加到 160.13 μg/h，增加了 7 倍多，之后逐渐减小（Zhao 等，2012）。

（四）牡丹花香与花色的关系

牡丹花挥发性物质的组成可能与其花色有关。张红磊（2011）对不同色系（紫色系、红色系、粉色系和白色系）的 12 个牡丹品种花瓣挥发性成分进行了测定，发现萜烯类和醇类是牡丹花香的主要香气物质。4 个色系的牡丹品种挥发性成分种类各不相同，紫色系和红色系牡丹中含量最高的是 α-蒎烯，而白色系和粉色系中最高的是乙醇。对 15 个牡丹品种挥发性成分进行主成分分析和系统聚类分析发现，黄色品种‘小海黄’和绿色品种‘豆绿’各成一类，白色品种‘景玉’和‘水晶白’聚为一类，其他红色、粉色、紫色、黑色和复色品种聚在一起，表明牡丹挥发物的组成可能与其花瓣颜色特征有关系（李莹莹等，2015）。

（五）牡丹花瓣精油

精油是指从芳香植物的花、叶、茎、根或果实中，通过水蒸气蒸馏、压榨法或溶剂萃取等方法提取的挥发性芳香物质。

张晓骁等（2017）采用超临界二氧化碳萃取技术，对3个野生种11个品种花瓣精油进行萃取后分析了精油含量及其成分。结果表明：①牡丹不同种或品种精油平均提取率为0.94%，最高的是紫斑牡丹（1.25%），最低的是紫牡丹（0.63%）。‘凤丹’‘白雪塔’‘硬把杨妃’‘二乔’‘观音面’和‘粉银辉’提取率高于均值。②共鉴定出163种化学成分。化合物中相对含量超过10%的有芳樟醇氧化物、2-5-dodecen-1-ylacetate、棕榈酸、十九烷、2-5-十九碳烯、棕榈酸乙酯、二十一烷、植醇、α-亚麻酸甲酯、亚油酸乙酯等。③综合主成分分析、对应分析、聚类分析结果，将牡丹花瓣精油分成以下4组：a. 中原品种‘白雪塔’‘银红巧对’‘二乔’‘豆绿’‘大棕紫’，该组普遍含有较多白豆蔻酸乙酯、亚油酸乙酯和α-亚麻酸乙酯；b. 紫斑牡丹及西北品种‘硬把杨妃’‘观音面’‘粉银辉’，含有较多的壬醛、硬脂醛、7E-2-二甲基-十六烯，少量香叶醇；c.‘凤丹’‘景玉’，含较多的硬脂醇和壬醛；d.‘海黄’及紫牡丹、黄牡丹，含较多的氧化芳樟醇、异植醇。

二、牡丹花的香型与香味等级划分

（一）牡丹香味等级

张忠义等（1996）对洛阳牡丹品种种质资源进行定量评估时，将牡丹花香分为浓香、香、微香和不香4个等级。参考此方法，李莹莹等（2015）对15个牡丹品种的花香进行了感官评价，其中‘景玉’属于浓香型，‘小海黄’‘水晶白’‘豆绿’‘花二乔’和‘蓝宝石’介于浓香和微香之间，‘一品红’‘赵粉’和‘乌金耀辉’等品种属于微香型。2009年山东省菏泽市牡丹科研部门开展了牡丹花的香型和香味等级划分的专题研究，根据牡丹品种的生长、成花、花型、香型性状和香味差别，从菏泽牡丹近百个品种中筛选出规模大、有影响的16个品种，根据牡丹香型主体香气的成分特征，借助感官评价方法，将牡丹分为清香型、浓香型、烈香型和臭香型4种类型，并将香味进行等级划分（孙洪冉，2009）。

（二）牡丹香型

不同牡丹品种中香气成分含量差异较大，变化范围为43.2%～98.3%，其中

‘七福神’‘白鹤展翅’和‘天香’花瓣中的香气成分含量最高，超过97.17%，这与其感官上具有浓郁香气的结果一致。以81个香气成分为变量进行聚类分析，30个牡丹品种聚为5类（图10–2），综合考虑花瓣中的主要香气成分和感官评价结果，将牡丹花香分为木香型、玫瑰香型、铃兰香型、酚香型和清香型等5种香型（Li等，2012）。

1. 木香型（第Ⅰ类）

木香型包括以下7个品种：‘天香’‘桃源仙境’‘银红巧对’‘垫江凤丹’‘蓝宝石’‘凤丹’和‘七福神’，香气成分占挥发性成分的87.6%以上，其中‘天香’‘蓝宝石’和‘七福神’香气浓郁。萜类化合物是这一类牡丹品种的特征香气成分，占总香气成分的75.9%以上，并在它们的浓郁香气中起着重要作用。其中，含量最多的香气成分为β-罗勒烯，其散发出木香、花香并伴有橙花油香气，

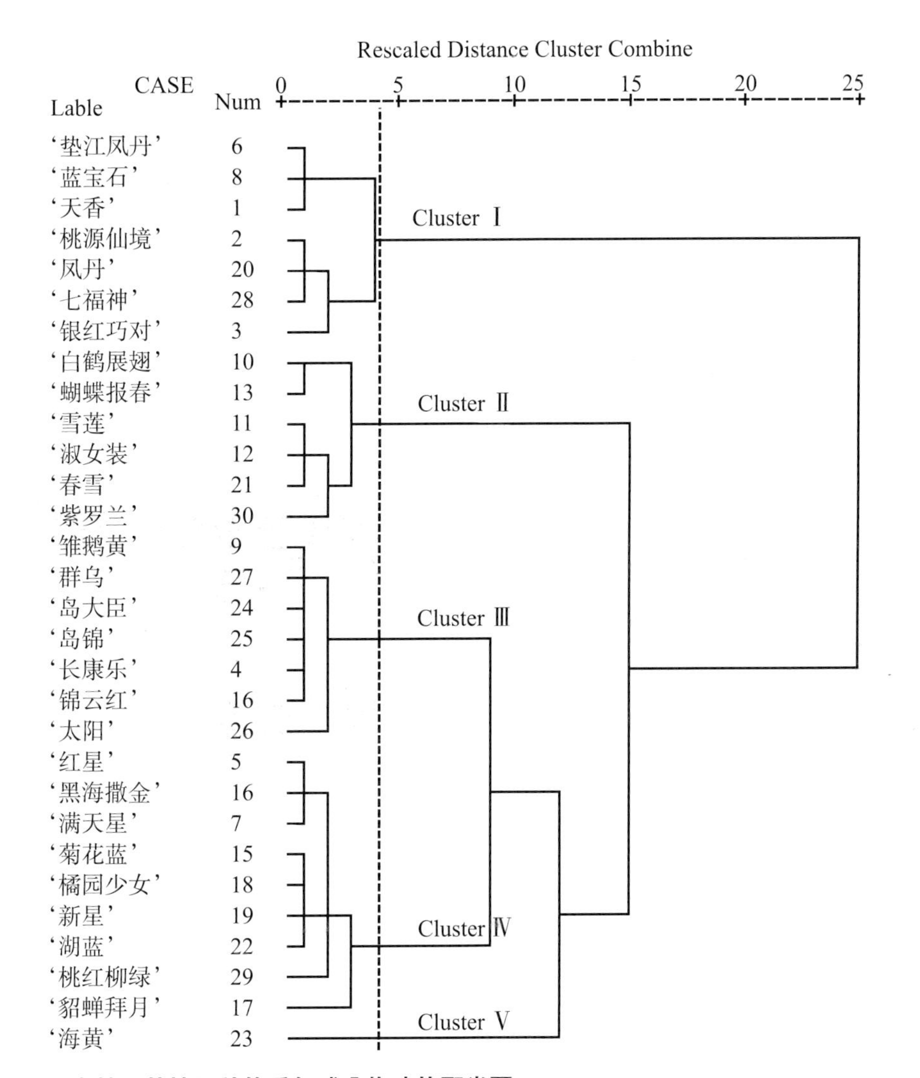

● 图10–2 以30个牡丹栽培品种的香气成分构建的聚类图

在日化香精中有着重要的应用（舒宏福，2004）。‘天香’‘蓝宝石’和‘垫江凤丹’花瓣中β-罗勒烯含量分别为75.1%、63.3%和58.8%，是培育木香型牡丹新品种的最佳亲本。此外，D-香茅醇可能是另一个对这类品种花香有贡献的共有成分，尤其在‘桃源仙境’和‘七福神’中相对含量较高，分别为25.9%和28.2%。由此可以推测，β-罗勒烯和D-香茅醇是这类牡丹品种的主要香气成分，而前者的释香作用更加突出，可能为这一类的特征香气成分。

2. 玫瑰香型（第Ⅱ类）

这一类牡丹品种与上述相似，香气成分集中在萜类化合物中，且也属于香气浓郁型。主要包括‘白鹤展翅’‘蝴蝶报春’‘雪莲’‘淑女装’‘春雪’和‘紫罗兰’等6个品种。其主要香气成分是D-香茅醇，该化合物可以释放出玫瑰香味（Ishizaka等，2002）。与上述5个品种不同的是，‘紫罗兰’花瓣中具有相同含量的1，4-二甲氧基苯和D-香茅醇，使得其香型明显区别于同类别中的其他牡丹品种。此外，‘白鹤展翅’和‘蝴蝶报春’中β-罗勒烯含量较高，而‘春雪’‘雪莲’和‘淑女装’花瓣中十五烷含量较高，这也赋予这些品种各自特殊的香气。研究表明，D-香茅醇具有玫瑰香味，是玫瑰型香精的基体香气，常用以增强鲜花香和调配各种玫瑰系花香香精，广泛用于配制香水香精、食用香精及化妆品香精等。‘白鹤展翅’‘蝴蝶报春’和‘春雪’花瓣中D-香茅醇含量高达45.1%以上，在玫瑰香型新品种的培育和玫瑰香型香料生产方面有很好的开发价值。

3. 铃兰香型（第Ⅲ类）

‘海黄’与其他品种的香型差异很大，香型相似率最高值仅为0.08，单独归为一类，与中国和日本牡丹的香气成分形成鲜明的对比。其香气成分集中在萜烯类化合物中，含量最高的化合物是芳樟醇，形成‘海黄’特殊的香型。芳樟醇具有清爽的铃兰香味，广泛用于香精、人工精油和食用香精的配制（孙锦程等，2009）。在30个牡丹品种中，芳樟醇仅在‘海黄’和‘七福神’两个品种中检测到，且‘七福神’中含量极低，仅为0.9%，而在‘海黄’中高达74.2%。可以推测芳樟醇是‘海黄’区别于其他牡丹品种的特征性物质，构成其特征香气成分。由此可见，‘海黄’是牡丹花香育种的珍贵材料，可用于培育有别于现有牡丹香气的新品种。

4. 酚香型（第Ⅳ类）

该类别以芳香烃类化合物为主要香气成分，烷烃类次之，主要包括‘锦云红’‘岛大臣’‘长康乐’‘雏鹅黄’‘岛锦’‘太阳’和‘群乌’等7个品种，以日本牡丹为主。除‘长康乐’和‘雏鹅黄’中十五烷相对含量稍高外，其他品种均以含量最高的1,3,5-三甲氧基苯为主要香气成分。其中，‘长康乐’‘雏鹅黄’和‘岛锦’中烷烃类含量较高，所以三者香气不如其他品种浓郁；‘岛大臣’和‘太阳’中醇类化合物含量较高，所以其香气较浓郁；‘群乌’中香气成分含量较低，仅占挥发性成分的43.2%，香气较为清淡。

5. 清香型（第V类）

这一类别包括‘红星’‘满天星’‘菊花蓝’‘黑海撒金’‘貂蝉拜月’‘橘园少女’‘新星’‘湖蓝’和‘桃红柳绿’等9个牡丹品种，属于清香型，香气成分占挥发性成分的含量相差很大，从最高的92.4%到最低的48.8%不等，且含量高的几个品种主要是由于芳香烃类和萜烯类化合物含量高所致。这类牡丹品种的香气成分均以烷烃类为主，萜烯类次之，含量最多的化合物是十五烷。‘貂蝉拜月’除外，其香气成分含量最高的是6,9-十七烷二烯，占挥发性成分的36.5%。饱和烷烃的香气阈值较高，赋予产品的香气作用较小，推测烷烃类化合物含量高是导致以十五烷为主要香气成分的9个品种香气不浓郁的原因（周晓媛等，2007）。

三、影响牡丹花香的因素

影响牡丹花香的因素很多，主要包括基因型、花发育阶段、内源生物钟和环境因素等，其中植物基因型是香气物质种类和含量的决定因素（李莹莹，2013）。牡丹花香的合成及释放受复杂环境因素如光照、温度、空气相对湿度等影响。研究表明，外源一氧化氮影响牡丹花瓣挥发性成分的种类和含量，对盛花期的影响最大，处理后烷烃类和部分萜烯类（如大根香叶烯）含量增加，但萜烯类化合物的总含量有所降低，芳香烃类总含量没有明显的变化。其次是初花期，对末花期影响最小（王娟，2014）。

第三节

牡丹花香育种

一、主要花香成分的生物合成途径

（一）萜类化合物的生物合成

萜类化合物是花香挥发物中最大的一类，其合成起始于共同的 C5 结构前体，分别是异戊烯基焦磷酸（IPP）和 3,3- 二甲基丙烯基焦磷酸（DMAPP）（Tholl，2015）。它们的合成途径有两条，一条是细胞质中的甲羟戊酸（MVA）途径，参与倍半萜和三萜等次生代谢产物的生物合成；另一条是质体中的甲基赤藓糖醇（MEP）途径，主要参与单萜、二萜、类胡萝卜素等生物合成（图 10–3）。这两条途径之间存在物质交换，主要是从质体流向细胞质（Laule 等，2003）。单萜、倍半萜及二萜等前体合成后，在萜类合成酶（TPSs）家族的作用下形成单萜（柠檬烯和芳樟醇等）、倍半萜（橙花叔醇和石竹烯等）、二萜（番茄红素等）、三萜、四萜等。植物体中的萜类次生代谢产物多种多样，这些萜类化合物的产生不仅由于植物体内含有多种萜类合成酶，还因为有大量的修饰酶的存在，如羟基化、过氧化、甲基化、酰基化、糖苷化等（Degenhardt 等，2009）。

牡丹花香中的萜类化合物主要包括单萜类化合物 β- 罗勒烯、芳樟醇、香茅

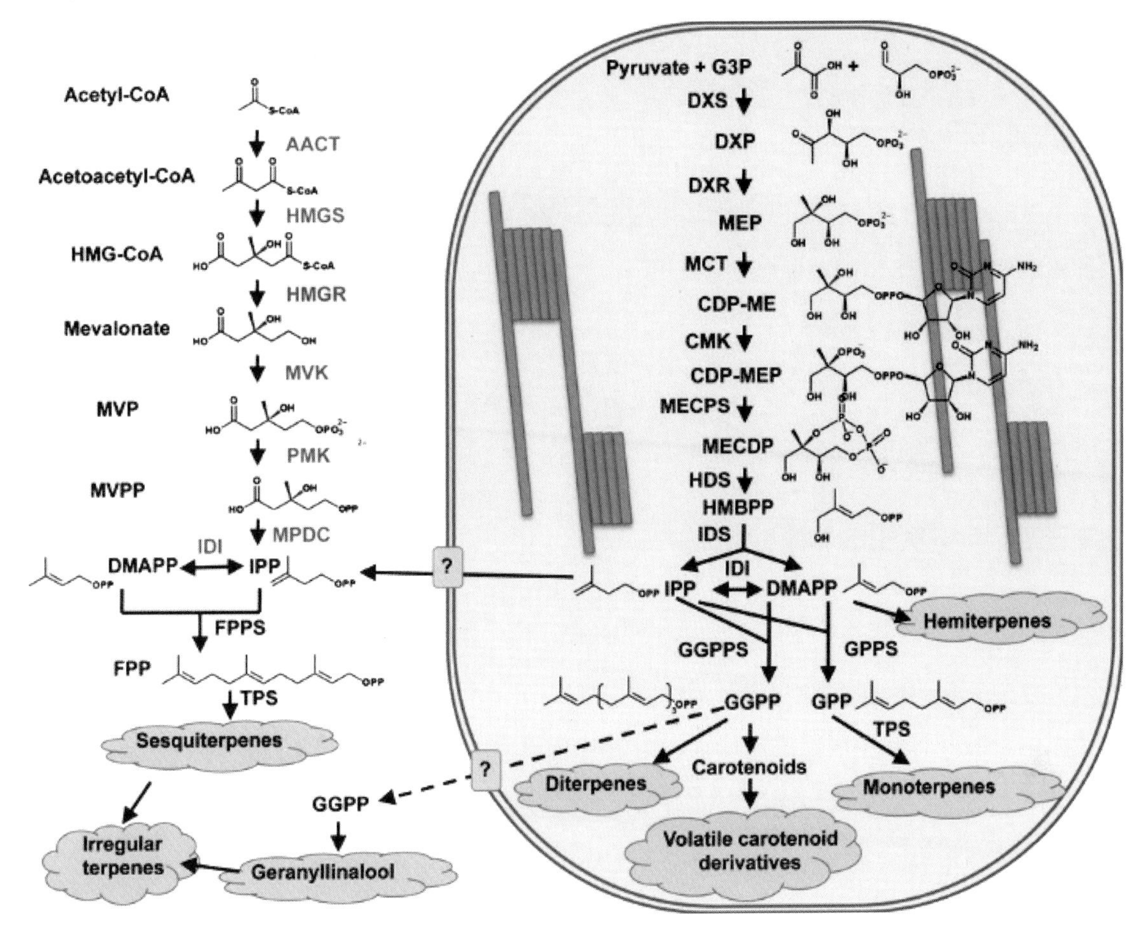

● 图 10–3　**萜类化合物的生物合成途径（Dudareva 等，2013）**

醇、香叶醇和倍半萜类化合物大根香叶烯（图 10–4）。1- 脱氧 -D- 木酮糖 -5- 磷酸合酶（DXS）在萜类化合物的合成过程中起着重要的作用，是 4- 磷酸甲基赤藓糖醇（methylerythritol 4-phosphate, MEP）途径的第一个关键酶，赵能等（2017）从滇牡丹中克隆得到了一个 *DXS* 基因（*PdDXS*），该基因全长为

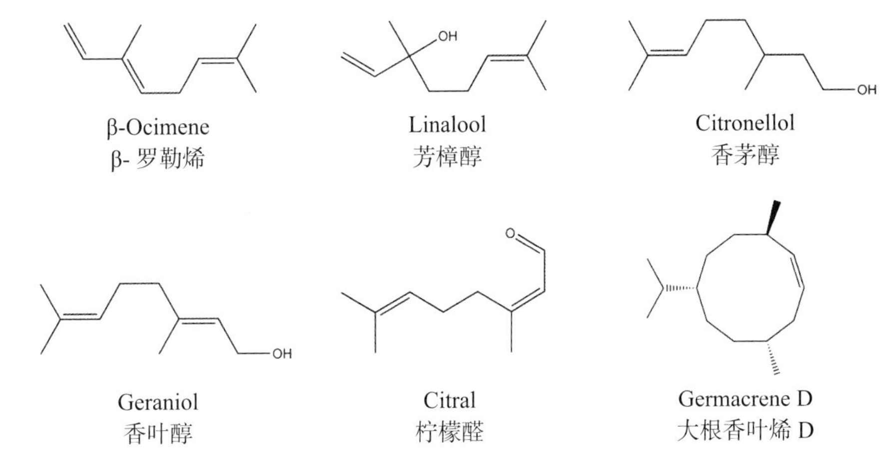

● 图 10–4　**牡丹花香主要萜烯类化合物（张玲作图）**

3 137 bp，其中包括了一个 2 152 bp 的开放阅读框，共编码 717 个氨基酸。单萜类化合物芳樟醇是'海黄'花香中的主要成分,芳樟醇是以香叶基焦磷酸(GPP)为底物，在芳樟醇合酶（LIS）的催化下合成的。牡丹花香中含量较高的倍半萜化合物有大根香叶烯 D，它是以法尼基焦磷酸（FPP）为底物在大根香叶烯合酶的催化下形成的。β- 罗勒烯是牡丹花香中另一种含量较高的单萜类化合物，达瓦列娃（Dudareva）等（2003）在金鱼草花瓣中克隆得到了 β- 罗勒烯合成酶基因，该合酶可以催化香叶基焦磷酸形成 β- 罗勒烯。与此同时还克隆得到了月桂烯合成酶基因，其氨基酸序列与 β- 罗勒烯合成酶基因同源性达到了 92%。

（二）苯环型 / 苯丙素类化合物的生物合成

苯环型（C_6-C_1）/ 苯丙素类（C_6-C_3）化合物是第二大类植物挥发性化合物，是莽草酸途径的下游产物。以苯丙氨酸(Phe)为起始，由苯丙氨酸裂解酶(PAL)催化，将苯丙氨酸脱氨基生成反式肉桂酸，肉桂酸经羟基化或甲基化等修饰，形成木质素、花青素等物质的中间体，部分苯丙烷类化合物的苯环和侧链经过羟基化、酰基化、甲基化等修饰作用后，最终形成一系列能挥发的醛、醇、醚

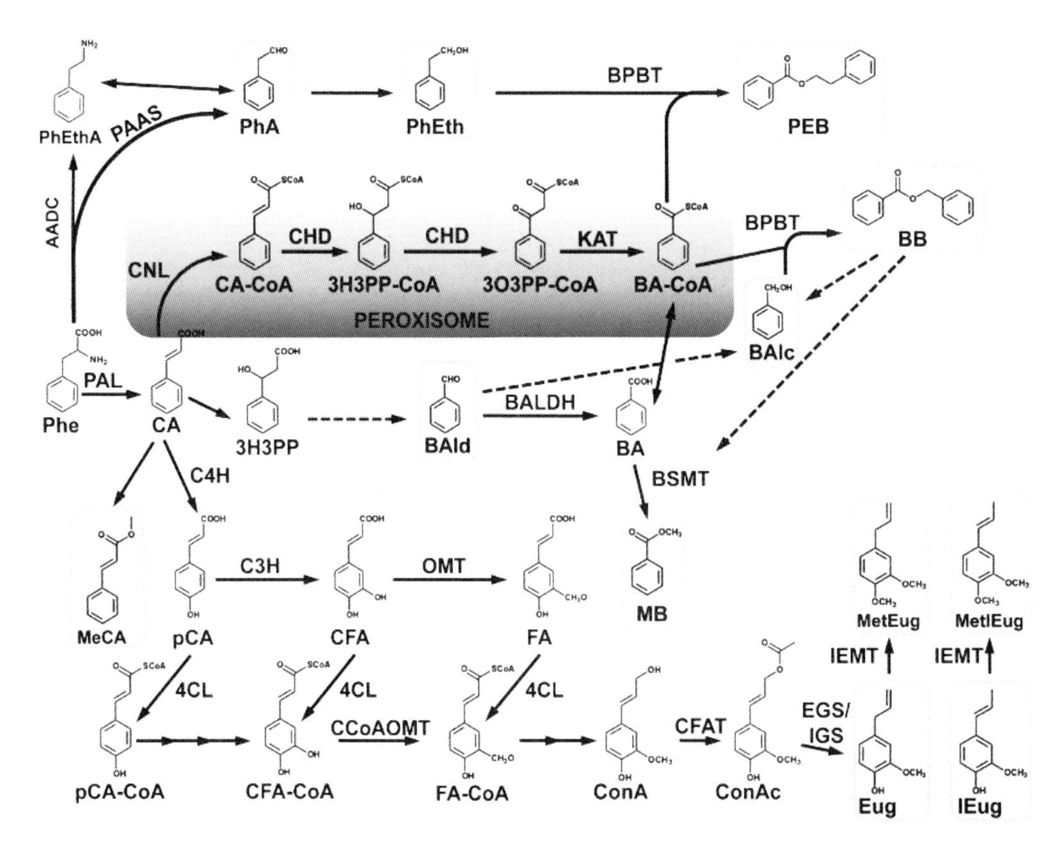

● 图 10–5　苯环型 / 苯丙素类化合物的合成途径（Dudareva 等，2013）

或酯类物质（Dudareva 等，2013）（图 10–5）。苯环型化合物来源于苯丙烷类化合物，需要缩减苯环侧链的一个 C_2 单元，这种变化可以是经过苯甲酰辅酶 A 的 β- 氧化途径，也可以是以苯甲醛为中间产物的非 β- 氧化途径，或两种途径组合形成苯环型化合物，苯环型化合物在合成途径中如何进一步修饰还需进一步研究（Muhlemann 等，2014）。此外，苯丙氨酸在苯乙醛合成酶（PAAS）的催化下，经过脱羧和氧化脱氨基作用，可以直接生成 C_6-C_2 化合物（Widhalm，Dudareva，2015）。

牡丹花香中主要的苯环型 / 苯丙素类化合物包括 1,3,5- 三甲氧基苯、苯乙醇、苯甲酸乙酯（图 10–6）。其中，1,3,5- 三甲氧基苯需要经过三个酶的催化才能形成，以间苯三酚为底物，经间苯三酚氧位甲基转移酶（POMT）和苔黑素氧位甲基转移酶（OOMT1/ OOMT1）这几个连续的催化步骤，形成最终的 1,3,5- 三甲氧基苯（Lavid 等，2002；Wu 等，2004）。

（三）脂肪酸衍生物的生物合成

脂肪酸衍生物也是一类重要的花香化合物，主要包括小分子的醇类、醛类和酯类，如 1- 己醛、顺式 -3- 己烯醇、壬醛和茉莉酸甲酯等。该途径是 α- 亚麻酸和亚油酸经由位点特异的脂氧合酶（LOX）催化形成 9- 氢过氧化物和 13- 氢过氧化物中间体（Dudareva 等，2013）。随后经由两条支路，一是丙二烯氧化物合酶分支，13- 氢过氧化物经丙二烯氧化合酶（AOS）支路形成茉莉酸（JA），然后在茉莉酸甲基转移酶作用下转化为茉莉酸甲酯（MeJA）；另一条是氢过氧化物裂解酶分支，氢过氧化物中间体在对应的氢过氧化物裂解酶（HPL）的催化作用下形成 C6 和 C9 挥发醛类，继而经乙醇脱氢酶（ADH）作用形成多种醇类化合物（Dudareva 等，2013）（图 10–7）。牡丹花香中主要的脂肪酸衍生

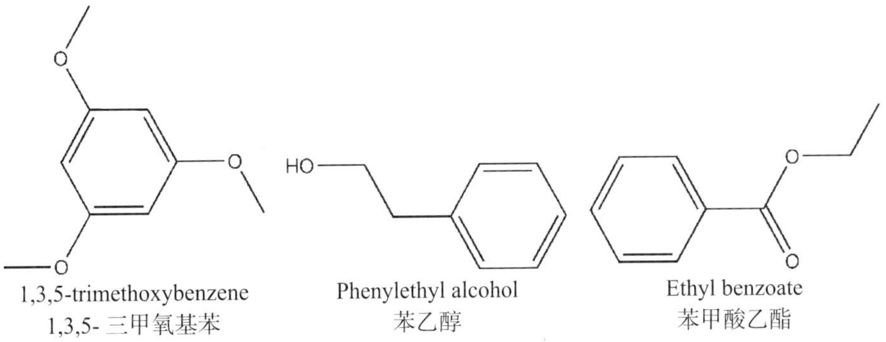

图 10–6 牡丹花香中主要苯环型 / 苯丙素类化合物（张玲作图）

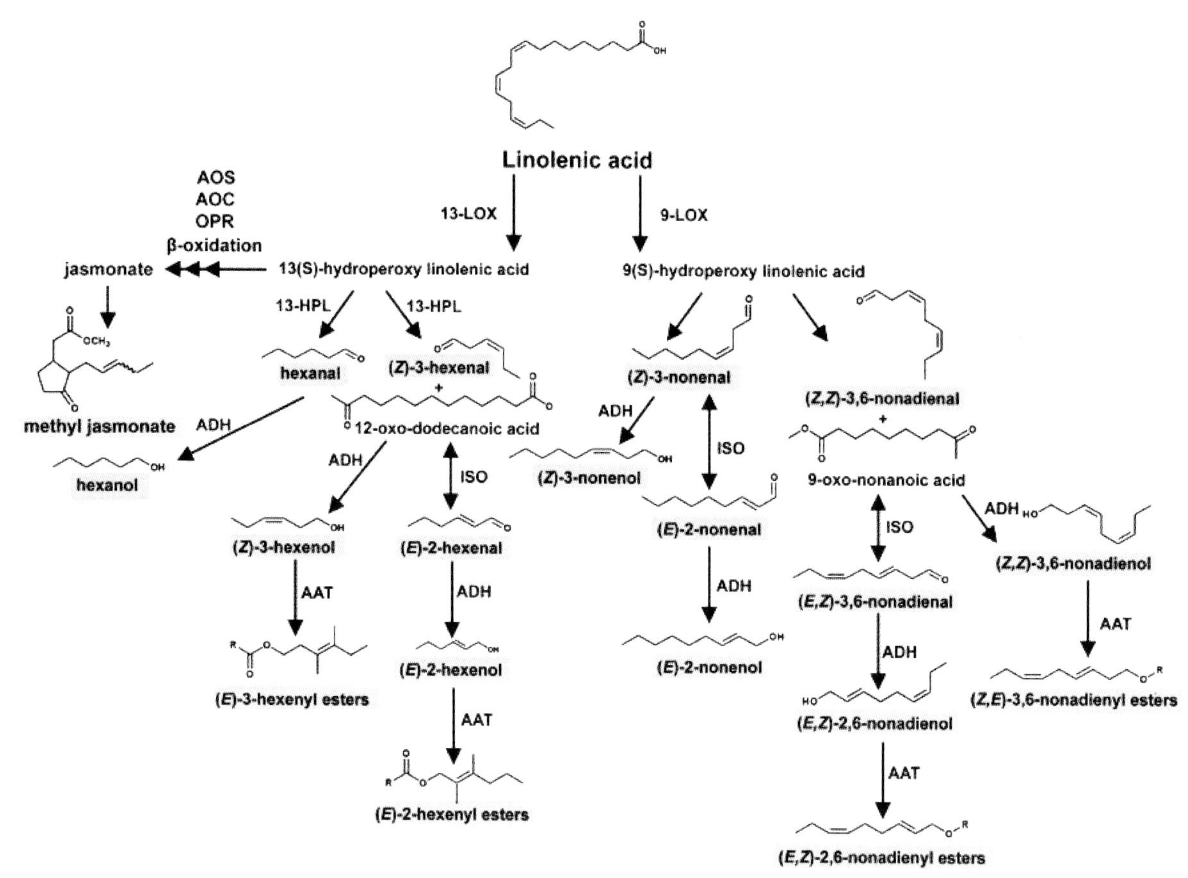

● 图 10–7 **脂肪酸衍生物的脂氧合酶途径**

物包括（*E*）-2- 已醛、十四烷、十五烷、3- 甲基十五烷、十六烷、6,9- 十七烷二烯、8- 十七烷烯和十七烷。已有研究表明，正构烷烃的嗅觉阈值较高，其在花香形成过程中的贡献较低（John，Earl，1983）。

二、花香常规育种

牡丹常规育种手段主要有引种驯化、芽变选种、实生选种、杂交育种等，以上方法在牡丹花香育种中均可应用。

引种驯化在牡丹育种进程中起到重要的作用，也是品种改良前期的基础性工作，尤其是野生资源的引种驯化极大地丰富了现有牡丹品种的花香类型。对牡丹野生种花香成分分析发现，其主香成分各异，如紫斑牡丹的主成分是 6,9- 十七烷二烯和呈现香味的香叶醇和苯乙醇，因而呈现出浓郁的脂粉香；黄牡丹主成分是芳樟醇，因而呈现出令人愉悦的甜香味。在引种驯化过程中，应根据不同野生牡丹的香味特征筛选香味令人愉悦的资源，在后期育种中加以利用。除对野生资源引种驯化外，在对其他地区的栽培品种进行引种驯化过程中，应重点关注香气较为特异的种质资源。

芽变选种和实生选种在牡丹花香育种过程中主要依据嗅觉感官进行筛选。需根据实际需求筛选合适的测试人员，测试者根据自身感受对要评价的个体进行评价。对于香味的感知能力存在个体差异，评价结果的主观性强，因此应进行多人多次评价，根据多人多次的评价结果做出最终的判断，筛选出香味令大众愉悦的品种。

杂交育种是牡丹花香育种最重要的手段。育种专家利用黄牡丹杂交培育出的品种，如‘海黄’‘金岛’‘金阁’等的香味均为甜香型。利用 GC-MS 对以上品种花瓣挥发性成分测定后发现，其主成分均为芳樟醇。对以‘海黄’为母本，日本牡丹‘新扶桑’为父本培育的杂交品种‘黄冠’，以栽培牡丹‘皇嘉门’（‘Kokamon’）为母本，黄牡丹和栽培牡丹杂交种的回交第二代为父本培育的品种‘丽达’(‘Leda’)的花瓣挥发性成分进行分析，发现其主成分也均为芳樟醇。结果表明以上利用黄牡丹为杂交亲本的后代，其花瓣的主要挥发性成分均遗传了黄牡丹的花香主成分。我国牡丹育种专家从 20 世纪末开始利用黄牡丹、紫牡丹作为重要育种亲本开展远缘杂交育种工作。北京林业大学王莲英团队利用黄牡丹和‘日月锦’杂交获得了 8 个优良杂交后代，其花香均为甜香型，其中一个品种花香类似成熟香蕉的香味，被命名为‘蕉香’（王莲英等，2013）。甘肃林业科技推广总站的何丽霞团队培育的‘甘林黄’‘晨韵’‘仙女’等亚组间远缘杂种的花香也均为甜香型。总结以上育种经验，发现利用黄牡丹或其杂交后代作为育种亲本更容易获得花香为甜香味的品种。

对部分紫斑牡丹品种花瓣挥发性成分测定后发现，多数样品的花瓣挥发性主成分与野生紫斑牡丹一致，为香叶醇和苯乙醇，都呈现出较为浓郁的香味。袁军辉等（2011）对西北地区紫斑牡丹栽培品种的遗传背景进行了分析，结果表明紫斑牡丹栽培品种主要是野生紫斑牡丹在当地不断驯化、杂交和筛选获得的，其他地区的牡丹对其影响较小。栽培紫斑牡丹遗传背景较为单一，因此也稳定遗传了野生紫斑牡丹花香的特征。为获得香味浓郁的牡丹品种，可以利用紫斑牡丹进行杂交选育。

中国栽培牡丹经历了上千年的驯化和杂交选育，革质花盘亚组中除四川牡丹和圆裂四川牡丹外，其他野生种均已参与了品种形成（Zhou 等，2014）。不同野生种花瓣主要挥发性成分在后代中如何遗传，现阶段并未有明确的遗传证据支持，今后需要利用花香挥发性主成分差异较大的亲本进行杂交建立遗传群体，开展花香遗传规律的研究，确定牡丹花瓣中几类主要的挥发性成分合成代谢的遗传规律，最终指导牡丹花香杂交育种。

三、花香分子育种基础

传统的实生选种和杂交育种主要依赖植株的表型选择，工作量大，持续时间长，而环境条件、基因间互作、基因型与环境互作等多种因素会影响表型选择效率。一个优良品种的培育往往需花费 10 年甚至十几年时间。牡丹是木本植物，育种周期长，3 ~ 5 年才能结实，大大花费了选育工作中的时间、劳力和财力。随着现代生物技术的快速发展，分子育种不但可以克服育种周期长、预见性差和选择效率低等缺点，还能克服生殖隔离，实现优良基因重组，真正实现定向育种。

‘海黄’是目前报道中具有独特香气的牡丹品种，其特征香气成分是芳樟醇。芳樟醇是在芳樟醇合酶（LIS）的催化下合成的，芳樟醇合酶基因也是最早用于转基因花香育种的目的基因。利用‘海黄’中的 LIS 基因资源，同时也可以利用其他物种中的基因资源如月桂烯合酶（MYRS）、罗勒烯合酶（OCIS）、萜品烯合酶（TERS）、蒎烯合酶（PINS）和柠檬烯合酶（LIMS）等，通过分子生物学手段尝试对牡丹花香进行遗传改良。育种工作者曾将‘仙女扇’中的 *LIS* 基因转入矮牵牛和香石竹中，转基因植物中芳樟醇含量显著提高，但感官上并没有产生明显的芳香（Lücker 等，2001；Lavy 等，2002）。将柠檬（Citrus limon）中 3 个不同的单萜基因（*TERS*、*LIMS* 和 *PINS*）同时转入烟草，却引起了花香的强烈改变（Schwab 等，2004）。此外，还可以通过改变苯环型 / 苯丙素类化合物途径来增加目标化合物的合成，从而增强或改变花香。

目前，人类对植物花香物质的组成和生物合成途径有了一定的了解，越来越多的花香相关基因被分离和鉴定，通过分子生物学手段对植物花香性状的改良也取得了一些成果，但花香的分子育种还存在很多问题。由于香气物质复杂的代谢网络、不可预测的代谢通量变化、底物的特异性及二次修饰、人类嗅觉分辨程度的差异以及代谢途径的改变对植物生长发育的影响等，导致花香分子育种不能达到预期效果。从整体上来说，植物花香相关基因的研究仅集中在矮牵牛、月季、金鱼草、仙女扇等少数几种植物中，调控花香物质的产生和释放机制的研究仍然处于初级阶段（戴思兰等，2013）。鉴于植物花香对于传粉和植物胁迫应答具有非常重要的作用，且花香是观赏植物的一个重要品质指标，因此可以利用转基因手段、分子模块育种以及基因编辑技术等，通过操作花香酶基因和调控基因进行牡丹花香定向育种。虽然新的育种之路还很长，但对牡丹全株利用、发展牡丹产业具有重要意义。

第十一章
药用牡丹育种

牡丹是重要的药用植物，牡丹皮是传统中药材，‘凤丹’是主要的药用品种。按照中医治疗对中药材药性的原则要求，药用牡丹育种应在保持原有药性的基础上注重产量与抗性品质的提高。

本章介绍了牡丹药用种质资源，药用品种评价，主要药用成分遗传分析，‘凤丹’牡丹的药用育种。

第一节
药用牡丹概述

一、药用牡丹与牡丹皮的药用价值

（一）药用牡丹与牡丹皮

通常将芍药科芍药属牡丹组中具有药用价值且以药用生产为主要目的的种或品种称为药用牡丹。在《中华人民共和国药典》（2020 版）中，收载了中药材牡丹皮，并定义牡丹皮为毛茛科植物（注：应为芍药科植物）牡丹（*Paeonia suffruicosa* Andrews）的干燥根皮。由此可见，药用牡丹与牡丹皮是既有联系又有区别的两个概念。前者指的是作药用生产的植物（种或品种），后者指的是药材名称。牡丹皮是我国传统大宗中药材，简称丹皮。有些产区药农常将牡丹与丹皮等同起来，直接称牡丹为丹皮。

（二）牡丹的药用价值

牡丹的药用部位主要是根皮。牡丹作为药用，始载于《神农本草经》，列为中品，此后历代本草均有收载。牡丹皮苦、辛，微寒，归心、肝、肾经，具有清热凉血、活血化瘀之功效，主要用于热入营血、温毒发斑、吐血衄血、夜热早凉、无汗骨蒸、经闭痛经、跌扑伤痛、痈肿疮毒等。

现代药学研究证实，牡丹皮含有酚类、萜类、鞣质、挥发油类、氨基酸以及多种微量元素。药理学研究表明，牡丹皮具有降血糖、降血压、抗炎、抗菌、抗肿瘤、调节心血管系统等作用。牡丹皮还有镇静、退热等中枢作用，对脑缺血及其他组织缺血的保护作用；激活免疫系统、增强巨噬细胞吞噬能力的作用；保护肝脏及胃肠的作用；利尿作用；抗早孕及抑制由二磷酸腺苷诱导的血小板聚集的作用等。在研究中药治疗过敏性湿疹中发现，牡丹皮对其有着很好的治疗效果。此外，丹皮也可以用于制备美容护肤品。

近年来，研究人员也关注到牡丹皮在口腔护理方面的应用。有研究在牙膏中加入丹皮酚，发现其对大肠杆菌、金黄色葡萄球菌等均有较好的抑菌效果，且对牙本质过敏及牙周疾病有较好的疗效。临床试验证明其对口腔污垢、口臭、牙龈出血、牙周脓肿以及口腔溃疡都有辅助治疗作用。

二、药用牡丹育种简史与基本要求

（一）育种简史

牡丹的药用历史悠久，先民们最早就是从药用中认识了牡丹。据《神农本草经》和汉代医简所记，这个历史至少有 2 000 年。人们首先采集野生牡丹根作药用，此后有了药用栽培。在安徽铜陵有晋人葛洪（葛稚川）种植牡丹的传说，距今 1 600 余年。但铜陵大量种植药用牡丹是在明永乐年间，到清代形成较大规模，成为药用牡丹皮的著名产区。由于安徽铜陵凤凰山及南陵丫山一带的牡丹皮质量最好，“久贮不变色，久煎不发烂”而被特称为“凤丹”。

明清时期，药用牡丹在全国各地有所发展，如安徽亳州、重庆垫江、湖南邵阳、湖北恩施（巴东、建始）等地，药用牡丹先后兴起。这些地方的品种有的相同，但大部分不同，如重庆垫江主要是‘太平红’，湖南邵阳有‘香丹’，湖北恩施的巴东、建始、利川一带则有‘建始粉’‘湖蓝’‘锦袍红’等。除安徽铜陵‘凤丹’外，其他主产区药用品种的具体来源却不十分清楚。但可以肯定的是，各地药农在生产实践中应用了选择育种的方法，从引种的牡丹野生种或栽培品种中，筛选了适于当地风土条件的药用品种，从而形成了当今各主产区药用品种各有特色的格局。

除早期的引种驯化外，各地很少采用其他方法对药用牡丹进行品种改良。

但铜陵等地采用播种育苗的产区，药农很注意播种时所用种子的质量，要求留种田应为4～5年生植株，生长健壮，并注意加强管理等，从而保证了优良种性的传承。

（二）中药药性与药用牡丹育种

中医治疗中对药材品质（药性）有较严格的要求，并且较少使用单一药物，而是运用中药配伍（包括药对配伍、药量配伍等）进行整体治疗，这是中医药治疗的特色和优势。

牡丹皮作为临床上应用较广的中药材，在药性相同的情况下，其配伍不同，功效也不同。如牡丹皮同当归、熟地配伍是补血；同莪术、桃仁配伍则破血；同生地、黄芩、黄连配伍则凉血；同肉桂、泡姜配伍则暖血；同川芎、白芍配伍则调血；同牛膝、红花配伍则活血；同枸杞、阿胶配伍则生血等。另外，在植物性中药材育种中并没有过分强调功能性成分含量越高越好。在众多含有牡丹皮的方剂中，都需和其他药材相互配合，用药剂量合适，才能起到良好的治疗相关疾病的效果。在《中华人民共和国药典》（2020版）牡丹皮质量的评定标准中，仅要求丹皮酚含量超过1.2%，只要达到这个含量标准均为合格。因而在药用牡丹育种中，在满足丹皮酚含量达到《中华人民共和国药典》含量标准前提下，牡丹皮的产量和植株的抗性就成为育种的重点。当然，如果以提取牡丹皮中某单一成分（如丹皮酚）为主要目的时，则该次生代谢成分的高含量也可作为重要的育种目标。

第二节
药用牡丹的种质资源

一、丹皮的基源植物

前已述及，据《中华人民共和国药典》（2020 版）所载，牡丹皮为毛茛科植物牡丹的干燥根皮。《中华人民共和国药典》虽是权威著作，但这里所用的一些信息已经过时。有两点应当指出：一是牡丹的分类学早已将其所属科名改称芍药科，迄今为止，不少学者仍然不能将其加以更改，其原因皆出于此；二是牡丹皮的基源植物，不仅仅是 *Paeonia suffruticosa*，还应包括杨山牡丹。杨山牡丹的栽培品种为‘凤丹’或‘凤丹白’，即 *P. ostii*‘Fengdan’或‘Fengdanbai’。

按产地不同，丹皮名称也有所不同（方前波等，2004）。而不同丹皮品种的基源植物几乎涉及芍药属牡丹组的所有种类。如陕西延安一带的西北丹皮，基源植物为矮牡丹（稷山牡丹）；陕西太白的西北丹皮，基源植物为紫斑牡丹；四川甘孜一带的茂丹皮，基源植物为四川牡丹或紫斑牡丹；四川阿坝的茂丹皮，基源植物为四川牡丹；云南一带的赤丹皮为紫牡丹；四川西昌一带的西昌丹皮，基源植物为紫牡丹或黄牡丹。此外，西藏藏药中，也有将大花黄牡丹根皮入药的。这样，牡丹药用种质资源也就包含了芍药科芍药属牡丹组中所有的野生种。

二、栽培品种资源

据调查，各丹皮产区主栽品种如下：

安徽铜陵、南陵、亳州：主要是‘凤丹’。

重庆垫江：以‘太平红’为主，另有‘垫江红’（或称‘长康乐’）。

湖南邵阳、邵东：主要是‘凤丹’（当地称‘凡丹’）、‘香丹’（亦称‘宝庆红’）。

湖北巴东、建始、利川：有‘建始粉’‘锦袍红’‘湖蓝’等。

山东菏泽、河南洛阳：除‘凤丹’外，菏泽还有‘赵粉’‘首案红’‘朱砂垒’等，河南洛阳还有‘洛阳红’等。（图 11–1）

三、药用牡丹种质资源评价

（一）评价体系的建立

对药用牡丹种质资源的收集与评价，是种质资源研究中一项重要的基础工作，也是品种改良工作的重要前提。一般来说，药用植物资源评价包括品质评价、效益评价和遗传多样性评价。其中品质评价是指药用植物的药用部位和所含药用成分的性质和质量，包括内在品质和外在品质两大类。品质评价是资源评估的核心。对不同种或品种主要药用成分及其含量的测定，主要药用部位产量的测定等，对于确定这些种或品种的利用价值与经济价值，在品种改良中的应用等，都具有重要意义。

刘政安、韩小燕（2010）首先开展了药用牡丹种质资源研究和评价工作。先按照优质高产原则，确定评价指标，然后对野生种和栽培品种进行含量测定与评价。几个指标如下：

1. 产量

主要是丹皮的产量，由于牡丹野生资源大多处于濒危状态，不宜提倡采挖，因而只根据主要药用成分的种类和含量来进行评价。

2. 重金属含量

强调重金属含量是由于国际市场对植物药用质量要求很高，对重金属含量控制尤其严格。要想扩大丹皮国际市场，重金属含量指标不可或缺。

1.‘凤丹’；2.‘湖蓝’；3.‘建始粉’；4.‘太平红’；5.‘香丹’；6.‘锦袍红’

● 图 11-1　**全国各地的药用牡丹种质资源**

3. 有效药用成分及其含量

芍药属植物含有丰富的化学成分，目前已知的有 260 余种，如包括芍药苷在内的单萜苷类近 70 种，黄酮类 42 种，鞣质类 24 种，芪类 9 种，三萜和甾体类 37 种，丹皮酚类 10 种，酚酸类近 40 种，其他类 30 种。其中单萜苷类（包括芍药苷及其类似物）及丹皮酚类是研究最多的化合物，也是主要的活性化合物。除此之外，鞣质和芪类化合物也是主要活性成分，特别在抗癌、抗氧化、抗菌免疫等活性方面具有较好的作用（何春年，2010）。在本评价体系中，丹皮药用成分仍以丹皮酚、芍药苷为主，但增加了相应的类似物，如丹皮酚的类似物有丹皮酚新苷、丹皮酚原苷、没食子酰丹皮酚苷；芍药苷的类似物有苯甲酰芍药苷、没食子酰羟基芍药苷。

需要注意的是，丹皮中的主要成分及其含量处于动态变化中，需要掌握好取样分析时期。据范俊安等（2008）对垫江牡丹皮中两种主要有效成分动态变化规律的研究，不同海拔、不同生长年限、不同采收季节，对丹皮中丹皮酚、芍药苷含量和酚苷比值均有影响。虽然海拔 400 ~ 800 m 均适宜种植，但以 600 m 种植的牡丹皮中丹皮酚、芍药苷含量最高。3 种土壤中，矿子黄泥为最适土壤，其含量最高。生长年限中，从 3 年生到 5 年生，丹皮酚和芍药苷含量逐年升高，其中 4 年生、5 年生均宜采收丹皮，但以 5 年生最好。采收期从 8 月至 11 月，丹皮酚含量呈抛物线形变化，10 月最高，而芍药苷呈积累趋势，但 10 月以后积累速度显著下降，因而垫江牡丹丹皮最佳采收季节在 10 月上中旬。丹皮酚与芍药苷含量的比值（即酚苷比值）是垫江丹皮的重要质量特性。

（二）野生牡丹药用成分含量与评价

对甘肃榆中野生牡丹资源圃 7 种野生牡丹取样，应用高效液相色谱—质谱（HPLC-MS）联用技术，分析其根部主要药用成分的含量，结果如表 11–1（韩小燕，2010）。

从中可以看出：

不同野生种丹皮酚含量在 0.10% ~ 0.61%，依次为杨山牡丹（0.61%）> 四川牡丹（0.39%）> 大花黄牡丹（0.37%）> 紫斑牡丹（0.36%）> 矮牡丹（0.28%）> 黄牡丹（0.22%）> 卵叶牡丹（0.20%）> 狭叶牡丹（0.20%）> 橙红牡丹（0.16%）> 紫牡丹（0.10%）。总的看，杨山牡丹含量较高，但仍低于药用品种的含量，且低于国家药典规定的丹皮中丹皮酚含量应高于 1.2% 的标准。

不同野生种芍药苷含量在 2.22% ~ 5.57%，依次为大花黄牡丹（5.57%）> 橙红牡丹（5.31%）> 紫斑牡丹（4.17%）> 狭叶牡丹（4.01%）> 紫牡丹（3.30%）>

● 表 11-1　**牡丹野生种药效成分含量分析（%）**

种类	丹皮酚类化合物					芍药苷类化合物				合计
	丹皮酚	丹皮酚新苷	丹皮酚原苷	没食子酰丹皮酚苷	小计	芍药苷	苯甲酰芍药苷	没食子酰羟基芍药苷	小计	
牡丹	0.20	1.16	1.26	0.89	3.51	2.90	0.18	0	3.08	6.59
矮牡丹	0.28	0.94	2.22	0.51	3.95	2.22	0.34	0	2.56	6.51
紫斑牡丹	0.36	3.28	0.90	3.59	8.13	4.17	0.45	0	4.62	12.75
杨山牡丹	0.61	1.77	3.00	0.22	5.60	3.24	0.58	0.24	4.06	9.66
四川牡丹	0.39	1.42	2.98	0.55	5.34	3.03	1.28	0	4.31	9.65
大花黄牡丹	0.37	1.81	0.67	0.23	3.08	5.57	1.33	0	6.90	9.98
紫牡丹	0.10	0.12	0.83	0.05	1.10	3.30	0.38	0.79	4.47	5.57
黄牡丹	0.22	1.77	1.25	0.28	3.52	2.23	0.41	0	2.64	6.16
橙红牡丹 *	0.16	0.98	1.45	0.13	2.72	5.31	1.15	0	6.46	9.18
狭叶牡丹	0.20	1.16	1.52	0.16	3.04	4.01	0.79	0.23	5.03	8.07

注：* 橙红牡丹为紫牡丹和黄牡丹的天然杂种。

杨山牡丹（3.24%）> 四川牡丹（3.03%）> 卵叶牡丹（2.90%）> 黄牡丹（2.23%）> 矮牡丹（2.22%）。野生种根部芍药苷总体上高于栽培品种。

野生种中 3 个丹皮酚类似物的百分含量普遍高于丹皮酚含量，而芍药苷的两个类似物的百分含量，则普遍低于芍药苷含量。其中丹皮酚新苷含量最高的是紫斑牡丹（3.28%），最低为紫牡丹（0.12%）；丹皮酚原苷最高是杨山牡丹（3.02%），最低为大花黄牡丹（0.67%）；没食子酰丹皮酚最高为紫斑牡丹

（3.59%）最低为紫牡丹（0.05%）。总体上看，丹皮酚和芍药苷的各种类似物在野生种中相对含量和变异范围大于丹皮酚和芍药苷。

如果按丹皮酚及其类似物、芍药苷及其类似物总量加以比较，则革质花盘亚组的种类丹皮酚类含量（3.51%~8.13%）普遍高于肉质花盘亚组的种类，其中紫斑牡丹最高（8.13%），其次为杨山牡丹（5.60%），紫牡丹最低（2.20%）；而芍药苷类的含量则相反，肉质花盘亚组种类（3.64%~6.90%）大多高于革质花盘亚组的种类（2.56%~4.63%），其中大花黄牡丹最高（6.90%），矮牡丹最低（2.56%）。

（三）药用牡丹品种资源的综合评价

对现有各地主栽品种产量、重金属含量及丹皮主要药效成分含量进行了测定（韩小燕，2010），结果如下：

1. 产量

1）不同品种间的产量比较　按照根直径（d）将牡丹所产的根分为三等：一等（$d>1.0$ cm），二等（$0.5 \leq d \leq 1.0$ cm），三等（$d<0.5$ cm），分别对应于药材市场上相应的丹皮等级。并对北京昌平世纪牡丹园同一地块5个品种（分株苗定植3年）进行了调查，结果如表11–2。从测定结果看，同龄植株中，'建始粉''垫江红'根产量（鲜重）较高，而粗丹皮出产率为'建始粉''凤丹'较

● 表11–2　**主要药用品种根产量调查（n=5）**

品种	地上部分鲜重（g）	根系鲜重（g）			
		一等	二等	三等	合计
'凤丹'	179.2ab	74.6	69.7	26.1	170.4a
'建始粉'	248.7b	113.4	142.1	43.6	299.1b
'太平红'	153.8a	79.4	114.7	49.7	243.8ab
'垫江红'	179.4ab	131.9	103.5	46.2	281.6b
'赵粉'	145.8a	70.6	95.5	43.4	209.5a

注：地上部分为根茎及枝条重量。

高。综合考虑根产量（鲜重）、粗根率以及干燥丹皮得率，还有繁殖方式的差别，总体上以‘建始粉’‘垫江红’及‘凤丹’表现较好。

2）同一品种不同株龄根产量比较　分别对安徽铜陵凤凰山 1 ~ 6 年生及 8 年生‘凤丹’根系主根、侧根测定了长度、直径、数量及鲜重。测定结果表明，‘凤丹’根产量随栽植年限增加而增加，‘凤丹’根平均鲜重依次为 1 年 4.3 g、2 年 17.2 g、3 年 25.7 g、4 年 57.9 g、5 年 278 g、6 年 352.1 g、8 年 423.6 g。实生繁殖到第五年增长幅度达最大，之后，增长幅度迅速减小。综合考虑根产量与生产成本，‘凤丹’实生繁殖苗栽植期应控制在 5 ~ 6 年。

2. 重金属含量

据对不同产区不同品种丹皮中的铜、镉、铅、砷含量的检测结果，不同产地丹皮中重金属含量差异巨大，而同一产地不同品种间重金属含量也存在差异。但丹皮中重金属含量主要与土壤环境中的重金属含量相关。丹皮生产需要注意栽培地的选择。

3. 药效成分含量

1）不同品种、不同产地药效成分含量比较　在不同产地不同药用品种药用成分分析中，就丹皮酚而言，以重庆垫江的‘垫江红’‘太平红’最高，相对含量为 1.45%、1.13%。前者达到了国家药典的要求（1.2%）。安徽的‘凤丹’虽然丹皮酚含量仅为 0.55%，但丹皮酚类化合物含量总体高达 8.49%，是参试品种中最高的。

2）同一品种在不同产地的药效成分含量　在对不同产区的‘凤丹’比较中（表 11-3），垫江‘凤丹’丹皮酚含量达 1.10%，高于铜陵‘凤丹’（0.55%），但其丹皮酚类化合物总含量（3.68%）远低于铜陵‘凤丹’（8.49%）。

3）同一产地不同品种的药效成分含量　据在北京昌平的测定（表 11–4），同一地块不同品种中，丹皮酚含量以‘建始粉’最高（0.75%），其余依次为‘垫江红’（0.56%）、‘锦袍红’（0.51%）、‘凤丹’（0.47%），而从丹皮酚类化合物总量看，则‘凤丹’最高（6.06%），次为‘锦袍红’（5.53%）、‘垫江红’（4.88%）。如果包括芍药苷化合物，则依次为‘凤丹’（10.82%）、‘垫江红’（8.65%）、‘锦袍红’（8.05%）。

综合产量及重要药效成分分析结果看，各主产区主栽品种总体上是好的。‘凤丹’‘建始粉’‘太平红’‘锦袍红’亦可兼作观赏栽培。

● 表 11-3 不同产区 6 年生‘凤丹’丹皮药效成分含量比较（n=3）

产地	丹皮酚类化合物（%）					芍药苷类化合物（%）				合计
	丹皮酚	丹皮酚新苷	丹皮酚原苷	没食子酰丹皮酚苷	小计	芍药苷	苯甲酰芍药苷	没食子酰羟基芍药苷	小计	
垫江	1.10	1.17	1.20	0.21	3.68	2.20	0.31	0.14	2.65	6.33
铜陵	0.55	2.78	4.26	0.90	8.49	2.22	0.66	0.24	3.12	11.61
菏泽	0.34	2.16	3.53	0.50	6.53	1.78	0.32	0.18	2.28	8.81

● 表 11-4 同一地块不同品种丹皮药效成分比较（n=3）

品种	丹皮酚类化合物（%）					芍药苷类化合物（%）				合计
	丹皮酚	丹皮酚新苷	丹皮酚原苷	没食子酰丹皮酚苷	小计	芍药苷	苯甲酰芍药苷	没食子酰羟基芍药苷	小计	
‘凤丹’	0.47	1.72	3.06	0.81	6.06	3.96	0.76	0.04	4.76	10.82
‘锦袍红’	0.51	1.80	2.54	0.68	5.53	2.24	0.21	0.07	2.52	8.05
‘垫江红’	0.56	0.77	2.00	1.55	4.88	3.23	0.54	0	3.77	8.65
‘建始粉’	0.75	1.10	0.99	0.10	2.94	2.05	0.17	0.05	2.27	5.21
‘太平红’	0.45	0.92	2.22	0.62	4.21	2.73	0.26	0	2.99	7.20
‘赵粉’	0.27	1.36	2.72	0.35	4.70	2.48	0.33	0.16	2.97	7.67
‘首案红’	0.38	1.84	0.98	0.80	4.00	2.67	0.43	0	3.10	7.10
‘洛阳红’	0.42	1.76	1.43	0.75	4.36	1.87	0.16	0.03	2.06	6.42

四、牡丹药效成分遗传规律的初步探讨

关于牡丹药效成分的遗传规律，迄今只有刘政安、韩小燕等进行了初步探讨。

以现有4组人工杂交组合（含父母本及子代）以及两个芍药与牡丹远缘杂交品种为材料（表11–5），应用高效液相色谱分析仪测定了杂交亲本与子代药效成分，并初步总结了遗传规律，供今后药用牡丹育种参考（韩小燕，2010）。

● 表11–5 **牡丹杂交组合及其子代的亲缘关系**

母本（♀）	父本（♂）	子代（F_1）
‘墨润绝伦’	‘花王’	‘绝伦王子’
‘黑天鹅’	‘包公面’	‘墨莲’
‘黑花魁’	‘黑天鹅’	‘红云擎天’‘少帅’
‘黑天鹅’	‘黑花魁’	‘黑夫人’‘天鹅娇子’‘黑妞’

测定结果如表11–6。

从表11–6中可以看出，4个杂交组合中，除‘少帅’的丹皮酚含量低于其亲本，‘墨莲’的丹皮酚含量高于其父本低于其母本外，其余子代丹皮酚含量均高于各自亲本。

芍药苷的含量，‘绝伦王子’高于其亲本，‘红云擎天’和‘少帅’低于其亲本，其余子代处于父母本之间。

丹皮酚含量子代高于父母本、处于父母本之间、低于父母本的比例为5∶1∶1，芍药苷的比例为1∶3∶3，杂交后代丹皮酚的含量比亲本之一升高的均占86%，芍药苷升高大约占51%。子代中其余5种成分的含量与亲本相比规律性不强。

从‘黑天鹅’与‘黑花魁’的正反交所得的5个F_1代品种药效成分分析看，杂交后代的药效成分含量具有一定的遗传倾向性。F_1代丹皮酚原苷、没食子酰羟基芍药苷含量受父本影响较大，而芍药苷、苯甲酰芍药苷、丹皮酚新苷、没食子酰丹皮酚苷含量受母本影响较大。

上述分析结果对药用牡丹杂交组合的选择具有一定的参考价值。

● 表 11-6　**杂交后代与亲本丹皮的药效成分含量**

品种	丹皮酚类化合物（%）					芍药苷类化合物（%）				合计
	丹皮酚	丹皮酚新苷	丹皮酚原苷	没食子酰丹皮酚苷	小计	芍药苷	苯甲酰芍药苷	没食子酰羟基芍药苷	小计	
‘花王’（♂）	0.60	2.09	4.84	2.78	10.31	1.67	0.31	0.02	2.00	12.31
‘墨润绝伦’（♀）	0.39	1.98	2.04	1.23	5.64	1.37	0.29	0.05	1.71	7.35
‘绝伦王子’	0.65	1.75	2.21	1.69	6.30	2.28	0.19	0.04	2.51	8.81
‘包公面’（♂）	0.32	1.29	2.87	0.25	4.73	2.05	0.16	0.04	2.25	6.98
‘黑天鹅’（♀）	0.65	2.10	1.90	1.04	5.69	2.10	0.58	0.03	2.71	8.40
‘墨莲’	0.42	2.04	3.02	0.82	6.30	2.03	0.28	0.13	2.44	8.74
‘黑天鹅’（♂）	0.65	2.10	1.90	1.04	5.69	2.10	0.58	0.03	2.71	8.40
‘黑花魁’（♀）	0.65	1.26	2.38	0.24	4.53	1.70	0.27	0.07	2.04	6.57
‘红云擎天’	1.26	1.26	2.10	0.73	5.35	1.38	0.30	0.06	1.74	7.09
‘少帅’	0.35	0.35	0.59	0.70	1.99	0.43	0.10	0.01	0.54	2.53
‘黑花魁’（♂）	0.65	1.26	2.38	0.24	4.53	1.70	0.27	0.07	2.04	6.57
‘黑天鹅’（♀）	0.65	2.10	1.90	1.04	5.69	2.10	0.58	0.03	2.71	8.40
‘黑夫人’	1.04	2.96	3.41	1.05	8.46	1.72	0.45	0.05	2.22	10.68
‘天鹅娇子’	0.93	2.14	1.84	1.13	6.04	2.06	0	0.45	2.51	8.55
‘黑妞’	0.96	1.57	2.24	0.61	5.38	1.76	0.39	0.08	2.23	7.61

第三节
药用‘凤丹’的育种

一、‘凤丹’育种概况

长期以来，‘凤丹’一直是药用生产的主栽品种，产品为中药材牡丹皮。‘凤丹’生态适应性强，耐湿热、抗病，且具有较强的结实性，常被当作嫁接观赏牡丹品种的砧木，也被广泛用于观赏牡丹的杂交亲本。近年来随着油用牡丹的大力发展，‘凤丹’作为我国油用牡丹发展的主栽品种之一，在各个地区得到快速推广，但在药用育种研究方面才刚刚起步。安徽省农业科学院中药材课题组依托国家中医药管理局公益性行业专项项目“丹皮品种选育及种植质量控制技术研究”，搜集药用牡丹资源 7 种，从 2016 年开始开展了安徽丹皮主栽区域的土壤基本状况、病害发生情况调查，丹皮的营养需肥规律研究以及凤丹 55 个单株和 3 个优选株系的选育等工作。以质量稳定、均一，品种纯正，综合性状优良为育种目标，目前尚未有鉴定品种。但安徽德昌药业饮片有限公司与安徽农业大学选育了良种‘亳丹皮 1 号’。

‘凤丹’生长周期较长，一个生长周期至少需要 5 年，因而品种选育试验年限也较长。‘凤丹’主要采用种子繁殖，繁殖系数大，后代易分离，从而为其品种选育提供了丰富的资源，但也为实生后代的稳定纯化带来了更多的困难。根据‘凤丹’的生殖生物学特性和繁育特点，药用‘凤丹’的品种选育采用了选择育种、杂交育种等方法和操作模式。

二、育种目标

药用‘凤丹’育种目标确定如下：

1）优质　感官品质以根条粗长、皮厚、粉性足、香气浓、结晶状物多为指标；化学品质以药典规定的要求为指标。

2）高产　以根条数、粗根、根条长度、抽筋率、单位面积产量（亩产）等为指标。

3）抗病　抗根腐病。

三、育种途径

（一）选择育种

选择育种是指根据育种目标，在现有的天然或人工群体出现的自然变异类型中，通过单株选择或混合选择，选出优良的自然变异类型或个体，经后期鉴定，选优去劣而育成新品种的育种方法。

‘凤丹’以种子繁殖为主，实生群体常具有变异普遍的特点，在选育新品种方面潜力较大。由于实生群体的变异类型是在当地条件下形成，一般来说它们对当地环境具有较强的适应能力，选出的新类型易于在当地推广，而且投资少、收效好。在植物育种技术不断发展的今天，实生选择仍是药用植物育种的有效途径之一。现阶段，‘凤丹’主要采用混合选择育种的方法。

混合选择是从天然群体或人工栽培群体中，根据一定的表型性状（如成熟期、株型、品质、产量性状、抗性等），选出具有相对一致性状的一些优良单株，混合采集种子，混合繁殖并与原品种和标准品种进行比较的一种选择方法。

混合选择育种程序较单株选择育种较为简便和高效。从原始品种群体中，按育种目标的要求选择一批个体（株），混合脱粒留种，第二个世代将其与原品种对应种植进行比较鉴定。如经混合选择的群体确实比原品种优越，后经过数次田间去杂，进入品种审定程序，作为改良品种加以繁殖推广。其基本工作环节如下。

1. 混合选择

在原始品种群体中，按育种目标将符合要求的优良变异个体选出，经室内复选，淘汰其中一些不合格的个体，然后将选留个体的果实混合脱粒，以供比较试验。

2. 比较试验

将入选的优良个体混合脱粒的种子与原品种种子分别种植于相邻小区，通过试验比较鉴定是否比原品种优越。

3. 繁殖推广

如混选群体在产量或某些性状上显著优于原品种，可进行繁殖和在原品种推广的地区进行推广应用。

混合选择育种程序见图 11–2。

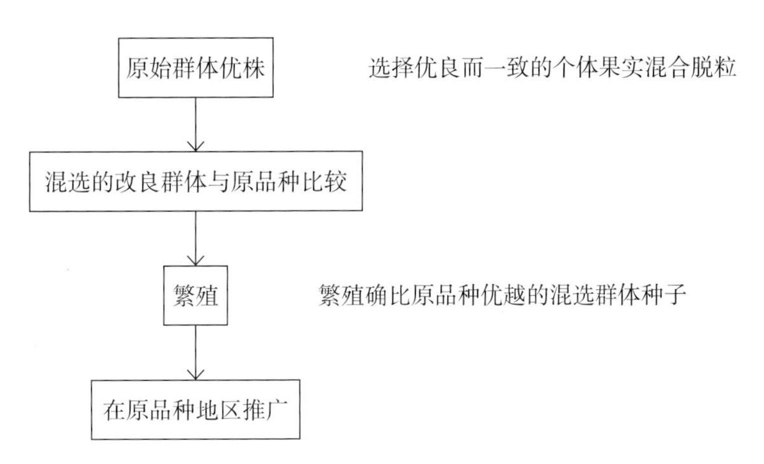

● 图 11–2 **混合选择育种程序示意图**

安徽省农业科学院正在以此方法开展‘凤丹’品种选育，目前正在进行混合后代筛选。

（二）杂交育种

杂交育种是不同类型或基因型品种间的杂交，将不同亲本优良性状组合到杂种中，对后代进行多代选择、培育和比较鉴定，从而获得新品种的育种途径。杂交育种程序如下：

1）原始材料圃和亲本圃 种植从国内外收集和自育的各类育种材料。根据试验的目的、要求以及条件等，确定每份材料种植的数量，通常每份材料种植具体化。种植时要注意做好隔离措施，防止不同材料间的机械混杂和天然杂交。在原始材料圃中观察和研究原始材料的生物学特性和经济性状，并根据育种目标选出在某些方面具有突出特点的类型，以作为亲本材料备用。

将选出的亲本材料集中种植在亲本圃，便于杂交。杂交操作同观赏育种。

2）选种圃　种植杂种后代优选单株或杂种混合群体的试验区，称为选种圃。栽培方式是每个株系种植一个小区，每个小区 20～50 株，设置对照区。

3）品种比较试验圃　按照当前生产上所采用的栽培技术进行试验。以当地最优良的推广品种作为对照，同时对各品系的生育期、抗性、丰产性和栽培上的要求作更详尽和全面的观察研究。

4）品种区域试验和生产试验

（1）区域试验，指为确定新品种的适宜推广区域，在品种审定机构统一布置下，在一定区域范围内所进行的多点试验。通过试验，可以更加广泛、全面地比较和鉴定不同地点、不同气候条件下各品种的表现，最后确定该品种的推广价值及适宜推广的地区。

（2）生产试验，又称生产示范。它选择优良品系，按照接近大田生产的条件以及生产上所采用的种植密度和技术措施，在不同地点（有代表性）种植，考验品系的生产潜力、抗逆性，为品种审定和品种推广提供试验依据。

5）加速杂交育种程序的方法　通过杂交育种程序育成一个新品种，通常需要花费较长的年限。通过加速试验进程等可以加快选育进程，缩短育种年限。

在杂交育种过程中，可根据各地具体情况采取以下措施，改进育种方法和程序，以缩短育种年限。如在早代表现突出优良的品系，提早测产升级；在选种圃中经过早代测验，表现特别突出，性状又基本稳定的株系，参加品种比较试验；对在品种比较试验中表现优异的品系，同时安排区域和生产试验。

早代测验是指在杂种群体早期世代就估测其遗传潜力，以便淘汰育种潜力小的组合材料。早代测验包括杂种早代组合间和组合内系群间的比较。早代测验的优点是可以在杂种繁殖的早期世代进行产量试验，可以较早鉴定出理想的株系。尤其在土壤肥力和水分都很适宜、植物遭受冻害、病虫害危害程度很小的情况下，以质量、产量、抗病性数据作为早期分离世代鉴定的依据。‘凤丹’生长周期较长，早代测验能有效提高育种工作效率。

除去上述育种方法外，其他育种方法的运用还有待进一步探讨。

第十二章

油用牡丹育种

油用牡丹是一项新兴产业。根据产业发展与提高人民群众生活与健康水平的需求，选择与培育各类优质高产的优良油用品种是一项紧迫任务。

本章介绍了牡丹（芍药）油用种质资源，油用育种目标，油用牡丹的选择育种、杂交育种以及分子育种研究进展。

第一节

油用牡丹概述

一、油用牡丹的概念

油用牡丹是指芍药科芍药属牡丹组植物中易于结实，不仅种子产量高，而且含油量高、品质好，适宜用作油料作物栽培的种类和品种。

油用牡丹投入生产性栽培是在 2011 年 3 月，国家卫生部（现国家卫生健康委员会）第 9 号公告宣布丹凤牡丹（*Paeonia ostii*）和紫斑牡丹两个种的籽油为新资源食品之后。原公告中丹凤牡丹名称有误，拉丁学名 *Paeonia ostii* 对应的中文名称为“杨山牡丹”，杨山牡丹的栽培类群或品种为‘凤丹’（‘凤丹白’），或称凤丹牡丹。

二、油用牡丹良种选育现状

牡丹用作油用作物栽培的历史并不长。目前，整个牡丹种植业正处于由药用栽培（‘凤丹’）或观赏栽培（西北紫斑牡丹）向油用栽培转化的过渡阶段。以前，‘凤丹’等品种用作药用栽培时，根皮是主产品，种子是副产品，药农留下部分留种田是为了采收育苗用的种子，不采种的地块花蕾全部去掉，以便植株将养分集中于根系生长。铜陵的药农注重种子质量而不在意产量，目的是能培育出生长旺盛的幼苗。而甘肃中部一带对紫斑牡丹栽培品种的留种，主要是通过从品种混杂地块采种，以期从实生后代中多选出一些重瓣性强、观赏价值高的植株，以便进一步从中筛选品种。根据以往经验，采种地块原有品种多且品质较好时，通过自然杂交，从其实生后代中选出观赏价值高且观赏性状出现变异的植株的可能性较大。不过这种方法不适用于油用牡丹的新品种选育及苗木生产，需要从根本上加以改变。早在21世纪初，牡丹专家陈德忠就已经在紫斑牡丹新品种选育中注意到油用品种的选育问题，在其主编的《中国紫斑牡丹》（金盾出版社，2003）一书中，曾提到'冰山雪莲''书生捧墨'等30余个品种可作油用栽培的单瓣品种，但由于当时油用牡丹尚未受到重视，这些品种未能在生产中进行进一步试验和推广。因此，从总体上看，在全国范围内大面积推广油用牡丹时，品种和种苗问题，尤其是良种种苗问题的矛盾就显得格外突出。种苗混杂，良莠不齐，是当前比较普遍的现象，需要各级主管部门和农林科技推广部门以及大面积栽植油用牡丹的企业予以密切关注。

良种问题的解决，需要各方面认识的提高，也需要有一个时间过程，更需要各级政府和主管部门，尤其是国家层面的支持与扶持，并且育种者也应做到持之以恒，常抓不懈。

三、加速油用牡丹良种选育的途径

加快油用牡丹良种选育工作的速度是当前油用牡丹产业发展中最为急迫的任务。我们要借鉴以往其他木本油料的发展经验，总结近年来油用牡丹发展中取得的新经验，加速油用牡丹良种选育进程的途径有以下几个方面：

（一）加强选优工作

牡丹是异花授粉植物，其实生后代变异性大，具有较大的选择潜力，从而为选育良种奠定坚实的基础。人们通常可通过选优来加速良种的选育进程，即在没有选定良种的牡丹产区，将经过初选或复选的优株集中在一起，建立第一代种子园。利用经过初步改良的种子播种育苗，培育优质种苗，可对产量的提高起到积极的作用。

（二）从初步驯化的野生种中选择良种

对于从初步驯化的野生种中选择良种方面，目前人们已获得一定的经验。

如湖北省林业科学研究院林慧玲等通过对湖北西北部山地和中部平原上种植多年的保康紫斑牡丹和铜陵‘凤丹’进行调查对比，认为在中高海拔山地，保康紫斑牡丹（即紫斑牡丹原亚种）比‘凤丹’牡丹更具有丰产潜力，不仅花大香浓，而且结实能力较强，千粒重高，有较好的发展前景。此后，依据管理条例，湖北省良种主管部门对保康紫斑牡丹进行认证后，将其作为良种，在该省适生地区推广。而该省平原地区，仍以凤丹牡丹更为适宜。

油用牡丹经过初步驯化栽培的野生植株保留了原种的优良特性，如抗性强、丰花、结实能力较强、遗传性状稳定、实生后代变异幅度小、适于播种繁殖等。将优选植株进行无性繁殖，建立采穗圃；扩繁后的优株无性系建立种子园，用以生产良种种子，可以大大加快良种推广进程。但应注意，不是所有从野生种引种的植株都是优良类型。在临洮也发现部分原始植株开花、结果较多，但果实内却没有种子的情况。

此外，野生种的保护和利用要结合起来，切不可让滥采滥挖野生牡丹、破坏野生资源的现象再次发生。

（三）从现有栽培牡丹品种中筛选油用良种

无论是紫斑牡丹品种群，还是中原牡丹品种群，其中都有一批品质好、结实能力较强的单瓣、半重瓣品种。但以往在品种筛选时并未从种子生产角度进行考虑。如中国科学院植物研究所王亮生、李珊珊等（2014）从该所北京植物园引进的几百个对北京地区气候条件较为适应的牡丹品种中，筛选出 6 个品质较好且适宜进行油用栽培的品种；近来，菏泽也选出一些观赏兼油用的品种，如‘蝴蝶报春’‘层中笑’‘天香紫’‘紫蝶飞舞’‘墨池金辉’‘玉面桃花’‘翡翠荷花’‘粉玉娟’‘香玉’等。其中‘粉玉娟’‘紫蝶飞舞’种子含油率高于‘凤丹’（蒋立昶，2017）。

除以上途径外，获得油用牡丹新品种的主要途径仍为杂交育种。在杂交育种中，可利用的种质资源较多，产生有利变异的机会增加。在有些杂交组合中，杂交优势十分明显。此外，在育种工作中加强观察，对一些具有优良变异性状的植株提前进行后期的选择程序，也可以加快育种进程。

第二节 油用牡丹种质资源

芍药属植物的种子普遍含油量较高，并且油脂成分中不饱和脂肪酸含量也较高，具有潜在的开发利用价值及育种潜能。

一、牡丹种子中的脂肪酸及其功能

（一）牡丹种子中的脂肪酸

食用油中的脂肪酸主要包括饱和脂肪酸和不饱和脂肪酸两大类。饱和脂肪酸是指不含碳—碳双键（C=C）的脂肪酸，如棕榈酸和硬脂酸等，过量食用将会增加人体患高脂血症等疾病的风险（Hunter 等，2010；邓泽元，2014）。不饱和脂肪酸又可分为单不饱和脂肪酸（MUFA）和多不饱和脂肪酸（PUFA）。单不饱和脂肪酸是碳链中只含 1 个碳—碳双键的脂肪酸，如油酸（oleic acid，OA）等，具有调节血脂和降低胆固醇等生理作用（Kris- Etherton 等，1999），但其所含人体必需脂肪酸的种类较少。多不饱和脂肪酸为碳链中含有 2 个或 2 个以上碳—碳双键的脂肪酸，如亚油酸和 α- 亚麻酸等。而亚油酸和 α- 亚麻酸均为人体自身不能合成、必须从食物中摄取的必需脂肪酸，对于维持人体健康及调节身体机能有重要作用，具有较高的医疗保健价值（Kinsella 等，1990）。

油酸可减少有害胆固醇在血管上的沉淀和积累，有预防心血管疾病和癌症等作用，也能促进消化、骨骼生长和神经系统的发育。油酸含量是评定食用油品质的重要指标，选择高油酸食用油可有效保持中老年人的心脑血管健康，营养界把油酸称为安全脂肪酸（吴小娟等，2006；Yuan 等，2013）。

α- 亚麻酸是二十碳五烯酸和二十二碳六烯酸的合成前体，在人体中主要作为必需的多不饱和脂肪酸参与细胞膜和生物膜合成，在营养界被誉为“植物脑黄金”，具有抗衰老、保护视力和增强智力等功效（Albert 等，2005；Blondeau 等，2009）。因此，富含 α- 亚麻酸的牡丹油除了作为食用油以外，也常常用于高档保健品和化妆品，可见其在高附加值开发利用方面潜力巨大。

α- 亚麻酸和亚油酸分别属于 ω-3 和 ω-6 系列脂肪酸，二者具有互惠的生物活性。1993 年，联合国粮农组织（FAO）和世界卫生组织（WHO）推荐 ω-6 与 ω-3 系列脂肪酸之间的比例为（5 ~ 10）: 1；中国营养学会（2014）在 2013 版《中国居民膳食营养素参考摄入量》中提出适合中国人的比值为（4 ~ 6）: 1。这对防治心脑血管疾病、智力发育、保护视力、提高免疫力及预防阿尔茨海默病等有重要作用（Simopoulos，2008）。目前人们饮食中普遍缺乏 ω-3 脂肪酸的摄入，两类脂肪酸之间的比例（ω-6/ω-3）已高达（15 ~ 20）: 1。由表 12–1 可知，牡丹油中 α- 亚麻酸含量较高，且 ω-6 与 ω-3 的比值仅为 0.6。因此，推广使用牡丹等木本油料作物对提高人民的健康水平具有重要意义。

（二）牡丹籽油中的其他活性成分

牡丹籽油中含有多种活性成分，包括脂溶性维生素 E、甾醇类化合物和角鲨烯等。虽然这些活性成分在籽油中所占比例不高，但却使其具有独特的生理功能。

1. 维生素 E

维生素 E，即生育酚，是一类重要的生物抗氧化剂，被誉为体内各种生物膜的强大保护神。其可通过清除自由基来改善脑缺血，预防和延缓脑细胞衰老死亡，具有预防冠心病、癌症及促进生育等作用（Dysken 等，2014；Niki，2014），已成为当代药品和营养品研究的热点。牡丹油中维生素 E 总含量为 56.3 mg /100 g（表 12–2），高于大豆油的 18.9 mg/100 g。

● 表 12-1　**牡丹籽油与其他木本草本作物食用油脂肪酸组成比较**

植物油名称	棕榈酸（%）	硬脂酸（%）	油酸（%）	亚油酸（%）	亚麻酸（%）	总不饱和脂肪酸（%）	ω-6/ω-3	参考文献
油茶油	8.32	2.21	81.88	6.68	0	88.56	—	Su 等，2014
核桃油	6.25	2.90	25.04	56.48	8.35	89.87	6.76	Bujdoso 等，2016
文冠果油	6.12	3.25	25.34	38.62	0	87.97	—	Zhang 等，2010
牡丹籽油	5.14	1.20	20.80	25.90	45.40	92.10	0.6	Li 等，2015
星油藤油	4.24	2.50	8.41	34.08	50.41	93.06	0.68	Follegatti-Romero 等，2009
元宝枫油	4.19	2.40	24.80	36.35	1.85	92.91	19.65	王性炎和王姝清，2005
芝麻油	10.50	5.20	37.10	46.20	0.30	83.70	175	Corso 等，2010
花生油	11.10	2.14	50.36	36.40	0	86.76	—	Maguire 等，2004
大豆油	10.15	3.65	25.47	52.35	8.38	86.20	6.25	Lee 等，1998
菜籽油	8.08	1.69	57.09	23.12	10.02	90.23	2	Lee 等，1998

● 表 12-2　**牡丹和其他木本油料作物种子油的维生素 E 含量（mg/100 g）**

植物油名称	α- 生育酚	（β+γ）- 生育酚	δ- 生育酚	总维生素 E	参考文献
油茶籽油	11.60	1.76	—	13.36	张东等，2014
核桃油	3.08	50.10	2.24	55.46	Calvo 等，2012
文冠果油	5.88	40.07	5.30	51.25	赵芳等，2011
牡丹籽油	1.21	48.42	2.56	56.30	毛程鑫等，2014
星油藤油	0	114.00	125.00	239.00	Follegatti-Romero 等，2009
元宝枫油	14.79	72.86	37.58	125.23	王性炎和王姝清，2005

2. 甾醇类

甾醇类是一种重要的天然活性物质，广泛存在于生物体内。植物甾醇是合成维生素 D_3 等甾类成分的重要中间体，并具有促进胆固醇降解、预防冠心病和动脉粥样硬化等保健作用。此外还具有抑制肿瘤形成、促进新陈代谢和调节激素水平等药理功能。王洋等（2012）利用气质联用技术从牡丹籽油中分离出谷甾醇和岩藻甾醇等甾醇类化合物，主要成分是 β- 谷甾醇和 γ- 谷甾醇。

3. 角鲨烯

角鲨烯又名三十碳六烯，为长链状三萜化合物，是一种高度不饱和烃。角鲨烯是天然抗氧化剂，可以恢复细胞活力，防止缺氧和疲劳，具有提高人体免疫力及促进胃肠道吸收的功能。高婷婷（2012）采用气质联用技术分析牡丹籽油，得出角鲨烯的相对含量最高，为 375.5 mg/100 g，相当于橄榄油的平均水平，比常见食用油要高出很多。

4. 其他活性成分

目前，已从成熟牡丹种子中分析鉴定了 31 种化合物，其中包括 11 个芪类成分；木犀草素、芹菜素、槲皮素和山茶酚这 4 个类黄酮；芍药苷、氧化芍药苷、8- 去苯甲酰芍药苷等 11 个单萜苷类化合物；以及苯甲酸、蔗糖、对羟基苯甲醛等 5 个其他类化合物（何春年等，2010，2012，2013）。Sarker 等（1999）研究表明，牡丹籽中还含有其他药理活性成分，如芪类和黄酮类等。这些物质在抗神经毒性、抗自由基损伤和抑制细胞内钙超载方面具有重要作用，同时还能增强心血管和中枢神经系统的免疫功能（郑世存等，2012）。

（三）牡丹籽油的功能

1. 抗氧化能力

牡丹籽油具有一定的抗氧化能力，可提高机体免疫能力。试验表明，牡丹籽油对 1,1- 二苯基 -2- 三硝基苯肼即 DPPH 自由基的清除率作用明显，清除率可达 50%（史国安等，2013；翟文婷等，2013）。

2. 降血脂和降血糖作用

牡丹籽油具有降血脂、降血糖的作用。以高脂血大鼠为模型，连续灌胃 30 天，其血清中总胆固醇（TC）、三酰甘油（TG）明显下降，有益的高密度脂蛋白胆固醇显著上升（董振兴等，2013）；对高血糖小鼠饲喂低、中、高浓度牡丹籽油后，同样血清中总胆固醇、三酰甘油及低密度脂蛋白胆固醇下降，而高密度脂蛋白胆固醇上升，并降低糖尿病小鼠血糖值，改善正常小鼠糖耐量（朱宗磊，2014）。

3. 保护肝脏，增强免疫

牡丹籽油对小鼠急性肝损伤具有保护作用。可显著提高肝脏的超氧化物歧化酶（SOD）水平，极显著降低肝脏丙二醛（MDA）含量，提高谷胱甘肽过氧化酶（GSH-PX）水平（翟文婷等，2013；王芸，2012）。并且，牡丹籽油对提高小鼠自身免疫力也有一定作用（朱宗磊，2013）。

4. 防晒作用及其他

牡丹籽油对紫外线有很好的吸收作用，加有牡丹籽油的基础配方在290 ~ 310 nm有强吸收峰，恰好能吸收紫外线，可具有防晒效果（高婷婷等，2013）。且牡丹籽油中的角鲨烯等可有效保护皮肤脂质细胞不受自由基伤害，防止皮肤表面水分散失。此外，牡丹籽提取物对枯草杆菌、沙门菌、根霉菌和黑曲霉菌等有一定抑制作用，且稳定性不易受温度和紫外线的影响。因此，在2014年，国家食品药品监督管理总局将牡丹籽油原料列入可用化妆品目录。

美国食品与药品管理局（FDA）确认α-亚麻酸具有降血脂、降血压、预防癌症、减缓衰老、增强注意力和记忆力等13项保健功能。而牡丹籽油中富含大量α-亚麻酸，可达40%及以上。因此，牡丹籽油也具备多项保健功能（程安玮等，2016）。

二、芍药属牡丹组油用种质资源

（一）野生资源

芍药属牡丹组约有9个野生种。经检测，野生种种子都具有较高的含油率和脂肪酸含量，是重要的油用种质资源。

1. 牡丹组野生种种子特性与含油率

1）种子特性分析　选用种子千粒重、体积、仁皮比及出油率4个与油用生产密切相关的性状，对野生牡丹9个种（含19个居群）进行了分析测定（张延龙等，2014），取得如下结果：

（1）千粒重。最高大花黄牡丹（林芝居群，1 772.91 g），最低紫斑牡丹（陕西眉县居群，244.01 g）。但紫斑牡丹 3 个居群平均值为 329.06 g，并非最低。其余依次为黄牡丹（689.55 g）、狭叶牡丹（578.67 g）、紫牡丹（483.61 g）、杨山牡丹（389.39 g）、四川牡丹（384.38 g）、矮牡丹（宜川居群，380.52 g）、卵叶牡丹（332.50 g）、太白山紫斑牡丹（272.15 g）。

（2）种子体积。最高大花黄牡丹（1 000.79 mm^3），最低圆裂四川牡丹（四川茂县居群，81.31 mm^3）。其余依次为黄牡丹（304.67 mm^3）、狭叶牡丹（232.69 mm^3）、紫牡丹（214.37 mm^3）、矮牡丹（172.36 mm^3）、四川牡丹（153.20 mm^3）、杨山牡丹（141.26 mm^3）、太白山紫斑牡丹（138.75 mm^3）、紫斑牡丹（116.83 mm^3）、卵叶牡丹（103.92 mm^3）。

（3）仁皮比。最高大花黄牡丹（3.62），最低圆裂四川牡丹（1.29）。其余依次为紫斑牡丹（2.07）、黄牡丹（2.03）、四川牡丹（2.03）、杨山牡丹（1.97）、卵叶牡丹（1.94）、狭叶牡丹（1.84）、太白山紫斑牡丹（1.79）、矮牡丹（1.75）、紫牡丹（1.73）。

（4）出油率。按照相关标准，油料种子含油量（含油率）是指用正己烷或石油醚作溶剂提取，所得提取物占原始样品或净样品的质量百分数。由于这次测定系采用超临界二氧化碳萃取法，因而提取的籽油用出油率表示。牡丹种子出油率最高为四川牡丹（四川马尔康居群，34.90%），最低为狭叶牡丹（四川雅江居群，20.32%）。其余依次为圆裂四川牡丹（31.34%）、杨山牡丹（30.25%）、卵叶牡丹（30.25%）、太白山紫斑牡丹（29.14%）、紫斑牡丹（28.18%）、大花黄牡丹（26.17%）、矮牡丹（26.12%）、黄牡丹（24.15%）、紫牡丹（21.43%）。

2）综合评价　根据上面的测定结果，肉质花盘亚组的种子都比较大，其中以大花黄牡丹种子最大。本书多处提到大花黄牡丹千粒重，但以这次测定数值最高。黄牡丹、紫牡丹、狭叶牡丹种子大小居中，而革质花盘亚组的种子大小相近，属于小粒种子。

分别按牡丹组两个亚组的种类计算上述各性状指标的平均值，则肉质花盘亚组的千粒重（817.35 g）、种子体积（393.65 mm^3）及仁皮比（2.22）显著高于革质花盘亚组（分别为 334.16 g、125.26 mm^3、1.88）。但革质花盘亚组的平均出油率（29.37%）明显高于肉质花盘亚组（23.35%）。

2. 牡丹组野生种种子中的脂肪酸

采用气相色谱串联质谱（GC-MS）结合内标法测定了牡丹野生种种子油脂

中的脂肪酸组成及其含量（张延龙等，2014；于水燕等，2016）。于水燕等（2016）的测定结果如表12–3所示。有以下结果：

1）各个种的主要脂肪组成相同　牡丹主要脂肪酸共有5种：属于不饱和脂肪酸的有油酸、亚油酸、α-亚麻酸；属于饱和脂肪酸的有棕榈酸和硬脂酸。

● 表12–3　**芍药属牡丹组不同种脂肪酸含量比较（mg/g）**

脂肪酸	矮牡丹（稷山牡丹）	杨山牡丹（‘凤丹’）	紫斑牡丹原亚种	太白山紫斑牡丹	四川牡丹原亚种	圆裂四川牡丹	滇牡丹（紫牡丹）	大花黄牡丹
棕榈酸 C16:0	10.92±0.43	14.55±0.88	13.86±0.38	14.88±1.18	14.24±1.35	11.23±0.71	8.53±0.92	16.15±1.79
硬脂酸 C18:0	3.53±0.07	4.67±0.39	4.54±0.28	9.56±1.51	4.40±0.48	4.55±0.23	1.96±0.10	3.47±0.52
油酸 $C18:1_{\Delta 9}$	39.01±3.22	41.59±2.49	55.70±2.87	45.23±2.88	59.34±1.87	46.90±4.32	50.91±1.26	62.58±1.94
亚油酸 $C18:2_{\Delta 9,12}$	40.30±1.26	59.41±1.51	39.42±2.29	34.01±1.76	34.49±1.39	36.81±1.57	11.03±1.54	26.93±2.84
α-亚麻酸 $C18:3_{\Delta 9,12,15}$	85.51±1.53	83.43±2.27	94.47±4.76	87.80±2.04	114.70±1.18	97.54±3.81	34.71±4.45	40.71±4.14
肉豆蔻酸 C14:0	0.23±0.04	0.27±0.03	0.14±0.007	0.29±0.04	0.10±0.005	0.14±0.01	0.09±0.004	1.00±0.007
十五烷酸 C15:0	0.13±0.02	0.09±0.01	0.09±0.01	0.10±0.01	0.11±0.01	0.06±0.006	0.05±0.004	0.05±0.008
棕榈烯酸 $C16:1_{\Delta 7}$	0.16±0.03	0.16±0.01	0.09±0.004	0.13±0.02	0.16±0.01	0.28±0.01	0.10±0.009	0.07±0.01
棕榈油酸 $C16:1_{\Delta 9}$	0.29±0.01	0.30±0.01	0.37±0.003	0.28±0.01	0.28±0.02	0.16±0.01	0.17±0.01	0.20±0.02
十七烷酸 C17:0	0.30±0.02	0.22±0.00	0.49±0.02	0.27±0.01	0.33±0.009	0.39±0.01	0.21±0.002	0.64±0.01
十七碳烯酸 $C17:1_{\Delta 10}$	0.23±0.01	0.14±0.003	0.49±0.01	0.16±0.01	0.29±0.005	0.26±0.01	0.23±0.008	0.43±0.01
十八碳烯酸 $C18:1_{\Delta 11}$	1.10±0.20	0.99±0.01	1.16±0.02	0.39±0.01	1.08±0.03	0.79±0.02	0.71±0.004	0.42±0.01
花生酸 C20:0	0.79±0.01	0.82±0.003	0.79±0.02	0.54±0.01	0.85±0.01	0.34±0.006	0.44±0.002	0.37±0.006

续表

脂肪酸	矮牡丹(稷山牡丹)	杨山牡丹(‘凤丹’)	紫斑牡丹原亚种	太白山紫斑牡丹	四川牡丹原亚种	圆裂四川牡丹	滇牡丹(紫牡丹)	大花黄牡丹
二十碳烯酸 C20:$1_{\Delta 11}$	0.47±0.004	0.48±0.01	0.30±0.004	0.31±0.006	0.46±0.01	0.41±0.02	0.34±0.002	0.28±0.006
总脂肪酸含量	183.0	207.1	212.0	194.0	230.8	200.2	109.5	152.6
饱和脂肪酸含量	15.9	20.5	20.0	25.7	20.0	16.7	10.9	20.8
占总脂肪酸比例(%)	8.7	10.0	9.4	13.2	8.7	8.4	10.3	13.6
不饱和脂肪酸含量	167.1	186.6	192	168.3	210.8	183.5	98.6	131.8
占总脂肪酸比例(%)	91.3	90.0	90.6	86.8	91.3	91.6	89.7	86.4
ω-6/ω-3	0.5	0.7	0.4	0.4	0.3	0.4	0.3	0.7

（据于水燕等，2016）

其不饱和脂肪酸占比较大（86.4%～91.6%），大多在 90% 以上，而饱和脂肪酸占比较小，大多在 10% 以下。

2）*两个亚组间主要脂肪酸含量差异较大* 革质花盘亚组的种类，主要脂肪酸含量由高到低，依次为 α- 亚麻酸、油酸、亚油酸、棕榈酸、硬脂酸。α- 亚麻酸含量较高的是四川牡丹原亚种（49.10%），其余依次为圆裂四川牡丹（48.72%）、矮牡丹（46.72%）、太白山紫斑牡丹（45.25%）、紫斑牡丹原亚种（44.56%）、杨山牡丹（40.28%）。另据相关资料，卵叶牡丹 α- 亚麻酸占比与杨山牡丹接近。

肉质花盘亚组的种类，主要脂肪酸含量由高到低依次为油酸、α- 亚麻酸、亚油酸、棕榈酸及硬脂酸。大花黄牡丹中油酸含量为总脂肪酸含量的 41.01%，而 α- 亚麻酸仅占 26.68%。

据张延龙等（2015）对从各地引种至兰州的 8 种野生牡丹籽油主要脂肪酸含量测定结果，肉质花盘亚组籽油中主要脂肪酸含量由高到低仍为 α- 亚麻酸、油酸、亚油酸、棕榈酸及硬脂酸。由此看来，两个亚组间脂肪酸含量差异可能与环境条件有关。

根据9个野生种成熟种子脂肪酸测定结果，按总脂肪酸含量的差异可分为高、中、低3个等级。其中紫斑牡丹、四川牡丹和卵叶牡丹较高，定为Ⅰ级；狭叶牡丹、大花黄牡丹和杨山牡丹居中，定为Ⅱ级；矮牡丹、紫牡丹与黄牡丹较低，定为Ⅲ级（张延龙等，2020）。但据于水燕等的分析数据，矮牡丹应属于Ⅱ级。

3. 野生种不同居群间出油率及脂肪酸组成与含量的差异

1）四川牡丹　杨勇等（2015）研究了四川牡丹7个野生居群的种子油脂情况。四川牡丹不同居群种子千粒重平均为（311.65±46.45）g，平均种仁出油率（32.23±1.96）%，居群间差异显著（$P<0.05$）；籽油中共检测到7种主要脂肪酸，不饱和脂肪酸相对含量91.94%～93.70%，亚麻酸相对含量40.95%～47.65%，种子千粒重高的为理县桃坪居群。种仁出油率高的马尔康3个居群海拔2 471～2 544 m。见表12–4。

四川牡丹种子千粒重与主栽油用品种‘凤丹’接近，而出油率与油脂品质则较‘凤丹’及其他品种具有一定优势，在油用牡丹发展和育种上有较大开发利用价值。

2）大花黄牡丹　曾秀丽等（2015）研究了西藏大花黄牡丹5个居群种子脂肪酸含量（表12–5），共检测出5种脂肪酸。其平均不饱和脂肪酸占总脂肪酸含量的86.32%，以油酸含量最高，平均（44.35±3.25）mg/g，次为亚麻酸（26.64±1.19）mg/g和亚油酸（19.00±1.14）mg/g，饱和脂肪酸棕榈酸和硬脂酸含量较低。

气候条件较好的林芝地区4个居群中，仅林芝3#居群油酸含量较高，其他指标差异不大。但林芝4个居群各项指标均优于环境条件较差的山南5#居群。

另外，比较表12–3与表12–5，两者在组成成分上有明显差异，前者脂肪酸组分有14种，后者仅5种，可能是样本来源不同或分析条件不同所致。

此外，该研究分析了2个居群各3个单株，发现山南5#居群存在油脂含量更高的个体，值得进一步关注。

4. 种子不同部位间脂肪酸含量存在明显差异

于水燕（2016）分析了杨山牡丹、紫斑牡丹与大花黄牡丹3个种的种子不同部位（胚、胚乳和种皮）间脂肪酸的分布及其含量，发现种子不同部位脂肪

表 12-4 **四川牡丹 7 个居群种子千粒重、出油率、脂肪酸组成及相对含量**

居群	千粒重（g）	出油率（%）	饱和脂肪酸（%）			不饱和脂肪酸（%）			
			棕榈酸	十七烷酸	硬脂酸	油酸	α- 亚油酸	亚麻酸	花生一烯酸
马尔康松岗	290.48±29.47cd	32.81±1.36bc	4.71	0.13	1.32	29.17	23.85	40.45	0.23
马尔康白湾	250.75±22.74de	34.09±1.89b	4.69	0.12	1.37	28.44	23.03	41.93	0.21
马尔康脚木足	254.33±40.20de	36.64±0.97a	5.07	0.13	1.69	26.93	19.1	46.43	0.23
金川末末札	213.08±18.49c	31.37±1.25cd	5.76	0.14	1.25	26.69	19.44	45.61	0.19
黑水西尔	354.34±65.06ab	31.41±1.18c	4.76	0.13	1.44	26.88	19.52	46.71	0.22
理县桃坪	398.94±68.95a	29.24±1.24d	4.78	微量	1.63	24.85	20.64	47.68	0.21
理县甘堡	320.96±51.29bc	30.03±0.86d	4.71	0.13	1.32	29.14	23.8	40.46	0.23

注：不同小写字母表示差异显著（P<0.05）。

表 12-5 **西藏大花黄牡丹不同居群种子脂肪酸含量比较（mg/g）**

居群	棕榈酸	硬脂酸	油酸	亚油酸	α- 亚麻酸	总脂肪酸
林芝 1#	13.22±1.58	2.50±0.33	43.09±3.11	20.34±2.54	27.08±2.03	106.23±7.69
林芝 2#	12.18±0.52	2.33±0.17	45.01±3.95	19.41±1.35	26.59±3.04	105.52±8.23
林芝 3#	12.57±1.10	2.47±0.30	48.06±3.59	19.41±1.12	26.98±1.63	109.49±6.84
林芝 4#	11.92±0.94	2.31±0.16	44.74±3.50	19.21±1.68	26.25±2.21	104.43±8.09
山南 5#	10.41±0.64	1.96±0.12	38.07±1.60	16.96±0.87	26.79±1.31	94.18±3.80

注：D.W.（干重）平均值 ± 标准差，n=9。

酸分布和含量差异极大，而且 ω-6/ω-3 比值差异也极为显著。胚乳是种子中油脂积累的主要部分。杨山牡丹（‘凤丹’）、紫斑牡丹胚乳中 α- 亚麻酸含量最高，分别为 42.1% 和 54.7%，胚中则是亚油酸最高，而大花黄牡丹明显不同，其胚和胚乳中都是油酸含量最高，分别达到 51.3%、40.6%；3 个种的种皮均为棕榈酸含量最高。

另李子璇等（2010）分析了紫斑牡丹种仁、种皮中脂肪酸组成上的差异，将亚麻酸区分出 γ- 亚麻酸与 α- 亚麻酸（表 12–6）。

● 表 12–6 **紫斑牡丹种仁、种皮中脂肪酸组成的比较（mg/g）**

部位	肉豆蔻酸	豆蔻烯酸	棕榈酸	棕榈油酸	十七烷酸	硬脂酸	油酸	亚油酸	γ- 亚麻酸	α- 亚麻酸	花生酸	二十碳一烯酸
种仁	0.03	—	3.76	0.06	0.07	1.38	15.22	21.63	7.32	31.56	0.08	0.17
种皮	—	0.04	1.93	0.05	0.06	0.72	7.78	12.65	19.89	12.32	0.08	0.11

除表列组分外，还有少量十七碳一烯酸、二十碳二烯酸、二十二碳二烯酸，以及 3 种含量较高但未能辨识的脂肪酸，分别位于棕榈油酸、油酸和 α- 亚麻酸之后，种仁中含量为 1.33%、5.12% 和 10.72%，种皮中分别为 3.33%、13.40% 和 22.64%。

研究结果表明，紫斑牡丹种仁、种皮脂肪酸组成相似，但含量差异较大。

（二）品种资源

中国国内牡丹品种有 1 350 个左右（袁涛，2016）。近年来每年都有一些新的品种育出，因而总数在 1 500 个左右。但其中可结种的品种数量未见详细统计。如果按单瓣、半重瓣品种占 20% 估算，有 300 多个品种，这些品种结实能力差别很大，种子含油率、脂肪酸种类和不饱和脂肪酸含量都会因品种不同而存在差异（罗建让，2012；李珊珊，2014）。

1. 凤丹牡丹品种系列

凤丹牡丹是杨山牡丹的栽培类型，已初步形成品种系列，有‘凤丹白’‘凤丹粉’‘凤丹红’等品种以及许多变异类型。不同产地‘凤丹’含油率（或出油率）有较大差异，而同一产地出油率差异较小。用二氧化碳萃取法测定的出油率，陕西凤翔（32.73%）、商州（32.23%）、旬阳（30.76%）的‘凤丹’较高，而河南孟州‘凤丹’仅为22.4%。此外，不同产地‘凤丹’籽油中脂肪酸含量也存在显著差异（表12–7）（韩雪源，2014）：①主要脂肪酸的总含量以彬县‘凤丹’最高，铜陵‘凤丹’最低。②彬县和凤县‘凤丹’α- 亚麻酸含量显著高于铜陵等地区；而旬阳‘凤丹’亚油酸的含量显著高于其他地区。主要脂肪酸含量相关性分析表明，亚油酸含量与其他脂肪酸含量呈负相关，亚麻酸、油酸含量与总脂肪酸含量呈显著相关性。

表12–7 **各产区‘凤丹’籽油中主要脂肪酸含量的分析结果（mg/g）**

产地	棕榈酸	硬脂酸	油酸	亚油酸	α- 亚麻酸	合计
安徽铜陵	4.94±0.24d	1.41±0.08b	15.40±1.33b	24.82±1.36b	30.76±2.75b	77.33±1.09a
陕西凤县	7.32±0.34b	1.68±0.01b	16.80±1.89a	22.77±2.24b	37.50±2.55a	86.07±1.35bc
陕西旬阳	6.09±0.42bcd	1.52±0.21b	14.47±0.97b	30.62±2.21a	34.79±1.24a	87.49±1.44b
陕西彬县	17.12±1.40a	2.12±0.34a	17.86±1.25a	22.75±1.37b	38.25±1.64a	97.38±1.31a
陕西旬邑	7.22±0.52b	1.46±0.06b	15.21±1.18b	23.46±1.14b	31.56±1.88b	78.91±0.97bc
河南洛阳	6.41±0.25bc	1.53±0.16b	18.42±1.24a	25.09±3.10b	30.97±0.86b	82.42±1.48ad
山东聊城	5.49±1.00ad	1.40±0.09b	14.79±0.86b	26.42±1.89b	35.62±1.29a	83.72±1.14bc
平均值	7.94	1.59	16.14	25.13	34.21	84.76
变异系数（%）	33.85	15.90	9.67	11.00	9.15	7.83

注：采用 Duncan's multiple rang test 方差分析，同一列不同字母表示差异显著（P<0.05，n=3）。

2. 西北（甘肃）品种系列（紫斑牡丹品种系列）

甘肃中部紫斑牡丹品种种子一般含油率较高，其中 α- 亚麻酸含量也较高。据测定（李莉莉等，2016），兰州榆中紫斑牡丹品种‘蓝荷’，种子出油率可达 31.36%，从籽油中共检测出 18 种脂肪酸成分，其中亚麻酸含量占比高达 65.23%，其他主要成分依次为亚油酸（13.65%）、油酸（18.18%）、棕榈酸（2.19%），硬脂酸只占 0.01%。不饱和脂肪酸（10 种）占脂肪酸总量的 96.62%，饱和脂肪酸仅占 3.38%。

据马君义等（2018）对甘肃永靖产紫斑牡丹与凤丹牡丹籽油脂肪酸成分的比较（表 12–8），二者不饱和脂肪酸含量接近（均 >88%），其中，凤丹牡丹的亚麻酸含量（47.48%）甚至超过紫斑牡丹（44.90%），由此可看出栽培地（产地）对牡丹籽油质量性状的影响。

● 表 12–8　**甘肃永靖紫斑牡丹与凤丹牡丹籽油主要脂肪酸组成及含量（%）**

种类	棕榈酸	十七酸	硬脂酸	油酸（ω-9）	亚油酸（ω-6）	α- 亚麻酸（ω-3）	二十酸	二十碳烯酸	不饱和脂肪酸			饱和脂肪酸
									单	双	合计	
紫斑牡丹籽油	3.28	0.16	1.24	20.91	22.84	44.90	0.13	0.20	21.11	67.74	88.85	5.31
凤丹牡丹籽油	4.10	—	1.19	23.15	17.35	47.48	0.11	0.23	23.38	64.83	88.21	5.40

三、芍药属芍药组油用种质资源

（一）野生资源

芍药属芍药组在中国境内有 7 个种 1 个亚种。这些种类包括野生芍药（*P. lactiflora*）、草芍药（*P. obovata*）、美丽芍药（*P. mairei*）、多花芍药（*P. emodi*）、白花芍药（*P. sterniana*）以及新疆芍药（*P. anomala*）、川赤芍（*P. veithii*）等。这些种类中，只有芍药这个种有一个较大的栽培群体。

目前仅对其中的两个种进行过油脂分析研究，即芍药的野生种（谭真真，2014）和草芍药（于水燕等，2016）。

谭真真（2014）研究表明，野生芍药种子产量较高。单株产量 50.4 ~ 150 g，种子含水率 7.78%，含油率 28.31%。其籽油脂肪酸组成和牡丹基本相同，至少可检测到 8 种成分；总不饱和脂肪酸含量和亚麻酸相对含量分别为 94.2% 和 41.84%。各项指标大多超过‘凤丹’。草芍药籽油中检测到 14 种成分，不饱和脂肪酸相对含量为 92.5%，微量脂肪酸 3.8%，高于牡丹，其 ω-6/ω-3 为 0.8（于水燕等，2016）。芍药、草芍药均为重要的油用种质资源。

（二）栽培品种资源

中国芍药栽培品种约 400 个，大部分不能结实。谭真真（2014）分析研究了菏泽 37 个能结实的芍药品种，认为大部分品种结实能力不强，只有‘鹤落粉池’等 4 个品种单株产量为 10 ~ 24.86 g，而‘杭白芍’单株产量可达 53.8 ~ 120 g，结实能力最强。这些品种的芍药种子含水率为 6.47% ~ 12.50%，含油率平均为 20.03%，最高可达 33.77%（‘雪盖黄沙’）。含油率超过 21% 的芍药品种还有‘赵园粉’‘奇花露霜’‘锦山红’‘蝶落粉池’‘墨紫含金’‘盘托绒花’‘山河红’以及‘杭白芍’。

朱林等（2016）对比分析了山东菏泽、甘肃临洮两地芍药种子（混合样品）的脂肪酸组成和含量。临洮芍药出油率（带皮 28.85%，脱皮 31.64%）高于菏泽芍药（带皮 22.61%，脱皮 25.26%）；含水率、千粒重也有差异，临洮芍药依次为 3.69%、191.17 g，菏泽芍药则为 2.50%、143.83 g；不饱和脂肪酸含量脱皮样品临洮为 93.25%，菏泽为 90.96%；亚麻酸含量临洮 45.49%，菏泽 34.57%。可见不同产地芍药种子油用性状比较，临洮芍药优于菏泽芍药。

（三）综合评价

综合芍药结实性状、种子含油率及主要脂肪酸含量，野生芍药和栽培品种‘杭白芍’与‘凤丹’的比较见表 12–9，具有开发利用和推广价值。在菏泽芍药品种中‘鹤落粉池’‘盘托绒花’和‘万寿红’综合性状也较好（谭真真，2014）。

● 表 12-9　芍药与牡丹籽油脂肪酸组成与相对含量比较（%）

脂肪酸	野生芍药	栽培芍药	凤丹牡丹
α- 亚麻酸	41.84	33.93	39.99
亚油酸	28.56	26.10	28.68
油酸	23.80	33.37	22.63
硬脂酸	0.83	0.57	1.66
棕榈酸	3.43	3.04	5.48
总不饱和脂肪酸	94.20	93.40	91.30
总饱和脂肪酸	4.26	3.61	7.14

第三节

油用牡丹育种目标

一、育种目标的确定

油用牡丹育种目标的确定，需要综合考虑产业发展方向、市场需求，以及各地气候条件、适生种类等具体情况。可以是单纯以油用为主的育种目标，也可以同时考虑油用、药用、保健以及观赏等其他方面的需求，形成多个方向的多元育种目标。而且从综合开发、延长产业链角度考虑，有些育种方向也值得重视，如适于提炼精油的品种，适于做全花茶或花蕊茶的品种等。而油用兼观赏的品种则仍需以油用为主，观赏为辅。所以产量、质量性状指标与适应性、抗性指标都要综合加以考虑。

油用牡丹的育种可分为高产育种与品质育种。高产育种以提高品种单位面积产量为主要目标。品质育种则以改良产品品质为主要育种目标。作物品种的品质直接决定其产品的市场竞争力和生产效益。因此，不断选育高产、优质、多抗的油用牡丹新品种是育种家永恒的奋斗目标。

一般来说，作物品质育种比高产育种难度要大一些，其中一些品质的鉴定需要借助先进的科学仪器与精确、高效的分析技术。相对而言，投资大、费用高，且工作量大、成效慢是品质育种的特点。

高产育种与作物品质育种存在一定矛盾。根据其他作物育种经验，虽然有些品质性状与产量无关或呈正相关，但大多数重要品质性状与产量呈负相关。而品质育种的重要任务之一就是要削弱和打破这种负相关，使产量和品质得到同步提高。

当前，育种的首要任务是系统探究油用牡丹主要性状的遗传规律，以便日后油用良种的选育。从今后发展趋势看，随着人民生活水平的不断提高，人们对产品品质也有了新的需求，培育系列化专用型品种，也是今后牡丹品质育种的重要方向。

二、主要目标性状的确定

作为油用良种，主要目标性状有哪些？应当提出什么样的要求呢？

现代农业对作物良种的要求有以下几个方面：①丰产。②优质。③稳产。④生育期适宜。⑤适应性强（孙其信等，2015）。这些要求无疑同样适用于油用牡丹。

（一）丰产

培育具有丰产潜能的优良品种是油用牡丹育种的主要目标和基本要求。由于我国地域辽阔，油用牡丹适生范围较广，各地生态环境、土地生产潜力差异较大，需要从各地情况出发，分别提出具体的阶段性奋斗目标。

油用‘凤丹’发展之初，有人认为‘凤丹’较耐湿热，而南方水热条件充足，南方应有比北方更高的产量。但据著者 2014—2015 年在牡丹产区的调查，情况恰好相反（在一定区域范围内，‘凤丹’单位面积产量与纬度、海拔等呈正相关，而与年降水量等呈负相关）。在适宜的栽培条件下，凤丹牡丹本身已经具有一定的丰产潜能。从我们自己的测产数据及各地零星的测产记录看，凤丹牡丹最适宜发展地区应是暖温带中低海拔山地，长江以南‘凤丹’花期多雨且易于早期落叶，是其增产的重要限制因素（李嘉珏，2017）。

现场测定的具体产量，是包括生产条件在内的环境条件与品质遗传特性共同作用的结果，但也表明，通过改良品种遗传特性来提高作物产量的潜力较大。在高产育种中，以下几个因素值得育种者关注：

1. 产量因素的合理组合

作物产量由不同因素构成。决定油用牡丹种子产量的主要因素有：①株龄。

②单位面积株数。③每株分枝数。④每枝有效聚合蓇葖果数。⑤每个聚合蓇葖果的籽粒数。⑥种子百粒（或千粒）质量等。各个产量因素的乘积即为理论产量。在其他因素不变的条件下，提高其中一两个或多个因素，均可提高单位面积产量水平。不过，产量因素之间是相互制约的关系，一个因素的提高可能导致另一因素的下降。如密度，对‘凤丹’产量多年的调查结果表明，进入结果期后，过高密度不仅不能高产，反而导致产量降低。作物高产的关键是各种产量因素的合理组合，从而得到产量的最大乘积。

2. 合理的源库关系

作物产量是光合同化产物的转化和贮藏的结果。高产品种不仅表现在同化产物多，转运能力强，而且贮藏器官充足。这就是植物营养代谢中的“源—流—库协调”学说。源是指供给源或代谢源，即植物制造或提供养料的器官，主要是叶片，也包括含叶绿素的幼茎、果皮；流是指控制养料运输的器官，主要是茎、根等；库是指贮藏库或代谢库，即接纳或最后贮藏养料的器官，如种子、根等。

牡丹是多年生木本植物，其源库关系远较一、两年生作物复杂。其开花结果后，同化产物主要输送到果实、种子，同时满足花芽分化的养分需求。果实种子成熟采收之后，同化产物又输送到根部贮藏，以满足第二年春天生长发育的养分需要。据对铜陵‘凤丹’不同生育期生物量的测定，8 年生植株果实生物量仅占总生物量的 6.86%，其中果皮为 2.98%，种子为 3.88%（汪成忠，2017）。第二年春季，‘凤丹’萌条抽枝开花主要依靠根部贮藏营养。因此，采收种子后的叶片功能对第二年产量的形成仍有着重要作用。

源库之间是相互限制、相互促进的关系，只有源库之间协调发展，才能获得最高的产量。

3. 理想的株型

理想株型是指高产品种的形态特征，涉及株高、叶形、叶姿、叶色、叶片的分布，以及分枝与主茎的关系等。理想的株型是能使植株获得最有效的光能利用率和最大限度的光合产物转运和贮藏能力。凤丹牡丹与紫斑牡丹植株均较高大，结果后树形逐渐开张。果实较重时，茎枝会向外倾斜。需要选择植株不过于高大、叶片修长、株型较为紧凑的类型，这样才有可能加大种植密度，增加单位面积株数，提高增产潜力。

4. 高光效

据研究，作物产量中干物质的 90% ~ 95% 是由光合作用通过碳素同化过程所生产的，而通过吸收土壤中各种养分所构成的干物质只占 5% ~ 10%。从生理学角度分析，作物产量可分解为：经济产量 = 生物产量 × 收获指数 = 净光合产物 × 收获指数 =（光合强度 × 光合面积 × 光合时间 – 光呼吸消耗）× 收获指数。由此可见，高产品种应该具有较高的光合能力（强度）、较低的呼吸消耗、光合机能保持时间长、叶面积指数大和收获指数高等特点。

目前作物的光能效率还很低，一般只有 1% ~ 2% 或 1% 以下。因而，通过提高光能利用率来提高产量的潜力很大，需要注意牡丹高光效品种的选择。高光效品种应具有光合强度高、光补偿点低、二氧化碳补偿点低、光呼吸消耗少、光合产物转运率高、对光不敏感等生理特征，叶片同时具有利于光能利用的形态特征，如叶片颜色深以及绿叶时间长等。

（二）优质

新育成的品种不仅要求产量高，而且需要具有更好、更全面的产品品质。也可以说，作物高产应是以保证一定的品质为基础的。

对作物产品的品质要求一般包括营养品质和加工品质。

根据 2014—2015 年著者在中原及江南一带对‘凤丹’选优的经验，初步提出油用牡丹‘凤丹’良种品质的基本要求，如种子含油率在 24% 以上，不饱和脂肪酸在 90% 以上，α- 亚麻酸在 40% 以上。此外，为了提高油用加工副产品的利用价值，还应该控制种子蛋白质含量在 16% 以上，人体必需氨基酸种类齐全等。

对作物品质的要求还因产品用途不同而表现出专用型的特点。如以提炼牡丹花瓣精油为主的品种，将朝花朵大、花瓣多、精油含量高的选育方向发展。不过，这已是另一种高产优质的育种方向与质量要求了。

（三）其他

优良品种除丰产、优质外，对以下性状亦应予以关注。

1. 产量的稳定性

产量稳定与否对良种选育亦至关重要。而保持产量的稳定，需注意品种的大小年现象，尽可能选育大小年不明显的品种。

此外，产量的稳定还与品种的抗性有关。作物生产过程中常常受到各种不利环境条件的影响，导致产量低而不稳定。这些逆境条件可分为病虫害威胁导致的生物逆境和不良土壤、气候条件引起的非生物逆境。

对于生物逆境胁迫，尽管可以通过施用农药控制病虫危害，但防治病虫害最经济、安全、有效的措施是使用抗病虫品种。选育抗病性较强的品种，是病虫害较严重地区的重要目标。对于非生物逆境胁迫，为了扩大良种适用范围，提高品种的抗寒性、抗旱性、耐瘠（又称营养高效）、耐涝以及耐盐碱能力，也是育种中需要关注的问题。

良种稳产性的另一个表现是广泛的适应性。适应性是指作物品种对不同生产环境的适应范围及程度。一般适应性强的品种不仅种植地区广泛、推广面积大，而且可在不同年份和地区保持产量稳定。广适性品种一般都对日照长度不敏感，对温度反应范围较宽。

2. 适宜的生育期

不同地区的光温条件、栽培制度会有所不同。理想的品种要求既要能充分利用当地生长期的光温资源，获得高产，同时又能避免或减轻某些自然灾害的危害，也就是要充分考虑品种的最适生育期。如南方花期多雨，牡丹授粉受精会受到影响，选育早花、晚花品种以避过春雨期应是育种目标之一。

3. 适应机械化要求

大面积油用牡丹栽培，需要提高劳动生产率，实现大田生产农业机械化是必经之路。机械化栽培管理对作物性状有特殊的要求，因此在制定育种目标时，也要充分加以考虑。

适应农业机械化要求的油用牡丹品种应株型紧凑，株高一致，茎干硬实，生长较为整齐，成熟时间一致，成熟前不易裂果、不落粒，成熟后蓇葖果自行开裂时整齐度高等。

三、具体选择指标的确定

各地对于油用牡丹良种的要求，应从当地具体情况出发，并结合综合开发利用的目标来确定。下述指标仅供参考。

1. 产量品质指标

油用牡丹的产量由株龄、单位面积（亩）株数、每株分枝数、每枝着果数、每果籽粒数及千粒重等主要因素构成。应根据油用牡丹进入盛果初期的状况提出相应的指标。

2. 油分指标

油用牡丹籽粒含油率在24%以上，这一性状是由种仁含油率和出仁率决定的，即种仁含油率和出仁率越高，则籽粒含油率就越高。

3. 油分品质

牡丹籽油的质量是由脂肪酸组成决定的，而脂肪酸组成又决定着牡丹籽油的营养价值、保健功能和其他多方面的用途。牡丹籽油的特点是含不饱和脂肪酸总量在90%以上，α-亚麻酸含量在40%以上。因此，籽油质量育种目标为籽粒含不饱和脂肪酸总量在90%以上，α-亚麻酸含量在40%以上，这样才能保证牡丹籽油的高质量。

4. 蛋白质含量指标

蛋白质是牡丹籽粒的重要营养成分。太白山紫斑牡丹籽粒含粗蛋白质18%以上，内含18种氨基酸，其中人体必需氨基酸含量较高，属优质蛋白质。育种目标可将粗蛋白质含量定在18%以上，且含18种氨基酸，其中必需氨基酸种类齐全，这样较为恰当。由此看出，提出这个指标是为牡丹种子的综合开发利用奠定基础。

5. 抗病虫害特性

新品种选育必须注意对当地主要病虫害具有较强的抗性。

6. 其他抗性

主要涉及抗寒、抗旱、耐涝等指标，在北方干旱少雨地区要突出其抗寒性和抗旱性，在南方多雨潮湿地区要突出耐涝特性。此外，还有花期育种，即花期提前或延后，以避过花期多雨对授粉的影响等。

第四节
油用牡丹选择育种

一、选择育种的重要意义

选择育种简称选种，一般是指从现有品种或类群中，按照一定的目的和要求（标准），挑选具有优良经济性状的群体或个体，通过比较鉴定和繁殖，从而创造出优良类型或品种的育种方法。选择育种，既要高度重视经济性状的选择与改良，也不可忽视适应性状的选择和利用。当前，在油用牡丹发展中，选择育种是在较短时间内对现有品种进行改良，或进一步获得优良品种的重要手段，具有极其重要的现实意义。

首先，选择育种潜力很大。由于牡丹为常异花授粉植物，变异相当普遍，其中蕴藏着大量尚未利用的优良变异类型。仅就‘凤丹’而言，这个过去以收获丹皮为主的药用品种，栽培分布相当广泛。从近年笔者的调查研究及李兆玉等（2016）的相关文献资料看，有以下几方面的数据值得注意：

（1）不同产地或不同类型间，种子含油率变动在 24.12% ~ 37.85%，相差 13.71%。

（2）牡丹籽油的主要成分中，不饱和脂肪酸含量变动在 83.05% ~ 92.0%，其中 α- 亚麻酸含量变动在 31.56% ~ 66.85%，分别相差 8.95% 和 35.29%。

（3）单株结果量和种子产量差异较大。如初盛果期（树龄 6 年）植株单株结果量从 3～4 个到 7～8 个，相差 1 倍；单个聚合蓇葖果中心皮数一般为 5 枚，但不少为 6～8 枚，最多有 10 枚以上；每个蓇葖果结籽数从 5 粒到 20 粒。接近成熟的单个聚合果鲜重变动在 60～120 g。此外，叶型、株型、花色、果实成熟期等都有不同程度的变化。

其次，选择育种是作物改良的主要手段和基本方法。选择，既是独立培育良种的手段，也是其他育种方法中不可缺少的基本程序。选择贯穿于育种过程的每一个环节。在杂交育种中，既有对现有品种油用性状的选择和评价，对育种原始材料的选择和研究，也有杂交组合的配置、杂交后代的性状比较等过程，这些方面都离不开选择。即便成果得到鉴定，在良种繁殖与推广过程中也离不开选择。可以说，没有选择，就不可能培育出人们所需要的良种。在油用牡丹良种选育过程中，第一个环节是选择，到最后，选育成果与优良品种的鉴别和肯定过程中，主要环节仍然是选择。采用其他育种方法也是如此，选择均贯穿于始终。

二、选择育种的方法

（一）选择育种的多种方法

选择育种有多种方法，如根据选育材料的利用状况不同，可分为混合选择和单株选择；根据亲缘关系可分为家系选择、家系内选择和配合选择；按性状间的相关性，可分为直接选择和间接选择；按选用性状的多少，可分为单性状选择与多性状选择；按繁殖方式不同，可分为实生选择和无性系选择；按产地来源不同，可进行产地（种源）选择；按入选评分方法不同，可分为百分比法、独立标准法、评分法和指数法等。这些方法需要结合油用牡丹发展现状和资源特点，综合应用，以尽快取得成效。

下面着重介绍当前应用较多的优树选择法。

（二）优树选择法

优树选择简称选优，实际上是一种单株选择法。所谓优树，是指在立地及起源相同、树龄及管理措施一致的条件下，某个性状或某些性状远远超出其他植株的单株。优树选择就是按照一定的选优标准，在实生群体中将符合标准要求的表型性状优良的植株挑选出来，然后分别采种、采条，分别繁殖，并进行后面的工作程序。

1. 优树标准的制定

优选工作的开展，首先要根据以往经验和初步调查结果制定选优标准。标准一般需要围绕优质高产、抗性和适应性两个方面来制定，包括数量指标和质量指标。构成油用牡丹优质高产的性状多为数量性状，并由若干经济性状指标所构成，在制定优树标准时，应综合加以考虑。下面以铜陵‘凤丹’优树标准为例进行说明。

（1）选优地块树龄应在 6 年以上，为实生壮龄植株。

（2）树冠稍开张，树形整凑，无病害或病害轻微（7 ~ 8 月叶片伤害率在 15% 以下）。

（3）单株着果量（指聚合蓇葖果）8 个以上，平均单果结籽数在 40 粒以上，千粒重在 250 g 以上。

（4）种仁含油率在 24% 以上。

根据各地具体情况，附加其对寒、旱、涝等抗性指标。

优树选择应在实生起源、树龄（苗龄 + 栽植年龄之和）及管理条件一致或差别不大的地块中进行。‘凤丹’以 6 年以上树龄、紫斑牡丹则应以 8 年或 9 年以上树龄壮年植株为好。此时，植株丰产性状及抗性等已较充分展示，选择可靠性较高。

2. 优树选择方法

优树选择方法分单性状选择法和多性状选择法。油用牡丹以后者为主。在多性状选择法中，又有几种可供选择，一是连续选择法，即先改良一个性状，然后再改良另一个性状，直到达到目的为止。这种方法所需时间太长，不好使用。二是独立标准法，即对所需改良的性状同时进行选择，而每个性状都规定一个最低标准。具体评定时，只要一个性状达不到最低标准，不论其他性状如何优越，都不能入选。这种方法简单易行，实际应用较多，效果也较明显。缺点是有可能将大部分性状优良但某个性状不达标的个体淘汰。对于这种个例，也可采取灵活态度，先将这类优株予以保留，继续观察一两年后再予定夺。三是指数选择法，包括加权系数法、评分法等。加权系数法是把要选择的性状按其遗传力和经济价值等因素，给予适当的加权比分（指数），然后根据评定结果，按全部性状的加权总分高低来决定取舍。这里首先要考虑性状的重要性、经济价值，不同性状遗传力大小，以及性状间的表现型与遗传的相关因素等，合理地制定选择指数。评分法是指单株每个经济性状的表型，按选优标准及重要性给予评分，累加各性状表型的评分后，即可对所选单株做出总的评价。此法实际应用较多，但由于没有考虑遗传力参数，各个性状是按划分的等级评分，因而结果的可靠性和精度较差。

无论采用哪种方法，按表型选出的优树，都要进行子代测定，对优树进行再选择，以排除环境因子对优树的影响，客观地评选出遗传性状优良的单株。

3. 优树选择的操作步骤

优树选择工作可按以下步骤进行：

（1）制订计划，查阅资料，调查了解情况，拟订可行的选优方案。

（2）踏查预选。

（3）实测初选。一般在果实采收前 1 个月左右进行。结合果实采收，对主要性状进行实测评定，测定结果逐项登记在优树卡上。优树统一编号，用红漆标记。

（4）复选。对初选优树的主要指标如产量、抗性等，需连续观测 3 年。每次复选测定均达标者登记造册。

（5）对复选优树扩繁，进行子代测定及区域试验等项工作。

三、与产量相关的表型性状

选择育种中，如何围绕产量、质量来提高选择效率，重点抓哪些表型性状，需要认真加以探讨。

（一）与牡丹种子产量相关的表型性状

崔虎亮等（2017）对杨山牡丹、紫斑牡丹、卵叶牡丹及中原品种、西北品种 6 年株龄以上植株单株的产量与表型性状进行相关性研究，认为所选 27 个性状中，达到极显著相关的只有 10 个：①单株果实质量。②单株果实数。③单株有效果实数。④出籽率。⑤蓇葖（果）宽。⑥冠幅面积。⑦单株新枝数。⑧单株两年生枝数。⑨单株花朵数。⑩小叶数。并且其中单株花朵与冠幅面积、单株新枝数、单株两年生枝数以及小叶数呈显著正相关。而进一步的逐步分析表明，仅有单株果实质量、单株有效果实数、出籽率、顶小叶叶型指数、千粒质量、单株果实数与单株产量存在显著关系，是影响产量的主要性状。通过分析进一步明确了这些性状对产量的贡献，其中单株果实质量与单株有效果实数贡献最大，而单株果实数存在负效应，表明该性状无法真实反映产量水平。这是由于牡丹在生殖生长阶段果实发育和种子的发育并不同步，存在果实发育正常但内部种子败育现象，因而只有种子饱满的有效果实数量才是构成单株产量的真实因子。

研究发现，牡丹单株产量与种子千粒重不存在显著相关关系。而通径分析表明千粒重对产量的直接效应为负效应。有研究表明，单粒质量与单果种子数之间的负相关关系是由生理因素决定的。

出籽率是一个重要的经济性状，反映了果壳质量与种子质量的比例。出籽率高说明植株光合产物主要分配在种子中，从而得到较高种子产量。研究表明，出籽率与单株产量、单株果实质量仍有极显著正相关，且出籽率对产量具有直接贡献。

在油用牡丹品种选育中，应将单株果实质量、单株有效果实数、出籽率作为首要指标，然后对单株两年生枝数、单株新枝数及其他性状进行选择。

林萍等（2016）在安徽南陵以 8 年生‘凤丹’为研究对象，对单株产量、果实质量、种子含油率、脂肪酸成分等经济性状进行测定分析。结果表明，单株产量、平均单果（聚合果）质量、小果（单个蓇葖果）数量、平均小果质量、最大小果质量、最小小果质量、干果质量、千粒重、干籽出仁率等指标在高产组与低产组间差异显著，且单株产量与其余差异显著指标间均呈显著正相关，而干籽含油率、脂肪酸成分和含量等指标差异不显著。因此，在油用新品种选育中，应以单株产量作为重点选育目标。

（二）种子产量相关性状的多样性与相关性

与种子产量相关的表型性状具有多样性，而且相关性状间也存在一定的相关性，从而导致这些相关性状不仅直接影响种子产量，而且通过影响其他产量相关性状从而对种子产量产生间接影响。戚杰（2018）对上海辰山植物园油用牡丹资源圃 230 株杨山牡丹（‘凤丹’）进行表型性状分析后，取得以下结果：

1. 种子产量相关性状在杨山牡丹（‘凤丹’）群体中存在广泛的变异

变异系数整体表现为植株性状 > 果实性状 > 种子性状，不同性状的变异系数范围为 5.46% ~ 65.60%。菏泽种源的杨山牡丹种子产量相关性状最稳定，个体间差异最小，除聚合蓇葖果均重、千粒重和种子侧径外，其余性状均存在显著（P<0.05）或极显著（P<0.01）差异。

2. 种子产量与产量相关性状间存在相关性

种子产量与单株花蕾数、单株聚合蓇葖果数、单株聚合蓇葖果重、单株蓇葖果数、单株蓇葖果皮重、单株种子数呈极显著正相关（P<0.01），且相关性极强；与聚合蓇葖果均重、蓇葖果皮均重、单聚合蓇葖果种子数、单聚合蓇葖果种子重呈极显著正相关（P<0.01），相关性一般；与种子纵径呈极显著正相关（P<0.01），但相关性较弱；而与单聚合蓇葖果数、千粒重、种子横径、种子侧径、种子平均大小的相关性不显著。

3. 影响种子产量的几个重要性状间重要性有所不同

6 个重要性状对种子产量的重要性依次为：单株聚合蓇葖果重 > 单株种子数 > 单株聚合蓇葖果数 > 单聚合蓇葖果种子数 > 单聚合蓇葖果种子重 > 聚合蓇葖果均重。单株种子数、单株聚合蓇葖果数通过单株聚合蓇葖果重以及聚合蓇葖果均重、单聚合蓇葖果种子重对种子产量的间接正效应较大，间接通径系数分别为 0.767、0.671、0.517；单聚合蓇葖果种子重、单聚合蓇葖果种子数、单株聚合蓇葖果重通过聚合蓇葖果均重对种子产量的间接负效应较大，间接通径系数分别为 −0.400、−0.352、0.226。

蔡长福以‘凤丹白’和‘红乔’为亲本构建的 F_1 分离群体表型性状进行相关分析，结果表明各性状间存在不同层次的相关性。

通过表型性状的相关性，可以推测与其相关的表型性状，有利于全面快速地对资源进行客观评价，也有利于进一步分析控制表型性状内在基因之间的协调互作提供参考。

（三）表型性状变异的株龄效应

据对‘凤丹’不同株龄群体表型性状的分析可知（彭丽平等，2018），其株高、冠幅、成花枝数等与产量相关的性状，随株龄增加出现递增趋势。30 年株龄‘凤丹’，株高均值可达 197.32 cm，冠幅可达 136.26 cm×117.06 cm，成花枝可达 23.36 个，说明‘凤丹’生长潜力较大。在正常情况下，株高、冠幅等性状与生产力呈正相关。

另据马菡泽（2018）对上海、铜陵等地 4 ~ 8 年生‘凤丹’生物量的分析，发现‘凤丹’植株果枝数量随株龄增大而上升，不同株龄植株单个果枝质量和果枝内生物量分配无明显差异，但果枝数量差异显著，因而整株水平上株龄效应明显。

（四）表型性状差异的环境效应

马菡泽（2018）在分析上海、铜陵年龄结构相同的‘凤丹’种群时，发现其叶、茎、果实的生物量间存在显著的地点差异。上海种群将较多生物量分配到叶，而铜陵种群将较多生物量分配到果实。上海种群来自铜陵，可以排除遗传差异，而推测这种分配差异由环境导致。进一步分析年龄相同、地点不同的 8 个‘凤丹’种群，重庆、邵阳种群将更多生物量分配到营养生长结构中，而洛阳种群则较多分配到繁殖结构中。经气候与生物量之间的回归分析，发现随光辐射增加，茎生物量及其分配呈显著负相关；降水则与生物量呈显著正相关。而纬度与叶生物量及营养结构生物量之间呈显著负相关，生物量分配上的差异可能是环境和遗传共同作用的结果。

波特等在 2012 年对 850 个物种生物量分配随环境因子改变的 Meta 分析中指出，环境因子会显著影响植物的资源分配模式。当限制资源为光时，植物会增加茎和叶的生物量分配。此外，在繁殖分配上，密度是一个主要影响因素。

年均光辐射与茎生物量及其比例呈显著负相关，降水与叶分配呈显著正相关，纬度与营养生物量和叶生物量呈显著负相关。

四、凤丹牡丹的优株选择

（一）中部及东部地区

2012—2014 年，上海辰山植物园（中国科学院上海辰山植物科学研究中心）对凤丹牡丹主产区（山东菏泽、河南洛阳、安徽亳州、安徽铜陵、湖南邵阳）的‘凤丹’生长、结实情况进行了调查，同时调查了各地气候、土壤状况，并在此基础上开展了优系筛选工作。

1.‘凤丹’主产区生长、结实情况

1)生长情况 通过样地调查,发现上述地区‘凤丹’在以药用栽培为主时,栽植密度很大,铜陵、菏泽、亳州每亩为 6 000 ~ 12 000 株,洛阳为 6 000 株,邵阳为 3 000 株左右。在这样的密度下,4 年生植株株高 29.30 ~ 55.60 cm,冠幅 0.17 ~ 0.27 m^2;5 年生依次为 41.89 ~ 89.60 cm,0.22 ~ 0.46 m^2;6 年生为 37.35 ~ 44.42 cm、0.23 ~ 0.54 m^2;9 年生为 86.28 ~ 100.04 cm,0.34 ~ 0.71 m^2。由于各地气候、土壤及管理水平存在差异,‘凤丹’生长情况也有所不同,但其株高、冠幅、新梢数等主要生长指标都表现出随树龄增加而增长的趋势。

将‘凤丹’生长指标与各地地理生态因子进行相关分析,发现其株高、冠幅和新梢数与各地年平均气温、平均降水量呈显著负相关,与年日照时数以及海拔、纬度均呈显著正相关。

2)结实情况 各产区‘凤丹’结实情况如表 12–10 所示。从调查结果可

表 12–10 **不同产地和株龄‘凤丹’结实性状比较**

产地	株龄(年)	单位面积产量(kg/亩)	单株产量(g/株)	单株种子数量(粒/株)	单株结果数量(个/株)	干粒重(g)
铜陵	4	7.93	2.25±0.81	8.10±2.87	0.74±0.09	271.92±21.12
亳州		84.56	5.93±1.73	19.48±5.60	0.57±0.22	302.00±16.24
菏泽		29.42	3.32±2.31	10.47±7.05	0.53±0.30	303.36±32.92
铜陵	5	32.99	7.24±0.89	26.34±3.16	1.36±0.14	275.49±9.76
亳州		136.69	27.90±4.80	101.87±17.49	4.67±0.50	218.85±25.93
邵阳		16.56	4.81±1.49	17.35±5.10	1.18±0.26	219.95±37.26
铜陵	6	56.64	10.39±0.85	51.02±3.88	3.55±0.23	200.44 ±5.58
亳州		180.30	17.40±3.72	55.02±11.52	3.11±0.42	311.03±12.51
邵阳		26.29	7.63±2.74	27.10±9.99	1.40±0.44	295.72±24.31

续表

地区	株龄（年）	单位面积产量（kg/亩）	单株产量（g/株）	单株种子数量（粒/株）	单株结果数量（个/株）	千粒重（g）
铜陵	9	79.64	16.80±4.04	71.58±16.36	3.62±0.80	226.15±11.34
菏泽		238.47	47.83±8.30	144.86±23.57	8.53±1.79	328.08±11.81

以看出：

（1）不同产区之间结实情况差异较大，其中安徽亳州情况较好，在同龄‘凤丹’样地中，亳州‘凤丹’单产一直居于前列。到9年生时，菏泽‘凤丹’单产也有较高水平。这与亳州、菏泽等地土壤状况及适生环境有很大关系。

（2）尽管各地‘凤丹’单产不同，但在同一地区，‘凤丹’产量随年龄增加而提高，其趋势是一致的，并且在4～9龄树之间，每年增加幅度都比较大。

将‘凤丹’结实状况与各地地理生态因子进行相关性分析，所得结果为：‘凤丹’单株产量、单株种子数量、单株结果数量、千粒重均与年降水量、年均气温呈显著负相关，与经度也呈负相关，而与年日照时数、纬度、海拔呈显著正相关。这与前面‘凤丹’生长的相关性分析结果一致。

2. 种子含油率与油脂成分分析

对调查样地中的‘凤丹’种子含油率、籽油中脂肪酸组成与相对含量进行了分析（表12–11），‘凤丹’种子含油率在26.09%～29.91%，亚麻酸含量在33.80%～39.19%。不同产地间比较，菏泽、亳州‘凤丹’种子含油率相对高些，分别为29.86%和29.72%，铜陵的出油率稍低，为26.78%。不同地区脂肪酸主要成分相同。不过，各组分的相对含量存在一定差别。

此外，还分析了铜陵地区不同株龄‘凤丹’的含油率和籽油脂肪酸组成。其中4年、5年、6年、9年这4个株龄样地含油率依次为28.24%、28.56%、26.78%、30.80%。虽然有一定变化，但没有太大的差异。

3.‘凤丹’主产区的优树筛选

1）优树筛选过程及初步结果 在各地设置样地测定‘凤丹’生长、结实情况的同时，按照前述铜陵选优标准，进行了优树筛选。2013—2014年共初选优树170余株，然后对观测数据进行统计分析，对优株进行综合评价。

● 表 12-11 **不同地区‘凤丹’种子含油率和主要脂肪酸的相对含量**

		铜陵	亳州	邵阳	菏泽	洛阳
种子含油率（%）		26.78±0.09	29.72±0.19	27.64±0.12	29.86±0.05	27.81±0.15
脂肪酸组分（%）	α- 亚麻酸	34.04±0.24	38.90±0.29	37.39±0.04	35.96±0.12	36.92±0.19
	油酸	26.28±0.11	21.76±0.23	25.69±0.06	24.35±0.07	25.15±0.11
	亚油酸	31.13±0.04	31.02±0.03	28.40±0.11	30.76±0.01	29.50±0.03
	棕榈酸	5.75±0.06	5.58±0.05	5.71±0.03	6.09±0.02	5.74±0.03
	硬脂酸	1.83±0.02	1.74±0.04	1.84±0.01	1.95±0.01	1.82±0.03

将所有优树 8 个生长、结实性状的观测数据进行标准化处理，然后进行主成分分析。在确定主成分后求得其特征根及累计贡献率，进而求得各指标的权重。根据隶属函数值与各指标权重求得各优株的综合得分值（*CI* 值）以及各优株的综合评价值（*D* 值），对本次优选结果进行排序。根据优株排序结果对优株进行后续的选优工作程序。最后筛选结果中有 51 株优树入选。

在对优株外业测定数据进行分析的同时，对优株种子含油率和脂肪酸组分也进行了分析。根据对铜陵地区部分优株的测定结果，其含油率为 24.53%～33.86%，平均含油率 28.88%，变异系数为 8.12%；α- 亚麻酸的含量为 38.81%～48.02%，平均含量为 43.86%，变异系数为 5.51%；不饱和脂肪酸含量为 91.30%～93.62%，变异系数为 0.66%。‘凤丹’优株种子含油率、α- 亚麻酸和总不饱和脂肪酸相对含量的变异幅度远远小于生长和结实指标的变异幅度。由此推断，在‘凤丹’优株筛选中，优株结实量增加的同时不会明显降低其籽油的品质。

2）初选优树生长、结实情况分析　这次优选工作历时 3 年，优树测定的后续工作仍在继续进行中。这次选优的数据分析，加深了著者对‘凤丹’生长发育规律的认识，这对今后的良种选育及栽培管理都会有一定的助益。

（1）优选工作在对主产区‘凤丹’生长、结实性状调查的基础上进行，通过大量调查数据的分析整理，著者对‘凤丹’在不同环境条件下的适生状况有了较为全面的认识和了解。其生长、结实性状与各地地理生态因子的相关性分析，对于各地制定‘凤丹’发展规划与区划有着重要参考价值。

（2）据对测定数据的分析（表12–12），随着株龄的增长，优树各项生长结实指标都有所增长，‘凤丹’的生长潜力已有较为充分的表现。因此，从6年生植株开始进行优选应是可行的。但株龄较大时，如洛阳30龄‘凤丹’优株（表12–13），其生长、结实性状都已不占优势，有进入衰老期的一些表征，在这样的群体中进行选优意义不大。该调查结果可以印证本书关于牡丹衰老生理的一些论述。此外据表12–12调查数据表明，由于选优地块‘凤丹’密度普

● 表12–12 **铜陵不同株龄‘凤丹’优株的生长、结实性状**

株龄（年）	优株编号	单株产量（g/株）	单株种子数（粒/株）	单株结果数（个/株）	平均单果种子数（粒）	千粒重（g）	株高（cm）	冠幅（m^2）	单位冠幅产量（g/m^2）	单位面积产量*（kg/亩）
6	sl05	129.00	416	9	46.22	310.10	85	0.83	154.64	103.14
	sl03	124.50	388	9	43.11	320.88	84	0.80	154.97	103.36
	js25	114.40	360	13	27.69	317.78	110	0.39	293.33	195.65
	fh41	107.20	370	10	37.00	289.73	106	0.42	255.24	168.59
	fh43	101.40	286	8	35.75	354.55	110	0.42	241.43	161.03
7	fh33	109.70	262	8	32.75	418.70	60	0.36	304.72	115.76
	js09	103.60	292	10	29.20	354.79	110	0.56	185.00	136.61
	js07	95.40	255	8	31.88	374.12	110	0.69	138.99	113.75
	sc03	95.40	266	9	29.56	358.65	106	0.54	176.67	84.93

续表

株龄（年）	优株编号	单株产量（g/株）	单株种子数（粒/株）	单株结果数（个/株）	平均单果种子数（粒）	千粒重（g）	株高（cm）	冠幅（m^2）	单位冠幅产量（g/m^2）	单位面积产量*（kg/亩）
8	jf06	134.30	466	14	9.59	288.20	120	0.77	173.56	203.25
	jf15	114.70	438	12	9.56	261.87	110	0.56	204.82	123.40
	jf03	114.60	480	22	5.21	238.75	117	0.67	170.54	92.71
	jf08	109.50	409	15	7.30	267.73	120	0.86	127.33	117.84
9	sl17	166.20	538	15	35.87	308.92	120	1.04	159.81	106.59
	sl08	104.50	386	14	27.57	270.73	117	0.66	158.05	105.42
	sl13	103.00	398	13	30.62	258.79	120	0.72	143.53	95.79

注：* 由单位冠幅产量推算，下同。

● 表 12-13　**洛阳 30 龄‘凤丹’优株的生长、结实性状**

优株编号	单株产量（g/株）	单株种子数（粒/株）	单株结果数（个/株）	平均单果种子数（粒）	千粒重（g）	株高（cm）	冠幅（m^2）	单位冠幅产量（g/m^2）	单位面积产量*（kg/亩）
HW2	120.96	433	14	30.93	279.35	108	0.82	147.37	98.29
HW5	89.52	287	11	26.09	311.92	107	0.98	91.57	61.08
HW4	66.74	209	10	20.90	319.33	124	1.09	61.21	48.82
HW8	63.63	278	10	27.80	228.88	105	0.69	92.76	61.87

遍过大，株龄较大优树的生长、结实指标并未随株龄增长而提高，而是呈减小趋势，这是不容忽视的问题。

（3）不同地区之间优树生长、结实状况表现出一定差异。本次调查中表现最好的优株，为菏泽选出的 9 年生植株，其单株产量为 176.80 g，单株结籽数 435 粒，千粒重 406.44 g。与铜陵同龄优株比较，单株产量多 10 g，种子数少 103 粒，但千粒重多 97.5 g。

（4）本次调查优树筛选仅限于样地范围，有较大局限。优树筛选范围在调查区应尽量扩大。

4. 不同种源地‘凤丹’优树群体脂肪酸含量的变化

上海辰山植物园以河南洛阳、安徽铜陵、安徽亳州、山东菏泽及湖南邵阳 5 个地区收集的‘凤丹’优树为试材，分别从群体、个体层面对不同种源地优株种子含油率、脂肪酸组分及含量进行了统计分析，得到以下结果（李娟，2018）：

‘凤丹’优株群体种子胚乳含油率总体较高，但植株个体含油率存在广泛变异。据测定，‘凤丹’优树群体平均含油率 30.52%，但植株个体间差异较大，最高可达 39.04%，最低仅为 22.61%。方差分析表明，不同种源地‘凤丹’优树群体间虽有变异，但差异不显著。

不同种源地‘凤丹’脂肪酸组分相同，但各组分含量存在明显差异，应用 GC-MC 分析，共检测到 14 种脂肪酸成分，主要脂肪酸 5 种。各种源地脂肪酸组成相同，但各组分含量差异明显。以 α- 亚麻酸为例，亳州‘凤丹’平均含量最高（134.39 mg/g），菏泽‘凤丹’最低（95.65 mg/g）。

‘凤丹’优树种子胚乳脂肪酸含量变化存在个体差异。

‘凤丹’优树绝大部分个体不饱和脂肪酸中，以 α- 亚麻酸含量最高，但有 5 个植株亚油酸含量高于 α- 亚麻酸。如植株 CS0747 的 α- 亚麻酸含量最高为 200.16 mg/g，低的只有 41.52 mg/g；植株 CS0808 的亚油酸含量最高为 142.24 mg/g，低的只有 33.71 mg/g。

据分析，5 种主要脂肪酸含量之间存在相关性，相关系数在 0.373 ~ 0.855。

上述研究结果对今后的选择育种提供了重要的参考依据。

（二）陕南‘凤丹’优株选择与田间选优标准

任利益等（2016）从陕西商洛市商州区‘凤丹’试验地中初选 98 株 7 ~ 8 年生优株于 2012 年移到杨凌郊区定植（1 m×1 m 株行距），2014—2015 年观察记载，统计分析，最终以综合评价指数、单株结果量、单株籽粒质量进行系统聚类，将 91 株初选优株分为极高产、高产、低产、极低产 4 类。综合前 2 类 41 株高产优株，得到如下性状：树冠伞形，单位冠幅面积（0.81±0.19）m^2，单株坐果量（8.73±2.55）个，单株籽粒数（261.66±75.46）粒，果径（88.86±3.34）mm，千粒重（202.72±46.29）g，出仁率（0.67±0.07）%。这类植株属高产优良型。

对产量相关性状的分析表明，产量因子包括单株籽粒数、单株籽粒质量、千粒重、果实直径、出仁率、籽粒体积，这些是产量性状的直观表现，贡献率 68.289%；其他因子包括树冠投影面积、叶型指数、单株坐果量，贡献率 14.757%。产量性状间存在相关性，如坐果量与果实大小、单株籽粒质量和籽粒体积呈显著正相关。主成分分析表明，产量因子中，单株干果质量、单株籽粒数、果实直径所占权重值较大，相关性强。综合指数≥1 的植株单株坐果量、出仁率和单位冠幅面积产量高于群体平均值，可作为高产优株作为后续无性系筛选和杂交育种的材料。

田间选优标准应以单株坐果量、单果籽粒数、千粒重 3 个产量决定因素为主。

西北农林科技大学采用实生选种方法及技术体系，以陕西凤翔县优选凤丹牡丹群体为基础，通过无性繁殖等技术迅速扩繁优选群体，最后提升为一个优良实生品种，定名为‘祥丰’。2016 年通过陕西省林木品种审定委员会审定。该品种适于陕西南部和关中地区栽培。

五、中原牡丹品种油用性状评价

（一）菏泽地区的中原品种

对菏泽市牡丹区百花园 35 个中原品种油用特性进行了分析评价（罗建让，2016）。采用超临界二氧化碳萃取法提取种子中的脂肪酸，GC-MC 法分析成分，内标法定量，并且以单株种子产量、种仁含油率、籽油中 α- 亚麻酸含量为指标进行聚类分析。由此得出上述 3 个指标在不同品种中差异明显。

1. 结实特性

有 7 个品种如‘如花似玉’‘层中笑’‘长茎紫’‘冰凌子’‘胭红金波’‘鸦片紫’‘天香紫’单株种子产量在 100 g/ 株以上。

2. 种仁含油率

种仁含油率平均为29.34%。其中有11个品种种仁含油率在30%以上，如‘冰凌子’‘鸦片紫’‘红霞映日’‘如花似玉’‘长茎紫’‘层中笑’‘天香锦’‘擎天粉’‘紫蝶飞舞’‘锦袍红’‘满园春光’。

3. 不饱和脂肪酸含量

不饱和脂肪酸总含量平均为484.24 mg/g。其中‘擎天粉’‘如花似玉’‘琉璃贯珠’‘满园春光’‘蝴蝶报春’‘金星雪浪’‘鸦片紫’7个品种超过了600 mg/g。α-亚麻酸含量品种间差异较大，其中‘琉璃贯珠’‘如花似玉’‘擎天粉’‘满园春光’均在300 mg/g以上，而‘飞雪迎夏’‘紫蝶飞舞’‘红霞迎日’‘大红宝珠’等则在100 mg/g以下；亚油酸含量平均为158.61 mg/g，其中‘大红宝珠’‘鸦片紫’‘擎天粉’‘金星雪浪’‘锦袍红’含量较高，在200 mg/g以上。

牡丹籽油中，通常α-亚麻酸含量高于亚油酸和油酸，但‘大红宝珠’‘如花似玉’恰好相反。‘大红宝珠’α-亚麻酸、亚油酸和油酸3种脂肪酸依次为64.94 mg/g、325.97 mg/g和182.75 mg/g，‘如花似玉’为109.19 mg/g、130.13 mg/g、231.11 mg/g。

经综合评价，得出以下结论：①α-亚麻酸含量高的4个品种可作为培育高α-亚麻酸含量的油用牡丹品种的亲本。②‘长茎紫’‘鸦片紫’‘墨池金辉’‘蝴蝶报春’‘罗春刺’‘天香紫’‘冰凌子’‘胭红金波’‘层中笑’等品种有2个指标较好，可作为油用兼观赏品种。③其他品种不宜或无法用作油用品种。

（二）洛阳地区油用品种的筛选

洛阳农林科学院从引进的21个西北（紫斑）品种中，依据生长势、成花率、百粒重、单株产量等指标，并以‘凤丹’为对照，筛选出6个适应性强，结实性状超过‘凤丹’的品种（王占营等，2014）。6个初选优良品种性状如表12–14所示。

（三）北京地区油用品种的初步筛选

中国科学院植物研究所李珊珊（2016）从该所牡丹资源圃中选择了一批结实性状好的品种作进一步评价。其中中原品种、西北品种和日本品种各20个，进行了种仁脂肪酸含量分析。以种子中9个脂肪酸含量为变量进行层次聚类分

● 表 12–14 **洛阳优选的西北品种性状特征**

品种	生长势	株型	枝条数（根）	成花数（朵）	结实数（个）	结实率（%）	果径（cm）	单果种子数（粒）	百粒重（g）	单株产量(g)
‘玉盘珍’	强	半开张	15.40	14.40	14.40	93.51	7.75	20.20	47.10	137.01
‘明眸’	中	开张	21.00	18.00	18.00	85.71	7.70	35.20	28.66	181.56
‘佳丽’	强	开张	33.40	28.20	28.20	71.57	7.20	25.40	28.27	171.65
‘银红飞荷’	强	开张	24.30	17.00	17.00	70.10	8.80	32.40	40.70	224.17
‘蓝蝶迎春’	强	开张	16.80	15.60	15.60	92.86	7.85	30.00	36.29	169.84
‘景泰蓝’	强	开张	22.20	21.20	21.20	95.50	10.45	39.40	36.31	303.30
‘凤丹’（对照）	强	直立	18.40	18.20	18.20	98.91	7.93	27.49	33.03	142.07

析，60 个品种被聚成 6 类。其中Ⅰ～Ⅳ类共 32 个品种总脂肪酸含量较低，不适于油用。第Ⅴ类品种，总脂肪酸（FA）含量较高（215.45 mg/g），但 α- 亚麻酸含量较低（87.37～120.53 mg/g），亚油酸含量相对较高（56.79～70.67 mg/g），ω-6/ω-3 为 0.7；第Ⅵ类总脂肪酸含量较高（225.39 mg/g），α- 亚麻酸含量高（102.69～137.39 mg/g），亚油酸含量较低（42.62～59.38 mg/g），ω-6/ω-3 为 0.5。第Ⅴ类、Ⅵ类均可考虑油用。但综合考虑总脂肪酸、α- 亚麻酸含量和单株产量，最终筛选出 6 个优良品种（表 12–15），其中中原品种‘琉璃贯珠’和‘红冠玉佩’有两项指标高于西北（紫斑）品种。

据分析，西北（紫斑）品种总脂肪酸及 α- 亚麻酸含量高于‘凤丹’，前者总脂肪酸及 α- 亚麻酸含量依次为 235.86 mg/g 和 117.61 mg/g，后者分别为 220.44 mg/g 和 87.2 mg/g。60 个品种中，‘赛贵妃’总脂肪酸含量最低，α- 亚麻酸含量仅 41.83 mg/g，而亚油酸为 65.90 mg/g，是唯一一个亚油酸含量超过 α- 亚麻酸的品种，单独聚为一类；在第Ⅲ类品种中，西北品种‘雪里藏金’α- 亚

●表 12-15　**中国科学院北京植物园 6 个优选品种种子脂肪酸含量比较**

（mg/100 g）

品种	棕榈酸	硬脂酸	油酸	亚油酸	α- 亚麻酸	总和	预测产量 *（kg/ 亩）	ω-6/ω-3
‘琉璃贯珠’	14.6	4.4	53.2	52.2	137.4	263.9	214	0.38
‘红冠玉佩’	12.9	3.3	52.8	53.5	121.2	245.3	229	0.44
‘LSS-2’	11.6	2.8	45.9	59.4	112.9	234.1	339	0.53
‘LSS-1’	11.3	2.0	48.1	50.2	114.3	227.4	234	0.44
‘精神焕发’	10.9	3.6	46.1	42.6	118.9	223.3	215	0.36
‘LSS-11’	11.8	2.6	42.2	59.1	103.9	221.1	280	0.57

注：* 产量按行株距 1 m × 0.8 m，亩植 684 株推算。

麻酸、亚油酸、油酸含量依次为 67.32 mg/g、63.86 mg/g、67.45 mg/g，几乎相等，也很特别。

（四）紫斑牡丹油用品种的筛选

1. 甘肃中部地区

1）概况　从 2008 年以来，西北农林科技大学、甘肃农业大学及甘肃省林业科技推广站等单位的牡丹课题组先后开展了油用紫斑牡丹种质资源调查及新品种选育工作，目前已取得阶段性成果。其中西北农林科技大学在甘肃临洮、榆中及兰州新区（中川）开展工作，重点放在临洮，对优选群体按照 5% 的入选率，根据丰产性、抗病性等主要经济性状指标进行筛选。对入选优株进行异地引种集中栽植，并在当年采集种子实生繁殖，采少量枝条嫁接繁殖以扩大优选采种园。优株繁殖群体和母株分别在陕西杨凌区、汉台区、合阳县进行区域性试验栽培。根据多点试验结果将甘肃临洮筛选的优选群体确定为紫斑牡丹实生群体新品种，命名‘秦韵’（张延龙等，2020）。此外，对优选的紫斑牡丹单株就花期、产量、花粉萌发率、单株产量、出油率、脂肪酸组成等相关性状进行了综合评价，从中优选出早花、晚花优株，花粉萌发率大于 90% 的优株，单株产量大于 500 g 的优株（其中 ZB10 最高达 996 g/ 株）；出油率方面，优选单株出油率无显著差异，但不同单株间脂肪酸总量差异显著，α- 亚麻酸、亚油酸、油酸及硬脂酸含量在不同花色间差异显著，白花和粉花植株总不饱和脂肪酸高于紫花植株。

2）*现有品种油用性状的评价*　甘肃农业大学对甘肃中部 52 个紫斑牡丹品种油用性状进行了调查分析，有如下结果（李莉莉，2010）：

（1）大田紫斑牡丹品种一般从第六年开始结籽，持续时间较长。调查发现株龄 80 年左右仍有较大结籽量。但这种情况仅在单独栽植的园地见到。

（2）品种间结实情况差异较大，种子产量随株龄增加而增加，6 ~ 10 年生单株平均 69.31 g（最高 170 g），11 ~ 20 年生单株平均 117.83 g（最高 258 g），21 ~ 30 年生平均 158 g（最高 226 g），30 年以上平均 1 008.67 g（最高 1 727 g）。单株聚合果数量与重量、单株种子粒数是重要的产量构成因素。

（3）单株种子产量与株高、冠幅、围径、单株聚合果数量与重量、单株种子数之间存在极显著正相关。此外，其农艺性状间显著相关，如株龄与株高之间、株高与胸围之间、冠幅与单株聚合果数量及围径之间均极显著相关。蓇葖果长度与宽度之间极显著相关。

（4）种子含油率普遍较高，平均为 33.83%，其中‘熊猫’最高（43.24%），次为‘鸳鸯谱’（>40%），‘九子珍珠红’最低（27.65%）。种子含油率与株龄相关不显著，与农艺性状无相关性。但不同地区籽油中 α- 亚麻酸、亚油酸与油酸含量间差异显著。52 个品种中，含油率在 35% 以上的 17 个，占 32.69%；含油率 30% ~ 35% 的 28 个，占 53.85%；30% 以下的 7 个，占 13.46%。

（5）紫斑牡丹种子不饱和脂肪酸中，α- 亚麻酸含量为 34.18% ~ 68.02%，油酸含量为 13.11% ~ 34.01%，亚油酸含量为 10.85% ~ 24.24%。株龄在 11 ~ 20 年的籽油中 α- 亚麻酸含量最高，株龄在 21 ~ 30 年的籽油中油酸和亚油酸含量最高。相关分析表明，亚油酸、油酸与 α- 亚麻酸之间为极显著负相关，而 α- 亚油酸与油酸之间为显著正相关。

（6）紫斑牡丹品种 α- 亚麻酸含量总体较高，52 个品种平均含量为 53.68%，其中含量在 65% 以上的品种 7 个（‘玉狮子’‘熊猫’‘红蕊’‘银百合’‘西施’‘白玉山’‘蓝金玉’），占 13.46%；60% ~ 65% 的品种 13 个，占

25%；50%～60% 的品种 21 个，占 40.38%；40%～50% 的品种 5 个，占 9.6%；40% 以下的 6 个，占 11.54%。

（7）采用灰色关联法对 52 个品种进行综合评价，综合性状好的前 9 个品种为‘银百合’‘贵夫人’‘白玉山’‘熊猫’‘奉献’‘夜光杯’‘金玉白’‘玉盘掌金’‘书生捧墨’（表 12–16）。

2. 湖北保康

湖北保康一带分布的是紫斑牡丹原亚种。周家旺等（2015）以湖北保康大水林场 2000 年引种的保康野生紫斑种子繁殖后代群体为研究对象，以树型完

表 12–16 甘肃中部紫斑牡丹优选品种主要性状特征

序号	品种	花色	花型	花期	株龄	株高（cm）	冠幅（cm）	地径（cm）
1	‘银百合’	白	单瓣	晚	25	160	230×220	12
2	‘贵夫人’	白	单瓣	晚	25	115	150×130	13
3	‘白玉山’	白	单瓣	晚	25	160	230×210	12
4	‘熊猫’	粉	单瓣	中	10	160	180×165	13
5	‘奉献’	白	单瓣	中	70	174	350×310	21
6	‘夜光杯’	黑	单瓣	中	70	256	371×340	23
7	‘金玉白’	白	半重瓣	晚	15	165	240×230	13
8	‘玉盘掌金’	白	单瓣	中	11	165	210×180	12
9	‘书生捧墨’	白	单瓣	早	11	140	220×210	15

注：调查地点，1、2、3 为永靖资源圃；4 为榆中三角城；5、6 为兰州宁卧庄宾馆；7 为临夏振华村；8 为榆中官滩沟；9 为临夏邓家坪。

整、生长健壮、坐果数量和单株种子产量表现优异为标准，初步筛选出20株生长结实性状好的优良单株，进一步进行生长、结实性状的测定，采用综合评定法进行比较。先计算综合指标（*OD*值=$\sum_{i=1}^{n}\frac{x_i}{\bar{x}_i}$），然后进行分析，以20个优株的生长、结实性状指标的平均值作为对照（CK）。将各优株的生长、结实性状指标测定值与对照测定值的比值相加，即得到该优株的生长或结籽的综合指标*OD*值。*OD*值越大，该单株的该项指标越优秀。（表12–17）

保康紫斑牡丹植株高大，生长势强，结实率高且含油率高。在湖北中西部及邻近地区中高海拔山地很有发展潜力。

小叶数	单株聚合果数（个）	单株种子数（粒）	果实重(g/株)	含油率（%）	不饱和脂肪酸		
					α-亚麻酸	油酸	亚油酸
15	45	650	1 406	31.51	66.14	15.34	13.66
15	48	949	1 410	33.38	61.05	15.46	16.85
21	52	658	1 428	31.42	65.14	15.74	12.26
15	58	583	1 844	43.84	67.37	13.11	12.99
22	102	2 213	2 220	31.92	62.24	15.38	12.35
25	289	3 740	3 714	28.63	52.84	25.37	12.38
15	31	319	1 884	32.90	51.25	16.78	16.12
21	35	1 341	1 662	38.66	53.22	22.71	14.29
22	84	1 522	2 164	36.80	55.21	22.55	15.75

●表 12-17　**保康紫斑牡丹优株生长、结籽性状比较**

优株编号	生长指标				结籽性状				
	株高（cm）	地径（cm）	冠幅（m）	*OD* 值	单株坐果数（个）	单果种子数（粒）	单株产量（g）	种子含油率（%）	*OD* 值
1	2.00	4.00	2.10	3.41	23	63	530	29.23	4.86
2	1.75	3.00	1.70	2.75	25	90	450	27.76	5.09
3	1.70	3.00	1.60	2.68	14	87	600	29.14	4.77
6	1.85	4.33	1.50	3.07	21	80	430	28.24	4.66
7	1.85	4.00	2.00	3.26	15	73	340	32.47	4.01
12	1.82	4.83	2.40	3.68	22	83	650	28.70	5.39
13	2.10	3.93	2.20	3.49	23	85	510	34.69	5.27
17	1.80	3.06	1.70	2.80	18	84	500	30.64	4.17
19	2.00	3.67	2.40	3.48	24	20	700	30.23	5.54
对照	1.76	3.65	1.80	3.00	14.70	73.15	353	31.22	4.00

第五节 油用牡丹杂交育种

关于牡丹的杂交育种本书第九章有较详细的论述，这里仅就油用牡丹的杂交育种部分作介绍。

一、牡丹开花授粉的生物学特性

要搞好油用牡丹的杂交育种，需要很好地了解牡丹的开花授粉生物学特性，掌握牡丹开花授粉过程的一些规律和特点。

（一）花器构造与传粉特点

芍药属植物为两性花，花器构造并不复杂。雌蕊的花柱很短或柱头分化不明显，柱头往往向外呈耳状转曲 90°～360°，从而使授粉面积增大。柱头授粉面为长 1 mm 左右的狭长带。表面有明显的乳突发育，在进入盛花期时，分泌大量黏液。

牡丹是虫媒花。但据观察，在没有昆虫传粉的情况下，风媒也起到一定作用。牡丹开花时，主要传粉昆虫以甲虫类和蜂类为主，蝇类为辅。这些昆虫的活动受天气影响较大，在一天之中随温度升高而活动加强，中午太阳光强烈时减弱。在阴雨天活动很少甚至停止活动。

牡丹一般为雄蕊先熟。不过按雌雄蕊成熟期的先后，牡丹品种可分为两种类型：第一类为雄先型，即花开后雄蕊随即散粉，而雌蕊成熟滞后。这里又有两种情况：一是花药散粉后翌日柱头分泌黏液；二是花粉散落后 1 ~ 3 天，柱头才分泌黏液。大部分品种属后者。第二类是雌雄同熟型，即雄蕊散粉的同时，柱头也开始分泌黏液。总的看，两者隔离并不完全，仍然具备自交的可能性（李嘉珏、何丽霞，1996）。

（二）花粉的采集与储藏

1. 牡丹花粉的采集与保存

牡丹杂交育种中，最好采用新鲜花粉，但有时也需要采用经过贮藏的花粉。牡丹花粉采集要在花朵破绽后，到开花初期剪下花朵，在室内除去花瓣、花萼后，放在干净的硫酸纸、白纸或培养皿上，放在阴凉通风处自然干燥。当绝大部分花药散粉时，轻轻抖动花头，收集花粉，然后分小袋包装好放入盛有硅胶等干燥剂的密闭塑料袋或广口瓶中，置于 4℃冰箱中保存；或直接在露色期采集花药，阴干至其散粉，收集后置 −20℃冰箱中保存备用。最好能尽快授粉，贮藏时间超过 10 天时，杂交前应通过花粉萌发试验确认其生活力，以保证授粉效果。

牡丹杂交育种中经常会遇到父母本花期不遇的情况，可以在同一地区或附近地区不同气候（海拔）条件下，分别种植杂交亲本，这样不同花期以及不同种源之品种的花期会相互交叉，给杂交带来方便。也可以通过促成栽培或抑制栽培，促使亲本花期提前或延后，以便减少花粉贮藏时间，提高杂交授粉的成功率。

2. 牡丹花粉的贮藏

当牡丹花粉需要贮藏较长时间时，则需要考虑贮藏条件。花粉保存寿命的长短不仅与贮藏温度有关，也与花粉含水率密切相关。低温、干燥处理是长期保存花粉的必要条件。据研究（盖树鹏等，2011），‘凤丹’花粉经过 24 h 干燥后，在室温 4℃、−20℃条件下贮藏 10 天仍然可以保持较高的萌发率，而同期新鲜花粉萌发率迅速下降，二者差异极为显著。在室温条件下，‘凤丹白’花粉 15 天时萌发率为 0，‘鲁荷红’花粉 13 天时萌发率为 0。但室温贮藏 7 天时，两种花粉还能保持 30% 左右的萌发率，依据经验，这样的花粉用于授粉仍有很高的结实率。因此，‘凤丹’等牡丹干燥花粉室温保存 7 天仍可用于授粉。将干燥的‘凤丹白’花粉进行冷藏、冻藏与超低温保存，其花粉可以保存较长时间。

在 4℃、-20℃条件下，花粉萌发率随时间延长而降低。如在 4℃条件下 90 天，其萌发率为 35.91%，180 天时为 11.27%；在 -20℃条件下，180 天为 33.67%，240 天为 12.98%；但 -86℃条件下，贮藏 380 天时，花粉萌发率仍有 69.74%，接近贮藏前水平，可视为花粉长期保存的有效措施。另有研究表明，日本牡丹花粉在液氮中（-196℃）保存 2 年仍有很高的萌发率（李秉玲，2010）。

超低温保存在冷冻和解冻两个过程中，如果处理不当会对试验材料产生伤害。适宜的解冻处理是冷冻保存花粉恢复活力的必要技术环节。各种处理措施中，以自来水冲洗解冻后花粉萌发率最高（63% 左右）。盖树鹏等将 -86℃贮藏 360 天的‘凤丹白’‘鲁荷红’花粉解冻后，分别用于 30 朵去雄的‘凤丹白’花朵进行授粉试验，结实率分别为 86.7% 和 93.3%，取得了很好的效果。

综上所述，考虑到不同条件下花粉的保存寿命，当年授粉可将花粉干燥 24h 后 4℃保存；异地授粉可将干燥花粉短时间室温避光保存，时间一般控制在 7 天以内，而用于不同花期的品种杂交，或用于亚组间及牡丹、芍药组间杂交解决花期不遇问题时，则必须使用前一年贮藏的花粉。此时，应将干燥花粉置于超低温冰箱贮藏，翌年使用时自来水冲洗解冻后用于杂交授粉即可。

（三）开花过程与柱头可授性

掌握各杂交亲本的开花习性，特别是柱头分泌黏液的时间，以及这些过程与天气状况的相关性，有利于判断与掌握最佳授粉时间，提高杂交成功率与杂交亲本的结实率。

1. 凤丹牡丹

1）开花物候　据在安徽铜陵的观察，凤凰山下的‘凤丹’一般 3 月 17 日现蕾，4 月 4 日盛花，4 月 14 日末花，呈多株集中开放式样。

‘凤丹’为雌雄异熟。通常花瓣张开时，雄蕊已开始散粉，由内轮向外轮离心式发育；一般花瓣开放 3 ~ 4 天柱头分泌黏液，呈可授状态；一般花瓣开放第 6 天雄蕊已完成散粉开始枯萎，第 10 天完全凋落。

‘凤丹’开花数在不同年龄群体中差异较大，初龄期（4 龄）一般为（1.43±0.64）朵 / 株，或不开花；6 龄群体为（2.85±1.05）朵 / 株，几乎同时开放；8 龄株一般 3 朵以上（2.60±1.45），也几乎同时开放。

2）柱头可授性观察　据司冰（2016）在陕西杨凌的观察，‘凤丹’开花后第 1～2 天即已具有微弱的可授性，第 3 天可授性增高，第 4～6 天达到最强，第 7 天开始下降，第 8～9 天柱头虽开始干瘪，但仍具可授性，第 10 天可授性完全丧失。

在开花前 2 天到开花当天，柱头干燥，无分泌液。开花后第 2 天有花朵出现少量黏液，附着在柱头突起的缝隙中。第 3 天有花朵柱头上的黏液已较明显。开花后 4～6 天，黏液分泌量最大，第 7～8 天黏液明显变少，第 9～10 天消失（表 12–18）。总的来看，柱头可授性和黏液分泌均呈现先上升达到高峰后再下降的趋势，柱头可授性开始时间早于黏液出现，终止时间晚于黏液消失。

据在洛阳的观察，凤丹牡丹开花过程中，初花期 1～2 天，盛花期 3 天，谢花期约 4 天。花后第 2～3 天，柱头开始分泌黏液，第 4～5 天，柱头大量分泌黏液，此时正处于盛花期。但如果花期遇到阴雨天，气温偏低，则黏液分泌期延后，会始于花后第 4 天，大量分泌则在花后第 5～7 天，此时已处于盛花后期与谢花前期。

2. 紫斑牡丹

紫斑牡丹开花过程与‘凤丹’基本相同。据在洛阳等地观察（肖佳佳，2010），其单瓣品种初花期约为 2 天，盛花期 4～5 天，谢花期约 3 天。从初花第 2 天开始即有花朵的柱头上开始分泌黏液，第 3 天大部分花朵黏液分泌增

● 表 12–18　**‘凤丹’柱头可授性与柱头黏液分泌状况观测**

时间进程		–2 天	–1 天	0 天	1 天	2 天	3 天	4 天	5 天	6 天	7 天	8 天	9 天	10 天
可授性观察		–	–	–	+	+	++	+++	+++	+++	++	+	+	–
黏液分泌	1 号	–	–	–	–	–	+	++	+++	+++	++	+	–	–
	2 号	–	–	–	–	+	++	++	+++	+++	++	+	–	–
	3 号	–	–	–	–	+	++	+++	+++	+++	+	+	–	–

注：观测地点为杨凌；时间为 2014 年 5 月；方法为柱头处理用联苯胺 – 过氧化氢法。表中符号“ – ”表示柱头无黏液分泌；“+”表示柱头少量黏液分泌；“++”表示柱头黏液有较多分泌；“+++”表示柱头黏液大量分泌。

多，第 4 天黏液分泌量最大，第 6 天柱头开始变干变黑，逐渐硬化。调查中发现，植株生长势对柱头黏液分泌时间有重要影响。当长势弱，开花不正常，花后第 4 天，花朵很快凋谢，而植株到第 5 天才开始有少量黏液分泌，第 6 天黏液分泌继续，此时花朵处于谢花期。据观察，牡丹花盛开初期，9:00 ~ 10:00 间，气温 25℃左右，柱头上黏液分泌最多，此时，蜜蜂等造访昆虫亦最多。中午太阳直射，温度达到最高时，访花昆虫极少。到下午，当天分泌的黏液有的开始变干，可见柱头上黏液分泌量与适宜的温度有关，即在气温 25 ~ 30℃时，柱头黏液分泌最多；高于 30℃时，分泌量明显减少。在阳光直接照射的地方比有遮阴条件的花朵黏液分泌要早些，并且阳光直射且较强烈时，柱头上的黏液易于变干。阴雨天或温度降低时，柱头上黏液分泌量减少或不分泌，此时传粉昆虫亦停止活动。在西北地区，阳光强烈，大气相对湿度较低，也是柱头上黏液易于变干的重要原因。在授粉期间更需注意。

二、凤丹牡丹的繁育系统

据观察，凤丹牡丹的繁育系统有如下特点（马菡泽，2017）：

（一）花粉粒 / 胚珠比值高

‘凤丹’花朵中雌雄蕊与繁殖功能有关的结构特性如表 12–19 所示。其花粉粒 / 胚珠值为 443 240.02 ± 117 942.89，说明其花粉量很大，完全能满足授粉的需求。

（二）杂交指数

‘凤丹’杂交指数为 5：其花径大于 6 cm，记为 3；雄蕊先熟，记为 1；柱头与花药处于不同位置，记为 1。据此判断，‘凤丹’属于异交，但部分自交亲和且需要传粉者。这是依据克鲁登（Cruden）（1977）的研究。当花粉粒 / 胚珠比值为 2 108.0 ~ 18 525.0 时，植物的交配系统为专性异交，而‘凤丹’花粉粒 / 胚珠平均比值为 443 240.20，远大于此值。又据丹尼尔（1992）研究，当杂交指数值为 4 时，植物为异交，但部分自交亲和。对‘凤丹’的推论得到试验证实：在铜陵用重力载玻片法未检测到风介导的花粉扩散，推测‘凤丹’异交由虫媒传粉实现。访花昆虫主要为蜂类和甲虫类。其花朵无蜜腺，主要以花

●表 12-19　**‘凤丹’花朵繁殖结构及其花粉粒 / 胚珠值**

项目	样本数	最小值	最大值	平均	标准差
单个心皮胚珠数	30	6.67	19	12.47	2.97
单花心皮数	30	5	8	5.33	0.76
单花总胚珠数	30	33.33	106	64.41	17.69
单个花药所含花粉数	10	30 000	216 666.67	14 833.33	53 037.37
单花总花药数	30	122	402	190.9	54.8
单花总花粉数	30	1.81E+07	5.96E+07	2.83E+07	8.13E+06
花粉粒 / 胚珠值	30	212 901.96	674 346.16	443 240.02	117 942.89

注：表中 E 为科学计数法，因数据很大或很小时为书写方便而采用。如 1.81E+07=1.81×10^7=18 100 000，其余类推。

粉作为昆虫传粉的报酬。去除花瓣的花朵结实率及坐果率均显著下降。

（三）‘凤丹’具有较高的异交率，花粉具有一定的传播距离

采用亲本分析法研究‘凤丹’花粉流的传播。运用微卫星标记分析铜陵 4 龄、6 龄‘凤丹’种群 28 个家族 475 个种子基因型，通过 CERVUS（Version 2.0）软件估计‘凤丹’的交配系数参数。结果显示：‘凤丹’异交率 0.817 3% ~ 0.842 1%，其交配系统为异交类型。采用最大似然法进行亲本推断和有效花粉流传播距离估计，其 4 龄种群有效花粉传播平均距离为 6.27 m，最远 17.56 m；6 龄种群花粉传播平均距离为 4.70 m，最远距离为 14.50 m。这种差异应与 6 龄种群花朵密度 [（2.85±1.03）朵 / 株] 大于 4 龄种群 [（1.43±0.64）朵 / 株] 有关。可见种群开花密度对自交异交率有着一定影响，低密度种群自交率显著高于高密度种群。

（四）不同授粉方式对‘凤丹’果实和种子发育的影响

据试验，不同授粉方式对‘凤丹’结实率及果实与种子发育有着重要影响（李嘉珏等，1997；董兆磊，2012；李娟，2017）。

1. 天然授粉或人工异株异花授粉

一般坐果率高，可达 90% 以上；结实率高，可达 50% 以上，尤以不同种源间的异花授粉果实发育健全，大而饱满；种子数量多、质量高，但当蓇葖果内种子数量增加较多时，种子平均大小（体积）有减小趋势，这应与种子大小受到蓇葖果大小的限制有关。由于自然授粉随机性大，同一聚合果内各单果结实率不同，发育情况差别较大。

2. 自花授粉或人工同株异花授粉

有一定结实率，表明‘凤丹’自交仍有一定亲和性，但育性偏低。各地试验结果或不同年份试验结果有所不同。如上海分别有 7.95%（2012）和 2.41%（2017）的结果。甘肃兰州（1997）人工自花授粉结实率 4.4%，同株异花授粉为 6.6%。

3. 无花粉处理

该处理方法即为去雄套袋，也有微弱的结实率。不过，‘凤丹’自花及无花粉处理产生的“种子”数量很少，一个聚合果仅有 1 ~ 3 粒，虽然种子比一般种子偏大，但多为干瘪粒。多次试验，没有发现‘凤丹’的无融合生殖现象。

试验表明，不仅不同种源间‘凤丹’授粉结实量明显提高，即在同一地区不同地点的‘凤丹’授粉也有效果。如河南科技大学李婷等（2020）以周山校区‘凤丹’为母本，开元校区‘凤丹’为父本，平均每朵花产量达 16.21 g，为自然对照的 1.8 倍。因此，‘凤丹’具常异花授粉的特性。

三、不同花粉源对牡丹结实特性的影响

（一）花粉直感的概念

植物杂交当代种子的胚乳表现父本性状的现象称为直感。不同品种授粉后，花粉当年内能直接影响其受精形成的种子或果实发生变异的现象称为花粉直感。1876 年，加菲尔德（Garfield）在苹果中首次发现花粉直感现象。近年来，西北农林科技大学张延龙团队发现在牡丹中也存在花粉直感现象，不同花粉源对牡丹品种的结实特性及油用品质均具有一定影响（张延龙等，2019）。了解这一现象的本质及其特点，对授粉品种配置、提高产量与品质，以及杂交育种中的亲本选择均具有重要意义。

（二）不同花粉源对牡丹结实特性的影响

按照授粉品种选配原则，分别选取花期一致、花粉萌发率高、花粉量大的15个品种（花粉源），对凤丹牡丹及紫斑牡丹进行授粉试验。结果表明，其结实量与出油率都有较大差异。在‘凤丹’结实量中，以‘墨池金辉’为花粉源的最高（50.86粒/朵），次为‘大红宝珠’‘红霞映月’（45.00粒/朵）；在紫斑牡丹结实量中，以‘金玉满山’为花粉源的最高（39.47粒/朵），次为‘冰心紫’（37.26粒/朵）。在出油率方面，‘凤丹’出油率以‘曹州红’为花粉源的最高（31.61%），次为‘大红宝珠’（31.55%），最低的‘赛皇后’只有26.38%；紫斑牡丹出油率，以‘红海风云’为花粉源的最高（32.15%）；次为‘花王’（32.04%），最低为‘麦积烟云’只有22.47%。

（三）不同花粉源对牡丹种子脂肪酸含量的影响

不同花粉源不仅对牡丹结实特性有影响，对籽油脂肪酸组成与含量也有影响。选用4个对脂肪酸代谢有显著影响的花粉源用于紫斑牡丹授粉，结果被分成两类：一类如‘粉玉生辉’和‘紫蝶迎风’，授粉后的种子含α-亚麻酸较高，分别达47.56%和49.89%，为高α-亚麻酸组；另一类如‘翡翠荷花’和‘大红宝珠’，授粉后的种子α-亚麻酸含量低于43%，为低α-亚麻酸组。在种子发育过程中，前者α-亚麻酸含量从开花后20～100天持续增长，后者增长到第60天即开始下降。

α-亚麻酸（C18:3）的合成需要油酸（C18:0）经过*SAD*、*FAD2*、*FAD3*等基因的连续去饱和作用。研究发现，授予高α-亚麻酸组的花粉后，紫斑牡丹种子中的α-亚麻酸代谢表现更为通畅，从而能产生更多的α-亚麻酸，不同花粉源可能会影响与脂肪酸代谢相关基因的表达，从而进一步影响种子中总脂肪酸含量及其比例。

四、油用牡丹育种的特点及育种实践的启示

（一）油用牡丹育种的特点

油用牡丹育种目标以种子优质丰产为主，因而在亲本选择及杂交组合选配

上与观赏育种有着不同的要求。

在杂交亲本选择上，以近缘种或品种为主。

在具体品种中，应以单瓣、半重瓣为主。高度重瓣品种不予考虑。

对杂交后代的筛选，既要注意产量，也要注意不饱和脂肪酸的总含量、α-亚麻酸含量及 ω-6/ω-3 的比值等指标的测定，尽早剔除不合标准的单株。

近年来，在各地的杂交育种中，都发现‘凤丹’与紫斑品种和日本品种的组合有较高的结实率和出苗率，在上海的研究也是如此（董兆磊，2012），其中有的组合如‘凤丹’×‘花競’结实率可达 86.97%，平均单花结实数可达 57.4 粒 / 朵（表 12–20）。进一步的工作需要有质量鉴定和严格的区域试验等良种选育程序。

此外，杂交育种应与优树选择很好地结合起来，注意天然杂种中的优株选择，从而加快育种进程。

表 12–20　**上海地区‘凤丹’不同杂交组合结实情况比较**

杂交组合	授粉花朵数（朵）	坐果率（%）	结实率（%）	种子数（粒）	平均单花结实数（粒 / 朵）	千粒重（g）
‘凤丹’×‘旭港’	15	100	58.18	576	38.4	415.33
‘凤丹’×‘绯的司’	19	100	45.3	568	29.89	279.0
‘凤丹’×‘花競’	15	100	86.97	861	57.4	352.67
‘凤丹’×‘岛乃藤’	12	100	58.81	545	45.42	418.88
‘凤丹’×‘新日月’	16	100	63.45	670	41.88	395.67
‘凤丹’×‘五大州’	14	100	65.26	603	43.07	352.67
‘凤丹’×‘日暮’	12	100	64.14	508	42.33	326.33
‘凤丹’×‘天衣’	19	100	64.83	813	42.79	399.0
‘凤丹’×‘花遊’	15	100	62.93	623	41.53	404.33
‘凤丹’×‘太阳’	5	100	26.06	86	17.2	262.67

（二）油用牡丹育种实践的几点启示

油用牡丹育种工作虽然起步较晚，但已开始取得成效。多年育种实践，有以下几点启示：

1. 杨山牡丹与紫斑牡丹均具有很好的育种潜力

杨山牡丹及其栽培品种‘凤丹’，紫斑牡丹两个亚种及其栽培品种，大多育性较强，有着很好的育种潜力。经进一步在种间杂交的比较，凤丹牡丹的育性表现要更强些，是油用牡丹育种中优良的母本资源。由于‘凤丹’栽培分布范围很广，不仅本身产生了一定的遗传分化，而且各地常有其他种或品种的种质渗入。如湖南邵阳，‘凤丹白’（当地称‘凡丹’）与‘宝庆红’（当地称‘香丹’）之间多有块状混栽，因而常有品种间杂交后代产生。

在多年育种实践中，我们不仅发现紫斑牡丹实生单株育性存在明显差异，而且在凤丹牡丹中也有类似情况，有些单株育性较好，有的较差。近来，戚杰等（2017）的杂交试验，也发现了‘凤丹’种源间的育性差异。北京林业大学成仿云团队注意在栽培‘凤丹’、紫斑牡丹实生单株中加大选择强度，不仅在育种实践中取得了好的效果，而且在建立‘凤丹’离体快繁技术体系上也取得重要进展（王新等，2016）。

2. 杨山牡丹与紫斑牡丹之间的杂交育种前景看好

在甘肃兰州及临洮、临夏等地，对紫斑牡丹与杨山牡丹、‘凤丹’之间的杂交已做过不少工作，有待深入总结。近年来，康仲英（2016）在紫斑牡丹与‘凤丹’混植地块中发现，原来在临洮结实情况不好且抗性较弱的‘凤丹’，结实率大大提高，且籽粒饱满。杂种实生苗也表现出较好的结实能力和较强的适应性，原来根腐病严重的情况有很大改善，并已从实生后代选出优良株系作进一步观察，前景看好。

3. 通过品种间合理搭配提高油用牡丹结实能力和产量，将是油用牡丹丰产栽培的一项重要措施

对油用牡丹不同亲本间杂交亲和性的研究需要进一步深化和细化，其中一些优良杂交组合既要研究其人工授粉的效率，也要考虑其在自然状态下的授粉规律与相互授粉的效果，从而为今后油用牡丹大田栽培中主栽品种与授粉品种的合理搭配提供科学依据。通过人工辅助授粉技术的进一步提高，以及品种间的合理搭配，以提高油用牡丹结实能力和产量，实现丰产栽培。

五、提高杂交育种效率的几个关键环节

提高油用牡丹杂交育种工作的效率，首先需要育种工作者具有良好的敬业精神，并注意在实际工作中抓好以下关键环节。

（一）广泛搜集育种资源，并进行深入的分析研究

种质资源是育种工作的基础。要从各地实际情况出发，搜集适应各地环境条件的野生种、各种具丰产潜力的栽培品种和其他育种材料，同时注意搜集与保护优树资源。

（二）认真掌握育种材料的育性强弱，精心选配杂交组合

在对各种育种材料进行观察研究及杂交育种过程中，要注意分析各个材料的育性差异，不仅要注意种间、品种间的差异，也要注意个体间的不同表现，从中发现育性好的单株并扩大其应用范围。在杂交组合中，双亲的优势要能够互补，能获得明显的杂交优势。

（三）注意掌握最佳授粉时间，提高杂交结实率

在杂交育种工作中要同时关注父本花粉活力的保持和母本柱头的可授性。一般提倡授粉重复 3 次。有经验的育种家只要掌握好最佳授粉时机，一次授粉也能取得很好的效果。

（四）及时播种，加强田间管理，努力提高杂种出苗率

杂交种子采下后不宜久放，最好趁湿播种，有助于提高杂种出苗率。要加强田间管理，提高杂种成苗率。

整个育种过程中，不仅要加强杂种苗的管理，育种亲本的管理也非常重要。亲本植株的健壮生长与正常开花，是杂交工作的基本保证。杂种苗要及时分栽，有优良变异的植株要提前进入后期测试。

（五）建立技术档案，注意观察记载

整个育种过程要很好地建立技术档案，注意观察记载，不断总结提高。

第六节
油用牡丹分子育种基础

一、组学研究进展

近年来，基因组、转录组、蛋白质组和代谢组等组学技术在植物研究中逐步得到广泛应用。其中转录组学和蛋白质组学的应用最为广泛，已成为研究植物复杂性状的重要手段。

李珊珊等（2015）将凤丹牡丹种子发育分为10个阶段，对授粉后30天、60天和90天的种子进行转录组测序。KEGG富集分析发现，脂质代谢在授粉后60天和90天时显著富集；通过代谢通路分析，共找到388个单基因与牡丹种子中脂肪酸合成和三酰甘油组装有关，厘清了牡丹种子中脂肪酸合成和代谢途径；从差异表达基因中得到3个与脂肪酸去饱和相关的关键候选基因，分别编码硬脂酸–酰基载体蛋白去饱和酶（stearoyl- ACP desaturase，SAD）、油酸去饱和酶（oleoyl desaturase，FAD2）和亚油酸去饱和酶（linoleoyl desaturase，FAD3）。利用qRT-PCR技术分析了候选基因在种子不同发育时期的表达量，结果表明，*FAD3*的表达量远高于*SAD*和*FAD2*，*FAD3*可能与牡丹种子大量积累α-亚麻酸有关。见图12–1。

尹丹丹（2018）开展了两个α-亚麻酸含量差异显著的牡丹品种种子（中原品种‘赛贵妃’，α-亚麻酸显著低于亚油酸；西北品种‘精神焕发’，α-亚麻

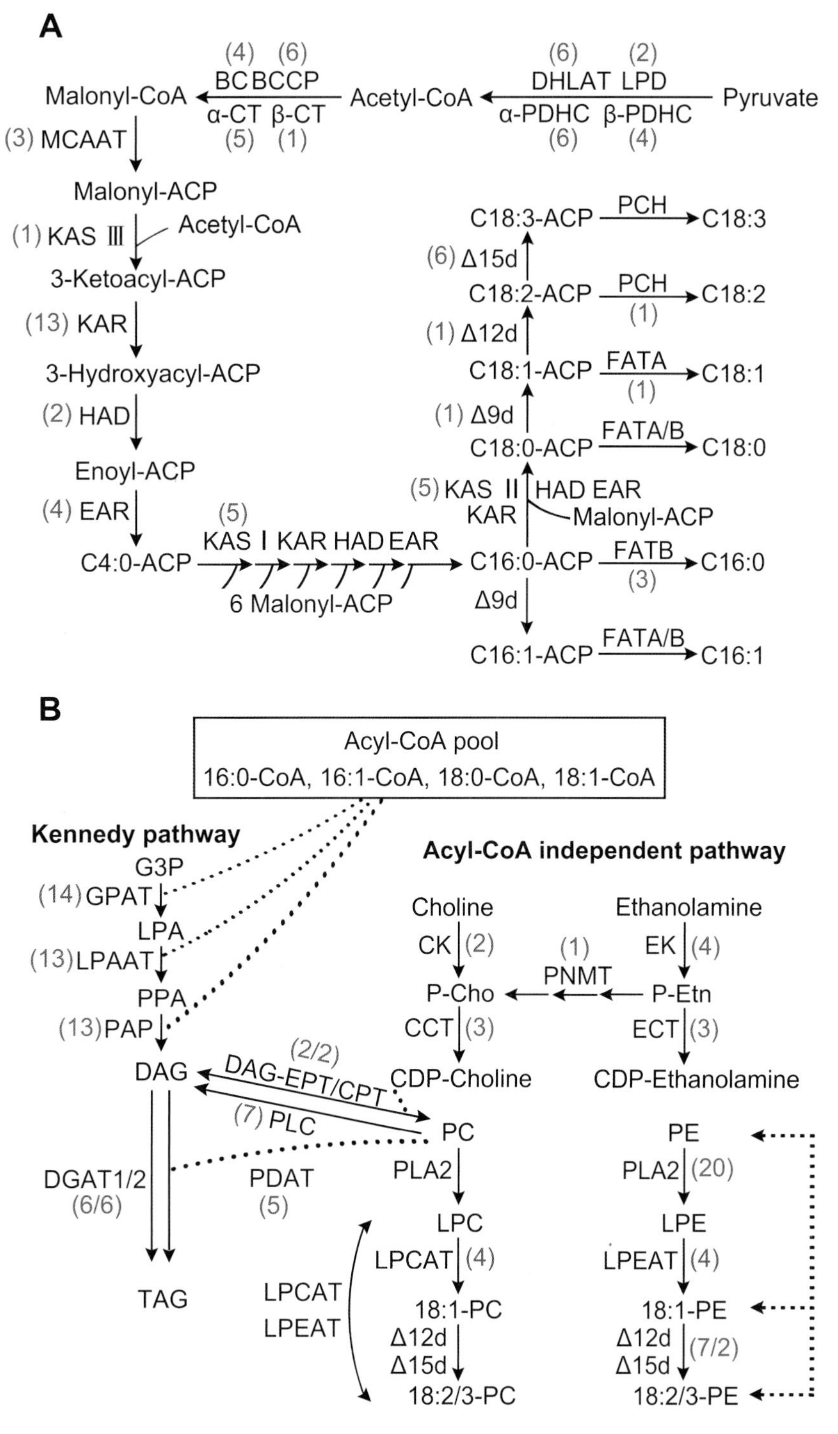

● 图 12–1　**牡丹种子中油脂合成**（A：脂肪酸生物合成，B：三酰甘油组装）

酸显著高于亚油酸）比较转录组测序，代谢通路分析发现 435 个单基因参与脂肪酸合成和三酰甘油组装，并鉴定出与油脂合成相关的转录因子共 35 个。尹丹丹等（2018）利用高通量测序技术对两个牡丹品种的 ncRNA 表达谱进行了系统和比较分析，共鉴定出 318 个已知 miRNAs、153 个新 miRNAs 和 22, 430

个 lncRNAs；预测和注释了 microRNA 和 lncRNA 的潜在靶基因，其中 9 个 miRNAs 和 39 个 lncRNAs 被预测靶向脂质相关基因。Xiu 等（2018）对 6 个发育时期的凤丹牡丹种子的胚乳进行比较转录组分析发现，转录因子 WRI1 可能直接参与调控油脂合成基因 *ACCase*、*FATA*、*LPCAT*、*FADs* 和 *DGAT* 的表达。Zhang 等（2019）构建了紫斑牡丹、狭叶牡丹和黄牡丹种子授粉后 20 天、60 天和 80 天的 cDNA 文库，并进行了转录组测序。生物信息学分析发现，有 186 个单基因与脂肪酸合成和积累相关，其中有多个编码脂肪酸脱氢酶的单基因在油脂快速合成时期表达水平显著上调，且在不同野生牡丹中的表达水平存在差异。Wang 等（2019）对油用牡丹‘凤丹’开花授粉后 9 个不同发育时期的种子进行转录组和蛋白质组联合分析，鉴定出与脂肪酸代谢相关的 211 个基因和 35 个蛋白，与不饱和脂肪酸生物合成相关的 63 个基因和 11 个蛋白，与 α- 亚麻酸代谢相关的 115 个基因和 24 个蛋白，初步揭示了油用牡丹种子发育过程中油脂积累调控机制。

二、油脂合成与代谢相关基因的克隆及功能研究

油料植物的脂肪酸以三酰甘油形式贮存，合成途径分为 3 步：首先在质体中进行脂肪酸的从头合成，由脂肪酸合酶复合物（fatty acid synthase complex，FAS）催化完成；其次在内质网进行三酰甘油的合成；最后是三酰甘油与油质蛋白结合形成油体（oil bodies，OBs），并从内质网释放到细胞质中。从植物种子中不饱和脂肪酸合成和三酰甘油组装过程看，脂肪酸从头合成的产物 16∶0 或 18∶0 可以在内质网或质体中进行脱饱和，大多数脂肪酸在脱饱和之后才会参与三酰甘油的合成。第一步去饱和反应由质体中的脂肪酸脱氢酶（SAD）催化完成，使硬脂酸（SA, 18∶0）脱氢生成含单不饱和 C=C 的油酸（18∶1）（Cohen, 1994；Nguyen 等，2011）。油酸从质体转运到内质网后，在脂肪酸脱氢酶 FAD2 以及 FAD3 等的催化下，分别进一步去饱和变为含 2 个不饱和 C=C 的亚油酸（18∶2）和 3 个不饱和 C=C 的 α- 亚麻酸（18∶3）。由于脂肪酸脱氢酶的主要底物是磷脂酰胆碱（phosphatidyl choline，PC），因此油酸在进一步去饱和前先要被合成到磷脂酰胆碱中。另外，在内质网中，通过甘油 3-磷酸酰基转移酶（glycerol-3- phosphate acyltransferase，GPAT）、溶血磷脂酸酰基转移酶 (lysophosphatidic acid acyltransferase，LPAT) 和二酰甘油酰基转移酶

（diacylglycerol acyltransferase，DGAT）的催化作用，酰基辅酶 A 的脂肪酸可以依次被转移到甘油上，生成三酰甘油（白玫和吴鸿，2009；Li 等，2015）。

脂肪酸去饱和酶（fatty acid desaturase，FAD）是催化多不饱和脂肪酸如 α- 亚麻酸、二十碳五烯酸（EPA）和二十二碳六烯酸（DHA）等生物合成的关键酶类。近年来，牡丹种子 α- 亚麻酸合成分子机制研究取得了系列进展。李苏雨等（2016）和宋淑香等（2016）分别以滇牡丹和杨山牡丹种子为材料，克隆并获得了脂肪酸去饱和酶基因（*FAD2*）的 cDNA 全长，并对其进行了生物信息学和表达模式分析。朱金鑫等（2017）从滇牡丹中克隆得到了 *PdFAD3* 基因的全长序列，qRT-PCR 分析表明其在种子中的表达随着种子成熟表现出双峰型的表达量变化。张庆雨（2017）从紫斑牡丹种子中克隆并鉴定了 5 个脂肪酸去饱和酶基因 *PrSAD*、*PrFAD2*、*PrFAD3*、*PrFAD6* 和 *PrFAD7*。以 α- 亚麻酸含量截然相反的两个牡丹品种为材料，克隆了 4 个在两个品种中差异表达且与 α- 亚麻酸合成密切相关的脂肪酸脱饱和酶基因：*SAD*、*FAD2-1*、*FAD2-2* 和 *FAD3*。荧光定量 PCR 分析表明，*FAD3* 基因的表达受种子发育的调控，其基因表达和牡丹种子中 α- 亚麻酸的积累模式一致；体外转化酵母功能鉴定、牡丹种子瞬时表达以及转基因拟南芥野生型和 *FAD*3 突变体等多种手段证实，*FAD*3 是牡丹种子 α- 亚麻酸生物合成的关键基因（尹丹丹等，2018）。Li 等（2020）从‘凤丹’种子中克隆得到硬脂酸 – 酰基载体蛋白去饱和酶基因 *PoSAD*，qRT-PCR 结果表明 *PoSAD* 在胚乳中特异且高表达，通过在酵母和拟南芥异源表达 *PoSAD* 进行初步功能鉴定，发现油酸含量显著增加，而硬脂酸含量有所降低。

脂类的合成和积累，受复杂而又相互协同的机制所调控，其中转录因子是调控种子发育和油脂积累的重要蛋白，一些转录因子可以通过调控多个油脂合成基因的表达，从而广泛地调节植物油脂的合成过程。尹丹丹（2018）利用染色体步移法克隆得到 *PsFAD3* 基因启动子并进行序列分析，预测牡丹种子中 bZIP 家族转录因子对于调控 *PsFAD3* 基因表达有重要作用。随后克隆了 4 个差异表达的 bZIP 家族转录因子基因：*bZIP9*、*bZIP43*、*bZIP44* 和 *bZIP60*。对其在 2 个牡丹品种 5 个发育时期的表达量进行分析，发现 *bZIP44* 可能是调控 *PsFAD3* 基因表达的关键转录因子，并在拟南芥异源过表达中证实了 *PsbZIP44* 对牡丹种子 α- 亚麻酸合成的促进作用。

三酰甘油是油用牡丹最主要的贮存脂类，其从头合成的主要途径是肯尼油途径，该途径利用胞质中的脂酰辅酶 A 池，在内质网上通过 3 种不同的酰基转移酶顺次酯化甘油骨架形成三酰甘油。张庆雨（2017）从紫斑牡丹种子中克隆并鉴定了两个编码溶血磷脂酸酰基转移酶（LPAAT）的基因 *PrLPAAT1* 和 *PrLPAAT4*，qRT-PCR 结果显示两个基因在根、茎、叶等营养器官中的表达量相对较低，在种子和花中的表达量相对较高。其中 *PrLPAAT1* 的表达与授粉后 20 ~ 70 天内的总脂肪酸含量变化趋势基本一致，而此时 *PrLPAAT4* 表达量也维持在较高的水平，推测 *PrLPAAT1* 和 *PrLPAAT4* 可能在牡丹种子发育早期的脂肪酸合成过程中发挥作用。转基因拟南芥表明，*PrLPAAT1* 和 *PrLPAAT4* 过表达转基因纯合株系的总脂肪酸含量均显著增加，且对种子中脂肪酸的比例产生一定影响。

油体作为细胞储存脂肪酸的场所，其表面包被着一类小分子蛋白质，被称为油体蛋白，它们为维持油体大小和稳定起到了重要作用。油体表面蛋白质主要以油体膜蛋白类为主。Zhao 等（2020）克隆并获得了牡丹油体膜蛋白基因 *PoOLE17.5* 全长序列，通过转基因烟草对其功能进行分析，发现过表达 *PoOLE17.5* 的阳性株系显著增加了种子大小和百粒重，改变了油体形态，并增加了脂肪酸含量。上述研究结果从分子水平初步解析了油用牡丹种子发育过程中油脂积累机制，为油用牡丹油脂合成和调控奠定了重要理论基础。

主要参考文献

[1] 陈道明,丁一巨,蒋勤,等.牡丹品种主要性状的综合评价[J]. 河南农业大学学报,1992(02):187-193.

[2] 陈俊愉. 中国花卉品种分类学[M]. 北京: 中国林业出版社, 2001.

[3] 陈平平. 我国宋代的牡丹谱录及其科学成就[J]. 自然科学史研究, 1998, 17(3): 254-261.

[4] 陈平平. 我国宋代牡丹品种和数目的再研究[J]. 自然科学史研究, 1999, 18(4): 326-336.

[5] 陈平平. 论元代耶律铸牡丹园艺实践与著述的科学成就[J]. 古今农业, 2005, (02): 30-35.

[6] 成仿云. 紫斑牡丹有性生殖过程的研究[D]. 北京:北京林业大学, 1996.

[7] 成仿云,李嘉珏,陈德忠. 中国野生牡丹自然繁殖特性研究[J]. 园艺学报, 1997, 24(2): 180-184.

[8] 成仿云, 李嘉珏. 中国牡丹的输出及其在国外的发展Ⅰ:栽培牡丹[J]. 西北师范大学学报(自然科学版),1998, 34(1): 109-116.

[9] 成仿云, 李嘉珏. 中国牡丹的输出及其在国外的发展Ⅱ:野生牡丹[J]. 西北师范大学学报(自然科学版),1998,34(3): 103-108.

[10] 成仿云, 李嘉珏, 陈德忠, 等. 中国紫斑牡丹[M]. 北京: 中国林业出版社, 2003.

[11] 崔虎亮,黄弄璋,闫海川,等. 油用牡丹单株产量和主要表型性状的相关性[J]. 华南农业大学学报,2017,38(2):86-91.

[12] 戴思兰, 黄河, 付建新, 等. 观赏植物分子育种研究进展[J]. 植物学报,2013, 48(6).589-607.

[13] 杜会. 芍药属类黄酮甲基转移酶基因克隆与功能研究[D]. 北京:中国科学院大学,2014.

[14] 董兆磊. '凤丹'(*Paeonia ostii* 'Feng Dan')生殖生物学的初步研究[D]. 北京:北京林业大学,2010.

[15] 范俊安, 张艳, 夏永鹏, 等. 重庆垫江牡丹皮主要有效成分多维动态分析[J]. 中国中药杂志, 2007,32(15):1501-1504.

[16] 方文培. 中国芍药属的研究[J]. 植物分类学报, 1958, 7(4): 297-323.

[17] 付梅. 中国牡丹审美文化研究[M]. 北京: 北京燕山出版社, 2019.

[18] 龚洵, 潘跃芝, 杨志云. 滇牡丹的多样性和现状评估[J]. 西北植物学报, 2003, 23(2): 218-223.

[19] 中国药典委员会. 中华人民共和国药典[M]. 北京: 中国医药科技出版社, 2020.

[20] 郭宝林,巴桑德吉,肖培根,等. 中药牡丹皮原植物及药材的质量研究[J]. 中国中药杂志, 2002(27):654-656.

[21] 郭绍林. 历代牡丹谱录译注评析[M]. 北京:社会科学文献出版社, 2019.

[22] 郭绍林. 唐宋牡丹文化[M]. 郑州: 中州古籍出版社, 2017.

[23] 关坤. 牡丹亚组间远缘杂交后代的早期鉴定[D]. 北京:北京林业大学, 2009.

[24] 韩建新. 菏泽牡丹大鉴[M]. 北京: 光明日报出版社, 2003.

[25] 韩小燕. 中国药用牡丹资源评价[D]. 北京: 中国科学院植物研究所, 2008.

[26] 韩欣. 牡丹杂交亲本选择及F_1代遗传表现[D]. 北京: 北京林业大学, 2014.

[27] 韩欣,成仿云,肖佳佳,等. 以'凤丹白'为母本的杂交及其育种潜力分析[J]. 北京林业大学学报,2014, 36(4): 121-125.

[28] 郝津藜, 赵娜, 石颜通, 等.黄牡丹远缘杂交亲和性及杂交后代形态分析[J]. 园艺学报, 2014, 41(08): 1651-1662.

[29] 郝青. 中国古牡丹资源调查及衰老相关研究[D]. 北京: 中国科学院植物研究所,2008.

[30] 郝青, 刘政安, 舒庆艳, 等. 中国首例芍药牡丹远缘杂交种的发现及鉴定[J]. 园艺学报, 2008, 35(6): 853-858.

[31] 何春年. 芍药属药用植物亲缘学研究[D]. 北京: 中国协和医科大学, 2010.

[32] 何桂梅. 牡丹远缘杂交育种及其胚培养与体细胞胚发生的研究[D]. 北京:北京林业大学园林学院,2006.

[33] 何丽霞, 李睿, 张延东, 等. 牡丹杂交育种试验研究[J]. 甘肃林业科技, 2011, 36 (3): 1 - 6,20.

[34] 何丽霞,李睿,李嘉珏,等. 中国野生牡丹花粉形态的研究[J]. 兰州大学学报(自然科学版),2005, 41(4): 43-49.

[35] 洪德元, 潘开玉. 芍药属牡丹组的分类历史和分类处理[J]. 植物分类学报, 1999(04): 351-368.

[36] 洪德元, 潘开玉, 周志钦. *Paeonia suffruticosa* Andrews的界定, 兼论栽培牡丹的分类鉴定问题[J]. 植物分类学报, 2004(03): 275-283.

[37] 洪德元, 潘开玉.芍药属牡丹组分类新注(英文)[J].植物分类学报,2005(02):169-177.

[38] 洪德元, 潘开玉. 牡丹一新种: 中原牡丹, 及银屏牡丹的订正(英文)[J]. 植物分类学报, 2007(03): 285-288.

[39] 洪涛,张家勋,李嘉珏,等. 中国野生牡丹研究(一): 芍药属牡丹组新分类群[J]. 植物研究, 1992, 12(3): 223-234.

[40] 侯小改,郭大龙,宋程威.牡丹DNA分子标记研究[M]. 北京:科学出版社. 2017.

[41] 胡芳名, 龙光生. 经济林育种学[M]. 北京: 中国林业出版社, 1995.

[42] 贾慧果. 明清宫廷牡丹及牡丹文化略考[M].//故宫博物院. 纪念张忠培先生文集：学术卷. 北京: 故宫出版社, 2018.

[43] 蒋至立, 耿兴敏, 祝遵凌, 等. 牡丹杂交育种研究进展[J/OL]. 分子植物育种: 1-29 [2022-09-02]. http://kns.cnki.net/kcms/detail/46.1068.s.20210527.1903.018.html.

[44] 景新明,郑光华. 4 种野生牡丹种子休眠和萌发特性及与其致濒的关系[J]. 植物生理学报，1999,25(3): 214-221.

[45] 久保辉幸. 宋代牡丹谱考释[J]. 自然科学史研究, 2010, 29(1): 46-60.

[46] 李保印, 周秀梅, 张启翔. 中原牡丹品种核心种质取样策略研究[J]. 河北农业大学学报, 2009, 32(04): 20-25.

[47] 李保印, 周秀梅, 张启翔. 中原牡丹品种初级核心种质构建与代表性检验[J]. 华北农学报, 2009, 24(05): 217-221.

[48] 李保印, 周秀梅, 张启翔. 中原牡丹品种资源的核心种质构建研究[J]. 华北农学报, 2011, 26(03): 100-105.

[49] 李崇晖. 牡丹花瓣类黄酮成分分析及其对花色的影响[D]. 北京: 中国科学院研究生院,2010.

[50] 李嘉珏. 中国牡丹与芍药[M]. 北京: 中国林业出版社, 1999.

[51] 李嘉珏. 中国牡丹品种图志: 西北·西南·江南卷[M]. 北京: 中国林业出版社,2006.

[52] 李嘉珏,蓝保卿. 天上人间富贵花: 中国历代牡丹诗词选注[M]. 郑州: 中州古籍出版社，2009.

[53] 李嘉珏, 康仲英. 临洮牡丹[M]. 兰州: 甘肃人民美术出版社, 2013.

[54] 李嘉珏, 张西方, 赵孝庆,等. 中国牡丹[M]. 北京: 中国大百科全书出版社, 2011.

[55] 李娟. 凤丹群体授粉特性及脂肪酸组分和含量研究[D]. 青岛: 青岛农业大学, 2018.

[56] 李奎. 滇牡丹保护生物学与遗传多样性研究 [D]. 北京: 中国林业科学研究院, 2013.

[57] 李莉莉. 甘肃油用紫斑牡丹品种资源调查及评价[D]. 兰州:甘肃农业大学, 2016.

[58] 李娜娜, 白新祥, 戴思兰, 等. 中国古代牡丹谱录研究[J]. 自然科学史研究, 2012, 31(1):94-106.

[59] 李珊珊. 油用牡丹种质资源评价及种子转录组学研究[D]. 北京: 中国科学院植物研究所,2015.

[60] 李晓青. 中国中东部地区油用牡丹资源调查和优系筛选[D]. 青岛: 青岛农业大学, 2014.

[61] 李兆玉. 凤丹牡丹[M]. 北京: 北京时代华文书局,2016.

[62] 李睿. 中国野生牡丹的保护利用研究[D]. 兰州: 甘肃农业大学, 2005.

［63］ 李苏雨, 王毅, 原晓龙, 等. 滇牡丹ω–6脂肪酸脱氢酶基因的克隆与功能分析[J]. 西部林业科学, 2016, 45(02): 22-28.
［64］ 刘光立. 四川牡丹自然居群遗传多样性研究[D]. 成都: 四川农业大学,2013.
［65］ 刘光立,陈其兵,曹洋, 等. 基于灰色系统理论的天彭牡丹品种综合评价[J]. 北方园艺, 2010(14): 109-112.
［66］ 刘建鑫. 芍药属植物远缘杂交育种与杂交亲和性、F_1真实性研究[D]. 北京: 北京林业大学, 2016.
［67］ 刘建鑫, 杨柳慧, 魏冬霞, 等.芍药属组内组间杂交及部分后代核型分析与SSR鉴定[J]. 北京林业大学学报, 2017, 39(04): 72-78.
［68］ 刘政安,王亮生,张丽萍,等. 丹皮产业化发展中存在的问题与对策[M]// 中医药发展与现代科学技术(上). 成都: 四川科技出版社,2005.
［69］ 路成文. 咏物文学与时代精神之关系研究: 以唐宋牡丹审美文化与文学为个案[M]. 广州: 暨南大学出版社,2011.
［70］ 罗浩, 成仿云, 郭鑫, 等.基于灰色关联度分析法评价筛选紫斑牡丹切花品种[J]. 园艺学报, 2020, 47(11): 2169-2180.
［71］ 罗毅波,裴颜龙. 潘开玉, 等. 矮牡丹传粉生物学的初步研究[J]. 植物分类学报,1998,36(2):134-144.
［72］ 律春燕. 黄牡丹野生种与牡丹、芍药栽培品种远缘杂交研究[D]. 北京: 中国林业科学研究院,2010.
［73］ 马菡泽. 凤丹交配系统研究[D]. 上海: 复旦大学, 2016.
［74］ 倪圣武. 紫牡丹、黄牡丹、大花黄牡丹引种与迁地保护研究[D]. 北京: 北京林业大学,2009.
［75］ 潘开玉. 中国植物志:第 27 卷 (芍药属)[M] . 北京: 科学出版社,1979.
［76］ 潘开玉. 芍药科分布格局及其形成的分析[J]. 植物分类学报,1995,33 (4): 340 - 349.
［77］ 彭丽平. 凤丹的遗传多样性及生态适宜性区划研究[D]. 北京: 北京林业大学,2018.
［78］ 桥田亮二. 现代日本牡丹. 芍药大图鉴[M]. 东京:株式会社讲谈社,1990.
［79］ 桥田亮二. 牡丹百花集[M]. 东京:诚文堂新光社,1987.
［80］ 戚杰. 杨山牡丹种子产量相关性状的多样性与关联性研究[D]. 青岛: 青岛农业大学,2017.
［81］ 石颜通,周波,张秀新, 等.牡丹89个不同种源品种遗传多样性和亲缘关系分析[J].园艺学报,2012,39(12):2499-2506.
［82］ 孙强. 凤丹花挥发性成分测定及化学计量学分析[D]. 合肥:安徽农业大学, 2012, 16-31.
［83］ 司冰. 油用牡丹'凤丹'的授粉特性研究[D]. 咸阳: 西北农林科技大学, 2016.
［84］ 宋淑香, 郭先锋, 马燕, 等. 凤丹(*Paeonia ostii*)脂肪酸去饱和酶基因*PoFAD2*的克隆及表达

分析[J]. 园艺学报, 2016, 43(02): 347-355.

[85] 唐琴,曾秀丽,廖明安,等. 大花黄牡丹遗传多样性的SRAP 分析[J]. 林业科学,2012,48(1):71-76.

[86] 王莲英. 中国牡丹品种图志[M]. 北京: 中国林业出版社, 1997.

[87] 王莲英, 袁涛. 中国牡丹品种图志(续志)[M]. 北京: 中国林业出版社,2015.

[88] 王莲英, 袁涛, 王福, 等. 中国芍药科野生种迁地保护与新品种培育[M]. 北京: 中国林业出版社, 2013.

[89] 王琳, 张金屯. 濒危植物矮牡丹的生态位研究[J]. 生态学杂志,2001,20(4): 65-69.

[90] 王佳. 杨山牡丹遗传多样性与江南牡丹品种资源研究[D]. 北京: 北京林业大学,2009.

[91] 王建秀. 芍药科芍药属牡丹组革质花盘亚组的进化生物学研究和牡丹传统栽培品种的起源[D]. 北京: 中国科学院大学,2010.

[92] 王志芳. 黄牡丹种子萌发及其营养物质和内源激素的动态变化研究[D]. 哈尔滨: 东北林业大学, 2007.

[93] 王越岚. 牡丹的杂交育种及组间杂种育性的研究[D]. 北京: 北京林业大学, 2009.

[94] 温新月, 李保光. 国花大典[M]. 济南: 齐鲁书社, 1996.

[95] 翁梅, 尹红征, 张忠义. 牡丹品种信息管理系统的研究[J]. 计算机与农业, 1997(03): 7-9.

[96] 吴静, 成仿云, 张栋.‘正午’牡丹的杂交利用及部分杂种AFLP鉴定[J]. 西北植物学报, 2013, 33(08): 1551-1557.

[97] 吴蕊, 张秀新, 薛璟祺, 等. 紫牡丹远缘杂交后代幼苗的形态标记和ISSR 标记鉴定[J]. 园艺学报, 2011, 38 (12): 2325 - 2332.

[98] 席以珍. 中国芍药属花粉形态及其外壁超微结构的观察[J]. 植物学报, 1984, 26(3):241-244.

[99] 肖佳佳. 芍药属杂交亲和性及杂种败育研究[D]. 北京: 北京林业大学,2010.

[100] 萧凤回,郭巧生. 药用植物育种学[M]. 北京: 中国林业出版社, 2008.

[101] 杨小林,王秋菊,兰小中,等. 濒危植物大花黄牡丹(*Paeonia ludlowii*) 种群数量动态[J].生态学报,2007,27(3):1242-1247.

[102] 徐兴兴, 成仿云, 彭丽平, 等. 革质花盘亚组野生牡丹资源的调查及保护利用建议[J]. 植物遗传资源学报, 2017, 18(01): 46-55.

[103] 杨勇, 刘佳坤, 曾秀丽, 等. 四川牡丹部分野生居群种子脂肪酸组分比较[J]. 园艺学报,2015,42(9):1807-1814.

[104] 杨勇,骆劲涛,张必芳,等. 四川牡丹的花部特征和繁育系统研究[J]. 植物资源与环境学报,2015,24(4):97-104.

[105] 喻衡.菏泽牡丹[M]. 济南: 山东人民出版社, 1980.

[106] 喻衡.中国牡丹品种整理选育和命名问题[J].园艺学报,1982(03):65-68.

[107] 于晓南. 观赏芍药[M]. 北京：中国林业出版社，2019.

[108] 袁军辉. 紫斑牡丹及延安牡丹起源研究[D]. 北京: 北京林业大学, 2010.

[109] 袁涛, 王莲英. 中国栽培牡丹起源的形态分析[J]. 山东林业科技, 2004(06): 1-3.

[110] 袁涛, 王莲英. 根据花粉形态探讨中国栽培牡丹的起源[J].北京林业大学学报,2002(01):5-11,105-107.

[111] 袁涛, 王莲英. 我国芍药属牡丹组革质花盘亚组的形态学研究[J]. 园艺学报, 2003(02): 187-191.

[112] 袁涛, 王莲英. 中国栽培牡丹起源的形态分析[J].山东林业科技,2004(06):1-3.

[113] 尹丹丹. 油用牡丹α- 亚麻酸合成关键基因的功能分析[D]. 北京: 中国科学院大学, 2018.

[114] 中国牡丹全书编纂委员会. 中国牡丹全书[M]. 北京: 中国科技出版社, 2002.

[115] 曾秀丽, 潘光堂, 唐琴, 等. 西藏野生牡丹研究[M]. 郑州: 河南科学技术出版社, 2013.

[116] 张峰. 濒危植物矮牡丹致濒原因分析[J]. 生态学报, 2003，23(7): 1436-1441.

[117] 张红磊. 牡丹花期、花色及花香的变异研究[D]. 泰安: 山东农业大学, 2011.

[118] 张金梅. 芍药属牡丹组肉质花盘亚组的居群遗传学研究[D]. 北京: 中国科学院大学，2010.

[119] 张金梅, 王建秀, 夏涛, 等.基于系统发育分析的DNA条形码技术在澄清芍药属牡丹组物种问题中的应用[J].中国科学(C辑:生命科学),2008(12):1166-1176.

[120] 张晶晶. 牡丹斑色形成机理及TRAP、EST-SSR 分子标记研究[D]. 北京: 中国科学院大学,2010.

[121] 张晶晶, 王亮生, 刘政安, 等. 牡丹花色研究进展[J]. 园艺学报，2006，33(6): 1383-1388.

[122] 张庆雨, 张延龙, 牛立新, 等，紫斑牡丹两个异域亚种种群生命表分析[J]. 园艺学报，2015，42(9)：1815-1822.

[123] 张晓骁, 牛立新, 张延龙. 中国芍药属牡丹组植物地理分布修订[M]//张启翔. 中国观赏园艺研究进展. 北京：中国林业出版社, 2017: 10-21.

[124] 张延龙, 韩雪源, 牛立新, 等. 9 种野生牡丹籽油主要脂肪酸成分分析[J]. 中国粮油学报, 2015, 30 (4): 72-75, 79.

[125] 张延龙, 牛立新, 张庆雨, 等. 中国牡丹种质资源[M]. 北京: 中国林业出版社, 2020.

[126] 张旻桓, 金晓玲, 卢惊鸿, 等. 长沙地区引种牡丹品种综合性状评价[J]. 经济林研究, 2015, 33(04): 81-85.

[127] 张旻桓. 湖南牡丹资源遗传多样性及耐热性研究[D]. 长沙: 中南林业科技大学, 2019.

[128] 张忠义, 陈树国, 王妙玲, 等. 洛阳牡丹品种种质资源定量评估方法研究[J]. 河南农业大学学报, 1996(02): 133-138.

[129] 张忠义, 鲁琳, 武荣华, 等. 牡丹品种种质资源评估模型[J].生物数学学报, 1997(04): 376-380.

[130] 赵梁军. 观赏植物生物学[M]. 北京:中国农业大学出版社,2011.

[131] 赵宣, 周志钦, 林启冰, 等. 芍药属牡丹组(*Paeonia* sect. *Moutan*)种间关系的分子证据:GPAT基因的PCR-RFLP和序列分析[J].植物分类学报,2004(03):236-244.

[132] 郑凤英, 张金屯, 上官铁梁,等. 濒危植物矮牡丹无性系分株种群的结构[J]. 植物资源与环境学报,2001,10(1): 11-15.

[133] 周海梅, 马锦琦, 苗春雨, 等. 牡丹籽油的理化指标和脂肪酸成分分析[J]. 中国油脂, 2009, 34(07): 72-74.

[134] 周家琪. 牡丹、芍药花型分类的探讨[J]. 园艺学报, 1962(Z1): 351-360+386.

[135] 周仁超. 保康野生牡丹的居群年龄结构、遗传多样性和系统演化[D]. 武汉: 华中农业大学,2002.

[136] 周秀梅, 李保印. 应用SRAP分析中原牡丹核心种质的多样性[J]. 华北农学报, 2015, 30(01): 165-170.

[137] 周志钦, 潘开玉, 洪德元. 牡丹组野生种间亲缘关系和栽培牡丹起源研究进展[J].园艺学报,2003(06):751-757.

[138] 朱金鑫, 孙金金, 原晓龙, 等. 滇牡丹ω-3脂肪酸脱氢酶基因克隆与功能分析[J]. 中国油脂, 2017, 42(02): 102-106.

[139] 邹红竹, 周琳, 韩璐璐, 等. 滇牡丹花瓣着色过程中类胡萝卜素成分变化和相关基因表达分析[J]. 园艺学报, 2021, 48(10): 1934-1944.

[140] DAPHNIS N. Letter from Nassos Daphnis on breeding for orange flower color[J]. Paeonia, 1999, 29 (2): 6.

[141] DEGENHARDT J, KÖLLNER T G, GERSHENZON J. Monoterpene and sesquiterpene synthases and the origin of terpene skeletal diversity in plants [J]. Phytochemistry, 2009, 70 (15), 1621-1637.

[142] DUDAREVA N, KLEMPIEN A, MUHLEMANN J K, et al. Biosynthesis, function and metabolic engineering of plant volatile organic compounds [J]. New Phytologist, 2013, 198, 16-32.

[143] DUDAREVA N, PICHERSKY E, GERSHENZON J. Biochemistry of plant volatiles [J]. Plant Physiology, 2004, 135, 1893-1902.

[144] FAN J L, ZHU W X, KANG H B, et al. Flavonoid constituents and antioxidant capacity in flowers of different Zhongyuan tree peony cultivars [J]. Journal of Functional Foods, 2012,

4(1): 147-157.

[145] FENG S Q, SUN S S, CHEN X L, et al. *PyMYB10* and *PyMYB10.1* interact with bHLH to enhance anthocyanin accumulation in pears [J]. PLoS One, 2015, 10(11): e0142112.

[146] GAO L X, YANG H X, LIU H F, et al. Extensive transcriptome changes underlying the flower color intensity variation in *Paeonia ostii* [J]. Frontiers in Plant Science, 2016, 6:1205.

[147] GU Z Y, ZHU J, HAO Q, YUAN Y W, et al. A novel R2R3-MYB transcription factor contributes to petal blotch formation by regulating organ-specific expression of PsCHS in tree peony (*Paeonia suffruticosa*) [J]. Plant Cell and Physiology, 2019, 60(3): 599-611.

[148] HAO QING, AOKI NORIAKI, KATAYAMA JYUNKO, et al. Cross ability of American tree peony 'High Noon' as seed parent with Japanese cultivars to breed superior cultivars [J]. Euphytica, 2013, 191:35-44.

[149] HOSOKI T, HAMADA M, KANDO T, et al. Comparative study of anthocyanins in tree peony flowers [J]. Journal of the Japanese Society for Horticultural Science, 1991, 60(2): 395-403.

[150] HONG D Y. Peonies of the world-taxonomy and phytogeography[M]. London: Royal Botanic Gardens, Kew, 2010.

[151] HONG D Y. Peonies of the World: Polymorphism and Diversity[M]. London: Royal Botanic Gardens, Kew, 2011.

[152] LI J H, KUANG G, CHEN X H, et al. Identification of chemical composition of leaves and flowers from *Paeonia rockii* by UHPLC-Q-Exactive orbitrap HRMS [J]. Molecules, 2016, 21: 947.

[153] LI L, LI Y, WANG R, CHAO L, et al. Characterization of the stearoyl-ACP desaturase gene (*PoSAD*) from woody oil crop *Paeonia ostii* var. *lishizhenii* in oleic acid biosynthesis [J]. Phytochemistry, 2020, 178.

[154] LÜCKER J, BOUWMEESTER H J, SCHWAB W, et al. Expression of Clarkia S-linalool synthase in transgenic petunia plants results in the accumulation of S-linalyl-β-d-glucopyranoside [J]. The Plant Journal, 2001, 27: 315-324.

[155] LI S S, CHEN L G, XU Y G, et al. Identification of floral fragrances in tree peony cultivars by gas chromatography-mass spectrometry [J]. Scientia Horticulturae, 2012, 142: 158-165.

[156] OGATA J, KANNO Y, ITOH Y, et al. Anthocyanin biosynthesis in roses [J]. Nature, 2005, 435(7043): 757-758.

[157] PAGE M. The gardener's peony: herbaceous and tree peonies[M]. Timber Press: Portland, 2005.

[158] SAKATA Y, AOKI N, TSUNEMATSU S, et al. Petal coloration and pigmentation of tree peony bred and selected in Daikon Island (*Shimane prefecture*) [J]. Journal of the Japanese Society for Horticultural Science, 1996, 64(2): 351-357.

[159] SHI Q Q, ZHOU L, WANG Y, et al. Transcriptomic analysis of *Paeonia delavayi* wild population flowers to identify differentially expressed genes involved in purple-red and yellow petal pigmentation [J]. PLoS One, 2015, 10 (8): e0135038.

[160] SONG J A, LEE M K, MIN E, et al. Effects of aromatherapy on dysmenorrhea: a systematic review and meta-analysis [J]. International Journal of Nursing Studies, 2018, 84: 1-11.

[161] THOLL D. Biosynthesis and biological functions of terpenoids in plants [J]. Advances in Biochemical Engineering/Biotechnology, 2015, 148: 63.

[162] WALTER G. The world of the peony and the daphnis hybrids: The best of 75 years [M]. Hopkins, MN: American Peony Society Minnesota, 1979.

[163] WANG L S, HASHIMOTO F, SHIRAISHI A, et al. Chemical taxonomy of the Xibei tree peony from China by floral pigmentation [J]. Journal of Plant Research, 2004,117(1): 47-55.

[164] WANG L S, HASHIMOTO F, SHIRAISHI A, et al. Phenetics in tree peony species from China by flower pigment cluster analysis [J]. Journal of Plant Research, 2001, 114(3): 213-221.

[165] WANG L S, SHIRAISHI A, HASHIMOTO F, et al. Analysis of petal anthocyanins to investigate flower coloration of Zhongyuan (Chinese) and Daikon Island (Japanese) tree peony cultivars [J]. Journal of Plant Research, 2001,114(1): 33-43.

[166] WANG X, LIANG H, GUO D, et al. Integrated analysis of transcriptomic and proteomic data from tree peony (*P. ostii*) seeds reveals key developmental stages and candidate genes related to oil biosynthesis and fatty acid metabolism [J]. Horticulture Research, 2019, 6: 111.

[167] WISTER J C. The Peonies: 2 nd Printing [M]. Hopkins, MN: American Peony Society, 1995.

[168] WU Z Y, RAVEN P H. HONG D Y. Flora of China: Volume 6[M]. Beijing: Science Press, and St.Louis: Missouri Botanical Garden Press.

[169] XIU Y, WU G, TANG W, PENG Z, et al. Oil biosynthesis and transcriptome profiles in developing endosperm and oil characteristic analyses in *Paeonia ostii* var. *lishizhenii* [J]. Journal of Plant Physiology, 2018, 228: 121-133.

[170] XU X X, CHENG F Y, PENG L P, et al. Late pleistocene speciation of three closely related tree peonies endemic to the Qinling-Daba Mountains, a major glacial refugium in Central China [J]. Ecology and Evolution, 2019, 9(13): 7528-7548.

[171] YANG Y, SUN M, LI S, et al. Germplasm resources and genetic breeding of *Paeonia*: a systematic review[J]. Horticulture Research, 2020, 7: 2662-6810.

[172] YIN D D, LI S S, SHU Q Y, et al. Identification of microRNAs and long non-coding RNAs involved in fatty acid biosynthesis in tree peony seeds [J]. Gene, 2018, 666: 72-82.

[173] YIN D D, XU W Z, SHU Q Y, et al. Fatty acid desaturase 3 (*PsFAD3*) from *Paeonia suffruticosa* reveals high alpha-linolenic acid accumulation [J]. Plant Science, 2018, 274: 212-222.

[174] YU S S, DU S B, YUAN J H, et al. Fatty acid profile in the seeds and seed tissues of *Paeonia* L. species as new oil plant resources [J]. Scientific Reports, 2016, 6: 26944.

[175] ZHANG Q, YU R, SUN D, et al. Comparative transcriptome analysis reveals an efficient mechanism for linolenic acid synthesis in tree peony seeds [J]. International Journal of Molecular Sciences, 2018, 20(1): 65.

[176] ZHAO D, LI T, LI Z, et al. 2020. Characteristics of *Paeonia ostii* seed oil body and OLE17.5 determining oil body morphology [J]. Food Chemistry, 2020: 319.

[177] ZHAO J, HU Z H, LENG P S, et al. Fragrance composition in six tree peony cultivars [J]. Korean Journal of Horticultural Science & Technology, 2012, 30: 617-625.

[178] ZHAO N, YUAN X L, CHEN Z H, et al. Cloning and functional analysis of 1-deoxy-D-xylulose-5-phosphate synthase gene in *Paeonia delavayi* [J]. Genomics and Applied Biology, 2017, 36: 2919-2925.

[179] ZHOU L, WANG Y, REN L, et al. Overexpression of Ps-CHI1, a homologue of the chalcone isomerase gene from tree peony (*Paeonia suffruticosa*), reduces the intensity of flower pigmentation in transgenic tobacco [J]. Plant Cell Tissue and Organ Culture, 2014, 116(3): 285-295.

[180] ZHOU S L, ZOU X H, ZHOU Z Q, et al. Multiple species of wild tree peonies gave rise to the 'king of flowers', *Paeonia suffruticosa* Andrews [J]. Proceedings of the Royal Society B-Biological Sciences, 2014, 281(1797): 20141687. DOI10.1098/rspb.2014.1687

[181] ZHU Z X, WANG H L, WANG Y T, et al. Characterization of the cis elements in the proximal promoter regions of the anthocyanin pathway genes reveals a common regulatory logic that governs pathway regulation [J]. Journal of Experimental Botany, 2015, 66(13): 3775-3789.

后记

在完成丛书第一卷初稿修改后，已是 2020 年 2 月底。此时，从我家窗口放眼望去，湘江两岸，春风吹拂，青草吐绿，迎春花初露花蕾。江南大地万物复苏，春暖花开的时节就要到来。此情此景，不禁令人心潮起伏，思绪万千。回顾本丛书的编写过程，想说的话很多。不过归结起来，也就两句话。

第一句话：一定要努力出一套好书。

首先应当感谢中原农民出版社，他们策划出版《中国牡丹丛书》，并邀请我来担任主编，给我一个担子不轻的考验。

出版牡丹丛书无疑意义重大。中国牡丹有着许多鲜明的特色，其不但是与国人政治文化生活有密切联系的传统名花，而且在进化生物学领域有着重要研究价值。无论观赏药用，还是食用保健，牡丹都对国计民生有着重要影响。

然而，编写一套具有一定影响力的丛书也非易事。需要有一个好的写作团队，有一定的经济支撑，有一个可以依托的单位。然而在 2015 年初召开丛书编写动员会一年后，由于一些突如其来的变故，我们失去了重要的依托，丛书写作变得十分艰难。尽管如此，我们还是坚持了下来。其间，我首先完成了《油用牡丹》一书的编写，为《中国牡丹栽培》的创作奠定了基础；同时促成了洛阳师范学院郭绍林教授《历代牡丹谱录译注析评》一书的创作。该书原是本丛书第五卷《中国牡丹文化》的重要组成部分。虽然该书已于 2019 年由相关单位资助另行出版，但组织并促成该书写作（特别是其中古文献的整理）也为中国牡丹史的研究奠定了基础。2018 年起，我抛开其他工作，全身心投入丛书写作，才有了今天一、二卷的陆续完稿。我虽年届八旬，多种病痛缠身，但从 2015 年初至今 2 500 多个日日夜夜，不敢稍有懈怠。我们每一卷作品，都经过多次反复修改，努力反映时代气息和科技进步。但终因时间跨度较大，内容涉及面广，而客观条件又有着严重制约，加上自己学识浅薄，力有不逮，以致部分内容未能达到预期。尽管如此，我们坚持出一套好书的信念没有任何动摇！

2018 年，多年从事育种工作的王福老师奉献了他在洛阳栾川基地近 20 年育种实践中的一些心得体会。2020 年 1 月底他不幸因病去世，这是牡丹育种界的一大损失，我们谨向他表示深切的悼念。

第二句话：不忘初心使命，将牡丹研究继续引向深入。

我的一生随着共和国的成长而成长，并有幸在刚参加工作时就与牡丹结缘，不知不觉伴随牡丹走过了整整 60 年！

往事历历在目。1959 年底，我在北京林学院提前参加工作，走上大学的讲台。翌年，即 1960 年 4 月我来到山东菏泽考察牡丹、芍药。那个年代，真正是激情燃烧的岁月，但又是充满艰难困苦的岁月。国家暂时经济困难，粮食短缺，在菏泽吃的是红薯叶子杂面窝窝头。但我没有在困难面前却步，菏泽大地姹紫嫣红的牡丹花使我对未来充满着憧憬和希望。

我们受到毛泽东思想的哺育，读着苏联作家奥斯特洛夫斯基《钢铁是怎样炼成的》和吴运铎《把一切献给党》等优秀作品长大。保尔 · 柯察金这段话始终铭记心头："人最宝贵的是生命，生命每个人只有一次。人的一生应当这样度过：当他回首往事时，不因虚度年华而悔恨，也不因碌碌无为而羞愧；这样，在临死的时候他就能够说：'我们整个生命和全部精力，都献给了世界上最壮丽的事业——为人类的解放而斗争。'"于是我有过步行长征的经历，从韶山、井冈山走到瑞金、古田、长汀，去体验中央苏区的红色岁月；离开首都北京，在甘肃景泰风沙前沿植树造林近 10 年，亲眼看到种下的白杨长成参天大树；在黄土高原上潜心研究适地适树的科学规律，又为这里成百上千的农家牡丹园所震撼；到四川、云南、甘肃各地考察野生牡丹，经过大小雪山、川北草原，走过大渡河边崎岖的山路，在玉龙雪山及其周边留下了初见紫牡丹、黄牡丹的激动；几次到延安看万花山牡丹，到贵州遵义看新建牡丹园。直到 2018 年春天再到川西南考察银莲牡丹、紫牡丹。在我的大半生里，革命圣地、红军长征和黄土高原、云贵高原、青藏高原上的牡丹经常交织在一起。我常常想，我们共产党人，需要长征精神，有勇气去战胜一切艰难险阻；我们也需要牡丹精神，有理想、有追求、乐于奉献，努力建设我们美好的家园！

即将出版的关于牡丹的著作是我与牡丹结缘 60 周年的纪念。然而，在初稿完成后的修改过程中，也深感我们当前对牡丹的认识、研究和开发利用，仅仅是万里征途的一个开端，今后的路还很长，同志们还需要继续努力！

"雄关漫道真如铁，而今迈步从头越！"与诸君共勉。

李嘉珏
2020 年 2 月 22 日　初稿
2021 年 10 月 15 日　二稿
2022 年 10 月 15 日　定稿